心理学译丛
教材系列

Social Development

社会性发展

[美] 罗斯·D·帕克（Ross D. Parke）
阿莉森·克拉克－斯图尔特（Alison Clarke-Stewart）　著

俞国良　郑璞　译

中国人民大学出版社
·北京·

心理学译丛·教材系列
出版说明

　　我国心理学事业近年来取得了长足的发展。在我国经济、文化建设及社会活动的各个领域，心理学的服务性能和指导作用愈发重要。社会对心理学人才的需求愈发迫切，对心理学人才的质量和规格要求也越来越高。为了使我国心理学教学更好地与国际接轨，缩小我国在心理学教学上与国际先进水平的差距，培养具有国际竞争力的高水平心理学人才，中国人民大学出版社特别组织引进"心理学译丛·教材系列"。这套教材是中国人民大学出版社邀请国内心理学界的专家队伍，从国外众多的心理学精品教材中，优中选优，精选而出的。它与我国心理学专业所开设的必修课、选修课相配套，对我国心理学的教学和研究将大有裨益。

　　入选教材均为欧美等国心理学界有影响的知名学者所著，内容涵盖了心理学各个领域，真实反映了国外心理学领域的理论研究和实践探索水平，因而受到了欧美乃至世界各地的心理学专业师生、心理学从业人员的普遍欢迎。其中大部分教材多次再版，影响深远，历久不衰，成为心理学的经典教材。

　　本套教材以下特点尤为突出：

　　● 权威性。本套教材的每一本都是从很多相关版本中反复遴选而确定的。最终确定的版本，其作者在该领域的知名度高，影响力大，而且该版本教材的使用范围广，口碑好。对于每一本教材的译者，我们也进行了反复甄选。

　　● 系统性。本套教材注重突出教材的系统性，便于读者更好地理解各知识层次的关系，深入把握各章节内容。

　　● 前沿性。本套教材不断地与时俱进，将心理学研究和实践的新成果和新理论不断地补充进来，及时进行版次更新。

　　● 操作性。本套教材不仅具备逻辑严密、深入浅出的理论表述、论证，还列举了大量案例、图片、图表，对理论的学习和实践的指导非常详尽、具体、可行。其中多数教材还在章后附有关键词、思考题、练习题、相关参考资料等，便于读者的巩固和提高。

　　这套教材的出版，当能对我国心理学的教学和研究具有极大的参考价值和借鉴意义。

中国人民大学出版社

中文版前言

作为《社会性发展》一书的作者，我们非常高兴获悉该书已被译成中文出版，这必将进一步大大拓展、丰富此书的读者群体。在此，我们由衷地感谢和敬佩俞国良博士在本书翻译过程中所付出的努力与辛劳，使这部著作能在约占世界人口 1/4 的中国顺利出版并与中国读者见面。

我们清醒地意识到，以第二语言出版一部著作确实是一个严峻的挑战。在这里，英文原版是为西方读者撰写的，书中论及的诸多研究成果自然源于母语为英语的西方学者。尽管存在上述局限，但我们希望并坚信本书对中国学生、教师和研究者是有学习参考价值的。因为书中阐述的诸多社会性发展原理及其过程具有普适性。例如，儿童社会相互作用的生物基础、遗传因素在社会性发展过程中的作用、社会和情绪学习的特殊脑区、儿童理解他人与观点采择能力的发展，这都是所有文化情境下发展研究的重要课题。同时，书中所阐释的许多理论观点，诸如学习理论、社会认知理论、信息加工理论、进化和行为遗传学理论，尽管它们都产生于西方心理学的土壤，但对中国读者正确理解社会性发展仍然是大有裨益的。

当然，本书并非完全是西方中心论或西方中心主义，而是力求兼收并蓄。书中也阐述了其他几种不同的理论观点。这些观点认为，社会性发展不仅受到文化中立的普遍关联过程的指引，而且还受到文化历史背景的影响。这些理论观点主要有维果斯基的社会文化理论、布朗芬布伦纳的生态学理论及毕生发展理论。有鉴于此，我们建议阅读本书的学生、教师和研究者应认真思考社会性发展在中国如何受到中国文化背景的影响，以及社会性发展的结果如何随着社会经济条件的变化而发生相应的改变。诚如书中提及的中国文化怎样影响儿童社会性发展的一个例子：与西方父母相比，中国父母更重视孩子的羞耻心，并希望孩子能在生命早期就能控制自己的各种冲动。因此，某种程度上可以说，这使得中国儿童比西方儿童更为害羞且更少冲动。然而过去几十年间，中国儿童发生历史性转变的方面（书中已提及）就是，某个儿童的害羞特质越来越不被其他儿童所认同。这或许是中国日益市场化的经济环境下，人们更加关注个体首创精神（创新精神）的结果。这是社会性发展研究领域值得关注的重要现象，研究者应着力探寻这种文化差异及其历史性关联变化的关系。

总之，通过有选择、批判地审视书中所介绍的西方学者的理论观点，中国读者可以提出当前社会性发展研究中跨文化普适性的重要见解。对于中国学生、教师和研究者而言，确认书中所论述的结论是否适用于中国儿童的发展是一件非常有意义的事情。同时，在文化之于社会性发展的作用上，无疑能为全球其他学者提供一个重要的信息来源。我们衷心地希望，本书能够激发中国读者、研究者从文化普适性和文化特异性的视角来思考社会性发展论题，并为社会性发展研究领域提供更多、更新颖，以及可资参考的理论观点和信息资源。

罗斯·D·帕克

阿莉森·克拉克－斯图尔特

2013 年 7 月

译者前言

人生是一段奇妙的旅程，我们无一例外地行走在从生到死的途中。

从受精卵到胎儿、婴儿、幼儿、青少年再到中年、老年直至死亡，时光静静地流淌，在每个人身上都刻下了深深的烙印。无论是一帆风顺还是坎坷曲折，无论是和风细雨阳光明媚还是惊涛骇浪阴云蔽日，它们都有一个共同的名字：人类发展。人类发展可以分为三个基本方面：生理发展、认知发展和社会性发展。社会性发展，即"对儿童的社会性行为及其随年龄增长不断发展、变化过程的描述"（作者语），无疑是其中最为引人入胜的部分。

从先天后天因素影响的古老争论，到手机、网络暴力对社会性发展影响的热点话题，从美国的早孕少女到莫桑比克的童兵，从基因、行为对抑郁症的影响到儿童发展政策的制定，本书的内容可谓包罗万象。如果你对上面这些问题感兴趣，或是对社会性发展的某些方面存在疑问，不妨坐下来静下心翻开这本书，也许会给自己一个惊喜——一场精神的饕餮盛宴。

本书的作者之一罗斯·D·帕克是加利福尼亚大学河滨分校的杰出教授，曾任美国儿童发展研究协会以及美国心理学会发展心理学分会主席。另一位作者阿莉森·克拉克－斯图尔特同样是社会性发展领域的翘楚，曾担任加利福尼亚大学尔湾分校心理与社会行为系教授和社会生态学院副院长。长期从事教学、科研工作以及担任知名学术杂志编辑的经历，使他们对社会性发展有着不同寻常的深入理解。在两位大师的倾力合作下，全书结构严谨缜密，内容丰富翔实，原本略显枯燥的理论观点和研究报告，一经他们解读便成为了一个个生动活泼的故事；而看似信手拈来的案例、实验，其实是匠心独运，读来使人时而蹙眉沉思，时而拍案叫绝。作为美国大学教科书，本书适合我国普通高等院校心理学、教育学、社会学专业以及哲学、法学、文学、历史、新闻传播和社会工作等相关专业学生阅读，也可作为对此持有浓厚兴趣的其他专业大学生、研究生及党政工作者、科研工作者和教育工作者阅读参考。当然，在该教材基础上，再辅之以我和辛自强博士先前出版的《社会性发展（第2版）》教材，则会有助于理解与消化教材内容并取得良好的阅读效果。

本书分为五个部分。第一部分对社会性发展的基本理论进行了回顾（第1章），对常用的研究方法进行了梳理（第2章），为我们搭建起一个理解社会性发展领域的基本框架；第二部分主要介绍了个体社会性发展的生理基础（第3章）、依恋形成（第4章）、情绪发展（第5章）以及自我意识的发生发展（第6章），这是婴幼儿发展面临的主要任务，也是社会性发展走向深入的基础；第三部分探讨了社会性发展最为重要的生态因素：家庭（第7章）、同伴群体（第8章）以及学校和媒体（第9章），这些环境和背景因素在很大程度上影响并塑造着人们的社会性行为。第四部分阐述了社会性发展的过程及其结果：性别观念（第10章）、道德意识（第11章）及攻击行为（第12章）的产生与发展，这些观念、行为方式和生理因素一起，构成了每个人不同于其他人的特质；第五部分分为两章，其中第13章阐述了政策制定在促进个体社会性发展方面发挥的重要作用，而第14章则对全书的基本理念进行了回顾和总结，并对将来的相关研究进行了展望。

特别令人赞赏的是，书中设计了一系列特色鲜明的专栏。"向当代学术大师学习"栏目，对不同研究领域领军人物的生平、学术成就及寄语进行了介绍，将一个个饮誉学界的名字还原为活生生的人，他们亲切的鼓励更是增加了我们对心理学的热爱，而他们高瞻远瞩的展望则将我们带到了各个领域的最前沿；"你一定以为……"栏目，凭借科学研究得出的科学结论，对人们时常持有的错误观点进行了矫正，在令人茅塞顿开的同时，也潜移默化地影响、熏陶着我们的科学精神；"深入聚焦"和"洞察极端案例"栏目，通过对代表性的典型个案进行深入剖析，极大地增进我们对相关领域知识的理解；"文化背景"栏目，对不同文化背景下个体社会性发展历程的异同进行了比较和分析，一个个千差万别、异彩纷呈的精神世界跃然眼前，启发着我们对发展模式的共性和特性进行深入的思考；"步入成年"栏目，则将视野扩展至成年之后，鼓励我们用毕生发展的观点看待社会性发展问题；"实践应用"栏目，对研究成果付诸应用的成功案例进行了介绍，让我们深切体会到科学研究所蕴含的巨大力量，以及与现实社会生活实践相结合的广阔前景；而每章结尾部分的"电影时刻"专栏，则推荐了一系列与该章节主旨密切相关的电影，从社会性发展的视角对电影内容进行了解读，如果读者能够——观看并认真揣摩，必将起到事半功倍的效果。

值得我们注意的是，书中介绍的研究成果和理论观点大部分是以美国文化为背景的，鉴于中美两国巨大的文化差异，直接生搬硬套并非明智之举。在我们看来，可以攻玉的"他山之石"并非某个具体研究的结论，而是贯穿于书的每一个章节中，强调理论导向和问题导向，重视学术价值和实际应用的指导思想，以及严谨、科学的研究方法。如果我们能以书中研究理念为鉴，以先进的研究方法为器，与社会现实紧密联系，必将取得最佳的阅读效果乃至丰硕的研究成果。

本书由我和郑璞（现为加拿大多伦多大学博士后）共同翻译，具体分工如下：俞国良译第 1 ~ 2 章，郑璞译第 3 ~ 14 章。其中，博士生王琦和李建良协助我做了许多工作，中国人民大学出版社策划编辑张宏学女士更是对我们提供了诸多帮助，在此一并致谢。由于译者水平和能力有限，虽然殚精竭虑力求精益求精，但缺点错误仍在所难免，敬请各位专家朋友批评指正。

俞国良

记于北京西海探微斋

2013 年 6 月

简要目录

目 录

第 13 章　　政策：改善儿童的生活 / **327**

第 14 章　　包罗万象的主题：整合社会性发展 / **354**

第 1 章
引言：社会性发展的理论

出生4个月的西德尼注视着母亲的眼睛，母亲给予了回应，微笑地注视着她，看见母亲的笑容，西德尼也对母亲露出了笑容，并发出轻柔的哼哼声。这一简单的社会性交流代表着社会性发展的开端。5岁的詹姆斯是个"小霸王"，总是欺负班里的其他儿童，拿走别人的玩具，打人，还辱骂他人。他的同学乔治则是个安静、乐于合作、听从教导的孩子，他能和其他儿童分享玩具，能够和平友好地解决争端。理所当然地，同学们都喜欢乔治而不是詹姆斯。这些迥异的社会行为，反映出个体差异在童年早期就已经显现。12岁的爱玛喜欢和她最好的朋友梅根在一起，她们一起上学，一起休息，中午坐在一起吃午饭，参加同一个足球队，讨论家庭作业，相互发短信息到很晚。她们的亲密关系，是中学生中好朋友的典型表现。这三个典型的例子，反映了童年时期社会性发展的一些现象。本章中，我们将讨论社会性发展理论并来解释这些现象，以及研究社会性发展的核心问题。

什么是社会性发展研究？其内容包罗万象。它是对儿童的社会性行为及其随年龄增长不断发展、变化过程的描述，是对儿童自身与同伴、成人间关系，情绪体验与表达，以及自己在群体中交往能力认识的描述。这些研究对儿童的社会性行为、与他人关系及所思所想随着年龄增长表现出来的连续性和非连续性进行追踪考察。这也可以用来解释儿童社会性行为的变化过程和个体差异。社会性发展研究还考察其他方面的发展情况，如认知、知觉、语言、运动发展——借此来阐释儿童的社会性行为。社会性发展领域的心理学家进一步研究了儿童社会性行为和思想的影响因素，即父母和同伴、学校和媒体、文化和先天遗传的作用。对有些心理学家而言，探索社会性发展的奥秘，本身就是目的，这满足了他们的好奇心——为什么一些儿童发展成为青少年罪犯，而另一些成为模范青少年。这些研究结果能为政府的决策提供科学依据。有些心理学家则重视实践研究，将社会性发展的研究成果应用于帮助人们正确教育儿童：给予父母良好的建议，帮助儿童健康成长；他们给教师提出建议，通过有效组织课堂，来满足儿童的社会性发展需要；他们给政策制定者提出建议，以帮助制定儿童发展政策、学校制度和家庭福利政策；他们为儿童青少年的健康专业检查提供帮助信息，同时也为特殊儿童的教育干预提供参考信息。所有这些合理的研究目标，都应囊括在社会性发展的研究当中。

❓ 你一定以为……　　新生儿不能通过气味辨认母亲

- 新生儿能够通过气味辨认母亲。
- 甚至两岁的儿童就会有嫉妒心。
- 儿童8岁时的攻击行为，可预测其30岁时的犯罪行为。
- 在孤儿院的婴幼儿，"爱的激素"水平偏低。
- 辱骂、虐待儿童，会导致儿童脑组织功能发生改变。
- 拥有一位亲密朋友，能够补偿被班级同学拒绝的不愉快感受。
- 从小缺乏父亲关爱的青春期女孩约有1/3会早孕早育。
- 当你阅读本章，你将了解到上述现象，以及更多有趣的社会性发展研究成果。

（本书每一章都包含这样一个精彩部分——"你一定以为……"，以讲述使你感到意外的社会性行为和社会性发展现象）

■ 社会性发展简史

发展心理学研究发端于近代。在中世纪，人们认为儿童是"小大人"，没有意识到童年期是需要特别关注的特殊时期（Aries，1962）。人们并没有像今天这样，给予儿童专门的关注和精细的对待。许多儿童死于婴儿时期，或者幼年，如果幸存下来则会被安排到矿井和田地干活。直到19世纪，保护儿童健康和福利的童工法律才开始出现。随着儿童宝贵且脆弱的观念逐渐深入人心，通过科学研究了解儿童需求的迫切性日益显现。

儿童发展的科学研究源于进化生物学家查尔斯·达尔文（Charles Darwin）的开创性工作。在1872年关于情绪发展的研究中，他将自己和他人的孩子作为研究对象，为现代儿童情绪研究——社会性发展的关键成分——奠定了基础。在达尔文研究的基础上，生物学家G·斯坦利·霍尔（G. Stanley Hall, 1904）使用调查问卷详细记录儿童的行为、感觉和态度。数年后，约翰·B·华生（John B. Watson, 1913）提出，条件反射和学习引起了个体社会性行为和情绪性行为的产生和改变。在他的早期研究中，婴儿经过训练产生了恐惧反应，这表明情绪反应可以习得，也证明了社会性行为能够通过科学的方法进行研究。同时期的西格蒙德·弗洛伊德（Sigmund Freud, 1905, 1910）的观点则更加侧重于生物学导向，他宣称社会性发展是成人应对儿童驱力的方式产生的结果，如婴儿吮吸的驱力等。美国心理学家、儿科医生阿诺德·格塞尔（Arnold Gesell, 1928）对社会性发展具有不同的见解。他认为，社会性技能，如运动技能，在婴儿和童年时期就展露无遗。总之，在社会性发展领域，各种观点从一开始就各执己见，充满了思想交锋（Parke & Clarke-Stewart, 2003a）。在本章中，我们将探究社会性发展的传统理论与现代理论（想要了解更多社会性发展的近代历史，请见Collins，2010）。

社会性发展的关键问题

当科学家们在研究儿童社会性发展时，他们遇到了一些关键的理论问题，并在这些问题上产生了激烈的争论。在这里，我们将讨论这些问题，并提出发展研究的总体框架，同时切身感受社会性发展不同流派、理论的魅力。

1. 先天遗传和后天环境如何作用于社会性发展？

在早期发展心理学研究中，心理学家在自

洞察极端案例　　吉尼——一个"野孩子"

很少有极端事件能像1970年11月发现的一位13岁女孩一样引起公众的关注和专业的调查。这个女孩从婴儿时期开始就一直被锁在她的卧室里（Rymer, 1994）。当被人们发现时，吉尼（Genie，意为"瓶中精灵"）居住的这间房子几乎完全黑暗，所有百叶窗拉得严严实实，没有任何玩具。她的卧室里仅有的家具是一个金属笼和一个儿童坐便椅。白天吉尼被捆在坐便椅上，而晚上则被锁在金属笼中的床上。这个家庭中任何人都被禁止和她说话，她的食物被迅速扔给她，其间没有任何语言交流。如果她父亲听到她发出声音，就会敲打她、呵斥她，像狗一样地冲她咆哮，让她安静。直到她同样受到虐待双目几近失明的母亲带她逃出来，吉尼才被当局发现。

这虽然是一幕人间惨剧，但也是一个极佳的研究机会，即评价在极端恶劣环境下儿童发展所受到的影响。当获救后，她不能直立，像兔子一样，蹦跳行走，双手像爪子一样放在前面。她缺乏自控，未社会化，营养不良，不能正常咀嚼。

她出奇安静，只能说少量单词，如"停止"或"不要"。通过治疗和训练，她终于学会了一些单词，也学会了微笑，行为举止发生了一些改变，开始愿意和家庭成员交流。她对古典钢琴非常着迷，这可能因为，在她被隔绝时曾听到邻居小孩弹钢琴。吉尼也学会了一些肢体语言，发展出一些显著的非语言交流技能。经常有陌生人前来拜访她和她的监护人，送给她礼物或者财物。她的悲惨遭遇引起了很多人的同情，她后来由养父母抚养长大，但吉尼没能掌握语法，无法控制自己突然爆发的愤怒情绪。她缺乏独立生活的能力，现在已经50多岁了，但仍住在专门为失去语言和表达能力的残疾人提供的救助中心里。

上例极端事例表明，在生命初期存在着儿童发展的关键期，如果儿童在这个时期无法正常获得知觉和社会刺激，那么他们的发展将会受到不可挽回的影响。这一案例引发了研究者对社会性刺激影响脑功能、语言发展以及社会性技能发展等相关研究的兴趣。

成熟 一个由生理基础决定的、随着时间不断展开的成长过程。

然—环境因素的影响作用问题上针锋相对。一些心理学家强调自然因素的重要性，即遗传和成熟的作用。另一些心理学家则强调环境因素的重要性，即习得和经验的作用。前者的支持者认为生物性决定了个体的发展，发展最终取决于遗传因素。在遗传因素的作用下，个体逐渐**成熟**（maturation），复杂的社会性机能和能力不断提升。格塞尔是这种观点的早期倡导者。与之相对的是，后者的支持者，以华生（1928）为代表的心理学家，则坚信环境是儿童发展的决定性因素。他们设想遗传条件没有限制，而环境因素塑造儿童发展。他们认为通过合适地改造环境，可以将任何一个婴儿培养成为运动员、艺术家或者律师。

今天，没有任何人支持上述极端观点。尽管在生物遗传和环境因素的影响孰轻孰重的问题上还存在争议，但两者共同作用于社会性发展已经成为现代心理学研究者的共识。如今，研究的挑战在于，探究上述两方面因素发生交互作用并进而导致儿童社会性行为的改变和个体差异。近年来，许多研究者从事该领域的研究工作。其中有一项研究表明，儿童的攻击行为是上述双重因素作用的结果，即睾酮（即生物遗传因素）以及他们受到攻击性事件的影响（即环境因素）共同导致了攻击行为（Moffitt et al., 2006）。另一项研究发现，儿童的交际性植根于他们的气质特征（即生物遗传因素），以及他们在家庭中的早期经历（即环境因素）（Rothbart & Bates, 2006）。今天，该问题不再是先天遗传和后天环境因素谁能决定发展，而是后天特定的环境因素如何塑造和改变先天遗传性格的表达。

2. 儿童在自身发展中扮演何种角色？

另一个关键性理论问题是，在社会性发展中，儿童自身在其发展中发挥着多大的作用。早期的心理学家曾经认为，儿童仅仅是被动的接受者，完全由外界力量塑造而成。如今大部分心理学家改变了这种认识，只有部分人仍然坚持认为，儿童是自信还是腼腆源于父母教养方式，或认为是受到同伴群体施加

相互沟通 社会成员之间的相互交流，比如，父母和孩子长时间相处引起彼此社会性行为的改变。
社会二人搭档 成对的社会搭档，比如，朋友、父母之一和儿童，或者夫妻。

的压力才会沦为少年犯。总体而言，现代发展心理学家认为，儿童是充满主观能动性的个体，在一定程度上，他们塑造、控制并把握着自身的发展（Bell, 1968；Kuczynski, 2003）。他们认为，儿童是周遭环境的好奇探究者，他们积极寻找着特定的信息和反应。此外，他们还积极模仿成人的行为。在发展过程中，儿童与他人互动，产生**相互沟通**（transactional）（Sameroff, 2009）。例如，儿童请求父母帮助解决遇到的问题，父母给予建议，这样，在父母的帮助下，儿童与父母、同龄人的交流都发生了变化。在这一相互影响过程的作用下，儿童的社会性行为发生着持续的改变。

3. 哪些是社会性发展研究应该关注的领域？

心理学家对于社会性发展的研究，一度集中于儿童个体的研究分析。最近十年来，心理学家更多认识到其他因素也需要加以关注。伴随着对儿童与他人进行互惠性交往的重新认识，研究者开始把关注的焦点逐渐转移到**社会二人搭档**（social dyads）上。现在，研究者对社会性相互作用和交流的本质的探究集中在成对儿童之间、父母之一与儿童之间，以及不同个体之间的社会关系上（Collins & Madsen, 2006；Hinde, 1997）。同时，研究者还关注更大的群体，如母亲—父亲—儿童，或三个朋友之间的关系，即社会三人搭档（Collins, 2010）。此外，研究者也研究社会性群体，这些群体是儿童自己组建或者自愿参加的，属于家庭之外的社会性群体。这些群体拥有自己的规则、规范和习惯，为儿童提供有益于社会性发展的重要环境。现代社会性发展心理学家认为，上述的组合——个体、二人搭档、三人搭档和群体——在社会性发展中都具有重要的作用。

4. 发展是持续的还是非持续的？

第四个问题是发展心理学家曾经提出的，即如何看待社会性发展研究中发展过程的变化。一些心理学家认为，发展是一个持续的过程，每项改变都建立在原来的经验基础之上。他们认为发展是均匀的、渐进的，并没有突然爆发的时期（见图1.1a）。另一些心理学家认为，发展作为一系列不连续步骤，每个发展阶段都不尽相同，每个新的发展步骤从品质上看都不同于之前（见图1.1b）。他们基于对发展和技能各方面的关注，认为每个发展组成部分与另一个发展组成部分都不尽相同。让·皮亚杰（Jean Piaget）和西格蒙

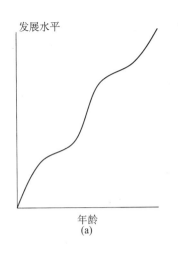
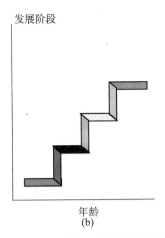
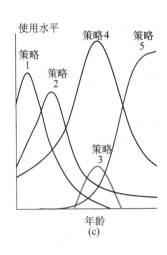

图 1.1 持续性发展和非持续性发展

持续性发展观点（a）认为发展是在技能和行为上逐步的、渐进的变化，没有突发性的变化。非持续性发展观点（b）认为台阶式的变化，使得每个发展阶段与前一个发展阶段有质的区别。第三种观点（c）表明，随着年龄的增长，不同的社会性策略得到运用和放弃，儿童最后会选择运用最成功的社会性发展策略。

德·弗洛伊德都认同发展的阶段理论，他们认为，随着儿童年龄增长，他们会进入一个新的发展阶段，学到新的认知策略，并建立新的人际关系，这些新策略会取代早期的行为方式。而赞同持续性发展观的科学家则认为这种行为的显著变化不过是持续发展过程中的一个组成部分。

近年来，一些发展心理学家提出，人们对于发展持续和非持续性的判定取决于观察时我们使用的"放大镜"的度数（Siegler，2000）。如果把一个比较长的年龄阶段作为研究对象，我们会发现引人注目且证据确凿的差异，这表明社会性行为和社会性关系存在明显不同的发展阶段。但是，如果我们观察得更仔细些，就会发现这些变化不是突然发生的。事实上我们发现，甚至在同一个时间点也存在着多种不同的社会性行为：一个儿童，在某个时刻能够运用复杂、恰当的社会性策略和同伴相处，而在另一个时刻则会表现出原始的应对方式。例如，在学习社会性技能过程中，一个刚刚学会走路的孩子，有时候可以轮流和同伴玩玩具，但在另一个时刻则可能与同伴争抢玩具，不愿意商量和等待。只有经过多次与同伴发生冲突后，他们才会经常性地与同伴商量着玩玩具。基于对社会性相互影响更深入的研究，新的研究描绘出了新的发展曲线图，图中儿童表现出多种社会性策略，在不断尝试中逐渐采纳最好、最适当的策略（见图 1.1c）。因此，发展的过程并非像持续性发展

观或阶段性发展观认为的那样线性上升或逐级跃进。

今天，大部分社会性发展心理学家都认可持续性发展和非持续性发展观点的价值。从整体来看，发展是持续性，但其中也穿插着跳跃式发展的时期。这些跳跃性发展可以表现为身体技能的进步，如学会走路，这为婴儿提供了新的交流机会，或者青春期的来临促使儿童改变对自身的认识（Caspi & Shiner，2006；Ge et al.，2001）。其他变化可能是文化改变的结果，比如，进入初中可以让儿童接触到更大的社会群体、更复杂的社会性组织。一些心理学家认为，这些转变期是进行干预或改变发展轨迹的机会。

5. 社会性行为是情境决定，还是儿童自身决定的？

社会性发展研究的另一个关键问题是，在学校、家庭、运动场，或大街等不同社会情境中，儿童的行为是否相同。儿童是在不同场合有不同表现，还是受到性格特征的影响而在不同场合下有大同小异的表现？我们能够认为一些儿童是正直、可靠，或乐于助人的，并期待他们在所有情境中都具有这些良好的表现吗？在面临不同的情境，如困难的考试、与愤怒的父母发生冲突、竞争性游戏或朋友需要帮助时，这些特质又会以什么样的方式表现出来？发展心理学家在个体因素和环境因素两者的作用孰轻孰重这一问题上仁者见仁。很多人通过强调两者的共同作用来解决这

在北美和西欧，每年出售的家庭教育读物数以百万计，人们争相购买这些书籍，渴望通过学习成为优秀的父母，以便更好地培养孩子。斯波克（Spock）博士的《育儿经》（Baby and Child Care）有七种版本，自从 1946 年该书第一次出版印刷以来，共售出 5 000 多万册。只有《圣经》售出的数量超过了它。但是，在其他文化背景中，斯波克博士的书同样能够给予父母们良好的养育建议吗？答案很可能是否定的。西方人认为，他们照顾婴儿的方式是鲜明的、正确的、自然的——一种简单、理所当然的事情。实际情况是，在一种社会文化中人们认为理所当然的事情，在另一种社会文化中可能被认为是古怪的、令人费解的，甚至是粗暴残忍的（DeLoache & Gottlieb，2000）。不同文化产生不同的期望，即什么样的儿童性格特征是合适的、符合期望的，什么样的父母行为是合适的、符合期望的。

我们的文化强调个体的独特性和独立性。基于我们关于自由意志和把握自身命运的信念，我们将自主性、自信心、进取心甚至竞争能力视为弥足珍贵的品质。在我们的文化中，父母在培养孩子理想性格方面担负着主要的责任。虽然保护儿童的安全是所有文化的目标，但是我们文化的成员发明了儿童安全座椅、婴儿监视器和婴儿隐藏式摄像头等设备为儿童提供保护。我们相信依靠科学技术的先进力量，能够让自己和儿童的生活更美好。我们的养育指南反映了上述理念。

哪些儿童特质是理想的？谁应该为养育孩子负责？儿童面临着哪些危险？在这些问题上，其他文化拥有和我们截然不同的观点。在许多其他文化中，我们眼中的金科玉律被认为毫无意义！许多非西方文化重视相互依靠、谦虚和不出风头的品性，而不是我们文化中强调的自信和自我扩张。富拉尼人是西非最大的一个部落，他们居住在撒哈拉沙漠边缘，最推崇的价值观包括"soemteende"——谦虚和克制、"munyal"——耐心和坚毅、"hakkilo"——细致和富有远虑（Johnson，2000）。在巴厘岛（印度尼西亚的岛屿之一），儿童受到的教育是：不要在获得好分数时表现出快乐等积极的情绪，也不要在公众场合表现出愤怒等消极情绪（Diener，2000）。

许多非西方社会同样重视儿童养育责任的分担以及集体成员在儿童照料问题上的参与。位于西非科特迪瓦的一些村庄，整个大家庭住在一起，所有家庭成员和来自其他家庭的乡亲，共同分担养育儿童的责任。事实上，全村人在新生儿出生后几个小时内赶去道贺是当地的风俗（Gottlieb，2000）。阿芙鲁克，北太平洋密克罗尼西亚的一个小岛，是共同养育儿童的极端案例。在那里，超过 1/3 的儿童被第二家庭收养。这些被收养的儿童，得到生父母和养父母的共同照料。他们住在其中的一个父母家中，受双方家庭保护。实际上，被收养的儿童拥有两个家庭网络（Le，2000）。在一些文化中，社会联结不仅依靠日常生活维系，也与死亡关联。在巴干达（一个东非部落），婴儿被认为是转世的祖先，其中一个文化目标是保持儿童与祖先的精神联结，婴儿的名字是这样来的：根据婴儿听到哪个祖先的名字会笑，就以哪个祖先的名字命名（DeLoache & Gottlieb，2000）。对儿童的保护还受到文化的影响，这通常和宗教信仰中女巫或恶魔等对孩子的伤害有关。在富拉尼，母亲们在婴儿身上涂上牛粪，以减少恶魔的关注，避免被其抓走。在婴儿熟睡时，她们还会在枕头上放一把小刀，以防范恶魔的侵袭（Johnson，2000）。

如果西方育儿专家希望将自己的书籍推销给其他文化中的母亲，重新写过是他们不得不进行的工作。认为只有我们的养育方式是正确的，除此之外别无他法这一观点明显错误。斯波克博士的育儿建议对富拉尼、巴厘岛、孟加拉或阿芙鲁克的儿童来说并不适用。在这些文化背景中的父母需要的是本土作者撰写的育儿书籍，他们知道哪些技能是儿童所需要的，只有掌握这些技能，才能适应环境，获得生存和发展。当然，这些文化中的家长也不像西方父母一样对育儿书籍有着强烈的需求，传统和观察才是他们养育行为的基础。

一难题。他们指出，儿童会选择适合他们个性特征的情境。例如，攻击性儿童更喜欢参加帮派或者空手道班，而不是教堂唱诗班或者集邮兴趣小组（Bullock & Merrill，1980）。但是，在不允许发起攻击行为的情境中，这些儿童可以是友好的、通情达理的、善于合作的。正如我们将在第3章"生理基础"中讨论的，遗传性倾向促使儿童选择的是与他们基因构成相容的情况（Scarr & McCartney，1983）。同时，儿童对于生活经历的选择性，会加强其遗传倾向性——例如，随着他们不断长大，行为的攻击性趋势会增加或减少。

6. 社会性发展在不同文化背景中是普遍一致的吗？

在中国农村、以色列集体农庄、秘鲁乡村或美国郊区成长的孩子具有迥异的成长经历。即使在美国，不同民族或种族儿童的成长过程也天差地别（Demo et al.,2000；Parke & Buriel，2006）。社会性发展的另一个关键性问题是，不同的经历对儿童的社会性行为存在多大的影响。心理学家在文化的影响程度上持有不同意见。一些心理学家认为存在适用于所有文化儿童的超文化发展规律。例如，儿童在每种文化中都学习社会生活基本技能、辨识他人的情感表达，通过语言向他人传达愿望和请求等。另一些心理学家认为，儿童所在的文化环境在发展中充当着重要角色。例如，在某些文化中，哥哥姐姐照顾弟弟妹妹，而另一些文化中则由专业照料者承担照料儿童的任务。还有一些心理学家认为，社会性发展在某些方面是普遍的，在另一些方面则与文化息息相关。例如，尽管所有儿童都会发展出社会理解能力，但是，由于受到不同文化的影响，在核心家庭中长大的孩子，其社会认知及社会行为必然与其他养育条件下长大的孩子大不相同（Gauvain，2001b；Rogoff，2003）。

7. 社会性发展随历史是如何变化发展的？

文化不仅有地域差异，也有时代差异。因此，另一个重要问题是，时代变迁引起的历史变化会如何影响儿童的社会性发展。我们社会的家庭结构和人们的相处方式在过去十年间已发生了巨变。离婚率和再婚率不断攀升，生育推迟，大家庭减少，母亲外出工作的可能性增加，儿童待在照料机构和同伴相处的机会增加，迅速发展的计算机技术被用来和认识或不认识的人联系。问题是：在这样的文化环境中，儿童发展是否仍然没有发生改变？现代研究者普遍认为，历史的变迁，在塑造儿童的发展方面发挥了重要作用（Elder & Shanahan，2006）。儿童的社会生活及其家庭也会受到特定历史事件的影响：发生在20世纪60年代的越南战争、80年代美国中西部的农业危机、2001年纽约的恐怖袭击事件、2005年的卡特里娜飓风，以及发生在1989年德国的柏林墙倒塌、20世纪60年代晚期北爱尔兰的天主教徒和新教徒之间的战争，还有2008年的全球经济危机等。无论是急剧的历史性变化还是生活条件及价值观的逐渐变迁都会在儿童社会性和情绪发展过程中留下烙印。在进行代际比较时，两者的影响都不容忽视。

8. 社会性发展与其他发展领域相关吗？

另一个社会性发展研究的问题是：儿童在其他领域的发展变化（如认知、语言、情绪、运动能力）会怎样影响其社会性行为？一个世纪前，达尔文（Darwin，1872）认为，情绪在儿童社会性互动中发挥着关键的调节作用。时至今日，情绪和社会性发展的关系仍是心理学家研究的重要主题（Denhan et al.，2007）。此外，心理学家还高度关注认知发展的作用。例如，儿童认知能力中，能否理解他人意图是社会交际能力的重要组成部分，它关系到儿童如何对他人的行为作出反应（Dodge，Coie，et al.，2006）。语言能力的发展为儿童交流提供了必需的手段，因而在社会性发展中扮演着关键的角色（Bloom & Tinker，2001）。甚至，运动能力的发展也会左右社会性发展的进程，例如，爬行和行走能力的获得使婴儿可以接近其他人，或者和他人待在一起。而指出方向和使用手势，使儿童在说话前就可以和他人进行交流（Saarni et al.，2006）。如上所述，社会性发展与其他领域发展息息相关，所以，研究社会性发展，必须研究儿童其他相关领域的发展。认识到跨领域的相互作用非常重要，两者相辅相成，缺一不可（Gauvain，2001a, b）。

9. 母亲对于儿童的社会性发展有多重要？

人们一度认为，母亲在儿童社会性发展中发挥着最重要的作用，是儿童正常发展必不可少的一部分，其作用无人可替代。从弗洛伊德到劳拉（Laura）博士都赞同母亲是儿童社会世界的这个研究是格雷·埃尔德（Glen Elder, 1974, 1998）和他的同事（Elder & Shanahan, 2006）一起合作的。他们对1929年的股票危机以及随之而来的经济大萧条进行了研究，试图考察某一个特殊历史时期是如何影响儿童社会性发展的。他们发现：这项在加利福尼亚进行的纵向研究中，一些被试在大萧条发生时刚进入小学，另一些则已有10多岁；一些被试遭遇父母失业，另一些家庭经济状况则没有受到很大影响。这些差异使得研究者能够对不同经济境遇的家庭以及这些境遇对不同年龄段儿童的影响进行研究。

在经济上遭遇严重打击的家庭，其家庭角色和家庭关系发生了急剧变化。家庭内劳动力组成和权力结构发生了改变：父亲失业，收入剧减；而母亲进入劳动力市场或照料寄宿者补贴家用，这导致了母亲权力的增加，同时父亲的权力、声望和情感地位明显下降。离婚、分居、离家出走增加，这些情况在经济大萧条前夫妻关系已经存在危机的家庭中更加常见。亲子关系也会随着经济状况的恶化而发生改变，体罚增加，给予孩子社会支持减少在父亲身上表现得尤为明显。

儿童角色也发生改变。女孩不得不做更多家务，而更多年龄大一些的男孩则到外面工作。男孩更可能离开家庭，因而更容易受到同伴的影响，也更可能变得暴躁、易怒。男孩和女孩都变得更情绪化、更脆弱。由于年幼儿童对父母的依赖性更强，受家庭环境改变影响的时间也更长，因此在大萧条来临时年龄越小的孩子受到的影响越大。这些影响会持续很长时间。当他们成人后，其价值观、工作类型和婚姻状况都打上了早期生活经历的烙印。十几岁时不得不外出打零工的男性，会选择安全而稳定的工作，而不是高风险、高社会地位的工作，他们更难对工作和收入感到满足。在大萧条过程中适应不良的男性和女性婚姻状况往往不佳。最后，在经济大萧条时期时常发火的女孩会成长为脾气暴躁的母亲。因此，经济大萧条影响了整整三代人的社会结构、社会情感和社会行为。

引导者，一些人甚至认为母亲是唯一关键的引导者。今天，没人会否认母亲在儿童早期社会性发展中扮演着重要甚至是最为重要的角色，但心理学家指出，其他个体同样具有其重要作用，父亲、兄弟姐妹、祖父母以及亲戚都能够对儿童的社会性发展产生影响（Dunn, 2002, 2005, 2006; Lamb, 2010）。教师、儿童照顾者、教练员以及宗教领袖，也可能会对儿童产生影响（Clarke-Stewart & Allhusen, 2005; Lerner, 2002）。如今，我们知道，儿童的社会性发展处在社会生态模型之中，许多因素作用于儿童的成长发展，使他们发展出健康的社会关系，并拥有社会技能。

10. 社会性发展是否存在单一发展路径？

社会性发展领域的另一个关键性问题是：儿童是否都遵循着同样的发展路径？早期社会性发展研究者，例如格塞尔，主要关注普遍发展步骤，认为所有儿童都遵循这样的发展方式达到社会成熟。如今，大部分研究者认为，发展具有不同的路径，并不存在通向成功或者导致失败的单一路径。一开始，儿童的发展水平可能相差无几，但经过一段时间，就会在不同的领域表现出差异。下面事例可以作为佐证（Cummings et al., 2000, p. 39）：

罗宾和斯塔奇都拥有安全稳定的家庭关系，和兄弟姐妹也相处得很好。但是，斯塔奇的父母失去了工作，婚姻出现问题。她的父母对于她的需要不再像从前那样给予积极回应，对她日益增加的破坏性行为监管降低。罗宾的家庭则与之相反，父母工作得到提升，拥有一个快乐幸福的家庭。他们之间充满关爱、沟通良好，家庭事务安排得井井有条。当两个孩子5岁时，罗宾仍然和父母保持安全依恋关系，他的社会性发展水平高于常规水平。而斯塔奇则产生了不安全依恋，其适应问题测验得分达到临床诊断标准。

这种开始时水平相似，但最终结果迥异的发展模式被称为**多样性结尾**（multifinality）。这表明儿童和父母之间交流的一贯模式会影响儿童的社会性发展。

与之相反，另一些儿童在开始时可能存在很大差异，但最终获得了相近的发展成果。例如（Cummings et al.，2000，p.40）：

> 安妮和艾米生活在差异很大的家庭环境中。安妮生活在富裕的家庭，她的父母感情和睦，用心教育孩子。艾米则和经历过剧烈离婚的父亲一起生活。6岁时，安妮适应良好，艾米却很忧伤，表现出退缩性。然后，在随后的数年中，艾米充分利用其社交和体育技能和同学形成了融洽的关系，她离婚的父母也找到了更友善的相处方式。在10岁时，安妮的家庭依然充满支持，积极健康，她也依旧是个适应良好的女孩，而艾米同样也适应良好，具有高于一般水平的社会能力。

上述事例被称为**等同式结尾**（equifinality），即儿童发展道路迥异，但达到相同发展水平。这两个事例清晰地表明，儿童在发展社会技能上并不遵循唯一发展路径。

儿童个体对于家庭环境的适应同样具有很大差异。不利发展环境会给一些儿童带来永久性的发展混乱或滞后。另一些儿童则可能会表现出"睡眠者"效应，他们的短期发展表现良好，但是长期发展却出现问题。还有一些儿童，在大多数困境下表现出良好适应性，他们不仅能够应对困境，而且能够把困境化为财富，促进自身成长。较之没有类似逆境经历的儿童，这些儿童在再次遇到逆境时能够更好地应对。早期经历使其产生了免疫力，并从中获益匪浅（Luthar & Brown，2007；Masten & Obradovi，2006；Rutter，2006b）。

11. 什么影响了我们对儿童社会性发展水平的判断？

正如儿童社会性发展水平存在差异，成人判断和标记儿童社会性行为的方式也存在差异。在行为方面，例如攻击性、喜好性、利他性，这些都难以定义。这些特征不像身高或体重，可以用尺子测量，或者用体重计来称重。那么，究竟是什么因素影响了人们对社会性行为的判断？这个问题令人感兴趣的关键在于，我们判断或者标记他人行为的方式，将会影响其应对方式。例如，标记一个行为是"攻击性的"较之标记一个行为

是"自信的"，更可能导致消极反应。

三类不同因素——儿童的性格特征、成人的性格特征以及环境——

> **多样性结尾** 两个儿童开始时发展水平相似，后来发展差异很大的一种发展路径。
>
> **等同式结尾** 儿童遵循不同的发展道路，达到相同发展水平的现象，即殊途同归。

都能对社会判断以及社会性行为的甄别产生微妙的影响。如果行为的主体为男孩，或在婴儿期具有情绪障碍史，相貌丑陋，具有违法乱纪经历或来自低社会阶层家庭，我们更可能将其行为贴上消极的标签（Cummings et al.，2000；Moeller，2001；Putnam et al.，2002）。当我们自己情绪低落或者攻击性较强时，也更可能认为儿童的行为是否定、消极的（Cicchetti & Toth，2006；Hammen，2002）。最后，如果某件事发生在更严格和高要求的环境中（比如，在教室而不是公园中），那么我们也更可能给予儿童行为以消极否定的评价。消极的标签不仅影响到我们的行为，也可能导致儿童进行消极自我评定，增加产生更加消极行为的风险。

12. 发展心理学家是唯一对发展心理学有贡献的学者吗？

发展心理学家是研究社会性发展最多的学者。这是否意味着发展心理学家"独霸"社会性发展研究领域呢？发展心理学家是唯一研究社会性发展的研究者吗？答案当然是否定的。其他领域的学者，包括儿科医生、精神病学家、人类学家、经济学家、法学家和历史学家，都对儿童社会性发展研究贡献了自己的力量。精神病学家关注儿童异常社会性发展，例如自闭症和行为障碍（Cicchetti & Toth，2006；Cummings et al.，2000）。人类学家通过跨文化研究，关注儿童社会性生活（Mead，1928；Weisner，2008；Whiting & Whiting，1975）。经济学家研究贫困对儿童和家庭的影响（Duncan & Brooks-Gunn，1997）。社会学家为社会阶层和社会变迁如何影响儿童社会性发展的结果提供了更好的解释（Featherman et al.，1988；Kohn，1977）。历史学家揭示出不同历史时期如何塑造儿童社会性态度、信念和行为（Modell & Elder，2002）。法学家研究道德行为。遗传学家指出遗传和环境的相互作用和影响，以及确认基因和基因群是如何影响儿童的社会性行为的（Gregory et al.，2010；Moffitt et al.，2006；Plomin &

Rutter，1998）。总而言之，单一学科难以肩负起研究儿童及其社会性发展的重任。只有多学科研究者多方协作，群策群力，才可能揭开儿童社会性发展的面纱（Sameroff，2009，2010）。

社会性发展的理论视角

关于儿童如何成长、成熟的基本理论，在对儿童社会性发展进行的科学研究中发挥着核心作用。社会性发展的基本理论有两个主要功能：第一，将分散的、表象的信息组织分析后，变成相互联系的、有趣的社会性发展解释。第二，它们能够带来可验证的假设并对儿童发展情况进行预测。尽管没有任何一个理论可以解释社会性发展的所有方面，但过去的一些经典理论，如弗洛伊德的心理动力理论，皮亚杰的认知发展理论，以及华生的行为主义学习理论，都试图从普遍意义上解释发展问题。

与之相反，现代理论则只关注发展的特定方面或领域。适用于多个领域并非这些理论的目标，相反，他们认为在不同领域会有不同的加工过程。这些理论在着眼点以及上文中提到的关键问题的回答上存在差异。表 1.1 对不同理论在关键问题回答上的差异进行了总结，对照这一表格阅读本节能够起到事半功倍的效果。

表1.1 　　　　各理论流派关键问题分析

理论家 / 理论	问题 1：遗传（B）对环境（E）	问题 4：持续性（C）对非持续性（D）	问题 5：情境（S）对个体（I）	问题 6：普遍一致的（U）对文化的（C）
弗洛伊德	B+E	D	I	C+U
埃里克森	E	D	I	C+U
学习理论	E	C	S	U
认知社会学理论	E	C	S+I	U
社会信息加工理论	E	C	S+I	U
皮亚杰	B×E	D	I	U
维果斯基	E	C	S	C
生态学	E	C	S	C
习性学	B+E	D	S	U
进化论	B+E		S	U
行为遗传学	B×E		I+S	U
毕生观	B+E	C	S+I	C

注："+"表示两项因素都重要；"×"表示两项因素之间相互作用，影响发展结果。

精神分析视角

弗洛伊德曾掀起了发展研究方面的革命，颠覆了我们原来对于发展的认识与理解。他的根本观点建立在本能驱动和童年早期体验上，在 20 世纪初期，这是一个非常激进的观点，在心理学、精神病学领域都产生了巨大影响。在这里，我们讨论弗洛伊德的理论，以及埃里克森（Erik Erikson）的理论，后者接受弗洛伊德的基本思想，并将其从童年期扩展到老年期。

弗洛伊德的理论

根据弗洛伊德的**心理动力理论**（psychodynamic theory）关于发展的描述，心理成长阶段是不连续的，且是基于生物性的本能驱使，如性、攻击性和饥饿。同时，心理成长也被环境塑造，尤其是受其他家庭成员的影响。人格的发展包含三个相关层次：本我、自我、超我。婴儿时期可以视为本能的**本我**（id）控制时期，它遵循"快乐原则"，试图将快乐最大化，追求即时满足。当婴儿继续发展，理性的**自我**（ego）出现，它尝试通过合适的、社会化的建设性行为，来满足自己的需求。当儿童"内化"（接受和理解）父母或社会的道德、价值和角色，并发展出道德良心或有能力去实践道德价值时，**超我**（superego）就出现了。

心理动力理论 弗洛伊德的理论，认为发展是由天生的基于生物性的驱力所决定的，同时又受到童年早期与环境的冲突的影响。

本我 弗洛伊德理论中遵循快乐原则的本能驱力。

自我 弗洛伊德理论中人格的理性成分，它尝试通过合适的、社会可接受的行为来满足需求。

超我 弗洛伊德理论中基于儿童对父母或社会的价值、道德和角色的内化而形成的人格成分。

在弗洛伊德看来，发展是一个非持续过程，可以划分为 5 个阶段（详见表 1.2）。在"口唇期"，婴儿以吃、吸吮、咬和吞咽等口腔活动为主。弗洛伊德假定，婴儿从口唇活动中获得极大快乐和满足。在第 2 年或第 3 年，优势改变：在"肛门期"，儿童被要求学习延迟排便，父母努力对儿童进行如厕训练。从第 5 年或第 6 年开始，儿童进入弗洛伊德所谓的"性器期"，他们表现出对生殖器的极大兴趣，性需求集中于自己的性器官本身，通过玩弄性器官获得满足，这些促使他们从生理解剖的角度，认识性别差异。这个时期，男孩经历**俄狄浦斯情结**（Oedipus complex），在这种情结中，他们被母亲所吸引，对父亲充满嫉妒，但是又害怕父亲会惩罚自己，而遭到阉割。当男孩放弃对母亲的性爱感觉，重新认识和父亲的关系时，俄狄浦斯情结就会消除。在**厄勒克特拉情结**（Electra complex）中，女孩因为自己没有阴茎而责备母亲，对拥有阴茎的父亲抱有性爱的感觉。当她们终于意识到不能成为父亲的配偶时，她们就会把对父亲的感情转移给其他男性。她们放弃了对母亲的怨恨，开始重新认识母亲。

随之而来的是急剧变化的"潜伏期"。在这一时期，弗洛伊德认为，儿童的性驱动力暂时隐藏，从 6 岁到青春期，儿童回避和异性相处，有意识地和同性伙伴在一起。在家庭中和同龄人群体中都发生着如此转变，这样可以获得社会性发展的必要技能。弗洛伊德理论的最后一个阶段是"生殖期"，这时性需求再度出现，但更合理地从同辈两性关系中获得满足。生理、身体进一步发展就进入青春期，这一阶段在发展中扮演着非常重要的角色。

在弗洛伊德看来，儿童对上述这些发展阶段的适应，对其后来的行为和人格会产生深远影响。例如，如果婴儿时期口唇刺激没有得到满足，成年后就更容易吸烟、嚼口香糖、话多以及喜欢接吻。那些很早就接受严格排便训练的儿童，很可能形成肛门滞留人格，养成过于追求细节完美的性格，他们更要求整洁干净，房间秩序井然，希望伴侣也能讲究秩序。后来的相关研究并没有给弗洛伊德的特殊理论假设提供更多支持，但是婴儿和童年时期的经历会影响其以后的发展时至今日仍然是发展心理学的核心观点。

> **俄狄浦斯情结**　弗洛伊德理论的术语，认为男孩被母亲吸引而嫉妒父亲。
>
> **厄勒克特拉情结**　根据弗洛伊德的理论，女孩因为自己没有阴茎而责备母亲，对拥有阴茎的父亲抱有性爱的感觉。

表 1.2　　弗洛伊德和埃里克森的发展阶段理论

年龄（岁）	发展阶段			
	弗洛伊德		埃里克森	
0～1	口唇期	关注吃和把东西塞进嘴里。	婴儿期	任务：发展对自己和他人基本的信任。 挑战：对他人不信任，缺乏自我认识。
1～3	肛门期	强调排便训练；对于权威和纪律的初次体验。	童年早期	任务：学习自我控制，建立自觉性。 挑战：对于自己能力的害羞和怀疑。
3～6	性器期	表现出对生殖器的极大兴趣，促使他们认识性别差异；性别判断的关键期。	学前期	任务：获得主动感，能够把握环境。 挑战：对于攻击性和鲁莽性到内疚。
6～12	潜伏期	性需求潜伏起来，强调受教育和关心他人。	学龄期	任务：获得勤奋感。 挑战：对于想象的和真实的困难感到自卑。
12～20	生殖期	随着青春期的到来，性需求再次出现，青少年和成人，与同龄人建立浪漫的关系，表达性冲动，可能会生育。	青少年期	任务：建立基本的自我认同感。 挑战：自我认同感混乱，对于我是谁、我要干什么感到困惑。
20～30			成年早期	任务：和他人建立亲密感。 挑战：不稳定的自我认同导致孤独感。
30～65			中年期	任务：获得繁殖感。 挑战：不能生育、思考或者工作，导致停滞感。
65+			老年期	任务：获得自我完善感。 挑战：怀疑和失望导致绝望。

埃里克森的理论

埃里克森接受了许多弗洛伊德的基本观点，但他更强调社会环境对发展的影响。**社会心理理论**（psychosocial theory）同弗洛伊德理论一样，认为发展是非持续的、分阶段的。不同之处在于埃里克森将理论扩展至成人阶段（详见表1.2）。对于每个阶段，他强调个体应该完成该阶段的任务，克服挑战（Erikson, 1950, 1959, 1980）。

在埃里克森的第一个发展阶段中，个体的主要任务是获得基本信任感。通过学习信任父母和养育者，婴儿学会信赖周围环境和自身。如果他们发现他人不可信赖，就会对自身和周围世界都充满不信任感。在第二个阶段，儿童必须学会自我控制和发展自主性；如果父母对儿童的保护或惩罚不当，他们就会担心自己的依赖和无能，进而滋生害羞和自我怀疑。在第三个阶段，即在3～6岁的学前期，儿童发展自主性，学着控制自己周围的环境，但同时又可能会为自身太强的攻击性和阴暗心理感到内疚。在6～12岁，即学龄期，儿童多半从学校的成功中获得勤奋感，这也是儿童比较自己和同龄人技能水平的时期。在学习或者社会性任务上，真实的或者想象的失败都将给他们带来自卑感。

在第五个阶段，青少年的任务是建立稳定的自我定义，即自我认同。如果他们不能确定自己是谁、将来要做什么，就会产生角色困惑。下一阶段，成年早期的任务是与他人建立亲密关系，尤其是一个稳定的、亲密的两性关系。该阶段初期面临的问题，如自我认同的混乱，可能会导致与他人的疏离和孤独感。中年期的任务是创造事物——孩子、思想或者产品。如果**繁殖感**（generativity）没有得到表达，将会导致停滞感。在埃里克森的最后一个阶段，自我完善是老年期的发展目标。如果对自身成就和失败的总结导致了自我怀疑和悔恨，此时绝望就会产生。

对精神分析视角的评价

弗洛伊德和埃里克森的发展理论促进了许多现代社会性发展研究观点的形成，包括早期经历

> **社会心理理论**　埃里克森的理论，认为每个阶段都有需要解决的任务，这取决于与社会环境的交互作用。
>
> **繁殖感**　人们对除自身以外的人的关心，尤其是照顾和帮助年轻人，以及养育下一代。

步入成年　父性和繁殖感

埃里克森认为，中年期的主要社会心理任务是，如何在繁殖感和自我关注中保持良好平衡。关于繁殖感，他认为，任何创造性活动对下一代都具有积极作用和鼓励作用，都属于这个范畴。它包括形形色色的新想法、文化艺术方面的成就，以及创造新产品、照顾他人成长、引导更大团体发展。成人能够通过成为父母和顾问，体验繁殖感。约翰·斯纳瑞（John Snarey, 1993）阐释了三种男性繁殖感的表现形式：第一，生物繁殖感，即他们经历自己孩子的出生；第二，养育繁殖感，即他们为养育儿童倾注心血；第三，社会繁殖感，即他们关心、照顾较年轻的成人，引导他们，做一些有助于代际延续的事情。第三种繁殖感类型包括教导学徒、训练运动队、建立居委会、为社区办事处提供服务、管理雇员、给学生建议并管理学生。

斯纳瑞（1993）对240名14～47岁的男性进行了"繁殖感"调查研究。他发现，成为父亲，即体验过生物繁殖感的中年男性，较之无子女的男性，社会繁殖感更强烈。而体验过更多养育繁殖感的男性，即在教养儿童时，关注儿童社会—情绪发展，相对于较少养育儿童的父亲，更可能在外从事创造性活动。繁殖感差异，并不取决于男性收入、教育程度或者智商，而在于潜在态度。正如一个儿子描述自己高度热衷于外界事物的父亲时所说的："我的爸爸，总是关心帮助别人，他是一个大好人。"

更具繁殖感的男性享有社会性优势。富有养育繁殖感的父亲拥有更美满的婚姻和更强烈的道德感。这可能因为学习养育孩子，提高了他们的社会—情绪发展；一个父亲不可能是自我中心的，或者心无旁骛的；他必须满足自己孩子的需要。这样的经历，将使男性愿意花费时间和精力去帮助他人。在埃里克森的理论中，养育儿童的经历会减少对于自我的关注，增加对自己和他人的创造性行动。这些男性遵循着埃里克森的黄金法则：幼吾幼，以及人之幼。（Erikson, 1980, p.36）

对后来行为的影响、家庭对社会性行为的影响、社会对发展的影响等等。

弗洛伊德和埃里克森还界定了很多现代研究的重要主题，包括攻击性、道德、性别角色、依恋和自我认同等。

然而，精神分析视角也存在着很多缺陷。第一，弗洛伊德的核心理论很难通过实证方法进行验证。第二，他建立该理论的依据源于接受治疗的成人患者，而不是社会性发展中的儿童。第三，弗洛伊德搜集信息的方法，例如，自由联想、童年经历回忆以及梦的解析，可能存在着偏颇。弗洛伊德可能选择性地关注某一段童年经历，而患者本身也可能遗忘或者歪曲自身经历。第四，对于童年性经历的关注过于狭隘和泛化，不能给发展理论提供坚实的科学基础。尽管埃里克森研究真实情境下的儿童，但他也遭遇很多和弗洛伊德相似的方法论问题，例如，他对儿童玩耍行为的观察可能存在多种不同的解释，他的结论同样难以验证。对一个阶段发展到另一阶段内在机制解释的不足是其理论的另一弱点。尽管存在这些不足，精神分析视角在社会性发展研究领域依然具有深远而重要的影响。

传统学习理论视角

学习理论为社会性发展研究提供了一个截然不同的视角。这一节我们将探究曾用来解释社会性发展的学习理论：经典条件反射、操作条件反射以及驱力降低理论。

经典条件反射和操作条件反射

约翰·华生、伊凡·巴甫洛夫（Ivan Pavlov），以及 B.F. 斯金纳（B.F. Skinner）的研究工作是对条件反射和发展之间关系最好的论证。上述理论家认为：学习塑造发展这一基本原理贯穿于个体的童年期，甚至其一生；发展是一个连续而非阶段性的过程；儿童在这一过程中扮演着相对被动的角色，其学习和发展由所处环境中发生的事件决定。

作为**经典条件反射**（classical conditioning）的经典案例，巴甫洛夫的实验证明如果每次铃响都伴随着食物出现，狗就能学会听见铃声就分泌唾液（Pavlov，1927）。在反复同时呈现铃声与食物之后，单独的铃声就能使狗产生分泌唾液的反应。华生使用经典条件反射来操控儿童的行为和情绪。最著名的是他通过制造巨大的噪音，使一个11个月大

的婴儿——小阿尔伯特——建立起对有毛动物的恐惧感。他对于自己的研究非常自信，夸口说："给我一打健康的婴儿好好训练，并在我建立的特殊环境中成长，我保证他们中任何一个，可以变成任何类型的人，我可以选择医生、律师、艺术家、商人，甚至乞丐和盗贼，不需要考虑天赋、爱好、倾向、能力、职业和种族。"（Watson，1926，p.10）

当一个行为总是伴随着奖励或惩罚时，**操作条件反射**（operant conditioning）就会出现。给予儿童的行为积极的强化，如友善的微笑、表扬或特殊对待都会增加儿童再次表现出该行为的可能性。相反，通过给予皱眉、批评，或者撤销看电视的特权等惩罚措施，儿童很可能会减少这种行为。斯金纳（Skinner，1953）使用操作强化原理解释了很多行为，他的追随者运用该理论来改变儿童在教室、研究所和家庭中的社会性行为。这是20世纪六七十年代行为矫正运动的一部分（Bijou & Baer，1961，1978）。斯金纳强调强化程式的重要性，认为间歇性强化程式，而不是连续性强化程式（每个正确反应后都呈现强化物），导致的强化行为会更持久且不易遗忘。

学习理论的另一种解释是**驱力降低理论**（drive reduction theory）。克拉克·赫尔（Clark Hull，1943）认为，只有伴随着驱力降低时，在经典条件反射和操作条件反射中的刺激和反应才能导致学习的产生。饥饿、干渴等基本驱力在这一过程中发挥着动机的作用。个体吃喝时，由驱力产生的紧张感减少，这强化了吃喝行为，使其成为越来越强大的习惯。在经典条件发射中，由于刺激和因驱力满足获得的愉悦感联系在一起，因此成为了一种奖励并备受珍视。后来，驱力降低理论融合了弗洛伊德的理论，关注喂养情况，将其作为社会性关系发展的关键环境。研究者研究儿童的早期社会接触行为，认为母乳喂养可以减少婴儿的饥饿，这也是婴儿学会爱母亲的原因。不过这一点受到了

> **经典条件反射** 学习的一种，即新刺激总是和旧刺激同步出现时，个体会对新刺激产生和旧刺激相同的反应。
>
> **操作条件反射** 一种受行为结果影响的学习方式。奖励增加行为再度出现的可能性，而惩罚则恰恰相反。
>
> **驱力降低理论** 只有伴随着饥饿或干渴等基本驱力的降低时，在经典条件反射和操作条件反射中的刺激和反应才能诱发学习的产生。

脱敏　运用经典条件反射理论去克服恐惧和害怕，通过不断增加恐惧性刺激，最后对真实体验不再产生"过敏"反应。

对学习理论视角的评价

学习理论在解释儿童社会性发展中一直发挥着重要作用。经典条件反射似乎可以解释对某一特殊对象的强烈情绪。更重要的是，它还可以通过运用系统**脱敏**（desensitization）疗法来减少类似的强烈情绪（Gelfand & Drew, 2003）。通过逐步接触害怕的事物，儿童能够学习克服对蛇、狗、医生或者黑暗的恐惧。例如，针对一个害怕蛇的儿童，首先，让他想象蛇的样子，然后让他远远地看房间笼子里的蛇，接着让他靠近蛇，最后鼓励他把蛇拿起来玩耍。在每个阶段，都在引导、帮助他放松，不要害怕和焦虑。

当代研究者认为，在解释儿童行为发展和行为矫正方面，操作条件反射理论的价值不容忽视。杰拉尔德·帕特森（Gerald Patterson, 1982, 1993, 2002）的研究表明，当父母关注（正强化）敲打或者戏弄行为时，儿童的攻击行为将增加。他还指出，通过"面壁思过"惩罚措施，即把儿童和其他人隔离开一段时间，能够有效减少攻击行为。操作条件反射运用于很多实践项目中，可以帮助教师和家长改变儿童行为。

虽然这些方法能够矫正儿童的不良行为，还能提供关于行为起源的线索，但这并不充分。首先，它们不关注儿童认知、情绪和社会能力上的发展和改变，使用的矫正方法没有就儿童的年龄进行调整。当儿童长大，认知能力和语言能力提高后，操作性方法在行为矫正方面的作用效果就会下降。此时选择其他的策略，例如推理和问题解决，更符合儿童的认知和语言技能发展规律，从而更为有效（Gershoff, 2002；Parke, 1974）。条件反射理论对于儿童气质和遗传倾向等生理因素的关注严重不足，而这些因素会显著影响其干预方案的效果（Kochanska & Aksan, 2007）。学习理论提供了一些社会性发展的基本原理，但是并不完整，也无法解释儿童存在的个体差异现象。

认知学习理论

认知社会学习理论　强调习得新行为时，观察学习和模仿的重要性，即通过认知过程学习。

认知社会学习理论

根据**认知社会学习理论**（cognitive social learning theory），儿童通过观察和模仿他人学习社会行为。阿尔伯特·班杜拉（Albert Bandura）是发现该现象的先驱者之一，他验证了儿童在观察他人的攻击行为后，就更有可能模仿这种行为。这一攻击行为的产生不需要任何奖励刺激，不需要驱力的满足，也不需要他人的攻击来诱发。班杜拉让学龄前儿童通过现场或者看录像观看成人殴打波波娃娃（一个不倒翁小丑娃娃）的画面（Bandura et al., 1963）。相比没看过攻击画面的儿童，这些儿童在获得玩波波娃娃的机会时表现得更加具有攻击性。进一步考察发现，这些儿童模仿榜样的行为非常准确。无论成人榜样还是儿童都没有获得任何明显的强化，但是很明显，儿童习得了特定的社会行为。

正如认知社会学习理论这一名称所暗示的，观察学习源于简单模仿。儿童不会自动模仿，认知是这个过程中的一部分。班杜拉认为，儿童观察模仿他人行为，需要经过四个步骤（Bandura, 1989, 1997）。第一，有些因素会影响儿童是否关注榜样行为。例如：儿童过去的经历（这是他们理解和加工社会行为的基础）、他们和榜样的关系、儿童观察行为发生的地点，以及他们的人格特征。如果曾经因为模仿榜样行为获得奖励，如果儿童和榜样有积极的关系，把他或她看作权威人物，如果他们不确定在某个情境中怎么办，以及如果他们具有高度关注他人的性格特征，在上述情况下儿童就更可能关注榜样行为。第二，有些因素会影响儿童观察学习。为了模仿一种行为，儿童必须记住它，一些儿童在心里使用某种方式来表征榜样的动作，运用重复、组织以及其他策略来重现观察行为，他们是更高效的学习者。第三，一些因素会影响儿童观察行为的再现。当年幼儿童看见年长儿童在成人面前表现复杂的社会程序时，他们倾向于不模仿，不管他们多么关注该行为，或者多么想重复它。第四，作为对这三个认知因素的补充，儿童模仿榜样行为的动机会影响他们的学习。如果他们被外部动机或内部动机所激励，则更可能模仿榜样行为。

超越模型：交互决定论和自我效能感

现实世界与心理学实验室不同，儿童不仅学习榜样的行为，也影响榜样的行为。班杜拉把这种现象称为交互决定论（reciprocal determination）。在一个"社会乒乓球"游戏中，儿童回应他人的行为，使社会环境和儿童自身都发生改变（详见图1.2）。例如，3岁的亚历克斯和小伙伴分享玩具，小伙伴给予积极回应——微笑；亚历克斯获得行为强化，回应该行为，接着分享另一个玩具；这个小伙伴继续给予积极回应，并伴随着更愉快的分享。最后，亚历克斯养成了亲社会的态度，而这两个儿童也建立了友谊。在这个例子中，亚历克斯通过积极行为，为自己创造了积极的游戏环境。但如果一个儿童对其他儿童多疑并怀有敌意，则更可能对同伴做出消极回应，彼此的敌意会造成不友好又孤独的环境。因此，根据认知社会学习理论，社会交互作用是双向的，儿童积极地作用于自己的社会环境。

儿童对自己能力的认知也会影响他们的社会性发展。根据班杜拉（Bandura, 1997, 2006）的

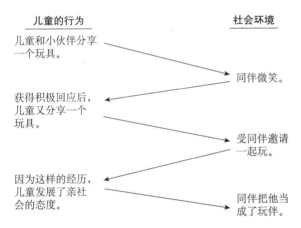

图1.2　对于分享可能的发展路径：行动中的交互决定论

观点，认为自己有能力的儿童拥有高水平的自我效能感；他们相信自己能够解决问题，而且愿意尝试。正如《勇敢的小火车头》（*The Little Engine That Could*, Piper, 1930）中提到的，他们会对自己说："我想我行。我想我行。我想我行。"另一些儿童则拥有低水平的自我效能感，他们对于自己解决问题的能力感到悲观，要么避免尝试，要么逃避新社交情境，或者在解决遇到的社交问题时浅尝辄止。自我效能感是决定儿童或者成人面对失败或拒绝时是否能够坚持下来的关键影响因素。只有拥有高自我效能感的人，在他的书被22家出版社拒绝后（就像詹姆斯·乔伊斯那样），或者当乐队无法获得唱片合同，因为"我们不喜欢他们的声音"时（正如披头士遭遇的那样）还能坚持不懈。

根据班杜拉的理论，儿童可以通过多种途径发展自我效能感。第一，自我效能感来自直接经验，儿童在以往经历中对此有成功尝试。第二，自我效能感来自替代经验，观察对象在一定程度上与儿童相似，他们成功的行为容易引起儿童效仿。第三，父母和同伴也能增加儿童的自我效能感。例如，当一个青少年邀请梦中情人参加舞会惨遭拒绝时，他的同伴可能说服他再试一次，从而提升其自我效能感。第四，自我效能感来自遗传和对社交情境的愤怒反应。如果一个女孩每次和陌生人打交道都感到害怕和焦虑，那么其和陌生人社交的自我效能感可能很低，反之，如果她在社交时表现得很平静，则其自我效能感会很高。

向当代学术大师学习　　　　琼·E·格鲁泽

琼·E·格鲁泽（Joan E. Grusec）是多伦多大学的心理学教授。本科时，她对社会学习理论充满了浓厚兴趣，于是去斯坦福大学攻读研究生，师从阿尔伯特·班杜拉，而放弃了成为一名社会工作者或者历史学家的计划。从那以后，她成为学习理论的提倡者、记录者以及改造者。她早期和班杜拉一样致力于研究模仿，后来她把研究重点转移到儿童的亲社会行为，以及父母的训练过程上。她对于该领域很有兴趣：父母如何有效完成社会化训练目标？为什么有些父母的训练效果更好？她发现父母的训练效果取决于儿童年龄、父母情绪状态以及文化背景。格鲁泽是加拿大心理学会和美国心理学会会员，并曾是《发展心理学》（*Development Psychology*）杂志的副主编。她相信发展心理学是心理学中最令人兴奋的领域，因为它是唯一把生物性和文化影响如何共同塑造儿童，并使之统一起来的研究领域。

扩展阅读：

Davidov, M., & Grusec, J. E. (2006). Untangling the links of parental responsiveness to distress and warmth to child outcomes. *Child Development*, 77, 44-58.

Grusec, J. E., & Davidov, M. (2010). Intergrating different perspectives on socialization theory and research: A domain-specific approach. *Child Develepment*, 81, 687-709.

第五，自我效能感也可能来自同伴小组、家庭、学校，甚至邻居等群体。这些群体分享的信念，即作为一个整体完成某个目标的能力，被称为集体效能感（Bandura, 2006）。

对认知社会学习理论的评价

认知社会学习理论取向的价值，不容置疑（Grusec, 1992）。你会发现本书对许多事例的解读都受到了认知社会学习理论的影响。认知社会学习理论使我们对很多现象的理解得到提升：道德行为、利他主义、攻击性、性别角色形成以及观看电视的影响。该理论在儿童临床心理学领域具有巨大的影响力，促使产生了一系列帮助儿童克服害怕恐慌的疗法，而这些疗法也得到了严格的实验验证。

尽管具有诸多优势，该理论也有其局限性。第一，虽然它在社会性发展研究方面做出了很大贡献，但认知社会学习理论并不具备发展性。班杜拉几乎没有关注观察学习和自我效能感在不同年龄阶段的改变方式。第二，尽管该理论承认个体差异，但是，几乎没有对遗传、激素，或者其他生理因素的影响做出深入阐释。第三，尽管该理论非常重视环境作用，但是大部分证据基于实验室实验研究。这些研究发现在真实世界推广的前景并不明确。第四，文化多样性影响的相关研究几乎是一片空白。

信息加工视角

信息加工理论使用计算机加工过程对人们的思维进行类比（Klahr & MacWhinney, 1998; Siegler & Alibali, 2005）。人脑首先接收输入信息，并将信息转变为心理表征，然后将其存入记忆系统，与其他记忆进行对照，在需要时查询信息，并对信息做出最合适的反应，最后采取行动。上述过程与计算机处理信息过程类似，即获得输入信息，经过一些转换，最后提供答案或输出。信息加工理论的支持者认为发展是持续的，在不同的年龄段，个体思维的质量依赖于其能够表征的信息、处理信息的方法以及同时加工信息的数量（Siegler, 2000）。

社会信息加工理论 对个体社会性行为的一种解释，这一理论认为个体评估判断社会情境并将其作为行动指南。

社会信息加工

社会信息加工理论（social information-processing theory）是信息加工理论的一个版本。该理论为理解社会行为，如社交问题解决和攻击性，提供了强有力的分析工具（Dodge, Coie, et al., 2006; Lemerise & Arsenio, 2000）。根据该理论，在社会情境中，儿童通过一系列认知过程或者步骤，例如，评定另一个儿童的行为强度，决定可能的回应方式，评估不同的行为可能带来的不同结果，最后根据他们的决定，采取行动（见图1.3；详情请参见第8章"同伴"和第12章"攻击行为"）。

对社会信息加工理论的评价

社会信息加工理论就儿童处理社会情境时的心理步骤问题提供了许多深刻的阐释。它强调认知理解和社会性行为之间的关联，在认知过程如何作用于儿童社会性决策和行为方面也发现颇

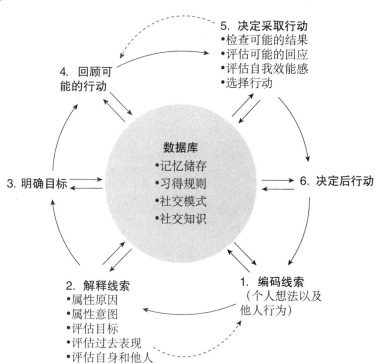

图1.3 一个儿童的社会性行为的信息加工模型

儿童感知和解释社交情境，并作出反应，决定完成什么，考虑可能的方法，选择能够达到目标的行为，最后采取行动。儿童的信息数据库装着其他情境的记忆和社交规则知识，以及相关经验。正如双重圆圈所表明的，儿童的想法和行动都从信息数据库中提取，并进一步丰富充实信息数据库。

资料来源：Crick & Dodge, 1994.

丰（Crick & Dodge, 1994; Gifford-Smith & Rabiner, 2004）。尽管如此，该理论几乎没有关注不同年龄阶段社会认知过程的变化情况。该理论也因为缺乏对情绪因素的关注，以及社会情境中这些因素是如何改变认知决策的研究而受到批评（Lemerise & Arsenio, 2000）。该理论仅提供了一个轮廓，即一个思维周密灵活的儿童是如何经过一系列深思熟虑的认知加工过程，最后采取行动的。但它不能解释许多社会性反应是常规的和自动化的，不需要深思熟虑这一事实。它也不能解释在熟悉的情况下，和熟悉的人在一起时社会性反应的冲动型、反射性乃至无意识性。社会信息加工理论最大的价值可能在于为全新或陌生环境中个体的社会性行为提供解释，或描述社会性行为模式是如何形成的。

认知发展视角

了解儿童的认知发展对于理解其社会性发展具有重要意义。两位主要理论家——皮亚杰和维果斯基——让我们对童年时期认知有了更好的认识与理解。

皮亚杰的认知发展理论

根据瑞士心理学家皮亚杰（1928）的理论，在促进儿童认知理解上，有两种方式或过程发挥了重要作用。第一，儿童使用已有知识作为框架，合并和**同化**（assimilation）新信息。第二，儿童通过**顺应**（accommodation）的心理过程，改变原有的知识框架。随着儿童的成长，他们通过这两种方式来增加对事物的认识理解。

根据上述观点，儿童能积极理解和认识遇到的信息和事物，他们不仅是各种信息的被动接收者——接受强化和塑造，还积极获得经验以增加知识。通过持续的解读和重组过程，儿童构建起其自身的、有别于成人眼中客观现实的世界。儿童接受和组织新信息的方式，取决于他们的认知发展水平。皮亚杰认为，所有儿童都经过一定阶段的认知发展，每一个儿童都有不同的特征，表现为不同的思维方式、知识结构和解决问题的方式（见图 1.1b、表 1.3）。

> **同化** 把新信息组合到已有图式中。
>
> **顺应** 为适应新信息，改变已有图式。

表 1.3 皮亚杰的认知发展阶段

阶段	年龄	特征
感觉运动阶段	0～2 岁	区分主、客体以及他人，寻找有趣的东西，开始认识到，东西藏起来看不到，并不是不存在。在想象的游戏中，开始模仿和行动。
前运算阶段	2～7 岁	语言能力和以符号为形式的思维能力逐渐发展。解决问题依靠直觉，思维是自我中心的、不可逆的。
具体运算阶段	7～12 岁	能用逻辑方式解决遇到的具体问题。能够理解客体守恒规律，能站在另一个人的立场，能进行分类和排序。
形式运算阶段	>12 岁	思维变得灵活而复杂，能够思考抽象的问题和假设。

年幼儿童较之青少年和成人，更依赖于感觉和运动的信息，他们缺乏灵活性，不能系统性地、抽象地思考问题。直到青少年时期他们才拥有逻辑能力，学会推理演绎问题。年幼儿童也更**自我中心**（egocentric）——他们更倾向于从自己的想法出发，去看待他人眼中的世界和经验。根据皮亚杰的观点，我们可以认为，认知发展是一个去中心化的过程，在这个过程中，儿童把对自身、即刻的感觉经验，以及对单一结构问题的关注，转移到对更复杂、多重的以及抽象的世界中。

对皮亚杰理论的评价

低估皮亚杰思想的重要性是非常错误的，即使皮亚杰自己也并不十分欣赏这些推断出来的思想。他致力于研究儿童对于无生命客体的认识，几乎完全忽略了这些客体由人握持从而促使婴儿是在社会互动中进行学习的这一事实。皮亚杰理论有助于解释儿童的认知发展，以及认知发展如何影响他们的社会性反应。例如，他的**客体永久性**（object permanence）概念——儿童知道物体和人是独立存在的，不会因为看不见就不存在——被用来解释儿童为什么会对养育者产生情感依恋。他关于儿童自我中心的概念也得到了广泛的应用：当儿

> **自我中心** 从自身视角观察世界，无法从他人的角度看问题的倾向。
>
> **客体永久性** 婴儿关于看不见的物体和人依然存在的意识。

童渐渐长大，自我中心倾向减弱，他们能够从不同角度看待问题，这使他们能够认识到他人的意见——这是成功的社会关系中必不可少的因素。

然而，皮亚杰关于发展需要经历一系列普遍、固定且不可逆阶段的观点，以及其对发展过程中社会、情绪及文化因素影响的忽视都招致了很多批评（Bjorklund，2000；Flavell，1997；Gauvain，2001b）。皮亚杰的研究方法，尤其是对于儿童发展研究中使用的访谈法，也因为缺乏科学精确性而受到诟病（Baillargeon，2002；Dunn，1988）。尽管存在上述批评意见，但皮亚杰对于社会性发展研究的影响依然功不可没，正如我们后面要讨论到的：社会认知、心理理论以及道德发展，都是他对社会性发展研究的卓越贡献。

社会认知领域理论

尽管皮亚杰并没有投入很多精力去解释儿童的社会性发展，但他却影响了这个领域的现代理论和研究。例如，劳伦斯·科尔伯格（Lawrence Kohlberg，1969，1985）和埃利奥特·特里尔（Elliot Turiel，1983）使用皮亚杰理论中的概念，来解释儿童如何对他们的世界进行社会判断，以及如何理解社会规范和道德准则。布赖恩·比格洛（Brian Bigelow，1977）揭示了儿童关于友谊的概念如何经过三个阶段得到发展，从相对具体的期待（如期待朋友帮助和分享）到更抽象的期待（包含着对真挚、亲密和自我表露的期待）。或许认知发展观点的主要贡献是让人们意识到儿童会将社会事务划分为不同的领域，并据此作出不同的判断（Smentana，2006）。显然，**领域特异性**（domain specificity）的概念挑战了皮亚杰关于所有领域的知识都由相同认知过程和原则进行加工这一观点。社会认知领域理论关注儿童对社会事务的理解，较少关注认知和社会性行为之间的关联和儿童进行领域特异性判断时的加工过程。

维果斯基的社会文化理论

对儿童社会世界的强调是苏联心理学家列夫·维果斯基发展理论的独有特点（Daniels et al., 2007）。尽管维果斯基与皮亚杰处于同一时代，但他的**社会文化理论**（sociocultural theory）与皮亚杰的理论截然不同。维果斯基特别强调了文化在儿童发展中的作用。第一，文化在环境和人们的实践中不断变化；第二，这些环境和实践作用于儿童发展；第三，儿童从更有经验的文化传承者处学习文化。皮亚杰始终关注儿童个体成熟的发展，几乎没有关注其所处的社会环境，而维果斯基认为，应该将发展视为社会互动的产物。他认为儿童和他们更成熟的伙伴——父母、教师以及年长儿童——一起解决问题促使了其发展。因此，他的理论关注二人搭档互动而不是个体行为。维果斯基更关注儿童发展的潜力而非其在特殊时点的能力。为说明这种潜能和解释发展如何产生，他提出了**最近发展区**（zone of proximal development）的概念，它是指如果给儿童提供某种适当帮助和支持，儿童就能完成任务这样一种状态。根据维果斯基的理论，他人给儿童提供帮助，使儿童能充分发挥潜能，逐渐自己学会、掌握某项本领。每个儿童都具有先天能力，但是更富有知识和技能的成人和同伴的帮助，才能促使他们将基本能力发展成更高一级的能力。

对维果斯基理论的评价

维果斯基提供了观察儿童发展的新视角和测量儿童潜在能力的新方法，即评估最近发展区，以及教育儿童的新方法（Brown & Campione，1990；Gauvain，2001a；Rogoff，1998，2003）。这一理论使我们更加认识到文化多样性和历史变化的重要性。有很多观点认为，维果斯基理论是对皮亚杰忽视社会文化环境这一点的纠正。但我们也应该看到，维果斯基理论发展性不足，其理论中几乎没有描述不同能力状况下亲子互动方式如何随时间变化而变化。他也没有解释儿童身体、认知及社会情绪的发展如何通过父母或他人影响其成长的社会环境。最后，对最近发展区的测量很困难，因为我们没有合适的计量单位用于测量儿童独自发展水平和他人帮助下的发展水平之间的差距（Cross & Paris，1998）。尽管存在一些瑕疵，该理论依然影响了大量社会和文化发展领域的研究（Gauvain，2001b；Rogoff，2003）。

系统理论视角

很长一段时间以来，发展心理学家认识到儿

领域特异性　不同类型行为，如道德判断、礼貌和同伴关系的发展进程会存在差异。

社会文化理论　维果斯基的理论，认为发展依赖于与更富有知识的人交流，以及文化提供的制度和工具。

最近发展区　如果给儿童提供某种适当的帮助和支持，儿童就能完成任务这样一种状态。

童受不同**系统**（systems）的影响，包括家庭、学校、社区以及文化。采用系统理论取向意味着，描述儿童发展如何发生，既研究一个系统中各因素交互性影响，又研究系统中某个因素的作用。例如，描述儿童在家里学习如何与他人合作。研究者运用家庭系统分析法，将分析儿童与每个家庭成员的交互作用情况，以及这些个体影响如何作为一个家庭群体提升儿童行为。描述结果需要包括儿童与父母和长辈的交互作用情况、核心三人家庭的交互作用情况，以及社会大家庭的交互作用情况。系统理论的目标是发现社会性互动和关系的组织水平以及这些组织水平或社会环境如何相互作用，进而促进儿童的社会性发展。

布朗芬布伦纳的生态学理论

尤里·布朗芬布伦纳（Urie Bronfenbrenner）的**生态学理论**（ecological theory）是系统理论在心理学领域的重要应用（Bronfenbrenner & Morris, 2006）。该理论关注儿童所处的多重系统及其相关的关联，强调儿童与系统之间、系统与系统之间关系的重要性。在布朗芬布伦纳看来，儿童世界由一组从近（家庭、同伴群体）到远（社会价值观、法律）相互嵌套的系统或环境因素组合而成，就像俄罗斯套娃玩具（见图1.4）。**微系统**（microsystem）指儿童可以直接与他人或机构交流的系统。随着时间推移，这些人的重要性会发

> **系统** 由不同组成部分构成的发展环境，例如，家庭。
> **生态学理论** 该理论强调环境系统，以及系统之间关系对发展的影响。
> **微系统** 在生态学理论中，与儿童生活和交流最亲近的人或环境，比如，父母、同伴和学校。
> **中间系统** 在生态学理论中，微系统各个组成部分之间的相互关系。
> **外层系统** 在生态学理论中，和儿童不存在直接相关但影响儿童发展的因素集合。

生变化。在婴儿时期和童年早期，父母最为重要；在童年中期和青少年期，同伴和教师变得更为重要。**中间系统**（mesosystem）包括微系统组成部分之间的相互关系，即父母和教师之间的关系、父母和儿童同伴之间的关系、家庭成员和宗教组织的关系等等。**外层系统**（exosystem）由对儿童发展有影响的因素构成，但是这些因素与儿童无直接相关性。例如，如果父母一方的工作要求经

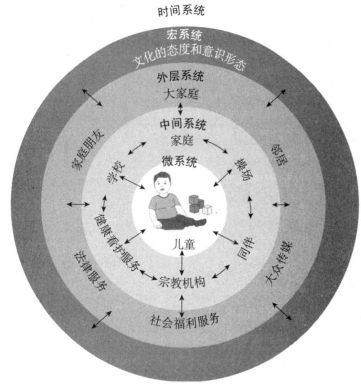

图 1.4　布朗芬布伦纳关于发展的生态学模型

该模型强调在微系统和中间系统中，儿童与最亲近的人和机构之间的交互情况，也重视在外层系统和宏系统中，社会和文化机构、态度，以及信念与儿童的交互情况。所有系统随着时间慢慢改变，称之为时间系统。

资料来源：Garbarino, 1982.

常出差或工作至深夜的话就会对儿童的生活产生影响。**宏系统**（macrosystem）体现了特定文化或亚文化的意识形态和制度类型。最后，这四个系统随时间发生变化，布朗芬布伦纳称之为**时间系统**（chronosystem）。在布朗芬布伦纳的理论中，发展包含了变化中的儿童和生态系统间复杂的交互作用。

对生态学理论的评价

宏系统　在生态理论中，包围着微系统、中间系统、外层系统的系统，它彰显社会价值观、意识形态，以及社会法律法规或者文化。

时间系统　基于时间的维度，在布朗芬布伦纳的模型中，它能够改变所有其他系统，从微系统到宏系统。

习性学理论　行为必须发生在特殊环境之中的，并具有适应的或者赖以生存的价值。

生态学理论的贡献在于告诉我们，社会环境会影响儿童的社会性发展。该理论也揭示了其他学科研究成果的价值。例如：关于邻近环境的影响方面，社会学家和犯罪学家共同研究发现，邻居贫困和行为不良之间存在相关（Elliott et al., 2006; Sampson & Laub, 1994）；对父母工作环境影响的关注涵盖了经济学家和组织行为学家的研究工作（Duncan, 2005）；关于文化背景的影响则隶属于人类学家的工作范畴（Berry, 2003; Whiting & Whiting, 1975）。

该理论也有其局限性。尽管其对一系列有待研究的背景或系统进行了描述，但在每个系统如何影响儿童发展问题上大量借鉴了社会学习理论、社会文化理论等观点。该理论在时间系统发展方面言之不详，而儿童不断变化的能力如何改变不同环境的影响仍有待进一步的研究来考察。

生物学视角

这一强调生物学因素重要性的理论正在发展领域得到越来越广泛的应用。相关理论主要有：习性学理论、进化论以及行为遗传学。

习性学理论

习性学理论（ethological theory）由欧洲动物学家康拉德·洛伦茨（Konrad Lorenz, 1952）和尼克·廷伯根（Niko Tinbergen, 1951）提出，这个理论基于以下理念：为了理解行为，科学家必须把行为看成是发生在特殊环境之中的，并具有适应的或者赖以生存的价值，必须将有机生物与其作用的环境联系起来研究。因此，研究者研究儿童社会性行为，必须考虑儿童的需要和他们行为发生的环境形态，例如教室、操场或者实验室。

习性学研究者通过观察人类婴儿和儿童寻找何种行为具有"物种特异性"（只有人类独有），并在物种延续中发挥有效作用。为此，他们屏除文化因素影响，研究了儿童出生时最普遍的行为。例如，快乐、悲伤、厌恶和愤怒情绪的表达在包括巴西、日本、美国在内的现代文明国家和新几内亚岛上的弗尔（Fore）、多里（Dori）部落等非工业文化中的表达非常相似（Ekman, 1994; Ekman et al., 1987; LaFreniere, 2000）。显然，这些行为具有生物性基础，保证养育者能够满足儿童需要。尽管习性学家认为，行为基于生物性，但他们也承认后天经验能够改变并塑造行为。例如，由于父母和同伴影响，儿童学会通过微笑掩饰情绪，即使是不高兴的时候（LaFreniere, 2000; McDowell &

Park, 2005; Saarni et al., 2006）。因此，现代习性学家认为，儿童接受环境影响，而不是仅受控于生物性基础。一个重要的习性学概念是**关键期**（critical period），即一个特殊发展阶段，在该阶段外部因素对于个体发展起着独一无二的、不可逆转的作用。

对习性学理论的评价

毫无疑问，习性学研究者在帮助人们理解社会性发展方面作出了重要贡献。一个贡献是发现非语言社会性行为——手势、姿势、面部表情——可以调节社会性交流。例如，猴子经常使用手势、瞪眼和呲牙，以警告攻击者，或者发出信号，如露出脖子或者使自己显得更加弱小，要求停止战斗。儿童也会使自己显得更弱小——下跪、弯腰、躺下——来表达和解（Ginsburg et al., 1977）。习性学在社会性发展上的另一个重要贡献是，认为婴儿的信号性行为，如哭泣和微笑，能够提升婴儿和养育者的亲密关系。这个发现成为约翰·鲍尔比（John Bowlby）依恋理论（将在第4章讨论）的核心组成部分。习性学再一个贡献是促进了对儿童群体如何进行组织的理解。它表明儿童如猴子和鸡一样，会发展出特定的组织方式和优势等级，或者啄序（禽类中占优势的可以啄地位低的）（Hawley & Little, 1999）。另外，习性学在研究方法上也作出了贡献。习性学研究者观察儿童和动物在自然环境中的表现，进行细节描述，并对行为分类。例如：习性学研究者计算袭击、刺、踢和喊叫的情况，来定义攻击性；他们观察眉毛轻微的变化、暗示性的微笑和头部微微倾斜，来定义轻浮行为。受习性学研究影响，观察法被更加普遍地应用于儿童研究，并变得更加精细。

尽管如此，习性学仍具有很大的局限性。第一，该理论呈现了大量描述性表述。尽管这是有价值的初期步骤，但是习性学欠缺概括性和说明性的原理。第二，关键期在人类发展上的应用受到批评。因为该理论没有承认后期环境的影响作用，而儿童有时候是能够克服早期经历影响的。该概念过于狭窄，目前已被更改为"敏感"期，使之具有更强的适用性（Bornstein, 1989; Schaffer, 2000）。在发展领域，关键期概念的效用也在改变，一些行为有狭窄的关键期，或者敏感期，另一些行为则有宽广的关键期。例如，建立对养育者的依恋，表现在出生后第一年。而学习第二语言的关键期跨度，可以从出生到青少年期。

进化发展理论

尽管习性学研究者和进化心理学家共享许多基本假设，但进化心理学主要关注过去岁月中保证物种延续的行为。进化心理学家假设，我们的祖先发展出了复杂技能，从而可以成功找到配偶来保证生存，养育儿童到可以生育的年龄，打猎和保证食物供应，在社会群体中与其他成员相互交流合作。该过程对于人类发展而言，更是一种手段，尤其对社会性发展而言（Bjorklund, 2008; Bugental & Grusec, 2006）。例如，进化的特点之一是人类学会推理并解决不同环境下遭遇的问题——包括发展出识别熟悉的群体成员、远离危险敌人的能力。发展进化心理学家面临的主要课题是：这些适应能力如何以及何时在儿童发展过程中出现（Bjorklund & Pelligrini, 2002, 2010）。

> **关键期**　一个特殊发展阶段，在该阶段外部因素对于个体发展起着独一无二和不可逆转的作用。

进化发展理论的核心原理是，我们具有繁殖并将基因传递给下一代的天性。该原理有助于解释父母对孩子的投入。这也能帮助解释为什么重组家庭较之生物学家庭会出现更多虐待和杀害（Daly & Wilson, 1996）。根据进化理论，继父给予继子更少保护和资源，因为他们对于继子没有基因投入。

进化发展心理学家还对让儿童从与他人互动中学习的能力倍感兴趣，例如领会他人意图的能力。他们认为，这种能力在人类进化中出现较晚，是区分人类和其他灵长类的一个标志（Tomasello, 1999, 2008）。他们还热衷于研究不成熟行为的适应性价值。例如，童年时期的玩耍，似乎是没有目的的活动，事实上，即使不考虑其对成人发展的长期影响，这些行为对儿童自我效能感的产生也可能具有重要作用，通过这些活动，儿童可以学习和实践社会性信号，激发好奇心和创造性（Bjorklund, 2008）。

对进化发展理论的评价

进化理论揭示了一些基本的社会性过程，包括社会理解能力和社会性行为调节能力的获得。它让人们对某些特定幼稚行为的适应性功能产生关注，并就生物血缘关系问题提供了深刻的见解。然而，批评者认为这一理论在解释新科技革命或社会变革带来的问题时力不从心。进化理论另一个问题是，其许多解释都是事后的，并依赖特殊行为具有保护物种生存的适应价值这一论点。实际上，确定特定行为的戴维·比约克隆（David Bjorklund）是大西洋大学的心理学教授，该大学位于佛罗里达。他在北卡罗来纳州获博士学位后，至今已执教 30 年。本科时，比约克隆立志成为临床儿童心理学家，"通过治疗神经症患儿来拯救世界"。尽管如此，但大学期间从事纠正行为不良儿童工作的实践，使他意识到自己更适合研究工作。经过长时间的认知发展研究，比约克隆成为进化理论领域的权威人物。其观点在著作《人类天性起源：进化发展心理学》（*The Origins of Human Nature: Evolutionary Developmental psychology*）中有详细阐述，这是进化理论在发展领域第一次大拓展。比约克隆认为，我们独一无二的智力，不是技术能力，而是处理社会环境、与他人合作，以及理解他人意图和愿望的能力。他关注的核心问题是：人类智力如何发展。他认为很多社会性发展议题，通过进化论视角能够得到更好的阐释。例如，尽管虐待儿童和年轻男性的攻击性在现代环境中已不适应，但是，这些行为在人类进化的历史时期是适应的。比约克隆希望，将来该领域能注入更多生物学思想，不仅包括进化论，也有激素影响，以及作用于社会性行为的中枢神经系统。由于工作出色，他曾得到诸多荣誉，例如，获得亚历山大·冯·洪堡研究基金奖，被邀请到德国、西班牙和新西兰做访问教授。他是《实验儿童心理杂志》（*Journal of Experimental Child Psychology*）的编辑，还是《为人父母杂志》（*Parents Magazine*）的特约编辑。他把自己的经验作为给本科生的建议："随时记下想法，这有助于理清思路。"

扩展阅读：

Bjorklund, D. F(2008). *Why youth is not wasted on the young: Immaturity in human development*. Oxford: Blackwell.

Bjorklund, D. F., & Pelligrini, A. D.(2002). *The Origins of human nature: Evolutionary developmental psychology*. Washington, DC: American Psychological Association.

功能并非易事。正如质疑者所言："解剖学构造上的种系证明，能够从化石上搜集，但是我们没有人类行为的化石。"（Miller, 2002, p.331）因此，知道何种因素影响多年前的行为是很困难的。此外，适应远古时期的行为可能不适应当代社会。例如，尽管理解他人的意图一直都是有用的技能，但是，身体攻击和对于高脂肪食物的喜爱已经变得不那么适用。这也说明，进化需要融合神经科学的进展，因为一些理论假设可以通过检测脑功能直接进行评估（Panksepp & Panksepp, 2000）。

人类行为遗传学

人类行为遗传学研究始于 20 世纪 60 年代科学家就遗传和环境因素对人类行为个体差异的影响孰轻孰重的探讨（Plomin et al., 2001）。这些研究者想要了解为什么一些儿童是外向的和社会性的，而另一些儿童是内向的和害羞的，以及为什么一些儿童和成人，不管他们如何寻求合作避免冲突，却总是习惯性地表现出攻击行为。和研究遗传的生物学家不同，行为遗传学家的研究不直接通过测量染色体、基因或者 DNA 来进行。他们的主要策略是，使用统计学技术，评估遗传在塑造特殊才能或行为类型上的贡献。近年来，遗传科学的进步使得行为遗传学家也能够获得基因数据（Gregory et al., 2010; Plomin & Rutter, 1998）。

从 20 世纪 60 年代开始，行为遗传学家致力于研究儿童社会性行为（如社交、恐惧或愤怒）的差异。这些差异在生命早期就有所表现，乃至贯穿整个童年（Rothbart & Bates, 2006; Sanson et al., 2010; Thomas & Chess, 1986），这种现象说明基因在影响这些行为。然而，对不同儿童而言，相同的行为并没有导致相同结果这一事实表明儿童的社会性行为还容易受到环境的影响（Grigorenko, 2002; Loehlin et al., 1988）。行为遗传学家的研究表明，遗传和环境共同作用，导致了情绪、活跃程度、社会化程度个体差异的形成（Goldsmith, 1983; Kochanska & Thompson, 1997; Plomin, 1995）。这一信息对于我们理解和预测社会性发展具有重要价值。

对人类行为遗传学的评价

长期以来，心理学家都过度强调环境因素对个体行为的影响，而行为遗传学是对这一观点做出的重要矫正。虽然目前对于哪些基因或基因群导致了个体的攻击或利他倾向仍不明确，但许多行为受到遗传因素的影响毋庸置疑。尽管在行为遗传学研究早期因为"还原论"倾向和坚持遗传因素比环境因素更加重要而饱受批评，但现代遗传行为学家已经承认综合从遗传到文化的多方视角对社会性发展进行解释非常重要。不过，很多行为遗传学研究中对环境因素的测量仍显粗糙，有待深化和细化。因此，特定环境因素如何影响遗传表达仍有待进一步的研究来揭示。

毕生视角

顾名思义，毕生发展理论将发展研究范围从童年扩展到成年，因为人一生都在不断发生变化（Baltes et al., 2006; Elder & Conger, 2000; Elder & Shanahan, 2006）。根据这一理论的观点，发展变化的原因主要有三种。第一是"常规事件"。这是大多数人会在大致相同的年龄遇到的。其中一些事件，例如青春期女孩月经开始，是生理性的或成熟的表现。另一些常规事件则由社会规定，例如5岁或6岁时上学，17岁或18岁时上大学，以及在25岁左右或约30岁时结婚。第二类变化原因涉及预料之外的事件，这些事件将发展推向不同的轨迹。毕生理论将其称为"非常规事件"，因为它并不发生在每个人一般的发展过程中，而且它们并不遵循事先安排的规则。相反，它们可能在任何儿童和家庭的任何时间发生，没有警告或者预期。离婚、失业以及搬家都属于非常规事件，都会影响发展。"历史性事件"是影响发展的第三类原因。在同一年或时期出生的个体形成了**同辈群体**（age cohorts），他们拥有共同的历史性经历。例如：出生在1950年的人在其青少年期（20世纪60年代）经历了巨大变化和社会的动荡不安；出生在1970年的人则在其青少年期（1989年）经历了社会主义政权在欧洲瓦解和冷战结束；出生在1980年的人则在青少年期经历了互联网革命，它极大地改变了人们交流的方式。

同辈群体 同时期出生的人，他们拥有共同的历史性经历。

对毕生视角的评价

毕生视角的研究提醒我们，发展贯穿于生命的整个过程，常规事件和非常规事件都影响着发展的轨道和结果。对于同辈群体的关注强调了特定历史时期会改变发展历程。该理论的另一个贡献是强调了成人生活的改变可能会反过来影响儿童的发展。例如，父母经历非常规压力事件，如失业或者离婚，从而无法给儿童提供最优的养育条件，这会对不同年龄的儿童产生不同的影响。总之，父母和儿童的发展轨道相联结，为了更好地理解儿童发展，对两方面因素的综合考虑必不可少。大多数毕生发展理论由于将成人涵括在内，因而在儿童社会性发展领域影响有限。社会性发展研究者往往将其作为辅助解释材料，迄今几乎没有用成年组研究成果对儿童社会性发展进行解释的先例。

各种理论视角

如今，没有任何一种起决定性作用的理论可以用来阐释社会性发展的各个方面。相反，发展可以从不同视角予以解读和研究。弗洛伊德和皮亚杰试图为发展提供全面解释的宏大理论体系如今已经为各种小型现代理论所取代。这些当代理论提供了特定领域的细节情况或者发展现象因而能够就特定发展问题提供更好、更完整的解释。习性学理论在描述情绪表达和交流，以及儿童社会性群体如何组织方面尤为有效。认知社会学习理论和社会信息加工理论为攻击行为的解释提供了独到有效的视角。系统理论则提供了研究家庭和社会制度对社会性发展影响的框架。所有这些理论视角，都在社会性发展研究中占有一席之地，综合地运用几种理论来考察一个特殊问题，往往能达到事半功倍的效果。

■ 本章小结

社会性发展

- 社会性发展领域包括对社会性行为、社会性行为个体差异和社会性行为发展变化过程的描述，以及对这些变化和差异的解释。

社会性发展简史

- 社会性发展的科学研究始于19世纪达尔文的工作。随后开始了百家争鸣，如华生的行为取向理论、弗洛伊德生物学方面的开创性理论，以及格塞尔的成熟理论等。

社会性发展的关键问题

- 先天遗传和后天环境如何作用于社会性发展？现代发展心理学家意识到，生物遗传和环境因素共同作用于社会性发展，这两方面因素相互作用，从而产生发展差异。

- 儿童在自身发展中扮演何种角色？大部分发展心理学家认为，儿童能充满主观能动性地塑造、控制、把握自己的发展。

- 哪些是社会性发展研究应该关注的领域？尽管研究一度集中在儿童个体分析，但随后心理学家逐渐认识到其他因素也需要关注，例如，对二人搭档、三人搭档，以及社会性群体进行研究也非常重要。

- 发展是持续的还是非持续的？一些心理学家认为社会性发展是持续过程，他们认为发展是均匀的、渐进的。另一些心理学家认为，发展作为一系列不连续步骤，每个发展阶段不尽相同，每个新的发展步骤从品质上看都不同于从前。随着对发展研究的愈加深入，我们愈能够发现社会性技能获得的起伏变化。

- 社会性行为是情境决定，还是儿童自身决定的？大部分心理学家强调环境因素和儿童个体差异的共同影响。

- 社会性发展在不同文化背景中是普遍一致的吗？大部分发展心理学家认为文化环境应该被考虑进来，但是社会性发展在某些方面是普遍的，例如，情绪、语言和交流。

- 社会性发展是如何随历史变化发展的？突发性历史事件和渐进式社会变化，都影响儿童的社会性发展。

- 社会性发展与其他发展领域相关吗？社会性发展与其他领域的发展相互作用。这些领域是：情绪发展、认知发展、语言发展、知觉发展以及运动能力发展。

- 母亲对于儿童的社会性发展有多重要？尽管母亲在儿童社会性发展中非常重要，但是，心理学家认为其他人也重要，父亲、兄弟姐妹、祖父母、同伴、教师，以及宗教领袖，都可以影响儿童的社会性发展。

- 社会性发展是否存在单一发展路径？一些儿童在开始时可能相差无几，但发展结果截然不同（多样性结尾）；另一些儿童一开始的表现迥然不同，但最终却殊途同归（等同式结尾）。

- 什么影响了我们对儿童社会性发展水平的判断？三方面因素，儿童性格、成人性格以及环境，都会影响社会性判断，进而影响对社会性行为的认定。

- 发展心理学家是唯一对社会性发展有贡献的学者吗？其他领域的学者，包括儿科医生、精神病学家、人类学家、经济学家、法学家和历史学家，都对儿童社会性发展研究贡献了自己的力量。

社会性发展的理论视角

- 社会性发展理论能够将分散的儿童发展信息进行组织和整合，形成可验证的假设，从而促进新研究的进行。过去提出的宏大理论体系试图解释发展的方方面面，而现代理论关注面更狭窄，尝试阐释社会性发展的某个特殊方面。

精神分析视角

- 在弗洛伊德的心理动力理论中，儿童的成长基于生物性本能驱使，早期经历决定后期行为。

- 埃里克森扩展了弗洛伊德的理论，考虑到了社会和文化对发展的影响。他的心理学理论认为发展是分阶段的，对于每个阶段，他强调个体应该完成该阶段的任务，克服挑战。

- 精神分析视角为许多现代社会性发展研究提供了支持，包括家庭早期经历、心理学根源的影响，以及某些概念的重要性，包括攻击性、道德、性别角色和依恋。尽管如此，该理论因为很难凭借实证主义的方法进行验证，而遭到质疑。

传统学习理论视角

● 传统学习理论强调新行为如何通过逐渐的和持续的学习过程获得。该理论有重要的实践价值，一直被应用于家庭、学校和临床以减少儿童行为问题。对于发展变化关注的缺失，是该理论的局限。

认知社会学习理论

● 班杜拉关注观察学习。交互决定论和自我效能感的概念是该理论重要的内容。发展性不足、研究结果生态效度有限和对生物性与文化在发展中作用的忽视是其主要局限。

社会信息加工理论

● 该理论关注儿童如何搜集、使用和储存信息进而做出行动决定。其局限性为：缺乏发展性，对情绪关注不足，过于强调决策过程的思考权衡而忽视了很多社会性反应的自动性和习惯性。

认知发展理论

● 根据皮亚杰的发展理论，儿童会积极寻找新的经验来组建心理结构。他们使用已有知识作为框架合并和同化新信息，通过顺应过程改变原有知识。皮亚杰对发展阶段的划分受到质疑，他的理论很少关注情绪、文化和社会性行为方面，这阻碍了其在社会性发展领域的应用。

社会认知领域理论

● 该视角关注儿童如何对自身世界作出社会性判断。根据这一取向，儿童的社会性判断是基于特定领域的。

维果斯基的社会文化理论

● 该理论关注社会和文化因素对儿童发展的贡献。儿童的成长和变化源于他们自身的努力和富有阅历的人们的引导。但该理论没有描述在发展过程中，这种交互作用是如何产生的。

系统理论视角

● 根据系统理论，系统中其他因素和其他成员会影响个体行为。

● 布朗芬布伦纳的生态系统理论，强调儿童家庭、学校、社区和文化等环境系统之间关系的重要性。发展涉及儿童与各个系统的相互作用，即儿童与微系统、中间系统、外层系统、宏系统和时间系统的相互作用。该理论的局限性为：对于发展性问题缺少关注，对不同层级系统之间如何联结解释不详。

生物学视角

● 习性学研究者，在自然环境中观察不同社会、文化中人类或类人动物的行为。这一理论总体上是描述性的。

● 进化心理学断言，社会性行为是生存需要和人类进化的历程的反映。该理论着重强调养育投入在维持基因传递中的作用以及不成熟行为的适应性价值。该理论在解释急剧变化的事件时力有不逮，并且许多解释都是事后的。

● 行为遗传学关注遗传和环境在社会性发展中的相关共享、不同环境条件之间的相互依赖，以及基因能否及何时产生行为表现。目前我们对决定特定行为的基因或基因群信息仍所知甚少，行为遗传学对环境因素的测量也往往不够细致。

毕生发展理论

● 该理论强调发展贯穿于生命始终。变化可以被划分为常规年龄段事件（包括入学）、非常规事件（例如离婚），以及历史性事件或者同辈群体事件（例如大萧条或越战）。

● 该视角的局限性表现为很多的理论研究关注成人。

各种理论视角

● 所有理论视角在社会性发展研究中都占有一席之地，综合运用其中几种来研究一个特定问题，往往具有事半功倍的效果。

 ## 关键术语

同辈群体	顺应	同化	时间系统
经典条件反射	认知社会学习理论	关键期	脱敏
领域特异性	驱力降低理论	生态学理论	自我
自我中心	厄勒克特拉情结	等同式结尾	习性学理论

外层系统	繁殖感	本我	宏系统
成熟	中间系统	微系统	多样性结尾
客体永久性	俄狄浦斯情结（恋母情结）	操作条件反射	心理动力理论
社会心理理论	社会二人搭档	社会信息加工理论	社会文化理论
超我	系统	相互沟通	最近发展区

电影时刻

一些电影和视频能够反映本章讨论的思想和理论。《传记——西格蒙德·弗洛伊德：心灵分析》（*Biography—Sigmund Freud: Analysis of Mind*，2004）通过使用照片，采访一些心理学家和弗洛伊德的孙辈，甚至分析弗洛伊德自己的一些收藏，来对这个复杂的人物做简要描述。弗洛伊德并不打算从事精神病学工作，他的梦想是成为一名科学家，但是因为他是犹太人，这方面有名额限制，于是，他成为了一名医生并专攻神经疾病。这部电影的一些剪辑在 YouTube 上可以观看（http://www.youtube.com/watch?v=C_AXSd4wxgM;http://www.youtube.com/watch?v=IKWZeIrDvaQ;http://www.youtube.com/watch?v=OtuEyMG819U;http://www.youtube.com/watch?v=aHcHxjDMMEQ;http://www.youtube.com/watch?v=OduFTN6917s;http://www.youtube.com/watch?v=g2EROprrIG）。

《迷失东京》（*Lost in Translation*，2003）有助于理解埃里克森的心理阶段发展理论，这部影片解释了一个年轻女性和一个中年男人困在东京时的关系。双方性格都遭遇发展性危机。他们帮助对方度过危机，迈向新台阶。

想要更多了解学习理论，可以观看关于巴甫洛夫和他的分泌唾液的狗的一些片子：http://www.youtube.com/watch?v=hhqumfpxuzI。反映经典条件反射的商业片是斯坦利·库布里克（Stanley Kubrick）的科幻片《发条橙》（*A Clockwork Orange*，1971）。一个有暴力倾向的年轻人被指控谋杀和强奸，参与"厌恶治疗"实验项目的经历使其对暴力产生了厌恶的条件反射反应。关于华生的"小阿尔伯特"经典条件反射可以参见 YouTube（http://www.youtube.com/watch?v=XtOucxOrPQE 和 http://www.youtube.com/watch?v=aG6A66iV5tk）。关于斯金纳的操作条件反射的视频网址为：http://www.youtube.

com/watch?v=I_ctJqjlrHA;http://www.youtube.com/watch?v=fLoHHO3QAAOI;http://www.youtube.com/watch?v=MPHcw2vz9HO。班杜拉的社会学习理论，及其研究中波波娃娃资料也有相关视频（http://www.youtube.com/watch?v=ZeE_Ymzc1re 和 http:// video.google.com/videoplay?docid=-4586465813762682933）。

讨论皮亚杰相关研究的电视节目可见于 http://www.youtube.com/watch? v=ue8y-JVhjSO。纪录片《天才达尔文》（*The Genius of Charles Darwin*，2008）记录了达尔文的部分生活和发现，试图告诉学龄儿童，进化论解释世界比宗教解释更好。达尔文的进化论在 YouTube 上也有讨论（http://www.youtube.com/watch?v=xiFXzlzf14;http://www.youtube.com/watch?v=g6e5HpogFOs）。而电影《造物弄人》（*Creation*，2009）关注达尔文的私人生活，讲述了他在写作《物种起源》（*Origin of Species*）期间，在平衡宗教信仰与科学精神之间关系时的挣扎。最后，习性学理论在一个短纪录片中有所体现 [《康拉德·洛伦茨：动物行为的科学性》（*Konrad Lorenz: Science of Animal Behavior*，1975）]。洛伦茨的工作成为另一部影片《伴你高飞》（*Fly Away Home*，1996）的基础，在这部影片中，一个年轻的女孩成为了一群天鹅的母亲，她教它们如何在冬天飞往南方。

除了上述关注心理学理论和心理学理论家的影片之外，还有一些影片高度关注这些理论中涉及的"关键问题"。哪种社会性发展在多大程度上受到环境因素的影响，在电视纪录片《NOVA：野孩子的秘密》（*NOVA: secret of the wild Child*，1997）中有所体现。这部纪录片记录了一个 13 岁的女孩吉尼，在被幽禁了 10 年后（期间，没有与任何人进行过交流），在社会工作者的帮助下从家中逃离的故事。影片《人性》（*Human Nature*，2001），以幽默的方式回答了一些问题，这部影片讲述了一位科学家、一位自然主义者和一位未开化野人的故事。科学家从餐桌礼仪开始以文明世界的方法训练野人；自然主义者阻止科学家改变野人。一个更加严肃的话题在《孩子们在何处玩耍？》（*Where Do the Children Play?*，2002）这部影片中体现出来，它表明儿童的经历如何取决于他们出生的地点和时间以及历史性时期，并为社会性发展如何随历史时代变化提供了一个解答。这部影片以今天的儿童与50年前的儿童之间的生活差异作为开场，并检验城市扩张、交通拥堵和郊区发展的特定模式如何影响儿童发展。

社会性发展是不是跨文化的这个问题，在很多影片中都有反映，这些影片表现了不同文化中的儿童经历。例如，《世界各地的家》（*Families of the World*，1997-2000）系列影片以纪录片的形式展示了墨西哥、日本、印度、埃及、中国、俄罗斯、法国、美国等国家儿童的文化差异和相似之处。每一部影片都记录了两个地方的儿童，展现他们的日常活动。其他揭示不同文化中的儿童经历的影片还有：《向日葵》（*Xiang ri kui*，2005），这部影片讲述了一个中国农村男孩的生活、他与父亲的冲突，以及社会现实怎样影响了他和父亲的生活。《成人礼》（*La Quinceañera*，2007），反映了一个墨西哥家庭相互之间的爱与奉献。《我在伊朗长大》（*Persepolis*，2007），通过一个女孩的眼睛，反映了1979年的伊朗革命和宗教激进主义者如何建立对新伊朗的统治。《贫民窟的百万富翁》（*Slumdog Millionaire*，2008）向我们展示了印度孟买生活的概貌。《宝贝》（*Babies*，2010）是一部充满视觉冲击的影片，它记录了四个婴儿——分别来自蒙古、纳米比亚、旧金山和东京——从出生到迈出第一步的经历。

第 2 章
研究方法：探索的工具

研究者安吉拉·冈萨雷斯想要知道男孩和女孩使用计算机进行社会性交流的区别，她对美国10岁的儿童进行了调查。托尼·史密森致力于研究是什么原因使一些儿童更受欢迎。她调查了二年级儿童，了解班级同学的受欢迎程度，随后考察了最受欢迎和最不受欢迎儿童的行为差异。另一个研究者詹姆斯·伯克斯感兴趣的问题是，观看电视上人物的亲社会行为，是否能鼓励儿童产生亲社会行为。他进行了实验研究，一组儿童观看《芝麻街》（*Sesame Street*）的一些片段，在这些片段中，大鸟（Big Bird）相互合作、帮助，而另一组儿童观看的是《海洋世界》中的海豚视频。接着，他观察这两组儿童在帮助实验人员捡起掉下的纸张上是否存在差异。上述三个假设事例表明，有些研究方法可以用于研究儿童的社会性行为。在研究的每个阶段都有区别：问题提出、选择样本、确定研究方法以及采集数据。在本章中，我们将讨论儿童社会性行为和发展研究所使用的不同研究方法。

毫无疑问，一个理论能提供观点、预测和思想，但是，为了对现实有所帮助，它必须能够被实验研究证实或证伪。这里，我们介绍一些心理学家用来考察儿童社会性行为及其发展变化的研究方法。正如所有其他科学家一样，心理学家遵循科学方法来进行研究。他们提出理论假设，运用可重现技术收集、研究以及分析数据，检验理论假设的有效性。或者，他们提出研究问题，使用科学技术手段，从具有代表性的样本中收集数据，来验证或回答他们的问题。研究者通过科学研究方法研究社会性发展，包括选择研究方法，进行研究设计，寻找研究样本，以及设计数据收集和统计方法，这样假设才能被检验，问题才能以有效和符合伦理的方式得到圆满回答。

研究开始：确定假设，提出问题

社会性发展研究的目的在于绘制社会性发展的蓝图，并界定这些发展进步的成因。因此，研究始于想法。这些想法可能来自于理论、前人研究、行为观察，甚至可能源于一个老妇人所讲的故事。但是，这些想法应该是合乎情理的、创新的、有价值的。正如该领域一名专家所言："必须记住，如果一项研究背后的想法没有任何来源，从事这样的研究是任何技术都无法挽救的。"（Miller, 2007, p.3）我们将在本章讨论一个很好的例证——电视暴力是否会影响儿童的社会性行为。

从拥有好的想法到进行出色的研究，中间有如下关键步骤。第一步，将笼统的想法表述为清晰的研究假设或者问题。如果研究者的目标是为了验证特定理论假设，该步骤就包含提出可检验的假设。例如，如果儿童观看暴力电视，那么他们的攻击行为将会增加，因为他们会模仿电视榜样的行为。如果研究者的目标是描述现实，那么其面临的主要挑战是发现能够通过观察或实验数据进行解答的问题或问题组。例如，儿童多长时间观看一次暴力电视节目？对于研究者而言，在获得观察和实验数据以前，收集该研究过去的工作成果至关重要。如果对于研究者的问题，前人已经做出解答，那么研究同样的问题便毫无意义。这样，分析以往研究成果是关键一步，它能确保当下研究具有创新性。在查找相关领域前期研究成果方面，充分利用诸如"PsycINFO"之类的搜索引擎无疑大有裨益，甚至是必不可少的。将研究想法或**构想**（constructs）**操作化**（operationalization），转化成为能够通过实证研究获得的形式是研究的另一重要步骤。例如，"暴力电视"可以被操作化定义为拥有三次以上击打、踢踹或枪击他人场景的电视节目。上述例子的研究者需要了解以往研究者如何考察儿童的攻击性。在研究者确定研究假设或问题，并使研究结构可操作化之后，便可以进行研究设计、选择研究方法、取样和分析数据等研究工作。

> **操作化** 定义一个概念，使其可被观察和测量。
> **构想** 观点或者概念，尤其是指复杂的观点或概念，例如攻击性和爱。

■ 研究方法：确立模式和成因

最普遍的社会性发展研究方法是相关法、实验法和案例研究。每种方法都可以用来验证假设，或者回答"观看暴力电视节目对儿童社会性行为影响"这样的研究问题。

相关法

相关研究法寻找两个变量之间的统计关联，考察两个事物之间是否存在规律的、系统的联系，以及这种联系的强度。杰罗姆和多罗西·辛格（Jerome & Dorothy Singer，1981）进行的一项研究是利用相关法考察电视节目与学龄前儿童暴力行为关系的典型案例。他们调查了141对父母关于子女看电视的习惯，包括子女在看电视上花费多少时间，以及看什么类型的节目。然后观察员（他们并不知道父母说了什么）评估儿童在幼儿园与班级同学在一起时表现的攻击性程度。这些评估表明，在幼儿园更具攻击性的儿童，在家观看的动作片和冒险片更多，这些电视节目含有很高的暴力元素。儿童观看电视节目与攻击行为的相关性，并非意味着观看暴力节目是攻击行为产生的原因。两个变量之间存在相关并非意味着一个变量的改变必然会导致另一变量的增加或减少，而只是简单地告诉我们两者之间存在着相互关联，以及这一关联的强度和大小。除了观看暴力电视节目之外，还可能会有其他大量的原因会导致儿童的攻击性。例如，观看动作片和冒险片的儿童，可能本身就具有攻击性，所以才喜欢看这样的节目。仅凭相关性分析不能解决这一问题。

相关系数是表示两个或者两个以上变量之间的相关程度的统计值，这一系数的范围为 –1.0（最小的负相关系数）到 1.0（最大的正相关系数）两个变量的相关程度是 –1.0，意味着一个变量的每一点增加都会促使另一个变量相应地减少。相关系数为 0.0，意味着，变量之间完全不存在相关关系。在社会性发展研究中，研究者通常获得的相关系数在 +/ − 0.2 和 +/ − 0.5 之间。这些相关系数可能具有统计上的显著性，这意味着该效应不太可能是偶然因素导致的。这些相关系数并不强，表明除了研究涉及的因素之外，其他因素也会对儿童的社会性发展行为产生影响。

自变量　实验中研究者有意进行操控的因素。

如果相关研究不能告诉我们某个因素是否导致了儿童特定社会性行为的产生，那么为什么我们还用这种方法呢？一个原因是我们不能总是设计情境实验来研究问题。例如，考察电视节目影响的研究需要从儿童年幼时开始进行，并跨越很长的时间段。在婴儿时期就开始接触电视的情况也并不罕见（Wartella et al., 2005）。进行一个需要如此长时间的研究是非常困难的。同样，通过实验法研究搬家、离婚或儿童虐待的影响同样不可行，因为伦理方面的限制导致这些研究缺乏可操作性。退而言之，即使排除伦理因素的影响，被随机分配到搬家组、离婚组或虐待儿童组的父母也会拒绝参与实验。另一个使用相关法的原因是，对因果关系的探讨并非研究的唯一目标。许多研究者只对描述发展的固有模式或路径感兴趣，在研究这类问题时，相关法不失为一种优秀的方法。例如，考察不断增长的认知能力与持续减少的攻击行为之间的关联。

实验室实验

实验法是探究环境因素和儿童社会性行为之间因果关系的主要方法。在实验室实验研究中，研究者对常量（即除假设中与被研究行为相关的因素之外的所有可能影响因素）进行控制。随后对被试进行分组。实验组被试接受假设条件处理，而控制组则没有经历这一处理过程。研究者通过随机分配的方法进行被试分组，这能够排除两组被试的系统性误差对实验结果的影响。

在考察暴力电视节目效应的实验室研究中，罗伯特·利比特和罗伯特·巴隆（Robert Liebert & Robert Baron, 1972）将 136 名 5 ～ 9 岁男孩和女孩随机分配到实验组和对照组。实验组儿童观看 3 分钟节目，包括 1 次追捕、2 次斗殴、2 次持刀行凶以及 1 次刺杀。对照组儿童则观看同样长度高度活跃但是无暴力因素的运动节目。儿童是否观看暴力节目是**自变量**（independent variable）。研究者假设实验组儿童较之对照组儿童将表现得更具有攻击性。如果研究结果对这一假设提供了支持，他们就能令人信服地得出接触电视暴力会导致攻击性增加这一结论。

在研究的第二阶段，研究者告诉儿童他们正

在和隔壁房间另一个孩子一起玩一个游戏。他们让儿童坐在一个仪表前，该仪表有两个按钮，一个是"伤害"按钮，另一个则标着"帮助"，并告诉儿童该仪表与临近房间儿童的仪表相连接。研究者告诉儿童，另一个房间的孩子正在玩一个需要转动把手的游戏，如果他们想让把手转得更容易就按"帮助"按钮，如果想要增加障碍就按"伤害"按钮让把手变得烫手。整个过程是欺骗性的——另一个儿童是完全想象的，整个过程不会有伤害发生。（这种欺骗遭遇伦理质疑，我们将在后续章节讨论。）儿童展现攻击行为的数量被称为**因变量**（dependent variable），其操作化定义是儿童按"伤害"按钮的持续时间和频率。研究表明，相比看激烈、非暴力体育节目的儿童，观看暴力电视节目的儿童选择"伤害"他人的可能性显著更高。该结论支持了研究者假设：观看暴力电视节目将导致攻击行为增加。

尽管该研究设计精细，但也具有很多实验室实验的通病，即降低了研究结论在真实世界推广的普遍性。利比特和巴隆对使用的暴力材料进行了剪辑，其3分钟内展示的暴力镜头要多于日常节目，甚至要多于暴力电视节目。**实验室模拟实验**（laboratory analogue experiment）是克服实验室研究人为因素影响、提高研究结果应用性或**生态效度**（ecological validity）的一种有效方法。在这类实验中，研究者尝试在实验室复制日常生活中真实发生的事件。他们将一个房间布置成客厅，持续数周时间播放真实的电视节目，随后在另一个布置得像游戏室的房间中评估儿童的攻击行为。

然而，对自然环境的精确复制并不是所有实验的目的。通过实验室实验，研究者能够精准地操控关键社会刺激和事件，从而对社会情绪发展趋势和能力进行深入探讨。对一些研究而言，实验室是研究的理想场所。显而易见，研究方法必须与研究问题紧密相关。

田野实验、干预和自然实验

当研究者希望避免实验室实验乃至实验室模拟实验带来的人为或其他问题时，在自然环境中进行实验是选择之一。在田野实验和干预研究中，研究者小心翼翼地改变日常环境；而在自然实验中，研究者从日常生活的自然改变中获得宝贵的信息。

田野实验

在**田野实验**（field experiment）中，研究者会刻意为被试的日常生活环境带来改变。在一项田野实验中，研究者考察了观看电视暴力节目对儿童攻击行为的影响（Friedirich & Stein, 1973）。研究被试是参加暑期学校的学前儿童。在最初3周时间里，研究者对儿童的常规玩耍活动进行观察以获得每个儿童在日常环境（基线条件）下的攻击性状况。然后，在接下来4周时间里，他们将儿童随机分为三个小组，让他们每天观看半小时电视节目。第一组儿童总是观看描述攻击行为的动画片，如《蝙蝠侠》（*Batman*）和《超人》（*Superman*）；第二组儿童观看的节目包含关爱和善意，比如《罗杰斯先生的邻居》（*Mister Rogers' Neighborhood*）；第三组儿童则观看中性色彩的节目，例如自然节目或者马戏表演。为了减少**观察者偏差**（observer bias），评估儿童看电视后行为的观察者对儿童观看的电视节目类型一无所知。

研究结果表明，实验前就表现出高度攻击性的儿童，观看攻击性强的动画片后变得更具攻击性，而在观看其他两种类型节目后不会如此。在最初评估阶段被认为具有较低攻击性的儿童和观看了中性电视节目的儿童，其攻击行为都没有增加。有鉴于此，研究者得出结论，只有在儿童本身具有攻击性倾向的情况下，观看暴力电视节目才会增加其攻击性。

相比实验室实验，田野实验的优势之一在于其研究结果能够更容易推广到真实生活中。在上文所述的研究中，儿童观看的电视节目和他们日常在家观看的并无二致，没有经过剪辑。此外，儿童的攻击行为是在日常环境，即幼儿园中测量的。因此，在田野实验中，研究者能够对自变量进行控制（在这个例子中，是观看电视节目的类型），将被试随机分组具有一定程度的生态效度。这些研究者有足够的信心认为，他们证明了观看暴力电视节目与攻击性儿童攻击行为的增加之间存在着因果联系。

干预

有时候田野实验关注的范围更

因变量 研究者期望随着自变量的改变而改变的因素。

生态效度 研究反映真实世界事件或过程的精确程度。

实验室模拟实验 研究者尝试在实验中复制日常生活真实发生的故事、事件，以提高实验结果的生态效度。

田野实验 研究者刻意改变真实环境，随后考察其影响的实验研究方式。

观察者偏差 观察者受到研究设计或者研究假设影响的趋势。

干预 旨在改进原有情况或者减少心理疾病和痛苦的研究项目。

自然实验 研究者对真实生活中自然发生事件的结果进行测量的研究方式。

加广泛，在考察电视节目带来的影响之余还会进行**干预**（intervention）研究。为减少暴力电视节目的不良影响，研究者以 130 名一至三年级学生为被试，进行了为期一年，由 31 节课组成的干预实验。对照组为 47 名没有接受同样课程的学生（Rosenkoetter et al., 2004）。课程采用音乐、说唱、木偶、角色扮演、讲故事以及影片片段等多种手段着重展示电视节目美化暴力活动的方式。干预的结果是女孩们减少了观看暴力节目的时间，降低了对暴力电视角色的认同感。根据同学评定，那些原本爱看暴力电视的男孩在干预之后攻击性有所降低。与干预组儿童不同，对照组儿童攻击性、观看暴力节目时间以及对暴力角色的认同感都没有降低。因此，这项干预研究表明，经过适当的教育，儿童能够减少对于暴力电视的兴趣和攻击行为。

自然实验

因为伦理或者实际原因，研究者在研究中可能无法改变自然环境。在这种情况下，**自然实验**（natural experiment）无疑具有其独特的优势。在自然实验中，研究者不进行任何人为干预，只是测量自然发生的时间或变化带来的影响。自然实验往往被归为准实验而非真正的实验研究，因为研究者没有将被试随机分配到不同的实验条件。与之相对地，研究者选择在特定条件中成长的儿童，将他们与不同条件下的儿童进行比较。在一项考察电视对儿童影响的自然实验中，研究者对加拿大一个小镇引入电视前后的变化进行了细致观察（MacBeth, 1996; Williams, 1986）。他们发现，儿童玩耍中的攻击行为在电视来到小镇后有所增加。因为将电视引入小镇并非研究者的有意安排，较之实验室研究或田野研究，这一研究的发现具有更高的生态效度。然而，研究对自变量，即观看电视节目的定义非常宽泛，儿童观看的电视节目五花八门，研究者也没有试图对节目类型进行审查和控制。因此，我们不能精确地指出是哪些电视节目导致儿童玩耍中的攻击行为的增加。进一步说，研究者没有将被试随机分成实验组和控制组，所以他们不能排除人格特征和购买、观看电视行为之间存在关联的可能性。

多种方法综合使用

在帮助研究者探究人类行为方面，每种研究方法都有其优点和局限。研究者经常在未知的研究领域使用相关法，试图简单地建立一些可能联系。相对而言，这一方法是一种简单的研究方法，能够避免一些意想不到的困难（比如操控人或事

洞察极端案例　　　　　　被收养的弃儿

1966 年，罗马尼亚前最高领导人尼古拉·齐奥塞斯库（Nicolai Ceausescu）颁布法令禁止节育和堕胎，并从经济方面激励妇女生育，以达到增加罗马尼亚人口和劳动力的目的。于是，出生率大幅攀升的同时，儿童遗弃率也随之增加。超过 170 000 名儿童被遗弃在条件恶劣的孤儿院中。虽然这些儿童的生理需要能够得到满足，但是他们几乎没有和成人进行拥抱、交谈、唱歌、玩耍等互动交流的机会。许多儿童罹患眼疾，这可能是因为他们长期躺在婴儿床上，缺乏视觉刺激。较之同龄人，他们体格偏小，发展严重滞后，智商低于正常儿童约 40 分，他们存在严重的交流障碍，并受到情绪紊乱问题的折磨。这些孤儿为我们提供了一个自然实验的机会，通过他们，研究者可以评估感觉、知觉以及社会剥夺对儿童发展的影响。同时，这也为通过提供新环境对这群"被收养的弃儿"进行干预提供了机会。在"布加勒斯特早期干预"项目中，研究者将 66 名 6 个月至 2.5 岁的儿童从罗马尼亚孤儿院转换到一个高质量养育环境中。在随后的 5 年时间中对这些孩子的进步进行观察和记录，并与留在孤儿院的孩子以及在正常家庭中长大的孩子进行比较。研究结果发现，和留在孤儿院的孩子相比，在转换环境时不足 1 岁的孩子智商平均高了 10 分，面临的抑郁、焦虑问题也更少（Nelson et al., 2007）。这些研究结果表明，考察极端环境中的儿童能够让研究者的见解更加深刻，同时也表明了作为实验室实验的替代方法，自然实验和干预研究同样具有其价值（Rutter, Pickles, et al., 2001）。

件带来的伦理问题），但是，相关法对于变量的影响微乎其微，无法解释原因和结果。相关研究得出结论之后，研究者可以利用实验方法来确定具有相关关系的变量间是否存在因果联系。

在实验室研究、田野研究、自然实验中，研究者需要在变量的控制与研究结果的普遍性两者之间进行权衡：实验室实验能够对变量进行更好的控制，但田野实验获得的数据具有更强的普遍性。一个解决权衡问题的方法是，在一项研究中综合运用田野研究和实验室实验。如图2.1所示，实现这一方式的途径有两种：自变量在实验室实验引入，而因变量在田野研究中测量（C单元）；或者自变量在田野研究中引入，而因变量在实验室实验中进行测量（B单元）。（A单元展示了传统实验室实验；D单元展示了通常情况下的田野实验。）第一种类型的实验室—田野联合实验的例子是，带儿童来到实验室并观看暴力影片，然后测量他们在教室中与同伴间社会性行为的变化。第二种类型的实验室—田野联合实验的例子是通过家长控制儿童观看电视节目的类型，部分观看暴力节目，而部分观看非暴力节目，然后在实验室中评估儿童攻击行为的变化。第一种方法能够

		自变量的操控	
		实验室实验	田野实验
因变量的评估	实验室实验	A	B
	田野实验	C	D

图 2.1 在田野实验、实验室实验和联合实验中，对于自变量的操控和评估

对自变量进行更加精准的控制，并在自然条件下对因变量进行测量；而第二种方法在自变量控制上更具生态效度，而对因变量的测量则更加严格。两种方法都能帮助研究者提高研究结论的普遍性。

> **个案研究** 研究者对一个个体或群体进行深入研究的研究方式。

个案研究

个案研究（case study）关注单独个体或小群体。通过个案研究，研究者能够探究他们并不经常遇见的现象，例如一个不寻常的天才、一项罕见的发展障碍，或者一个典型的班级。在个案研究中，研究者的精力不会受到较大样本范围的影响，这使得研究更容易深入。个案研究能够提供关于发展历程的详尽信息，还可以作为其他研究方法

实践应用 　　　　　　　　　　**攻击性儿童应对**

有时候研究者会使用个案研究实验来改变特定儿童的特定行为。例如，在特定儿童身上试用新的行为问题矫正措施，观察其效果，随后再将其应用于其他儿童。4岁艾德里安的故事就是个很好的案例，在每次玩耍时间里，艾德里安都会攻击他人。起初，每次他攻击他人时，老师们都会赶来制止并向其解释该行为错误的原因。但是，艾德里安充耳不闻。学校的心理学家认为艾德里安攻击其他儿童是为了获得老师们的关注，他建议老师们忽视艾德里安的行为，并让其他儿童对其攻击行为置之不理。一开始，艾德里安对于老师和同学的变化报以更多攻击行为。然而，经过一段时间"冷处理"后，他的攻击行为开始下降。为了确定艾德里安的改变是不是因为采用了新策略，心理学家让老师们在艾德里安攻击其他儿童时，重新关注他。不出所料，艾德里安的攻击行为开始增加，这表明，获取关注的需要控制着他的攻击行为。在心理学家的要求下，老师

们再次对攻击行为持忽视态度，艾德里安的攻击性再次随之下降。

这是一个ABAB实验的例证。A是普通条件，存在于实验开始之前；B是实验条件。在这一实验中，A代表艾德里安最初的攻击行为，实验措施——忽略他的行为以及离开他——用B来表示。第二个A是指在心理学家的建议下，每个人都回到事情最原始状态，第二个B代表再次进行同样的实验处理。如果这一处理再次减少了不良行为——如上所述——我们就能够非常肯定地认为采用的措施收到了效果。就像这一个案表明的那样，通过对单个儿童矫正措施效果的仔细分析，我们能够获得帮助大量儿童克服其问题的有效途径。艾德里安的措施对于其他儿童，可能有效，也可能无效；对单个个体的研究无法保证同样的措施在将来也会获得成功。但它迈出了科学矫正儿童攻击行为这一万里长征的第一步。

的前期研究或后续研究。该方法的主要局限性是无法将个案的结论推广到不同环境中的其他儿童身上。

研究发展变化

对社会性发展研究者而言，采用什么方法考察儿童社会性行为的发展变化是一个根本性问题。可供选择的研究方法主要有如下三种：横向设计、纵向设计和序列设计。

横向设计

最为常用的研究增龄性差异的方法是**横向设计**（cross-sectional design），即考察不同年龄个体间的差异。研究者希望通过比较不同年龄组儿童的社会性行为来揭示发展变化的发生过程。在一个横向研究中，哈里亚特·莱茵金德和卡罗尔·艾克曼（Harriet Rheingold & Carol Eckerman，1970）对儿童独立性的发展进行了考察。他们找到几名年龄从 12 到 60 个月不等的儿童，每个儿童之间相差 6 个月。随后他们将儿童安置在自然环境（一大片草坪上），并记录他们离开母亲的距离。研究者发现，儿童年龄越大，离开得越远。由此莱茵金德和艾克曼得出结论，儿童独立性随年龄增长而增加。但是，这一现象也可能存在不同的原因。横向设计无法给出增龄性变化背后的原因，因为我们并不知道参与研究的儿童在更小时候的相关表现。纵向设计在考察个体成长变化过程方面具有更好的效果。此外，可能年龄大些的儿童离得更远只是因为母亲带他们去公园的次数更多，而由于婚姻工作模式的改变，年轻的母亲们更可能因为从事全职工作而减少带孩子出去玩的时间。横向研究法无法严格确定组间差异是由年龄因素而非历史性变化等其他复杂因素导致的。为了避免这一问题，研究者应该在不同的时间选择不同的儿童重复这一横向比较。

> **横向设计** 研究者在几乎相同的时间对不同年龄段个体组成的群体进行比较。
>
> **纵向设计** 研究者在一段时间内对同样的被试进行跟踪和反复观察。

纵向设计

在**纵向设计**（longitudinal design）研究中，研究者持续研究一组儿童，追踪他们的成长与发展。纵向研究在开始年龄和持续时长上存在差异。例如，一个研究可以开始于婴儿期，持续到学步期，也可以开始于出生，持续到成年期。不管研究持续多长时间，纵向研究都具有一些明显的优点。第一，这一方式允许研究者追踪儿童的持续发展，例如，通过持续追踪，来确定当儿童不断长大时，他们离开母亲的距离是否增加，或者他们观看电视的时间是否随之增加。第二，纵向设计使研究者能够研究儿童行为类型是否稳定，即是否离开母亲更远距离的学步儿以后更有独立性，或是否在两岁时爱发脾气的儿童更可能在 4 岁时攻击其他儿童、在 14 岁时更可能和伙伴打架。第三，纵向设计使研究者能够对行为随时间不断变化的可能成因进行探讨（详见图 2.2）。研究者能够对早期行为（如攻击兄弟姐妹）进行统计控制，并对早期事件（如观看电视）和后期行为（如攻击同学）之间的联系进行探讨分析。通过建立观看电视行为和儿童在不同年龄段攻击行为差异之间的函数关系，研究者可以更有把握地宣称，电视暴力能够导致攻击性。

但是，纵向设计也有缺点。它可能需要数年时间收集纵向数据，这与研究者希望快速获得数据的愿望背道而驰。此外，参与者丢失也是问题之一。随着时间流逝，人们搬家，或者生病，或者单纯地失去参加研究的兴趣，随着样本的缩水，研究结论可能会随之出现偏差。此外，甚至最初同意参加纵向研究项目的被试也可能不能代表整体。并不是人人都愿意孩子或者自身被长期观察、测量以及询问的。另一个伴随纵向设计的问题是，它不是非常灵活。对于研究者而言，在进行的研究中注入新观点和方法会很困难。如果新的测验或者技术在一项研究开始进行 10 年后出现，那么研究者能做什么呢？他们能够选择新的样本从头再来，或者给已经参与 10 年的被试新的测试。但是，因为测试工具不可比较，他们失去了比较儿童早期表现和后期表现的可能性。最佳解决办法是，同时给已经参加研究的儿童新测试和老测试。但这会给被试带来更多负担，还可能需要追加经费。另一个纵向设计的问题是练习效应，即在多年中对被试反复测量导致的效应。一个避免上述

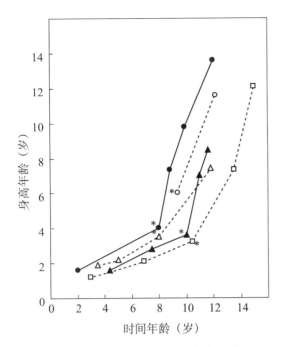

图2.2　5名儿童成长曲线的纵向研究

研究表明当儿童离开虐待的家庭环境（*）后，他们身高立即增加。这项研究提供了"辱骂会阻碍成长"的清晰证据。

资料来源：Sirotnak, 2008. Image.reprinted with permission from eMedicine. com, 2010.Available at: http://emedicine . medscape . com/article / 913843- overview.

问题的方法是进行为期数月或数年的短期纵向研究，这能够减少被试的减员，其发现还能和更新的研究方法结合，作为后续研究设计的基础。长时期纵向研究的最后一个缺点是，其结论可能只是对该年龄段同辈群体的描述，无法与时俱进。

> **序列设计** 一种综合了横向研究和纵向研究的研究，对研究对象收集一段时间的研究数据。

序列设计

为了区分增龄性变化和同龄群体特殊经历带来的变化，**序列设计**（sequential design）这一新研究方法应运而生，这种方法综合横向和纵向的研究特点。在这种设计中，研究者开始时使用横向设计的方法，挑选不同年龄儿童，接着，他们纵向追踪研究这些儿童。例如，他们选择2、4、5岁儿童作为样本并进行测量，随后每隔两年对这些儿童进行追踪测量，并增加一批新的2岁儿童样本。这项研究在最初样本中最大的儿童达到12岁时结束。图2.3展示了这种研究设计。

序列设计拥有如下优点：第一，由于研究对同一个儿童进行重复测试，研究者能够检测儿童行为中增龄性变化，能够观察个体差异。第二，

| 步入成年 | 童年行为预测成年状况 |

纵向研究时间最长的例子始于90年前，该研究横跨被试的童年期和成年期，由斯坦福大学心理学家刘易斯·推孟（Lewis Terman）开始施行，他挑选了1 528名11岁高智商加利福尼亚儿童，施以大量人格测试，并收集其生活细节。他的初衷是追踪这些儿童，考察他们是否会发展成为普通人、内向的神经官能症患者抑或是病态的书呆子。（研究表明他们既不病态，也不神经过敏。）由于参加推孟（Terman）的实验，他们获得了白蚁（Termites）的昵称。这些被试已经被追踪了数十年，研究几乎覆盖了他们生命中所有里程碑事件；超过半数参加者已经去世。通过这个独一无二的数据库，研究者可以就人格特质类型和早期经历是否能预测后来的健康和生活状态进行探讨；也可以考察童年性格、生活方式的选择与成年后的成就、健康和寿命的联系。这一数据库有力地表明纵向研究设计在理解毕生社会性发展方面具有的独特价值。

研究开始时，父母对孩子的性格特征，包括责任心、愉快以及乐观等进行了评定。然后，在孩子30岁时又就这些特质进行了自我评定。最具有稳定预测性的特征是严谨性，即有组织、毅力、可靠性以及忠诚（Friedman et al., 1995; kern & Friedman, 2008）。平均而言，相较严谨性得分排后1/4的被试，前1/4的被试寿命长2到4年。他们活得更长的原因是，更少抽烟和酗酒，保持最佳体重，过着更稳定和较轻松的生活（Friedman, 2008; Friedman et al., 1995; Hampson et al., 2006; Kern & Friedman, 2008）。另一些儿童时期特质的作用就没有这么明显。愉快在一定程度上预示着寿命更短（L . R. Martin et al., 2002），因为追求愉快的个体会使用更多酒精和香烟，参加更多聚会，有更多冒险爱好，例如飞行和打猎（Friedman, 2008）。这项研究清晰表明，纵向研究能帮助我们理解童年时期人格特质的长期影响，同时也告诉我们，命运不是由童年时期决定的。稳定的工作或美满的婚姻有时会带来严谨性的上升（Kern & Friedman, 2008）。

向当代学术大师学习   洛维尔·休斯曼

洛维尔·休斯曼（Rowell Huesmann）是密歇根大学心理学和沟通研究教授、群体动力学研究中心主任。（其本科也就读于此）。他曾经想成为计算机科学家，研究人工智能。但是，从卡耐基－梅隆大学博士毕业后，他开始对环境如何塑造儿童攻击行为产生了兴趣。在过去40年中，他的工作一直围绕这个核心问题："什么促使一个儿童比另一个儿童更具有攻击性？"休斯曼对两个攻击性成因尤为关注：父母教养方式，以及儿童观看电视节目的类型和时间。在和同事莱恩·艾伦（Len Eron）合作的纵向研究中，他对超过700名美国孩子在5岁时的攻击性进行了评定并进行追踪研究，以考察体罚性教育方式或观看暴力节目的行为是否和长大后的攻击行为存在相关。研究发现遭受严厉体罚的儿童和观看暴力电视节目的儿童，在童年时更具攻击性；那些具有攻击性的儿童，尤其是男孩，更可能在成年时遭遇攻击性相关问题，例如刑事定罪、交通肇事、酒驾被拘，以及家庭暴力事件。休斯曼认为下一步研究的任务是从心理和神经生理层面了解观看媒体暴力节目产生的影响。休斯曼是国际期刊《攻击行为》（*Aggressive Behavior*）的编辑，并获得过美国心理学会传媒心理学杰出毕生贡献奖。

扩展阅读：

Huesmann, L. R., & Taylor, L.D.（2006）. The role of media violence in violent behavior. *Annual Review of Pubilc Health*,27,393-415.

Leflowitz, M. M., Eron, L. D., Walder, L. O., & Huesmann, L. R.（1977）. *Growing up to be violent: A longitudinal study of the development of aggression*. New York: Pergamon Press.

部分儿童被测量4次，而另一些儿童重复测量的次数要少得多，这使得研究者能够考察练习效应的影响。第三，在追踪不同年龄组过程中，研究者能够发现同辈效应，或者儿童出生特殊时期的影响。例如，评估学校课程强调减少儿童攻击性所带来的变化。第四，序列设计节省时间，开展上述研究6年后，研究者可以得到跨度为10年的数据——较之传统纵向研究节省4年。

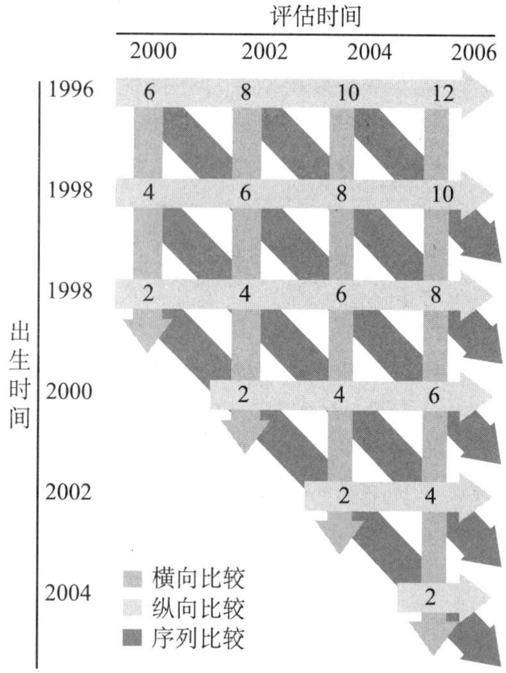

如表2.1总结了三种方法（横向设计、纵向设计、序列设计）的优缺点。研究者可以通过创造性地综合运用各种研究设计，扬长避短以提高研究实效。

图2.3　序列研究设计

综合横向和纵向设计，使研究者可以检测年龄相关变化，及时比较不同年龄组儿童差异。箭头中的数字是参加研究的儿童的年龄。

表2.1　　　　　长期发展变化的研究方法

	横向	纵向	序列
研究花费时间	短	长	中等
研究花费资金	少	多	中等
被试中途放弃参加实验的可能性	低	高	中等
员工流动性风险	低	高	中等
使用新测量方法的可能性	高	低	中等
练习效应的可能性	无	高	低或高
评估早期事件和后期行为联系的可能性	无	高	短期表现为高
评估行为的稳定性与不稳定性的可能性	无	高	短期表现为高
评估个体发展道路的可能性	无	高	短期表现为高
结论受同辈群体效应影响的可能性	不清楚	高	中等

选取样本

如果研究者要研究学龄前儿童典型社会性行为，那么他应该怎么做呢？研究多少名学龄前儿童较为合适？因为研究者不可能研究所有学龄前儿童，他需要挑选合适数量、能够代表学龄前儿童总体的一群儿童进行研究。如何选择样本是每个社会性发展研究面临的重要问题。而招募被试同样是一个重要难题。经验较少的研究者经常惊讶地发现，相比研究本身，招募被试是一件非常费时且充满挫折感的事情。如果研究者使用老鼠或者大学生，那么取样会相对容易些，如果情况不是这样，那么仅在办公室门上粘贴招聘被试启事，然后坐等由9个月婴儿或14岁儿童组成的样本从天而降是不现实的。研究者需要花费大量的精力和医院、托儿所、学校、教堂、社区中心等进行交涉，向它们解释研究的价值并获得接触病人或客户的许可。

样本代表性

基于**代表性样本**（representative sample）是一项研究的结论具有普遍性的关键。所谓代表性样本是指在研究者感兴趣的特性上，样本群体具有和总体相同的特点。设想一个研究团队试图研究儿童攻击行为的发展，他们挑选了一群因在家存在行为问题而被送去心理诊所的儿童作为样本，其中包括30名男孩和5名女孩，他们都来自于贫困社区。研究者通过观察他们与其他儿童的玩耍行为，询问他们如何解决与同伴的争端来对其行为进行多方面的评定。他们还评估了其父母的婚姻状况，了解儿童看电视的频繁程度。最后，研究者得出结论：男孩比女孩更具有攻击性，儿童的攻击行为与看电视相关。他们的研究能得出这样的结论吗？当然不能。求助心理诊所的儿童，是由于他们在家庭中存在行为问题，这些儿童不同于不用或不能求助心理诊所的儿童。因此，这个样本存在偏差，不能涵盖更加富裕或父母更有责任心家庭的孩子。该样本在性别上也存在偏差。虽然男孩比女孩可能更具攻击性，但样本中的男女数量比例太过悬殊。事实上，这一数量不足以作为进行性别比较的基础。鉴于样本的代表性不足，观看电视与攻击性的关联没有根据。为了得到该结论，研究者应该测试数量基本相等的男孩和女孩（至少各30名），这些被试应来自相似社会经济背景，包括因为行为问题求助心理诊所的儿童和没有求助心理诊所的儿童。通过有限样本（如样本只包括单一种族、性别、社会阶层或地区）得出研究结论需要非常严谨小心。研究者越来越意识到，在选择样本时涵盖不同种族、社会阶层及性别大有裨益。通过选择多种样本，研究者对研究结论的普遍适用性更具信心。这种方法适用于对不同地域人们进行相同主题的研究。例如，与研究者在温哥华、赫尔辛基、伯克利以及雅典都得出相似结论相比，单一地区或样本显然无法达到同样的效果。当研究者使用多个样本并且数个研究者得出相似结论时，他们对研究结论就更具信心。

全国性调查

在全国性调查中，研究者需要选择广泛的、全国性的样本。通常使用分层取样策略来保证样本中男孩女孩数量或来自不同社会经济群体的个体比例与总体一致。全美青少年纵向调查是全国性调查的例子。这项研究始于1979年，有12 000名青少年参加者，年龄跨度为14岁至24岁，来自全美235个地区。始于2009年的全美儿童研究是一项更加广泛的调查，这一研究将对超过10万美国儿童进行从出生到21岁的追踪研究。其他国家也有类似的全国调查。例如，加拿大全国儿童和青少年纵向调查对3万多名儿童和青少年进行从出生到成年早期的追踪调查，获取其社会性和情绪发展信息。在这些调查中，取样必须保证代表性，比如年龄、性别、社会经济状态、婚姻状况、民族以及种族——但是有些群体很难定位并招募，除非研究者刻意努力将少数群体，比如单亲母亲、拉美裔美国人、非洲裔美国人、法国裔加拿大人或者原住民涵盖在内，否则他们无法获得这些群体的发展数据。因此，研究者使用"过采样"技术，让样本中这些群体被试的比例高于其占总体的比例（Miller，2007）。

虽然全国性调查使研究者得出的结论，可以应用于整个人口

代表性样本 按照总体中不同阶层或类别（如社会阶层或族群）所占的比例来抽取被试的研究样本。

元分析 一种让研究者对特定主题的众多研究结论进行综合分析，对变量间差异或相关的大小和可重复性进行总结的统计技术。

效应值 在元分析中，反映实验组和控制组差异大小或不同因素间相关关系强弱的估算值。

和分组人口，但其主要缺点是花费的时间和人力太多。另一个缺点是这些调查无法了解社会性发展过程中的心理过程。研究 20 000 名儿童的心理过程所需的时间和金钱超过了大多数研究者力所能及的范围。由于上述原因，在进行全国性调查时，研究者有时会附加对子样本的深入研究。如从全国性调查的样本中抽取 100～200 名儿童进行深入考察，以获得对发展过程的深入理解。尽管多级取样策略同样需要很多的金钱和时间，但它能够让研究者一举两得：既能让研究结果具有普遍性，又能对社会性过程进行细致深入的探讨。

元分析：综合研究结果

元分析（meta-analysis）是一种统计分析技术，通过这一方法，研究者可以对某一特定主题（如电视暴力节目对儿童攻击性的影响）众多相关研究的结论进行总结（Cooper，2009）。这项技术能对实验组与对照组差异的大小或相关研究中要素间的相关程度强弱进行总体的评估，这一评估值被称为**效应值**（effect size）（Rosenthal & DiMatteo，2001）。利用这一方法，研究者能够就差异的大小和信度得出相关结论，而非简单罗列不同研究的结果并对其是否一致进行总结。对 217 个考察电视暴力与儿童青少年反社会行为关系的研究进行的元分析表明，电视暴力和反社会行为之间存在着显而易见的联系（Paik & Comstock,1994）。其效应值为 0.30。近期的元分析也得出了相似的结

文化背景　　　　　　　　　　研究的挑战

研究不同文化群体充满了各种挑战。下面的 6 条建议，能够帮助研究者实施有效的跨文化调查与研究。

● 把文化作为一组变量。通常情况下，跨文化研究者总是简单地比较不同文化背景下的儿童，将文化作为单一自变量。然而，文化因素并非这么简单，其包含着众多因素，例如风俗习惯、宗教信仰以及政治思想体系。对于研究者而言，界定并厘清这些因素非常重要（Harkness & Super, 2002）。

● 选择有代表性的文化样本。由于文化内部差异程度可能丝毫不亚于文化间差异，选择能够反映文化多样性的样本并综合考虑文化内和文化间差异是研究者面对的重要问题。

● 研究有意义的文化差异。仅仅为了满足好奇心而对文化差异进行研究和总结的时期已经一去不返了。纯粹的描述最好交给国家地理频道和探索频道去做。当前跨文化研究的主要目标是充分利用文化的天然差异来检验有价值的理论假设。

● 避免种族优越感。所有研究者都有自己的文化，他们将这种文化作为参考框架来观察其他文化背景下的风俗和信仰。这可能会导致在他们的描述中其他文化较为低级或存在众多不足。跨文化研究者需要抛开自身文化的桎梏，只有这样他们才能集中精力深入理解其他文化的行为方式

（kurtzCostes et al., 1997）。

● 建立等价的跨文化研究工具。一些研究者在进行跨文化研究时，只是简单地使用在自身文化中发展形成的实验范式。不幸的是，翻译过程的存在可能会导致信息的偏差。如果研究者只是简单地将访谈提纲或问卷翻译成另一种语言，那么这一问题会表现得尤为明显（Pena，2007）。尽管研究通常会采用回译的方法，即首先让懂得两种语言的人将访谈提纲翻译为另一种语言，随后让不同的人再将其翻译回去（回译），但这一问题仍然存在。目标语言很可能并不存在和原语言完全等价的表述方式，或是在含义上存在着细微的差异。

● 以合乎文化的方式解释结论。研究者需要确认，他们对另一文化言行的解读与该文化本地居民的解释是一致的。观察者需要在收集数据前与被调查者进行交流，吸纳目标文化的个体成为数据收集团队的成员，并在数据收集分析工作完成后就结果解读问题与被调查者进行讨论（Cooper et al., 2005）。

毫无疑问，跨文化研究能够提供有价值的信息。但是，除上述挑战之外，和不同文化个体交流面临的逻辑问题、如何与之建立合作关系并获得他们的信任等问题的存在，使得恒心、耐心和意志成为进行跨文化研究所必需的品质。

论（Bushman & Anderson，2001）。这一效应值表明，观看暴力电视和攻击行为之间存在中等强度的关联。

元分析是一个"无价之宝"，但也有其需要注意的地方。尽管元分析能够对不同研究的差异或关联程度的大小强弱进行估计，但其估计的正确性受到子研究样本的限制。如果元分析的子研究被试只涵盖了中产阶级的白人儿童，那么其结论就不能推广到其他阶级、种族或民族的儿童身上。

跨文化发展研究

近年来研究者意识到，选择不同文化背景的样本是一种有价值的研究策略。如果不同的文化都具有某种共同的行为模式，这就意味着这一行为具有普遍性；反之，如果不同文化中的行为模式存在显著的差异，这就表明特定的环境变量在其中发挥着重要的作用。尽管跨文化研究能够提供丰富的信息，但也具有研究难度大、花费高昂的缺点。语言差异、对不同习俗和活动的含义缺乏了解都会导致研究结论的偏差（Fung, 2010; Greenfied, Suzuki, et al.，2006; Rogoff，2003）。该类研究通常会邀请当地人充当翻译进行沟通，帮助研究者获得官员和其他民众的信任，并对研究结果进行解读。随着人们逐步认识到文化对于发展的贡献，跨文化研究日趋流行并受到研究者的青睐。

收集数据

在确定了以哪一组或哪几组个体作为研究被试之后，研究者面临的下一问题是如何对其进行研究。通常而言，数据收集方法有如下 3 种：直接询问儿童关于其自身的问题、询问与儿童关系亲密的人，以及直接观察儿童。每种方法都有优点和缺点，研究者的选择取决于研究问题的类型。

儿童自我报告

自我报告（self-report）指由个人提供关于自身的信息，其典型方式是回答研究者编制的一系列问题。从儿童处收集这些信息面临着特殊的问题。相比成人，儿童参与性较低，反应迟缓并在理解研究者的问题方面存在着更大的困难。尽管存在这些局限性，但一些类型的信息难以通过其他途径获得（Cummings et al., 2000）。正如一位研究者所言："即使儿童在运用言语表达上存在困难，但他对于自己的感受最有发言权。对于儿童日常生活的某些方面，其父母和教师可能知之甚少，甚至一无所知。"（Zill，1986，pp. 23-24）该研究者以 2 279 名 7～11 岁儿童为样本的研究表明，父母与孩子对访谈问题的答复同等可信。尽管和成人相比，儿童的报告具有局限性，但在诚实程度上并无二致。在父母不在场的情况下，儿童的报告尤其可信。因此，对儿童进行访谈能够获得关于其日常生活和感受独一无二且真实可靠的信息。研究者还会使用"木偶访谈"或"故事补全"等间接、有趣的特殊方法来获取儿童的想法和感受。

让儿童提供关于自身近期活动的陈述是获取其自我报告的又一方法。研究者让儿童描述最近发生的社会性事件，如与同伴、教师或父母发生的争执等。罗伯特·凯恩斯和他的同事（Cairns & Cairns, 1994；Xie et al., 2005）询问儿童："最近有没有人惹到你，给你带来麻烦或让你特别生气？"随后访谈者会跟着询问如下问题："他是谁？这件事情是怎么开始的？这期间发生了什么？你做了什么？这件事情是怎么结束的？"这一访谈能够获得是否发生冲突以及儿童如何解决冲突的信息。相似的访谈提纲用来研究儿童的积极社会互动行为。然而，对描述信息进行编码需要耗费大量的时间，并且所报告的事件往往不能全面反映儿童人际交往情况。

想要获得更具有代表性的儿童经历的样本，研究者可以使用**经验取样法**（experience sampling method），简称"EMS"，或者"呼叫提醒"法。研究者为儿童提供腕式呼叫器、寻呼机、掌上电脑或智能手机，并设定程序让其随机发出提示音。这种收集数据的方法使儿童能够以结构化的方

自我报告 个体在直接访谈中以口头形式，或以问卷调查等书面形式提供的关于其自身的信息。

经验取样法 一种不定时给被试发送提醒让其回答预定研究问题（如：你在哪？和谁一起？在做什么？）的数据采集方式，也被称为呼叫提醒法。

式，报告其行为和感受，并获得儿童活动环境的样本信息。采用呼叫提醒法的研究获得了大量关于儿童如何度过时间、和谁一起及其活动与心情的关系等信息（Larson，2000）。这种方法在收集儿童1周、1个月乃至1年时间中情绪变化信息时显得尤为有效。图 2.4 提供了一个使用呼叫提醒法记录儿童活动和情绪的例子。

近年来，一项现代科技革命——互联网的发展进步——导致了新自我报告数据收集方法的产生（Fraley, 2004）。和以往询问儿童，或者青少年完成纸质问卷，或者电话访谈的方法不同，如今研究者可以通过网络联络访谈对象并询问问题。在西方国家，大部分儿童都能够便利使用计算机和网络（Patrearca et al., 2009; Pew Research Center, 2006）。然而，在所有经济水平和族群的儿童拥有同等访问网络的机会之前，避免取样偏差和对样本之外被试的忽略是一个需要重视的问题。尽管存在这些问题，但这种收集数据的方法具有很多优势。最明显的是，通过互联网获得数据为研究者和被考察者都提供了便利。儿童不必在特定的时间出现在特定的地点——而对研究者而言也同样如此。互联网的使用还增大了样本量，扩展了

发信号时间：__4：05__　　填写时间：__4：06__

1. 你在**哪里**？

　　在学校的咖啡馆。

2. 你参加**课后活动**吗？（是）否

　　是的，我参加"21 世纪"。

3. 你做的主要事情是**什么**？

　　家庭作业。

4. 你还做了**什么**其他事情？

　　吃零食。

5. 你和**谁**一起**完成**这项活动？请在选项上画圈。

没有人	其他我认识的成人
母亲 / 继母	1 个朋友
父亲 / 继父	（2 个或者更多朋友）
兄弟 / 姐妹　年龄____	其他孩子
成人亲戚	男朋友 / 女朋友
儿童亲戚　年龄____	其他人？谁？____
（教师）	____
活动组成员	____

6. **还有谁**在你身边但在做其他事情？

没有人	其他我认识的成人
母亲 / 继母	1 个朋友
父亲 / 继父	2 个或者更多朋友
兄弟 / 姐妹　年龄____	（其他孩子）
成人亲戚	男朋友 / 女朋友
儿童亲戚　年龄____	我不认识的成人
教师	其他人？谁？____
（活动组成员）	____

7. 在**每个**问题后面，**圈**出你的答案。

	完全没有	一定程度上	大部分	很多
a. 这个活动你有多大选择性？	1	②	3	4
b. 这个活动对你重要吗？	1	2	③	4
c. 它是有趣的吗？	1	2	3	④
d. 它具有挑战性吗？	1	2	③	4
e. 你享受你做的事情吗？	1	2	3	4　9
f. 你能够多大程度上专注于它？	1	2	③	4
g. 你在活动中发挥了你的技能吗？	1	2	③	4
h. 你是否希望自己再参与其他活动？	1	2	③	4

8. 当你的信息被接收时，你感觉如何？

	完全没有	一定程度上	大部分	很多
孤独	①	2	3	4
快乐	1	2	③	4
愤怒	①	2	3	4
压力	1	②	3	4
兴奋	①	2	3	4
厌烦	1	②	3	4
害怕	①	2	3	4
忧伤	①	2	3	4
放松	1	②	③	4　3
自豪	1	②	3	4
担心	1	②	3	4

图 2.4　一个儿童使用经验取样法完成的答案样本

　　该儿童是在"呼叫提醒"响起时完成这些问题的。

资料来源：Vandell, shernoff, et al., 2005.

测量年幼儿童的认知能力和感受是一个真正的挑战。传统问卷法和访谈法并不适合年幼儿童，因为他们注意力集中时间很短，认知能力有限，语言表达能力也有限。利用木偶对儿童进行诊断和治疗这一临床心理学家业已使用多年的方法是解决这一问题的途径之一。治疗师和儿童就儿童生活存在问题的方面共同编制一个故事，将木偶作为帮助儿童的道具（Irwin, 1985; Woltman, 1972）。这一方法被研究者借鉴，成为考察年幼儿童社会性经历和性格的工具。以下是该方法的操作过程。访谈者对两个木偶提出问题："你是什么样的孩子——好孩子或者不那么好的孩子？"两个木偶给出相反观点，然后访谈者询问儿童赞同哪个木偶的观点，或自己和哪个木偶更像。裘德·卡西迪（Jude Cassidy, 1988）曾使用过木偶访谈法。她向5岁或6岁儿童展示两个木偶，其中一个表现出积极状态（"我在很多时候都是一个好孩子"），另一个给予自己消极的描述（"我在很多时候都不是一个好孩子"）。她发现，通过对木偶之一表示赞同，儿童能够描述出他们心目中自己所属孩子的类型。使用这种研究方法，卡西迪认为，和母亲早期关系的类型会导致儿童自我概念发展的差异。相比拥有低关系质量的儿童，高关系质量儿童赞同"我是一个坏孩子"的可能性更低。另一些研究者使用木偶法考察儿童对于父母关系的认知。在一项研究中，研究者向4～7岁儿童呈现两个木偶。一个木偶说："我的父母老打架。"另一个木偶说："我的父母不会老打架。"一个木偶说："在我爸妈打架之后，他们会相互道歉。"另一个木偶说："在我爸妈打架之后，他们不会相互道歉。"研究者发现，儿童对木偶的反应与其父母的自我报告以及观察其父母解决问题方式的第三方报告之间存在着相关——这一指标表明，儿童的反应能够可靠地反映出其父母婚姻关系的质量（Ablow et al., 2009）。并且，儿童的反应与其在学校的攻击行为存在关联：在家中看到父母冲突越多的孩子，在学校的攻击性和沮丧感越强（Ablow, 2005）。显然，在考察年幼儿童的观点和认知方面，木偶访谈法是传统访谈法或问卷法一个行之有效的替代品。

研究参与的范围。甚至能够以经济、可行的方法收集其他国家儿童的数据。此外，在一些面对面访谈会让儿童感到不适或尴尬的敏感话题上，互联网调查无疑具有其特殊的价值。通过相对隐秘的网络调查，研究者更可能收集到诸如青少年酗酒、吸烟和性行为的准确数据。但是，这种隐秘性也会带来新的问题：因为没有研究者监督，儿童可能不会完成调查，更糟的是还可能会由他人代答。细心的追问、提醒和给予完成调查的激励有助于减少这些问题。随着儿童熟练使用互联网的年龄越来越小，网络在社会性发展研究方面具有的价值愈加重要。

来自家庭成员、教师和同伴的报告

从了解儿童的人入手是收集儿童社会性发展数据的又一途径。一般情况下，研究者会从家庭成员、教师、同伴和朋友处获得信息。

家庭成员

访谈父母的一个优势在于他们的报告往往基于对儿童长时间、多场合的观察。另一个优势是，即使父母提供的信息不完全准确，父母的感觉、期望、信念以及对于事件和行为的解释，也可能与客观现实具有同等重要的作用（Bugental & Grusec, 2006; Collins & Repinski, 2001; Okagaki & Bingham, 2005）。和实际行为相比，儿童的行为更可能受到父母对其知觉、态度的影响。

家庭成员关于儿童社会性发展的报告并不总是可信的，然而，研究者拥有一系列不同的方案提高其准确程度。他们询问父母最近发生的事情，确保记忆是真实的；他们甚至可能会在晚上给家长电话询问在过去两个小时中是否发生了哭泣、反抗等特定行为（Patterson, 1996; Patterson & Bank, 1989）。他们让家长定时（如每隔1个小时）记录儿童的行为（Hetherington, 1991）。社会性发展研究者甚至还让家长携带和孩子同样的呼叫器，让他们和孩子一起记录自身的活动和感受（Larson & Richards, 1994）。

另一个通过家庭收集有效数据的方法是让他们分享对整个家庭都具有重要意义的"家庭故

向当代学术大师学习　　　　　　　瑞德·拉森

早在高中时期，瑞德·拉森（Reed Larson）就立志要成为心理学家。他进入本地的明尼苏达大学完成本科，接着在芝加哥大学获博士学位。如今他是伊利诺伊大学教授，研究"人类和团体发展与心理"和教育心理学。研究生期间，拉森开始对"人们如何消磨时间"这个问题产生了兴趣。于是，他和他的导师发明了一种新方法来研究这一课题，即经验取样法。正如很多广受欢迎的新研究方法一样，该方法具有简单易用的特点。经验取样法，有时也称为呼叫提醒法，通过让被试佩戴寻呼器并预设提醒时间的方法来追踪他们的行为。每当寻呼器响起，被试就在记录本上写下他们在哪、和谁在一起、正在做什么以及当时的感受。使用这种方法，拉森收集了大量关于不同国家儿童青少年如何消磨时间、他们社会性生活的自然状态以及他们的情绪和活动如何随着年龄增长而变化的相关信息。如今，经验取样法也被广泛应用于从地理学到人类学等一系列不同的学科中。这种方法提供了家庭、学校和操场等不同场景下儿童活动的信息，丰富了我们对儿童日常生活的理解。拉森发现经验取样法给他带来丰厚回报，因为这种方法将他带入不同研究领域，包括家庭和同伴关系、精神健康、情绪发展，以及跨文化比较研究。他的近期研究专注于青年发展项目，例如，4H俱乐部、课外活动以及有组织的课后活动。这些研究具有其应用价值，通过这些研究，他希望能为这些活动提供支持和改进。拉森现在是青少年研究协会主席。对他而言，发展心理学最紧要的研究课题是理解世界不同国家青少年向成年转变的过程和在这一过程中所遇到的挑战。他认为我们需要更多关注青少年发展的积极方面，而不仅仅是存在的问题。基于这样的观点，他这样引导学生："我们需要优秀的人从事这个领域的研究，你的观点和创造性能够带来宝贵的贡献。"

扩展阅读：
Brown , B., Larson R., & Saravathi, T. S. (Eds.) (2002) . *The world's youth: Adolesence in eight regions of the globe.* New York: Cambridge Universtity Press.
Larson, R., & Sheeber, L. (2008) .The daily emotional experience of adolescents.In N. Allen & L.Sheeber (Eds.) , *Adolescent emotional development and the emergence of depressive disorders* (pp.11-32) . New York: Cambridge University Press.

焦点小组　一种讨论主持人提出问题由小组成员进行回答的群体访谈形式。

事"（Pratt & Fiese, 2004）。每一个人都能想起听过的关于父辈或祖父辈经历的故事："当我还是你这么大的时候，我需要在雪地里走近5公里才能到学校。"或者："当我还是一个小女孩时，我需要每天喂鸡和喂猪。"这些故事反映出父母给孩子灌输的价值观念。家庭故事还能反映出文化的差异（Wang, 2004a）。例如，中国和北美家庭，在他们的故事中表现出不同主题：中国家庭强调对于集体的忠诚和道德规范；北美家庭关注自主和自我肯定。收集家庭故事是除问卷法和访谈法之外的另一选择，这一方法可以提供独特的家庭生活信息。

教师和同伴

想要了解儿童在学校或其他父母不在场情境中的表现，研究者需要求助于教师和同学。他们可能会请教师就课堂或操场表现对儿童的参与性、攻击性及社会性发展情况进行评估。他们也可能会通过询问同学获取儿童的被接纳程度。例如，研究者让班级中所有孩子就"我有多愿意和他一起玩"或"我有多愿意和她一起合作"等问题对其他孩子逐个进行评定。综合这些评定，研究者就能得出每个儿童在班里的社会地位图（Ladd, 2005; Rubin, Bukowski, et al., 2006）。

焦点小组

研究社会性发展的另一个方法是**焦点小组**（focus groups）讨论。焦点小组讨论通常被用于社会学、人类学研究领域，或是广告商制定肥皂、香波、色拉调味品或萨博汽车的营销方案中，但近期这一方法获得了心理学家的青睐。通常情况下，焦点小组由6～10名成人或儿童组成。讨论

你一定以为…… 父母能够精确报告孩子的早期经历

谁能比父母更了解孩子？谁能比父母知道更多孩子的养育过程？认为父母能够提供关于儿童早期经历的最精确报告实在不足为奇。一些研究者也持同样观点，他们以母亲的报告为依据来研究儿童和其成长的经历。然而，现实表明，这些报告通常并不可信，不准确，存在着系统性的偏差。父母关于早期儿童养育活动以及儿童发展里程碑事件的报告，很少与独立评估相一致（Holden, 2002, 2009）。

在一项研究中，研究者收集了儿童3岁时其母亲的育儿活动报告，并将其与婴儿时期收集的报告进行比较（Robbins, 1963）。由于在常规儿科检查时母亲会描述其育儿活动，这使得研究者比较儿科医生处的报告与母亲回忆报告成为可能。研究发现，很多母亲已经忘了自己早期的育儿方式，她们的记忆往往发生扭曲，倾向于和当时儿科医生的观点一致。在母亲接受访谈回忆时，《育儿经》一书广为流行，其作者本杰明·斯波克（Benjamin Spock）明确指出，他对让婴儿吮吸手指持反对态度，而赞同使用安抚奶嘴。所有在这一问题上报告错误的母亲都否认孩子曾经吮吸手指并声称她们为孩子提供了安抚奶嘴——

尽管确切记录表明的情况正好相反。

为什么父母报告如此不精确？最简单的原因是记忆可能犯错。父母记忆的歪曲迎合了理想化期待、文化刻板印象以及专家的建议。人们具有在记忆中尽可能美化自己的动机。因此，父母记忆中的自我往往比其实际表现更加坚定、耐心和随和（Holden, 2002）。而在回忆儿童行为时，父母同样会犯错。在他们眼中，孩子是自己的延续，因而他们不太可能报告孩子存在的问题。几乎没有父母宣称其孩子发展迟缓，相反，在他们记忆中孩子的能力要高于实际情况。他们报告中孩子开始走路的年龄更早，在学前班拥有的朋友也更多。父母会掩饰他人眼中孩子的不良行为。例如，一个父亲可能将孩子描述为喜欢打闹和善于恶作剧的"本色男孩"，而非邻居眼中的灾难或教师眼中的大麻烦。多子女家庭尤其容易记忆混淆。当被要求描述乔时，他们可能会给出一个融合了乔及其兄弟杰森特点的形象。正如父母有时候把儿女的名字叫错一样，在哪个孩子什么时间、和谁、做了什么等问题上他们的记忆也并不可靠。

主持人提出的一系列问题，随后小组成员作答。和正式访谈相比，这一小组讨论形式为家长和儿童提供了在轻松愉悦的环境中就彼此的想法、价值观或目标进行交流的独特机会。

这项技术在研究的早期，即界定研究被试的重要事件时尤为有效。例如，在一项研究中，通过焦点小组讨论的方法发现教父在拉美裔家庭儿童教育中具有启蒙作用，而只询问基于欧美家庭的问题会忽略掉教父这一拉美裔儿童社会化的重要方面。焦点小组讨论能够保证研究者询问合适的问题并涵盖与问题相关的方方面面，从而提高了研究的效度。这一研究方法还能帮助研究者判定问卷项目是否符合文化习俗，从而编制出理想的问卷（Silverstein, 2002）。最后，当被访谈家庭有着特殊人种背景时，焦点小组能够帮助研究者选择该文化偏好的访谈形式，剔除需要避免的主题。

焦点小组的价值不仅局限于早期研究。在收集完信息并对其蕴含的意义进行解读时，焦点小组讨论也能发挥很大的作用。与焦点小组成员讨论能够保证研究者对他人言行的解读与本人的意图相一致，从而提高了"解释效度"（Maxwell, 1992）。例如，研究者将非洲裔美国父母和孩子就宵禁、家庭作业和看电视时间等日常家庭问题进行的讨论录制下来，和非洲裔美国群体进行的焦点小组讨论能够确定其对上述言论的解读是否准确无误。在早期研究中，欧洲裔美国研究者将很多非洲裔美国父母与孩子的交流都错误解读为争执和限制，而焦点小组讨论方法能够有效避免这一问题（Gonzales et al., 1996）。显然，在对其他文化群体进行研究时，正确理解其儿童和家长言行的含义至关重要。

直接观察

尽管儿童自我报告，对父母、教师和同学进行访谈和问卷调查以及家庭焦点小组讨论都是行之有效的研究方法，但这些都不能替代对儿童行为的**直接观察**（direct observation）。研究社会性发展的学者会在儿童的家、学校、操场、午餐室或课后俱乐部等自然环境中进行观察，也会在实验室或游戏室中给儿童或家长安排特定任务，进行结构化观察。

自然观察

在儿童生活的自然环境中收集的数据能够提供儿童在这些环境中如何表现的关键性信息。通过**自然观察**（naturalistic observation）法，研究者能够了解儿童与他人交流的时间，以及这些交流是积极的还是消极的。然而，自然观察法的问题在于，只有在观察者的在场没有影响到被试的行为时，其观察数据才是有效的。当父母和儿童知道正有人观察他们时，其行为表现可能会有所不同。例如，他们更可能隐藏消极行为（Graue & Walsh, 1998; Russell et al., 1991）。

重复观察或低干扰观察技术（如隐藏式摄像头、观察者假装在读书）的使用能够降低这一干扰效应。在一项研究中，观察者持续数周每晚都去被试家中（Fering & Lewis, 1987）。家庭成员报告称，他们逐渐适应，慢慢忽视了观察者的存在。在另一项研究中，研究者发现，随着观察次数的增加，被观察者不受社会赞许的行为，如吵架、批评、体罚和使用粗俗的语言也随之增加（Boyum & Parke, 1995）。在观察者逐渐"隐身"之后，儿童和家长越来越习惯被人观察并表现出他们的真实感受和习惯行为。

远程观察是研究者的隐身术之一（Asher et al., 2001）。在一项关于攻击和欺凌的研究中，德布拉·佩普勒（Debra Pepler）和她的同事使用录像机俯瞰学校操场，给每位参加研究的儿童配备便携式麦克风和发射器（Pepler et al.,1998）。麦克风使研究者能够"偷听"到儿童和同伴在午餐和休息时的谈话。这些"偷听"技术在收集儿童社会赞许行为的同时也收集了他们的反社会行为和闲聊信息。

显而易见，自然观察的优势在于研究者可以在典型的行为发生情境中对儿童和成人进行观察，因而具有很高的普遍性和信度。但这种方法也存在一些缺陷。**反应性**（reactivity）问题可能会出现，此外，如果观察时间太过短暂，研究者可能无法观察到其感兴趣的行为（Hartmann & Pelzel, 2005）。例如，一个研究者对父母应对儿童冲突或合作的方式感兴趣。如果在观察期间儿童没有发生攻击或分享行为，那么她只能接受空耗时间却一无所获的结果。这样的数据收集方法代价高昂、费时费力。和问卷调查法相比，通过观察法收集特定社会性行为样本信息所需的时间要长很多。

观察者偏差（observer bias）是自然观察法面临的另一难题。观察者的期待可能会扰乱或误导他们对观测行为的解读（Rosenthal, 2002）。对观察者进行细致的培训、给予目标行为明确的定义、使用"单盲"设计避免观察者了解实验假设、频繁评估观察信度或两位独立观察者评分的一致性程度等方法都有助于减少观察者偏差效应的影响（Miller，2007）。

结构化观察

研究者还会在实验室诱发特定行为并进行**结构化观察**（structured observation），这一方法能够克服自然观察法的一些缺点。为了避免目标行为出现频率较低的问题，研究者会设置诱发该行为的情境。例如，他们让父母要给予儿童特定的规则或任务，如在玩耍结束后清理现场并整理玩具。通过这一结构化观察，研究者能够对父母的管教策略及儿童的服从性进行评估。在另一个结构化观察中，研究者创设自我控制的情境，让儿童抵制糖果或包装精美礼物的诱惑（Kochanska & Aksan, 2006）。在相对较短的时间里，研究者可以通过标准化实验任务收集大量信息，并对不同年龄和家庭背景的儿童进行比较。

尽管该方法解决了一些自然观察问题，但就实验室中观察到的行为是否与日常生活中一致存在很多质疑。和在被试家中进行的观察相比，在实验室、诊所或医院等陌生环境中被试往

直接观察 研究者进入真实环境中，或者将被试带入实验室，以观察感兴趣的行为。

自然观察 在家庭、托儿所或学校等自然环境中以不干扰儿童活动的方式采集信息。

反应性 因受到他人观察而导致个体行为方式发生改变。

观察者偏差 因知晓研究设计或假设而导致观察者在观察中产生倾向性。

结构化观察 一种研究者创设情境，提升目标行为发生可能性的观察方式。

往表现出更少的负性情绪和更多的社会赞许行为（Hartmann & Pelzel, 2005; Johnson & Bolstad, 1973; Lamb et al., 1979）。

为增加结构化观察的生态效度，研究者试图让实验室更有家的感觉。他们用单向玻璃将被试与观察者隔开，或将摄像头隐藏在书架之中。他们还在实验室放置长沙发、安乐椅以及杂志。创建"实验室公寓"是一个极具新意的解决办法。许多年以前，阿诺德·格塞尔（Arnold Gesell, 1928）设计了实验室"旅馆"，母亲和婴儿能够在里面居住数日，期间观察者对其做饭、进食、午睡、换尿片及玩耍等日常行为进行记录。近期，研究者重拾实验室公寓的概念，将其作为在更加自然的环境下观察父母和儿童行为的方法（Radke-Yarrow & Klimes-Dorgan, 2002；Zahn-Waxler & Radke-Yarrow, 1982）。这个"公寓"摆满舒适的居家设施，包括沙发、扶椅、玩具、厨房用品、书籍以及电视机。研究者使用隐藏式摄像头对被试家庭的特定事件，如吃早餐、看电视、小憩、玩玩具和清理房间等行为进行为期一天或几天的记录，这保证了所有的家庭在同样的架构化条件下接受观察。婚姻关系的研究者使用相似方法让夫妻在实验室公寓中度过一周，并对他们解决争端和分歧的方式进行观察（Gottman, 1999; Gottman & Gottman, 2008）。这种方法和短暂的实验室实验相比信效度更高，同时增加了目标行为，如父母管教或婚姻冲突发生并被观测到的可能性。但是，极少研究者拥有建立实验室公寓所需的各种资源。

对观察结果进行记录和编码

在对儿童和其家庭进行观察时，研究者必须决定哪些行为需要进行记录，以及如何对这些行为进行编码。

行为观察

如果研究者对很多行为都感兴趣，可以使用**样本记录**（specimen record）对儿童或其父母在特定时间段，如一个小时或一个下午的所有行为进行记录。如果研究者只对儿童回应父母要求的方式等特定类型的行为感兴趣，则可以使用**事件取样**（event sampling）的方法，从父母提出要求这一时刻开始记录。**时间取样**（time sampling）法则意味着研究者对发生在较短时间中的一系列预定行为进行记录。例如，如果研究者想要对一个

家庭进行为期1个小时的观察，他们可以将1小时分解成120个30秒的单元，随后准备一个行为—时间表，根据每个时间单元内出现的行为在对应的位置打钩。如果研究者要考察行为的持续变化，较好的方法是在整个观察期间循序地记录事件（Bakeman & Gottman, 1997; Hartman & Pelzel, 2005）。研究者据此可以了解哪些行为率先发生，随之而来的是哪些反应。例如：婴儿把饭碗扔到地上，母亲责骂，婴儿哭泣；母亲抱起婴儿并安慰她。这一系列行为清晰反映了母婴交流的过程，从而帮助研究者回答"对于孩子的错误行为，母亲最常见的反应是什么"这一问题。对于研究社会性发展而言，观察法无疑具有举足轻重的作用。然而，在同一研究中综合使用多种方法，如将观察法和父母访谈相结合同样具有很高的价值。如果多种方法获得了一致的结论，那么研究者更有理由宣称其研究过程可靠，结论有效。

人种学方法

人种学（ethnography）是多门学科，尤其是人类学常用的定性研究方法。这种方法以深度观察和访谈为工具，收集特定背景或文化中个体的信念、活动及行为等信息。例如，玛格丽特·米德（Margaret Mead, 1928），通过融入社区、访谈关键成人和青少年、记录**参与观察**（participant observation）结果等方式收集了大量萨摩亚群岛居民日常生活和事务的细节信息。近期，琳达·伯顿（Linda Burton）和她的同事使用人种学方法对社区的儿童进行研究，通过田野观察、焦点小组讨论、参与观察、生涯访谈等多种方式，收集了大量信息（Burton, 1997, 2007; Burton & Graham, 1998; Burton & Price-Spratlen, 1999）。

然而，人种学技术也有其缺点。在社区成员尽可能表现其良好方面的情况下，研究者获得的关于其社区、情境或文化的观点多少有些主观。目标群体的日常行为很可能会受到外来观察者的影响。研究者的田野记录可

样本记录 研究者对特定时间内被试的所有行为进行记录。

事件取样 观察者只在目标行为发生时进行记录。

时间取样 研究者对特定时间段内被试的一系列预定行为进行记录。

人种学 使用深度观察和访谈法收集特定情境或文化中个体的信念、活动及行为信息。

参与观察 在相当长一段时间内通过参与群体活动获得其认可的研究策略。

习惯化 个体对不断重复呈现的刺激反应越来越少，直到反应很模糊，甚至没有。

能具有选择性和偏差。这些技术提供的信息量太过庞大，往往让分析者无从下手。有限的普遍性是人种学研究的又一障碍，由于研究通常以单个社区或群体为对象，所以很难确定研究得到的深度结果是不是该群体或情境所独有的。尽管存在上述缺陷，但对于社会性发展研究而言，人种学研究方法仍具有很高的价值，尤其是在和其他更加客观的方法综合使用的情况下。例如，在社区研究中，研究者能够收集人口普查信息、对社区环境进行客观描述、统计社区资源（商店、学校和社会服务等），将这些数据作为人种学观察结论的补充（Leventhal & Brooks-Gunn, 2000）。

非言语测量

研究者可以通过观察非言语反应对婴幼儿社会性发展状况进行评估。甚至新生儿都能对社会刺激产生运动反应。研究者能对他人靠近或说话时新生儿的活动程度进行测量。他们还能够记录婴儿的吮吸模式。不同的社会刺激，如面孔或声音，都会造成婴儿吮吸强度和持续时间的差异（Saffran et al., 2006）。笑和发音是另一重要的非言语反应，例如3个月婴儿面对母亲面孔时展现的笑容要远多于陌生面孔（Camras et al., 1991）。研究者能够通过婴儿的哭泣判断其内部状态，因为婴儿会通过不同的哭声表达饥饿、疼痛和愤怒（Barr et al., 1991）。另一个蕴含丰富信息的非言语反应是注视。"视觉偏好法"就是对这一非言语反应的利用。他们给婴儿展示成对刺激，比如两张脸（一张脸微笑，另一张脸面无表情），或者给一张脸和一张靶子图片，然后测量婴儿注视两者的时间。如果婴儿对其中一个对象注视的时间超过另一个就表明他们对前者更感兴趣。另一种婴儿会表现出的反应是**习惯化**（habituation）。婴儿，像我们其他人一样，会对反复观看或倾听相同的内容感到无聊，会对重复出现或长时间不变的刺激表现出习惯化。他们的反应随着刺激出现的次数逐渐减弱，直至视而不见。无论是视觉、嗅觉、味觉还是触觉刺激

向当代学术大师学习 琳达·伯顿

琳达·伯顿（Linda Burton）是杜克大学的社会学教授，但你很可能在《价格猜猜看》（*The Price is Right*）等节目中见过她。她在加利福尼亚出生、长大并接受教育，在去杜克大学前，她在宾夕法尼亚大学任教，担任人类发展和家庭环境变化研究中心主任。她致力于研究贫困对家庭成员的影响。作为人种学家，她认识到，在家庭或社区等日常生活情境中对儿童进行近距离观察很有价值，相较其他方法，这一方法能够提供更加详尽的儿童生活信息。为了更好地理解家庭动力学，她频繁拜访被试并进行深度访谈。她也参加婚礼、婴儿洗礼以及周日郊游，观察家庭成员在不同环境中的表现。她认为，远距离研究贫困只会形成虚假、片面的认识。只有实地调查才能够带来个体行为的细节信息。她也使用问卷、心理学研究以及地理计算机测绘系统，获得关于贫困的深入见解。目前她正在进行一项关于福利改革对家庭成员及儿童影响的多点合作研究，以及一项农村贫困状况的人种学研究。伯顿对贫困家庭的兴趣源自其在康普顿成长的经历，这一加州城市以帮派和少女早孕闻名。她视帮助贫困家庭为己任。她说，如果能在《一掷千金》（*Deal or No Deal*）节目中获奖，那么她会将奖金用在帮助过去几年中她研究过的家庭上。即使最终没能获奖，她对真实贫困世界的密切关注也已经改变了许多贫困儿童和家庭的命运。

扩展阅读：

Burton,L.M.（2007）.Childhood adultificaion in economically disadvantaged families: A ethnographic perspective. *Family Relations*, 56, 329-345.

Roy,K.,& Burton,L.M.（2007）.Mothering through recruitment: Kinscription of non-residential fathers and father figures in low-income families. *Family Relations*, 56, 24-39.

都会导致婴儿的习惯化，因此，这些反应都可以被用来探究婴儿的社会性能力。最后，研究者还能通过婴儿的方向性活动来研究早期社会性发展。幼童会使用伸手够、指、爬行或走路等方向性活动来表达对某人的兴趣。所有这些非语言行为，都可以成为研究婴幼儿社会性反应和社会性发展的窗口。

内部反应

近年来，研究者开始使用**心理生理**（psychophysiological）技术考察儿童遇到社会性刺激时的内部加工过程。一些心理生理技术考察控制心率呼吸的自主神经系统（ANS）（Bornstein & Arterberry, 1999）。例如，有研究者对母亲音调变化导致的婴儿呼吸变化进行考察。并且 ANS 探测技术适用于任何年龄段被试的社会性反应，而不仅限于婴儿。例如，心率的变化能被用于评估儿童对于不同压力事件的情绪反应，也能被用于评估儿童对其他儿童的痛苦产生的共情（Eisenberg et al., 2006; Gottman et al., 1997）。

研究者也使用心理生理技术探究在社会性经历和事件中儿童大脑的反应。表 2.2 列举了部分相关技术。通过精心放置的电极测量儿童脑电波的研究已有一段历史，而正电子发射计算机断层扫描技术（PET）和功能性核磁共振成像技术（fMRI）等新兴技术让研究者能够考察特定事件或经历诱发的脑活动变化（如想观看部分技术的视频，请点击 http:// videos. howstuffworks.com/hsw/18677-understanding-the-amazing-brain-part-2-video.htm.）。显然，这些技术更适用于年龄较大的儿童或者成人，经过研究者的改进，现在这些技术同样能被用于婴幼儿被试（见图 2.5）。这些脑成像技术表明，被试（成人或儿童）脑活动的差异与其想法、感受存在关联（见图 2.6）。研究还发现，不同的成长环境，如正常条件、社会剥夺或虐待条件下成长的儿童存在大脑结构上的差异（Fox et al., 2010; Nelson et al., 2006）。

> **心理生理** 心理过程的生理基础，通过脑活动、脑电波以及心率来测量。

表2.2 研究人类脑功能和脑结构的技术

EEG（脑电图）
是什么
通过佩戴在头皮上的多个电极记录短时间内脑电活动的技术。
优点
可以记录脑电活动的高速变化，因而可以用来分析认知过程的不同阶段。
缺点
电信号来源的空间分辨率很差。
PET（正电子发射计算机断层扫描术）和 SPECT（单光子发射计算机断层成像术）
是什么
通过注入放射性物质获得血液流动或葡萄糖消耗信息，从而反映出神经活动状况的成像技术。
优点
空间分辨率较脑电图好，但不如核磁共振成像。
缺点
不能捕捉快速变化（快于 30 秒），会有一些低强度的放射性。
MRI（核磁共振成像）和 fMRI（功能性核磁共振成像）
是什么
核磁共振能够提供高空间分辨率的大脑结构像，而功能性核磁共振成像则能够提供反映特定解剖学细节和神经活动变化的血流变化信息。
优点
具有较高的时间分辨率，无辐射。
缺点
高花费。

续前表

TMS（经颅磁刺激技术）
是什么
通过分析给予特定脑区经颅磁刺激后的改变，能够获得特定任务激活脑区的信息。
优点
通过强烈的磁能暂时干扰特定脑区功能。
缺点
长期的安全性仍待确定。

资料来源: Bernstein et al., 2008.

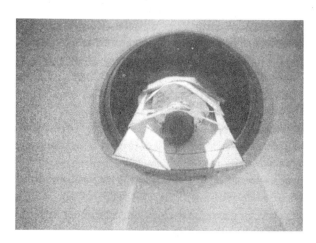

图 2.5　婴儿脑成像示意图
图中的婴儿正准备接受脑成像扫描。

资料来源：Alexander Tsiaras/Photo Researchers.

　　第三种研究社会性发展的心理生理技术是测量身体的**激素**（hormone）水平。**皮质醇**（cortisol）是肾上腺在应对身体或心理压力时分泌的激素，是一种增强与警觉性、唤醒度相关脑区活动程度的天然类固醇。研究者使用皮质醇水平来评估儿童应对压力的情感反应。在一项实验室研究中，梅根·古纳（Megan Gunnar）和她的同事使用"品尝游戏"研究范式（Gunnar et al., 2003）。她们让学龄儿童品尝一种酸甜的糖，然后让儿童在嘴里放入棉卷或者棉签，吸收唾液，最后通过分析唾液中的皮质醇水平来考察其应对压力的能力。研究发现，在教室进行测量时，与同学关系较差儿童的皮质醇水平要高于与同学相处融洽的儿童；随着天色渐渐变暗，

激素　由特定器官细胞产生的、具有强大而特定功能的化学物质，能够调节相关器官的活动。
皮质醇　一种肾上腺在应对身心压力时分泌的激素。

托儿所儿童的皮质醇水平会逐渐上升（Watamura et al., 2003）。他们和其他研究者都发现，在压力情境（如存在虐待的家庭、暴力犯罪高发的社区）下成长的儿童有着更高的皮质醇水平（Cicchetti et al., 2010; Gunnar, 1994; Nachmias et al., 1996）。

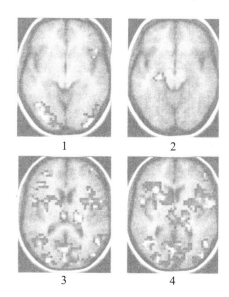

图 2.6　四幅功能性核磁共振成像图
　　扫描图 1 是要求被试记住一张面孔时其大脑的激活状况。大脑后部处理视觉信息的区域以及额叶部分区域都产生了激活。扫描图 2 是要求被试"记住这张面孔"时的激活状况，海马区域的激活表明其在记忆形成过程中发挥着作用。扫描图 3 和 4 是让被试将新的面孔与记忆中面孔进行比较时的激活状况，可以看到部分视觉区域和记忆任务时一样产生了激活，但包括大脑皮层在内的其他区域也参与到记忆的加工过程中。

资料来源：Mark D'Esposito and Charan Ranganath, Department of Psychology & Helen Wills Neuroscience Institute, University of California, Berkeley, 2000.

向当代学术大师学习　　　　梅根·古纳

梅根·古纳（Megan Gunnar）是明尼苏达大学儿童发展研究所的教授，也是儿童压力反应研究以及通过收集唾液测量皮质醇水平进行压力研究的先行者。一开始，成为"皮质醇女王"并不在其计划之列。在大学时她的目标还是成为一位音乐治疗师。然而，在斯坦福大学读研究生时与埃莉诺·麦考比（Eleanor Maccoby）合作的经历，使她登上了研究压力和发展的职业生涯舞台。"是什么样的神经生理和行为过程导致面对逆境时风险与心理弹性的形成发展？"这个重要问题引导着她的工作。为了回答这个问题，她对从婴儿—照料者分离到罗马尼亚孤儿院严重社会剥夺等一系列儿童压力事件进行了研究。尽管生理研究是她的长项，但她从不否认环境因素在压力反应产生中的重要作用。她最引为自豪的研究成果——揭示了与母亲的安全依恋能够调节婴幼儿的压力神经生理反应——表明生理和环境因素

之间存在着交互作用。她的研究界定了增加儿童压力的环境因素，带来了托儿所、孤儿院等早期不利环境的改善。出色的工作让她赢得了美国心理学会和儿童发展研究协会颁发的诸多奖项。她希望在将来，遗传学和神经病学的融合能够为处在高压下的儿童提供更多有效的干预。她给本科生的建议是："跟着鸭子，而不是鸭子的理论。仔细观察，认真思考。"而她涉足的研究领域也因此受益匪浅。

扩展阅读：

Gunnar,M.R.（2006）.Social regulation of stress in early child development.In K.McCartney & D.Phillips（Eds），*Blackwell handbook of early child development*（pp.106-125）.Blackwell Press.
Gunnar,M.R.,& Talge,N.M.（2007）.Neuroendocrine measures in development research.In L.A.Schmidt & S.J.Segalowitz（Eds.），*Developmental psychophysiology:Theory, systems, and methods*（pp.343-366）.Cambridge: Cambridge University Press.

 ## 分析数据

完成数据收集后，研究的最后一步是分析获得的数据信息。如果研究者进行的是**定性研究**（qualitative study），那么数据分析意味着寻找开放式访谈、参与观察、焦点小组讨论、人种学观察以及个案分析笔记或草稿中有意义的主题。这种方法适合于目标不是证明或者否定假设，而是探索特定个体、群体或社会环境特征的研究。一些定性研究者将对研究对象的主观总结作为研究的最终成果，对另一些研究者而言，定性研究的目的是为下一步研究，即设计反映定性研究主题的定量研究，通过更大的样本对其进行验证做好准备。在这种情况下，定性研究发挥着预研究的作用，保证定量研究涵盖研究主题的相关方面。

对**定量研究**（quantitative study）而言，分析过程涵括将观察、访谈和测试的结果转变为数值，并提取出蕴含在数值背后的意义。分析的第一步是使用描述统计的方法对数据进行整理，如特定小组儿童的平均得分（平均数）。例如，研

究者可以计算重度、中度和轻度接触暴力电视节目儿童的攻击行为平均分。下一步是决定

> **定性研究** 以非统计的方法对小样本材料进行分析，以深入理解行为和情境的研究方式。
> **定量研究** 对数值型数据进行统计分析的研究方式。

这些差异是否具有统计学意义，或者只是偶然现象。方差分析或者 t 检验是确定样本间平均数差异是否可信和显著的统计技术。例如，研究者收集的数据是观看暴力电视节目之后儿童拳击同伴的情况，差异检验可以用来比较实验组和控制组儿童表现出的攻击性。基于这一统计分析结果，研究者能够初步估计实验结果是否支持观看暴力电视节目儿童的攻击性要强于没看该节目的儿童这一研究假设。或研究者还能够分析观看暴力节目的程度与儿童攻击性程度之间是否存在显著相关。

在多数研究中，研究者并不满足于进行上述的简单分析，而是更进一步，考察多个变量带来

的效应。在儿童攻击行为研究中，除看电视状况外，研究者还可以分析儿童的种族、智商、气质和性别等多种变量。他们可以对其他变量的贡献进行统计控制，或考察不同变量对儿童攻击行为的相对贡献。无论选择哪种方式，他们都能使用多元回归分析方法。这一方法是相关法的延伸，能够分析同时存在的或者相继出现的不同变量之间的联系。一种特殊的回归分析，即路径分析（见图2.7），能用来确定变量是否由直接或者间接路径连接。例如，研究者可以考察观看电视和攻击行为之间的联系是简单而直接——观看更多暴力电视的儿童更具攻击性——还是以父母体罚行为为中介，即观看更多暴力电视的儿童被打得更多，导致更频繁的攻击行为（如想了解更多中介分析详情，参见 MacKinnon et al., 2007）。多元回归分析还能用来确定一个变量的效应是否受到另一变量的调节。例如，对于观看电视节目对攻击性的影响是否会受到儿童气质的调节以至于困难型气质的儿童比随和型儿童更容易受到暴力节目

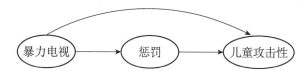

图2.7 观看暴力电视与儿童攻击性的路径分析

顶部线条表示观看暴力电视与儿童攻击性的直接关联，底部线条表示两者间接的关联，即受到父母惩罚的调节。

的感染这一问题，研究者可能会得出随和型气质能够缓冲暴力电视不利影响的结论。

结构方程模型是一种强有力的多元分析方法，这一方法能够创建表征高层次的心理构建的"潜在"变量——例如，从学校休息时间内儿童攻击辱骂同学的频率、通过问卷获得的儿童暴力策略数量以及对剑术而非拼字游戏的偏爱等因素中提取出表征"攻击性"的潜变量。随后，研究者通过分析潜变量之间的关联对假设的因果关系进行验证（更多结构方程资料，参见 Schumacker & Lomax，2004）。

统计技术还能被用来分析儿童社会性行为的发展变化。这些技术界定社会性行为的发展轨迹，表明发展轨迹的个体差异是否与预测变量相关。例如，随着儿童逐渐长大，观看暴力电视与攻击行为的增加是相关的吗？

在儿童社会性行为长期变化研究中，研究者经常面临参加者数量减少的问题。这将导致样本偏差，因为教育水平较低或者动机不强的父母更容易放弃参与研究。近年来，研究者找到了估计这部分缺失值的策略，并使用这些替代值扩充样本量，使其达到进行统计分析的标准（MacKinnon & Dwyer，2003）。这仅仅是供研究者选用的新统计技术之一，每一年，统计技术的进步都使得更复杂的分析成为可能。尽管如此，我们必须记住，最简单的技术往往能够提供有意义的结果，而最复杂的技术也不能挽救设计漏洞百出的研究。

■ 儿童研究中的伦理问题

数十年来，对于儿童研究伦理问题的关注逐渐增加。政府部门和专家组织给已经制定了旨在保护儿童远离危险和伤害的指南（详见表2.3）。此外，所有有儿童参与的研究项目都需要经过当地伦理审查委员会（IRB）的审核和批准。这项措施保证了研究者遵循伦理规范。

知情同意书 被试在充分理解研究意图和过程的基础上同意参加研究的协议。

所有以人为被试的研究都要求被试在参与研究之前签署知情同意书。**知情同意书**（informed consent）是指被试在清晰了解研究的意图和过程的基础上签署的同意参与研究的协议。如果被试是无法充分理解研究目标、风险及意义的儿童，他们的父母或法定监护人就必须代表他们签署知情同意书（Institute of Medicine，2004）。当儿童是从学校或其他机构招募的，而家长较少关注孩子在学校的行为时，或是他们出于某种原因忽视孩子的利益时，获得由教师或机构管理者签署的知情同意书非常重要（Fisher 2008; Thompson，1990）。即使儿童能够理

解实验的要求（通常在 8 岁左右），研究者还需要在实验开始前获得他们的同意。使用互联网收集信息是一种新的研究方法，这带来了新的伦理问题（Fraley，2004）。其挑战在于：如何确保被试已经达到自己完成知情同意书的年龄标准，以及在被试太小时如何获得其父母的知情同意。

研究伦理指南包含了保护儿童远离伤害——这种伤害不仅仅是身体上的，还包括心理和情绪方面。研究者不能让儿童在研究中感到不适，或让他们参与会降低其自我评价，或会降低他人对其评价的行为。审查委员会需要仔细检查研究协议，确保研究过程不会使儿童有尴尬、被拒绝、不快或被迫的感觉。

表2.3　　　　社会性发展研究中的儿童权利

1. 充分知情权。每个即将参与实验的儿童都有权获知真实、全面的实验目的及流程相关信息。
2. 自愿参与权。每个儿童都有权利以口头或者书面形式，同意参加一个研究项目。如果儿童太小，不能理解研究相关事宜和作出决定，研究者就必须获得其父母或父母临时代理人（如教师或露营辅导员）的知情同意。
3. 不受伤害权。每个儿童都有在研究过程中免受身心伤害的权利。
4. 终止实验权。每个儿童都有权在研究的任何时刻，终止参加研究。
5. 结果知情权。每个儿童都有权利知晓研究结果。如果该儿童太小，尚不具备足够的理解能力，研究者就有义务向其父母提供相关信息。
6. 信息保密权。每个儿童都有权利知道，研究收集的私人信息将被保密，不会与第三方分享。
7. 获得报酬权。儿童有权因参与实验花费的时间和精力获得补偿，即使其中途退出。报酬应符合公平和合理的原则。这一原则旨在保证报酬不会被用来强迫儿童参与研究。
8. 公平获益权。每个儿童都有权利获得其他被试获得的利益。例如，如果实验处理给实验组儿童带来收益，那么控制组儿童有权在实验结束后获得同样的待遇。

资料来源: Based on reports from the American Psychological Association（2002）and the Society for Research on Child Development，Committee on Ethical Conduct in Child Development Research（2007）.

尽管就研究不能伤害被试，尤其是儿童这一点大家很容易达成共识，但确定什么事情会造成伤害并不容易。例如，在一个旨在考察儿童与照料者关系的"陌生情境"实验范式中，婴儿会被单独放置一段时间，期间婴儿会焦躁和哭泣，表明他们处在痛苦之中。这个过程揭示了早期社会性情绪发展的重要信息，但是让婴儿痛苦合乎情理吗？一个普遍接受的准则是：只要婴儿的不适或尴尬感受没有超过其在日常生活中可能体验到的程度，那么这就可以接受。因为婴儿经常会被短时间单独搁置，所以这一研究过程被认为是符合伦理规范的。

那么欺骗儿童呢？利伯特和巴隆（Liebert & Baron，1972）的实验首先让儿童观看暴力电视节目，随后让他们相信，按下"伤害"按钮会给另一个孩子造成真实的身体伤害，这符合伦理规范吗？研究结束之后，儿童会怎么看待自己，又会怎么看待研究者？事后向儿童解释非常重要，但是，这就足够了吗？随着伦理审查委员会对伦理问题的审查日益严格，包含欺骗内容的实验研究不再像以前那样比比皆是了。另一个伦理问题是，是否需要在研究开始前就向被试透露所有信息。没有直接的欺骗但忽略部分信息的行为是否符合规范？如果揭示相关信息可能导致家长或儿童按研究者的期望行事，使假设受到自我实现预言效应的影响，那么研究者又该如何应对？归根结底，一个总的指导原则是对研究利弊的仔细权衡：研究项目会对参与其中的儿童产生什么样的影响？这些影响与研究可能带来的收益相比孰轻孰重？

社会性发展研究是增进我们对儿童的了解，进而为儿童谋福利的工具。尽管一些研究者和儿童保护者呼吁就儿童参与心理学研究制定更加严苛的规范，但另一些人则担心太多额外的限制导致相关研究止步不前，并最终损害儿童的利益。在可预见的将来，社会性发展研究中的伦理问题仍将是一个充满争论的话题。

本章小结

科学方法、研究假设和研究问题

- 依据科学方法，社会性发展研究者使用可靠、可重复的技术收集和分析数据，回答研究问题或者检验研究假设。

研究方法：相关法和实验法

- 相关法计算两个变量之间的联系，其范围在 -1.0 和 +1.0 之间。存在相关关系的两个变量彼此联系，但不一定是因果关系。
- 实验室研究让研究者在可控环境中对自变量进行操控并对因变量随之产生的影响进行测量，从而建立起两者间的因果联系。研究者随机指派被试进入实验组或控制组。
- 一个增加生态效度的方法是进行实验室模拟实验——尝试在实验室中复制日常生活中真实发生的故事、事件。
- 另一个增加生态效度的办法是进行田野实验——可以改变真实生活的环境并测量其带来的结果。
- 在自然实验中，研究者对自然发生的变化进行测量，由于对自变量和其他影响行为的因素缺乏控制，对其结果的解释通常较为困难。
- 实验室和田野设计可以联合使用，自变量可以在实验室实验中引入，而因变量在田野实验中测量；或者自变量可以在田野实验中引入，而因变量在实验室实验中测量。
- 个案研究方法是指对具有研究者感兴趣特征的单个儿童或儿童群体进行深度研究。

研究发展变化

- 在横向设计中，研究者对不同年龄组的儿童进行比较。这一方法较为经济，但不能获得发展变化及其成因的相关信息。纵向研究通过考察同一儿童在不同时间的表现克服了上述两个缺点，但是具有花费大、被试流失、存在同辈效应、不够灵活导致无法应用新方法等缺点。
- 序列法综合横向和纵向研究的特点，使研究者既可以对不同年龄组儿童进行比较，又可以对个体的发展进行追踪，还能分析同辈效应。

选取样本

- 样本必须能够代表研究的目标群体。分层抽样能够保证男女比例、来自不同族群或社会阶层的个体在样本中具有和总体一样的比例。

数据收集和分析

- 自我报告能够提供关于儿童的想法、态度以及感受等信息。经验取样法通过不定时发送呼叫信号提醒儿童记录收到信号时刻的活动、想法及情绪状态。
- 研究者可以通过关注近期事件以及使用日记、电话或呼叫提醒等结构化程序提高家长、兄弟姐妹、教师或同伴报告的准确性。
- 焦点小组允许儿童或者成人分享关于儿童社会性经历不同方面的观点。该策略在研究早期阶段或考察不同文化群体时显得尤为有效。
- 观察可以发生在自然环境，例如儿童家中，也可以发生在实验室。其局限性是，当儿童或者家长知道他们正在被观察时会以更受社会赞许的方式行事。为了减少这一干扰，研究者尝试进行低调且长时间的观察。结构化观察让研究者能够在设置的特定场合观察日常生活中不太常见的行为。
- 研究者可以选择记录参加者做的每件事情（样本记录），仅记录特殊事件（事件取样），仅记录发生在特定时期内的预设行为（时间取样），或者按照事情发生的顺序进行记录（序列观测）。
- 人种学数据收集是指成为参与式观察者，通过和社区成员的长期相处，记录与他们的活动和环境相关的信息。
- 由于婴儿无法通过语言表达自身的想法和偏好，研究者利用视觉偏好、对刺激的习惯化、身体移动及吮吸模式等非言语反应对其社会性发展进行研究。
- 对心率、呼吸频率、脑活动和激素水平进行心理生理测量是获得儿童对社会情境和压力反应的有力手段。
- 定性研究中，研究者在访谈记录中或参与观察报告中寻找有意义的主题。而定量研究则使用统计分析技术确定不同组儿童是否存在差异或变量间是否存在关联。多元回归分析可以用来检查多个变量之间的关系。

伦理

● 伦理是儿童研究中一个需要重点考虑的问题。研究伦理指南包括知情同意权和不受伤害权。

为确定研究过程是否符合伦理规范，研究者需要在对被试的不利影响和为被试、社会带来的收益之间进行仔细权衡。

关键术语

个案研究	构想	皮质醇	横向设计
自变量	生态效度	效应值	人种学
事件取样	经验取样法	田野实验	焦点小组
习惯化	激素	因变量	知情同意书
干预	实验室模拟实验	纵向设计	元分析
自然实验	自然观察	观察者偏差	操作化
参与观察	心理生理	定性研究	定量研究
反应性	代表性样本	自我报告	序列设计
样本记录	结构化观察	时间取样	

电影时刻

一系列电影对社会性发展的研究方法进行了介绍，其中最出色的是《成长系列》[The UP Series (*Seven Up; 7 plus Seven; 21 Up; 28 Up; 35 Up; 42 Up; and 49 Up*)]。这些纪录片阐述了如何通过纵向研究设计获得独特、宝贵的发展相关信息。该系列开始于1964年，当时影片制作人对14名来自英国各地、家庭背景各异的儿童进行了访谈，询问他们的生活情况和对于将来的梦想。随后，每过7年制作人就进行一次回访，了解其生活发生的改变。这一系列纪录片从令人震惊的视角展示了20世纪的生活，就儿童的早期状况能否预测其生涯发展这一问题进行了探讨。如今，《成长系列》来到南非，这一系列从1992年开始，记录了一群当时7岁儿童的发展历程。

《20世纪40年代纪录片中的儿童心理及社会学研究：儿童发展及人类行为研究史》(*1940's Child Psychology & Sociology on Film: History of Child Development & Human Behavior*) 向我们展示了一些经典的心理学研究：《约翰尼和吉米的成长研究》(*Growth Study of Johnny and Jimmy*)

是一个干预个案研究，在这项研究中，研究者给予一个婴儿额外刺激，记录其身心发展状况，并将其与另一没有获得额外刺激的婴儿进行比较。《群体社会气氛的实验研究》(*Experimental Studies in the Social Climates of Groups*) 则讲述了一个成人以三种不同的管理风格（独裁、放任和民主）和三组儿童进行互动的实验。

结构化观察在《ABC新闻黄金时间栏目遭遇伦理困境：你将怎么做？》(*ABC News Primetime Ethical Dilemmas: What Would You Do?*, 2007) 中得到体现。制作者使用隐藏的摄像机记录人们在遭遇两难困境（如欺凌者结伙欺侮无辜儿童）时的行为。该节目的实验符合心理学研究的规范，但很可能事先没有获得伦理审查委员会的批准。在一部表现田野实验的影片《相信我》(*Trust Me: Shalom, Salaam, Peace*, 2002) 中，信仰基督教、犹太教和伊斯兰教的男孩被安排进入一个多宗教的夏令营。片子跟踪展现了他们参与夏令营活动并建立友谊的过程。

有些影片反映自然实验。表现极端环境下儿童生活的影片有《地下孩童》(*Children*

Underground, 2001，一部对 5 名罗马尼亚儿童的街头流浪生涯进行跟踪的纪录片）、《班加罗尔火车站的孩子》（Kids of the Majestic，2008，一部反映班加罗尔火车站周边孤儿生存状况的纪录片）和《童兵》（Soldier Child，2005，一部展现乌干达北部地区被洗脑的童兵被迫对自身家族成员犯下滔天罪行的影片）。并非所有的自然实验都是消极的，一部积极的纪录片《公社》（Commune，2006），讲述了 20 世纪 70 年代早期，一群艺术家和激进分子在"自由的人民，自由的土地"这一口号的感召下来到偏远的加利福尼亚荒野并创建了一个新世界的故事，纪录片客观记录了自由恋爱、原始拓荒、野外生存、共同育儿等公社生活的方方面面。

第 *3* 章
生理基础：基因、气质及其他

在吃奶时，宝宝肯德拉会盯着妈妈的脸。当父亲在婴儿床边俯下身子时，宝宝本杰明会看着他。从生命的第一刻起，宝宝们环顾四周，扭动身体并大声哭嚎。他们非常善于吸引别人注意，并且极富成效地传达着他们的需要。在另一个房间中，宝宝瑞希玛正和平常一样号啕大哭，她脾气颇大且很难安抚。她与她的哥哥还有亲子游乐场中其他宝宝之间的差异是如此之大，令父母倍感惊讶。而在街道的另一头，4 岁大的双生子凯西和萨西穿着一样的衣服、说着一样的话，并都希望能够得到玩具仓鼠作为圣诞礼物。在这些行为的背后，是社会性发展的生理基础，这也是本章将要探讨的主题。

生理为社会性发展提供了多方面基础。激素和脑电波、脱氧核糖核酸（DNA）和外貌，以及反射和非条件反射都是社会行为生理因素的不同表现。在本章中，我们选择在儿童社会性发展中发挥特殊作用的四个方面进行介绍。第一是儿童发展之旅的起点，包括视觉、听觉、嗅觉和触觉在内的生理"准备"，这些能力在一出生就已具备，为婴儿的社会互动做好了准备，并为其生存提供了保障。我们要探讨的第二个部分是神经学基础。我们对不同的脑区及其发展进行探讨，并考察它们与社会行为、社会性发展之间的关系。

第三个基础是基因。基因让每个人都独一无二，它塑造了孩子的性格，并影响着社会环境对他们的反应方式。在本章中我们将探讨什么是基因、基因如何传递、基因如何引导孩子的发展以及基因如何和环境因素相互影响等问题。最后，我们考察第四个生理基础——气质差异。从出生那一刻起，孩子们凝视、微笑和哭泣的频率、强度都各不相同。有些孩子可能整天蒙头大睡，而有些则会努力探索周边的环境；有些孩子可能很容易生气，哭个不停，而有些则会安静地躺着。这些差异都是不同气质类型的反映。

社会互动的生理准备

婴儿为适应环境做好了充足的准备。他们的感知觉系统对于诸如人类声音、面孔和气味等社会刺激拥有与生俱来的敏感，而他们对社会性刺激进行注意并作出反应的能力加速了他们参与社会互动的过程。这种准备明显是适应性的，婴儿对他人的反应增加了照看者的兴趣和注意，从而保证他们能够得到很好的照料。

婴儿的生理准备

从生理节律到社会节律

婴儿为社会互动做好准备的表现之一是：在出生伊始，婴儿的生活完全服从生理节律，但很快他们就学会了对其进行控制和调节。在前 3 个月就学会控制生理节律的婴儿能够与母亲以"同步"的方式交流（Feldman，2006）。所谓的"同步"，是指在一个简短的交流中，母亲和婴儿对彼此发出的信号都会以某种可预测的行为做出回应。一些早产 6 ～ 10 周的婴儿，由于他们的生理节律（如睡眠—清醒周期）还没有完全发育完善，加之随后唤醒机制存在不足，在 3 个月时和母亲的互动同步普遍更差。这一证据表明，在正常发育条件下，婴儿生理节律的发展能够帮助他们适应社会互动的时间。

社会互动的视觉准备

婴儿已经为社会互动做好生理准备的另一表现是：他们会被社会性视觉刺激吸引。婴儿凝视较大的、运动的、具有清晰边界且色彩反差明显物体的时间最长，而所有这些因素都在人类面孔上得到体现（Farroni et al.，2005）。面孔具有边界，如发际线和下巴，色彩对比明显，如深色的嘴唇和浅色的皮肤，并且面孔会经常左右移动和上下摆动，这些都是面孔对婴儿具有吸引力的原因。和婴儿交流时，人们往往会做出夸张的表情，并刻意延长表情的持续时间（Schaffer，1996）。年幼的婴儿会审视这些面孔，并将视线停留在他们看得最为清晰的地方，如眼部、嘴和头发（见图 3.1；Haith et al.，1977；Maurer & Salapatek，1976）。婴儿对眼睛的兴趣尤为明显，在面对面孔时他们会第一时间注视眼睛（Farromi et al.，2002）。事实上，研究表明，当成年人使用了催产素喷剂后（一种妇女在分娩时会大量分泌并通过胎盘传递给婴儿的神经递质激素），他们也会像婴儿一样，对面孔的眼睛区域给予更多的注意（Guastella et al.，2008）。出生 3 个月时，婴儿能将面孔认作一个独立的整体（Dannemiller & Stephens，1988）。婴儿凝视面孔的时间比其他物体更长，大脑活动也更为强烈（Johnson，2000），并且，他们对母亲的面孔表现出更多好感（Walton et al.，1992）。在 1 岁左右，婴儿处理面孔的技能和速度与日俱增（Rose et al.，2002; Turati，2004）。能够迅速可靠地获取信息对社会性能力发展来说至关重要。功能性核磁共振成像研究表明，人脑中存在一个专门负责面孔识别的脑区（Tsao et al.，2006; Kanwisher & Yovel，2006）。迄今为止，婴儿这一区域细胞的特殊功能是与生俱来的还是需要后天经历来激活仍不得而知，但可以确定的是，从大脑的构造可以看出，在生理上，婴儿已经为面孔加工做好了准备。

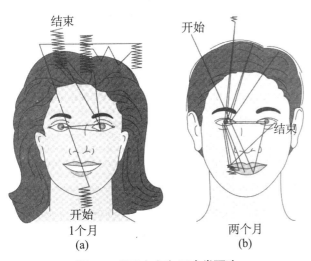

图 3.1 婴儿如何加工人类面孔

（a）1 个月婴儿的注意主要集中在外部轮廓上，同时也表现出对眼睛的兴趣。（b）两个月婴儿注视的范围更广，更注意面部的特征，如眼睛和嘴巴，这表明观察的模式正在形成。

资料来源：Maurer & Salapatek，1976.

社会互动的听觉准备

早在出生之前，婴儿的听觉系统就已经发育良好。研究者对胎儿的身体运动及心律变化进行的监测表明，胎儿能够听到母亲体外复杂的声音（Kisilevsky & Muir，1991）。宝宝甚至能够记住他们出生之前听过的故事。在一项研究中，研究者让产前六周半的孕妇每天大声阅读两次苏斯博士（Dr. Seuss）的《帽子里的猫》（The Cat in the Hat），在出生后，和《国王、老鼠和奶酪》

（The King, the Mice and the Cheese）这一陌生故事书相比，他们的宝宝更愿意听《帽子里的猫》（DeCasper & Spence，1986）。很明显，胎儿能够区分声音和韵律。婴儿可能天生就对人类的声音敏感（Aslin，1987; Saffran et al.，2006）。当听到嗓音时，宝宝会睁大眼睛并寻找说话者。在 4 个月大时，婴儿几乎能够分辨出成人语言所有 50 多个音素之间的差异（Hespos & Spelke，2004）。

婴儿们尤其喜欢音调很高并且音域宽广的嗓音（Fernald，1992; Saffran et al.，2006）。事实上，和低音相比，婴儿对于高音的听觉更加灵敏（Aslin et al.，1998; Saffran et al.，2006）。成人似乎也意识到了这一点，他们在和婴儿说话时往往使用富有旋律感的高音（Fernald & Mazzie，1991）。和婴儿说话时，父母通常会使用夸张的语调，他们会使用比正常谈话更大的声音和更慢的语速，并将元音发得更长。母亲可能会说："Hi-swee-eet-ee，Hiii，Hi-i-ya，watcha looking at？ Hu-u-uh？ O-o-o-o-o-o，yeah，it's mommy ye-e-a-ah。"（Stern，1974，p.192）此外，和婴儿或小孩子说话时，成人往往会使用更短的句子，语速也更慢，并在句子的结尾使用升调（Fernald & Morikawa，1993）。婴儿更喜欢听这样的细声儿语，而不是成人间对话的正常语调（Cooper & Aslin，1990; Werker et al.，1994），无论说话者的性别是男是女（Pegg et al.，1992），甚至使用的语言并非其母语，其结果依然如此（Werker et al.，1994）。然而，很快婴儿就发展出了对身边人们常用语言的偏好（Kinzler et al.，2007; Mehler et al.，1988），在 9 个月大时，他们对非母语词汇和声音的兴趣消失殆尽（Jusczyk et al.，1993）。熟悉的语调和语言模式导致了亲子之间互动模式的产生，并促进了早期社会纽带的建立。婴儿同样会对说话者的情绪性语调做出反应，他们对温暖热情的语调反应积极，而对愤怒强硬的语调持消极态度（Mumme et al.，1996）。由此可见，早期听觉技能和偏好在社会性发展中发挥着极其重要的作用。

嗅觉、味觉和触觉

婴儿的嗅觉、味觉和触觉为社会性发展提供了另一途径。新生儿能够区分不同的气味和味道，并倾向于选择那些更受成人喜欢的（Rosenstein & Oster，1988; Steiner，1979）。当婴儿闻到母亲胸脯的气味时，他们会减少哭泣，张开眼睛并尝试着吮吸，并且，和别人的乳汁相比，他们更喜欢亲生母亲母乳的气味（Doucet et al.，2007；Porter et al.，1992）。母亲同样能在短短1～2天之后就辨识出自己孩子的气味（Mennella & Beauchamp，1996）。很明显，婴儿的嗅觉为他们熟悉身边的人们提供了帮助，而孩子和母亲通过嗅觉识别彼此的能力可能在其关系发展中发挥着重要作用。婴儿发展出了对母亲食物的偏爱。或许母乳喂养的优点之一就是给了婴儿熟悉母亲、家庭及其文化饮食习惯的机会。

触觉是最早得到发展的能力之一，皮肤是人体最大的感觉器官，在胚胎发育早期，胎儿的皮肤被一层温暖的体液和组织所围绕。在出生之后，从温柔的轻抚到抽血的疼痛，显而易见地，婴儿都能够对各种类型的触摸产生相应的反应。在被轻拍、抚摸或揉搓时，婴儿的微笑和发声会增多，号哭和焦躁不安则相应减少（Peláez-Nogueras et al.，1996；Field，2010b）。在一项研究中，研究者给予一组早产儿每天15分钟的按摩，持续10天时间，而另一组则没有，结果发现，获得额外触摸的这一组婴儿的平均体重高于对照组约47个百分点，他们清醒和活动的时间更多，行为表现更加成熟，住院时间也平均缩短了6天（Field，1990；2001a）。婴儿同样能够通过触觉区分不同的物体（Streri & Pecheux，1986；Streri et al.，2000）。在识别面部特征之余，婴儿极有可能还会通过皮肤触感和抚摸动作来识别父母亲。

面孔和声音的背后：成为一个社交伙伴

大人对于婴儿的吸引力并非单纯源于他们的面孔、声音、气味和触摸。婴儿还喜欢他们的行为。在2～3个月大时，婴儿非常喜欢和父母面对面游戏。他们积极的表情更多，发声更多，并表现出比玩玩具时更小的压力（Legerstee，1997）。在这些面对面的互动中，父母对婴儿的姿势和情绪表现出持续且固定的反应，他们展现出积极的面部表情并鼓励婴儿学习。父母轮流照看孩子，每当孩子进行重复发音或吮吸活动时就暂停手头的活动。婴儿则通过注视、微笑、发声和伸手等行为参与到互动中来。他们使用注视来控制这种交流活动的进行：当受到的刺激太多或游戏玩得太久时，婴儿们就会转过脸去，开始哭泣或者将注意力转移到其他物体上。妈妈们则使用夸张的表情、重复强节奏感的语言

来维持婴儿的兴趣（见 http://www.youtube.com/watch?v=_wEic3Oo9j4&feature=related）。在婴儿移开目光时，合格的母亲会尊重孩子暂停活动的需求，减少给予的刺激，等待婴儿开始下一次循环（Schaffer，1996）。

在很多时候，尽管父母非常努力，但是事情并不总能如愿发展。当婴儿或父母错误理解了一些线索，或者对彼此的微笑或姿势反应太过迟缓，误会就会产生。据估计，只有约30%的母婴面对面互动进行得非常顺畅和默契（Tronick & Cohn，1989）。一些母婴会存在特定的互动问题。在还是胎儿时接触过可卡因的婴儿在进行面对面互动时存在困难；他们表现得较为被动退缩，并表现出更多的消极情绪（Tronick et al.，2005）。而抑郁的母亲同样会有互动问题。她们和孩子的互动不仅时间短得可怜，而且表现得非常突兀，还时常会展露出消极情绪（Campbell et al.，1995）。这一行为导致了婴儿更加消极的情绪状态和更差的自主控制能力。为了验证这一点，研究者让一些母亲装出抑郁的样子，在和婴儿面对面互动时表现得更加迟钝、安静，并板着脸毫无表情。研究发现，早在2～3个月时，婴儿就已经会对母亲的"冷面孔"反应消极且焦躁不安（Tronick，1989）。曾经有过成功互动经历的婴儿会尝试着唤起母亲的正常行为，他们努力接近母亲，发出声音，微笑并探出手。在失败之后，他们转过身去，流口水，不再努力，并尝试通过吮吸手指或摇摆身体让自己平静下来。

这种面对面的交流促进了婴儿社会技能的增长，使其行为更加符合社会期望（Thompson，2006）。婴儿了解到成人会对自身的行为做出回应，他们能够通过自己的动作控制身边成人的行为。婴儿也学会了通过自身行为和表情来改变互动的方式和内容（Malatesta et al.，1989）。此外，婴儿还了解了大人们会轮流着照看他，随着时间的推移，婴儿将注意力从某些占优势的点或人身上转移开的能力得到增强（Nelson et al.，2006）。他们开始能够长时间维持自身的注意力（Kellman & Aterberry，2006）。婴儿还学会了一些社会交流的规则，并开始意识到自己同时是交流的发起人和回应者。而父母也从这种面对面互动中学到很多，他们更加敏感和精确地捕捉婴儿发出的信号，调整自

身的行为以延续孩子的注意和兴趣。从这些早期的"对话"中，父母和孩子之间的默契与日俱增。

为什么婴儿会有这些生理准备

婴儿的这些生理准备都是为了适应特定的环境，并更加有效地处理特定类型的信息而进化而来（Bjorklund & Pellegrini, 2002）。根据进化论，这一生理准备是适应性的，在保证婴儿生存和物种繁衍中发挥着重要作用。由于婴儿在相当长一段时间内都要依赖于父母和其他照看者的照料，他们天生具有回应社会性伙伴的能力，并且拥有一系列回应方式以保证自身需要能够得到满足。很难想象，如果婴儿不具备这些可以吸引成人注意和照料的社会能力，其结果会是怎样。造成这些适应性行为的环境因素可以追溯到远古时期，为了在肉食动物的威胁下得到保护和生存，这些行为的出现非常必要。尽管最初的目的已经不复存在，但这种能力还是保存了下来以吸引父母的投入。这一进化论观点并不意味着婴儿不再进行学习和改善他们的早期反应信号系统；现代进化论认为，发展依赖于出生、成长的特定环境，而环境则为发送、接受和理解社会性信息这种适应性行为提供了支持（Geary & Bjorklund, 2000; Bjorklund, 2008）。

社会性发展的神经学基础

大脑为社会性发展提供了第二个生理学基础。在本章中，我们将对大脑发育的基本常识及其与社会性发展之间的关系进行回顾（更多关于脑的相关信息，请参见 http://videos.howstuffworks.com/hsw/20124-understanding-the-amazing-brain-video.htm）。

脑

人脑体积最大的部分是相互连接的两个半球所组成的**大脑**（cerebrum）[①]。这一大块软组织使我们拥有了人类的特质，如语言、自我意识，以及另一些和脊椎动物共有的特质，如感知觉、运动能力以及记忆。大脑的最外层组织，即**大脑皮层**（cerebral cortex），表面高度褶皱，包含了整个脑90%左右的细胞。尽管迄今为止，对于这些细胞如何控制不同的特质仍不得而知，但可以确定的是，包括看、听、运动、感觉、思考、语言等功能和大脑皮层的特定区域之间存在着直接的联系（见图3.2）。例如，额叶与情绪信息的处理存在着相关（Davidson, 1993; LeDoux, 2000）。边缘系统，即大脑内侧边缘组织，在情绪和社会行为的调节中发挥着重要作用。杏仁核，即边缘系统的一个组成部分，在恐惧和惊讶表情的识别中扮演了重要角色（Akirav & Maroun, 2007; Kim et al., 2003）。

脑的发育发展

在妊娠时期，脑的发育极其迅速，并在出生之后仍然维持了令人惊讶的发展速度。刚出生婴儿的脑重约为成人的1/4，6个月时，这一数字已经攀升到一半，而在两岁时，婴儿的脑重已经达到成人的3/4（Shonkoff & Philips, 2000）。在这一期间，脑的发育具有固定的顺序，但是发育速度并不均匀。在持续发育的过程中会出现一些快速发育的时期，同时伴随着社会心理发展的突飞猛进（Fischer & Bidell, 2006）。使用一系列不

> **大脑** 人脑中两个相互连接的半球。
> **大脑皮层** 大脑的覆盖层，由控制特定功能（如看、听、运动和思考等）的细胞组成。

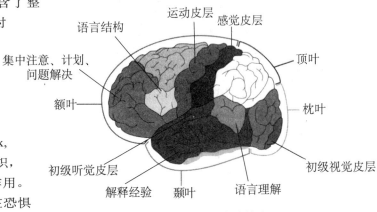

图3.2 大脑的皮层

大脑皮层分为4个部分——额叶、颞叶、枕叶和顶叶，这些部分的特定区域和特定的功能存在关联。

资料来源：Postlethwait & Hopson, 1995.

[①] 此处所讲的是解剖学意义上的大脑，与平常所讲的brain（脑）并不一样，前者在解剖上是后者的一部分。但出于习惯且便于阅读，下文中出现的"大脑"一般是指后者。——译者注

大脑半球   大脑的左右两个部分。

胼胝体   连接大脑两个半球的神经纤维束。

偏侧化   大脑左右半球执行特定功能专门化的过程，例如，左侧半球控制语音、语言，右侧半球则处理视觉-空间信息。

同的大脑记录技术，研究者们已经界定了数个婴儿和儿童大脑飞速发展的阶段。

首先得到高速发育的是运动皮层。婴儿从出生时以反射活动为主到对行为进行自主控制这一过程中，大脑运动区域的发育极其迅速。当婴儿两个月大时，前运动皮层正在发生剧烈的变化，与之同时，诸如觅食反射（当面颊或嘴唇被触摸时自动将脸转向刺激的方向并开始吮吸动作）和惊跳反射等运动反射逐渐消失，而伸手够物能力则得到了发展。这一运动技能的变化改变了社会互动的形式，婴儿开始成为社会交流的发起者，并通过伸手触摸来获得他人的注意。在8个月时，另一高速发育期开始出现，这一时期的发育与婴儿爬行、寻找隐藏的物体或人的能力密切相关。而12个月时出现的高速发育期则和行走相关联，和任何一个父母会告诉你的一样，这一能力的发展极大改变了婴儿和他人之间的关系。学会了走路的婴儿能够更加细致全面地探索他们所在的环境，并更容易引发和他人的交流。这一独立活动能力的出现也改变了照看者的照看方式，父母开始给孩子设置限制，并开始越来越多"意志的较量"（Biringen et al.，1995）。

视觉皮层也在发生着变化。同样，这一发育也是阶段性的。例如，在3个月时视觉皮层的一次高速发育导致了婴儿在观看面孔状刺激时使用的时间要比非面孔刺激更长（Dannemiller & Stephens，1988；Mondloch et al.，1999；Nelson et al.，2006）。听觉皮层的发育使得婴儿对人声以及照看者使用的语言更加敏感（Nelson，1999；Nelson et al.，2006）。而18到24个月之间的发育和语言能力的迅速进步密切相关（Goldman-Rakic，1997）。

另一次大脑皮层的重要发育期出现在5～7岁。这一时期，前额叶皮层得到了发展，执行功能开始出现，使得孩子们能够更加灵活地思考，在困难情境中表现更加适当，行为更具计划性和组织性，能够控制冲动，并合理分配注意力（Diamond，2002）。这一技能对社会性发展非常重要。例如，孩子对注意力的控制能力和同伴间更高层次的社会技能存在着联系（NICHD Early Child Care Research Network，2009）。

最后，青少年期大脑的改变和社会行为之间相关密切（Steinberg，2007）。青春期开始后，大脑前边缘系统和旁边缘区域，包括杏仁核和内侧前额叶皮层，都发生了急剧的变化。这些变化与社会性和情绪加工相关。另一大脑区域，包括双侧前额叶，在青春期并没有发生急剧增长或重组，其发展过程平缓持续，直至青春期晚期和成年早期（Chambers et al.，2003；Drevets & Raichle，1998；Keil，2006；Kuhn，2006）；这一区域和执行功能密切相关。在青春期早期，社会情绪加工的突然改善和冲动控制能力缓慢发展的现实导致了青少年情绪的不稳定和冒险倾向。在成年早起，双侧前额叶的逐渐成熟使得两个系统达成了较好的平衡，冒险行为随之减少（Steinberg，2007）。综上所述，大脑发育在社会性发展过程中发挥着重要的作用。

大脑半球专门化

大脑一个最重要的特征是它分为左右两半，称为**大脑半球**（cerebral hemisphere）。左侧和右侧半球由一系列名为**胼胝体**（corpus callosum）的神经纤维连在一起，它们的解剖结构各异，通常而言功能也各不相同（Kandel et al.，2000）。然而，由于它们之间千丝万缕的联系，左右半球又并非完全独立。这不仅表现在部分大脑活动中左右半球都在发挥作用，也表现在当一侧大脑受损时，另一侧可能能够起到一定的弥补作用（见 http://videos.howstuffworks.com/hsw/20124-understanding-the-amazing-brain-video.htm；http://videos.howstuffworks.com/hsw/18677-understanding-the-amazing-brain-part-2-video.htm）。**偏侧化**（lateralization）一词就是用来描述左右半球在特定功能上的专门化现象。

右侧半球控制着左侧身体。它加工视觉—空间信息、非言语声音（如音乐）以及对面孔的知觉（Nelson & Bosquet，2000；Nelson et al.，2006）。一旦右侧大脑受损，人们通常会遇到难以完成视觉—空间知觉任务、画图能力降低、按图寻路和识别朋友面孔能力下降，以及失去方向感等问题（Carter et al.，1995）。右侧半球则主要参与情绪信息的加工，右侧大脑损伤的病人难以正确理解他人的面部表情（Dawson，1994；Nelson et al.，2006）。同时，由于抑郁、厌恶和恐惧等令人逃避或退缩的情绪加工都有右侧半球的参与，这一半球受损的人有时会对一些令人不安的事件毫无反应甚至欢呼雀跃（Davidson，1994；Fox，1991）。

左侧大脑控制着右侧身体的运动。在诸如愉悦、感兴趣和愤怒等"趋近"情绪加工中，左侧半球都会产生激活。这一侧大脑还和语言加工存在着密切联系。脑成像研究表明，在受到言语刺激时，3个月大的婴儿左侧大脑的活动也要比右侧更为强烈（Dehaene et al.，2002）。左侧大脑受损的病人能够识别出熟悉的歌，并将陌生人和老朋友的面孔进行区分，但是，他们在理解他人说的话以及清楚表达自身观点方面存在困难（Springer & Deutsch，1993）。大脑偏侧化或专门化的程度受到基因因素的影响：父母亲和孩子通常具有类似的语言偏侧化程度（Anneken et al.，2004）。

偏侧化在生命早期就已开始（Stephan et al.，2003）。然而，由于儿童的大脑并未发育成熟，其大脑半球专门化也尚未完成，大脑受损的儿童往往能够恢复应有的功能（Fox et al.，1994；Stiles，2000）。例如，在婴儿早期左侧半脑受损的孩子仍然能够发展出近乎正常的语言能力（Bates & Roe，2001）。由于耳聋而使用手语（一种使用手部动作进行交流的语言）的人，他们的右侧大脑能够接管语言的功能（Neville & Bruer，2001；Sanders et al.，2007）。甚至在成年之后，人脑依然具有很大的灵活性，通过治疗和康复训练，因损伤而失去的功能通常能够得到部分恢复（Black et al.，1998；Briones et al.，2004）。成人的大脑具有重新产生神经细胞的能力（Gould et al.，1999；Rosenzweig et al.，1996）。

神经元和突触

在出生时，婴儿的大脑已经具有大部分的**神经元**（neurons），或称为神经细胞——约1 000到2 000亿个（LeDoux，2002；Nash，1997；见 http://video.google.com/videosearch?q=brain+parts+and+function&www_google_domain=www.google.com&emb=0&aq=0&oq=brain+parts#q=the+human+brain&view=2&emb=0）。事实上，大多数神经元在受精后7个月时就已形成（Rakic，1995）。在胚胎期，大脑的神经元以惊人的速度增加，这一过程被称为**神经元增殖**（neuron proliferation）；每分钟约新增25万个（Kolb et al.，2003）。在出生后，由于既有神经元的生长以及神经元之间连接的增加，大脑的体积随之增大。围绕并保护神经元的

神经胶质细胞（glial cells）也在增长。这些细胞为神经元提供了结构支撑，调节神经元获得的养分，并修复神经组织。一些神经胶质细胞则负责**髓鞘化**（myelination），为神经元覆盖上一层名为髓磷脂的脂类膜。这一绝缘层使得神经元能够更好地传递信息（Johnson，1998；Nelson et al.，2006）。大部分在最初的两年内形成，其余部分的形成过程则一直持续到成年（Sampaio & Truwit，2001）。在神经化学过程的作用下，神经元持续运动直至迁移至最终位置（Rosenzweig et al.，1996）。这一**神经元迁移**（neuron migration）保证了足够数量神经元满足全脑的需要。特定位置神经元数量的不足往往和各种心理疾病以及诸如阅读障碍和精神分裂等精神障碍相联系（Johnson，1998；Kolb et al.，2003；Nelson et al.，2006）。

作为神经元之间的连接介质，**突触**（synapses）的重要性丝毫不亚于神经元本身。当一个神经元的轴突将信息通过化学传导的方式传至另一神经元的树突时，突触就在两个神经元之间形成。**突触形成**（synaptogenesis）过程在胎儿期就已开始，它和神经元同时出现，并且数量很快就超过了神经元。例如，新生儿视觉皮层的每个神经元具有2 500个突触。而两岁学步儿每个神经元的突触数约为15 000个（Huttenlocher，1994；Huttenlocher & Dabholkar，1997）。换言之，每个神经元的突触数在出生的两年内翻了6倍。这使婴儿视觉能力得到了大幅提高，聚焦于不同距离物体和人物的能力越来越强（Nelson，1999 & Nelson et al.，2006）。

神经元 神经系统的一种细胞，由细胞体、一个名为轴突的长突起和若干名为树突的短突起组成。神经元发出和接收大脑及神经系统的神经冲动或信息。
神经元增殖 正在发育的有机体大脑中神经元大量增加的过程。
神经胶质细胞 一种支持、保护和修复神经元的细胞。
髓鞘化 神经胶质细胞为神经元细胞覆盖上脂类髓鞘的过程。
神经元迁移 神经元细胞在大脑中移动，使得所有大脑区域都具有足够数量的神经连接。
突触 神经细胞之间进行信息传递的专门部位，信息传递通常通过化学递质进行。
突触形成 突触形成的过程。

所有的神经元和突触都是不可或缺的吗？这些神经元和突触毕生都在发挥作用吗？这些问题的答案都是否定的。大脑会产生超过本身需求的神经元和连接数。在成长过程中，两个过程会导致神经元和连

接数的消除（Sowell et al.，2003）。**神经元常规死亡**（programmed neuronal death）消除了新突触周边未成熟的神经元（Kandel et al.，2000）。这为关键部位的信息传递提供了更宽阔的空间。**突触修剪**（synaptic pruning）过程去除了不常用神经元的轴突和树突（Abitz et al.，2007）。这为新突触连接的产生释放出了空间。这两个过程增加了神经元之间信息传递的速度、效率和复杂性，并为发展过程中与新经历相关的连接的建立腾出了空间（Huttenlocher，1994；Kolb et al.，2003）。对成人而言，大脑约 1 万亿个神经元每个都与其他神经元有 100～1 000 个连接。成人大脑的突触数合计约为 10^{15} 个（Huttenlocher & Dabholkar，1997）。

大脑发育和经验

两种过程会影响到大脑发育（Greenough & Black，1999）。**经验预期加工**（experience-expectant processes）依赖于日常生活中的一般经验，如触摸、模式化的视觉输入、语音、照看者的情感表达以及养育。这些加工过程引发了突触的形成和修剪，对大脑的正常发展非常重要。如果孩子在发展过程中缺乏这些经验，其基本技能的形成就会存在问题。例如，如果孩子患有先天性白内障，他们的视觉系统缺乏外界的刺激，因而无法正常发育，那么，即使后来白内障被治愈，他们依然会存在功能性眼盲。**经验依赖加工**（experience-dependent processes）则基于个体的独特经历，如在特定家庭背景、社区以及文化中的经历等。这些独特经历使得大脑产生了新的突触连接并对其进行编码记录。例如，在莫桑比克孩子运动皮层的发育与狩猎、捕鱼等技能密切相关，相较而言，美国孩子大脑中与精细运动加工、手脑协调相关的区域发育得更好，以适应电子游戏的需要。

以人类和其他动物为被试的相关研究证明，经验能够引发大脑容积、结构和生化特性的改变（Black et al.，1998；Rosenzweig，2003）。外界刺激的缺乏或创伤事件的经验会对大脑造成

损害，并影响其正常运转。以受虐待儿童为例，其大脑中与情绪、社会关系加工的相关皮层和边缘系统要比正常儿童小 20%～30%，突触数量也相对更少（Perry，1997）。而在孤儿院中长大的孩子，由于刺激物的缺乏，其大脑活动的强度更弱，不同区域之间的连接也更少（见图 3.3；Eluvathingal et al.，2006；Nelson，2007；Pollak et al.，2010）。这可能是他们在识别社会性信息以及和他人建立关系方面存在困难的原因（Pollak & Sinha，2002）。

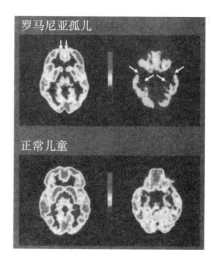

图 3.3　早期剥夺对大脑活动的影响

正电子发射断层成像（PET）扫描发现正常儿童的许多脑区都得到激活，而被孤儿院收养的罗马尼亚孤儿激活的脑区要少很多。箭头所指的是受影响最大的脑区：颞叶。

资料来源：Courtesy Harry Chugani，from Chugani et al.，2001.

镜像神经元与社会性大脑

当我们看一场电影时，我们时常会和演员的感受产生共鸣。当看着演员从大厦顶端滑落时，我们的心脏也随之剧烈跳动。当看着一个猎食者悄悄靠近猎物时，我们同样会屏住呼吸。这是为什么？在看见某个场景时，我们大脑中特定的神经元和脑区会将其转化为在相同情境下我们的行为和感受。因此，理解他人并不需要耗费时间深思熟虑，而只需情绪、感觉和行为的共鸣。我们的大脑会自发地与我们关注、互动的人将心比心，并调整自身状态与其感同身受（Winkielman & Harmon-Jones，2006）。

镜像神经元（mirror neurons）在这一共享过程中发挥着关键的作用。这类神经元在个体做出某个动作或者看着他人做出同样动作时都会被激活（见 http://www.pbs.org/wgbh/nova/sciencenow/3204/01.

神经元常规死亡　在神经系统早期未成熟神经元自然死亡的过程。

突触修剪　大脑去除不常用神经元的树突和轴突。

经验预期加工　所有人类在进化过程中都会经历的大脑发育过程。

经验依赖加工　个体独特的，和特定文化、团体及家庭经历相关的大脑发育过程。

镜像神经元　一种在个体活动以及个体观察他人进行同样活动时都会激活的神经细胞。

html）。目前，研究者已经在猴子身上直接观察到这类神经元的存在，而人类的一系列特定脑区，如运动皮层（Fadiga et al.，1995）、躯体感觉皮层（Gazzola & Keysers，2009）以及额下回（Kilner et al.，2009）等，也发现了与镜像神经元活动一致的激活现象。例如，使用功能性核磁共振成像技术（fMRI）的研究已经发现，当个体观察其他人的动作时，运动皮层就会被激活（Fadiga et al.，1995）。这些大脑区域被定义为人类镜像神经元系统（Iacoboni et al.，2005）。

人类镜像神经元系统明显和社会性行为存在关联。镜像神经元对于模仿并习得新的技能（Dinstein et al.，2008；Iacoboni et al.，1999），以及理解他人的行为和意图等活动非常重要。在一项研究中，研究者以猴子为研究对象考察镜像神经元和社会理解之间的联系。在这一实验中，猴子看着实验者拿起一个苹果并送到口中，或是看着实验者拿起一个物体并将其放入杯中。研究发现，当猴子观看研究者"拿起苹果并食用"的动作时，15 个镜像神经元发生了激活，但在观看"拿起物体放入杯中"的动作时，这些镜像神经元无一激活（Fogassi et al.，2005）。显而易见，这些神经元的激活表明猴子能够理解实验者食用苹果的意图。而对人类婴儿研究的结果也表明，镜像神经元系统能够帮助婴儿理解他人的行为（Falck-Ytter et al.，2006）。

镜像神经元系统和语言的获得（Théoret & Pascual-Leone，2002）、心理理论的发展（例如，理解他人的心理状态，我们将在第 6 章 "自我和他人" 中进行具体探讨；Keysers & Gazzola，2006），以及共情的产生（Decety & Jackson，2004）都存在着关联。研究者发现，自我报告共情程度更高的个体，其镜像神经元系统的激活也更加强烈（Jabbi et al.，2007）。有观点认为，镜像神经元活动障碍可能是认知活动紊乱的成因，自闭症患者在社会技能、模仿、共情以及心理理论方面存在的缺陷与镜像神经元的缺失不无关系（Dapretto，2006；Hadjikhani et al.，2006；Oberman et al.，2005）。

目前，研究者已经在一个被称为"社会性大脑"的脑区发现了人类镜像神经元系统的活动，这一脑区主要参与理解他人的过程。在新近的进化过程中，这一部分大脑的体积逐渐增大。这一区域包括了内侧前额叶皮层（mPFC）、额下回（IFG）、颞顶联合区（TPJ）、颞上沟（STS）、顶内沟（IPS）、前扣带回（ACC）、前脑岛（AI）和杏仁核（见图 3.4）。这些脑区参与了面孔、身体姿势的识别，评估他人的想法和感受，预测他人下一步行动以及与之交流等社会性功能（Blakemore，2008）。脑成像研究表明，这些区域在个体体验共情、理解他人情绪状态以及与他人互动时都会得到激活。

内侧前额叶皮层似乎在理解自身和他人的交际意图中扮演着特殊的角色（Kruegera et al.，2009；D'Argembeau et al.，2007）。这一脑区使我们能够对社会性事件的相关信息进行编码，从而对自身行为进行计划和监测，并对他人的行为进行理解和预测。例如，一项研究发现，当母亲看着婴儿的笑脸时，她们的内侧前额叶皮层得到了激活，但当孩子面无表情时，这一激活就没有出现；而母亲的笑容同样能够激活婴儿的前额叶皮层（Minagawa-Kawai et al.，2009）。

杏仁核和颞上沟区域则参与了情绪面部表情的加工处理（Adolphs & Tranel，2004；Morris et al.，1998；Narumoto et al.，2001）。在一项考察这一关系的 fMRI 研究中，给大学生呈现一个面带快乐或是愤怒表情的从门厅向他们靠近的男性

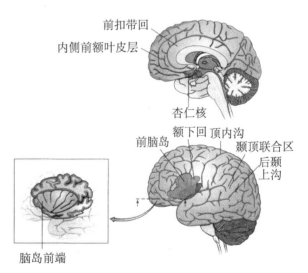

图 3.4 "社会性大脑"的相关区域

这些区域包括内侧前额叶皮层（mPFC）、颞顶联合区（TPJ）、后颞上沟（pSTS）、额下回（IFG）、顶内沟（IPS）、前扣带回（ACC）、前脑岛（AI）、杏仁核和脑岛前端（FI）。

资料来源：Reprinted by permission from Macmillan Publishers Ltd. Blakemore, S.-J. The social brain in adolescence. *Nature Reviews Neuroscience*, 9, 267-277.（fig 1, p.269）.

形象（Carter & Pelohrey，2008）。结果发现，当学生们看见愤怒表情时，他们的杏仁核及颞上沟的激活增强了。

前脑岛是情绪体验激活的另一重要区域。这一区域似乎在社会性情绪（如共情、信任、内疚、尴尬和爱）的产生中发挥着作用（Chen，2009）。这一区域在母亲听到孩子号哭或人们仔细观察一张脸以确定其感受时也会得到激活。前脑岛为个体自身和他人情绪之间建立了联结，使得理解他人的感受成为可能。Von Economo 神经元（VENS）加速了前脑岛和其余脑区之间的信息传递，使得人们更快地针对社会环境的变化做出调整。在远古时期，这一神经通路可能帮助我们的祖先迅速、准确地做出谁值得信赖的判断，从而生存下来。

研究者已经开始着手研究社会性大脑从出生到成年的发展历程。他们发现，成人社会性大脑的所有相关区域在婴儿时期就已经在部分发挥着作用了。例如，3 个月大的婴儿在加工面孔信息时，其前额叶区域就已经能够产生激活（Johnson et al.，2005）。然而，直到 1 岁婴儿才表现出成熟的反应。婴儿在 1 岁时能够区分正常和上下颠倒的人类面孔，却不能区分直立和颠倒的猴子面孔。这和婴儿大脑皮层对面孔的加工最初漫无目的但随着发展越来越对直立人脸有特异性的结论一致。

这一研究和其他关于婴儿社会性大脑网络的先期研究（如婴儿对人类情绪和行为的感知研究）都表明，大脑的发展是适应社会情境的产物，社会情境对成人大脑皮层的功能分化存在着很大的影响（Grossmann & Johnson，2007）。

随着婴儿的发育，负责社会信息加工的皮层组织越来越分化。在童年晚期及青少年期，内侧前额叶皮层的活动减弱，取而代之的是成人内侧前额叶一些特定子区域的激活（Blakemore，2008）。一项 fMRI 研究验证了这一发展性变化，研究者让被试思考可能会诱发尴尬的社会情境，如"你的父亲开始在超市里表演摇滚舞蹈"（Burnett et al.，2009）。思考这类情景激活了青少年和成人的社会性脑区。然而，青少年的内侧前额叶区域的激活要强于成年人，而颞极区域的激活则是成年人更强。因此，不同脑区扮演的角色会随着年龄的增长而发生改变，激活也随之从大脑前侧（内侧前额叶区域）向后侧（颞叶）区域（如颞上沟区域）转移。

在越来越分化之余，社会性大脑的不同皮层区域随着发展的进程逐渐协调整合为一个网络（Johnson et al.，2009）。研究者已经开始将研究的重点从寻找大脑皮层不同脑区功能的定位转移到理解不同脑区的功能性连接模式上来。

遗传与社会性发展

遗传传递是社会性发展第三重要的生理基础（想要了解更多关于基因与遗传的信息，请见 http://videos.howstuffworks.com/hsw/24988-genetics-the-basics-of -genes-video.html）。遗传活动开始于每个细胞核中染色体的螺旋状结构。在这些染色体内布满了基因，即携带着遗传代码的脱氧核糖核酸（DNA）分子片段。基因（genes）位于染色体的特定部位，而他们携带的代码决定了特定种类蛋白质的产生。当一个基因被激活后，它的复制品从细胞核进入细胞质中并成为建立蛋白质分子的模板。人体中每种不同的蛋白质分子都发挥着不同的功能，而所有这些蛋白质一起协同工作形成了具有生命的有机体。遗传多样性是由三种现象引起的：在精子和卵子形成过程中，染色体可能的组合方式数不胜数；卵子与精子的结合，即 23 条女性染色体以及 23 条男性染色体组合形成受精卵；在受精卵细胞分裂过程中同一染色体上的基因互换。

基因导致了人类很多共同的特征（如婴儿进行社会交流的生理基础），同时也导致了人与人之间的差异（如一些人更为外向和社会化，另一些人则更加内向害羞）。长期以来，社会性发展心理学家都对人类行为的这些差异的来源倍感兴趣，随着 20 世纪 60 年代人类行为遗传学（human behavior genetics）的诞生，他们的注意开始转向评估基因对人类社会行为个体差异的影响（Plomin et al.，2001；Rutter，2006a）。

基因 染色体特定位置的DNA片段，携带着产生特定种类蛋白质的代码。

人类行为遗传学 考察遗传和环境对个体的特质、能力差异影响的研究。

最初，行为遗传学家在缺乏测量染色体、基因或DNA手段的情况下进行他们的研究。通过复杂的统计技术，他们对**遗传因素**（heritability factors）进行计算，估计遗传性产生特定能力或特定行为的可能性。这些遗传性的可能性还受到环境因素的影响。当儿童在成长过程中经历着几乎完全一致的环境时，他们社会行为的个体差异就可以用遗传因素进行解释；但当环境因素存在不同时，儿童的差异可能会受环境因素的左右，这有时候会掩盖遗传因素的影响。行为遗传学家试图通过对基因和环境的交互作用进行分析，估计两者对某一特质或行为的影响程度。

基因型（genotype）和**表现型**（phenotype）的概念提供了理解基因、环境交互作用的框架。基因型是指个体从其父母处遗传得来的一系列特定基因组合，这些基因组合决定了身高、眼睛颜色等个体特征。在发展过程中，基因型和环境因素产生交互作用，形成了表现型，即个体外表和行为特征等能够得到观察和测量的基因表达。

遗传对发展影响的研究方法

行为遗传学家最为常用的方法是对生理因素相近的家庭成员进行考察，以此来探索遗传和环境因素对个体差异的影响。这类研究通常将领养孩子与其生父母和养父母进行比较，考察异卵和同卵双生子的异同，或是考察相同或不同环境因素对双生子及兄弟姐妹的影响（Plomin et al., 2001；Rutter, 2006a；Rutter, Kreppner et al., 2001）。

行为遗传：领养和双生子研究

在考察领养的研究中，研究者对领养孩子和其生父母及养父母的人格特质的异同进行比较（Moffitt & Caspi, 2007；Plomin et al., 2001；Rutter, 2006a）。他们假设养父母和领养孩子之间没有任何遗传联系，所以他们之间任何相似点都由环境因素影响造成。而领养孩子与其生父母之间的联系则恰恰相反；他们只存在遗传上的关联，因而所有相似之处都是遗传物质相似的结果（这些研究只考察和生父母没有任何联系的领养孩子）。研究者有时还会考察同一家庭中亲生孩子和领养孩子之间的相似点。

而双生子研究的研究者则主要对同卵和异卵

> **遗传因素** 对遗传性在特定特质或能力产生过程中影响程度的统计估计。
> **基因型** 个体从父母处遗传获得的特定基因组合。
> **表现型** 个体外显的特定外貌、行为特质，是个体基因型与环境交互作用的产物。

你一定以为…… **基因决定了你的潜力**

关于遗传存在着很多谬论和误解。你可能也会持有其中一些观点。

如果你认为，基因决定了一个人的潜力，那么，你就大错特错了。基因缺失对个体的潜力具有影响，但是，环境因素同样不可忽视。环境的改变同样能够改变个体的潜力。孕期同卵双生子之一通过胎盘输血给双生子同胞就是一个证明。在这种名为双生子输血综合征的罕见并发症中，尽管两个孩子拥有相同的基因型，但是供血的孩子在出生时就存在体重严重不足并非常危险，这也导致了孩子将来发展潜力的明显不同（参见http://www.dailymail.co.uk/health/article-452163/the-amazing-little-large-identical-twins.html）。

如果你认为先天和后天因素是独立发挥影响的，那你又错了。基因和环境都是发展的必要因素："没有基因就不会有有机体；没有环境同样

如此。"（Scarr & Weinberg, 1983）

另一个关于遗传的谬论是基因效应更强，则环境效应更差。环境的改变能够增加或减少和基因具有强相关的特质表现。基因造成了个体的多样性，而环境因素可能导致了整个人群某一特质的增加。

你还可能认为，基因的影响会随着年龄的增加而消失，这同样不正确。基因和年龄的关系非常复杂。在发展初期，一些个人特质和遗传具有强烈的相关；而另一些则在发展后期受到遗传因素的影响。

最后，有些人认为基因只影响静态的个体特质，这一观点同样存在错误。基因同样影响着发展的动态过程。基因组成决定了特定个体特质的产生及其产生的顺序。

资料来源：Rutter, 1992, 2006a.

双生子的相似之处进行比较。同卵，或称为**单合子**（monozygotic）的双生子是由一个受精卵一分为二各自发展为一个胚胎形成，因而其基因完全相同，两个胚胎来自于同一个受精卵。而异卵，或称为**二合子**（dizygotic）的双生子是由两个不同的卵子和不同的精子结合生成的不同受精卵发育而来。异卵双生子之间的基因相似性与其他兄弟姐妹并没有什么差异，平均而言，他们有一半共同的基因。研究者假设，如果同卵双生子在某一特质上表现出比异卵双生子更大的相似性，那么这一相似性必然受到基因的强烈影响。（下列视频显示了从出生之时就相互分离并在不同环境下长大的同卵双生子之间的相似性：http://videos.howstuffworks.com/hsw/18564-genetics-the-genetics-of-twins-video.htm；http://videos.howstuffworks.com/hsw/19136-the-mystery-of-twins-seperated-at-birth-video.htm；http://videos.howstuffworks.com/hsw/19132-the-mystery-of-twins-seperated-at-birth-video.htm）。然而，就某些特质而言，如果两种类型双生子之间的相似性几乎相同，研究者就假设这一特质受到环境因素的强烈影响。这一研究设计具有不少局限性（Gregory et al., 2010）。例如，身为双生子这一事实本身可能就对孩子们的社会性发展具有影响，因此双生子研究的结论或许不能被推广到非双生儿童群体中。此外，同卵双生子相较而言更可能具有天生缺陷，这也能够造成他们之间的差异。尽管具有这些局限，双生子研究仍然是考察遗传因素对社会行为影响的有效手段。

另一种双生子研究设计是考察同卵双生母亲的孩子。由于这一设计基于母亲是双生子之一这一状况，而非孩子，因而可以将养育差异的遗传因素和环境因素区分开来，并对其结果进行分别评估（Lynch et al., 2006; Neiderhiser et al., 2004）。例如，如果双生子之一的母亲对孩子进行严厉体罚，而另一位则没有，那么对她们的孩子进行比较能够提供父母体罚与儿童行为之间因果关系的强有力证据，因为在这种不一致—双生子比较中，大部分遗传和共享环境因素都能得到控制。

单合子 单个受精卵分裂成两半，每一半都发育成为独立的、基因完全相同的胚胎，由此产生的同卵双生子。两个胚胎源于同一个受精卵。

二合子 不同的卵子和不同的精子结合，产生两个不同的胚胎，进而发育成为的异卵双生子。

共享环境 同一个家庭中成长的孩子所共同经历的一系列条件或活动。

非共享环境 某个家庭中孩子经历的，和其他家庭孩子有所不同的一系列条件或活动。

共享环境与非共享环境

在对双生子研究的结果进行解释时，研究者通常假设在同一个家庭中的双生子拥有基本一样的环境。但是这个假设是否能够成立？一些研究者对双生子的环境条件是否相同产生了质疑。他们争辩说，由于基因和遗传素质相同，和异卵双生子相比，同卵双生子受到父母更加类似的对待，得到家庭外人群更相似的反应，选择更相似的环境、同伴和活动（Scarr, 1996; Scarr & MvCartney, 1983）。因此，同卵双生子比异卵双生子拥有更多的**共享环境**（shared environment）（Rutter, 2006a）。然而，就算异卵双生子也有很多共享的环境，如家庭经济贫穷或富有、社区高档或低端、父母工作或失业、心理健康或有疾病（Reiss et al., 2000; Towers et al., 2003）。异卵双生子和其他兄弟姐妹们则比同卵双生子有着更多的**非共享环境**（nonshared environment），或独自的经历和活动（Dunn & Plomin, 1991; Feiberg & Hetherington, 2001）。这些非共享环境包括孩子自行选择的活动，以及因性别、气质、身体能力以及认知技能的不同而得到的不同对待。研究表明，兄弟姐妹，包括异卵双生子在内，拥有很多影响他们发展的非共享环境因素（Pike et al., 2001; Plomin, 1995; Plomin & Daniels, 1987）。即使是非共享环境的细微差异也能导致儿童发展的不同。事实上，甚至兄弟姐妹主观认为的他们经历的差异——例如认为他们受到了父母的区别对待——也会对他们的行为产生影响，无论这种主观感觉是否正确（Reiss et al., 2000）。一些心理学家坚持认为非共享影响因素对于理解儿童发展的重要性更甚于共享影响因素。为了评估非共享环境和共享环境影响的差异，他们在设计研究时使用了来自同一家庭的兄弟姐妹而非不同家庭的孩子（McGuire, 2001; Plomin et al., 2001; Rutter, 2006a）。很明显，研究者不能再简单地假设所有兄弟姐妹都具有同质的家庭环境，并且必须意识到无论是共享还是非共享的环境经验都会对发展产生影响。

向当代学术大师学习 迈克尔·卢特爵士

迈克尔·卢特（Michael Rutter），被誉为"儿童精神病学之父"，于1992年被伊丽莎白女王二世授予爵士爵位。他是伦敦国王学院精神病研究所的发展精神病理学教授。因战争和家庭分离的童年经历，以及他对儿童如何应对疾病和住院的观察，让他毕生都致力于儿童发展研究。就对这一领域的影响而言，几乎没有学者能和他相提并论。他的研究涉及行为遗传学、流行病学、早期社会剥夺和压力、正常和非正常发展的延续性及非延续性。卢特还带领一个研究团队对英国家庭收养的罗马尼亚孤儿进行了跟踪研究，得到了大量关于早期经历如何影响社会性发展的重大发现。作为一个活跃的研究者以及临床儿童精神病学家，卢特总是强调研究和临床工作相结合的重要性。他的工作无疑体现了这两者的结合，并促进了临床治疗和社会政策的改变。他在儿童精神病学发展成为具有坚实科学基础的医学专业这一过程中所做的贡献举世公认，这也是他最引以为豪的成就之一。卢特是英国学会（British Academy）的荣誉会员、皇家学会成员、并且获得了一系列欧洲及美国大学的荣誉学位。他希望将来能够看到发展领域内生物学和社会性研究方法的结合、学科之间更好的交叉融合、以及科学和实践更紧密的联系。他鼓励学生"要做偶像破坏者，勇于质疑权威。要对自己在做的事进行自我批判，但是永远不要丧失对新想法和新发现的热忱"。

扩展阅读：
Rutter, M.（2006）. *Genes and behavior: Nature-nurture interplay explained.* Oxford: Blachwell.
Moffitt, T. E., Caspi, A., & Rutter, M.（2006）. Measured gene-environment interactions in psychopathology: Concepts, research strategies, and implications for research, intervention, and public understanding of genetics. *Perspectives on Psychological Science*, 1, 5-27.

分子遗传学：人类基因组计划

人类基因组计划（HGP）是一项国际合作的科研项目，其主要目标就是确定并描述所有基因在基因组中的位置（见 http://videos.howstuffworks.com/hsw/20131-the-human-genome-mapping-humanity-video.htm）。科学家于2003年完成了这一挑战，对约20 000个蛋白质编码基因进行了绘制和排序。虽然已经确定了这些基因，但并不意味着科学家已经知道遗传的所有影响。一些遗传学家将人类基因组上的基因片段比作图书馆书架上的书本：这本书已经被安放在适当的位置上，但是科学家还没能破译章节中大部分短语（基因）和字母（核苷酸序列）的含义。在研究人类基因组之余，科学家还对动物基因组进行研究以确定人类基因组在进化中的位置（U. S. Department of Energy, 2002; National Institute of Health, 2002）。研究者已经发现，人类基因组中超过1 000个基因是啮齿类动物所没有的，例如两组在人类更长的怀孕期中进行蛋白质编码的基因。还有一些基因已经死亡或不再发挥作用，如嗅觉相关基因，这可能导致了人类嗅觉不如鼠类灵敏。

尽管人类基因组计划已经获得了人类身体运作方式的基本信息，但是大多数疾病，如癌症、心脏病，以及大部分社会行为，如攻击或助人行为，都是由多重基因决定的。找出导致这些疾病和行为的基因"包裹"是一项艰巨的任务（Benson, 2004; Plomin et al., 2002）。新技术的出现让研究者能够使用DNA微阵列（DNA microarrays）同时对上百万DNA的基因表达进行标记分析，从而使得完成这一任务成为可能。这项技术已经将研究推进到考察基因组范围内的关联，其终极目标是对每个个体的整个基因组进行排序（Plomin & Davis, 2009）。迄今为止，全基因组关联研究的结果表明，对于最为复杂的社会特质而言，遗传的效应要远小于原先的预计，并发现上百基因与儿童社会性行为的遗传获得存在相关。

研究者已经在运用人类基因组计划的成果来促进社会性发展研究。阿夫沙洛姆·卡斯比（Avshalom Caspi）和同事已经对人类基因组计划界定的能够影响大脑中神经递质的分解和摄取的基因进行了研究（Caspi et al., 2002; Moffitt & Caspi,

2007）。他们发现，这一基因增加了儿童的反社会行为——但仅限于孩子经历了虐待的情况下。随着科学家对基因影响人类发展过程的了解越来越多，他们发现基因不会单独发挥作用，而总是和环境因素相结合（Rutter，2006a；Turkheimer，2000）。事实上，只有特定的环境提供了激活的时间和方式等信息后，基因的编码信息才会被"读取"。

向当代学术大师学习　　阿夫沙洛姆·卡斯比

阿夫沙洛姆·卡斯比（Avshalom Caspi），杜克大学心理学和神经科学、神经病学与行为科学教授，是研究行为遗传学的先驱。他的研究主要集中于三个宽泛的问题：遗传差异如何塑造人们对环境，尤其是压力环境的反应？怎样才能有效测量人们的人格差异？这些差异如何影响人们的健康、财富和人际关系？为了回答这些问题，卡斯比使用了一系列方法：精神病学访谈、流行病学调查、分子遗传学评估、行为观察以及实验室研究。他在加利福尼亚伯克利（20世纪30年代）、新西兰丹尼丁（20世纪70年代）以及英国伦敦（仍在进行）等地多次进行纵向研究以获取数据。卡斯比出生于以色列，在巴西长大，在美国康奈尔大学接受教育，在和他的妻子、合作者兼同事，特莉·墨菲特（Terrie Moffitt）在杜克大学定居下来之前，他在哈佛大学、威斯康星大学以及伦敦国王学院任教。卡斯比因为出色的工作获得了很多荣誉，如美国心理学会颁发的青年研究贡献奖、发展心理生物学的斯拉克杰出贡献奖，以及精神病流行病学的拉普斯奖。如果社会性发展研究领域的挑战是阐明基因和环境是如何影响发展过程的方方面面的话，那么卡斯比已经迈出了坚实的第一步，并提供了指引我们在这一科学领域进行探索的宝贵路线图。

扩展阅读：

Caspi, A., & Moffitt, T. E.（2006）. Gene-environment interaction in psychiatry: Joining forces with neuroscience? *Nature Reviews Neuroscience*, 7, 583-590.

Areeneault, L., Milne, B., Taylor, A., Adams, F., Delgado, K., Caspi, A., & Moffitt, T. E.（2008）. Evidence that bullying victimization is an environmentally-mediated contributing factor to children's internalizing problems: A study of twins discordant for victimization. *Archives of Pediatrics and Adolescent Medicine*, 162, 145-150.

遗传影响模型

由于遗传传递非常复杂，科学家已经提出了一系列越来越具体的模型来帮助我们理解这一过程。在本节中，我们对一些相关模型进行了介绍。

特质的传递：基本模型

最简单的遗传传递模型能够解释由单个基因决定的特性。在这一模型中，有两个概念非常重要。首先，由于人类的染色体是成对的，因此每个基因都可以有多种组合方式。这些不同的方式被称为**等位基因**（alleles）。一个等位基因来自母亲，而另一个则来自父亲。其次，如果来自父母的等位基因相同，那么这个人对于这个特定基因及其相关特质而言是**纯合子**（homozygous）。而如果等位基因不同，那么就这一特性而言，这个人属于**杂合子**（heterozygous）。纯合子特质可能表现为两个等位基因携带特质的混合。例如，拥有两个暗肤色等位基因的个体的肤色是暗色的，而如果两个等位基因都是亮肤色，则其肤色会是亮色的。杂合子有很多表现方式。首先，杂合子的特质可能表现为两个等位基因混合：同时具有亮色和暗色皮肤等位基因的杂合子可能会表现为中间的颜色。其次，杂合子特质可能由两个等位基因组合而成：AB血型的杂合子可能是由A型血和B型血组合而非混合而来。再次，杂合子特质可能表现为主要等位基因的特质：如同时具有卷发和直发等位基因的个体会表现为卷发，因为相比直发，卷发是显性特质，而直发则是隐性的。幸运的是，很多严重疾病的决定性等位基因都是隐性的，这极大地降低了人口中遗传疾病的比例。现在社会禁止近亲、血亲结婚就是因为双方很可能同时具有有害隐性等位基因，这导致了他们的孩子是有害

> **等位基因**　基因的不同组合方式；通常一个基因具有两个等位基因，分别源于母亲和父亲。
> **纯合子**　父母遗传的和某一特质相关的等位基因是相同的。
> **杂合子**　父母遗传的和某一特质相关的等级基因是不同的。

特质纯合子的概率大大增加。

基因的交互作用

另一个相对复杂的遗传影响模型基于多基因的交互作用。单独一对等位基因并不能决定大多数社会性发展的特征，如社交能力、社会问题解决以及情绪表达类型。这些特质是由多对基因共同决定的。这或许能够解释为什么有些基因决定的特质并没有在整个家庭中出现。例如，父母都很内向的家庭可能会生下外向型的孩子，而后生下的其他孩子又可能会比较害羞。类似于害羞或外向等特质的产生是由很多基因的组合决定的，而这种特定的组合配置不可能通过父母传给孩子（Turkheimer，2000）。让遗传对发展的影响更加复杂的是，一对等位基因还可能影响不止一种特质，而且，如果它们是**修饰基因**（modifier genes）的话还可能会对其他基因的表达产生间接的影响。

环境影响基因表达

另一个模型则将环境对基因表达的影响也考虑其中，这使得遗传传递的复杂性又增加了一层。在这一模型中，遗传并不会严格限定具体行为，而是建立了在不同环境下一系列可能的发展结果（Gottesman，1963；Plomin，1995）。这一模型强调基因和环境之间的交互作用，相比前两个模型，这一模型对于复杂的社会性发展现象的解释力更强。图3.5为模型的例子。三个孩子（A、B和C）每人社交能力可能得分的范围都各不相同。如果三个孩子经历的环境条件相同，那么孩子C的得分总是会高于孩子A和孩子B。然而，如果孩子B经历

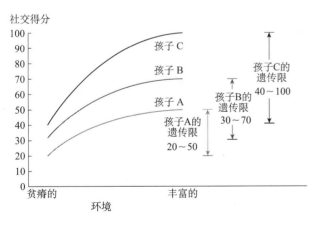

社交得分

图 3.5 环境和基因型的交互作用

为孩子提供丰富的社会环境能够改善其社交表现，但其基因型决定了其改变的幅度。

资料来源：Gottesman，1963.

过丰富社会性刺激的环境，那么他的得分可能会高于孩子C。孩子C拥有范围最广的**遗传限**（reaction range）：也就是说，与孩子A和孩子B相比，孩子C在恶劣环境

> **修饰基因** 通过影响其他基因的表达来间接施加影响的基因。
> **遗传限** 由发展环境差异导致特定基因型个体可能发展结果的范围。
> **反向基因—环境关联** 具有特定遗传特征的父母所营造的家庭环境会鼓励孩子表现出类似的倾向。

和良好环境下表现出的差异最大。孩子A具有最低也最受限制的遗传限。这个孩子无论是在恶劣还是良好的环境中长大，他的得分都会低于平均水平，并且很难从良好环境中获益。

当某一特质的遗传限极为狭窄时，这被称为"渠限化"（Waddington，1962，1966）。高渠限化特质的发展途径非常有限，并且需要高强度的环境刺激才能改变其发展进程。例如，我们已经知道婴儿学说话的倾向是高度渠限化的，因为甚至是出生就是聋子从来没有听过人类声音的婴儿也会开始咿呀学语。而社交能力和智力则是低渠限化的，能够受到一系列社会和教育经历的改变。

环境改变遗传特质的可能性还受到该环境因素出现时机的影响。胎儿时受病毒或有毒物质影响的后果要比出生后再经历同样环境攻击严重得多。例如，风疹会影响胎儿的听力，但是对较大孩子而言，这只能导致轻微的疾病。

遗传组成塑造环境

环境会影响基因的表达，基因同样能够通过多种渠道对环境产生影响（Moffitt & Caspi，2007；Scarr，1996；Scarr & McCartney，1983；Rutter，2006a）。其方式之一是，具有特定遗传特性的父母会建立起适合该特性的家庭环境，这促进了这些遗传特性在他们孩子身上的出现。社交能力强、外向型的家长更喜欢让家里门庭若市，发起更多谈话，这提高了孩子更社会化的遗传倾向，并鼓励他们享受并发展社会关系。暴躁、郁郁寡欢的家长则相反，他们更可能为孩子提供消极、缺乏交流的环境，鼓励孩子们表现出类似的遗传特性，导致其变得反社会或抑郁。这被称为**反向基因—环境关联**（passive gene-environment association）。

两方面研究提供了反向基因—环境关联的证据（Reiss，2005）。其一是，对于双生子家长的

研究已经表明，遗传影响着养育方式。一项研究发现，同卵双生子母亲对自身温暖、敌意和对孩子监控程度报告的相关程度要高于异卵双生子母亲（Neiderhiser et al.，2004）。其二是，领养研究表明，养育方式和儿童行为之间存在着遗传联系。反向遗传效应，即父母的基因影响其养育行为，进而影响其孩子的行为，只出现在父母养育亲生孩子的过程中，而没有在领养家庭中发现。如同预测的那样，一项研究发现，血亲家庭中孩子青春期行为问题和家庭关系质量得分之间的相关要高于领养家庭（McGue et al.，1996）。这两方面研究成果都表明，父母基因型差异会影响养育方式并传递给孩子，进而影响孩子的行为。

基因还会通过唤起周边他人特定反应的遗传倾向来影响环境。这一过程被称为**唤起性基因—环境关联**（evocative gene-environment association）。例如，天生爱笑的婴儿比严肃的婴儿更能唤起他人的积极反应（LaFreniere，2000；Plomin，1995）。在一项考察基因—环境关系的研究中，研究者以超过 1 000 对 5 岁双生子为样本，发现父母的体罚行为受到儿童反社会及挑衅遗传特性的影响：同卵双生子的父母体罚行为和孩子反社会倾向之间的相关要高于异卵双生子（Jaffee et al.，2004）。在另一个研究中，研究者发现，母亲对双生子青少年之一的消极反应和另一个双生子青少年的反社会行为之间存在着高相关（$r= +0.62$）；异卵双生子的这一相关系数要低很多（$r= +0.27$），领养孩子的这一相关系数近乎为零（$r= +0.06$）（Reiss et al.，2000；Reiss，2005）。这些研究有力地表明，相同的遗传影响导致了孩子们的反社会行为并诱发父母的消极行为，进而导致青春期反社会行为的增加。

基因影响环境的第三条途径是个体的遗传特性会鼓励他们寻求和自身遗传倾向相一致的体验（Scarr，1996；Scarr & McCartney，1983）。他们寻找、选择并建立和自身特质相符的环境或"领地"。因此，具有喜爱社交这一遗传倾向的个体会主动寻求他人的陪伴并参与一系列社交活动；而具有攻击性的个体会选择武术课程而非象棋（Bullock & Merrill，1980）。这被称为**主动基因—环境关联**（active gene-environment association）。随着孩子的长大，他们选择自身活动和同伴的自由权越来越多，**领地选择**（niche picking）的重要性也随之增加。

基因—环境交互作用（基因 × 环境）

在要介绍的下一个遗传传递模型中，基因和环境都是可变的，它们的影响也不再仅限于附属作用。在这一**基因—环境交互作用（基因 × 环境）模型** [gene-ehviroment interation (G × E) model] 中，基因只有在特定环境中才表现为外显的行为，相应地，特定环境因素只影响具有特定遗传特性的个体。换言之，基因和环境之间存在着交互作用，所以特定的行为表现只会在两者正确组合的情况下才会出现。这一基因 × 环境模型对理解社会性发展中常见的一些复杂特质或行为（例如，共情、攻击性和社交能力）尤为重要（Leve et al.，2010；Meaney，2010；Rutter，2007）。现在研究者已经能够界定一些和特定社会行为存在关联的基因，并探索具有这些风险基因的儿童是否对特定的环境风险更为敏感（Plomin & Rutter，1998）。在一项研究中，研究者以 1 000 位年轻成人为被试，将基因、环境和行为进行综合分析，发现抑郁的遗传特质只有在个体早年间经历一系列生活压力事件并在童年时受到虐待的情况下才会导致抑郁综合征产生（Caspi，Sugden et al.，2003）。这意味着抑郁基因型和压力环境之间存在显著的交互作用（见图 3.6）。非人类灵长类的情况同样如此；例如，具有抑郁基因的恒河猴比不具有该基因的猴子在面对严酷成长条件时会产生更大的压力（Barr et al.，2004）。人类脑成像研究同样表明，具有抑郁基因的人在面对恐惧刺激时杏仁核的激活更强（Heinz et al.，2005）。

基因—环境反馈循环

一个更加复杂的遗传传递模型认为，基因和环境通过基因影响环境，环境又进而影响基因这样复杂的反馈循环来塑造社会性发展（Meaney，2010；Rutter，2006a）。图 3.7 是这类反馈循环的一个范例（Gottlieb，1991,1992；Gottlieb & Lickliter，2004）。如图所示，这种影响是双向的，从顶部到底部，同时也从底部到顶部。此外，尽管每一层通常影

唤起性基因—环境关联 个体的遗传倾向诱发环境的特定反应。

主动基因—环境关联 个体的基因鼓励其寻求其遗传倾向相符的经历。

领地选择 寻找或创建和自身遗传倾向相符的环境。

基因—环境交互作用（基因×环境）模型 由于遗传构成不同，在同样的环境中个体受到的影响各不相同。

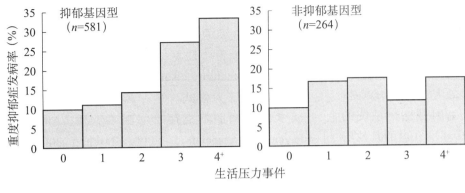

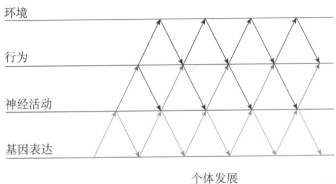

资料来源：From Caspi, A., Sugden, K., Moffitt, T. E., Taylor, A., Craig, I. W., Harrington, H.,...Poulton, R. (2003). Influence of life stress on depression: Moderation by a polymorphism in the 5-HTT gene. *Science*, 301, 386-389. Reprinted with permission from AAAS.

图 3.6 基因—环境交互作用模型

在 26 岁时达到抑郁诊断标准的人数比例是抑郁基因型和 21～26 岁之间压力事件数量的函数。

图 3.7 基因—环境交互作用的多层模型

资料来源：Gettlieb & Lickliter, 2004.

深入聚焦　　药物滥用的遗传风险

遗传学研究已经界定了一个基因，5-HTT，它帮助调节血清素（一种化学递质）在人脑中的传递。这一基因似乎和更高的抑郁风险、更低的自我控制水平以及吸毒行为存在着联系。大部分人拥有两段该基因较长的变体，但约有 40% 的个体遗传了一份或两份较短的变体。该基因变体较短的个体抑制了血清素的传递并成为药物滥用风险增高的罪魁祸首。然而，这一基因是否能够导致实际药物滥用行为要依赖于儿童成长的环境。这一基因×环境的交互作用在吉恩·布洛迪（Gene Brody）及其同事的一项研究（2009）中得到了很好的阐述。这些研究者对 253 名非洲裔 11 岁的美国儿童进行了追踪调查。每一年，被试都要报告其香烟、酒精和大麻摄入情况直至 14 岁。为了了解这些孩子的生长环境，研究者让他们的母亲报告其养育方式。为了获得孩子们的基因，研究者分析了孩子唾液样本的 DNA 构成。约有 43% 的被试具有短版变体 5-HTT 基因，这意味着从遗传角度而言，他们更容易产生物质滥用。这些孩子物质滥用的水平确实显著更高，并且他们在 11 到 14 岁之间药物使用的增速远

大于没有这一遗传风险的儿童。然而，他们父母的行为也能产生影响。当父母卷入程度较高、为孩子提供支持时，在 11 到 14 岁间孩子的药物使用只增加了 7%；而父母低卷入、未能提供支持时，这一增速为 21%。另一研究发现，具有吸烟遗传特性的年轻人在父母对其活动进行更密切监控后减少了其吸烟行为，这为基因×环境交互作用提供了进一步的支持（Dick et al., 2007）。

目前，对于这些发现研究者提出了几种不同的解释。一种解释认为，和物质滥用相关的遗传特性与低自我控制能力、高冲动性存在着联系，这导致了更多的物质滥用行为。另一解释是，具有这类遗传特质的个体对于环境影响更为敏感，因此他们更能够从高卷入、高保护性的教养风格中获益。尽管这些研究并没有完全证明这些解释，但其发现已经为基因×环境交互作用提供了明显的证据，并为基因会在不同社会环境中产生不同的表达提供了支持。值得注意的是，这些研究结合了分子遗传数据（DNA）和环境数据（养育方式）来对物质滥用行为进行预测，并清楚地表明基因和教养方式同样具有非常重要的作用。

注意缺陷/多动障碍 一种表现为持续性注意力不集中、多动或冲动的病症。

自闭症 一种始于童年期、贯穿个体一生、扰乱其社会性和交流技能的病症。

响其邻近的层，但非毗邻层之间的交互作用同样可能发生。反馈循环模型最为重要的一点是：基因是整个系统的一个部分，它的表达受到包括环境在内的其他层次的影响。这一模型透露出非常明确的信息：基因和环境相辅相成、密不可分，想要将两者完全分离并不现实。

遗传异常

天生遗传异常的孩子同样表明生理基础和社会行为之间存在着联系。染色体是遗传异常的来源之一。正常情况下，女性具有两个大的 X 染色体，男性则具有一个大的 X 和一个稍小的 Y 染色体。只有一个 X 染色体（被称为特纳综合征）的女性表现出异常的社会行为模式。她们通常比较温顺、愉悦，不容易生气，但是，由于生殖器官及第二性征发育异常，她们在社交关系方面存在问题，这些女性表现得很不成熟，缺乏自信并难以加工和表征情绪线索（Kesler，2007）。具有压缩或窄小 X 染色体（被称为脆性 X 染色体综合征）的个体同样存在包括焦虑、抑郁、多动、注意缺陷及异常交流模式等心理和社交问题（Garrett et al.，2004；Reiss & Hall，2007）。7 号染色体缺少一条长臂的儿童会患上威廉姆斯综合征。尽管这些儿童智力有限，并且具有视觉空间能力缺陷，但他们的社交能力、共情及亲社会表现非常突出

（Mervis & Klein-Tasman，2000；Semel & Rosner，2003）。

更为常见的染色体异常是个别特定基因或基因组的紊乱。**注意缺陷/多动障碍**（attention deficit/hyperactivity disorder，ADHD）是一种持续稳定的行为模式，这一模式使得孩子在家、课堂以及和朋友交往时都困难重重（American Psychiatric Association，2000；Barkley，2000；见 http://www.youtube.com/watch?v=mjnFGaCjRfg.）。ADHD 儿童难以维持自身的注意力，时常和成人发生矛盾，并经常认为自己一无是处（Campbell，2000）。在教室等讲究纪律的环境中，他们坐立不安，拍打自己的脚，戳邻桌同学，并且不讲次序。这些行为打扰同学并扰乱课堂，而这也可能是他们受同伴拒绝率高达 50% 到 60% 的原因（Henker & Whalen，1999）。他们经常做事不经思考，并很难遵守诸如"如果你的弟弟拿了一个你的玩具，请不要打他，不然就把你关到房间里去"这样的规则，因为他们在跟踪意外事件方面存在缺陷（Barkley，1998）。我们已经知道，这些行为具有生理基础，脑成像技术表明这些孩子一些脑区激活存在异常（Casey，2001），而且高 ADHD 水平的孩子通常拥有大量不同种类的异常基因，如多巴胺受体基因 DRD4（Kebir et al.，2009）等。同样有证据表明，同卵双生子的 ADHD 行为要比异卵双生子更为相似（Plomin，1990）。这种遗传异常有力地表明生理基础和社会行为之间存在着很强的关联。

洞察极端案例　　　　　　　　**自闭症**

1943 年，儿童精神病学家里奥·坎纳（Leo Kanner）第一次使用**自闭症**（autism）一词形容他在约翰·霍普金斯大学医院见到的 11 位儿童的退缩行为（Kanner，1943）。案例 1，唐纳德·T.，在 5 岁时初次就诊。唐纳德的父母发现，他们的孩子在单独一个人时表现得最为开心。在婴儿时期，他就几乎从不会为了跟着妈妈而哭闹，对父亲下班回家他毫无反应，对前来拜访的亲戚无动于衷。在被人爱抚时他几乎不会表现出任何情绪反应。"他好像缩进自己的壳里，只

过着一个人的生活。"在唐纳德 4 岁时，父母带着一个小男孩回家陪他一起过暑假，但是唐纳德对那个孩子既不问也不答，也从不和他一起玩耍。唐纳德被送到肺结核预防疗养院以便"给他一个新环境"，但在那里他同样对和小孩子们一起玩完全提不起兴趣。约翰·霍普金斯大学医院的临床医生对其进行观察时发现，唐纳德微笑着漫步，手指一直在做着同样的动作——在空中交叉。他左右摇晃着脑袋，吹口哨或哼着三音节的小调。他在不停地重复大多数的行为，使用的语言非常

固定。他的母亲是唯一一个和他能够有一点交流的人，她把所有的时间都花在维持这一交流不让其中断上。

对于自闭症或"自闭谱系障碍"（ASD，是一系列类似障碍症状的统称），现在我们已经知道，它在童年时首次出现并持续终生，它扰乱了个体的社交和交流技能。自闭的孩子对其他人缺乏兴趣；有时候他们甚至会厌恶与人们接触。他们倾向于避免眼神的接触，无法调节自身的社交活动。他们没有发展出正常的社会依恋，也不会对社会关系产生共情。大多数患者不能获得友谊由此被社会所孤立（American Psychiatric Association, 2000; Baron-Cohen, 2003）。自闭症的迹象，如不会通过手势、言语或眼神等方式发起交流，不能够通过观察面部表情获得相关线索等，在生命的第一年就已经表现得非常明显。据估计，目前ASD患病率范围为每1 000个孩子3～7人（Center for Disease Control and Prevention, 2007; National Institute of Mental Health, 2007）。而男孩的诊出率是女孩的3～5倍（American Psychiatric Association, 2000）。

坎纳认为自闭症是一种内在障碍，并在DNA刚被确认为遗传信息载体的时候就预见到有必要对自闭症遗传信息进行研究。在1943年时提出这一假设需要很大的勇气，因为在那个弗洛伊德心理理论盛行的时代，人们通常认为这一行为问题要归咎于父母失败的养育方式，尤其要责备拒绝孩子的"冷酷"母亲。今天，尽管自闭症的确切成因仍不得而知，但这一行为问题具有生理基础这一观点已经广为接受。染色体异常已经在一些自闭症儿童身上发现（Drew et al., 1996），双生子研究同样也清晰地表明遗传在其中发挥着重要作用（Nigg & Goldsmith, 1994; Rutter, 2007）。例如，一项研究发现同卵双生子患自闭症的一致性高达60%，而异卵双生子则只有5%（Bailey et al., 1995）。据估计，如果不考虑环境差异和其他遗传或药物的影响，遗传因素能够解释患病可能性的90%（Freitag, 2007; Gupta & State, 2007）。此外，研究者

已经发现，自闭症的遗传非常复杂。牵涉其中的基因可能有50个之多，每一个基因都增加了罹患自闭症的风险（Abrahams & Geschwind, 2008）。DNA序列的改变、结构的重排和突变，以及DNA的后生修饰（后生修饰不会改变DNA，但可以遗传并影响基因的表达）等现象都曾经被发现（Volkmar et al., 2009）。对遗传因素进行界定，并了解这些因素如何和环境（如重金属、杀虫剂）、生物学因素（如早孕、低出生体重）产生交互作用是增进对自闭症成因理解的重要步骤。

对大脑的研究同样表明自闭症具有生理基础（Dawson & Sterling, 2008）。神经解剖学研究发现，自闭症在受孕后不久就改变了大脑发育的进程，并影响到多个相关脑区（Arndt et al., 2005）。在处理社会性信息时，罹患自闭谱系障碍的孩子的社会性大脑（如前扣带回皮层和右侧前脑岛）的活动较弱（Di Martino et al., 2009）。在模仿他人时，他们的镜像神经元系统活动也更弱（Oberman et al., 2005; Dapretto, 2006）。此外，相比而言，自闭症成人上述脑区的皮层也相对更薄（Hadjikhani et al., 2006）。自闭症患者社会性大脑各个结构之间的连接也更少（Pelphrey & Carter, 2008; Wicher et al., 2008）。自闭症的连接不良理论（underconnectivity theory）认为，自闭症的特征是高层级神经连接功能不良，并伴以低层次加工过程过剩（Just et al., 2007）。在2～4岁期间，自闭症儿童的大脑存在反常的过度发育，随后是高级认知功能（如社会性、情绪及语言功能）相关脑区的发育迟缓（Courchesne, 2004）。

对自闭症生理基础的研究仍在不断推进。值得强调的是，坎纳对于少量自闭症儿童极端行为模式的描述仍然为当今的研究提供着灵感和追寻其生理基础的线索。想了解自闭谱系障碍的更多相关信息，见下列网址：http://videos.howstuffworks.com/discovery-health/32569-discovery-health-cme-autism-video.htm; http://www.autismspeaks.org/video/index.php。

生物学和遗传学的发展为父母提供了获得孩子发育问题预警信息的机会。现在已经能够从胎儿身上取一些样本以确定其是否携带特定疾病的基因。使用羊膜穿刺技术或绒毛取样法提取胚胎样本，能够检测胎儿的染色体和基因是否存在染色体异常。在高倍显微镜下，一些关键异常情况（如染色体缺失或冗余）都清晰可见。此外，科学家已经确定某些特定DNA片段，又称为"遗传标记"，能够预测由一个或某个基因缺陷导致的疾病。在这些相关信息的基础上，父母能够选择终止妊娠或针对孩子的特殊需要提前做好准备。对大多数人而言，这是一个很困难的选择，并且会造成伦理两难问题，即异常程度严重到什么程度才需要终止妊娠。如果一个胎儿具有致命的遗传缺陷，并必将导致孩子在几个月或几年内夭折，那么做出决定的过程会比问题不那么严重时容易很多。那么，如果胎儿患有特纳综合征（XO）或克兰费尔特综合征（XXY）时父母应该怎么选择？虽然这些孩子存在身体和心理上的异常，但是他们仍然能够富有成效地生活。让充满期待的父母陷入这样艰难的抉择是染色体和基因分析技术的发展带来的后果之一（Murrary，1996）。而对基因及其影响研究的更新进展使得"预防性"遗传咨询成为可能。想要孩子的夫妻可以对自身进行检查以获得基因缺陷信息。如果发现双方都携带着有缺陷的等位基因，那么他们可以选择领养孩子或借助"辅助生殖技术"利用捐献者的精子或卵子来受孕。也许有一天我们还能借助基因治疗技术替换胎儿的异常基因，从而在遗传疾病发生之前就将其消灭。基因治疗技术包括将正常等位基因注入病人的细胞中，对存在缺陷的等位基因进行替换。目前这一领域最为有效的技术是将携带新基因的替换病毒（病毒的有害成分已经被事先移除）注入病人的细胞中。之所以采用这一策略是由于病毒天生具有侵入其他有机体细胞的属性。通常情况下，靶细胞首先从病人身体中移出，通过病毒注入新的基因随后再植入病人体内。在美国联邦政府的批准下，1990年科学家首次使用这一方法对一位因致命遗传异常导致免疫系统失效无法抵御感染的4岁小女孩进行治疗。医生在她的血液中注入基因帮助其产生免疫系统所需的一种重要酶。十年之后，在一些额外治疗的帮助下，这个女孩生活得很好（Thompson，2000）。法国科学家在这一领域也拥有了不少成功的案例（Fischer et al.，2001）。但是，并不是所有的消息都这样令人振奋。在400多例临床试验中也有治疗未能发挥效果的情况发生。

随着科学逐渐步入遗传筛查、选择和遗传工程的新时代，父母将面对越来越多的伦理问题（Kass，2002；Murray，1996）。在不久的将来，父母可能能够挑选并选择他们未来宝宝的特质。美国很多诊所已经为准父母提供潜在精子和卵子捐献者的深度分析报告。例如，亚特兰大的Xytex公司提供了一长串关于外表特质遗传编码的列表，如睫毛的长度、是否有雀斑以及耳垂是否分离等。专家们相信，家长很快就能对胚胎进行"植入前遗传诊断"来筛查遗传缺陷和渴望的特质。准妈妈已经在使用聊天室或留言板描述自己想要的孩子："我想和她一起逛超市，一起玩芭比娃娃，我还要把她的脚趾甲涂成粉红色。"而从基因选择到基因工程的飞跃更是问题重重。替换掉重病患者的缺陷等位基因是一个方面，使用基因治疗技术来增进个体的能力或外貌又该如何应对呢（Kiuru & Crystal，2008）？基因治疗能够替换问题器官的基因来对其进行治疗，但是在不远的将来，"生殖细胞疗法"能够对整个蓝图本身，即人类基因组进行改变，并遗传给后代。事实上，研究者已经距离制造低成本"按需"提供个体DNA构成的机器并不遥远。如同电影《千钧一发》（Gattaca）描述的一样，由于能够避免很多痛苦，基因选择受到了推崇，携带着不治之症的婴儿大量减少。基因选择不可避免地流传开来，因为父母才是拥有最终选择权的人。父母们总是竭尽所能地想要有一个健康、适应良好和成功的孩子。遗传选择"超常"儿童的增加又给予家长额外的压力促使他们使用这项技术，以让自己的孩子在充斥着才貌双全者的社会中具有立足之地。这也许能促使你就进行遗传选择应有的伦理规范这一问题进行一些思考。

气质：成因和影响

本章讨论的最后一个社会性发展的生理基础是婴儿的气质。

气质的定义和测量

在出生的最初几个小时中，婴儿们对环境的典型反应就存在着引人注目的差异。有的孩子玩普通游戏就会号啕大哭，并且很容易分散注意力；而有的孩子则喜爱刺激的游戏，并且专注力很好。这些行为模式反映了孩子的**气质**（temperament），即个体对环境的典型反应模式。大量证据表明，气质有其生理基础，并和遗传关系密切（Posner et al., 2007）。

亚历山大·托马斯（Alexander Thomas）和斯特拉·切斯（Stella Chess）通过采访孩子们的母亲界定了一系列婴儿的气质维度（Chess & Thomas, 1986；Thomas & Chess, 1986, Thomas et al., 1968）。这些维度包括活跃水平、心境、注意力分散性及趋近或回避的倾向。使用这些维度，托马斯和切斯将婴儿分为"困难型"、"容易型"和"慢热型"。困难型的婴儿（约占总数的10%）睡眠和进食无规律，在新的环境中容易烦躁不安，极其爱哭且很难安抚（Chess & Thomas, 1986, p.31）：

> 没有一件事是容易的……我要花一个半小时的时间喂克里斯喝半瓶奶，而他两个小时后又会饿。在最初的两年中，没有哪次上床时他没有哭。我试着摇晃着他让他入睡，可是当我踮着脚把他放进摇篮里时，他就会突然醒来又开始号啕大哭。他不喜欢任何改变。陌生人和新环境都会让他烦躁不安，所以很难带他去什么地方。

容易型的婴儿（约40%）表现得非常友好、快乐和适应环境（Chess & Thomas, 1986, p.28）：

> 约翰是个情感外露的宝宝。刚出生的那天，我在医院抱着他，看着他满足的样子我都不忍心把他放下。他基本不哭，除非有什么情况发生，比如他尿裤子、饿了或是累了。他很喜欢新的东西，所以我们带着他到处走。你可以把他放在一个角落他就能自娱自乐。有时候我会忘了他的存在，直到他开始大笑或自言自语。

慢热型婴儿一开始似乎不太活跃并对新刺激反应消极，但在反复接触新的事物和体验后就逐渐开始适应。本质而言，这类孩子处于困难型和容易型的孩子之间；在刚接触陌生的事物时，他们会表现得如同困难型孩子，但他们逐渐表现出兴趣，就像容易型孩子一样。

在托马斯和切斯早期工作的基础上，玛丽·罗斯巴特（Mary Rothbart）和她的同事对气质的测量进行了改进，提出了三个更为宽泛的维度，这三个维度和在非人类动物身上观察到的气质类型类似（Putnam et al., 2002；Rothbart, 1981；2007）。这些维度更加独立，并且比托马斯和切斯的气质类型更容易精确测量。这三个维度分别是：（1）主动控制——注意力的集中、抑制性控制、知觉敏锐性及低强度愉悦感；（2）消极情感——恐惧、受挫、悲伤和不适；（3）外倾—兴奋性——积极预期、冲动、活跃和感觉寻求（见表3.1）。当然，随着儿童长大，气质也会表现为不同的方式。例如，在婴儿期，注意力集中表现为看某个物体的持续时间，而在童年期，这表现为他们在解决难题时能够坚持的时间。除了这些特定行为的改变，气质品质确实会从婴儿期延续到成人期。

气质的生理基础

基因因素

科学家相信，气质至少部分由遗传决定，并且这一遗传影响在童年早期表现得越来越明显（Dunn & Plomin, 1991；Wachs & Kohnstamm, 2001）。有研究者已经发现，遗传确实对气质维度的个体差异存在影响，例如，情绪性、恐惧、焦虑、活跃程度、注意力范围、耐心以及社交能力（Kagan & Fox, 2006；Kochanska, 1995；Plomin, 1995）。近期，对和气质相关基因或基因群的界定工作已经取得了一些进展。例如，特定的基因和3岁孩子对陌生人（Lakatos et al., 2003）及新异事件（Deluca et al., 2003）的反应强度存在关联。尽管如此，环境因素在其发

气质 个体的典型反应模式，包括活跃程度、情绪强度、注意范围；常用于描述婴儿和儿童的行为。

表 3.1

儿童行为问卷及青少年早期气质问卷的气质定义

维度	定义
主动控制	
注意力的集中	集中注意以及在需要时转移注意的能力
抑制性控制	计划将来行为及压制不当反应的能力
知觉敏感性	对环境中轻微、低强度的刺激的觉察或感知
低强度愉悦感	从较低的强度、频率、复杂性、新颖性和不协调活动或刺激中获得的愉悦感
消极情感	
挫折	当前任务被打断或目标受阻时产生的消极情感
恐惧	产生痛苦的预期时感受到的消极情感
不适	和刺激的感觉特性（包括光、运动、声音或质材的强度、速率和复杂性）相联系的消极情感
悲伤	因遭遇痛楚、失望及损失而产生的消极情感、较差的心境和无精打采的状态
易安抚性	从痛苦、兴奋或一般唤起中平复下来的速度
外倾—兴奋性	
活跃	包括速率及运动范围在内的总体活动的活跃程度
害羞（低）	面对新事物及挑战（尤其是社会性的）时产生的行为抑制
高强度愉悦感	从高强度或新异活动中获得的愉悦感
微笑和大笑	由刺激强度、频率、复杂性和不一致性的改变引起的积极情感
冲动性	引发反应的速度
积极预期	对愉悦活动的预期及积极的兴奋状态
归属感	渴望得到他人的温暖和亲近，独立于害羞或外倾性（只在青少年问卷中出现）

资料来源：Rothbart，2007.

文化背景　　全世界的气质类型都是一样的吗？

研究者已经搜集了大量关于气质是否存在文化差异的证据。研究证据显示，表 3.1 描述的维度类型在不同的文化中都有发现。然而，研究者同样发现了文化之间的巨大差异。可能最为稳定的差异出现在亚洲和白种人婴儿之间。比如，中国婴儿更加平静、易于安慰、在大哭后能更快安静下来，并且对外界刺激和改变的适应更快（Freedman，1974；Kagan，1994）。类似地，日本婴儿在进行身体检查的过程中反应较小，并且在接种疫苗时更少表现出强烈的痛苦（Lewis et al.，1993）。和白人相比，中国学前儿童在冲动控制方面更胜一筹，例如，在帮别人搭建积木塔时会耐心等待（Sabbagh et al.，2006）。在美国，近一半（48%）的孩子有和注意缺陷多动障碍（ADHD）冲动问题存在关联的遗传模式；而在中国，ADHD 完全

不为人所知，几乎没有儿童具有类似的遗传模式（2%，Chang et al.，1996）。气质维度之间的关联也存在文化的不同。高自我控制的中国孩子同时也表现出低外倾性；而高自我控制的美国儿童则表现出低消极情感（Ahadi et al.，1993）。这一差异可能源于不同文化对不同行为的评价差异。在中国，家长更看重害羞、沉默的孩子；而在美国，家长喜欢不哭的孩子。在中国，家长希望孩子在两岁时就能进行自我控制；而在美国，这是对学前阶段儿童的期望。气质的生理加工过程可能具有跨文化的一致性，但是由于文化价值观的差异，其表现截然不同（Rothbart，2007）。文化信仰塑造着气质，就如同气质塑造行为一样（Kerr，2001；Rothbart & Bates；2006；Sameroff，1994，2009）。

挥作用的过程中仍然扮演着中介的角色。在婴儿期，气质受到孕前及出生时环境的影响（Riese，1990）。在童年期，气质则受到和家庭成员交互作用的影响（Grigorenk，2002；Rutter，2006a）。在成年期，气质和遗传因素的关联不再那么明显，生活经历的影响显得更加突出（Plomin et al.，1988）。如今，大多数心理学家都认为气质是遗传和环境共同作用的结果。

神经学相关因素

研究者已经发现气质的神经化学及神经学基础。神经化学分子，如肾上腺素、多巴胺、加压素以及催产素似乎都有影响（Irizarry & Galbraith，2004）。例如，外倾性和多巴胺分泌水平存在着联系（Rothbart & Posner，2006）。神经学研究发现，个体在主动控制、冲动性以及受挫倾向方面的差异和大脑前额叶区域前侧及后侧的激活存在关联（Posner & Rothbart，2007）。杰罗姆·卡根（Jerome Kagan）和他的同事发现，对新异事件反应强烈的胆小婴儿和儿童，相比反应较小的儿童，在面对新环境时杏仁核的激活要强烈很多（Kagan & Snidman，2004；Kagan et al.，2007）。随着这一方面研究的深入，研究者将对气质的神经化学、神经学基础有更多的了解。

气质的早期证据

气质特征早在出生前就已经有所表现。孕妇时常会评价孩子有多么活跃，并在再次怀孕时感受到胎儿的蠕动和踢腿存在不同。在出生之后，婴儿就表现出压力和逃避方面的差异，并且在几个月后，他们对着接近的社会性刺激微笑的次数也会有所不同。2～3个月的婴儿在生气和受挫时表达消极情感的方式各不相同，7～10个月的婴儿的恐惧表现同样如此。在两岁时，他们开始能够通过主动控制这一气质维度对这些情绪的表达进行控制和调节（Rothbart，2007）。主动控制使得儿童能够抑制某个情绪或行为（不吃甜点），促进某种行为（吃肉），为将来行动制定计划（吃更多的蔬菜），并觉察行动的错误（不要吃变质的水果）。研究者通过各种让儿童控制自身行为的实验对这一调节能力进行测量。这些实验包括延迟满足任务（让儿童看着透明盖子中的糖果等待一段时间再吃）、控制运动行为（让儿童以很慢很慢的速度画一条直线）、对停止和启

动进行控制（让儿童玩"红灯停、绿灯行"的游戏），以及控制自己的声音（让儿童用低沉的语调说话）（Kochanska et al.，2000）。在30个月大时，儿童已经能够在这些任务中具有一贯的表现，而在45个月时，主动控制能力已经成为儿童一项稳定的特质（Kochanska & Knaack，2003；Rothbart et al.，2008）。在7岁时，儿童在主动控制任务中已经具有不逊于成人的表现（Posner & Rothbart，2007）。

气质的影响及其相关因素

气质特征对儿童社会性发展存在着影响。易怒、难相处、冲动和情绪化的儿童在随后生活中会频繁遇到问题（Goldsmith et al.，2001；Halverson & Deal，2001；Rothbart & Bates，2006）。外倾性较低的畏惧和害羞儿童则更可能具有**内在问题**（internalizing problems），如恐惧、悲伤、退缩、焦虑症和焦虑紊乱、内疚和低共情等（Lindout et al.，2009s；Muris et al.，2009；Ormel et al.，2005；Rothbart，2007）。主动控制能力不足的儿童则表现出更多**外部问题**（externalizing problems），如具有破坏性、攻击性及多动等（Ormel et al.，2005；Valiente et al.，2003）。而消极情感较高的儿童则可能兼具上述问题。

一些因素可能在气质及其后期问题的关系中存在着影响。首先，具有困难型气质的儿童可能更难适应环境的要求，更容易受到压力的左右并影响其幸福感。这是气质弱点简单而直接的影响。其次，困难型气质儿童会诱发他人更多的负面反应，从而遭受因严厉管教方式和社会拒绝带来的心理伤害（Reiss et al.，2000）。研究者已经发现，具有困难型气质的儿童经常成为父母怒火的出气筒。在这一例子中，气质的影响是间接的：不同气质类型儿童得到不同的经历，从而导致了不同的行为结果。

再次，气质可能和一些环境因素发生交互作用，产生类似于我们讨论过的基因×环境交互作用一样的气质×环境交互作用。和积极平静的家庭相比，如果父母的压力很

内在问题 儿童行为问题的一类，这种行为指向自我而非他人，包括恐惧、焦虑、抑郁、孤独和退缩。

外部问题 儿童行为问题的一类，这类行为指向他人，包括攻击、偷窃、损坏物品和说谎。

向当代学术大师学习　　　玛丽·K·罗斯巴特

玛丽·K·罗斯巴特（Mary K. Rothbart）是俄勒冈大学已退休的杰出教授。她被公认是儿童气质研究的领军人物，她制定的气质量表在美国及世界范围内得到了研究者的广泛使用。罗斯巴特并非一开始就关注气质，在获得斯坦福大学博士学位之后的数年间，她研究的主题是儿童的幽默感。在这些研究中，她发现儿童的微笑和大笑行为存在着很大的个体差异；她还发现，自己两个孩子的差异和父母间的差异如出一辙，这些发现使她转而开始了儿童早期气质的研究。她认为，个体活跃性和自我调节的个体差异是气质的生理基础。和同事迈克尔·波斯纳（Michael Posner）一起，罗斯巴特对这些差异进行了考察并撰写《人脑的教育》（*Educating the Human Brain*）一书，在书中，她描述了注意力和自我调节能力的早期发展，并解释了这些特征如何促进了社会能力、入学准备程度以及相关知识的发展。她的研究对临床实践具有很高的价值，提醒人们注意儿童气质个体差异的重要性。她被俄勒冈尤金市"从出生到3岁"组织授予"孩子冠军"的称号，这是她最引以为豪的成就，她还获得了儿童发展研究协会颁发的儿童发展杰出贡献奖，以及美国心理基金会心理科学领域终身成就金奖。罗斯巴特认为当前发展心理学最为紧迫的主题是将孩子抚养成为眼界开放、充满爱心的社会成员。她建议学生们"没有什么事情比聆听社会性发展这门课更为重要，因为这能帮助你成为一个好家长、好公民，并帮助你理解自己和他人"。

扩展阅读：
Rothbart, M. K., & Sheese, B.（2007）. Temperament and emotion regulation. In J. J. Gross（Ed.）, *Handbook of emotion regulation*（pp.331-350）. New York: Guilford Press.
Rothbart, M. K., Sheese, B. E., & Posner, M. I.（2008）. Executive attention and effortful control: Linking temperament, brain network, and genes. *Child Development Perspectives*, 1, 2-7.

大，存在婚姻纠纷且彼此敌对，并且缺乏家庭或朋友网络的支持，那么儿童的困难型气质更可能发展成为外部问题（Crockenberg, 1981；Morris et al., 2002；Tschann et al., 1996）。遭受困难型气质和严酷或迟钝母亲"双重打击"的儿童，相比只受其中一种影响的儿童，更加可能具有攻击性或表现出行为问题（Paulussen-Hoogeboom et al., 2008）以及学业和社会性问题（Stright et al., 2008）。而具有畏惧气质的儿童如果遇上严厉的父母，相比两者没有兼具的儿童更可能表现出高抑郁水平（Colder et al., 1997）、低情绪调节能力（Schwartz & Bugental, 2004）以及低道德水平（Kochansha, 1997）。具有害羞气质的儿童如果遇上不体贴、消极或抑郁的母亲更可能持续畏惧（Gilissen et al., 2008）或社交退缩（Hane et al., 2008）；他们拥有更多的消极情绪并使用更多异常的方法来调节自身情绪（Feng et al., 2008）。然而，如果父母非常冷静体贴，困难型儿童遭受长期负面影响的可能性要小很多（Calkins, 2002；Rothbart & Bates, 2006）。类似地，如果父母使用柔和而非严厉的手段，畏惧型儿童的自我控制也能发展得更好（Kagan & Snidman, 2004；Kochanska, 1997）。这些发现清楚地表明，气质产生影响在一定程度上依赖于父母或身边他人能否接受或适应该孩子的特定特征。托马斯和切斯（1986）将这种气质与成长环境之间的匹配称为"拟合度"，并认为当亲子之间天生合拍或父母针对子女的特点进行调整并达到很高的拟合度时，孩子的发展进程会更加顺利。

最后，气质和其后问题的关联还受孩子气质"集合"的影响。气质 × 气质交互作用气质特征，如畏惧或高主动控制能够保护孩子减少其受另一特质（如冲动性或消极情感）的负面影响。研究者发现，如果儿童同时具有高注意控制，那么高冲动性导致外部行为问题的可能性就会相对减少（Eisenberg et al., 2004）。这些儿童能够通过专注和制定计划来抵消冲动性气质的负面影响。

气质通常被看做人格的核心部分。人格特质和气质变量之间存在着显而易见的联系，两者都具有明显的遗传性并受到经验的影响。气质通常被看做是较为底层的特征，是大五人格——外倾性（爱好社交、愉悦、精力充沛）、神经质（有不安全感、易生气、脆弱）、谨慎性（努力、有条理、细心）、宜人性（利他、信任）以及开放性（好奇、敏锐）的基础。根据家长和老师的报告，大五人格同样在儿童身上得到体现，并和类似的气质特征之间存在着非常显著的相关（$rs=+0.5 \sim +0.7$）。外倾人格和外倾——兴奋性、神经质和消极情感、谨慎性和主动控制、宜人性和

亲和性（青少年期出现的一种气质特征），以及开放性和定向敏感性之间一一对应（Caspi & Shiner, 2006；Evans & Rothbart, 2007, 2009）。但是，人格特征包含着感觉、思维和行为方面更为广阔的个体差异，包括态度、信念、目标、价值观、动机、应对方式和高级认知功能。当研究者将气质和人格特征进行结合时，其对儿童行为问题的预测力要强于只使用其中之一（De Pauw et al., 2009）。

步入成年	30年后的害羞孩子

害羞的孩子长大之后会发生什么？他们会依旧害羞还是会成为焦点人物？他们会维持社交弱势的形象还是不再沉默寡言？为了解答这些问题，研究者对童年期害羞的儿童进行跟踪调查直至其成年。一项研究发现，3岁时被考察者评定为害羞、畏惧和拘谨的儿童在成年早期仍然表现得非常害羞和谨慎（Caspi & Silva, 1995；Caspi, Harrington, et al., 2003）。他们更倾向于选择安全不愿冒险、更加审慎不易冲动、喜欢服从而非领导角色，并对影响他人不感兴趣。另一研究中，学校老师对学生进行评定，将学生分为非常害羞（在社交场合非常不适乃至恐慌）到非常外向（喜欢结交新朋友）（Caspi et al., 1988）。非常害羞的儿童表现得非常拘谨乃至于让和他一起的人都感到紧张和尴尬。相比之下这些儿童显得不太友好、社交能力较差、更加缄默，也更容易退缩。他们的老师将他们看做跟随者而非领袖。研究者对这些孩子进行追踪调查并在20～30年后对其进行了访谈，研究发现，儿童时期被评为害羞的孩子结婚、生子、建立稳定的事业都相对更晚。他们的职业也没有外向的孩子风光。这些人确实受到了害羞的影响。害羞的女孩则按部就班地结婚、生子和持家。一半以上（56%）没有工作经历或是在结婚、生子之后就不再工作，而外向女孩的这一比例为36%。和外向

女孩相比，害羞的女孩通常和中年事业有成的男人结婚。随着这些孩子逐渐成长，害羞被认为是女性具有的积极特质，更加适应其相夫教子的角色。这对于害羞女孩来说是个好消息，但是随着对男性和女性外向行为期待的增加，这一情况可能已经发生了变化。

一些因素可能是害羞行为具有延续性的成因。遗传因素可能是其中之一（Rothbart & Bates, 2006）。同卵双生子在害羞程度上要比异卵双生子更为相似（Bartels et al., 2004），并且特定的基因群以及激素可能和害羞行为的个体差异及其跨时间的稳定性存在关联（Hartl & Jones, 2005；Kagan & Fox, 2006）。神经活动（如杏仁核）的差异也可能存在影响（Kagan et al., 2007）。当然，环境因素能增加或减少害羞行为的时间稳定性。如果母亲不那么过度保护，并对孩子的害羞行为持否定态度（Rubin et al., 2002），或在两岁前将孩子送到托儿所（Fox et al., 2001），那么在两岁时很害羞的孩子在长大后能够变得社会化。

可能没有一个害羞的孩子会认为害羞是件好事。幸运的是，现在有很多课程能够帮助害羞的孩子学会镇静和自信。在经过训练、示范和指导之后，孩子通常能够克服其害羞心理（Bierman & Powers, 2009；Rubin et al., 2009）。

■ 本章小结

生理准备

- 婴儿具有进行社会互动的生理基础，这表现在他们对生理节律进行调节的能力。善于调节自身生理节律的婴儿能够更好地和母亲互动。

- 新生儿会被人类面孔特性（边界、发际线、下巴）及面孔的移动所吸引。在 3 个月大时，婴儿将面孔识别为一种独特的组合。大脑具有识别面孔的专门细胞。

- 在出生时，婴儿会被高音调声音所吸引，这也是父母和儿童说话时常用的语调。

- 新生儿能够区分母亲和其他妇女的气味。他们能够区分不同乳汁的味道，并更喜欢母乳的味道。

- 抚摸能让新生儿产生反应并使其平静。

- 和母亲面对面游戏时，婴儿会被母亲的反应和表情所吸引。他们会在 3 个月大时产生同步互动反应。

- 社会互动的生理准备有其进化基础；这种准备是适应性的，并能保证婴儿的生存。

社会性发展的神经学基础

- 大脑皮层分为不同的区域，这些区域的细胞控制着诸如语言、运动能力、记忆等特定功能。大脑皮层和边缘系统在情绪的调节和社会性行为中扮演着主要的角色。

- 婴儿的大脑发育是循序渐进的，这个过程既有持续发展，也有短期内的飞跃。这些变化促进了听觉、视觉、运动以及社会性情绪的发展。

- 在 5 到 7 岁这一阶段，前额叶皮层得到发展并带来执行功能（如注意、抑制性控制以及计划能力）的提高。大脑皮层的成熟过程一直持续到青少年期。

- 大脑的右侧半球控制着左侧身体，主要负责处理视空间知觉信息、面孔识别，以及情绪表达。左侧半球控制着右侧身体，并在言语的理解和使用中发挥着重要的作用。大脑半球专门化和偏侧化在婴儿期就有所表现，在 3 岁时已经发展得较为完善。

- 尽管大部分大脑神经元在出生时就已经存在，但这些神经元的体积、连接数和突触数都会发生变化，并产生包裹在神经元外部、提供保护功能的神经胶质细胞。髓鞘化的过程增加了神经元之间信息传导的速度、效率和复杂性。

- 神经迁移过程对大脑各区域的神经元数进行分配。通过神经元常规死亡和突触修剪过程，多余的神经元和突触会逐渐减少。

- 环境在大脑发育过程中扮演着至关重要的角色。丰富多样的环境可以促进大脑体积、神经元之间的连接数，以及大脑中关键化学物质的增加。额外的经验还能够减少大脑某一区域或半球的损伤和缺陷。

- 两个加工过程影响着儿童大脑发育。经验预期加工是在人类发展过程中所共有的。经验依赖加工则与在特定家庭或文化中的经历相关。

遗传和社会性发展

- 遗传传递是社会性发展的另一重要生理基础并导致了人们的个体差异，如外向、社会性趋势和内向、害羞。

- 遗传传递开始于染色体，染色体上的基因——DNA 分子片段，包含着遗传代码。

- 遗传变异性的成因是染色体具有大量可能的组合方式，这一方面是由于受精卵的分裂，另一方面则是由于有性繁殖过程中，有 23 条染色体来自女性，而另外 23 条来自男性。

- 基因型是个体遗传获得的特定基因的集合。基因型和环境交互作用产生表现型，表现型能够通过对外表和行为特征的观察获得。

- 行为遗传学家通常通过研究生理基础高度相似的家庭成员来考察遗传和环境因素对个体差异的影响。

- 在同一家庭中长大的孩子具有共享环境和非共享环境。

- 遗传传递最简单的模型适用于单基因决定的特质。而更复杂的模型则给予多基因的交互作用。大多数社会性发展相关的特质需要大量基因的共同参与。第三个模型则强调基因和环境之间的交互作用。

- 环境能够影响基因，而基因也能影响环境。在积极的基因—环境结合条件下，家长创建适合他们遗传特性的家庭环境，这可能促进了他们的孩子表现出同样的遗传特性。在唤起性基因—环境关联条件下，个体遗传倾向能够唤起周边他人的特定反应。在主动基因—环境关联条件下，个体的遗传特性会鼓励他们寻求和自身遗传倾向相一致的体验（又被称为"领地选择"）。

- 在遗传传递的基因 × 环境模型中，基因和环境都是可变的，它们的影响也不再仅限于附属作用。

气质：成因和影响

- 气质被定义为个体对环境的典型反应模式。气质特征在婴儿早期就已经出现。

- 气质的三个常用维度为主动控制、消极情感和外倾—兴奋性。
- 遗传对气质的差异具有影响，尤其是情绪强度、活跃程度和社交能力的差异。
- 气质具有神经学和神经化学基础。
- 气质类型不够理想的孩子在其后的生活中会频繁遇到问题。
- 在某种程度上，产生问题的可能性依赖于孩子的成长环境及其和孩子气质类型的匹配程度。

关键术语

主动基因—环境关联	等位基因	注意缺陷／多动障碍（ADHD）
自闭症	大脑半球	大脑皮层
大脑	胼胝体	二合子
唤起性基因—环境关联	经验依赖加工	经验预期加工
外部问题	基因	基因—环境交互作用（基因 × 环境）模型
基因型	神经胶质细胞	遗传因素
杂合子	纯合子	人类行为遗传学
内在问题	偏侧化	镜像神经元
修饰基因	单合子	髓鞘化
神经元迁移	神经元增殖	神经元
领地选择	非共享环境	反向基因—环境关联
表现型	神经元常规死亡	遗传限
共享环境	突触	突触修剪
突触形成	气质	

电影时刻

《千钧一发》（*Gattaca*）是一部寓意深刻的科幻电影。在电影中，父母通过对胚胎进行植入前遗传诊断以确保他们具有最好的遗传特质。生孩子就如同在亚马逊进行网上购物（"亲爱的，让我们生一个有着漂亮牙齿、声音像碧昂斯的金发火箭工程师吧！"）。角色们通过斗争获取自身的位置并逐步了解基因会让自己成为什么样的人。纪录片《人类基因组计划》（*The Human Genome Project*，2005）解释了如何进行自动基因序列调整、如何分离基因并碎片化，以及如何确定 DNA 基础。片子还介绍了伦理问题。还有电影描述了个体遗传异常问题，包括自闭症患者的

辛酸故事。电影《莫莉的世界》（*Molly*，1999）改编自一个真实的故事，片子描述了一个患有自闭症的妹妹从疗养院回到家中由哥哥进行照顾的故事。妹妹几乎不会说话，并着迷于将鞋子摆放成整齐的一行。当她哥哥让她进行了一项手术治疗、将别人捐献的健康脑细胞植入她的大脑后，她奇迹般"康复"了，但好景不长。《从自闭到康复的历程》（*Recovered: Journeys Through the Autism Spectrum and Back*，2008）是一部关于自闭症的纪录片，片中提出了许多种有效的康复技术，如一对一行为治疗等。另一部纪录片《自闭谱系的希望信息》（*Messages of Hope* from the Autistic Spectrum，2009）则描述了一个医生在儿子被诊断为自闭之后的历程。《艾斯伯格综合征和自闭症的应对》（On the Spectrum: Coping with Asperger's & Autism，2008）展示了自闭成人和孩子迎接挑战并最终成为生活的成功者的故事。还有一些纪录片探索了其他遗传问题对儿童社会性行为的影响，如《ABC 晚间报道：脆性 X 染色体综合征》（ABC News Nightline Fragile X Syndrome，2007）以及《了解血友病》（Understanding Hemophilia，2008）。

一些描述了从小分离的双生子重逢的影片片段则阐明了通过同卵双生子考察遗传对发展影响研究的价值。例如，http://www.youtube.com/watch?v=Rehka3_oHL8 和 http://www.youtube.com/watch?v=OyTCShemS_O。《大脑》（The Brain，2008）展示了大脑如何工作，让观看者深入了解战火中战士的内心，考察自闭症患者非凡的技能，以及探索是什么因素让人善良或邪恶这些古老的问题。

《查理·罗斯访谈录，大脑系列第四季：社会性大脑》（Charlie Rose, The Brain Series, Episode 4, The Social Brain），提供了对大脑功能的描述和讨论（http://www.charlierose.com/view/interview/10820?sponsor_id=1）。两部小说改编的电影《意外的人生》（Regarding Henry，1991）和《康复》（Recovery，2007）描述了脑损伤病人社交能力和情绪行为的改变。在《意外的人生》中，一名冷酷无情的辩护律师在一次抢劫中被枪射中头部，从此他的人生完全颠倒。虽然他最终活了下来，但是由于大脑受到了严重损伤，他不得不重新开始学习说话、走路和活动。令他妻子和女儿惊奇的是，他变成了一个充满爱心和深情的人。在《康复》中，阿兰遭遇车祸并陷入深度昏迷。他的妻子为他的醒来惊喜万分，却不曾料到那个她深爱的男人已经消失，原来暴躁的阿兰变得如孩子般天真无邪。

第 *4* 章
依恋：学会爱

在3个月大时，杰米看着母亲离开了房间，但是没有表示抗议。事实上，他正全神贯注地望着婴儿床上方色彩鲜艳的床铃。9个月大时，杰米皱着眉头哭闹着从婴儿床上站起来，以抗议母亲的离开。15个月时，他跟随着做家务的母亲满屋子转；在母亲去取邮件时，他就站在门口等候着。显而易见，杰米和她的母亲之间产生了一种特殊的关系。对特定依恋（specific attachment）这一发展里程碑以及其后的发展进行探索和解释，是本章学习的目标。

依恋关系的产生发展是婴儿早期社会生活的主要成就。在生命最初的几天、几周直至几个月内，婴儿学会了区分熟悉和陌生的人，在1岁左右，婴儿会对一两个经常陪伴他们的特殊人物，如母亲、父亲或年长的家族成员（如祖父母）产生依恋。这种依恋可以从很多行为上看出，如婴儿给予他们的热情欢迎和开怀笑脸、在他们接近时张开双手，以及主动通过抚摸和依偎发起的身体接触。在陌生的环境中，孩子会努力靠近依恋

依恋 婴儿和照看者之间强烈的情感联结，通常在出生后6～12个月内形成。

的对象，或爬或跑跟在他们身后，紧紧抱着他们的胳膊或腿。在这些特殊人物短暂离开时，婴儿往往会非常伤心。婴儿已经对这些重要人物产生了深入、亲密而持久的**依恋**（attachment）。

由于依恋非常强烈和引人注目，并且提供了一条了解儿童社会性发展以及心理健康的途径，这一行为引起了很多研究者的兴趣。在本章中，我们将回溯儿童这一发展历程。首先，我们将对依恋的相关心理理论进行介绍。随后，对婴儿依恋行为的改变进行描述，对影响这一行为的因素进行探讨。同时，我们还考察依恋对儿童其他方面发展的影响，以及依恋是如何从上一代传递到下一代的。

依恋的相关理论

一系列的理论，如精神分析理论、学习理论、认知理论以及习性学理论，都对依恋的发展做出了解释。每种理论都有自己对依恋行为的理解和定义。不同理论所强调的依恋发展的内部机制各不相同，对影响依恋发展的重要因素也有不同的看法。

精神分析理论

弗洛伊德认为，婴儿之所以会对母亲产生依恋，是因为他们将母亲和吮吸及口唇刺激带来的内驱力满足联系在一起。母乳喂养的母亲是尤为重要的依恋对象。在弗洛伊德的口唇期发展中，婴儿首先对母亲的乳房，随后对母亲本人产生了依恋。尽管这一精神分析的解释被证明是不正确的——婴儿会出于吮吸快感之外的原因，对从没有喂养过他们的人产生依恋，这一解释的提出仍显得非常重要，因为它引起了研究者对依恋这一概念的关注，并指出了早期母婴接触的重要性。

学习理论

一些学习理论家也把母婴依恋与哺乳联系在一起。驱力降低学习理论认为，之所以母亲会成为婴儿依恋的对象，是由于她降低了婴儿饥饿这一主要驱力。由于母亲的出现总是伴随着饥饿和紧张的缓解，希望母亲出现成为了次级或是习得的驱力（Sears et al., 1957）。哺乳对依恋的形成至关重要这一观点受到了一些研究的挑战。哈里·哈洛（Harry Harlow）将小猴子带离其生母，让两个"代理母亲"陪伴它们成长。其中一个"母亲"由硬铁丝制成，并在上面捆了一个奶瓶，猴子能从这个"母亲"处获得食物，但是不能得到身体上的舒适；而另一个"母亲"则由柔软的毛巾布制成，但是没有奶瓶，因此这个"母亲"能够提供舒适但是没有食物（Harlow & Zimmerman, 1959）。与驱力降低学习理论的预测相反，尽管不能提供食物，但是小猴子更倾向于选择"布妈妈"，尤其是在感到压力的环境下。对人类婴儿的研究发现了类似的现象，一个由只提供母乳但是没有任何情感交流的母亲和花很多时间与婴儿玩耍的父亲抚养长大的孩子更容易对父亲产生依恋，而非母亲（Schaffer & Emerson, 1964）。

操作条件反射学习理论的支持者继而提出，依恋产生的基础并非哺乳本身，而是婴儿从照看

者处获得的视觉、听觉以及触觉刺激（Gewirtz，1969）。根据这一观点，最初照看者对婴儿产生吸引是由于他们是这些刺激最重要也最可靠的来源。在和照看者长达数周乃至数月的互动中，婴儿学会了依赖、倚重这些特殊成人，并对他们产生了依恋。这一学习理论解释的核心要点在于，依恋并不是自动产生的，它是与成人长期良性互动的结果。这一解释被证明是正确的，但是并不全面。其中一个问题是，这一理论难以解释为何在只有一个照看者的情况下，即使这个照看者对其进行虐待，孩子也会对其产生依恋。在动物研究中也发现了类似的现象：被母亲粗暴对待的幼兽依然会寻求和她们的身体接触（Seay et al.，1964）。

认知发展理论

认知发展理论侧重于婴儿依恋发展的其他重要方面。其中一个方面是婴儿区分陌生人和亲人的能力，另一个方面是婴儿意识到即使不在他们可见的范围内，人们也依然存在的能力。婴儿必须具备记住人们相貌，并拥有皮亚杰所说的"客体恒常性"的相关知识，即理解没有在和他们互动的客体（包括人）仍然存在。尽管皮亚杰认为，婴儿直到7～8个月大的时候才开始出现客体恒常性意识，但是有证据表明，3.5个月的婴儿已经具有了客体恒常性的初步意识（Baillargeon，2002）。

婴儿认知能力的发展导致了他们依恋表达方式的变化。随着婴儿的成长，身体上接触的重要性逐渐减小，他们可以通过语言、微笑和眼神保持与抚养者的交流。另外，因为开始明白有时候父母的短暂离开无法避免，对于分离他们不再表现得那么焦躁不安。通过向孩子解释暂时离开的原因，父母能够进一步减少孩子的分离痛苦。例如，一项研究发现，相比一言不发离开，如果母亲在离开前能够提供清晰的信息（比如，"我要暂时出去一会儿，很快就会回来哦"）将帮助两岁儿童更好地应对分离（Weinraub & Lewis,1977）。认知发展理论从另一角度对依恋发展提供了解释。

习性学理论

精神病学家约翰·鲍尔比（John Bowlby，1958，1969，1973）提出的习性学理论是最为完善的，同时也是目前研究中最广为使用的依恋理论。1907年，鲍尔比出生于伦敦一个中上层阶级家庭。由于母亲认为给予孩子关注和爱会宠坏他

们，鲍尔比由保姆带大，每天只能与母亲相处很短的时间。在4岁时，鲍尔比失去了他挚爱的保姆，并在7岁时被送到了寄宿学校。这段被鲍尔比

> **印刻** 禽类和其他非人动物在出生之后一个简短、关键的时期内对最早接触的人或物产生依恋的现象。
>
> **安全基地** 一个安全区域，婴儿在探索环境过程中如果感到有压力或害怕可以回到这个区域寻求安慰和保障。

后来形容为"悲惨可怕"的、和家人分离的经历无疑是他投身早期依恋发展研究的重要原因。后来他获得了观察二战孤儿的机会，这些孤儿表现出的沮丧和其他情绪创伤让他提出了依恋的理论，强调发展和主要照看者之间依恋关系的重要性，认为这种依恋关系让婴儿和照看者保持了密切的联系，从而确保他们的安全。

虽然鲍尔比接受的是精神分析的训练，但是他广泛学习了进化生物学、习性学、发展心理学和认知科学等多个领域的知识，并从中提出了一个前所未有的理论，认为婴儿的依恋机制是进化压力的结果。其中洛伦茨（Lorenz，1952）关于鸭子印刻效应的实验对鲍尔比产生了不小的影响。洛伦茨发现，在出生后一段短暂而关键的时间内，禽类会对看到的第一个物体产生依恋，这被称为**印刻**（imprinting）。研究中，有些小鸭子甚至对洛伦茨产生了依恋并跟着他到处走。

鲍尔比认为，依恋和本能反应具有类似的根源（虽然不完全相同），它们对物种的自我保护和生存都具有非常重要的作用。婴儿的本能反应，如大哭、微笑、发声、吮吸、爬行和跟随（一开始是视线的跟随，随后是身体）都可以让他们获得关注和保护，增强婴儿和父母之间的联系。就像我们在第3章"生理基础"中提到的那样，婴儿具备对父母提供的视觉、听觉及抚养刺激做出反应的生理基础。与此同时，父母从生理上也做好了回应婴儿吸引关注行为（如哭泣、微笑和发出声音）的准备。作为这种先天反应模式的结果，父母和婴儿发展出了相互的依恋。婴儿学习行为表现出的进化性偏好同样受到父母支持的影响，似乎婴儿将父母视为一个**安全基地**（secure base），婴儿可以从这里出发探索周边的世界，而一旦遇到危险和压力，他们又能随时回到基地从而获得安全保障。根据鲍尔比的理论观点，依恋和探索存在关联。要了解周边的世界，婴儿必须进行探

索，但是探索可能要消耗精力甚至可能存在危险，所以身边随时有个保护者存在是最理想不过的选择。只有依恋对象在场时，婴儿的探索机制才能得到最好的发挥。

鲍尔比依恋理论独特的价值之一在于他强调了婴儿早期社会信号系统（如哭和笑）的积极作用。这一理论的另一重要特点是它强调了相互依恋的发展，即父母和孩子的依恋关系是相互的（Cassidy，2008；Thompson，2006）。第三个重要的特点是他认为依恋是

母婴纽带 母亲对孩子产生的依恋感，可能会受到出生后早期接触的影响。

一种关系，而不只是父母或婴儿的行为（Sroufe，2002）。鲍尔比认为婴儿的早期行为是先天决定的，这一观点引起了很多争议。正如我们看到的那样，很多证据表明，一些依恋的行为，比如微笑，社会因素同样对其存在影响。另一个争议是：母亲是不是唯一可以提供这种关怀和支持、促进婴儿依恋发展的人？鲍尔比确实认为母亲是最好的抚养者，但是请注意，在鲍尔比提出这个理论的时期，孩子只能由母亲或保姆照看，而且鲍尔比错过了他认为对依恋发展至关重要的因素——与自己母亲的亲密接触。后续研究并没有支持母亲是依恋发展过程中必不可少这一论断。

洞察极端案例　　　　　　母婴依恋

　　1976 年，两位儿科医生，马歇尔·克劳斯（Marshall Klaus）和约翰·肯尼尔（John Kennell），出版了里程碑式的著作《母婴纽带》（Maternal-Infant Bonding）。在新生儿特护病房的工作中，他们发现，在母亲生产完马上和婴儿分开（通常由于母亲或婴儿染病，或是因为早产）的情况下，母亲更可能忽视或是虐待自己的孩子。她们更不舒服，对孩子是不是自己亲生的持更加不确定的态度："你是我生的吗？你真的是我生的吗？你活着吗？你真的活着吗？"（Klaus & Kennell，1976，p.10）甚至那些已经成功养大过其他孩子的母亲在面对出生后接受过特别护理的婴儿时也显得困难重重。一个错过早期接触的母亲如是说："我足足有 11 个小时没有看见我的孩子……我的失落感是如此之强，感觉就像亲人刚刚死去一样……当几个小时后他们把孩子给我时，我马上感觉到，我一点都不想抱他。"（Sutherland，1983，p.17）。克劳斯和肯尼尔推测，出生后随即分开对母婴之间的某些根本进程产生了干扰。"出生后最初几分钟或几个小时是一个敏感时期，为了将来的发展，在此期间有必要让母亲和新生儿维持亲密接触。"（Klaus & Kennell，1976，p.14）。对绵羊和山羊的动物研究结果支持了他们的假设，这些研究表明，如果一开始不让羊妈妈接触自己的新生儿，它们随后会抛弃这些孩子。克劳斯和肯尼尔主张，为了建立起深厚的**母婴纽带**（maternal bond），如果新生

儿表现一切正常，就应该立即让母亲和孩子亲密接触，由于较高催产素激素水平的影响，母亲对于孩子的信息表现得特别敏感。

　　克劳斯和肯尼尔试着给予母亲额外接触孩子的机会，包括在出生之时及其后数天内和孩子肌肤相亲。他们发现，这些母亲和孩子的关系似乎更为亲密，抱得更为舒适，也更多地对孩子微笑、说话。她们和孩子挨得更为紧密，也更频繁地亲吻和爱抚孩子（Hales et al.，1977；Kennell et al.，1974）。其他研究者的研究也发现了类似的结果，这些研究表明，更早接触婴儿的母亲更可能对其进行母乳喂养，而母乳喂养的时间越长，对待孩子也越为悉心（de Chateau，1980）。

　　母婴纽带的重要性被医学界和通俗刊物所夸大。在一本写给母亲的畅销书中，作者将出生后几个小时内母婴的相互感应列为"年度发现"（Kitzinger，1979）。另一位作者则宣称"哪怕是一到四个小时的短暂分离都可能会导致母子关系模式的紊乱"（Elkins，1978，p.49）。对克劳斯和肯尼尔理论的盲目接受导致了那些没有在第一时间和孩子亲密接触的母亲感到焦虑和内疚。一些发展性的缺陷，如饮食紊乱、宗教狂热、人格紊乱以及药物滥用都被归因于早期接触的缺乏（Conrad et al.，1992；Crouch & Manderson，1995；Davis，1990）。

　　由于都是基于一些非典型的高危案例，这些极端的预测被证明并不可靠（Lamb & Hwang，1982；Meyers，1984）。然而，克劳斯和肯尼尔关

于母婴纽带重要性的建议也产生了一些积极作用。在《母婴纽带》一书出版前，婴儿一旦出生就会被送到医院的保育室，只有在哺乳时才能和母亲接触。在准父母和医生开始了解母婴纽带之后，这一现象发生了改变。在分娩过程中，准父亲和家庭成员被允许留在孕妇身边，母亲可以在分娩之后马上将婴儿抱入怀中，在许多案例中，婴儿会和母亲待在一起直到出院。对于母婴纽带的关注也增强了对出生时婴儿能力的意识，进而鼓励母亲在分娩时不使用麻醉（麻醉会降低母婴之间的互动反应）。

随后的研究表明，出生之时的接触并非建立母婴亲密关系的必要条件。和绵羊或山羊相比，人类母亲的灵活性无疑要强很多，即使她们错过了最初的敏感期也依然能够和她们的婴儿建立起联系。剖宫产或收养的孩子同样可以和母亲建立很深的依恋。父亲没有受到产后激素的作用，也没有和孩子肌肤相亲，但也能够和孩子建立起依恋。早期接触可能启动了依恋的建立，但是日后的接触对发展出强而持久的依恋也是同样重要的。母婴依恋的发展不是一时片刻的魔术，而是一个长期的社会进程。

■ 依恋是如何发展的

受到母婴依恋学说的启发，研究者开始研究婴儿早期的情绪发展，他们发现婴儿的依恋是逐渐形成的，而不是突然出现的。

依恋的形成和早期发展

早期的依恋发展可以分为四个阶段（见表4.1）。第一个阶段只持续 1～2 个月，这一阶段婴儿的社会反应几乎没有选择性：不论是妈妈还是一个面带微笑的推销员，孩子都会给予相同的反应。到了第二阶段，婴儿可以分辨熟人和陌生人，他们能够通过脸型、声音、气味将母亲和其他女人区分开。然而，虽然他们可以进行分辨并更喜欢母亲，但对于母亲的离开并不会表现出抗议，在这个阶段，婴儿还没有发展出真正的依恋。第三个阶段开始于婴儿 7 个月左右，在这一阶段，特定的依恋开始形成。婴儿开始寻求和特定照看者（如母亲）的接触。他们会热情迎接照看者的出现，并以大哭作为对照看者离开的抗议。婴儿并不是对谁都如此，这些行为只针对特定的依恋对象。在两岁以后，依恋关系进入鲍尔比称为"目标矫正"的阶段。由于认知能力的发展，孩子已经能够意识到别人的感受、目标和计划，并依

据这些信息组织自身行为。他们还能和父母一起计划分离的应对方案。

被依恋意味着什么

除非没有固定的抚养者（在孤儿院长大或者多人轮流看护），不然在 1 岁时孩子们已经和特定的人建立起依恋关系。比起其他人，孩子更喜欢与这个人在一起，并主动寻求与之接触。他们会跟着她，拥抱并依偎她。和她一起游戏时会特别开心。在玩耍时，孩子可能会离开她一小段距离但会时不时回来，将她作为自己的安全基地。在感到疲劳或不适、饥饿或害怕、受伤或难过时就会寻求她的安慰。当她离开时，即使时间很短，孩子也会哭闹，表现出**分离痛苦或抗议**（separation distress or protest）。而她再次出现时孩子会很开心地表示欢迎。如果她消失了很长时间（一个星期以上），孩子会表现出悲痛和苦闷。

> **分离痛苦或抗议** 婴儿在和依恋对象（通常是母亲）分离时表现出的焦虑反应，通常在15个月大时达到巅峰。

表4.1　　　　　　　　　　　　　早期依恋发展阶段

1. 前依恋阶段	0～2 个月	社会反应无差异
2. 依恋产生阶段	2～7 个月	识别熟悉的人
3. 依恋明确阶段	7～24 个月	分离抗议；对陌生人警觉；主动交流
4. 目标矫正阶段	24 个月以后	关系更加双边性，儿童开始理解父母的需要

资料来源：Schaffer，1996.

迈克尔·E.兰博（Michael E. Lamb）是英国剑桥大学社会科学系的心理学教授。他出生于赞比亚。在南非取得学士学位后他去了美国。虽然他曾经豪情万丈地希望成为自由南非的领袖，但种族隔离的现实让他不得不重新考虑自己的事业并最终选择了心理学。约翰·鲍尔比对精神分析学说、习性学理论和控制系统理论的整合让他感觉受益匪浅，并在研究生阶段和玛丽·安斯沃斯一起进行依恋的研究工作。他在耶鲁大学的毕业论文《母婴和父婴依恋》确定了他的研究方向，由于他强调父亲也是依恋的重要角色，并且是儿童发展的备受遗忘的重要影响人物，所以在随后的很多年中他都被称为"父亲先生"。在一系列的著作中，包括《儿童成长中父亲的角色》（*The Role of the Father in Child Development*，现已印刷至第五版），兰博将父亲重新纳入到家庭之中，并赋予其主要抚养者的角色。兰博表示，在他出生的地方，婴儿通常会和数十个不同的人发生交流，这段在不同文化中的童年经历对他产生了很大影响，让他将父亲纳入到婴儿重要影响人物的名单中。事实上，在兰博眼中，父亲只是婴儿发展的众多影响者之一。随后他还研究了兄弟姐妹、同龄儿童以及孤儿院的作用。并考察了从瑞典、以色列到非洲狩猎民族等不同文化中社会关系的差异。他的研究改变了孩子们的生活，这也是他最为自豪的成就。法庭在有关儿童监护权裁定及相关法规的制定中都应用了他的研究成果。兰博在开始研究生涯不久就获得了美国心理学会授予的年轻科学家奖，后来又获得心理科学协会颁发的终生成就奖。他鼓励学生说："这是一个多么让人振奋的时代：我们有这么多研究工具可供选择，还有这么多有趣的问题尚待解答。想想以前我们是怎么努力尝试着回答这些问题的吧，有时候我们不得不对问题进行细微的改变以使其更容易获得答案。现在，你们准备怎么解决这些问题？"

扩展阅读：
Lamb，M.E.（2008）.The many faces of fatherhood: Some thoughts about fatherhood and immigration. In S. S. Chuang & R. P. Moreno（Eds.），*On new shores: Understanding immigrant fathers in North America*（pp. 7-24）. Lanham, MD: Lexington Booms.

谁会成为依恋的对象

虽然婴儿能够对任何熟人产生依恋，但是母亲通常是他们的首选对象。在一项依恋发展的早期研究中，研究者观察了 60 个苏格兰的婴儿，这些婴儿大多来自工薪阶级，并和双亲生活在一起。研究者记录了婴儿表现出分离抗议的 7 种日常情境，包括单独被留在房间里、被和陌生人留在一起或是夜里被单独留在床上等（Schaffer & Emerson，1964）。研究发现，在出生后的第一年中，93% 的婴儿和母亲发展出了特定依恋，当母亲离开时他们抗议得更加频繁和激烈；只有7% 的婴儿对母亲之外的人产生了依恋。而随后的其他研究也得出了相近的结果（Ban & Lewis，1974；Lamb，1976；Lytton，1980）。

然而，虽然母亲是婴儿依恋的首选对象，但是婴儿同样和其他家庭成员形成了依恋关系，并和他们进行频繁而又愉快的互动。苏格兰的研究发现，在婴儿18个月大时，只依恋母亲一个人的婴儿只有5%；其他的婴儿在依恋母亲的同时还对父亲（75%）、祖父母（45%）和哥哥姐姐（24%）产生了依恋。从进化的角度来看，这些依恋关系同样非常重要，因为当主要照看者不在身边时，婴儿和更多人建立关系的能力能够保证他们的生存。

婴儿首先对母亲产生依恋并不令人惊奇，毕竟对大多数婴儿而言，母亲是他们出生第一年中最主要的照看者（Pleck & Masciadrelli，2004；Roopnarine et al.，2005）。即使在男女都要努力劳动去收集食物的狩猎社会里，母亲依然是主要的照看者（Griffin & Griffin，1992；Morelli & Tronick，1992）。虽然按研究者的要求，父亲也能和母亲一样频繁地拥抱、抚摸、亲吻以及和婴儿对话（Parke，1996, 2002；Parke & O'Leary，1976），但是在家，只有当母亲因为剖宫产（Pedersen et al.，1980）或者外出工作（Coltrane，

1996）而无法照料孩子时，父亲才会承担起照看孩子的任务。

父亲更可能扮演着孩子的玩伴这一特殊角色，而非主要照看者。通常而言，父亲和婴儿玩耍的时间是照顾他们时间的 4～5 倍（Lamb，1987；Pleck & Masciadrelli，2004）。和母亲相比，父亲能够提供强度更大也更新奇的玩耍方式，这在和儿子玩耍时表现得尤为明显（Parke，1996，2002）。因

此，父亲通过提供独特的社会体验丰富了儿童社会性发展经历，同时，由于婴儿具有和多人形成依恋的能力，父亲同样成为了依恋的对象。此外，祖父母和哥哥姐姐也可以成为依恋的对象（Howes & Spieker，2008；Smith & Drew，2002）。但是，孩子能够形成依恋关系的数量是有限的。依恋的形成需要频繁、亲密和一对一的互动，而婴儿的体力脑力不足以维持和很多人的互动。

你一定以为……　孩子会依恋他们的玩具泰迪熊和毯子

你可能见过幼儿抱着条凌乱的毯子或者一只挚爱的玩具泰迪熊，可能还会吮吸毯子的一角或泰迪的耳朵。甚至在睡觉时他们也不愿放开那团毛茸茸又邋遢的东西，父母想把它洗干净还得趁他们睡熟后偷偷去拿。"安全毯"一词在查尔斯·舒尔茨（Charles Shultz）的漫画《花生》（Peanuts）之后迅速走红。在剧情里，奈纳斯拖着他的毯子跑来跑去，就像带着一个忠诚的伙伴。鲍尔比也意识到这些物件能给婴儿带来安全和舒适。事实上，超过六成美国儿童曾经或依然拥有一个"安全物体"或者"安心玩具"（Hobara，2003；Passman，1998），这个玩具让孩子们更加容易面对诸如妈妈离开等突发压力事件（Passman，1998）。非母乳喂养儿童更可能拥有"安全物体"，他们会抱着它去睡觉，或和它

睡在同一张床上（Green et al.，2004；Hobara，2003）。猫狗一类的宠物也能成为孩子的安全物体，并为孩子们提供舒适和情感支持（Melson，2003；Serpell，1996；Triebenbacher，1998）。但是，孩子们是真的对这些物件产生了依恋吗？从技术层面来说，没有。依恋对象的作用并非减轻幼儿压力这么简单，他们还需要对儿童的其他需求做出反应，并支持他们探索世界。被依恋者需要给予孩子随叫随到的期待，以及比孩子自身更加强大聪明的感觉。这明显超出了最柔软的毯子、最忠实的狗和最可爱的猫的能力范围。毯子之类的物体同样不能提供父母可以给予的支持和一贯的关怀。更重要的是，他们不能替代真正的依恋对象。即使拥有了宠物或毯子，孩子们依然需要照看者的爱护和关心。

依恋的性质和质量

早期依恋并不都一样，这些关系会随婴儿和依恋对象的不同而各不相同。大多数孩子和父母之间的依恋是安全型的。所谓**安全型依恋**（secure attachment），是指婴儿对父母有充分的信任，认为父母能够成为随叫随到、积极响应并可靠的安全基地。婴儿相信父母会支持他们探索世界，并在环境恶化的情况下成为自己的安全网（Waters et al.，2002）。离开父母探索外周世界和回到父母身边是依恋系统重要的两个方面，安全型依恋的婴儿能在对外探索和遇到风险回到父母身边之间取得平衡。但是，并不是所有儿童和父母的依恋关系都是安全和信任的。第一个对婴儿不同依恋类型进行研究的学者是鲍尔比的学生玛丽·安斯

沃斯（Mary Ainsworth）。

依恋的不同类型

安斯沃斯（1969）在乌干达和巴尔的摩观察在日常生活中，婴儿们是如何将母亲作为安全基地的。她发现，婴儿的行为存在着很大的不同，有些婴儿能够在探索周边环境和寻求与母亲的亲近之间达到很好的平衡。有的则会积极进行探索而不管母亲在哪儿，也没有表现出寻求亲近行为。还有些婴儿则对探索环境和寻求亲近两者或两者之一兴趣不大。由于使用自然观察法太

安全型依恋　婴儿能够探索新环境，很少受和母亲短暂分离的干扰，在母亲回来时能很快得到安抚。

陌生情境　一个让家长与孩子分离、重聚的研究范式，研究者通过这一范式可以获得关于亲子依恋关系性质和质量的相关信息。

耗费时间，安斯沃斯建立了一个简单有效的实验范式，来考察婴儿将母亲作为安全基地进行活动的能力。在这一被称为**陌生情境**（Strange Situation，SS）的研究范式中，母亲将婴儿留在一个陌生的房间里，一开始和陌生人在一起，然后单独一人（见表4.2）。研究者对母亲回来后婴儿的行为进行编码，以此判定母婴依恋关系的类型（见表4.3）。

表4.2 　　　　　　　　　　　　　　　　　　　　陌生情境

1. 母亲、婴儿和观察者	30秒	观察者向母亲和婴儿介绍实验室后离开（实验室散放着很多有趣的玩具）。
2. 母亲和婴儿	3分钟	在婴儿探索环境时，母亲安静地坐着；如果有需要，在两分钟后诱使儿童开始玩耍。
3. 陌生人、母亲和婴儿	3分钟	一个陌生女性进入房间。在第一分钟，陌生人保持安静。在第二分钟，陌生人开始和母亲谈话。在第三分钟，母亲悄然离开。
4. 陌生人和婴儿	3分钟或更少	第一个分离阶段。陌生人对婴儿的行为做出响应。
5. 母亲和婴儿	3分钟或更多	第一个重聚阶段。母亲回到房间，和婴儿打招呼并／或安慰他们，让婴儿重新开始游戏。随后，母亲离开并和婴儿说"拜拜"。
6. 婴儿单独	3分钟或更少	第二个分离阶段。
7. 陌生人和婴儿	3分钟或更少	第二个分离阶段继续。陌生人进入房间并对婴儿的行为做出响应。
8. 母亲和婴儿	3分钟	第二个重聚阶段。母亲进入房间，和孩子打招呼并抱起他。同时陌生人悄悄离开。

安斯沃斯对依恋类型的分类

通过对巴尔的摩白人中产阶级家庭婴儿的考察，安斯沃斯发现，约有60%～65%的婴儿表现出对母亲的安全型依恋：在母亲离开后，他们会感觉难过，但是在她回来后，婴儿会积极地寻求和她的接触，尽管一开始婴儿表现得非常不安，但很快就能得到安抚。只要母亲在场，这类婴儿会很有安全感地探索新环境。他们不会黏着母亲撒娇，似乎母亲在身边给了他们主动探索环境的信心。在家庭等熟悉的环境中，母亲的暂时离开不会对这些婴儿产生很大的困难，而母亲回来时会受到婴儿的热情欢迎。在安斯沃斯的编码方案中，这类婴儿被定义为安全型依恋（B型）。

其他的婴儿则具有不安全型依恋，包括**回避型不安全依恋**（insecure-avoidant attachment）（A型）和**矛盾型不安全依恋**（insecure-ambivalent attachment）（C型）。

回避型不安全依恋　婴儿似乎不受母亲短暂离开的影响，在她回来时表现出回避的倾向，有时候还会表现出明显的不安。

矛盾型不安全依恋　在母亲离开时婴儿表现得非常不安，但在母亲回来时又表现出不一致的行为，有时寻求接触，有时又推开母亲（也被称为"抗拒型不安全依恋"或"焦虑-回避型依恋"）。

混乱型不安全依恋　在重聚的时候婴儿表现得非常混乱且手足无措。

回避型不安全依恋的孩子在第一次被母亲留在陌生的地方时并没有表现出不安，在母亲回来的时候还会主动躲开她。他们会转过身背向母亲，拉开和母亲的距离，对母亲不理不睬。在母亲第二次离开时，这些孩子有时候会稍有些不安，但重聚时会再次避开母亲。在安斯沃斯和其他研究者考察的美国儿童中，大概20%的婴儿属于这种类型。矛盾型不安全依恋的孩子被母亲留在陌生环境中会表现得极为不安，但母亲回来后他们显得非常矛盾，他们很可能寻求和母亲的接触，但随后又生气地推开她。约有10%～15%的美国被试儿童是这种类型。

安斯沃斯ABC三类型分类的发展

后来的研究者定义了另一种类型的不安全依恋：**混乱型不安全依恋**（insecure-disorganized attachment）（D型）（Solomon & George，2008）。在陌生情境范式中，当混乱型不安全依恋的婴儿与母亲重聚时，他们的行为非常混乱并手足无措。他们看上去很茫然，动作很不连贯，或一直重复同个动作，比如摇晃身体。这类婴儿似乎对依恋对象感到不安和害怕，即使母亲在场，他们也不能以稳定的方式应对压力。使用陌生情境范式能够对四种依恋类型的1岁婴儿进行区分。如果参照儿童的成熟情况加长陌生情境实验中母子的分离时间，类似的依恋类型同样能够在一些年龄稍大的儿童（3～6岁）身上发现（Cassidy & Marvin，1992；Main & Caddidy，1988；Solomon & George，2008）。在这些改进了的陌生情境研究中，孩子对母亲的亲近寻求和情感表达依然是考察的对象，但孩子与家长之间的交流和谈话成了更为重要的研究内容（见表4.3）。

表 4.3　　　　　　　　　　　　　　　　　　　　　依恋的分类

1岁婴儿	6岁儿童
安全型依恋	
在和父母短暂分离后的重聚时，婴儿寻求身体接触、亲近、互动；通常试图维持身体接触。很容易被父母安抚并继续探索和玩耍。	在重聚后，儿童发起交谈并和父母进行愉快的交流，或对父母的提议表现出高度的响应。可能会使用寻找玩具等理由巧妙地接近父母或和他们发生身体接触。整个过程表现得较为冷静。
回避型不安全依恋	
在重聚时儿童主动回避或忽视父母，扭过头去继续玩玩具。远离父母并无视他们的交流意图。	在重聚时，儿童尽可能减少和父母互动的机会。继续玩玩具或别的活动，只有在不得已的时候才和父母有眼神和语言的交流。可能使用拣玩具等理由巧妙地远离父母。
矛盾型不安全依恋	
尽管婴儿看起来希望靠近和接触，但家长很难有效减轻短暂分离给孩子带来的痛苦。婴儿或明显或隐晦地表现出生气的迹象，寻求亲密的接触但随后又表现出抗拒。	孩子似乎通过动作、姿势和语调夸大对父母的亲密和依赖，可能会寻求亲密但是表现得并不舒服，例如，躺在父母的大腿上但四处扭动。隐晦地表现出敌意。
混乱型不安全依恋	
儿童表现出混乱（如趴在门上哭着要父母但是当门打开时他们会迅速跑开；靠近父母同时却低着头）或毫无头绪（如突然发呆并持续数秒）。	儿童似乎已经适应父母的养育方式，试图通过让父母尴尬或感到羞耻来控制或引导他们的行为，或是对重聚表现出极度的热切和期望。

资料来源：Ainsworth et al.，1978；Kerns，2008；Main & Cassidy，1988；Main & Hesse，1990；Solomon & George，2008.

依恋的其他测量方法

　　研究者还开发了多种对依恋进行测量的方法。方法之一是使用特定量表对陌生情境下儿童的行为进行编码而非分类（Fraley & Spieker，2003）。研究者使用4个量表对两次重聚时孩子的行为进行编码："接近和寻求接触"、"接触维持"、"回避"，以及"抗拒"（生气、烦躁和愤怒）。随后，使用因素分析的方法将量表缩减为两个维度。维度一是接近寻求—回避，从将照看者作为安全基地到尽可能减少和照看者的接触，表明了维持亲近这一目标对儿童依恋系统的重要程度。维度二为愤怒—抗拒，代表儿童对照看者表现的冲突和愤怒的程度。相比传统的三类型（安全、回避、矛盾）分类方法，这种连续测量的结果具有统计上的优势。结果表明，依恋行为的个体差异具有很强的稳定性，对于依恋行为差异的统计解释力更强，并和理论上相关的变量（如母亲响应性）有更强的关联。

　　依恋Q分类技术（AQS；Waters，1995）的使用需要对儿童在家行为进行长期观察或是由对儿童有深入了解的家长或其他照看者进行判断。母亲、其他抚养者或者观察者将90张表述儿童行为的卡片按照最符合到最不符合的顺序排列（见表4.4的样卡）。这种方法适用于1～5岁的儿童，得到的分数可以说明在儿童安全型依恋的程度，但这种方法不能对不同的不安全依恋类型进行区分。对儿童AQS测量研究结果进行的元分析表明，AQS测量分数和儿童在陌生情境量表中的安全分数有关，而且AQS的分数和儿童在陌生情境实验中的安全表现存在中等程度的相关，并且这一方法可以区分正常儿童和有临床症状的儿童（van Ijzendoorn et al.，2004）。由客观观察者得出AQS分数相关度更好，所以观察者是比母亲更可靠的数据来源。加州依恋测量法（CAP）没有选择母婴双方分开再重聚的方法，而是另辟蹊径，对儿童在经受压力事件的时候（比如巨大的噪音或者恐怖的机器人）如何将母亲作为安全基地进行考察（Calrke-Stewart et al.，2001）。

　　和陌生情境范式一样，这一方法也使用安斯沃斯的依恋类型进行编码。但是，对在托儿所长大、已经习惯和母亲分离的儿童而言，这种测量方法的效度更好。

表 4.4

安全依恋	不安全依恋
儿童随时准备和母亲分享。如果母亲要求，他会把东西交给母亲。	儿童拒绝与母亲分享。
在玩耍中或结束后回到母亲身边时孩子表现得非常快乐。	在玩耍结束回到母亲身边时孩子有时会莫名的不高兴。
孩子不安或受伤时，母亲是唯一可以抚慰他的人。	孩子不安或受伤时会接受母亲之外成人的抚慰。
无需母亲要求，孩子就会拥抱依偎她。	除非母亲主动拥抱他，或是母亲要求，否则孩子不会拥抱母亲。
当孩子找到新的玩具时，他会向母亲展示或将远处的玩具扛到母亲面前。	孩子会静静地玩新玩具或找个不会受到打扰的地方。
孩子在玩耍时会时刻留意母亲的位置。	孩子不关注母亲在哪儿。
孩子喜欢躺在母亲的膝头。	孩子更喜欢躺在地上或家具上。
在感到不安或哭泣时，孩子会主动跟随母亲。	当孩子为母亲的离开生气时，他会坐在原地大哭，不会跟随母亲。
孩子明显将母亲作为自己探索活动的安全基地。离开母亲玩耍，回到母亲身边，再次离开去玩耍，周而复始。	孩子总是跑得远远的，或总是挨着母亲。

资料来源：Waters, 1987, Attachment Q-set, Version 3; http://www.psychology.sunysb.edu/attachment/measures/content/aqs_items.pdf

依恋类型和大脑

杰拉尔丁·道森（Geraldine Dawson）和她的同事观察了 1 岁婴儿在经历类似陌生情境实验的场景时大脑前额叶区域的 EEG 活动母亲陪同、陌生人进入、熟悉的研究员陪同、母亲离开（Dawson et al.，2001）。他们发现，在这一简化版

向当代学术大师学习　　埃弗雷特·沃特斯

埃弗雷特·沃特斯（Everett Waters）是纽约州立大学石溪分校的心理学教授，他毕业于明尼苏达大学。他获得过美国心理学会的博伊德·R·麦肯德利斯杰出青年研究奖，还因对依恋理论的贡献获得了 2009 年的鲍尔比—安斯沃斯奖。和许多发展心理学家一样，他也是半路出家。最初他打算成为一名化学家，但是对于原子和化合物的新奇很快消退了。作为一名志愿者和玛丽·安斯沃斯一起工作的经历彻底改变了他此后的生命轨迹。这段与依恋研究先驱者一起的经历让他一生都对依恋及社会性发展充满了兴趣。在他的研究中，沃特斯试图发现婴儿—成人、成人—成人之间的依恋关系在现实中的表现，以及早期依恋经历在记忆中的表征及其对后来的养育方式和成人间依恋行为的影响。

他的研究成果表明，依恋模式在个体从婴儿到成人的过程中表现非常稳定，但仍然会受到经验的影响。沃特斯在方法学上的重要贡献是制定了依恋 Q 分类技术，这让研究者可以在家中或者其他自然环境下对儿童依恋行为进行测量。他同样热衷于将依恋理论付诸应用。沃特斯希望教育和医疗工作者可以采用鲍尔比的抚养和治疗理论，但他认为应用的过程应该谨慎慢行，因为"如果急着将刚发现的东西付诸应用可能会造成伤害"。他认为依恋研究只有更进一步才能产生应用方面的成果。沃特斯说，社会性发展研究领域最为重要的事情是："多加观察，思考认知、自我和情绪在依恋关系中的作用，对基本问题进行更加深入的思考，使用计算机建立模型可能是一个很好的途径。"他预言在将来，依恋理论会在更为宏大的人类安全感来源理论中找到自己的位置，而依恋基本认知过程的研究能让我们对其具有更深入的理解。他给本科生的建议是：广泛阅读，尤其是优秀作者的作品，比如史蒂芬·J·古尔德（Stephen J.Gould）和贾德·戴蒙德（Jared Diamond），学会条理性、批判性地思考，在设计实验和测量之前仔细地观察现实世界。对于个人生活，沃特斯提醒说："良好的家庭关系和优秀的孩子都会有的，但它们不会从天而降。"

扩展阅读：

Waters, H. , & Waters, E. (2007). The attachment working model concept. *Attachment and Human Development* , 8, 185-197.

www.johnbowlby.com.

不同文化背景下的依恋测量

很多研究者对安斯沃斯的陌生情境范式在美国之外的文化中是否同样有效很感兴趣，因此他们在世界各地实施了这一实验。研究结果表明，由于抚养经历不同，儿童依恋的表现也不尽相同（van IJzendoorn & Sagi-Schwartz, 2008）。陌生情境测验的关键是要创造出一个婴儿感觉到有压力的场景，然后他们才会对依恋对象表现出寻求亲近的行为，这一场景的主要构成部分就是母亲的离开和与陌生女性的互动，但是婴儿对这种情境的陌生程度存在差异，而这也影响了他们感受到的压力程度。

在美国，多数父母都鼓励孩子玩玩具、锻炼身体、一个人睡觉，他们重视积极、探索性的行为，很少有父母和孩子同床睡觉。但是肯尼亚古斯（Gusii）的婴儿恰恰相反，在1岁之前他们习惯于一天中的大多数时间都在母亲怀抱里度过。波多黎各的母亲也很重视和孩子的接触（Harwood et al., 1995）。日本的孩子从出生开始就一直和母亲很亲密，母亲很少会留下孩子一个人独处，会一直抱着不让他们下地，而且她们一般都和孩子睡在一张床上（Colin,1996; Rothbaum, Weisz, et al., 2000; van IJzendoorn & Sagi-Schwartz, 2008）。乌干达的孩子不能适应母亲的短暂离开，因为他们只有母亲去工作时长时间分离的经验（Colin, 1996）。和美国婴儿相比，这些文化背景下的婴儿在陌生情境测试中表现得更加陌生和紧张；他们更加难过也更难被母亲安抚。和美国婴儿相比，他们发展为矛盾型不安全依恋的可能更高，而成为回避型不安全依恋的可能则较低。德国、瑞典、英国的父母比美国父母更强调婴儿早期的独立，因而和美国相比，这些地方的婴儿在测验中更可能表现出回避行为（Colin, 1996; Schaffer, 1996）。

纵观这些发现，我们可能会质疑陌生情境是不是研究其他文化背景下儿童依恋关系的最好工具。对于那些婴儿抚养风格和美国差异很大的文化，有必要确定陌生情境实验中的表现能否很好地预期孩子们在家里的行为，或许Q分类技术是不错的选择。如果两个测量的结果不一致，那可能就需要在家庭中对孩子的依恋行为进行直接观察了。虽然依恋的Q分类卡片中有的项目具有文化的局限性，但对母亲施测的结果表明，这一方法在中国、哥伦比亚、德国、以色列、日本、挪威和美国都具有很高的跨文化一致性（Posada et al., 1995）。

陌生情境实验中表现为不安全型依恋的婴儿，他们左侧前额叶区域的活动更少，而右侧前额叶区域的激活更加明显。因为有研究者发现，左侧前额叶控制积极情绪（如快乐和兴趣）的表达，而右侧前额叶则控制消极情绪（如痛苦、厌恶和恐惧）（Coan et al., 2006; Dawson, 1994），这似乎表明依恋和大脑活动之间存在明显的、逻辑性的关联。安全型依恋的儿童在与母亲的互动中表现得乐趣十足，前额叶积极的一侧（左侧）表现得更活跃；不安全依恋的儿童在陌生情境实验中躲避、怨恨母亲，因而他们消极的一侧（右侧）的激活更加明显。还有研究在成人身上也发现了与依恋类型相关的神经活动。例如，一项fMRI实验发现，报告和丈夫具有回避型依恋关系的女性被试在握着丈夫的手并被告知这样具有轻微电击风险时，她们大脑消极一侧（右侧）的活动要显著增强，但当她们握的是陌生人的手时这一现象并没有出现（Coan et al., 2005）。虽然这些研究并不深入，但其结果表明，依恋唤起情境中被试的神经活动能够反映出其依恋类型。将来，研究者很可能会使用更多的脑成像技术对依恋进行研究（Coan, 2008）。生物学方法提供了研究早期依恋对行为影响机制的重要视角。

父母在婴儿依恋发展中的角色

依恋，毫无疑问，是一种通过两个个体间互动而发展起来的人际关系。与体重和智力不同，婴儿对父母的依恋不是一种与生俱来的特质，而是母婴双方的先天素质和行为的产物。在这一节，我们讨论父母对婴儿依恋发展的影响。

生理准备

在孩子还没出生的时候，父母已经开始为照料孩子做好准备，这种照料对婴儿的依恋发展必不可少。母亲在怀孕和分娩过程中激素的变化让她们对婴儿的哭叫非常敏感，这也是照料好婴儿的前提（Corter & Fleming, 2002）。父亲的激素同样在发生着变化（Storey et al.，2000）。在孩子出生并与孩子发生第一次接触后，很多男性的睾酮水平都下降了。睾酮水平下降的父亲对婴儿相关线索（比如哭闹）更加敏感，而且抱着玩具娃娃的时间也要比激素水平不变的父亲更长（Fleming et al.，2002）。激素的变化在那些妻子怀孕期间，对妻子体贴照顾的丈夫身上表现得特别明显，这说明怀孕期间亲密的夫妻关系会刺激激素的改变。有多个孩子的父亲拥有更多与婴儿相处的经验，他们的睾酮水平比新晋的父亲或者没有孩子的男性更低（Gray et al.，2006）。总之，激素让父母做好了照料婴儿的准备。

抚养和依恋的关系

孩子出生之后，安全依恋的发展有赖于婴儿和父母的亲密接触。一项在以色列进行的研究清楚地证明了这一点。在以色列，一些家庭生活在基布兹（kibbutzim），即集体农庄，他们的孩子白天都待在集体看护中心。在一些农场中，孩子会在看护中心过夜，另一些农场的孩子则会回家过夜。阿维·萨基·施瓦茨（Avi Sagi-Schwartz）和他的同事研究了这种安排的不同对孩子依恋发展的影响（Sagi et al.，1994）。晚上回家的婴儿比留在中心过夜的婴儿更容易发展出安全型依恋（60%对26%）。由于研究者已经平衡了两个被试组的其他影响因素，如早年生活事件、母婴玩耍的质量和看护中心的优劣等，造成这一差异很可能是因为回家过夜给了孩子更多与父母亲密互动的机会。

安全依恋的发展还和父母一些特定行为有关。安斯沃斯发现了四项能够影响婴儿依恋的母亲行为特征（Ainsworth et al.，1978）。第一，安全依恋婴儿的母亲对孩子的信号很敏感，能准确地理解它们，并且迅速、恰当地做出反应。第二，安全依恋婴儿的母亲会根据婴儿的状态、心情来调整自身行为，尊重孩子的兴趣，不会打断或干扰孩子的活动。第三，安全型依恋婴儿的母亲对孩子很包容，这种包容不会受到母亲自身沮丧、恼怒和无力感的影响，他们从来不会拒绝孩子。第四，安全依恋婴儿的母亲能够随时满足婴儿身体上和心理上的需求，她们时刻留意孩子的动向，对孩子的信号非常警觉，而且积极地做出回应，她们从不会忽视孩子。近期一些研究支持了安斯沃斯的这些早期发现（Belsky & Fearon,2208；Braungart-Rieker et al.，2001；Tarabulsy et al.，

2005）。在这种体贴包容的抚养下，婴儿发展出对母亲响应的积极期望，并进而发展出安全依恋关系也就顺理成章了。

另一项实验研究给出了母亲养育行为质量能够影响孩子依恋的质量的令人信服的证据（Anisfield et al.，1990）。研究将市中心低收入家庭的新晋母亲分为两组，一组被试配备柔软舒适的婴儿车，另一组被试配备僵硬难受的婴儿车。研究者预计，柔软舒适的婴儿车会增加婴儿和母亲之间的身体接触，从而促进母亲响应性的发展。事实上，获得舒适婴儿车的母亲在婴儿3个月大的时候对孩子声音反应更加敏感，响应性也更好；在13个月时，舒适婴儿车组有83%的孩子对母亲产生安全依恋，而对照组产生安全依恋的孩子只有39%。通过分析大量不同研究，研究人员发现敏感、响应性较好的抚养方式和安全依恋之间存在着稳定的联系（相关研究的元分析请见：Atkinson et al.，2000；De Wolff & van IJzendoorn，1997；van Ijzendoorn et al.；干预研究的元分析请见：Bakermans-Kranenburg et al.，2003；最近的研究请见：Chaimongkol & Flick，2006；Fearon et al.，2006；Mills-Koonce et al.，2007；Tarabulsy et al.，2008）。并且，敏感养育方式和孩子安全依恋的关系并不只限于母亲。父亲对孩子的敏感度也会影响孩子对父亲安全依恋的形成（van IJzendoorn & De Wolff，1997）。这种关系在北美之外的家庭中同样存在，澳大利亚（Harrison & Ungerer, 2002）、巴西（Posada et al.，2002）和南非（Tomlinson et al.，2005）等地的研究同样发现了类似的现象。

从出生不久开始，随着父母持续地调整自己的行为以适应孩子，父母和孩子之间的联结开始出现，双方如同在跳一段流畅飘逸的"舞蹈"，这种"舞蹈"被称为"互动同步"（Van Egeren et al.，2001）。如果在刚出生的数个月中婴儿和母亲达到互动同步，婴儿就更有可能发展出安全依恋。在一项纵向研究中，研究者对婴儿1个月、3个月和9个月时在家中与母亲互动行为进行观察，并在12个月时使用陌生情境范式考察了婴儿对母亲的依恋（Belsky & Fearon，2008；Isabella，1993）。研究发现，安全依恋婴儿在1个月和3个月大时具有更多和母亲的同步互动模式，而不安全依恋的孩子的早期行为多是单向的。

安全依恋的发展也有赖于父母的洞察力。洞

察力好的父母重视孩子的感受，能对孩子发出的信号做出准确的解读，并根据孩子的需求调整自己的反应。洞察力让父母不会过分注意孩子的行为，他们会灵活地思考孩子的动机和目的，而不是想当然地认为婴儿需要或想要什么。为了测量母亲的洞察力，研究人员让母亲们观看自己和孩子互动的视频（玩耍、换尿布或者心不在焉）然后问她们："你认为你的孩子在想什么？他有什么感觉？"（Koren-Karie et al., 2002）回答更有洞察力的母亲对婴儿更敏感细腻，她们的孩子依恋风格也更安全。

这些养育特征在孩子长大后同样非常重要。如果母亲能为青春期孩子提供支持，在意见不合时也能维持彼此关系的话，那么他们之间的依恋关系更可能是安全的（J.P.Allen et al., 2003）。父亲的情况同样如此；当父亲和孩子发生矛盾时不使用简单粗暴的处理方式，即使存在意见不同也能维持积极的关系时，青少年和父亲之间的依恋关系更可能是安全的（Allen et al., 2007）。

支持、敏感、同步、有洞察力的父母通常能和子女形成安全型依恋，而那些粗暴、喜怒无常、冷酷的父母形成的依恋则恰恰与之相反。这类父母对孩子发出的信号没有反应，很少和孩子有亲密的身体接触，和孩子一起的时候经常发脾气，对这些父母，孩子往往发展出回避型不安全依恋（Belsky & Fearon, 2008；Cassidy & Berlin, 1994）。如果他们预见到父母的行为如此，这些孩子在陌生情境中产生将注意力集中在玩具上避免和父母产生接触的行为也就不足为奇了。矛盾型不安全依恋孩子的父母往往是冷漠或者反复无常的——他们有时候对孩子做出反应，有时候又会忽视孩子的需求（Belsky & Fearon, 2008；Isabella, 1993）。这些婴儿在陌生情境中对父母表现得心事重重，他们不知道父母会和他们温柔地说话还是对他们冷眼相向，而这种疑虑使他们很难安心离开父母去探索房间。

形成混乱型不安全依恋的婴儿可能经历了最差的养育方式。他们的父母经常忽视或虐待他们。一项研究表明，82%的受虐待儿童发展出了混乱型不安全依恋，正常抚养儿童的这一比例只有19%（Carlson et al., 1989）。这些在陌生情境中表现出的混乱行为其实对孩子而言是一种适应性行为，因为他们不确定父母有什么反应，只知道

有可能结果会很糟糕（Solomon & George, 2008）。抑郁母亲的孩子在陌生情境中也会表现出接近—回避行为并在重聚时表现出难过，这些孩子也被认为具有混乱型不安全依恋。在对抑郁母亲和孩子进行的观察发现，母亲几乎不和婴儿发生眼神接触，很少对婴儿的行为做出反应，母婴双方都尽量移开自身的目光（Field, 1990；Greenberg, 1999）。受过惊吓或表现吓人的母亲都可能让孩子形成混乱型不安全依恋（Lyons-Ruth & Jacobvitz, 2008; True et al., 2001）。这类母亲会让孩子安心也会让孩子害怕，这导致孩子形成了混乱的行为。最后，在抚养机构长大、没有固定抚养者的儿童也更可能发展出混乱型不安全依恋。研究者对布加勒斯特一所孤儿院中1～2.5岁的儿童进行了观察，他们发现照看者和孩子的互动具有如下特点：缺乏眼神交流、互动模式机械、几乎不对话、对孩子的痛苦没什么反应、对孩子的安慰效果不佳（Zeanah et al., 2005）。从表4.5中可以看到，只有19%的孩子形成了对抚养者的安全依恋，65%的孩子被归类为混乱型不安全依恋。研究者从这些孤儿院的孩子中随机抽取一部分送入家庭寄养（Smyke et al., 2010）。研究者在孩子3.5岁时又对他们的依恋情况进行了考察，结果发现49%的孩子对寄养家庭的母亲形成了安全型依恋，仍留在孤儿院的孩子形成安全型依恋的比例只有18%。

表 4.5	孤儿院儿童的依恋类型	
陌生情境分类	孤儿院组（n=95）（%）	家庭寄养组（n=50）（%）
安全型	19	74
回避型	3	4
矛盾型	0	0
混乱型	65	22
未分类	13	0

资料来源：Zeanah et al., 2005.

家庭和社区背景下的依恋

婴儿与父母之间的依恋关系不是在真空环境下发展形成的，它具有家庭和社区的背景，这些背景会影响依恋的发展。影响婴儿依恋的背景之一是母亲和父亲间的关系。如果父母的婚姻美满，孩子就更容易发展出安全型依恋（Belsky & Fearon, 2008；Thompson, 2008）。

孤儿院的孩子形成不安全依恋的深层原因是激素的缺失。对于动物和人类，有两种激素对健康的依恋发展不可或缺（Carter,2005）。一种是催产素，被称为"拥抱激素"或者"爱的激素"。婴儿在和熟人进行温暖的身体接触时，他们体内这种激素的水平会升高。另一种激素是抗利尿素，高水平的抗利尿素有利于婴儿对熟人进行识别。动物实验表明，催产素的提高会增加婴儿的社会性活动，促使婴儿对特定对象形成依恋（Carter & Keverne, 2002）。即使是成人，接受催产素鼻腔喷雾后也会更加相信游戏中的同伴（Kosfeld et al., 2005）。但是孤儿院对早期社交的剥夺改变了这些激素的水平吗？为了找到答案，研究人员测量了一群来自俄罗斯和罗马尼亚、被美国家庭领养的 4 岁孤儿的激素水平（Wismer Fries et al., 2005）。虽然这些孩子已经在美国家庭中受到悉心照料 3 年之久，但和由亲生父母养大的美国孩子相比，他们依然存在

社会性行为和激素水平的不足。收养的孩子社会性反应更少，容易对养父母形成混乱型不安全依恋。当他们和养父母有身体接触（玩耍、触摸、耳语、挠痒痒）的时候，他们催产素水平的提高不如亲生的孩子那么多，反而是和压力有关的激素——皮质醇——提高了，这说明孩子和养父母在一起的时候，还会感到压力且不能控制自己的情绪唤醒（Wismer Fries et al., 2008）。这些曾经是孤儿的孩子在和陌生人接触时，抗利尿素水平也比正常抚养大的孩子更低，这导致他们识别面部表情、将表情与情境配对的能力也比一般孩子差（Camras, Perlman, et al., 2006; Wismer Fries & Pollak, 2004）。这些孩子能不能克服早期社会剥夺的影响，进而发展出健康的依恋关系呢？这一问题的答案目前仍不得而知。但我们已经清楚知道的是，早期经验可以改变激素水平，进而影响婴儿社交的能力，最终让孩子难以形成最为理想的依恋模式。

社会经济地位是影响婴儿依恋质量的另一背景因素。在低收入家庭中，依恋关系更可能是不安全的。和穷困存在关联的经济和情绪风险——包括食物不足、恶劣的社区环境、家庭暴力、酒精和药物滥用等——都会减少母亲对孩子的敏感度，并进而增大了孩子发展出不安全依恋的可能性（Raikes & Thompson, 2005）。家庭面对的风险越大，孩子不安全依恋的可能性也越大。例如，研究人员发现，在非常穷困的家庭里，母亲对孩子关注不足并且孩子存在营养不良的现象，这些孩子里有 93% 发展出不安全的依恋，而来自低收入家庭但获得了足够营养的孩子的这一比例只有 50%（Valenzuela,1997）。

然而，贫穷和不安全依恋之间并不存在必然的联系，来自社区的社会支持可以减轻家庭的问题。穷困潦倒的家庭如果能够得到邻居和亲戚这一安全网络的帮助和支持，孩子同样可能发展出安全型依恋。因为这些帮助可以让母亲有精力维持对孩子的关心和回应，从而改善孩子的依恋状态。研究人员发现，南非一个贫穷社区的孩子有很高的安

全型依恋比例，这里的孩子被认为属于全社区，保障他们的安全和健康成长是社区所有成员的共同责任（Tomlinson et al., 2005）。儿童依恋和社区特点之间存在的关联和布朗芬布伦纳的生态系统理论相吻合（Bronfenbrenner & Morris, 2006），这提醒我们，依恋不只是一个二元的关系，它还会受到家庭环境和社会支持的影响。

依恋的延续性

父母自身在童年时受到的抚养方式也是影响孩子依恋的背景因素之一（Bretherton & Munholland, 2008）。孩子会形成反映父母和他们互动风格的**内部工作模型**（internal working model）或者"依恋表征"。这些工作模型会随着儿童长大成人的历程发生改变，重新构建和解读他们的童年经历。当儿童长大为人父母后，他们往往会依照自己的童年依恋经历和孩子重塑亲子关系。

研究者发明了一系列测量儿童依恋内部工作模型的技术。陈述故事法是让孩子用玩偶代表家庭的成员，研究者先陈述一个和依恋相关的故事的开头，比如"有一天你妈妈来接你时迟到了……"（Emde et al., 2003），随后鼓励孩子将故事说完。孩子所讲的故事能够反映出孩子对母亲

内部工作模型　个体对自己（孩子）、父母以及对与父母互动关系的重构和解读的心理表征。

依恋关系的内部工作模型。其他评价方法需要孩子具有理解并描述他们和父母之间经历的能力。研究人员发现，3 岁安全型依恋的孩子对他们和父母之间积极社会事件的表述要比不安全型依恋的孩子更加准确，这一发现对工作模型是组织、引导儿童注意并记忆不同类型社会信息的心理图式这一观点提供了支持（Belsky et al.，1996；Waters & Waters，2007）。

　　研究人员同样发明了测量成人依恋内部工作模型的技术。玛丽·梅恩（Mary Main）和她的同事制定的成人依恋访谈（AAI）是常用的方法之一（Hesse，2008；Main et al.，1985）。在这个访谈中，成人需要回答他们童年和父母的关系，然后根据回答的一致性将他们分为 3 组（见表 4.6）。"自主型"成人在访谈中表现出他们对父母和他人的亲密关系非常重视，但同时对这些关系保持客观的认识。他们不会将自己的父母理想化，对与他们的关系也有清晰的理解，而且可以描述他们的优点和缺点。"缺失型"成人缺少依恋，也不重视它，反复声称他们想不起童年发生的事情。而他们能够想起来的事件通常是片面的关于理想父母的回忆："我有世界上最好的妈妈！"而"矛盾型"成人通常能想起童年时期很多矛盾的事情，但是不能把它们组织成连贯的整体。

表 4.6　　　　　　母亲和儿童依恋类型之间的关系

依恋类型		
儿童	母亲	
安全型依恋	自主型	母亲自身经历没有未解决问题，因此能够对孩子的交流非常敏感。
回避型不安全依恋	缺失型	母亲不愿承认自身的依恋需要，因此对孩子的需求既不敏感又无响应。
矛盾型不安全依恋	矛盾型	母亲对自身的依恋历史非常困惑，因此和孩子的互动缺乏一致性。

资料来源：Main et al.，1985.

　　使用成人依恋访谈（AAI）的研究为鲍尔比"父母对自己童年的回忆会影响他们孩子的依恋发展"这一推测提供了强有力的支持。在梅恩的研究中，自主型母亲的孩子容易形成安全型依恋，缺失型母亲的孩子容易发展成为回避型不安全依恋，而矛盾型母亲的孩子常常发展成为矛盾

型不安全依恋（Main et al.，1985）。另一项研究也表明了依恋具有代际的延续性。在这一研究中，研究人员询问并记录了准妈妈自身的依恋史，随后在孩子 1 岁的时候对其依恋状况进行了测量（Fonagy et al.，1991）。这一研究设计排除了母亲与婴儿相处的经历扭曲其童年记忆的可能性。和梅恩的研究结果一致，这项研究同样发现了母亲对自己童年的回忆和其孩子的依恋发展存在很强的相关关系。一些使用前瞻性设计的研究也发现了类似的结果（Hesse，2008）。一项对 6 个国家、18 个样本、854 对母婴进行的元分析表明，82% 自主型母亲的孩子属于安全型依恋，64% 缺失型母亲的孩子属于回避型不安全依恋（van IJzendoorn,1995）。对父亲的研究也得出了相似的结果（Crowell & Treboux，1995；Grossmann et al.，2008；Grossmann & Fremmer-Bombik，1994；van IJzendoorn，1995）。对领养家庭的研究也表明，养母对童年时与其父母关系的回忆和养子女依恋的质量存在高度的相关（Dozier et al.，2001）。这说明依恋的代际传递是家长依恋—养育行为的结果，而非遗传因素使然。

　　梅恩对其 AAI 分类模式进行了改进，并界定了第四种成人依恋类型。这一类的成人可以克服他们童年时候的不安全依恋，并和他们的爱人、伴侣或孩子发展出安全型依恋关系。他们可能得到过心理治疗师的帮助，也可能得到过同伴的关爱，还可能本身就具有心理弹性。这类人的这种特点被称为"获得性安全"。在一项纵向研究中，研究人员考察了获得性安全女性从出生到 23 岁的发展历程（Roisman et al.，2002）。尽管这些女性在童年时和母亲之间具有不安全依恋关系，但是在 20 多岁时，她们发展形成了高质量的浪漫关系并建立了安全的依恋关系内部工作模型。她们浪漫关系的联结不逊于一直属于安全型依恋的个体。早期依恋关系明显会对其后的关系产生影响，但儿童期的影响并非无可挽回的。

托儿所儿童的依恋

　　很多孩子因为要去托儿所，所以每天都会与母亲分离。心理学家对这一群体的依恋发展状况表示关切。这些孩子确实和父母形成了亲密的关系（Clark-Stewart & Allhusen，2002,2005；Lamb & Ahnert，2006），但他们的依恋状况和那些每天和母亲一起在家的孩子同样安全吗？

研究者首先使用陌生情境范式对这两类婴儿的行为进行了比较。总体而言，相比其他婴儿，在全日制托儿所的婴儿的依恋模式似乎更可能被划分为不安全依恋（36% 对 29%，Clarke-Stewart，1989）。这些结果似乎表明把孩子送去托儿所会阻碍安全型依恋的发展。然而，也可能是托儿所之外的原因导致了这一结果。其中一个可能因素是陌生情境的性质。在陌生情境范式中，如果婴儿在重聚时没有奔向母亲就会被判定为不安全依恋。但是每天都会有分离经历的孩子可能不会受到陌生情境中短暂分离的困扰，因而寻求亲近的行为更少。母亲可能是第二个影响因素：可能出门工作的母亲更加重视自身和孩子的独立性，而在家的母亲更重视和孩子的亲密关系。第三个因素可能是要同时兼顾工作和孩子带来的压力，这可能会影响到母亲体贴照顾孩子的能力，进而影响到安全型依恋的产生。不安全依恋在托儿所孩子中更加常见，这一现象本身并不能得出托儿所对孩子依恋发展不利这一结论。

为了找出托儿所经历对婴儿依恋发展是否存在影响这一问题的确切答案，美国政府资助进行

| 实践应用 | 母亲入狱和依恋 |

在美国，有超过 130 万儿童的母亲在监狱中（Mumola，2000）。这些孩子更可能产生依恋问题。有的孩子甚至被禁止对母亲产生依恋。部分妇女（约占狱中人数的 6%）在被捕时正怀有身孕，但是几乎没有监狱允许她们把孩子带在身边（Gabel & Girard，1995）。在大多数情况下，她们会和婴儿待上几天时间，随后只能将孩子交人代养并继续服刑。其结果就是母亲几乎没有机会和孩子产生联结，而孩子也不能对母亲产生依恋。而法国的情况则相反，他们允许婴儿在狱中和母亲一起待到 18 个月大，这使得他们能有时间形成相互的依恋。

甚至母亲入狱还会对入狱之前形成的依恋关系产生负面影响。在一项研究中，研究者以 54 个母亲身陷囹圄的孩子为被试，对他们的依恋表征进行了考察（Poehlmann，2005）。研究者向孩子们宣读了四个故事情境：（a）一个孩子在晚餐时把果汁洒了；（b）一位家长安慰从石头上掉下来摔伤了膝盖的孩子；（c）一个孩子觉得自己看见了怪物向父母呼救；（d）一个孩子在和父母出去旅行的时候走散了。约有 2/3 孩子的叙述中含有强烈的矛盾、混乱、暴力和分离成分。

对入狱母亲产生的不安全依恋会对儿童产生不良后果。母亲入狱的孩子中，约有 70% 存在内在问题（焦虑、抑郁、羞耻和内疚）（Bloom & Steinhart，1993；Dressel et al.，1992）。许多孩子还表现出外部行为问题（如愤怒、攻击性和敌对性等）（Johnston，1995；Parke & Clark-Stewart，2003b）。如果孩子由祖母进行照料而非送去孤儿院的话，他们对母亲入狱的适应会更好一些（Bloom & Steinhart，1993；Mumola，2000）。祖母的养育方式更为一致和熟悉，并能和狱中的母亲建立更加频繁和稳定的联系。和狱中母亲存在常规接触的孩子能够调整得更好。然而，监狱的惩戒政策让母亲和孩子很难保持联系。监狱通常坐落于非常偏僻的地方，距离孩子的住所很远，对于能力有限的家庭而言，探监是一件极为困难的事情（Kaplan & Sasser，1996）。这一问题对于女性而言更加尖锐，因为女子监狱的数量更少。据估计，和男囚相比，入狱的妇女离家的距离要平均远大约 260 公里（Coughenour，1995）。由于很可能不符合探监条件，探监的人数限制更严格，探监过程没有隐私保障，见面的房间不适合儿童，或是儿童对探监感到焦虑等因素影响，所以儿童对母亲的探监非常罕见（Bloom & Steinhart，1993；Simon & Landis，1991）。约有一半入狱的家长从来没有获得过任何孩子的探视（Snell，1994），即使有孩子探视也不会非常频繁。美国司法部一项研究发现，只有 8% 的入狱母亲每周都能见到孩子（Mumola，2000）。

在母亲出狱之后，她需要重新建立和孩子的关系。这一过程也很困难，因为母亲不在的这一阶段，儿童很可能已经和祖母或寄养家庭的父母建立起了新的关系。并且，母亲在狱中的经历会对其重新进入家庭、为孩子提供照料产生影响（Solomon，1988）。为了减少父母入狱的负面影响，监狱政策需要尽可能减少分离的时间，尽可能减少对孩子生活的干扰，以及允许父母和孩子保持联系。

了 NICHD 早期儿童照料和青少年发展大型研究，这一研究在全国范围内选择了 10 处研究地点，并从医院随机选择了 1 300 多名婴儿从其出生追踪调查到 15 岁，多次对其进行发展情况测量。研究表明，对父母教育水平、收入和态度等进行了统计控制之后，托儿所的婴儿对母亲的依恋和一般婴儿并无差异。然而，如果托儿所和母亲都对婴儿的关心不足，这些婴儿发展出安全依恋的可能性就会小于得到两者关心的婴儿（Belsky et al., 2007；NICHD Early Child Care Research Network, 1997b，2005，2006）。很明显，托儿所恶劣的照料质量会让因母亲照料不足而原本就存在风险的婴儿雪上加霜，使他们更可能在发展安全型依恋的过程中产生问题。

研究还发现，好的托儿所能够通过给予孩子在家庭之外建立安全依恋的机会而补偿不利家庭因素的影响。具有对母亲不安全依恋但对托儿所照看者形成安全依恋的婴儿，他们的社交能力要强于家庭内外都没有安全依恋关系的婴儿（Howes & Spieker, 2008；van IJzendoorn & Sagi-Schwartz, 2008）。能够有一个在一段时间内都陪伴着孩子的照看者尤其重要。儿童更喜欢在托儿所工作时间较长的工作人员，相比工作记录不稳定的同行，这些照看者通常能更有效地对孩子进行安抚（Barnas & Cummings, 1994）。显然，减少托儿所的人员流动有利于儿童的依恋发展（Lamb & Ahnert, 1995）。而托儿所工作人员受到的技能训练越完整，孩子和他们发展出安全型依恋关系的可能性也就越大（Clarke-Stewart & Allhusen, 2002）。

婴儿特征对依恋的影响

如同我们在第 3 章"生理基础"中讨论的，相比之下，有一些婴儿要更加难以照料。这会影响到他们依恋的质量吗？一些研究者已经发现儿童气质特征和其依恋关系之间存在着关联。有些研究发现，易怒、难以和人相处的新生儿更可能发展出不安全依恋（Spangler & Grossmann, 1993；Susman-Stillman et al., 1996）。然而，并不是所有的研究都表明两者之间存在直接联系（Vaughn et al., 2008）。似乎婴儿的气质确实会影响依恋发展，但是这一过程会受到其他因素的调节。婴儿具有难养育气质并不一定会导致和母亲的关系质量低下。如果家长能够获得其他家庭成员或朋友的帮助和支持，那么他们通常能够应对困难型婴儿。如果具有足够的社会支持，那么易怒婴儿产生不安全依恋的可能性与一般婴儿也并不存在差异（Crockenberg, 1981）。专业的干预同样能够提供帮助。荷兰一项研究发现，和控制组相比，对易怒型婴儿的母亲进行培训能够让孩子发展出更好的依恋关系（van den Boom, 1994）。在 1 岁时，母亲受过训练的孩子有 68% 被界定为安全型依恋，而控制组安全型依恋的比例只有 28%。然而，如果母亲受到社会孤立，或是和其他成人关系恶劣，她就更可能在与困难型婴儿建立安全依恋的过程中遭遇困难（Levitt et al., 1986）。因此，气质对依恋的影响和婴儿成长的总体社会情境密不可分（Sroufe, 1996；Vaughn et al., 2008）。

▨ 依恋的稳定性和影响

对母亲或父亲的安全依恋会贯穿整个童年期吗？和父母存在安全依恋关系的孩子会在长大后和其他成人发展出安全关系吗？他们会和同伴的关系更亲密吗？在这一节，我们讨论儿童发展过程中依恋的稳定性及其影响。

依恋的稳定性和变化性

研究者就儿童依恋如何随时间发展这一问题进行了大量纵向研究。在一项研究中，68% 的儿童在 3～4 岁和两年之后在陌生情境中表现出的依恋类型是一致的（Moss et al., 2005）。德国一项研究发现，1 岁时的依恋类型能够预测儿童在 6 岁时的依恋类型，安全型依恋的预测准确率达到 90%，不安全依恋类型则为 75%（Wartner et al., 1994）。甚至在时间间隔更长的研究中也发现了依恋的稳定性。沃特斯（Waters）和他的同事（2000）发现，他们的样本中有 72% 的安全型婴儿在 20 年后仍然属于安全型，持续时间之长令人印象深刻。一项对从婴儿期到成年期依恋稳定性的元分析结果表明，两者的相关达到 +0.40（Fraley, 2002）。这一稳定性并不意味着婴儿期的安全依恋能够为婴儿以后的问题提供保护作用，而更可能表明理解安全基地的作用并为孩子提供体贴照料的父母能够在孩子成长过程中一直提供这种支持。

但是，亲子关系质量的总体稳定性并不意味着变化不可能发生（Waters et al., 2000）。大量在婴儿期表现为不安全依恋的婴儿在入学后和父母相处很融洽。一项研究发现，42% 不安全型1 岁儿童在 4 岁时会转为安全型（Lounds et al., 2005）；在另一研究中，在 1 岁时被判断为不安全型的儿童有 57% 在 4 岁时转为安全型（Fish, 2004）。这一变化还可能是双向的，但是从不安全型向安全型转变更为常见。这可能是由于随着婴儿的长大，原先表现不尽如人意的母亲理解孩子的意图越来越容易。家庭环境的改变也是可能原因之一。儿童从不安全型到安全型的转变最可能发生在经济状况逐渐好转的低收入家庭中。随着家庭经济收入的增加，父母的生活压力逐渐减少；他们陪伴婴儿的时间更多，和婴儿互动的质量也更高（Thompson et al., 1982）。尽管并不常见，在家庭环境受到失业、生病、死亡或离婚等事件的影响时，安全依恋关系也可能会转变为不安全。在一项研究中，研究者发现，当母子交流质量下降，家庭中的敌意、冲突或创伤性事件增加（如祖父母去世等）时，学前儿童从安全型依恋转变成为了不安全型（Moss et al., 2005）。很明显，依恋关系会随着父母行为和环境的改变而发生变化（Thompson, 2006；Waters et al., 2000）。

大龄儿童的依恋

从童年期到青春期，随着儿童的长大成熟及社交世界的展开，他们和父母的依恋关系也随之发展（Brochmeyer & Waters, in press）。在学前阶段的后期，探索家庭之外环境的机会增多，这促使儿童将父母作为安全基地的方式，以及父母对孩子探索行为的监管和支持都发生了重大改变。为了维持安全型关系，儿童和父母必须对彼此的行为及目标有着更加清晰详尽的了解，父母必须在继续提供保护和安全感的同时为儿童的探索行为提供支持和便利。随着儿童逐渐长大，他们和父母交流的距离拉长。尽管这导致了交流方式的改变，但亲子关系仍然包括了儿童的探索、接近行为和父母作为安全基地提供支持。到了童年中期，儿童还能发展出对密友的依恋，而青春期则会发展出对恋人的依恋（Furman et al., 2002）。这些关系和与父母的依恋同时存在；他们不会互相取代（Allen, 2008；Allen et al., 2007）。儿童的目标是在维持与家庭的密切关系和获得自主权探索社交网络、与伙伴发展依恋关系之间取得平衡。

依恋的影响

随着儿童的长大，他们与父母依恋的质量会影响到其他社交关系，并会影响到他们的认知、社交及情绪技能。

与探索及认知发展的关联

相比不安全依恋的婴儿，安全型依恋的婴儿表现出更加复杂的探索行为（Main, 1973）。在遇到问题时，他们会比不安全依恋婴儿兴趣更浓、更坚持不懈，同时也更有效率（Matas et al., 1978）。他们表现出更少的挫败感，更少号哭或抱怨。他们还参与更多抽象的假装游戏（例如，将一片木头想象成汽车或将一根棍子想象成女巫的扫帚等）。他们在智力测验中同样表现更好。例如，在荷兰和以色列的研究中，儿童对父母或其他照看者依恋的安全程度能够预测他们在 5 岁时的智商（van IJzendoorn & Sagi-Schwartz, 2008；van IJzendoorn et al., 1992）。荷兰的研究还发现，领养儿童的依恋安全状况同样和他们 7 岁时的认知能力之间存在较强关联（Stams et al., 2002）。还有研究对冰岛雷克雅未克的儿童进行了考察，发现与回避、矛盾或混乱型儿童相比，和父母具有安全依恋关系的 7 岁儿童在 9、12 和 15 岁时上课注意力更加集中，学业成绩也更好（Jacobsen & Hofmann, 1997）。甚至对于年龄更大的孩子而言情况同样如此，进入大学前在成人依恋访谈（AAI）中被归类为自主型的青少年在学校的表现更好，因为相比缺失型和矛盾型青少年，自主型青少年能够为考试做更充足的准备，他们的工作方式也更有效率（Larose et al., 2005）。当需要认知能力和努力的情况时，具有安全型依恋关系的儿童成功的可能性更大，这不仅因为情绪安全感有利于他们对环境进行探索和控制，还因为他们父母的体贴照料在形成依恋安全的同时也促进了他们认知的发展。

对社会性发展的启示

安全型依恋关系还有利于儿童未来的社会性发展。灵长类的社会孤立研究提供了最为生动的证据。哈洛的实验发现，出生第一年断绝所有社会联系的经历会对猴子的发展产生严重扰乱。当遇到正常猴子时，他们会退到墙角，缩成一团并瑟瑟发抖。作为成年猴子，他们无法形成正常的两性关系。他们毫不理会通过人工授精怀孕的母猴，如果小猴让他们感到压力，他们会对其进行身体虐待，有时甚至还会杀死小猴（Harlow，1946；Harlow & Suomi，1971；Soumi，2008）。

当然我们不能使用人类婴儿重复这一实验。然而，很多研究发现，婴儿对父母依恋的质量和其以后的社会性发展关系密切（Thompson，2006）。阿兰·斯鲁夫（Alan Sroufe）和他的同事在明尼苏达进行了一项非常重要的纵向研究，他们从婴儿期开始追踪被试直至成年早期，考察了早年依恋对后期社会性行为的影响（Carlson et al.，2004；Sroufe et al.，2005）。安全和不安全依恋婴儿具有完全不同的社会发展轨迹。相比不安全依恋婴儿，和母亲形成安全依恋的婴儿在他们4～5岁时被老师评定为积极情绪更多、共情能力更强，社交能力也更强。他们更少抱怨，攻击行为更少，当其他孩子靠近时他们几乎不会表现出消极反应。他们拥有更多的朋友，同班同学也认为他们更受欢迎。在8～12岁时，这些安全型儿童的社交能力继续保持领先（Simpson et al.，2007；Sroufe et al.，2005）。并且，他们更可能和伙伴及其他安全型儿童发展出友谊。他们的友谊更加亲密，具有更多的情感联系。在19岁时，具有安全依恋历史的青少年更可能具有亲密的家庭关系、更长期的友谊、更高的自信以及对实现个人目标更强的决心。

NICHD早期儿童照料和青少年发展研究发现了类似的现象。相比之下，婴儿期具有安全依恋的孩子在学前阶段和一年级时被评定为社交能力更强、心理和行为问题更少（NICHD Early Child Care Research Network，1997b），而在2～3岁时具有安全依恋的孩子在4～10岁时的社会问题解决技能更强、更不可能感到孤单，友谊的质量也更好（Lucas-Thompson & Clark-Stewart，2007；McElwain et al.，2008；Raikes & Thompson，2008）。其他研究也发现了早期依恋质量与学龄期交友能力及友谊模式之间的关联（Contreras et al.，2000；Schneider et al.，2001）。研究者还发现，成人依恋访谈评定的安全型依恋和青春期更好的同伴关系、更少的心理行为问题有关（Allen，2008；

Allen et al.，2007）。一项对69个样本（5 947名儿童）进行的元分析证实了不安全依恋与其以后行为问题之间的关联，对男孩而言这一关联表现得尤为明显（$d = 0.31$；Fearon et al.，2010）。混乱型依恋儿童产生这些问题的风险最高。

如鲍尔比指出的，早期依恋及其社会影响受到儿童内部工作模型的调节。斯鲁夫和他的同事（2005）在明尼苏达研究中考察了不同时间段儿童的人际关系内部工作模型。例如，在学前时期，他们评估了儿童对关系的期望、态度和感受。安全型依恋儿童关系模型的特征是：期待和同伴的共情、对玩耍时的分享行为具有很高的期望，以及建设性地解决争端（例如，轮流玩、寻找大人帮忙或再找一个玩具等）。研究者发现，随着时间的推移，儿童的工作模型和其社会性行为存在着相互的影响。学前期的关系工作模型能够预测童年中期的社交行为；童年中期的友谊工作模型能够预测12～19岁时的社交行为；童年中期的社交行为能够预测青春期早期的关系工作模型。图4.1描述了工作模型和社交行为的关系随时间变化的模型。

情绪同样是联结依恋和社交行为之间的桥梁。依恋的安全性会巩固影响儿童处理情绪信息、调节情绪的方式。相比之下，安全型依恋的学前儿童在理解情绪方面能力更强（Laible & Thompson，1998；Ontai & Thompson，2002）。这一情绪理解的差异部分源于母亲和安全型婴儿进行交流时对相关情绪主题的描述（Raikes & Thompson，2008）。而在长大之后，安全型依恋儿童在挑战情境下调节自身情绪的能力也更为突出（Conteras et al.，2000；Kobak & Cole，1994）。而这也有助于他们在童年及青春期获得较高质量的同伴关系。

总而言之，对父母的安全依恋有助于儿童掌控自身的社会环境。安全型依恋能够增长儿童对其他社会关系的信任，有利于发展与同伴的情感关系。旨在考察早期父母—婴儿互动和青春期、成年期社会关系的纵向研究表明，早期依恋具有长期稳定的社会影响（Thompson，2008）。而这种长期影响不仅在血缘家庭中存在，在领养家庭中也有明显的表现（Stams et al.，2002）。

自尊的影响

儿童依恋安全性还和自尊存在关联（Thompson，2006）。在一项研究中，研究者对6岁儿童的依恋和自我概念进行了考察（Cassidy，

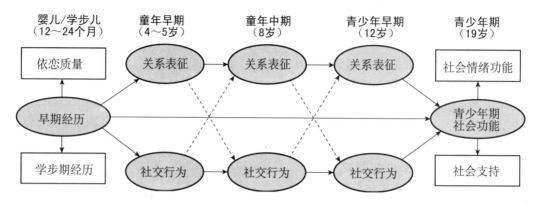

图 4.1　工作模型和社交行为间关系随时间变化的模型

　　研究者通过童年早期访谈、童年中期绘画以及青少年早期叙述来获得对儿童对与同伴、家庭间关系的表征，并推测其工作模型；并根据教师对所有年龄段儿童的交际能力、心理健康水平进行评定获得其社会行为信息。

资料来源：Carlson, E. A., Sroufe, L. Al, & Egeland, B.（2004）. The construction of experience: A longitudinal study of representation and behavior. *Child Development,* 75,66-83.

1988）。安全型依恋的孩子对自身的看法更加积极，尽管他们已经能够认识到自己并不完美。回避型不安全依恋儿童倾向于认为自己是完美的。矛盾型不安全依恋儿童则没有表现出明显的共同模式。而被界定为控制型不安全依恋（类似于混乱型不安全依恋）的儿童则具有消极的自我概念。随后的研究支持了依恋和自尊之间的关系：和不安全依恋儿童相比，安全依恋学前儿童的自我概

向当代学术大师学习　　阿兰·斯鲁夫

　　阿兰·斯鲁夫（Alan Sroufe）是明尼苏达大学儿童发展研究所的教授。在高中的时候，他就希望能够成为一名心理学家，因此他申请了威斯康星大学临床心理学博士学位并获得录取。尽管亲属们很难理解为何他要学习如此之久，但父母对他的选择始终持支持态度，并最终收获硕果。在硕士阶段，斯鲁夫对早期发展在病理学理解中的作用深感兴趣，他开始接触并了解鲍尔比、安斯沃斯在依恋方面进行的研究。三个问题指引着他其后的研究生涯：早期的经验是否具有特别重要的作用？他们的影响是如何发生的？什么导致了发展的延续性和变化性？为了回答这些问题，斯鲁夫和他的同事拜伦·埃格兰（Byron Egeland）在 20 世纪 70 年代中期启动了明尼苏达风险和适应纵向研究。他们考察了婴儿的依恋类型，随后对其依恋和社会性发展进行了长达 30 年的追踪调查。这一研究的结果被发表在《人的发展》（*The Development of the Person*）一书中。这本书总结了斯鲁夫的观点，即发展是阶段性构建的，早期经验在其中具有特殊的地位，它为随后经历的事件提供了框架并随着新的经历而发生改变。斯鲁夫为依恋理论发展提供了新的见解和数据支持，并提出了实际应用的方案。

　　在世界范围内广受推行的早期干预项目就是基于他的"如何进行愉快有效的养育"（STEEP）模型。斯鲁夫获得过明尼苏达大学颁发的杰出教师奖、儿童发展研究协会颁发的儿童发展杰出贡献奖，以及莱顿大学颁发的名誉博士学位。他给大学生的寄言是："最令你感兴趣的问题，例如，你是怎么成为现在的自己的，是一个科学问题并能通过我们这一领域的模型进行回答。这些问题没有非常容易的答案（比如'基因使然'），但它们确实能够得到解答。"

扩展阅读：
Sroufe, L. A.（2002）. Attachment and development: A prospective longitudinal study from birth to adulthood. *Attachment and Human Development,* 7, 349-367.

念更加积极和持久（Goodvin et al.，2008）。简而言之，研究表明，早期依恋的质量和儿童看待自我的积极程度与现实程度存在关联，而这两者都是社会性发展所需的重要能力。

对父母双方的依恋和未来的发展存在关联

儿童可能会对父亲和母亲发展出不同的依恋类型。在一项研究中，研究者将 1 岁婴儿分为和父母双方形成安全依恋、只和母亲形成安全依恋、只和父亲形成安全依恋以及对父母双方都没有形成安全依恋这四种（Main & Weston，1981）。随后，他们观察了婴儿对一个友善的小丑的反应。对父母双方都产生安全依恋的婴儿对小丑的响应要多于只依恋一方的婴儿，而没有形成依恋的婴儿响应最少。这一结果表明，在了解婴儿的情绪安全感状态时，将他们看做家庭系统的一部分并考察他们与父母双方的依恋关系非常必要（Mikulincer et al.，2002；Parke & Buriel，2006）。如果其他成人（如祖父母、保姆和其他照看者）也是儿童社会关系的重要组成部分，那么还需要考察儿童对他们的依恋关系，以获得对儿童发展最为全面和准确的预测（Howes & Spieker，2008；van IJzendoorn & Sagi-Schwartz，2008；van IJzendoorn et al.，1992）。

依恋和养育：谁对发展的影响更加重要

很明显，依恋质量是后期认知、社交、情绪发展的重要前兆。然而，这一影响效应是依恋关系本身还是体贴、支持性的家庭环境造成的呢？研究者提出了一系列对两者关系的解释（Lewis，1999；Lewis et al.，2000）。首先，"极端早期效应"的解释认为，早期依恋能够在孩子此后遭遇创伤性事件和经历时提供保护作用。其次，"中介经历"的解释认为这一持续性的成因是父母行为和环境因素的稳定性，而非早期依恋模式本身。在 12 个月时具有安全依恋的儿童更可能获得母亲体贴细心的照料，并且随着他们逐渐成熟，这一照料一

直在延续。他们的母亲更可能尊重孩子的自主性，支持孩子独立应对各种情况并在有需要的情况下随时给予帮助。因此，儿童良好的社会性行为可能反映的是当时他们与父母的健康关系状态，而非许多年前关系状态的结果。如前文所述，当孩子的环境发生改变时，他们的依恋很可能也会随之改变。生活环境的改善增加了安全感；而家庭遭遇逆境则恰恰相反（Thompson，2006）。根据这一解释，影响长大后社会性行为的并非童年早期的依恋模式，而是儿童经历及与父母关系的持续与否。第三种解释认为，依恋是一个"动态的互动过程"。这一观点认为，儿童依恋的历史改变着他们接受家庭变化并做出反应的方式。相比不安全依恋儿童，安全型依恋儿童承受父母照料下降的能力更强。

为了检验这些解释，NICHD 早期儿童照料和青少年发展研究的研究者考察了物质照料条件下降、稳定和上升三种条件下早期母婴依恋和入学前后儿童社交能力之间的关系（NICHD Early Child Care Research Network，1997b）。他们发现，依恋及其影响受到了养育质量的调节，这一结果支持了"中介经历"假设的解释。儿童发展的成果会随着养育质量的提高而得到改善，反之亦然。研究者同样发现了"动态互动过程"的证据：在婴儿期具有不安全型依恋的儿童，他们的表现（如外部行为问题）也会随着养育质量的波动而发生改变。然而，安全型依恋儿童不会受到养育质量改变的影响，他们的社会性发展结果不会受到养育质量升降的影响。家庭关系和经历的改变确实影响到了研究中的部分儿童，但是，就儿童对社会环境波动的反应而言，其早期依恋特征的影响更为重要。这些结论透露出了非常清晰的信息：要理解依恋安全性的长期影响，我们必须要将早期依恋史和当前社会条件都纳入考虑范围。

步入成年　　　　　**从早期依恋到恋爱关系**

很多研究者对早期依恋与成年恋爱之间的关系深感好奇。辛迪·豪赞和菲利浦·谢弗（Cindy Hazan & Philip Shaver，1987，1990）将安斯沃斯的三依恋类型转换成为问卷对成人恋爱关系进行了测量。根据这一问卷，具有"安全

型"恋爱关系的成人喜欢亲昵并很容易建立起恋爱关系。他们对下面的表述深表赞同："我发现接近其他人对我来说比较容易。和他人相互依赖对我来说是一件愉悦的事情，我通常不会担心被人抛弃或是和某人的距离太过接近。""回避型"

成人会对亲密关系感觉不适，并很难相信伴侣。他们通常赞同如下描述："和他人太过亲昵会多少让我感到不舒服，在别人开始靠近我时我会感觉不安。我时常感觉人们对和我亲密程度的期望超过了我能接受的界限。我发现很难让自己依靠他人，并且很难完全信任别人。""矛盾型"成人时常会担心被抛弃。他们认同如下说法："我发现人们不愿意和我保持我想要的亲密程度。我时常担心我的密友其实并不喜欢我，不想和我在一起。我恨不得和朋友融为一体，有时候这会吓跑他们。"豪赞和谢弗发现，成人样本中这三种类型的比例和婴儿研究结论大致相当。约50%成人表现为安全依恋类型，回避型不到33%，而其余则是矛盾型。豪赞和谢弗还发现这些依恋类型和其与父母关系的童年记忆有关；此外依恋类型还和其工作活跃程度存在关联，这被认为是童年时探索活动的延续。安全型依恋的成人能够在恋情和工作之间取得平衡。他们对工作的总体满意度和自信都更高，但他们更加看重人际关系，并声称，如果必须在两者中做出选择，他们会选择更成功的人际关系。具有矛盾型依恋的成人也强调恋情重于工作。他们对工作缺乏安全感，并最可能声称恋爱影响了自己的工作。这类成人难以集中精力于工作任务上，除非他们将其看做获得爱和尊重的机会。矛盾型依恋组报告的平均收入

是三组之中最低的，这可能是由于不安全依恋影响了他们的工作表现。回避型成人则认为工作比爱情更加重要。他们喜欢单独工作，将工作作为避免和朋友及社会接触的手段，也无法享受工作之余的假期。豪赞和谢弗的研究发现婴儿和成年期的依恋类型具有相似性，但是他们并没能回答婴儿依恋和其成年后关系之间是否存在纵向的一致性。

明尼苏达纵向研究的研究者发现，婴儿期对父母的依恋和成年后的恋爱关系存在联系。在婴儿期陌生情境测试中表现出对母亲安全型依恋的年轻人更可能对自身的恋爱关系有一致的表述，并和恋人在冲突和合作任务中表现出更好的关系（Roisman et al., 2005）。德国一项纵向研究也得出了类似的结论，研究者发现，对母亲依恋的安全性（在婴儿时和6岁时测量获得）和22岁时更安全的恋爱关系存在显著相关（Grossmann et al., 2002, 2008）。但是，现实并不是从母亲膝头直接过渡到恋爱关系的，其过程要复杂很多。如前文所说的那样，家庭环境的改变能够影响儿童内部工作模型并对早期关系的作用产生干扰（Berlin et al., 2008）。但是，如果儿童一开始就具有对父母的安全型依恋，或通过治疗克服童年经历的影响从而获得安全感，他们的恋爱就有更大的机会获得美满的结局。

本章小结

- 在出生后的6～12个月，婴儿对生命中的重要他人产生了依恋。

依恋的相关理论

- 根据精神分析的观点，婴儿对母亲依恋的基础是吮吸的快感。
- 根据学习理论，母亲之所以成为重要依恋对象是因为她和饥饿的减少存在关联。
- 根据认知发展的观点，在发展出依恋之前，婴儿必须具备识别母亲和陌生人的能力，并能够意识到即使看不到她，母亲也一直会存在。
- 鲍尔比的依恋习性学理论着重强调儿童的本能反应诱发父母的照料和保护，并重点关注父母作为安全基地的作用。

- 母婴纽带理论认为，母亲对孩子的依恋受到早期母婴接触的影响。

依恋是如何发展的

- 依恋发展的第一步是学会区分熟悉和陌生的人。随后，婴儿对特定的人产生了依恋。这些依恋能够在依恋对象离开时婴儿的抗议行为及重聚时的欢欣鼓舞中表现出来。
- 大多数婴儿的首要依恋对象是母亲，并从母亲处获得安慰。随后，婴儿还会发展出对父亲，可能还有对祖父母、哥哥姐姐的依恋。
- 随着儿童的成熟，他们会产生对同伴和恋人的依恋。这些依恋关系能和已经建立的对父母、哥哥姐姐的依恋同时并存。

依恋的性质和质量

- 早期依恋的质量会因依恋对象和孩子的不同而存在差异。

- 婴儿依恋的质量能够通过观察母亲、婴儿在家的活动获得。安斯沃斯创立了在实验室对依恋进行测量的陌生情境范式，在这一范式中，研究者通过对短暂分离和重聚时儿童和母亲的互动活动进行的观察获得依恋信息。

- 通常而言，在陌生情境范式下，约有60%～65%的婴儿被界定为和母亲存在安全型依恋：在经历和母亲分离的痛苦后他们仍寻求和她的亲密接触，并且能够很快从不安的状态中平静下来。

- 安全型依恋的婴儿对母亲的体贴照料满怀信心。他们将母亲作为安全基地，从母亲身边出发去探索未知的环境，在需要安全时返回她身边。

- 在陌生情境实验中，回避型不安全依恋婴儿对母亲的离开无动于衷，并在她回来时主动避开她。矛盾型不安全依恋婴儿在母亲离开时会极度不安，但在她返回时举止矛盾；他们寻求接触随后又将其推开。

- 在陌生情境实验中，混乱型不安全依恋婴儿在和母亲重聚时表现混乱且茫然；即使母亲在身边，他们也无法以一贯和有序的方式应对痛苦。

- 如果父母能够非常体贴地回应婴儿的需求，双方以一种同步的方式进行互动，那么婴儿更可能产生安全型依恋。家庭、社区的情境因素同样能对依恋产生影响。

- 在社会剥夺环境中成长的婴儿可能会存在激素分泌缺陷，这改变了他们的社交响应性，并导致依恋问题。

- 婴儿的气质可能对父母—婴儿依恋的质量存在影响，但要和照看者的行为结合进行分析。

依恋的稳定性和影响

- 依恋的质量表现得较为稳定，但是在环境改善或恶化的情况下可能会发生改变。

- 早期依恋塑造了儿童其后的态度和行为。在婴儿时具有安全型依恋的儿童好奇心更强、更喜欢探索、和同伴们的关系更好、对自身的看法更加积极。

- 儿童的内部工作模型是联结依恋及其影响的中介机制。

- 父母与其自身父母关系的内部工作模型很可能会影响他们的养育行为和孩子的依恋类型。成人依恋访谈界定的自主型、缺失型和混乱型家长很可能养育出安全型、回避型和混乱型的孩子。

- 不安全型依恋婴儿向安全型转变的可能性要大于逆向的转变。

- 研究证据对依恋稳定性的两种解释提供了支持："中介经历"的观点认为依恋稳定性的成因是父母行为和环境因素的稳定性，而非早期依恋模式本身。而"动态互动过程"观点则认为，儿童依恋的历史改变着他们接受家庭变化并做出反应的方式。

■ 关键术语

依恋	印刻	矛盾型不安全依恋	回避型不安全依恋
混乱型不安全依恋	内部工作模型	母婴纽带	安全型依恋
安全基地	分离痛苦或抗议	陌生情境	

■ 电影时刻

许多电影以孩子和父母间的依恋为主题。电影《漫漫回家路》（*Rabbit-Proof Fence*，2001）讲述了依恋关系如何在逆境中为儿童提供保护及这一关系在困难环境下依然得以维持的故事。作为澳大利亚政府让原住民"重新社会化"政策的

结果，三个孩子被迫与家庭分离，但他们冲出阻碍，经历艰辛的旅程最终和家人团聚。《我是山姆》（*I Am Sam*，2001）描述了一个孩子对存在心理问题的父亲不可动摇的依恋。西恩·潘（Sean Penn）在片中饰演一个独自养育女儿的智障父

亲，在朋友、邻居的帮助下，他最终获得了女儿的抚养权。电影生动地表现了山姆和他女儿之间的依恋关系能够超越任何残疾。儿童和家长之间的强烈依恋也是电影《失踪的艾赛亚》(*Losing Isaiah*, 1995) 的主题。在片中，一位年轻的瘾君子母亲［哈莉·贝瑞 (Halle Berry) 饰演］在儿子被一个中产阶级白人家庭领养 3 年后尝试再次获得儿子的抚养权。艾赛亚和他的养母之间的依恋描述了依恋在没有血缘关系情况下产生的过程，并令人心酸地阐述了生父母和养父母要求的冲突。《秋日之眼》(*Autumn's Eyes*, 2005) 则从一个期望和狱中母亲团圆的 3 岁女孩的视角描述了贫困中的家庭。

兄弟姐妹间的依恋是电影《寻找莫莉》(*Where's Molly*, 2006) 的主题。在杰夫 6 岁那年，他 3 岁的妹妹莫莉因精神障碍被送入精神病院。对杰夫而言，前一天还一起玩耍的妹妹第二天突然就永远失踪了。就在莫莉 50 岁生日时，杰夫和他的妻子终于找到了妹妹并和妹妹重新取得了联系。杰夫对和妹妹重建关系的追寻表明兄妹间纽带的力量。

不安全型依恋同样是电影的主题之一。在电影《心灵捕手》(*Good Will Hunting*, 1997) 中，马特·达蒙 (Matt Damon) 扮演了一位在虐待家庭长大、从来没有感受过依恋的年轻男人。在一位心理学家［罗宾·威廉斯 (Robin Williams) 饰演］的帮助下，他最终战胜了对他人的不信任

感。这一影片不仅描述了依恋相关问题的成因，还表明这些问题具有康复的可能。《火星的孩子》(*Martian Child*, 2008) 讲述了一个遭到遗弃并被送入孤儿院的孩子的故事。他宣称自己正在执行火星的任务，整天待在一个大盒子里，害怕太阳，并在身上系着一串手电电池以免自己飘走。他受到了一个鳏夫［约翰·库萨克 (John Cusack) 饰演］的友善对待并最终被其领养，他的耐心和理解帮助这个孩子发展出依恋并开始适应真实世界。

如果你对依恋理论的创立者感到好奇，你可以查看两部纪录片。《玛丽·安斯沃斯和爱的成长》(*Mary Ainsworth and the Growth of Love*) 阐述了婴儿依恋发展的概要，并介绍了安斯沃斯一生的跌宕转折，包括她和鲍尔比的相识，以及陌生情境实验范式的设计。另一部电影，《约翰·鲍尔比：代际的依恋理论》(*John Bowlby: Attachment Theory across Generations*) 则关注依恋关系对成人行为的影响，以及依恋模式向下一代的传递。在片中，鲍尔比的孩子及同事介绍了他的"遗产"和一项对英国儿童进行的长达 20 年的研究，该研究表明了依恋对后期发展的影响。鲍尔比的依恋习性学理论是电影《哭泣的骆驼》(*The Story of Weeping Camel*, 2003) 的重要基石。在影片中，新生的骆驼选择亲生母亲作为寻求食物、安慰和保护的主要目标，并通过身体活动、嘶鸣和眼神接触等一切可能手段来说服母亲接受它。

第5章
情绪：关于感受的想法

在克莱尔6个月大的时候，每当妈妈笑着把她从婴儿床抱起来的时候，她总是会开怀大笑。9个月大时，克莱尔皱着眉，转身避开苏西姨妈，因为从两个月以后克莱尔就没有再见过她。1岁时，每次和爸爸玩躲猫猫游戏时，克莱尔总会咯咯地笑。两岁时，看到妈妈在哭泣，克莱尔也会表现得很悲伤。这些情绪和情绪表达上的变化，以及它们对社会性发展的影响，是本章讨论的主题。

从婴儿期开始，儿童就表现出了种类繁多的情绪状态。他们通过这些表现来表达自身的感受、需求和欲望，并借此影响他人的行为。当婴儿笑时，母亲几乎肯定将回应以微笑；当孩子尖叫，一个陌生人会停止接近并退回。在这一章中，我们描述了情绪重要性的原因，介绍了一些有助于解释情绪发展的理论。我们对孩子最初的表情，如微笑、大笑、皱眉、哭泣等进行了探索，并对随后产生的一些情绪，如自豪、羞耻、内疚和嫉妒进行了考察。我们讨论了婴儿如何学会辨别他人情绪、如何调节自身情绪以及他们如何认识情绪本身；描述了父母、兄弟姐妹、老师及同伴在儿童情绪表达和控制的社会化过程中所发挥的作用。最后，就情绪发展中遇到的问题进行讨论，重点对儿童抑郁症进行关注。

什么是情绪

情绪是复杂的，它们包含了对环境中的某个事物的主观反应，通常伴随着某几种形式的生理反应，并通过一些表情和行为传达给他人。它们通常可被分为愉悦的或是不快的。婴儿可能对一种新的口味的奶粉感到厌恶，体验到不快并产生心跳加速的反应。由于他们还没有学会如何隐藏自己的情绪，他们会用这些方式让父母确定无疑地感受到他们的不悦：整个脸皱成一团、呕吐，可能还有号啕大哭。随着孩子逐渐经历儿童期和青春期，情绪"词汇"的丰富、对情绪唤醒和表达的控制能力及对他人表情的加工能力逐渐增强，儿童表情和情绪意识日益完善和复杂（Saarini，2007）。对早期的**初级情绪**（primary emotions）和随后的**次级或自我意识情绪**（secondary or self-conscious emotions）进行区分是必要的。初级情绪包括：害怕、高兴、厌恶、惊喜、悲伤和感兴趣，它们出现在生命的早期，其产生也不需要对自我进行反省。次级或自我意识情绪包括自豪、羞耻、内疚、嫉妒、尴尬和共情，这些情绪出现得比较晚，并依赖于自我意识和对他人反应的解读（Lewis，1998；Saarni et al.，2006）。

> **初级情绪** 害怕、高兴、厌恶、惊喜、悲伤和感兴趣等，出现在生命的早期，不需要进行反思或反省。
>
> **次级或自我意识情绪** 自豪、羞愧、内疚、嫉妒、尴尬和共情，这些情绪出现得比较晚，并依赖于自我意识和对他人反应的解读。

情绪的重要性

情绪在孩子的生活中具有多项功能。首先，它是孩子向他人传达自身感受的途径。通过情绪，我们可以了解孩子的喜好和厌恶，以及他们如何看待这个世界。其次，情绪与孩子的社会成功有关。能够表达和读懂情绪和能够解决智力问题同等重要。正如丹尼尔·格尔曼（Daniel Goleman）的畅销书《情绪智力》（Emotional Intelligence，1995）所说，能够在情绪的海洋中自如遨游是成功的决定性因素之一。再次，情绪和孩子的身心健康也存在着联系。那些过度悲哀和沮丧的孩子很有可能会产生诸如注意力低下、社交退缩等问题。在极端情况下，反映出来他们的自尊也会受到损害。情绪发展出现的问题还会波及孩子的生理健康。如果孩子的生活中缺乏积极情绪体验，那么他们在应对压力和焦虑方面会存在困难。这种压力调节的困难以很高的皮质醇（一种压力反应的生物指标）水平反映出来，并进而导致生理问题（Gunnar，2000；Rutter，2002a）。当父母的感情存在问题时，孩子的身体健康也会遭受损害（Gottman et al.，1996）。显而易见，情绪在孩子的发展过程中扮演着至关重要的角色。

情绪发展的观点

什么因素能够使得孩子发展出健康的情绪和情绪智力呢？情绪发展受到先天和后天因素的影响，是生理基础和环境因素共同作用的产物。在本节中，我们将详细介绍三个理论观点，这些观点有助于对孩子情绪发展的各个方面进行解释。

生物学观点

生物学观点有助于解释基本情绪的表达。根据查尔斯·达尔文（Charles Darwin，1872）率先提出的情绪结构观点，情绪的表达方式是与生俱来的、普遍存在的，它们源于人类进化，并有其生理解剖结构基础。研究表明，在不同的文化中基本情绪的面部表情，如快乐、悲伤、惊讶、恐惧、愤怒和厌恶是相同的，这证实了情绪表达是普遍的这一主张（Ekman，1972）。婴幼儿情绪表达的研究支持了情绪表达是与生俱来的这一说法：无论是早产儿还是在受孕40周后正常出生的婴儿，也不管他们见过笑容多久，所有婴儿都在受孕46周时展现出笑脸（Dittrichova，1969）。研究表明，每种情绪都是由不同组的面部肌肉群来表达的，这支持了情绪表达是基于生理解剖结构的这一说法。此外，脑科学的相关研究表明，大脑左半球控制着快乐情绪的表达，而右半球则控制恐惧情绪（Davidson，1994；Fox，1991）。基本情绪的生物学基础也得到了基因研究的证实。研究表明，和异卵双生子相比，同卵双生子在初次微笑的年龄、微笑的数量、对陌生人产生恐惧反应的时间及情绪抑制的总体程度上更为相近（Plomin et al.，2001；Robinson et al.，1992；Rutter，2006a）。因此，上述不同领域的研究都一致表明，生物因素在情绪表达中具有重要作用，儿童的基本情绪基于并受其生理特征制约，是解剖结构、大脑和基因共同作用的结果。

学习的观点

学习的观点有助于揭示情绪表达的个体差异。儿童微笑和大笑的频率和照看者的行为存在着联系（Denham et al.，2007）。如果父母以饱满的热情回应婴儿的微笑，婴儿就会受到鼓励并笑得更多。一些研究已经证实，当成人对婴儿的微笑给予积极回应时，孩子微笑的比例上升了（Rovee-Collier，1987）。学习经验也能增强儿童的恐惧反应（Denham et al.，2007）。儿童可能会产生害怕医生的经典条件反射，因为他们第一次去医生办公室就经历了痛苦的打针。操作条件反射也能产生恐惧反应，如从很高的梯子上跌落这类负面事件。此外，仅仅通过观察他人的行为，例如，看见母亲因为一只蜘蛛而尖叫，孩子也能够习得恐惧（Bandura，1989）。在上述的例子中，儿童积极情绪和消极情绪表达的频率及其诱发事件已经被环境改变了。此外，家长也能够通过对特定情绪的表达进行奖励来帮助孩子控制自己的情绪表达，或通过惩罚手段对孩子的情绪发展施加影响（Gottman et al.，1996）。

机能主义的观点

根据机能主义（或机能主义者）的观点（Saarni et al.，2006），情绪的目的是为了帮助人们实现他们的社会及生存目标，如交一个新朋友或者远离危险。这些目标会唤起情绪：欢乐和希望会在期待新的友谊时出现；而恐惧则会在周边环境出现危险时被唤起。上述两种情况下，情绪能够帮助人们达成目标。希望的情绪会让儿童主动发起和潜在同伴的互动，而恐惧的情绪会让他们远离危险的情境。因此，情绪的一个重要功能是推动儿童向目标迈进。

情绪的第二个功能是情绪信号能够提供反馈信息并指导其他人的行为。当儿童做出友好表示时，潜在同伴的反应方式是影响儿童感受和下一步行动的关键因素。如果潜在同伴回应积极的话，儿童就会感到高兴并继续互动；如果潜在同伴皱眉，儿童就会退缩，也许会试着去和其他人交朋友。同样地，如果儿童对着照看者微笑，这位照看者就更可能会靠近并开始和他对话。成年之后，情绪表达同样会影响他人的行为。研究发现：如果人们在合同谈判中表露出积极情绪，他们就更可能成功签订合同，达成交易（Kopelman et al.，2006）。如果餐厅的服务员表现出积极情绪，如微笑、讲笑话、恭维顾客、预测好天气或者在账单上画一个笑脸，他们就会得到更高的小费（Guéguen，2002；Lynn，2004；Seiter，2007）。

情绪的第三个功能是对过去情绪的记忆塑造

了人们对新情境的应对方式。那些经常被潜在同伴拒绝的儿童会变得更加谨慎；而那些社交成功的儿童则会变得更加自信。在上述两个例子中，情绪记忆影响儿童的行为并帮助他们适应环境。由此可见，情绪能够帮助儿童实现自身目标、建立和维持社会关系、适应所处的环境（Saarni et al.，2006）。

没有一个单一的理论观点能解释情绪发展的所有方面。生物、学习和机能主义这三个观点中的每一个都有助于回答情绪发展过程的某些特定问题。

情绪的发展

> **反射性微笑**　新生儿身上可以观察到的嘴角上翘，通常是无意识的，似乎源于一些内部刺激，而非他人行为等外部因素。

大多数看着自己孩子微笑、皱眉、大笑及哭泣的父母都会同意，婴儿在很小的年龄就能表达种类繁多的情绪了。在一项研究中，99%的母亲报告说他们1个月大的婴儿能清楚地表现出感兴趣，95%的母亲观察到了愉悦，85%发现了愤怒，74%发现了惊喜，58%发现了恐惧，还有34%发现了悲伤（Johnson et al.，1982）。这些妇女的判断不仅基于她们的孩子的面部表情、发声和肢体动作，还基于这些行为发生的情景。例如，一位观察她孩子的母亲，发现孩子专注地盯着挂在孩子小床上的活动的东西，很可能会认为这是婴儿的关于"感兴趣"的情绪，还认为当活动的东西来回反弹时，儿童发出咯咯声和笑声是"愉悦"情绪的表达。

但是，依赖于母亲的判断或许并不是发现关于婴儿情绪的最好方式。研究人员通过详细的编码系统来记录面部表情和动作的变化，以此来辨别婴儿的情绪表达。这些系统对面孔的不同区域（如嘴唇、眼皮和前额）进行精细区分并赋值，从而获得其运动模式。随后研究者依据获得的数值来判断一个婴儿是否表现出某一情绪。面部肌肉运动编码系统，简称为 Max（Izard et al.，1983）。这是一个设计精巧的婴儿表情编码系统，见图5.1。这种系统对从出生到两岁婴儿的感兴趣、愉悦、惊讶、悲伤、愤怒、恐惧、厌恶等表情进行编码，并已经被大量运用于婴儿情绪的研究中。

表5.1是一个典型的情绪发展重要阶段简要列表。以这一概述为指导，接下来中我们将讨论特定重要情绪的发展。

初级情绪

从很小开始，婴儿就体验到愉悦、恐惧、痛苦、愤怒、惊讶、悲伤、感兴趣和厌恶等初级情绪。这些情绪与诱发它们的事件直接相关。恐惧是对威胁的直接反应；痛苦是疼痛的直接结果；愉悦则通常源于和主要照看者的互动。

愉悦

愉悦的主要表现是婴儿的微笑和笑声。如果仔细观察，你甚至可以在新生儿脸上看到笑容。这种**反射性微笑**（reflex smile）通常是无意识的，似乎取决于婴儿的内部状态（Fogel et al.，2006；

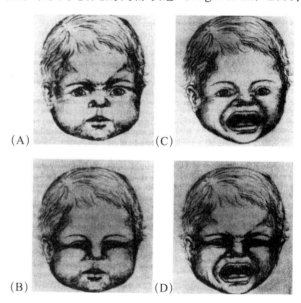

(A)　(C)

(B)　(D)

图5.1　面部肌肉运动（Max）编码系统

观察者对面部三个区域进行编码以确定其情绪表达：（A）眉毛；（B）眼睛、鼻子、脸颊；（C）嘴巴、嘴唇、下巴。这个例子显示了一个婴儿在表达愤怒的表情。在图片 A 中，眉毛向下皱在一起（Max 码25）。在图片 B 中，眼睛缩小或眯成一条缝（Max 码33）。在图片 C 中，嘴巴呈三角形或者方形（Max 码54）。在图片 D 中，我们看到了完整的愤怒情绪表达（Max 码25/33/54）。

资料来源：Izard, C.E., & Dougherty, L.M. (1982). Two complementary systems for measuring facial expressions in infants and children. In C.E. Izard (Ed.), *Measuring emotions in infants and children* (pp.97-126).New York: Cambridge University Press.With permission from Cambridge University Press.

表5.1   婴儿期和童年早期的情绪表达和理解

<1 个月	通过号哭来表达痛苦。
1 个月	显露出一般性的痛苦；傍晚时分可能变得易怒。
2 个月	显露出快乐情绪；在看到玩具时会有所表现；出现社会性微笑。
3 个月	显露兴奋和无聊；时常咧嘴大笑；感到无聊时会哭；可能会表现出警惕和沮丧。
4 个月	听到某些声音会大笑；哭相对减少；开心会略略地笑；开始表现出愤怒；开始识别他人的积极情绪，如愉悦。
5 个月	通常表现得很欢乐，有时会沮丧，扭头避开不喜欢的事物，对镜子中自己的形象微笑；可能会开始对陌生人表现出戒备心。
6 个月	模仿他人情绪，例如，母亲微笑和大笑时，婴儿也会做；可能会出现恐惧和愤怒。
7 个月	表现出恐惧和愤怒、蔑视、喜爱、羞怯。
8 个月	情绪表达更加个性化。
9 个月	在被限制时会表现出消极情绪；生气会皱眉；累的时候积极寻求别人的安慰；可能会出现夜间哭泣；大多数婴儿会表现出对陌生人的恐惧。
10 个月	显示出强烈的积极和消极情绪；偶尔会易怒。
11 个月	情绪更加多变；个人气质表现更为明显。
12 个月	别人哀伤时也会表现出哀伤；事情不如意时会哭；可能会出现嫉妒的早期迹象；为自己的聪明沾沾自喜；走路时会洋洋得意。
15 个月	情绪波动更加频繁；更关心同龄同伴；手脏了会表现得很恼火；强烈偏好某些穿着；可能会很频繁地烦躁或哭泣，但持续时间通常很短暂。
18 个月	表现得躁动不安并很倔强，有时会发脾气，有时害羞；会用物体，如毯子或喜爱的毛绒动物抚慰自己；嫉妒兄弟姐妹。
21 个月	会努力控制消极情绪；变得非常挑剔和严格；更努力去控制环境。
2 岁	可能会有点叛逆，但会适时懊悔；会对别人的情绪做出回应；情绪反应可能会非常激烈；面对改变可能不知所措；会因为梦而烦躁不安；开始认识到情绪表达规则；显示出非言语的内疚迹象。
2.5 岁	表现出羞愧、尴尬；内疚表达更加清晰；能够命名不同表情。
3 岁	表现出更多次级情绪，如骄傲、羞愧、尴尬、嫉妒；能识别初级情绪，如通过面部表情识别出快乐、悲伤、恐惧、愤怒等情绪。
4 岁	对情绪表达规则的理解和应用能力增强。
5 岁	学会分析情绪的外部成因。
6 岁	开始理解为什么两个或更多的表情能同时出现。
7 岁	认识到信念对情绪的影响。
8 岁	认识到人们具有多重、复杂、相反乃至矛盾的情绪。

注：该表所列的为研究发现的大致发展趋势。每个儿童出现这些行为的年龄因人而异。

资料来源：LaFreniere，2000；Kopp，1994；Pons et al.，2004；Saarni et al.，2006；Sroufe，1996。

Wolff，1987）。只是大多数照看者将其解释为快乐，这给照看者带来了愉悦并促使他们拥抱婴儿并与其交谈。从这一意义而言，这些笑容吸引了照看者的注意和刺激，因而对婴儿而言具有适应性价值。笑容有助于让照看者留在身边，因而成为了交流的方式和生存的保障（Saarni et al.，2006）。

在 3～8 周大的时候，婴儿不仅会因为内部状态而产生微笑，而且已经开始用微笑来回应包括面孔、声音、轻柔接触、轻微摇动在内的外部刺激（Sroufe，1996）。在 2～6 个月时，婴儿们对人的兴趣尤为浓厚，高亢的人声或声音和面孔的组合能够稳定地诱发出婴儿的**社会性微笑**（social smile）。在 3 个月左右，相比于不熟悉的面孔，熟悉的脸孔能够诱发出婴儿更多的微笑（Camras et al.，1991；Saarni et al.，2006）。这表明，微笑已经被用来表达愉悦感受，而不仅仅是由于情绪状态的唤起。此外，有研究表明，和陌生人相比，当母亲用微笑和声音来强化 3 个月大婴儿的微笑时，孩子的笑容明显更多（Wahler，1967）。这些发现表明，随着婴

社会性微笑 用嘴角上扬的方式对人脸和声音做出回应，最初出现在婴儿约两个月大时。

杜式微笑 反映真正快乐的微笑，眼角会皱起来，嘴角也会上扬。

儿成长，他们的微笑开始千差万别，这和关于情绪发展的学习及机能主义观点相一致。婴儿对熟悉面孔的偏爱也得到了其他研究的支持。研究人员发现，10 个月大的婴儿会为母亲保留一种特殊的微笑，而很少将其展现给陌生人（Fox & Davidson，1988）。这些特殊的微笑被称为**杜式微笑**（Duchenne smile），杜式微笑时不仅嘴角会上扬，眼角也会出现皱纹，使整个脸孔看起来似乎因为愉悦而容光焕发（Ekman，2003；Ekman et al.，1990）。

当然，婴儿微笑的频率并不一致。与学习的观点一致，婴儿微笑多少取决于其所处环境的社会响应。这已经得到一项以色列研究的证实：那些在受到很多关注的家庭环境中长大的婴儿会比养育在社会响应水平较低的集体农庄或机构中的婴儿笑得更多（Gewirtz，1967）。微笑的差异还和婴儿的性别存在关联。从出生的时候起，女孩就笑得比男孩多（Korner，1974），这种差异会一直持续到成年（LaFrance et al.，2003）。这一结果表明微笑的差异和遗传有关，这与生物学的观点一致。然而，将遗传和环境因素的影响分离并不容易，因为父母会期望并诱使女孩笑得更多。环境和生物因素的相互作用也体现在不同国家和部落族群微笑频率的比较研究上。有研究表明，男

性和女性欧裔美国人在微笑频率上的差异要大于非洲裔美国人。与之一致的是，研究发现，相比于欧裔美国人，非洲裔美国人父母对待自己的儿子和女儿的方式更为类似（LaFrance et al.，2003）。

婴儿用咯咯笑、哈哈大笑以及微笑来表达他们的愉悦，并且这些情绪的表达会随着年龄发生变化。研究人员通过呈现各种刺激或者让婴儿进行不同的活动来研究不同年龄的儿童笑容的诱发原因。阿兰·斯鲁夫和他的同事们让 4 ～ 12 个月的婴儿接受听觉刺激，如嘴唇发出的爆音、窃窃私语或嘶鸣声，触觉刺激，如摇晃他们的身体；视觉刺激，如人类面孔面具，社会性刺激，如躲猫猫游戏（Sroufe & Wunsch，1972）。研究发现，在任何一个年龄，听觉刺激几乎不会诱发笑容。触觉刺激会诱发婴儿大量的笑声，但仅限于 7 ～ 9 个月这个时段。总体而言，视觉和社会性刺激能够诱发出更多笑容，并且这种笑容产生的可能性随着年龄增长而增加。对 12 ～ 24 个月婴儿的研究发现，婴儿们尤其喜欢他们能参与其中的活动，例如，用布一会儿遮住母亲的脸，一会又拿掉，或者用毯子拔河（Sroufe，1996）。其他研究表明，随着儿童的成长，笑的频率会持续增加并变得更加社会化（LaFreniere，2000；Saarni et al.，2006）。

恐惧

婴儿出现的第二种初级情绪是恐惧。研究者

❓ 你一定以为……   微笑就是一个微笑

很多人会认为儿童的笑容都是一样的。但事实上，即使是一个婴儿也会用不同的笑容来表达不同的积极情绪。有些笑是腼腆的，有些是愉快的，有些则是奔放的（Messinger & Fogel，2007）。图 5.2 列举了几种不同类型的笑容。

一个多世纪以前，一位名叫吉拉姆·杜兴（Guillaume Duchenne，1862）的法国医生发现，不是所有的微笑都是相同的。他指出，嘴角上扬并且眼睛周围出现皱纹的笑容和仅仅嘴角上扬但是没有眯眼的笑容有着本质上的不同。我们现在所说的杜式微笑是那种眯起眼睛的笑。对成年人而言，这种笑容表达了内心真正的喜悦，而不涉及眼睛的微笑只是为了显得礼貌或客气。马

丁·塞利格曼（Martin Seligman），《真正的快乐》（Authentic Happiness，2002）一书的作者，把这种不真实的笑称为泛美式微笑。因为这是泛美空姐在电视广告中和提供飞行服务时时常展现的表情。由于真正的杜式微笑很难伪装出来，服务员、店员、空乘人员经常会使用泛美式微笑这种礼貌但不真实的微笑。人们很难对杜式微笑的相关面部肌肉进行自主控制，因此，如果你没有感受到愉悦就难以产生一个"真正"的微笑。

甚至婴儿的笑容也有这种"真""假"之分（Dawson et al.，1997；Messinger & Fogel，2007）。一项研究发现，当面带微笑的母亲走近时，10 个月大的婴儿会产生杜式微笑，但当走

近的是一位面无表情的陌生人时，婴儿更可能会产生没有眯起眼睛的微笑（Fox & Davidson, 1988）。此外，还有研究发现，更年幼的婴儿和面带微笑的照看者一起互动时会比独处时显露更多真实的微笑，而且杜式微笑的持续时间比非杜式微笑长（Messinger et al., 1999, 2001）。在杜式微笑期间，婴儿会比没有眯眼笑时更加喋喋不休，这表明他们正在体验真正的乐趣，并全心投入到和照看者的互动中（Hsu et al., 2001）。杜式微笑是一种表达分享快乐的方式（Messinger & Fogel, 2007）。真实和虚假微笑所激活的脑区也有所不同。脑电图记录显示，10个月婴儿在展现杜式微笑时，其大脑半球的左侧额叶的激活相对更多。而成人研究也发现了类似的激活模式（Ekman et al., 1990; Murphy et al., 2003）。

　　杜式微笑的频率因人而异，这种差异与个体的幸福感有关。在一项研究中，研究人员发现，在大学年鉴的照片中约有一半学生显露出杜式微笑，而另一半则是泛美式微笑（Harker & Keltner, 2001）。研究者在这些学生27、43、57岁时对其进行了访问调查，结果发现，和露出礼节性微笑的学生相比，露出杜式微笑的学生更可能已婚，并对自己的生活表示满意。当然，这并不意味着微笑会导致社会成功，但它确实表明，真心的微笑和幸福感存在着某种联系。

　　在玩耍时，婴儿们展现出第三种笑容，这是一种杜式微笑和张大嘴巴的组合。这种嬉笑伴随着急促呼吸、发声和笑声。这表明孩子处于兴奋和高唤起状态（Bolzani-Dinehart et al., 2003, 2005），这种笑容通常会在抓痒痒游戏和躲猫猫游戏后期、孩子已经兴奋起来时被观察到（Fogel et al., 2006）。非人类灵长类在放松时会张大嘴巴，这和婴儿张嘴大笑非常相似，因而研究者认为这两者之间存在着进化性的联系（Waller & Dunbar, 2005）。这种表情通常在两只动物玩耍时见到，带有这种表情的玩耍通常持续更长时间，表明双方都在享受这一互动过程。

　　婴儿的第四种笑是杜式微笑和嬉笑的组合。这种杜式嬉笑需要眯起眼睛并张大嘴巴。这一微笑出现在婴儿和照看者，尤其是微笑着的母

普通微笑　　　　杜式微笑
　　　　　　　　（眼睛眯起）

嬉笑　　　　　杜式嬉笑
（嘴巴张大）　（嘴巴张大，眼睛眯起）

图5.2　不同类型的婴儿笑容的例子

　　普通微笑通常由内部状态、社会性及非社会性刺激引起。杜式微笑则是真正快乐的表现。嬉笑标志着玩闹时激动和高唤起状态。杜式嬉笑则标志着激动和对互动的积极投入。

资料来源：Messmger, D. S. & Fogel, A.（2007）.The interactive development of smiling. In R. V. Kail（Ed）, *Advances in child development and behavior*（Vol. 35, pp. 327-366）. San Diego, CA: Elsevier Academic Press. Copyright Elsevier,（2007）.

亲面对面游戏的开始阶段（Adamson & Frick, 2003; Delgado et al., 2002; Messinger et al., 2001）。如果母亲毫无反应并面无表情，这一笑容会消失（Acosta et al., 2004; Weinberg & Tronick, 1994）。6～12个月的婴儿通常会在和父母玩有身体接触的游戏，或在抓痒痒游戏高潮时展现出这种笑容（Dickson et al., 1997）。这种类型的笑容似乎意味着婴儿在积极参与和同伴的互动（Messinger & Fogel, 2007）。

　　随着孩子的成长，他们笑容的类型会进一步增多。据情绪研究专家保罗·埃克曼（Ekman, 2004; Ekman & Friesen, 1982）估计，成年人至少有17种类型的笑容。每个笑容服务于不同的社会功能，涉及不同的面部肌肉，甚至可能会激活大脑的不同区域。简而言之，笑容多种多样，并不简单。

陌生人不安或陌生人恐惧　对不熟悉的人的消极情绪反应，通常在婴儿9个月左右时出现。

社会参照　通过阅读他人的情绪线索帮助自己在不确定的情况下做出行为决定的过程。

已经界定了这种情绪出现的两个阶段（Sroufe，1996）。第一个阶段，为3～7个月。当婴儿遇到超出他们理解范围的事情时，他们表现出了谨慎。在这一阶段之初，婴儿们并不害怕面对陌生人。事实上，他们对此兴趣十足。通常他们用来观察陌生人的时间要比熟悉的人更长，如果母亲和陌生人同时出现，他们可能会来回观察母亲和陌生人的脸，似乎是在进行比较。在大约5个月的时候，感兴趣开始被冷静的凝视所代替。到6个月时，婴儿对陌生人反应冷淡，或许还会有些不安。这是谨慎的一个明确证据。在接下来一个月左右，婴儿的不安程度会增加，7～9个月时，恐惧发展的第二个阶段开始出现：婴儿表现出真正的恐惧。面对不熟悉和不喜欢的人或事时他们马上会产生消极反应。当看到一个陌生人站在身边并看着自己时，婴儿可能会盯着他，啜泣，扭过头去，并开始号哭。图5.3概括了出生后的第一年中，婴儿对陌生人从感兴趣（比较面孔），到警惕（看起来冷静），再到**陌生人不安或陌生人恐惧**（stranger distress or fear of stranger）的过程（Emde et al.，1976）。

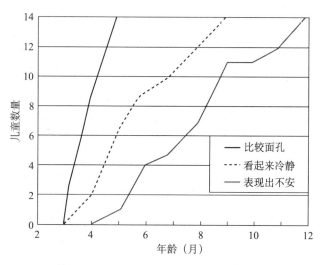

图5.3　陌生人不安的开始

这一纵向研究发现，14位8个月大的婴儿有一半因为实验室出现陌生人而产生不安，在随后的一个月中，这一不安反应明显成为了主要的反应方式。

资料来源：Emde et al.，1976.

恐惧陌生人一度被认为是发展的里程碑，这一反应被认为是不可避免的，同时也是普遍存在的。现在，研究者已经认识到，这两者都不正确（LaFreniere，2000；Saarni et al.，2006）。陌生人焦虑确实会出现在欧美及包括霍皮印第安部落（Dennis，1940）、乌干达（Ainsworth，1963）等文化背景下的7～9个月婴儿身上。但是，在非洲的艾菲（Efe）等强调亲属共同照料婴儿的文化背景下，婴儿很少表现出对陌生人的恐惧（Tronick et al.，1992）。与之相反，在中东文化中，因为战乱和恐怖主义，父母对陌生人表现得非常警惕，而婴儿对陌生人的恐惧也尤为强烈（Sagi et al.，1985）。此外，即使在欧美文化中，婴儿对陌生人的恐惧反应也各不相同。对一些婴儿而言，问候和微笑仍然是他们最常见的反应方式（Rheingold & Eckerman，1973）。婴儿是否害怕陌生人取决于一系列的变量，包括陌生人是谁、他或她的行为、相遇的环境，以及过去孩子和陌生人的经历（见表5.2；Mangelsdorf et al.，1991；Saarni et al.，2006）。

当遇见陌生人的环境是在自己家中时，婴儿表现出的恐惧会比在研究实验室等陌生场合相遇相对更少（Sroufe et al.，1974）。类似地，如果婴儿坐在他们母亲或父亲的腿上——一个熟悉又舒服的环境，那么当陌生人靠近时，他们很少表现出恐惧（Bohlin & HagekullI，1993；Morgan & Ricciuti，1969）。

孩子的反应也取决于父母亲对陌生人的反应。当他们看到母亲与陌生人积极互动时，他们也可能会笑，接近那个陌生人，并会主动给出玩具（Feinman & Lewis，1983）。相反，如果母亲看起来忧心忡忡，在面对陌生人时孩子就更倾向于号哭而非微笑（Boccia & Campos，1989；Mumme et al.，1996）。当处于不熟悉或不确定的环境下时，婴儿会把父母作为参照。他们用母亲的情绪线索来指导自己的反应（Saarni et al.，2006）。随着婴儿的成长，这种**社会参照**（social referencing）明显在发生着变化。年幼的婴儿很可能先行动再观察父母的反应，而年长的婴儿则会在确认父母反应之后再开始行动。6～9个月大的婴儿会看着母亲，但不会查看她的面孔；到14个月时，他们会目不转睛地盯着她的脸，显然他们已经意识到这是情绪信息的最好来源（Walden，1991）。

表 5.2 影响陌生人恐惧的因素

因素	更多恐惧	更少恐惧
环境	不熟悉的环境（如实验室）	熟悉的环境（如家里）
父母的可靠性	远离父母	靠近父母
父母的行为	父母用冷淡的、消极的方式对待陌生人	父母用积极或者鼓励的方式对待陌生人
陌生人的特征	成人的体型和容貌	孩子的体型和容貌
陌生人的行为	消极的、冷淡的、威胁性的	积极的、热情的、友好的
事情的可预见性	不可预见	可预见
婴儿对事情的控制	低控制	高控制
关于陌生人的文化规范	警惕陌生人的文化习俗	接纳陌生人的文化习俗
婴儿接触陌生人的经验	消极的经验（如医生给他打针）	积极的经验（如来访者带来礼物）

另一个影响婴儿对陌生人反应的环境因素是，当前情境下婴儿对陌生人行为的控制程度（Mangelsdorf et al.，1991）。如果婴儿能控制陌生人的接近，如通过蹙眉、表现出烦躁或背过脸的方式能够让陌生人停止靠近，他们感受到的恐惧就会较少。陌生人的特征和行为也很重要。与陌生成人相比，婴儿很少害怕陌生孩子——因为他们更小，并有更多孩子的特征。比起消极、沉默、冷淡的陌生人，婴儿很少会害怕那些会和他们说话、打手势、微笑，模仿他们行为，并为他们提供玩具的活跃而友好的陌生人（Mumme et al.，1996；Saarni et al.，2006）。

另一些恐惧或许更具有跨越文化和情境的一致性。婴儿期一个常见的恐惧和与母亲或者其他熟悉的照看者分离相关，正如我们在第4章中对"依恋"的讨论。这种恐惧，被称为**分离焦虑**（separation anxiety），表现为分离痛苦或分离抗议，对美国和加拿大的婴儿而言，这种恐惧往往在15个月的时候达到顶峰。在危地马拉和博茨瓦纳这样迥然不同的文化中，婴儿表现出分离焦虑的时间也大同小异（见图5.4）。恐高是另一种常见的恐惧反应，这一反应能够防止婴儿从陡坡上摔落，因而具有显而易见的进化意义。通常研究者使用一套被称为"视崖"的设备来研究婴儿的恐高行为。这套设备由放置在棋盘格底座上的玻璃组成，棋盘格底座紧贴着玻璃的一侧被称为浅滩，而另一侧则距离玻璃有一段距离。婴儿被放置在浅滩处，并

被鼓励爬过深渊到母亲身边去。在6个月大的时候，婴儿开始拒绝从浅滩爬到深渊，这表明他们已经能够看到并害怕坠落（Gibson & Walk，1960）。行走，或许还有跌倒的经验导致了这种恐惧的产生（Campos et al.，1992，2000）。

随着儿童理解能力的增强，所有的恐惧反应

分离焦虑 害怕被从熟悉的照看者（通常是母亲或者父亲）身边分离，这一恐惧反应的峰值通常在15个月左右。

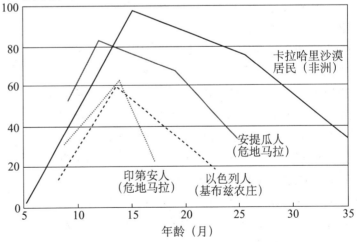

图 5.4 分离抗议

尽管孩子们来自四种截然不同的文化背景，但他们抗议母亲离开最激烈的时间段几乎相同，都介于13到15个月之间。

都会发生改变（Lagattuta，2007）。通常而言，对物理事件的恐惧会减少，而认知解释的影响会增加（Sayfan & Lagattuta，2009）。随着年龄增长，儿童不再那么害怕分离及陌生人，而更害怕社会评价、拒绝和失败（见表5.3）。长大的儿童会更多地从认知解释的角度对恐惧进行解读（Muris et al.，2008）。3～5岁的儿童会用害怕者的身体特征（这个婴儿在害怕，因为她个头很小）或害怕物的特征（小男孩害怕是因为蜜蜂会蜇他）来解释别人的恐惧。年长的儿童（和成人）则会使用心理状态（婴儿害怕，因为她还小，不知道蜜蜂是什么）或同时使用刺激物和害怕者的特征（男孩不害怕，因为他知道如果他站着不动蜜蜂不会蜇他）来解释恐惧。这表明，随着年龄增长，儿童开始意识到诱发恐惧的并非刺激物本身，恐惧反应会受到人的思想、信仰、知识的调节。儿童理解真实和虚构事件之间差异的能力也随着年龄增长与日俱增，从而帮助他们应对恐惧：与4岁儿童相比，7岁儿童更善于减少自身的恐惧，因为他们已经学会提醒自己幽灵、巫婆和怪物都是虚构的（Sayfan & Lagattuta，2009）。

表5.3　　　　　　　　　　　　　　　　　　　　儿童的恐惧

年龄	引起恐惧的刺激
0～1岁	失去支持、巨大的噪声、意外、若隐若现的物体、陌生人、高度
1～2岁	和父母分离、受伤、陌生人、沐浴（被水冲入下水道）
2～3岁	和父母分离、动物尤其是大狗和昆虫、黑暗
3～6岁	和父母分离、动物、黑暗、陌生人、人身伤害、想象中的怪物和幽灵、噩梦
6～10岁	蛇、伤害、黑暗、孤独、盗贼、新环境（开始上学）
10～12岁	同伴的负面评价、学业失败、雷电交加的暴风雨、嘲笑和尴尬、伤害、盗贼、死亡
青少年期	同伴的抛弃、学业失败、分手、离婚等家庭问题、战争和其他灾难、未来

资料来源：Gelfand & Drew，2003；Goetz & Myers-Walls，2006.

愤怒

愤怒是另一种初级情绪。婴儿情绪研究的先驱——卡罗尔·伊扎德（Carroll Izard）认为，新生儿第一个消极情绪本质上并非愤怒，而是惊吓的表达（例如，对噪音的回应）、厌恶（例如，对苦味的回应），以及痛苦（例如，对疼痛的回应）。直到2～3个月大的时候，婴儿才真正显露出愤怒的面部表情（Izard，1994；Izard et al.，1995）。在一项研究中，当研究人员轻轻握住他们的手臂不让其随意运动时，1个月大的婴儿几乎没有任何愤怒的表情，而4～7个月大的婴儿中有一半表现出愤怒（Stenberg & Campos，1989）。和成人一样，婴儿的愤怒通常源于对特定外部事件的回应（Saarni et al.，2006；Sroufe，1996）。例如，在6个月大的时候，婴儿会对给他们接种疫苗的医生显露出愤怒表情（Izard et al.，1987）；7个月时，当研究人员给婴儿磨牙饼干，但是在他们即将咬到时将饼干拿开时，婴儿同样会表现出愤怒（Stenberg et al.，1983）。似乎婴儿已经会使用特定的方式回应情绪性的挑衅，而痛苦和挫折会引起愤怒反应（Denham et al.，2007）。

悲伤

悲伤，也是对痛苦和挫折的反应，但是和愤怒相比，悲伤在婴儿期出现的很少。当父母与婴儿之间的交流破裂的时候，幼小的婴儿会变得悲伤。例如，一个经常回应的照看者对婴儿的友好表示停止回应（Tronick et al.，2005；Weinberg & Tronick，1998）。大一些的婴儿，和母亲或其他熟悉的照看者分离一段时间会导致悲伤。然而，悲伤并不仅仅是对这类事件的反应，它还是孩子用来控制互动对象的手段。研究人员记录下了在受到威胁和挫折的情况下（如陌生人靠近或者拿走其玩具），两岁孩子愤怒、恐惧以及悲伤的表情（Buss & Kiel，2004）。他们发现，当孩子们看着他们的母亲的时候，他们表现出的悲伤要比恐惧和愤怒频繁得多——这表明他们正在用这种情绪表现来唤起母亲的支持。悲伤是一种引起成人照料和安慰的有效情绪信号，因而在促进婴儿生存方面具有重要进化意义。

次级情绪

在生命的第二年，婴儿开始体验更复杂的次级情绪，包括自豪、羞耻、嫉妒、内疚和共情。这些社会情绪或自我意识情绪依赖于孩子们关注、谈论和思考自身与他人的联系的能力（Barrett，1995；Lewis，2000，2001，2007；Tracy et al.，2007）。这样的情绪在社会性发展中起到了很重要的作用：自豪和羞耻有助于塑造孩子对自身和他人的感觉；当孩子觉得其他孩子和他相比具有优势时就会表现出嫉妒；内疚驱动着孩子们去道歉；共情诱发了孩子们的亲社会行为。

自豪和羞耻

当孩子们对自身成就感到满意时，他们很可能会表现出自豪；当他们察觉到别人发现了自己的不足和缺点时，则很可能会表现出羞耻。孩子们通过低头、眼睛低垂、捂脸来表达羞耻。想要感受到羞耻，孩子必须能够对自身行为进行评估，并判断这一行为能否为他人所接受。迈克尔·刘易斯（Michael Lewis）和他的同事发现，对3岁孩子而言，解决一个不是特别困难的问题会使其体验到快乐，但是成功解决一个困难任务会诱发出自豪（Lewis，1992；Lewis et al.，1992）。没能解决困难的任务则会引起悲伤，而简单任务的失败会诱发出羞耻。当研究人员告诉年龄较大的孩子成功人士获得成功有些依靠自身的努力，有些则是靠运气时，他们发现，7岁孩子会用"自豪"来形容成就性结果的取得，而不管其是否源于自身努力，但10岁大的孩子会认为，只有成就性结果是通过自身努力获得的，才值得其自豪（Thompson，1989）。

嫉妒

嫉妒是一种常见的情绪。在童年早期，孩子们就会因为兄弟姐妹得到了父母更多的关注而产生嫉妒；在青春期时，朋友与一个十几岁的新恋人调情也会诱发嫉妒（Lewis，2007；Lewis & Ramsay，2002）。事实上，甚至1岁大的孩子都会体验到嫉妒。研究人员发现，当母亲将注意力从他们身上转向其他孩子，如新生儿，甚至布娃娃身上时，他们也会表现出嫉妒（Case et al.，1988；Hart et al.，1998）。布伦达·沃琳（Brenda Volling）和她的同事（2002）对16个月大的孩子和他们学前年纪的哥哥或姐姐之间的嫉妒进行了考察，研究发现，当父母亲和其中一个孩子玩耍，而鼓励另一个孩子单独玩时，不管是年长还是年幼的孩子都会表现出对受父母关注的孩子的嫉妒。只是嫉妒的表现方式和年龄有关。年幼的孩子会表现出痛苦的表情，而年长的孩子则会生气或悲伤。相比之下，嫉妒心越强的孩子越难安心于手头的游戏。嫉妒心强的孩子情绪理解能力较差。

 向当代学术大师学习　　迈克尔·刘易斯

迈克尔·刘易斯（Michael Lewis）是一位儿科和心理学教授，他在罗格斯大学的罗伯特·伍德·约翰逊医学院担任儿童发展研究所的所长。在学习了工程学、社会学和市场研究后，刘易斯获得了宾夕法尼亚大学的实验和临床心理学博士学位。对社会交往的缺乏如何影响孩子们的社会需求这一问题的兴趣让其将毕生精力投入到了儿童发展研究中。刘易斯试图解释儿童与家庭成员、同辈群体及朋友之间的社会关系。他最引以为豪的是考察自豪、尴尬、羞耻和内疚等次级情绪的研究。他的大作《羞耻：表露的自我》（Shame, the Exposed Self）一书拓宽了发展心理学所研究的情绪范围，具有很大的影响力。刘易斯希望增进社会性发展领域中对于情绪、社会认知和自我之间相互联系的理解，并将研究进展应用到诸如自闭症等临床问题的解决中，为深入探讨社会性和情绪的发展提供支持。刘易斯是纽约科学研究会、美国科学进步协会以及日本学术振兴会的会员。在2008年，因为对发展心理学的毕生贡献，他被美国科学进步协会授予尤里·布朗芬布伦纳奖。他给大学生的寄语是：随时提醒自己，发展的过程会受到意外、机遇、努力和运气的影响。要对未来充满希望。

扩展阅读：

Lewis. M.（2007）.*The rise of consciousness and the development of emotional life*. New York: Guilford Press.

共情 共享的情绪反应，让个体拥有和他人相似的感受。

如果孩子和父母之间存在安全依恋和相互信任，并且父母的婚姻美满，那么兄弟姐妹之间的嫉妒要少很多。显然，这些密切而积极的关系成为了缓和兄弟姐妹间的嫉妒的保护性因素。

内疚

孩子同样能在很小的时候就体验到内疚感。格拉日娜·科哈斯卡（Grazyna Kochanska）和她的同事对 22 个月、33 个月、45 个月以及 56 个月大的孩子进行了测试（Kochanska et al., 2002）。她们给孩子提供一个属于实验者的物体，例如，实验者一直保留着的童年最喜爱的毛绒玩具，也可以是一个她亲手组装的玩具，并要求孩子小心对待。由于事先动过手脚，在孩子拿起该物体时它就断成了几段。研究者发现，当"不幸"发生时，22 个月大的孩子"看起来很内疚"，他们会皱眉、愣住或烦躁不安。而 33～56 个月的孩子基本不会表露出外显的消极情绪，但是内疚感会以一种更微妙的方式流露出来，比如，他们会辗转不安，并且垂着头。虽然很小的孩子能够体验到内疚，但是距离理解和谈论内疚仍需要很长的路走。在另一项研究中，研究人员要求 6 岁的孩子和 9 岁的孩子分别描述当他们感到内疚时的情形（Graham et al., 1984）。只有 9 岁的孩子能理解这种情绪及其与个人责任感之间的关系。而 6 岁的孩子会为他们无法掌控的结果感到内疚："我无意猛撞到了我的兄弟致使他鼻血横流，我很内疚。" 9 岁的孩子认为感到内疚的条件是自己对不良结果负有责任，他们说："当因为我懒惰而没有交作业时，我会感到内疚。"其他研究人员也发现，较年幼的孩子只关注事件的结果，而较年长的孩子则认为除非不良后果是他们自己的行为造成的，否则他们没必要感到内疚（Saarni et al., 2006）。

共情

共情（empathy）是对他人情绪状态的一种情绪反应，这种情绪往往是痛苦的。共情包括分享并理解他人的情绪。它常常被描述成设身处地地体验别人的（情绪）感受。功能性核磁共振脑成像的结果为这种共情反应提供了证据。例如，在一项研究中，研究人员对正在看动画短片的 7～12 岁的孩子的大脑进行了扫描，动画片的内容是描述处于痛苦与非痛苦情境中的人们（Decety et al., 2008）。当孩子看见处于痛苦中的人们时，他们大脑所激活的神经回路和他们亲身遭受痛苦并无二致。

共情的最早表现是新生儿以啼哭作为对其他婴儿哭声的回应（Dondi et al., 1999；Hoffman, 1981, 2000）。马丁·霍夫曼（Martin Hoffman）将这种反应称为"初步的移情反应"。在婴儿接近 1 岁时，他们展现出第二种反应，即霍夫曼所谓的"自我中心的移情痛苦"。从这个年纪开始，婴儿开始发展出独立的自我意识，因此，对他人痛苦的回应只是为了让自己感觉更好。通常，在别的孩子哭泣时，他们会变得焦躁不安或哭泣，但他们不会努力去帮助哭泣的孩子。在两岁时，学步儿开始对他人产生共情，他们会试图去安慰对方，而不是只顾自己。在 13 或 14 个月大时，他们通常会接近并安慰处于痛苦中的孩子。当孩子约 18 个月时，他们不仅仅会接近痛苦的人，还会提供各种特殊的帮助。例如，他们可能会把自己的玩具给一个玩具坏了的小孩或拿创可贴给割破手指的大人。马丁·霍夫曼称这种程度为"准自我中心的移情痛苦"，因为这些小孩还是不能区分自己和他人的感受。接近 3 岁时，孩子已经能够理解他人的感受和观点与自己的不同，并且越来越注意他人的感受。这个阶段被称为"真正的移情痛苦"，孩子们能对他人的痛苦作出恰当的反应，而不再以自我为中心。研究人员发现，幼儿对母亲（van der Mark et al., 2002）和同伴（Lamb & Zakhireh, 1997）痛苦的共情具有发展性的提高。年幼的孩子只能对身边痛苦的人表现出共情反应。随着年龄增长，他们对别人的痛苦故事也会产生共情。在童年中后期，他们能对别人的一般状况表现出共情，如残疾或贫穷。青少年会对遭遇困难的群体产生共情，如受到政治迫害、疾病缠身或营养不良的人。认知能力的提高让年长的儿童和青少年能够理解不幸群体的困境，并报以共情（Eisenberg et al., 2003）。

情绪表达的个体差异

情绪表达的个体差异从婴儿出生不久就表现得非常明显。有些婴儿更爱笑，笑起来也更开怀；有些更害怕陌生的人或事；还有些则更容易生气（LaFreniere, 2000）。这些情绪反应的差异与我们在"生理基础"一章中讨论的气质差异存在着密切的关联。这些差异反映了托马斯和切斯（Thomas & Chess, 1986）气质理论的维度之一——心境，以及罗斯巴特（Rothbart, 1981, 2007）的全部三个气质维度——消极情感（包括恐惧、悲伤）、努力控制（包括从低强度活动中体验快乐）以及外倾性（包括从高强度的体验中获得快乐）。这些差异还和使得孩子们在中度压力下表现出羞怯、恐惧、焦虑和不安的行为抑制气质有关（Kagan, 1998; Kagan & Snidman, 2004）。

这些与气质之间的联系表明，生理因素对孩子在情绪诱发场景下情绪唤起的强度和应对行为的调节有着非常重要的影响。在积极和消极情绪体验上的个体差异还和儿童整体调节能力关系密切。消极情绪体验更多的孩子遇到发展性问题的概率也更高；而积极情绪体验更多的孩子的自尊心、社交能力和调整能力都要更强（Goldsmith et al., 2001; Halverson & Deal, 2001; Lengua, 2002; Rothbart & Bates, 2006）。

向当代学术大师学习　　卡洛琳·萨尼

卡洛琳·萨尼（Carolyn Saarni）获得了加利福尼亚大学伯克利分校发展心理学专业博士学位，博士后阶段接受临床心理学训练。自1980年以来，她一直是索诺马州立大学心理咨询系的教授，在那里她培训了很多婚姻和家庭治疗师以及学校咨询师。萨尼通过给予孩子"令人失望的礼物"来考察孩子的反应，是最早考察情绪表露规则发展的研究者之一。她与其他人合作编写了一系列书籍，包括《日常生活中的撒谎和欺骗》（*Lying and Deception in Everyday Life*）以及《儿童对情绪的理解》（*Children's Understanding*

of Emotion）。她还写了《情绪能力的发展》（*The Development of Emotion Competence*）一书，书中描述了构成情绪能力的一系列特定技能。萨尼在包括德国、日本和中国在内的很多国家做过演讲。最近，她在柏林自由大学语言与情绪学院进行访学交流。为了表彰她的优秀的教学工作，索诺马州立大学授予她杰出教授奖。

扩展阅读：
Saarni. C.（2007）.The development of emotional competence: Pathways to helping children become emotionally intelligent. In Bar-On, J. G. Maree, & M. J. Elias (Eds.), *Educating people. to be emotionally intelligent* (pp.15-36). New York: Praeger.

■ 情绪理解的发展

要有很强的情绪能力，仅会表达情绪远远不够。对情绪的理解同样重要。孩子必须获得情绪的相关知识，并拥有识别自身和他人情绪的能力。他们还要学习情绪的成因和结果、在特定场合下表露适合的情绪，以及改变自己和他人情绪的方法。表5.1列出了情绪知识发展的重要阶段。

辨别他人的情绪

据估计，在3～6个月之间，婴儿会看到父母和其他照看者的面部表情32 000次（Malatesta, 1982）。在这个面对面互动的高峰期，父母的面部表情是向尚不能听懂语言的婴儿传达他们的感受和期望的有效方式。对婴儿而言，学习理解成人的表情是一项非常艰巨的任务，但在这一互动期间，婴儿确实学会了辨认某些情绪。他们对积极情绪的识别要比消极情绪更频繁，同时也更早（Denham et al., 2007; Izard et al., 1995）。

与机能主义观点一致，婴儿辨识愉悦早于愤怒这一现象具有实用价值。识别出愉悦情绪为婴儿提供了有价值的经验。它强化了母婴纽带并促进了互惠的体验，尤其在婴儿识别进而表达出愉悦的情况下。在生命的第一个半年，对愤怒的识别不是适应性的。应对危险情境已经超出了6个月大婴儿的能力范围（La Barbera et al., 1976）。先愉悦后愤怒的情绪识别顺序同样表现在婴儿自身的情绪表露过程中，例如，微笑和大笑出现在皱眉之前（LaFreniere, 2000）。

早期经验能够影响孩子识别情绪的能力，这与学习的观点一致。大多数儿童识别母亲的表情要早于父亲和陌生人，这是由于他们和母亲待在一起的时间更长。此外，花更多时间与母亲互动的婴儿比互动时间较少的婴儿更善于识别母亲的表情（Montague & Walker-Andrews, 2002）。

文化背景　　　　　　不同文化中的情绪表达和理解

不同文化背景下情绪的相关研究表明：传达基本情绪的面部表情，如恐惧、愤怒、愉悦、悲伤和厌恶，在全世界范围内具有一致性（Ekman, 1992; Elfenbein & Ambady, 2002）。此外，其发展过程也具有跨文化的一致性。随着孩子们的成长，他们对一系列情绪的理解都逐渐加深，对他人非言语表情的阅读更加准确，意识到他人表现出的情绪和其内在真实感受可能存在差异，并学会调节自身情绪（Tenenbaum et al., 2004）。尽管如此，文化背景还是会影响情绪表达和发展的某些方面。

身处不同文化背景下的父母鼓励孩子进行情绪表达的程度各不相同。在美国等个人主义文化中，情绪表达被认为是内心情感的表现，所以父母对其进行鼓励（Matsumoto et al., 2008）。与之相反，在集体主义社会中，个人的感受和集体的感受不可分割，为了组织内部和谐共处，对情绪进行控制或抑制很受重视和鼓励（Masuda et al., 2008）。因此，和更偏爱情绪保守、平静、满足而非进行愉悦、愤怒或抑郁表露的亚洲（包括中国、日本、印度及尼泊尔）父母相比，美国和加拿大父母更加鼓励孩子进行情绪表达也就不足为奇了（Cole et al., 2002; Raval et al., 2007; Shek, 2001）。亚洲父母对孩子的情绪抑制行为反应积极（Zahn-Waxler et al., 1996）。他们试图预测并防止孩子表露消极情绪，而美国父母则会对孩子的消极情绪产生回应，并帮助他们进行应对（Rothbaum et al., 2002）。不同文化背景中父母自身的情绪表露也存在差异：和亚洲母亲相比，美国母亲会表露出的积极情绪更多（Camras et al., 2008）。此外，家长谈论情绪的方式也受文化习俗的影响。为了鼓励孩子隐藏情绪并关心他人，亚洲父母更倾向于谈论他人的情绪，而非孩子的（Wang, 2001）。他们关注"给孩子上课"，给他们灌输社会准则，而不是讨论孩子们的感受（Wang & Fivush, 2005）。

情绪表露规则　对于在特定文化背景中如何及何时进行情绪表达的内隐认识。

间的差异。在关注他人感受的亚洲文化中，孩子们阅读他人面部表情的能力要强于美国孩子（Markham & Wang, 1996），但他们的情绪词汇较少，这大概与他们很少谈论自身情绪有关（Wang, 2003）。文化背景不同同样会造成孩子情绪表露的差异。与中国女孩相比，美国女孩表露的笑容更多，并更善于表达，这和她们母亲的表现类似（Camras, Bakeman, et al., 2006）。在亚洲的文化中，父母教育孩子要小心地控制自身情绪、维持人际关系，并将愤怒视为对内心平静和社会和谐的干扰，因此孩子们学会了约束自身的情绪表达。在一项研究中，研究者对亚洲和美国小学生的情绪反应进行了比较（Cole et al., 2002）。他们询问孩子对一个冲突人际场景的反应，比如，有人将饮料洒在了他们的家庭作业本上或者错误地指责他们偷窃，并询问他们在这一场景下会有何感受以及是否希望别人知道他们的感受。美国的孩子更可能会感到愤怒，因为他们认为以社会可接受的方式表达愤怒是合理的。亚洲的孩子表示他们可能会感到羞耻，但他们不会为此表现出羞耻或愤怒。学会遵循文化的**情绪表露规则**（emotional display rule）是一个重要的发展成就，因为按这些规则行事和建立同伴间良好的社会关系密切相关（Parke et al., 2006; Valiente & Eisenberg, 2006）。

最近，中国一些城市的幼儿园和小学教师，开始在他们学校实施旨在增加孩子情绪和情感表达知识的项目（Partnership for Children News, 2006, 2008）。在为期6个月的课程中，孩子们聆听一只小昆虫的故事，在故事中，小昆虫和朋友一起面对并解决困难，经历脆弱昆虫的死亡，并最终满怀希望，期待一个全新的开始。这一故事教导孩子们去表达他们的感受。"最初，孩子只会使用最基本的情绪词，如'快乐'和'不快乐'；现在他们能够告诉你，他们是否'担心'、'孤独'，或是'嫉妒'。"一位老师报告说。父母在家也观察到了不同："我5岁的儿子曾经脾气很火爆，而现在，当他变得生气的时候，他会深呼吸，然后想一些使自己快乐的点子。"

父母对孩子情绪社会化方式的不同也造成了孩子之

对于稍大一些的孩子而言，与父母互动的质量也会影响情绪识别的能力。经历过严重威胁和敌意的受虐待儿童识别愤怒表情的能力要强于从未受过虐待的儿童，但这些孩子在识别悲伤表情方面有所欠缺（Pollak & Sinha，2002）。受虐待儿童会将积极、消极和模棱两可的事件都解读为悲伤和愤怒的可能诱因——这可能和他们情绪体验的不稳定有关（Perlman，Kalish，et al.，2008）。而在孤儿院等机构长大的受忽视儿童同样表现出情绪理解上的缺陷（Fries & Pollak，2004）。毫无疑问，环境因素会影响儿童的情绪理解能力。

没有经历过虐待、忽视和收容遭遇的 3 或 4 岁儿童通常能够识别并正确分辨他人的愉悦、悲伤、愤怒和恐惧表情（Denham et al.，2010；Stifter & Fox，1987）。来自不同文化背景的孩子在基本情绪识别方面的发展时间表大致相同。例如，美国和日本的学龄前儿童能口头区分情绪的年龄几乎相同（Bassett et al.，2008；Fujioka，2008）。随着儿童成长，情绪识别能力会继续提高。学龄儿童的理解能力增强了：不同事件会引发不同的情绪，而人格的持久性影响着个体的情绪反应方式。他们分析情绪诱因并调整自身和他人情绪状态的能力更加完善（Denham et al.，2010）。他们还学会了区别微妙的面部表情。到 9 岁时，儿童能够相当准确地区分杜式微笑和非杜式微笑，但在 6 岁时他们还做不到这一点（Gosselin et al.，2002）。这一区分能力从儿童中期到青少年期会持续提高（Del Giudice & Colle，2007），可能是儿童群体活动参与能力和维持社交活动能力得以提升的原因之一（Denham et al.，2007；Saarni et al.，2006）。

超越认识：关于情绪的思考

随着孩子们逐渐成长，他们不再满足于只是识别情绪，还就情绪进行更深层次的思考。他们会思考自己在参加别人的生日聚会、喜爱的宠物死了，或是听到意外的爆炸声时会有什么感受。

匹配情绪与情境：情绪脚本

随着孩子们日渐成熟，他们对"情绪"这一术语的含义及诱发不同情绪情境的理解更加全面。这一理解基于一系列**情绪脚本**（emotional script），这些情绪脚本使孩子们能够界定并预测特定事件所诱发的情绪反应类型（Saarni et al.，2006）。在很小的时候，孩子们就已经开始创建这些情绪脚

本。在一项研究中，研究者告诉 3 ～ 4 岁的孩子诸如迷失在森林里，和人打了一架，或是参加聚会等简单故事，然后询问他们故事中的人物可能会有什么情绪体验（Borke，1971）。孩子们很容易识别出能诱发愉快的情境，并在挑选悲伤和愤怒故事方面表现不错。另一研究发现，3 ～ 4 个月大的孩子能描绘诱发兴奋、惊讶、恐惧情绪的情境（Cole & Tan，2007；Levinc，1995）。显而易见地，孩子们已经能够了解情绪和情境之间的对应关系。随着孩子的继

> **情绪脚本** 使孩子界定特定事件对应的情绪反应类型的心理图式。

续成长，他们会获得更复杂的情绪脚本。在 5 岁时，他们已经能够理解诱发特定面部表情（如皱眉表示生气）或特定行为方式（哭或抑郁表示悲伤）的情境。到 7 岁时，他们已经能够描绘诱发自豪、嫉妒、担忧或内疚等没有明显面部表情或外显行为的情绪的情境。而 10 岁时，孩子们已经能够描述诱发放松和失望的情境（Harris et al.，1987）。

这一发展顺序已经在包括英国、美国、荷兰和尼泊尔等一系列国家观察到（Harris，1989，1995）。但在不同的国家，某些情绪脚本会存在差异。例如在美国，孩子们对父母让其停止玩耍并上床睡觉的典型反应是愤怒，因为这打断了他们的玩耍过程；但在尼泊尔，孩子会为此感到开心，因为他们知道这意味着他们可以和父母亲一起睡觉，而不是独自一人（Cole & Tamang，1998）。

多样的情绪，多样的原因

情绪理解的另一方面是意识到人们可以同时拥有多种感受，甚至这些感受可能还相互矛盾。尽管婴儿已经表现出拥有矛盾情绪体验的迹象，例如，在对玩具机器人着迷的同时又表现得小心翼翼甚至害怕。孩子们理解、描述复杂情绪的能力发展非常缓慢。当被问及一个人能否同时感受到多种情绪时，一个年幼的孩子回答道："你必须变成两个不同的人才能同时体验到两种不同的感受。"（Harter & Buddin，1987，p. 398）在一项以 4 ～ 12 岁孩子为对象的研究中，苏珊·哈特（Susan Harter）让孩子们描述可以同时让他们感受到两种类似情绪（如愉快和兴奋）或相反情绪（如愉快和悲伤）的情境。研究发现，大多数 6 ～ 7 岁的孩子能描述同时诱发类似情绪的情

境。但直到 10～12 岁时，儿童才能够想象相反情绪的同时存在。表 5.4 概括了孩子们理解多重及冲突情绪的发展历程（Harter，2006；Harter & Buddin，1987）。

在另一项考察儿童复杂情绪理解能力的研究中，研究者呈现给 5～12 岁孩子动画片《小美人鱼》（*The Little Mermaid*）的片段：国王特顿与女儿艾丽儿悲喜交加的分离过程（Larsen et al.，2007）。当询问孩子们电影片段的内容时，年长的孩子（8 岁或更年长）更可能报告国王特顿复杂的情绪体验，而他们在看电影片段的过程中同样百感交集。

在对 3～11 岁孩子进行的研究中，研究者保罗·哈里斯（Paul Harris）和同事将孩子对情绪的思考划为三个阶段（Pons et al.，2004）。在第一阶段，孩子们开始理解情绪重要的"外在"方面。这一阶段的大多数孩子都能通过观察外在（面部）表情识别诸如快乐、悲伤、恐惧和愤怒等初级情绪，而且大多数 5 岁孩子能辨别这些情绪的外在诱因。这个年龄的儿童会预期一个失去心爱玩具的孩子会感到悲伤，而收到礼物的孩子会感到快乐，他们还能够理解有不同需求的人在同一场景中感受会不同。在第二个阶段，孩子们开始理解情绪的"心理"特质。从 7 岁开始，绝大多数孩子都能理解：是个体的内心感受决定了表情的产生，而非情境；信念能够决定一个人对情境的情绪反应；个体表露出的情绪状态和他们真实体验可能存在不同。在情绪理解的第三个阶段，孩子们能够理解人们能从不同的角度对特定的情境进行不同的"解读"，从而体验到不同的感受，这些感受可以是同时的，也可以是相继的。从 9 岁开始，大部分孩子都能理解一个人可以拥有多重、混杂，甚至自相矛盾或模棱两可的情绪。这三个阶段逐级递增，对前一个阶段的理解是下一阶段出现的必要条件。

表5.4   儿童对多重及冲突情绪的理解

大概年龄	儿童的理解
4～6 岁	认为一次只能体验到一种情绪："你不可能在同一时间有两种体验存在。"
6～8 岁	认为两种同类情绪体验能够同时出现："打出全垒打时，我会既高兴又自豪。""当妹妹把我的东西弄得一团糟时，我会很生气，并且要抓狂。"
8～9 岁	认为可以同时针对不同情境做出两种情绪反应："我因为无所事事所以感到无聊，同时又因为受到母亲的惩罚而感到生气。"
10 岁	认为当遇到不同事件或同一情境具有不同方面时，人们能同时感受到两种相反的情绪："我在学校里为下一场足球比赛担心，同时又很高兴数学得了 A。""哥哥打了我，我很生气，但我很高兴父亲让我打回来了。"
11～12 岁	认为同一件事能够诱发相反的情绪："很高兴我得到了一个礼物，同时又很失望，因为这个礼物不是我想要的。"

资料来源：Harter，2006；Halter & Buddin，1987.

情绪调节

情绪发展的另一重要方面是**情绪调节**（emotion regulation）（Cole et al.，2004；Morris et al.，2007；Thompson & Meyer，2007）。任何在长途飞行途中曾经坐在婴儿旁边的人都肯定会同意，孩子管理自身情绪的能力非常重要。孩子们需要监控和调整他们自身的情绪反应，减少情绪唤起的反应强度和持续时间，减少消极情绪爆发的次数（Brenner & Salovey，1997；Thompson & Meyer，2007）。做到这一点很重要，其原因之一是：学会控制情绪能够让孩子感觉更好。另一个原因是学会情绪控制能够增加其他人（包括在飞机上坐他们旁边的人）对孩子积极反应的可能性。情绪控制能力的改变与大脑前额叶皮层的成熟有关（Thompson & Meyer，2007）。

婴儿对情绪的管理活动甚至出现在出生之前。胎儿们会通过将拇指放到嘴里来舒缓自己。婴幼儿会用非常简单的方法来控制自身情绪；例如，当面对陌生人时，他们会没事找事做或将目光移开

情绪调节 对情绪反应进行管理、监测、评估以及调整，以减少情绪唤起的强度和持续时间。

（Mangelsdorf et al., 1995）。随着孩子的成长，他们学会了在遭遇恐怖事情时扭过头、捂住脸、让自己放松或通过玩耍来分散自己的注意力（Bridges & Grolnick, 1995；Mangelsdorf et al., 1995）。

　　学龄前儿童使用的情绪管理策略主要包括分散注意力、将注意指向或远离某个刺激，以及接近或远离某个情境（Denham et al., 2010）。他们开始意识到情绪管理行为与自身感受改变之间的联系，并开始更加灵活地选择当前情境下最为理想的应对手段。在这个年龄段，由强烈情绪体验导致的行为混乱明显减少。在学前期结束时，孩子们已经学会通过撅嘴或者抱怨来控制对挫折的反应，而不是号哭尖叫或将玩具往地上摔。他们也学会了情绪的表露规则，了解了在什么情况下该表现出什么情绪状态，并且开始将自身感受和

情绪表达进行分离（Lewis & Michaelson, 1985）。不过孩子们对自身情绪表露进行熟练控制的时间比获得情绪表露规则相关知识的时间要晚得多（Saarni, 1999）。学龄前儿童已经在尝试遵循情绪表露规则，但是他们通常只会简单地夸大或减少自身的情绪表露。到了 8～10 岁，儿童已经学会了表露规则，他们能够在不高兴的时候展现出笑脸，假装很痛苦的样子，或是在不该笑时隐藏自己的快乐（Garner & Power, 1996；Saarni et al., 2006；von Salisch, 2008）。

　　在小学时，孩子们对情绪调节策略的种类及其在不同情境下各自的效果有着更加清晰的认识，他们越来越多地使用认知和行为策略来调节自身情绪（Denham et al., 2010；von Salisch, 2008）。例如，在露营时，他们通过寻找能和他

步入成年　　在成年期控制消极情绪

　　童年期并不是人生中唯一可以改进消极情绪应对策略的时间段，成年期的人们同样可以做到。老年人会使用将注意力转移至积极想法这一行之有效的应对策略（Charles et al., 2003；Mather et al., 2004）。在一项研究中，当被试被要求观看描绘悲伤、愤怒、恐惧和快乐的面孔图片时，大学生盯着恐惧面孔的时间最长，但是老年人会花更多时间观看快乐的面孔（Isaacowitz et al., 2006）。他们显然用心去听取了歌词"突出积极，排除消极，关注肯定的方面"以及"要总是看到生活中光明的一面"的建议。

　　根据社会情绪选择理论，随着年龄增长，人们日益感到时间有限，所以他们更加努力进行情绪调节，以增强积极并减少消极的情绪体验（Charles & Carstensen, 2007）。他们采用的方法之一是让自己从消极情境中抽身。例如，相比于年轻人，老年人更少因为人际冲突而感到愤怒（Charles & Carstensen, 2008）。他们比年轻人更享受社交互动过程，因为他们更挑剔地挑选社交伙伴，并把自己的社交网络限制在喜欢的人群中（Carstensen et al., 1997）。和年轻人相比，老年人的积极回忆更多，因为他们会将这些回忆扭曲为令人欢喜的（Mather & Carstensen,

2005）。他们对积极面孔的记忆要优于消极面孔，而年轻人没有表现出这种偏向（Mather & Carstensen, 2003）。甚至在对于刺激的注意上，老年人会关注积极的方面，相对于消极图片，当他们看到积极图像时大脑腹内侧前额叶皮质（大脑中与情绪调节有关的区域）的激活更强，而年轻人则恰恰相反（Leclerc & Kensinger, 2008）。

　　老年人会报告说他们比年轻时更善于调节自己的情绪（Lawton, 2001），并且体验的负面情绪更少（Gross et al., 1997；Lawton et al., 1993），负面情绪的持续时间也更短（Carstensen et al., 2000）。当被问及每天遇到的问题情境时，老人们说他们会通过将想法和行为从该情境转移开、努力不去感受或表现出情绪反应来调节自身的愤怒（Blanchard-Fields & Coats, 2008；Coats & Blanchard-Fields, 2008）。当实验者故意诱发负面情绪时，老年人能比年轻人更富有成效地平复心情（Kliegel et al., 2007）。与年轻人相比，老年人更少外露愤怒情绪，报告使用镇静策略来对愤怒进行内部控制的次数更多（Phillips et al., 2006）。老年人通常比年轻人幸福感更强，而他们对于负面情绪调节能力的改善是其中一个重要原因。

们聊天并让他们感觉更好的人来控制对家的思念，而不会哭泣、打退堂鼓、开始头疼或胃疼（Thurber & Weisz，1997）。在某种程度上，文化决定了儿童对情绪控制策略的选择。西方社会培养孩子们使用积极的问题导向策略；而亚洲社会则通过提高忍耐力来应对负性情绪、"留面子"，并维持社会和谐（Chin，2007；Lee & Yang，1998）。

尽管所有孩子都学习情绪调节，但有些孩子要更擅长一些。而表现最好的孩子往往具有先天生理上的优势。正如我们在第 3 章关于气质的讨论中指出的，婴儿和儿童在情绪反应方式以及利用避开对视、吮吸手指和寻求照看者等调节策略调整自身情绪体验的强度与时间的能力存在差异，（Rothbart & Bates,2006；Rothbart & Derryberry，1981）。那些气质上反应过激且难以控制注意力（不能将注意力集中在令其感到舒服的物体或想法上）的孩子在情绪调节方面表现有所欠缺（Denham et al.，2007；Valiente & Eisenberg，2006）。他们陷入双重束缚，难以从强烈的情绪

体验中挣脱出来。这一双重束缚可以通过生理测量体现出来：在完成一项令人沮丧的任务时（如等待奖品），情绪调节能力较差的孩子消极情感水平更高，而心脏迷走神经张力也更低——这是一项反映从情绪危机中恢复的能力的生理指标（Santucci et al.，2008）。

情绪调节能力是预测孩子日后调节能力的重要指标（Fox & Calkins，2003）。在幼儿园，遭遇挫折时更善于通过转移注意力来调节愤怒情绪的孩子，进入学校后表现出的攻击性和破坏性都要更少（Gilliom et al.，2002）。对表露规则认识更深入并应用更好的孩子，其社交能力更强，也更受同伴的喜爱（McDowell & Parke，2000，2005；Parke et al.，2006）。对情绪的唤起和表露进行控制不仅有益于孩子本身的幸福感受，同时也有利于孩子和世界互动。能够控制情绪表露帮助孩子获得他们想要的关注和认可（Tronick et al.，2005）。当孩子们微笑或表现得悲伤但不大声号哭乱扔东西时，成人给予的回应会更加积极（Howes，2000）。

■ 情绪的社会化

儿童通过观察人们对他们的情绪反应以及人们之间的情绪互动来习得情绪相关知识。看着父母争论、兄弟姐妹间发生口角以及祖母对着妹妹微笑都是他们学习情绪的方式。苏珊娜·德纳姆（Susanne Denham，1998）界定了人们将儿童的情绪社会化的三种方式（见图 5.5）。首先，他们提供了一个情绪表达的范例；其次，他们对儿童的情绪表达作出鼓励或反对的反应；最后，他们通过谈论自己和他人的情绪反应起到情绪训练师的作用。

家长引领的社会化

通过观察父母的行为，孩子们学到了很多情绪表达的相关知识。有些父母的情绪反应较为抑制和拘谨，有些则更公开和强烈。许多研究已经表明，孩子的情绪反应和父母如出一辙，双方在情绪表现水平和表现形式上都很相似。与表现出正面情绪的父母一起长大的孩子更倾向于表达正

面情绪；对痛苦较敏感的父母的孩子会表现出更多的移情；而父母经常表现出故意和冲突的孩子

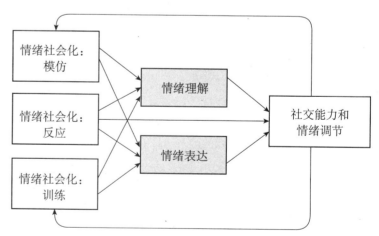

图 5.5　情绪的社会化模型

社会化实践引起情绪表达和理解上的改变，从而导致社交能力和情绪调节能力上的改变。

资料来源：*Emotional Development in Young Children*（Paper）by Susanne A. Denham. Copyright 1998 by Guilford Publications，Inc. Reproduced with permission of Guilford Publications，Inc. in the format textbook via Copyright Clearance Center.

向当代学术大师学习 苏珊娜·德纳姆

苏珊娜·德纳姆（Susanne Denham）是乔治·梅森大学的教授，也是研究童年早期情绪发展的专家。尽管她一开始想成为一名儿科医生，但在改变了主修专业并在马里兰大学完成研究生学业之后，她最终成为了一名发展心理学家。当她着迷于婴儿玩具、经常像一个保姆一样工作，并且经历了母亲与抑郁症的斗争之后，她的兴趣开始转向理解和帮助更为年幼的孩子们。她的工作主要关注三个问题：父母要如何教育孩子表达、调节和理解自身情绪？情绪调节的相关知识是如何促进儿童与同伴交往能力的？如何建立和改进儿童情绪能力的测量方法？目前，使用过她的投射情感知识测验（puppet-based Affect Knowledge Test）的研究者和学生遍布全世界。

她的工作也具有巨大的应用价值：她设计了一个用以提高学龄前儿童情绪能力的程序，并且建立了一个教师可以使用的情绪能力评估标准。展望未来，她认为将来的情绪发展研究将越来越多地和脑科学以及心理物理法测量相结合，发展心理学的科学结果将得到越来越多的应用，并得到决策者更多的重视。她下一步的研究将着眼于儿童宽恕行为的发展。她给学生们的建议是："倾听并观察孩子！遵循你想要理解孩子的激情，将研究汇聚成一个焦点，不要胆怯，在研究的道路上继续前进。"

扩展阅读：

Denham, S., & Burton, R.（2003）. *Social and emotional prevention and intervention programming for preschoolers*. Amsterdam: Kluwer-Plenum.

会表现出更多的负面情绪（Ayoub et al., 2006; Denham et al., 2007; Eisenberg, Gershoff, et al., 2001; Halberstadt et al., 2001）。这一联系并没有随着儿童期的结束而结束；在青少年与他们父母之间同样能够观察到这种情绪的相互影响（Kim et al., 2001）。

儿童也会从父母那里学习情绪调节。如果父母在与孩子的交流中保持积极和乐观，在孩子生气或痛苦时提供抚慰，儿童对愤怒的反应就会更加具有建设性，调节自身情绪能力更强，情绪表露也更为适当（Eisenberg & Fabes, 1994; McDowell & Parke, 2005）。当父母由于孩子的情绪表达，尤其是负面情绪表达而对其进行责骂或惩罚时，儿童会在情绪调节方面遇到障碍（McDowell & Parke, 2000; Parke et al., 2006; Valiente & Eisenberg, 2006）。受虐待儿童在情绪调节方面的缺陷尤为突出（Edwards et al., 2005; Pollak & Sinha, 2002; Shipman et al., 2007）。而那些轻视儿童情绪（"这有什么好哭的"）或者对儿童的感受漠不关心（"不要担心了，看电视去吧"）的父母也没能教育儿童如何调节自身情绪。在孩子面前打架的父母同样无法对其情绪调节提供帮助。接触过多家庭暴力的儿童在情绪调节上存在很多问题（Katz et al., 2007）。但是，如果父母能够采取建设性的方式解决争端，儿童产生情绪调节问题的可能性就会小很多（Cummings & Davies, 2010）。

父母可以积极地指导孩子，通过给他们"上课"来帮助他们理解和调节自身情绪。心理学家约翰·高特曼（John Gottman）认为，那些考虑周全、温情和投入的父母对他们自己和孩子情绪的态度有时会妨碍他们与孩子的顺利交流。这些家长们需要把他们的关心转变为基本的指导技巧。在他的著作《育儿问题核心：提高孩子的情绪智力》（*The Heart of Parenting: Raising an Emotionally Intelligent Child*）一书中，高特曼提出了对孩子进行"情绪指导"的五个方面（Gottman & DeClaire, 1997）：

● 关注儿童的情绪。例如，父母对孩子说："我理解你因为生病不能参加今天的聚会而感到难过。"

● 把情绪表达作为一个亲近和教导的机会。例如，当女儿为进出新泳池左右为难时，母亲马上察觉到发生了什么事。当女儿最终崩溃号啕大哭时，母亲告诉她不能这样。她让女儿先哭了一会儿，然后安慰她并谈论发生了什么事。女儿从中认识到有些情绪表现是不为人们所接受的，并且谈论这些情绪而不是任其随意发泄能够得到更好的结果，因为这能让所有人都返回泳池并玩得很尽兴（Denham，1998）。

● 倾听、共情并确认儿童的感受。例如，一位母亲在和她学龄前的孩子一起看书时，这样解释一张能激发情绪的图片："他们被吓到了，他们抓住了这只狗并把它带到了安全的地方。看到这个担心的表情了吗？""他们看起来很害怕。"女儿说道。（Colwell & Hart，2006）

● 使用儿童能理解的情绪词。例如，一位母亲说："当这个玩偶箱的玩偶突然弹出时，这个男孩被吓到了，并且有一点害怕。"而不是用"方寸大乱"这种孩子难以理解的词语。

● 帮助孩子想出一个恰当的方法来解决问题或应对逆境。例如，一个家长说："我知道你因为不能马上玩姐姐的新玩具而感到很沮丧，因此在轮到你玩这个新玩具之前，让我们先找个其他玩具代替吧。"

高特曼发现，那些受到过家长情绪指导的孩子能比其他孩子更好地管理自身的情绪。这些受过教育的儿童能够在不安时让自己放松下来；他们能更好地理解他人，与其他儿童有更好的友谊关系，也更受同伴的欢迎（Gottman et al.，1996；Gottman & DeClaire，1997）。这些孩子在接受他人观点、理解自己和他人情绪上也表现得更好。在相关研究中，朱迪·邓恩（Judy Dunn）和她的同事们发现，3 岁儿童与其母亲关于情绪状态的谈话能够预测他们在 6 岁时理解他人情绪的能力（Dunn，2004；Dunn & Hughes，1998；Dunn et al.，1995）。另一种家长帮助孩子学习情绪的方法是与孩子一起回忆过去的共同情绪体验。那些经常和母亲一起进行回忆的孩子能够讲述更加连贯同时也更加富有感情的自身经历，这些孩子在调节自身情绪方面也做得更好（Fivush，2007）。总而言之，如果母亲和孩子谈论更多感受，孩子往往就更善于识别他人情绪状态并调节自身情绪（Garner，2006）。当然，这些发现都是相互联系的，或许情绪社会化较好的母亲所生孩子本身就具有有利于情绪理解的气质。然而一些实验研究发现，研究人员使用故事片段来向儿童解释情绪反应的起因也会促进儿童情绪理解能力的增强，这意味着，实际上父母确实对儿童情绪能力的塑造有着直接的影响（Tenenbaum et al.，2008）。

擅长自身情绪调节的母亲对孩子情绪社会化的帮助尤为巨大，她们能为孩子提供更多经验，并教会他们在积极和消极情绪之间保持更好的平衡（Perlman，Camras，et al.，2008）。她们的孩子对面部表情和情绪情境的了解更多。同样地，有更多积极情绪的母亲同样有利于孩子的情绪社会化，她们对孩子的情绪状态非常敏感，和他们分享积极情绪，并赋予孩子自豪感和自我效能感（Hoffman et al.，2006）。幸运的是，双亲中只要有一位能够帮助孩子进行情绪调节就足以弥补另一方的不足（McElwain et al.，2007）。

其他儿童带来的社会化

同伴和兄弟姐妹也会使儿童的情绪更加社会化。当一个儿童表现出愤怒时，其他儿童会倾向于用愤怒、拒绝或否定作为回应（Denham et al.，2007；Fabes et al.，1996）；当一个儿童表现得很高兴时，同伴很可能会表示赞同（Sorber，2001）。这些同伴的反应让儿童懂得表达出积极和消极情绪的后果。同伴还能够帮助儿童提高对情绪的理解和认识。一项研究发现，那些与同伴关系良好的幼儿园孩子在一年中情绪知识的增长要快于受到社会孤立的孩子，这可能是因为通过交流他们有更多的机会去体会情绪的细微差别（Dunsmore & Karn，2004）。和兄弟姐妹及朋友一起玩"假装游戏"同样能够帮助儿童理解他人的感受（Dunn & Hughes，2001）。类似地，当兄弟姐妹们做出积极或消极反应，或父母对孩子的愤怒爆发表现出警觉时，孩子们也能从中学到情绪知识（Denham et al.，2007；Dunn，1988，2004）。一些项目，如"和兄弟姐妹们玩得更好"（More Fun with Brothers and Sisters）等，能够教会儿童如何识别、监测、评估并改变自己对兄弟姐妹的情绪反应。这些活动提高了儿童的情绪调节技巧并且促进了兄弟姐妹间的良好关系（Kennedy & Kramer，2008）。

教师引领的社会化

教师也能够促进儿童的情绪发展。特别是在学前时期，教师在儿童情绪技能的发展过程中扮演着重要的角色，这些技能在儿童日后的社会成功中发挥着重要作用。教师使用抚慰和分散注意力的方法帮助幼童调节消极情绪。和学前儿童在

深入聚焦　　　　　　高中戏剧节目中的情绪发展

　　大多数情绪社会化研究都将目光集中在年幼儿童上。然而，情绪社会化在青少年期依然还在继续。里德·拉尔森和简·布朗（Reed Larson & Jane Brown, 2007）探讨了青春期孩子在演绎《悲惨世界》过程中是如何学到新情绪技能的。从作品角色分配到最后表演，研究者采用了详细定性访谈和观察的方法考察了这一过程中青少年们体验到的情绪状态，并探讨了参与戏剧排练如何影响青少年的情绪发展。

　　最初，由于没能获得理想的角色，失望是大家最为常见的情绪。但是，通过和朋友谈论他们的失望以及对所获角色的投入，这种失望会在一到两周内消失：当他们参与排练并开始熟悉新的角色时，这些学生会频繁地报告他们经历的兴奋、满足、得意还有"肾上腺素分泌"。而这种得意经常会蔓延到整个团队中。就像玛丽娜描述的："当站在舞台上时，你能感受到很强的感染力，就像我大声歌唱并为之兴奋，这种感受很快散播开来，引起其他人的共鸣。"随着时间的增长和要求日益严格，关于愤怒感和人际压力的报告开始出现。这些负面情绪也开始蔓延。几乎所有学生都表达了对自私自利并碍手碍脚的同伴的不满。在排练行将结束的时候，一些学生因为要在一群观众面前表演而倍感焦虑；再一次，团队的支持帮助他们舒缓了紧张的神经，并将焦虑的成员拉回正轨。当成功表演完了《悲惨世界》后，所有人的喜悦都达到了最高点。在随后的访谈中，一些年轻人报告了因演出结束而感受到的悲伤。

　　这次剧场体验为这些年轻人提供了包括失望、得意、沮丧和焦虑在内的一系列独特情绪体验。从这些体验中，发生了几种情绪学习过程。首先，学生们报告获得了关于情绪的抽象的认识，特别是情绪与气质之间的联系。他们了解到一些人相较而言会更加冲动和情绪化，这种差异

可能是真实的也可能是可以表现出来的，同时他们增加了对自身情绪模式的注意。一些人报告，他们通过站在角色的视角、体验角色的情绪这样的方式塑造角色，并受益良多。此外，学生们报告称他们知道了更多影响情绪的因素，如疲劳、压力、批评和成功等。他们对情绪和团队的关系更加敏感。当团队处于愉悦的状态时，他们的工作要顺利很多。另一个主要进步就是学到如何管理愤怒和人际压力。学生们报告了应对策略的发展，帮助他们处理错过理想角色带来的失望、管理焦虑以及减少表演压力。其中最为频繁的主题是学习控制在排练过程中体验到的人际压力。如何应对愤怒，尤其是对同伴的愤怒，对他们而言是一个挑战，同时也是一个刺激他们进行学习的过程。

　　两年后，当学生们被重访时，一些人声称，学会约束自己对他人的消极反应是他们在这一戏剧表演体验中学到的最重要课程之一。他们学会了将自身愤怒保持在可控范围内，保持"冷静"和"镇定"。他们意识到了会增加愤怒的因素并学会如何消除。当其中一个学生杰克注意到疲劳是怎样使他更加情绪化时，他说："你得意识到这一点，并对自己说'好吧，在经历了漫长的一天后，我需要比平时更加平静'，因为我知道在这样的情况下我更容易发火，而这会使我处理事情更加困难。"学生们还明白了积极的情绪状态会提高他们的工作效率。萨拉描述了她学着用喜剧来放松团队的心情并缓和紧张的气氛。从几乎所有学生的描述中可以看出，他们认为在这一段共同经历中，自己和同伴相互合作、共同学习，帮助彼此理解每一段情绪历程，并一起探讨如何应对。学生们对戏剧组织者在这一学习进程中所发挥的积极作用给予了肯定，认为他们创造条件让学生从现实工作的情绪体验中得到学习，而非通过抽象的说教。

一起时，教师们通过调解和解释帮助儿童了解自身愤怒、沮丧或悲伤的起因，教导他们用建设性的方式表达消极情绪（Ahn, 2003）。尽管目前让幼儿园儿童进行学业学习的呼声很高，但一些

研究者已经确认了情绪学习是入学准备工作的重要组成部分，并已经对教师进行培训，以帮助学前儿童提高自身的情绪能力（Denham & Burton, 2003；Izard et al., 2008）。

坦诚地说，4 岁孩子是可爱的，但他们也是自我中心、冲动和容易崩溃的。教会儿童理解其他儿童的情绪信号并对自身情绪进行调节能够帮助他们避免冲突和崩溃。学前选择性思维促进策略（Preschool Promoting Alternative Thinking Strategies, PATHS）课程旨在帮助教师创造一个促进儿童社会情绪技能学习的环境。每个课程周期包含 30 堂课，每周一堂（Domitrovich et al., 2007）。这一课程的主要目标是：（1）培养儿童对于自身和他人情绪的意识和沟通能力；（2）教育儿童对情绪唤醒和行为进行自我控制；（3）促进积极的自我概念和同伴关系的形成；（4）通过对自我控制、情绪识别和沟通技巧的培养来发展儿童解决问题的能力；（5）创造一个有利于社会情绪学习的课堂氛围。除了这些课程之外，教师还通过团体游戏、艺术活动和书本阅读等来促进儿童相关概念的形成。

参加了 PATHS 课程的儿童在课程结束时掌握了大量情绪相关词汇。相比没有接触这一课程的儿童，他们能够更正确地界定不同情绪表达，并更准确地识别感受和面部表情。参与过 PATHS 的儿童能够对可能诱发不同基本情绪的情境进行正确识别。另外，接触过 PATHS 的儿童对于愤怒的归因偏见明显减少了：与未参与者相比，PATHS 参与者将情绪表达错认为愤怒的可能性要小很多。情绪知识的增加及愤怒偏见的减少增加了 PATHS 儿童在社交场合中取得成功的可能性。事实上，与控制组教师相比，PATHS 课程教师认为他们的学生明显更具合作精神、情绪意识更强，人际交往能力也更加优秀。

另一学前课程同时解决了文字阅读和情绪解读问题，这非常明智，因为儿童的理论技巧和社会情绪技巧密不可分。卡伦·比尔曼（Karen Bierman）和她的同事把 44 个启智班级分为两组。一组学习普通启智课程，而另一组则学习被称为 REDI（Research Based Developmentally Informed）的启智课程（Bierman et al., 2008）。这个项目在教儿童阅读的同时还包含了提高儿童特定情绪管理能力、社会问题解决能力的内容。这个项目的一个亮点是"听从睿智老龟忠告的小海龟崔珣（Twiggle）"。 根据老龟的意见，每当崔珣生气时，它就钻进自己的壳内，做一次深呼吸，说出困扰着它的事件及其带来的感受。而老师会对孩子们说："将双臂交叉起来，就像崔珣躲进壳里一样，并试着去思考如果苏西拿走了詹姆斯想要的玩具，詹姆斯应该说什么，或者比利对汤米说了刻薄的话，他们该怎么应对。"教师们使用"想象你是崔珣"进行指导，而非学前老师们常用的"用你自己的话说"这样模糊的语句。正如比尔曼观察到的："从高处俯瞰这群孩子们的时候，你会发现有些孩子站了起来，交叉双臂并说话，然后又有孩子站起来做同样的动作，随后他们坐下来继续他们的游戏。"（Minneapolis Star Tribune, 2008）到了年底，相比接受传统启智教育的儿童，上过 REDI 课程的学龄前儿童在入学预备考试的两项科目——社会和学术方面——的得分都要高很多。他们在辨别他人情绪以及在冲突情境中做出恰当反应方面表现更好。70% 接受过 REDI 课程的儿童很少或完全没有表现出破坏性行为，而普通班儿童的比例则为 56%。此外，根据家长报告，REDI 班儿童其在家表现出冲动、攻击行为和注意问题的例子要少很多。

当情绪发展出现问题时

尽管存在个体差异，但大多数儿童都能发展出适合自身的情绪模式，以帮助他们应对日常生活中社交、情绪方面的挑战。然而一些孩子的情绪问题，如愤怒、恐惧、焦虑和抑郁等，会妨碍他们的社交表现。在第 12 章"攻击行为"中我们会提到，过度的愤怒可能会导致攻击行为和暴力的产生，过度的恐惧可能会给儿童和他们的家庭带来相当大的不安。幸运的是，这些担忧大部分会在几年内消失（Gelfand & Drew，2003）。而一小类害怕和恐惧会持续更久，像恐高症（对高度的恐惧）和对生理疾病的恐惧会伴随一生。而焦虑紊乱，通常表现为持续的忧虑感和低自信，也能一直持续到成年（Ollendick & King，1998）。

在童年期最为常见的情绪问题是**童年期抑郁**（childhood depression）。当儿童看起来很沮丧或对几乎所有事情都失去兴趣，并持续至少两周以上时，就可以被诊断为抑郁症。其主导的情绪可能是易怒和偏执，而不是悲伤和沮丧。家庭成员经常注意到，这些孩子变得很孤僻，或停止了以前喜爱的活动，例如，曾经喜欢踢球的孩子开始找借口不去练习等。抑郁症常常会影响到胃口和饮食，家长可能会注意到孩子的体重没有按照正常或预期的幅度增加。抑郁症的另一常见影响是思考能力、精力和注意能力的下降。成绩的大幅下滑可能预示着儿童或青少年抑郁问题的出现。身体的不适（如头痛、胃痛）在抑郁的孩子中也不罕见。经历过童年期抑郁的女性的数量是男性的两倍（Goodman & Gotlib，2002；Hammen，2005）。

尽管童年期抑郁的出现率较低（2%），但引起这一情况的部分原因是很难对儿童的抑郁症进行确诊，事实上儿童抑郁症表现相对稳定，与成年抑郁症非常相似（Cole et al.，2008）。在 15 岁之后被诊断为抑郁症的青少年数量相当可观。抑郁症一个不幸的后果是自杀。疾病预防与控制中心（Centers for Disease Control and Prevention，CDC）的调查人员发现，17% 的高校学生曾认真考虑过自杀，有 13% 制定过自杀的详细计划（CDC，2007）。自杀是除了车祸和凶杀外导致青少年死亡的第三大原因（Berman et al.，2005；CDC，2007）。它也是大学生死亡的第二大原因。约有 3% 的青春期女生和 1% 的男生至少进行过一次自杀尝试（CDC，2009）。女性自杀未遂的可能性要高于男性，原因之一是女性更可能使用过度服药、服毒和窒息这样的方法，而男性倾向于使用枪击和爆炸这类更为快速也更加致命的方法。

文化对自杀行为也存在影响。在日本这种长期以来都将自杀看作是光荣传统的国家，其自杀率一直居高不下。而在伊斯兰教和天主教国家，由于自杀行为是违反教义的，其自杀率就要低很多。在北美地区，印第安原住民青年的自杀率较高；一项研究发现他们的自杀率是一般青年群体的 5 倍（Chandler et al.，2003）。包括贫困、传统文化的消逝、有限的教育和就业机会，以及酗酒和吸毒在内的一系列因素对自杀率的升高具有推动作用。市中心贫民区的美国黑人和拉美裔的自杀率也在上升（Rotherman-Borus et al.，2000）。

> **童年期抑郁** 一种情绪障碍，通常表现为情绪沮丧和对熟悉的活动丧失兴趣，但是可能会表现出易怒、偏执和注意力难以集中。

尽管抑郁症和自杀存在关联，但也并非总是如此（Jellinek & Snyder，1998）。一项大型研究发现，42% 自杀未遂的青少年没有抑郁症病史（Andrews & Lewinsohn，1992）。自杀与一般意义上的压倒性绝望相联系，虽然它也有可能由不良生活事件的积累导致，比如，家庭冲突，因疾病、死亡或离婚失去家庭成员，爱情或友情关系出现问题或破裂，学业的失败，参与被禁止或令人尴尬的活动被抓现行，以及真实或想象的精神和身体疾病等等（Jellinek & Snyder，1998）。许多试图自杀的青少年觉得他们没有获得情感支持。他们可能与家庭的关系较为疏远，与同伴的亲密关系中断或破裂，从而感受到孤独和绝望。

童年期抑郁的成因

和人类很多其他疾病一样，抑郁症是由很多因素引起的。就像一般的情绪发展是多种因素共同决定的一样，病态情绪的发展同样如此。

生理因素

一些研究表明，儿童抑郁症具有其生理成因。行为遗传学研究表明，在临床上表现为抑郁的父母，他们的孩子更可能出现抑郁症，并且这种联系在亲生子和同卵双生子上表现得更加明显（Cicchetti & Toth，2006；Goodman & Gotlib，2002）。大脑相关研究表明，抑郁与脑功能之间存在着联系。例如，当向抑郁母亲的孩子展示一张充满惊恐的脸时，孩子大脑杏仁核区域产生了激活（Monk et al.，2008）。但是，已经摆脱抑郁症困扰的母亲，她们孩子的大脑活动表现正常，这意味着母亲行为在童年早期抑郁的产生中发挥着重要作用（Embry & Dawson，2002）。而家庭以及遗传因素到底对童年期抑郁有多大程度的交互影响到目前为止仍不得而知（Gotlib et al.，2006；Hops，1996；Silberg et al.，2001）。

洞察极端案例　　　　　　　　　　儿童自杀行为

在丹·基德尼（Dan Kidney）11岁那年，他被发现吊死在卧室和浴室之间单杠的带子上。他是一个受欢迎的孩子，长得帅气，并出身于书香门第。丹的父母怀疑，儿子是陷入了他自己难以容忍的麻烦之中。丹从未威胁过要伤害自己，但是在自杀前几个月，他看起来有些沮丧，有时又很激动。我们不希望还有像丹一样的孩子自杀，但很不幸，这并不是唯一的案例。一个11岁英国男孩在学校和公共汽车上受到了严重欺凌，最终选择结束自己的生命。他的父亲发现他将鞋带缠在床铺和脖子上，窒息身亡。一个10岁的美国男孩，吞服了过量药物，将自己割伤，最后在双层床上上吊，在被哥哥发现时已经死亡。他留下了一幅画着自己上吊的画，并在上面写道："受到忽视不该是孩子们的命运。"一个11岁的上海女孩在放假返校的第一天，从学校六楼的窗户上纵身一跃，结束了自己的生命。她的老师报告说，这个女孩和她的母亲处得很不开心，在寒假期间已经有两次冲突。

在这些悲剧中可以明确看到三点。一是，在这种能够导致青少年和成人结束自己生命的压力和失望感面前，孩子们也不能幸免。事实上，尽管儿童实际自杀率很低，但有25%的青春期前儿童至少考虑过一次自杀（American Association of Suicidology, 2006）。12岁以下儿童每50万人中只有4个参与自杀。但令人担忧的事实是，在美国，这个数字已经比1979年翻了一番（CDC, 2009）。二是，儿童也像青少年和成人一样在竭尽所能地计划和实施自杀方案。6～12岁的儿童自杀的方式包括从高处跳下、冲到飞速行驶的汽车或火车前、溺水、锐物刺伤致死、烫伤致死、自焚和上吊等。而10～14岁儿童最常用的方式是枪击（50%）、上吊（33%）及服毒（12%）。三是，从这些悲剧中可以看到，和青少年或成人一样，儿童承受着沉重的情绪负担，最终导致了自杀行为。这些悲剧使家长和老师们开始更加关注孩子情绪的变化、退缩行为、意志消沉等预警信号，努力预防儿童的自杀行为。美国国家科学院已经呼吁美国政府将儿童心理健康作为国家的首要事务。

社会因素

一些研究的结果对童年期抑郁的社会学解释提供了支持，这些研究表明，孩子的经历会因母亲是否抑郁而产生很大的不同。抑郁的母亲显得更加紧张、紊乱、不满以及矛盾，对孩子的敏感性更低，交流和投入的热情也更少（Cummings et al., 2000; NICHD Early Child Care Research Network, 1999）。此外，抑郁母亲更可能对孩子的行为产生负面的认知（Hammen, 2005, 2009）。和抑郁父母间受损的关系可能会对孩子的情绪发展产生影响，因为这会导致儿童对自身情绪状态理解的匮乏，更为关键的是，孩子自身情绪调节能力尤其是对负面情绪的调节能力无法得到发展（Hoffman et al., 2006; Maughan et al., 2007），这进而促进了抑郁的发展（Cole et al., 2008; Kovacs et al., 2008）。同伴也能对儿童心理健康产生影响。在小学阶段，

习得性无助　由人们无法掌控自身生活事件的信念导致的一种感受。

与非焦虑型、更能被同学接纳的孩子相比，害羞、社交焦虑，并受同伴排斥的孩子罹患抑郁症的风险更高（Gazelle & Ladd, 2003）。研究还发现，生活压力也和童年期抑郁存在关联（Hammen, 2005）。

认知因素

抑郁症的另一种解释则使用了**习得性无助**（learned helplessness）这一概念，习得性无助源于人们无法掌控自身生活事件的信念（Seligman, 1974）。抑郁的习得性无助理论认为，抑郁的孩子不仅会体验到无助感，还会把自己在控制生活方面的失败归因为稳定的个人缺陷。从本质上来说，这一认知理论认为，当孩子认为自己已经无望达到理想结果时就会变得抑郁（Garber & Martin, 2002）。

治疗童年期抑郁

现在，抑郁的儿童和青少年都可以从一系列干预措施中受益，抗抑郁药物如氟西汀（百忧解，Prozac）和舍曲林（郁乐复，Zoloft）作为处方药已经得到了广泛的使用，并起到了一定的效果。

在一项研究中，56% 的患有重度抑郁症的儿童通过服用百忧解改善了病情，与之相比，安慰剂组的改善率只有 33%（Emslie et al.，1997）。但不幸的是，服用抗抑郁药物存在风险，过量服用还会致命（Gelfand & Drew，2003）。2004 年，鉴于一小部分青少年服用这类药物后自杀的风险提高了，美国政府开始要求在抗抑郁药物上贴上警告标记。然而，随着抗抑郁药物使用的降低，青少年自杀率出现了大幅攀升，这提醒父母，无论孩子是否在服用抗抑郁药物，都要对其自杀的预警信息保持足够的警惕（CDC，2007）。

认知行为疗法（cognitive behavior therapy）是当前治疗青少年抑郁症疗效最显著的方法（Hammen，2005；Hollon & Dimidjian，2009）。这种治疗通常在一个青少年小群体中进行，持续几周时间。治疗的目标是减少关于自己逊于他人的意识和感受，提供放松技巧和自我控制策略来帮助青少年控制自己的负面情绪。这种治疗也强调积极的策略，如改善同伴关系、确定切实可行的目标以及学习如何从活动中获取更多乐趣。一系列研究发现，54% ~ 67% 接受治疗的青少年不再符合抑郁症的诊断标准（Clarke et al.，1992；Lewinsohn & Rohde，1993）。而具有类似问题、在等候治疗的名单之中的青少年，只有 5% ~ 48% 的人不再符合条件。不幸的是，约有 1/3 接受认知行为疗法的孩子在两年之内抑郁症复发（Birmaher et al.，2000）。预防工作对于减少轻度抑郁很有效。在一项研究中，研究者对一批具有患抑郁症风险的儿童进行了认知和问题解决技巧的训练（Gillham et al.，1995）。两年之后，对这些孩子的评估表明，他们的抑郁症状要少于控制组的孩子。

> **认知行为疗法** 一种应对青少年抑郁的治疗技术，这一疗法教导青少年学习应对抑郁情绪、积极看待人生的策略。

■ 本章小结

情绪的重要性

- 儿童通过情绪的表达来与别人交流感受、需要和愿望，并调节他人的行为。

初级情绪和次级情绪

- 生物学理论、学习理论以及机能主义理论解释了情绪发展的不同方面。
- 婴儿在生命早期就已经开始表达愤怒、愉悦、恐惧和悲伤等初级情绪。
- 微笑开始于新生儿的反射性微笑，这一笑容取决于该婴儿的内在状态。社会性微笑出现在第 3 ~ 8 周。到了第 12 周，婴儿开始有选择性地对熟悉的面孔和声音微笑，并因具体情境而异。到 4 个月时，婴儿开始会大笑。微笑和大笑都在表达愉悦的感受，这对维持与照看者的亲密关系有非常重要的作用。
- 在第一年中，恐惧情绪会逐渐出现。在熟悉的环境中以及当婴儿感觉自己能对环境有所控制时，恐惧情绪会相对减少。社会性参照帮助他们了解在陌生环境里该如何表现。
- 在第二年中，儿童会发展出次级或自我意识情绪，如自豪、内疚、嫉妒和共情。这些情绪依赖于自我意识的发展。

情绪表达的个体差异

- 情绪表达差异源于生理基础，其对婴儿出生后的调整具有重要意义。

情绪理解的发展

- 在生命的最初 6 个月，婴儿开始识别他人的情绪表达。通常，对积极情绪的识别要早于消极情绪，这具有功能性价值，因为它强化了婴儿和照看者之间的联系。
- 随着孩子的成长，他们对情绪的理解能力与日俱增。情绪脚本帮助他们识别通常伴随特定情境出现的感受。他们意识到：在同一时间人们能体验到多种情绪，而且能够同时体验到冲突的情绪。

情绪调节

- 儿童面对的一个主要挑战是学会如何改变、控制以及调节情绪，从而减少情绪的频率和强度。
- 在学前期，孩子们开始遵循情绪的表露规则，知道在什么情况下该表露出什么样的情绪。文化影响这些规则，一些情绪状态，如愤怒和羞耻，可能在一种文化中得到认可，但在另一种文化中则可能截然相反。

情绪的社会化

- 父母会对孩子的情绪表达、理解以及控制行为产生影响。一方面，他们充当了情绪表达的榜样；另一方面，他们通过对孩子特定情绪反应表示鼓励或阻止的方式对其进行塑造。在理解和管理自身情绪方面得到父母指导的孩子能够更好地应对情绪问题，并更受同伴欢迎。对孩子的情绪漠不关心，或者对孩子的情绪表达进行惩罚都可能会阻碍孩子学习管理自身感受和理解他人情绪的过程。

- 在儿童情绪社会化的进程中，教师和同伴也起到了一定的作用。

当情绪发展出现问题时

- 孩子们有时会经历极端的愤怒、恐惧、厌恶、焦虑以及沮丧。

- 在少年期，抑郁症普遍增加，并且，女孩的发生率比男孩高。在极端的情况下，有时候会发生自杀，尤其是在一些少数群体之中。

- 生物因素、社会因素及认知因素对抑郁的发展起着潜在的作用。药物、认知治疗和预防项目是治疗儿童和青少年抑郁的方法。

■■ 关键术语

童年期抑郁	认知行为疗法	杜式微笑	情绪调节
情绪表露规则	情绪脚本	共情	习得性无助
初级情绪	反射性微笑	次级或自我意识情绪	分离焦虑
社会参照	社会性微笑	陌生人不安或陌生人恐惧	

■■ 电影时刻

大多数关于儿童情绪的电影都突出了消极情绪。例如，《12岁的少年》（*12 and Holding*, 2005）描绘了进入青春期的问题少年体会到的原始、毫无准备的痛苦、渴望、愤怒和复仇，以及这些孤独、没有安全感的孩子是如何沉迷于自身感受而逾越了传统社会边界的故事。孩子的情绪也是电影《赎罪》（*Atonement*, 2007）的核心，之所以以赎罪为名，是因为电影描述了一个女孩因为错误地指控姐姐而体验到负罪感，并试图弥补自身行为的故事。对儿童消极情绪的刻画经常出现在以离婚为主题的电影中。例如，在《月落妇人心》（*Shoot the Moon*, 1982）这部电影中，在父母离婚时，大女儿已经能够知道发生了什么，但随之而来的事件超出了她应对的范围。对于父亲的离开，她不知道该继续爱他还是恨他，她非常愤怒，拒绝原谅他。

一些电影则提供了教育孩子们如何应对消极情绪的契机。大片《绿巨人》（*The Incredible Hulk*, 2008）就是其中之一，它生动地描绘了一个人（意外遭受过伽马射线辐射）在充满情绪压力及愤怒的情况下会发生什么——他变成了一个破坏性极强、残暴而巨大的绿色怪物。这部电影还描绘了绿巨人学会用冥想和爱来控制自身情绪的过程。除了《绿巨人》外，还有很多教育类的电影也聚焦在孩子的情绪上。例如：《拉里男孩：愤怒的眉毛》（*Larryboy—The Angry Eyebrows*, 2002）通过超级英雄让《蔬菜宝贝历险记》中黄瓜拉里不再自负的桥段传达了随意宣泄愤怒的后果；在电影《生活和学习：应对愤怒》（*Live & Learn—Dealing with Anger*, 2008）中，孩子们通过学习不同的方法来控制期望落空时的愤怒；电影《龙的故事：当我恐惧时》（*Dragon Tales—Whenever I'm Afraid*, 2004）讲述了如何克服恐惧，为焦虑的孩子提供了帮助；此外还有电影《"咄"离婚》：（*Trevor Romain—Taking the "Duh" Out of Divorce*, 2008），它描述了一个动画人物如何在他人帮助下，应对因父母离婚带来的愤怒、恐惧和悲伤情绪。电影《运输汽车》（*The Transporters*, 2007）则教育自闭症孩子们如何识别情绪，例如，通过动画火车、轮船和缆车的表情识别愤怒和悲伤情绪。这部电影由剑桥大学自闭症研究中心主任西蒙·巴朗－科恩（Simon Baron-Cohen）发起。他和他的同事发现，让 4～7 岁的自闭症儿童每天观看这部电影 15 分钟以上，一个月后他们的情绪识别能力能够达到正常孩子的水平。

第 *6* 章
自我与他人：了解自我，了解他人

　　我3岁了，现在跟我爸爸、妈妈、哥哥贾森和妹妹丽莎一起住在一个大房子里。我的眼睛是蓝色的，我有一只橘黄色的小猫，在我的房间里有一台电视。我已经学会了字母，听着，A、B、C、D、F、G、I、K。我很强壮，我能够举起这张椅子。

　　我6岁了，上一年级。我会做很多事情，而且做得很好。真的是很多事情喔！我能跑得很快、爬得很高。而且我很会做家庭作业。如果你能擅长很多事，你就不会在这些事情上做得很差。我知道一些小孩不擅长这些事情，但是我能做得很好。

　　我9岁了，现在上四年级，我非常受欢迎，至少在女孩子中。这是因为我对大家很友善，还乐于助人，能保守秘密。在大多数时候我对朋友都很好，但在心情不好的时候，我说的话可能会有些刻薄。在学校，我在一些科目上表现很好，比如语言艺术和社会研究。但是数学和科学就不太尽如人意。即使不擅长这些科目，我还是很喜欢自己，因为对我来说，相比长得好看和受大家欢迎而言，数学和科学并不那么重要。

　　我刚满13岁，在和朋友一起时我很健谈，也很风趣。我喜欢和朋友在一起时的我。但和父母一起时，我会感觉很压抑。为了取悦他们，我感到很伤心、恼火、绝望。但他们对我的看法仍然非常重要，因此在他们对我吹毛求疵时，我会很讨厌自己。在学校我的成绩比大多数人都好，但是我不会为此洋洋得意，因为这不是件很酷的事情。跟不太熟悉的人在一起时，我会害羞，感觉不适和紧张。

　　我15岁了，我是一个什么样的人？我非常复杂。和密友一起时，我非常宽容、善解人意、体贴。和一群朋友一起时，我比较吵闹，但是通常都很友好和快乐。但是如果他们的行为让我不快，我就会变得令人生厌。在学校里，我很严肃，学习用功，但又有些混日子。因为如果你太用功学习的话就难以受到大家的欢迎。这样的摇摆不定意味着我的成绩不是很好。但是回到家这就成了一个问题，和父母在一起我感觉很焦虑。我不知道为什么我的转换会这么快，刚和朋友在一起时还很兴高采烈，一到家和父母一起马上变得焦虑、沮丧。我一直在思考哪个才是真正的我，但我也不知道。很久以来，我都希望我能变得不受自己影响。

　　我18岁了，是个高中三年级学生，我非常认真，尤其是做家庭作业时。尽管我爸妈希望我从事教师工作，可是我还是想去法学院。我偶尔会偷偷懒，但是这也很正常。我不可能总是刻苦用功。随着年龄增长，我变得更加虔诚了，但我不是圣人什么的。宗教信仰给了我生活的意义，指导我想成为什么样的人。我不像其他小孩那样受欢迎，但是我也不在乎其他孩子怎么想。我试着相信我想的才是重要的。虽然我有点矛盾，但是我期待离开家去上大学，在那里我可以更加独立。我总是有点依赖我的父母，但我很期待独立，只靠我自己。

　　这些都是孩子们对"你是一个什么样的人"这一问题的答复，这些答复表明了本章的主题之一，即随着年龄的增长，"自我"的概念是如何发生变化的。

　　"自我意识"，或对自己和他人差异的认识，是儿童发展的关键（Harter，2006）。本章中，我们将考察儿童如何培养他们的自我意识。我们也讨论儿童对自己的感受（自尊）和认识（自我认同）。随着对自己了解的增加，儿童对其他人的认识也开始加深。他们学习与其他人进行沟通。这三个方面的发展——了解自我、了解他人、跟他人进行沟通——都对儿童的社交调节和社交成功具有重要的影响。

自我意识

　　个体自我（individual self）是指自我中独一无二的方面。例如，一个人可能认为自己工作努力、身体健康和自信——所有的这些个人特征都属于个体自我。除此之外还存在其他类型的自我（Brewer，1991；Sedikides & Brewer，2001）。**关系自我**（relational self）是指自我中和其他人联系的部分，通过互动交往形成（S. Chen et al.，2006）。在第4章讨论的依恋内部工作模型就是关系自我的一个例子。它描述了儿童与父母、兄弟姐妹等其他人的关系，还将自我看做社交活动的参与者。**集体自我**（collective self）是关

个体自我　自我中独一无二，有别于其他人的方面。
关系自我　自我中和其他人相联系的部分，通过互动交往形成。
集体自我　个体关于团体中自我概念，如种族或性别群体。

于团体内自我的概念，例如，基于种族、民族或性别的团体。关于种族的讨论，例如，非洲裔美国学生的集体自我可能更为突出。我们会在本章种族和民族自我认同部分对集体自我进行讨论。

随着技术的进步，新自我表达方式的出现拓宽了自我的可能性。"网络自我"是相对较近的一种自我表征形式。在网络论坛和多人游戏构筑的电子世界中，参与者设定各自的在线身份或自我，这些角色和他们真实生活中的性别、种族、职业和教育背景可能一致也可能截然不同。对参与者而言，这些网络自我可能是印象管理的手段之一，也可能是尝试新身份的机会（Greenfield，Gross，et al.，2006）。个人基因组学技术的进展同样带来了新的自我机会。现在，购买包含着自我胜利和心理特质信息的基因组自我材料已经成为可能（Pinker，2009）。但这项技术带来的信息是否可靠有效还有待进一步观察。

自我概念的发展起源

研究发现，儿童个体自我意识从婴儿时期就已形成。18 周大的婴儿愉快地凝视着镜中的映像，但没有意识到看见的是自己。为研究婴儿自我识别的发展，研究人员让孩子观看镜中的映像，随后转过婴儿，在他们鼻子上点上红点或额头上贴上纸，又将他们转向镜子并观察他们的反应（Brooks-Gunn & Lewis，1984; Bullock & Lutkenhaus，1990; Lewis，1991）。研究人员假设，如果婴儿知道看到的是自己的映像，那他们会触摸自己的脸看看那是什么东西。通过这个简单的方法，研究者发现，不足 1 岁婴儿的行为表明，他们认为镜中是另一个婴儿：他们盯着镜子，不会摸自己的脸（Brooks-Gunn & Lewis，1984）。在第二年的某些时间里，婴儿开始认识到那是自己的映像，而到了两岁的时候，大部分孩子都看着映像中自己的红鼻子或贴着纸的额头咯咯地笑，表现得很尴尬或滑稽。很明显他们已经可以进行自我识别。但是，这个年龄孩子的自我意识仅限于"这里和现在"。当研究人员在给孩子脸上贴纸，并在一段时间后让孩子观看往他们脸上贴纸的录像时，2 ～ 3 岁的孩子并没有表现出伸手摸或拿掉贴纸等行为，他们更可能描述录像中的那个贴纸在"他"或"她"的脸上，而非"我"的脸上（Miyazaki & Hiraki，2006；Povinelli et al.，1996）。直到 4 岁，

孩子才能顺利表征和回忆过去的自我映像。

随着儿童的长大，他们对自我的看法和描述变得更加详细、具体，并更侧重心理的角度（Damon & Hart，1986；Garcia et al.，1997；Harter，2006；Sakuma et al.，2000）。苏珊·哈特（Susan Harter，1999）将童年期和青少年期自我描述的发展各分为了三个阶段。本章的导言部分通过六个不同年龄孩子的自我描述举例说明了这六个阶段的特点。

到 3 或 4 岁时，儿童会从长相（"我的眼睛是蓝色的"）、喜好（"我喜欢比萨"，"我喜欢游泳"，"我爱看电视"）、拥有物（"我有一只橘黄色的小猫"）和社会特征（"我有一个兄弟，贾森"）等方面来描述自己。特殊技能也时常被提及（"我会算数"，"我跑得很快"），尽管这些自我评价经常不准确——他们会数的数可能不超过 3，跑步也没有其他同伴快。他们的自我描述缺乏一致性，因为在这个年龄的孩子还缺乏整合多种不同表征的能力。

当孩子到了 5 ～ 7 岁时，他们开始从能力方面来描述自己："我擅长跑步、跳高和做功课。"他们开始协调独立的概念，但仍然不能处理对立的概念，如好和坏、聪明和愚蠢。他们对自我的描述仍然非常积极，并高估自己的能力。

到了 8 ～ 10 岁，儿童更加清楚地意识到个体自我与自身独特的感受和想法，他们开始用更复杂的方式描述自己。这些描述更注重能力（"我很聪明"）和人际特质（"我很受欢迎、很友好、乐于助人"）。他们能够将不同方面的自我成功地整合在一起（"我的语言和社会学科很棒，但是数学和科学很差"）。此外，他们的自我构建与所属文化群体的价值观、角色和倾向越来越匹配。

在青少年期早期，即从 11 岁开始，儿童开始从社会关系、个性特征，以及其他普遍且稳定的心理特征方面进行自我描述。他们的自我描述关注于人际特质和社会技能（"我很漂亮、友好和健谈"）、能力（"我很聪明"）和情绪（"我很愉悦"或"我很抑郁"）。儿童认识到他们在不同的社会环境中，如与父亲、母亲、朋友、老师和同伴在一起时会表现出不同的自我。他们开始使用抽象词汇描述自己，如才智，但是他们的抽象概念仍然比较零散。

到了青少年期中期，青少年开始自省并关注

文化背景　　　　　　　　**文化如何塑造自我表征**

　　想要了解文化是如何塑造儿童的自我描述？下文两个 6 岁儿童对自我的描述是很好的例子。

　　　　我是一个很好也很聪明的人。我很风趣幽默。我为人和善、待人体贴。我是个成绩很好的学生。

　　　　我是一个人。我是一个孩子。我是爸爸妈妈的孩子、爷爷奶奶的孙子。我是个很刻苦的孩子。

　　如果告诉你第一个孩子来自欧美国家，而第二个是中国的，你一定不会感到惊讶。这些自我描述体现了西方和亚洲文化不同的价值观。西方文化强调一个自主的自我，从独一无二的个人特质方面来描述；亚洲人强调一个相互依存的自我，从社会角色和关系网络中的责任这些方面来进行自我描述。王琦（音译）（Wang Qi, 2001, 2004b）通过让成人和儿童描述自我，以让研究者"能写一个关于他们的故事"这一方式考察了美国人和中国人的自我表征。研究发现，欧美儿童的描述更偏向于"自身的"——提及个人特质（"我很可爱"）、喜好（"我喜欢弹钢琴"）、拥有物（"我有一只泰迪熊"）、与其他人无关的行为（"我很高兴"）。中国儿童的描述更"社会性"——提及群体成员身份（"我是女孩"）和人际关系（"我爱我的妈妈"，"我的堂兄弟和我一起做了很多事"）。

　　文化同样在自我概念的其他维度上留下印记，如在自我描述中体现出来的积极性和自豪水平。西方文化鼓励儿童拥有积极的自我观；而亚洲文化则看重自我批评和谦虚，因为这能够促进群体的团结与和谐。毫不奇怪，在王的研究里，欧美儿童更可能描述自己积极的方面（"我很漂亮"，"我很聪明"），而中国儿童则使用非评价性的描述（"我玩游戏"，"我去上学"）。

　　孩子们是如何学会以文化认同的方式表征自我的？王对中美两国母亲和 3 岁孩子一起回忆家庭往事的过程进行了观察（Wang & Ross, 2007）。结果发现，美国母亲更关注孩子本身及孩子取得的成就，认可孩子的个性表达，鼓励孩子回忆更能突显其个人特性和自主性的事件。

　　　　母亲：你还记得我们在奶奶那里度假时，我

们去码头的事吗？你去游泳了？

　　　　孩子：嗯。

　　　　母亲：你做了什么很棒的事情？

　　　　孩子：从码头上跳下去。

　　　　母亲：是的。那是你第一次这样做。

　　　　孩子：那就像个跳水板。

　　　　母亲：对的，它就是跳水板。妈妈当时要站在哪里？

　　　　孩子：在沙地里。

　　　　母亲：对的，在沙地里。妈妈当时说："等等，等等，等等！等我到了沙地里再跳！"

　　　　孩子：为什么？

　　　　母亲：你记得我是怎么告诉你为什么所有的叶子都堆积在湖底？这让人有点伤感。那么你跳下码头，然后做了什么？

　　　　孩子：游泳。

　　　　母亲：游到……

　　　　孩子：奶奶那里。

　　　　母亲：是的。都是你一个人完成的。

　　与之相反，中国母亲更注重群体行为，母亲会扮演领导者的角色并提出一些严肃的问题。她们利用讲故事的机会提醒孩子他或她在社会中的地位，以及遵守规则以维持社会关系与和谐的必要性。几乎没有就孩子个人或其独特品质进行讨论。

　　　　母亲：那天，妈妈带你坐大公交车到公园里滑雪。在滑雪的地方你玩了什么？玩了什么？

　　　　孩子：玩了……玩了那个……

　　　　母亲：坐在冰船上，对吗？

　　　　孩子：是的。然后……

　　　　母亲：我们俩一起划船，对吗？

　　　　孩子：然后……然后……

　　　　母亲：然后我们划呀划，划了两次，对吗？

　　　　孩子：嗯。

　　　　母亲：我们划了两圈。然后你就说："不要划了。我们回家吧。"对吗？

　　　　孩子：嗯。

　　　　母亲：然后我们乘公交车回家了，对吗？

　　　　孩子：嗯。

　　这一研究表明，分享家庭回忆是让儿童学习从所属文化视角看待当前和过去自我的方式之一。

其他人对他们的看法。以前毋庸置疑的自我变成了可疑的假设。随着青少年新角色的获得，多种不同的"自我"涌入自我领域。抽象思考能力的增强使得青少年能够以更加整合的方式看待自己。例如，青少年可能认为自己很有才智、非常聪明又具有创造力，但同时又会因为自己总是慢人一拍而觉得自己是个"傻瓜"或"适应性差"。在这个年龄，青少年还不能通过整合自我表征来解决一些显而易见的矛盾。他们不能理解为什么随着角色的不同会有这么多不同的自我，因而时常体验到自我属性的冲突。

在青少年期后期，自我描述更加强调个人信仰、价值和道德标准。青少年会思考未来的和可能的自己。他们会整合潜在的矛盾特性并发展出一个一致的自我理论。例如，年纪大一点的青少年可能会转变观念，认为"愉快"和"抑郁"的反面可以是"喜怒无常"，从而解决他们自我意识中的矛盾（Harter，2006）。

自我意识发展中的困难：自闭症儿童

自闭症影响了儿童发展自我意识的能力。有些自闭症儿童好像没有意识到自己是一个独立的社会个体（Dawson et al.，1998）。他们在自我识别上表现出延迟或欠缺。在一项研究中，当研究者给自闭症儿童（3～13岁）看镜子中他们自己的映像时，31%的儿童不能表现出对自己镜像的识别（Spiker & Ricks，1984）。最近的研究证实，自闭症谱系障碍（ASD）的儿童在自我识别中表现出延误（Nielsen et al.，2006）。此外，即使自闭症儿童在镜子中认出自己，但他们几乎没有表现出任何情绪反应。这与自闭症儿童不善于理解情绪的观点相一致（Baron-Cohen，2001；Losh & Capps，2006；Rump et al.，2009）。研究者发现，自闭症儿童与正常儿童不同，当他们看到自己的面孔、熟悉的面孔和陌生的面孔时都表现出相似的神经反应，这进一步表明自闭症儿童不能区别自己跟他人（Gunji et al.，2009）。

自我知觉

整体自尊

自我的发展具有一个可评估成分，即儿童通过与他人比较形成的对自身或积极或消极的看法。他们是和朋友同样优秀，比同班同学更好，还是比邻居差？几乎没有话题能够像**自尊**（self-esteem）——对自身价值的整体评估——一样能够引起家长、老师和儿童自身的关注（Harter，1999）。数不胜数的研究项目、广受关注的文章和网站都提供了提升儿童自尊的方法，这足以说明自尊受到的注重（例如：http://www.childrens-self-esteem.com/self-esteem-children.html; http://www.superheroselfesteem.com）。

对提升儿童的自尊心的重视基于这样的观点，即：自尊心高的儿童对自己的能力满怀信心，并对自己很满意；而自尊心低的儿童则认为自己能力不足、低人一等（Harter，1999，2006）。同时，高自尊个体的快乐程度也高于低自尊的个体（Baumeister et al.，2003）。此外，童年时期的高自尊同各种积极适应的结果

自尊　是自我中可评估的部分，表明了人们通过与他人进行比较而产生的对自身的积极或消极的看法。

存在关联，包括在学校取得成功、与父母和同伴有良好的关系、不会焦虑和抑郁等（Harter，1999，2006）。但是，这一因果联系的方向和影响仍存在疑问。优异的表现也可以导致高自尊，并且，如果对儿童能力这些变量进行控制，自尊和积极社会结果之间的联系就具有降低的趋势（Baumeister et al.，2003）。自尊也会产生消极的影响。高自尊不能防止儿童吸烟、酗酒、吸毒，或过早的性行为。相反甚至可能还会促进早期性行为和酗酒的产生（Baumeister et al.，2003）。高自尊也可能与偏见和反社会行为有关。在一项研究中，与低自尊青少年相比，具有高自尊和攻击性的青少年更有可能为自身的反社会行为辩护并贬低受害者（Menon et al.，2007）。这一发现提出了警告：促进所有儿童的自尊可能存在误区。无论如何，还没有研究证实通过干预治疗或学校项目提升儿童自尊心能够为其带来积极的影响（Baumeister et al，2003）。

特定领域知觉

在发展整体自我价值感的同时，儿童也在发展诸如学业、运动和外表这些特定领域的自我知

觉。一个儿童可能具有高学业能力的自我知觉，但同时认为自己在运动领域能力较差。为了对整体自尊和特定自我知觉进行评估，哈特（Harter，1982，1999）制定了相应的测量工具。她让儿童对整体自我价值（"我是一个有价值的人"）和学业能力、运动能力、外表、品德、社会接受程度这五个领域进行自我评定（见表6.1）。使用这一测量方法，研究人员发现整体自尊和特定领域自我知觉两者之间的重要差异，并依据五个领域构建个体的自我评估档案。

学会自我评价

儿童是如何发展他们的自我知觉的？在童年早期，自我评价很可能并不准确或真实。多数不到 8 岁的儿童对自己评价积极——并且太过积极。

打棒球时总被三振出局的儿童可能会认为自己"擅长体育"，甚至是班级的"刺头"也可能会声称自己"很乖"。对这个年龄的儿童而言，自我知觉可能反映了他们"想做什么样的人"，而非他们是什么样的人。然而，虽然自我评价与现实确实存在差异，但是儿童的自我评价与老师的评价存在相关，这一结果表明，儿童对自我能力的看法并没有完全脱离实际（Harter，2006）。

随着儿童逐渐发展和他人反馈的积累，儿童的自我评价更加接近现实。"三振出局的儿童"不再把自己看作棒球明星，而班级"刺头"也已经受够了留校和去校长办公室等惩罚，清楚地意识到自己不是"好学生"海报的适当候选人（Harter，2006）。受到同伴拒绝的儿童接受别人对他的评估，

表6.1 哈特儿童自我知觉剖析的例子

符合	比较符合					比较符合	符合
学业能力							
☐	☐	有些孩子觉得他们跟同龄的孩子一样聪明	但是	有些孩子不那么确定自己是否一样聪明		☐	☐
运动能力							
☐	☐	有些孩子非常擅长体育	但是	有些孩子不太擅长体育		☐	☐
整体自我价值							
☐	☐	有些孩子往往对自己不满	但是	别的孩子对自己相当满意		☐	☐

资料来源：Harter，1982，1999.

向当代学术大师学习   苏珊·哈特

苏珊·哈特（Susan Harter）是丹佛大学心理学教授，同时也是发展心理学项目和自我与他人研究中心的主任。在耶鲁大学完成了博士后学业后，她成为了耶鲁大学心理学系的第一位女教员。苏珊·哈特很早就对心理学产生了兴趣。在四年级时，她进行了自己第一个科学实验，给母鸡配一个鸭蛋。在孵化后，小鸭子对母鸡产生了"印刻"，而哈特也从此与科学研究结下不解之缘。她对社会性发展领域研究的兴趣是逐渐形成的：起初，她对农场上的动物非常着迷，然后因为老师/母亲的缘故喜欢上儿童，最终对青少年产生了兴趣。当时，她的研究主要关注社会化对自尊发展的影响，并因为制定了测量自尊维度的工具而广为人知。哈特还对青春期多种自我构建以及青少年为了获得更多社会支持而使用的"伪

装自我"策略进行了研究。她的工作具有明显的应用价值，并成为举国关注儿童自尊培养的主要推动力。她创立了提高儿童、青少年"真实"自尊的干预方法。与许多学校从整体着手的方法不同，她建议将注意集中到学生个人最重视领域中自我概念的提升上。她希望未来的发展心理学研究者能够使用从社会学到神经学的各种方法，进行更多贴近现实生活的研究。她给大学生的建议是：方法论和理论构思不要本末倒置。先要找到一个让你倍感兴趣的问题，随后选择或制定研究方法，而不是相反。

扩展阅读：
Hater, S.（1999）. *The construction of the self: Developmental perspectives*. New York: Guilford.

承认自己缺乏社交能力，但认为自己在某些领域比别人要好。他们更重视自己拿手的领域。"三振出局"的儿童变成了"数学天才"，并坚信学业成就的价值高于运动技能。"刺头"成为受同伴欢迎的人，拥有朋友成为他们自我评价的重要组成部分。

不同领域自我评估对儿童总体自尊的影响取决于他们给各个领域赋予的重要性。一个学生在高中时是橄榄球场上的明星，进入大学后发现学校不重视运动，甚至没有一个橄榄球队。运动方面的强项无法继续成为其高自尊的基础。大学重视学业的成功，但是这不是他所擅长的。因此他的整体自我价值感受到很大打击。但是，如果他能加入戏剧社并发掘出自己在唱歌和跳舞方面的天赋，认为自己有较高的艺术能力，并认可这一领域的重要性，他就可以重获很高的整体自尊水平（Harter，2006）。

久而久之，儿童在某一领域的自我知觉和在这一领域投入的兴趣、积极性和努力产生相互促进的关系。例如，如果儿童察觉到自己具有交际能力，他们可能会充满自信地接触社会情境，从而增加了社交成功的可能性；而成功又进一步巩固了他们自信和自我知觉。这一自我评价和生活经历间的相互促进已经在多个领域得到验证，包括学业、运动和社会接受等（Harter，2006；Marsh et al.，2007；Valentine et al.，2004）。

整体自尊的性别差异

自尊的研究者试图了解儿童自尊的差异是否与他们的性别有关。他们发现，从童年中期开始，女孩的整体自尊要低于男孩，这种差异在青少年期表现得尤为明显（Kling et al.，1999；Mellanby et al.，2000；Van Houtte，2005）。可能有人会认为，社会向男女平等转变能够减少这一性别差异。但是，在过去的30年间，整体自尊的性别差异并没有发生改变。

为什么自尊会存在性别差异？研究者提出了几种可能的解释。首先，男孩比女孩更有统治力和自信，特别是在混合性别群体中，这可能让男孩感觉自己拥有更大权力和影响力。参与竞技运动的机会也可能是影响因素之一。尽管《美国宪法第九修正案》的推出让女孩获得了更多参与运动的机会，但男孩仍然被认为拥有更强的运动能力，他们也占据着更高的地位和更多的资源。此外，女孩不像男孩那样热衷于参加运动，有些甚至把运动看成是对女性特质的威胁。不管男孩还是女孩，参加

运动个体的自尊水平都要高于不参加运动的同伴（Hater，2006）。这种性别差异现象并不只限于北美。英国、澳大利亚、爱尔兰、瑞士、意大利、中国和韩国的女孩都认为自己的运动能力弱于男孩（Harter，2006）。

外表同样是自尊性别差异的影响因素。儿童对自己外表和整体自尊的评定存在着明显的联系（Harter，1999，2006）。不幸的是，几乎没有女孩能够达到大众媒体上的美女标准。在电影、杂志和电视上大量曝光的美貌形象大都是后期修饰和拼接的成果。这些图片展示了苗条、高挑和丰满的形象，但在现实生活中近乎不可能。或许将来的广告会展示各种体型的女孩和妇女，让电视中的形象更加真实，从而对女孩的自尊产生积极的影响（可见"多芬"自尊基金制作的电影：http://www.youtube.com/watch?v=4ytjTNX9cg0）。

自尊的社会影响因素

家庭和学校社会环境中的因素会对儿童的整体自尊产生影响。

家庭的影响

斯坦利·库珀史密斯（Stanley Coopersmith，1967）发现，积极接纳、关爱孩子，建立明确一贯的规则，使用非强制性的纪律规范，在家庭决策上尊重孩子看法的父母，和没有采取这些养育方法的父母相比，他们的孩子在童年中期和青少年期拥有更高的自尊水平。近期研究同样发现，母亲慈爱的女孩拥有更高的自尊水平，而母亲有过多的心理控制、干扰和操纵会降低男孩的自尊水平（Ojanen & Perry，2007）。同样，相对于父母采用独裁、高控、惩罚的养育方式的青少年，那些父母采用温情、慈爱、权威型养育方式的青少年具有更高的自尊水平（Lamborn et al.，1991）。受父母虐待的孩子相比正常孩子自尊更低（Cicchetti & Toth，2006）。父母的赞许似乎对学业能力和行为领域自我知觉的建立具有特殊的重要性（Harter，1999）。

同伴和导师的影响

随着儿童的长大，同伴意见对他们的影响越来越大。同伴在青少年外表、受欢迎程度、运动能力领域自我意识建立中的作用尤为突出（Harter，1999）。有趣的是，在"公共场合"（如班级、社团、团队和工作环境）下同伴的支持

向当代学术大师学习　　卡罗尔·S·德韦克

卡罗尔·S·德韦克（Carol S. Dweck）是斯坦福大学的心理学教授。自从在耶鲁大学获得博士学位后，她曾在伊利诺伊大学、哥伦比亚大学和哈佛大学任教。她主要研究人们用以指导自身行为的自我概念。德韦克是"思维定势"观点的坚决拥护者，她认为只要拥有正确的思维定式，你的生活就会更加成功。这是她的著作《心态》（Mindset）一书传递的信息，该书以30多年的研究为基础，回答了为什么有些人能够发挥其潜能，而另一些同样具有天赋的人则不能。她认为，关键的因素不是能力，而是个体对能力的看法的差异：失败者将能力看作一种内在的天赋，而成功者认为能力能够不断增长。在职业生涯刚开始的时候，她从事的是动物动机方面的研究，并对"习得性无助"现象尤为关注。所谓"习得性无助"就是指动物在多次尝试失败之后即使在

力所能及的情况下也不再进行努力的现象。她试图了解人类如何应对失败，并发现将失败归咎于能力缺乏的人很容易丧失斗志，而将其归因为自己不够努力的人反而越挫越勇。德韦克的工作具有明显的实用价值，她设计了一个名为"脑科学"（Brainology）的计算机培训程序，帮助儿童培养"只要努力就能获得成功"的信念。对于自己的研究成果，德韦克身体力行。她在成年之后开始学习钢琴，并在50岁之后开始学习意大利语，尽管这些对青少年来说都并非易事。对于所有的人，无论是学生还是"学到老"的老人，只要能够认真学习德韦克的研究成果，发展出正确的思维定势，生活就会充满着希望。

扩展阅读：
Dweck, C.S. (2006). *Mindset: The new psychology of success*. New York: Random House.

比亲密朋友在"私人场合"下提供的支持更为重要（Harter，1999）。这可能是因为，和关心又具有偏向性的朋友支持相比，公开支持被视为更客观和可信。即使是从匿名陌生同伴处得到的反馈意见也会影响儿童的自尊。在一个实验中，即将步入青春期的儿童被要求填写个人资料，对自身的智力、随和、诚信、幽默感等方面进行描述（Thomaes et al.，2010）。孩子们被告知，他们的个人资料和照片会被贴到幸存者游戏网站，并会收到同伴们的评估。得到虚假负面反馈的孩子报告了自尊的降低；而收到积极反馈提升了孩子的自尊。这项研究表明了同伴意见对儿童自尊的短期影响。当然，在现实生活中同伴们的持续评估也非常重要。

教练、老师和家庭的朋友等导师也是自尊的主要来源。一项研究表明，认为自己得到了老师更多支持的六到八年级学生的自尊获得了提升（Reddy et al.，2003；Rhodes & Frederikson，2004）。实验研究发现，"大哥哥大姐姐"（Big Brothers Big Sisters）等教育项目也能对儿童的自尊产生积极的影响（Rhodes et al.，2000）。目前，美国约有300万青少年参与到这些项目中，它们明显提高了儿童的学习信心并促进了他们与父母们的

关系。但是，这些项目的效果往往受到其一贯性、质量和持续时间的影响（Dubois & Rhodes，2006）。

称赞儿童和提高自尊

滥用自尊"助推器"（"你这么聪明！""你是队里最好的足球运动员！""你简直是个天才！"）能够增强了儿童的自尊吗？越来越多的研究表明，对儿童天资和智力的称赞并不能帮助他们获得成功，反而会令他们失望。当这些儿童在学校无法听到溢美之词时，他们会倍感失落。比起因刻苦用功而受到表扬的儿童，他们更可能逃避没有把握的任务。卡罗尔·德韦克（Carol Dweck，2008）让两组五年级学生参加了相对简单的智力测验，并对两组学生都进行了表扬，研究者称赞一组学生"智力超群"，而另一组则"非常努力"。在随后的测验中，被赞为"聪明"的孩子在不同难度的任务中选择更为简单的，并把另一非常困难测验中的失败解读为自己并不聪明。最后，他们又进行了和第一次完全一样的智力测验，其成绩却下降了20%。而"努力"孩子的最后成绩提高了30%。通过赞扬孩子天资聪颖事实上只是"外包"了孩子的自尊。他们得到的表扬越多就会越小心翼翼，时常琢磨着："我会得到表扬吗？大家认为这是好的吗？"相比之下，培养儿童能够通过努力发展自身能力的信念

是更好的选择。这要求家长关注孩子的努力和他们应对任务的策略。他们应该对孩子的策略和进步提出表扬，而不是才智。家长们应该表扬社会赞许行为和自我提升行为，而不是才能。表扬要很具体和真诚，不能夸大或随意。退到一边并让孩子依靠自己的能力解决问题能够帮助他们建立起真正的自尊（Baumeister et al.，2003；Dweck，2008；Young-Eisendrath，2008）。

自我认同的形成

自我认同（identity）感的建立包括将自己定义为独特、独立的个体，并从宗教观点、政治价值观、性别取向和职业愿望等方面回答"我是谁"和"我会成为什么"这类问题。这一过程是青少年期面临的一个重大挑战（Moshman，2005；Schwartz，2001）。埃里克·埃里克森（Erik Erikson）是第一位研究青少年自我认同发展的心理学家。他的自我认同发展阶段理论重点关注稳定自我认同的形成。埃里克森提出，未能实现稳定的自我认同会导致自我认同混乱的结果，他将阿瑟·米勒（Arthur Miller）的戏剧《推销员之死》（*Death of a Salesman*）中的毕夫作为自我认同混乱的例子，在剧中毕夫说道："我只是不能把握住，妈妈。我不能抓住某种生活。"由于验证其理论非常困难，对埃里克森的理论提供支持的实证研究极其有限，但是他的工作为进行相关研究和理论探索具有重要的促进作用。

> **自我认同** 将自己定义为有别于他人的、独立的个体。

从埃里克森之后，詹姆斯·玛西娅（James Marcia，1966，1993）描述了青少年经历的一个特殊时期，在这期间，青少年探索和尝试不同的自我认同可能性，想象着新的生活方式，从而导致了决策危机。例如，一个处于青春期的男孩在考虑追求不同的职业，如成为厨师、医生或爵士乐音乐家。他买了几本食谱并观看《顶级大厨》节目，成为医疗电视剧爱好者，每晚都坚持练习萨克斯。他还拜访若干个宗教团体，体验不同的宗教信仰和习俗。通过对可能自我的探索，他可能会产生四种自我认同状况（见表6.2）。每个年轻人的目标都是产生稳定和满意的自我认同，但如表格所示，并不是每个人都能获得理想的自我认同。幸运的人积极参与自我认同探索，并最终对称心如意的自我认同产生承诺。

"自我认同获得"是最为理想的状况，能够促成一系列积极的影响，如高自尊、高认知灵活性、更成熟的道德推理能力、更明确的目标设定及更好的目标实现（Kroger，2004；Moshman，2005；Snarey & Bell，2003）。与没能获得自我稳定、成熟自我意识的青少年相比，已经获得自我认同感的青少年更容易与他人发展出亲密关系（Stein & Newcomb，1999）。

表6.2	自我认同的四种结果
自我认同扩散	个体既没有经历自我认同危机，也没有产生自我认同承诺。
自我认同早闭	个体没有进行自我认同探索就对某一自我认同产生承诺。
自我认同延迟	个体积极参与自我认同探索，但没有就任一自我认同产生承诺。
自我认同获得	个体经历了不同自我认同的探索，并对其中之一产生承诺。

资料来源：Marcia，1966。

"自我认同早闭"的青少年依然保持对童年价值观和信仰的承诺，不会在青春期探索其他潜在的自我认同。和其他青少年相比，他们更专制和顽固，更容易受到极端的思想意识和运动的影响，比如邪教或激进的政治运动（Saroglou & Galand，2004）。

还有一些青少年积极探索，但未能解决自己是谁、自己的信念和价值是什么这类问题。玛西娅（1966，1993）用"延迟"一词形容他们，这一群体依然处在自我认同形成的过程中，但到达了一个停滞期。这些青少年更容易焦虑和紧张，他们往往与父母和其他权威人物有着紧张或矛盾的关系（Kroger，2004）。不过，相比自我认同早闭或扩散的个体，他们具有更好的适应性（Berzonksy & Kuk，2000）。

"自我认同扩散"的青少年既不探索也不关心自我认同的发展和获得，他们倾向于凡事"顺其自然"。这些人被认为具有最不成熟的自我认同。其中一些个体参与犯罪或药物滥用，一些则处在孤独或抑郁的状态中，还有部分则表现得愤世嫉俗和叛逆（Kroger，2004）。他们对凡事漠不关心的态度往往与学业问题和无助感存在联系（Snarey & Bell，2003；Berzonsky & Kuk，2000）。

玛西娅（1993）将这四种自我认同结果视为自我认同发展过程的不同层次而非阶段。在青少年期，个体可能会从一个层次转变到另一层次。例如，自我认同延迟的青少年可能会短暂地获得自我认同，随后又回到自我认同延迟状态。自我认同获得较早的青少年更有可能发生这种转变。对自我认同早闭和扩散青少年而言，由于他们压根就没有自我认同，这一转变并不常见。在最近一项纵贯青少年期早期到晚期的自我认同研究中，研究者发现了这种来回转变的证据（Meeus et al.，2010）。然而，总体而言，在这个年龄段，自我认同扩散或延迟的青少年数量有所减少，而处于自我认同早闭和自我认同获得状态的青少年数量有所增加。不是所有青少年都会经历自我认同的转变，约60%的青少年从青少年期的早期到晚期一直维持在同一自我认同级别中。

自我认同形成的过程在青少年期明显还没有结束。一项元分析表明，自我认同转变在成年早期更加普遍（Roberts et al.，2006）。许多年轻人仍在为自我认同问题而奋斗，尤其当前教育时间不断延长，对父母经济支持的依赖也更加长久的情况下（Arnett，2000，2006）。事实上，向稳定的自我认同转变通常发生在大学期间（Waterman，1999）。

许多因素影响着青少年的自我认同发展。例如，生理变化促进了自我认同的过程。青春期意味着全面脱离了童年，并提醒青少年成年期正在靠近。有关性的自我意识也出现了，这刺激着青少年对性的自我认同和性关系进行探索。认知功能的变化也会影响青少年获得自我认同的能力。青春期认知发展的进步允许更多青少年进行更多抽象推理，从而青少年对自己产生更深入的认识。这让他们不仅能够意识到"理想"和真实自我差异，还能认识到在不同环境下可能会有不同的自我。正如一位青少年所言："我和朋友在一起时性格外向，和父母一起时很容易情绪低落，而和不太熟悉的人一起时会表现得非常内向。"显然，这个青少年已经意识到，自己在不同的社会环境中会有不同的自我认同。

族群认同

随着我们的社会越来越多样化，对儿童如何产生种族和民族认同的兴趣与日俱增。对多数种族或民族群体的儿童而言，这似乎不是一个大问题，但对少数族群的儿童和青少年而言，如何在

族群认同　对特定种族或群体身份的认同。

保持差异化的认同及适应主流社会文化之间达到平衡非常具有挑战性（Phinney，2000）。**族群认同**（ethnic identity）即对特定种族或民族群体产生的归属感。它具有一系列组成部分（见表6.3）。

表6.3　族群认同

族群知识	儿童知道自己的族群具有包括行为、特质、风俗、语言等方面在内的独有特点。
族群自我认同	儿童将自己归为某个特定族群的一员。
族群恒常性	儿童理解自己族群的特点是稳定的，不会随着时间或情境的改变而发生变化，而族群成员的身份也不会发生改变。
族群行为	儿童表现出对自身族群特定行为模式的认可。
族群倾向	儿童表现出对自己的族群归属感。

资料来源：Bernal et al.，1993.

族群认同的发展

在儿童期和青少年期，族群认同逐步出现。在婴儿期，婴儿们观看自己种族面孔的时间要长于其他种族（Kelly et al.，2005）。学前儿童也表现出对种族或民族线索（如肤色等）的注意，他们倾向于和同一族群的孩子一起玩（Milner，1983）。而少数族群的孩子产生这一意识和倾向的时间要早于其他儿童。然而，对学前儿童而言，他们对自己文化只具有总体粗略的认识，对族群标签的理解非常机械。"我是华裔美国人，因为爸妈是这么告诉我的。"直到小学初期，他们才开始理解族群标签的含义（Bernal et al.，1993）。在这一阶段，他们才能明白华裔美国人意味着他的父母或祖父母出生于中国，随后移民到了美国。学前儿童对族群恒常性的理解非常有限。他们不知道自己所属的族群不能改变，并且是他们永久的特质之一。在小学早期，孩子们开始意识到自己是华裔美国人、非洲裔美国人、墨西哥裔美国人等，而这一认同不会随着时间或情境的改变而改变（Ocampo et al.，1997）。

学前儿童参与了很多具有文化或亚文化特色的活动。例如，墨西哥裔儿童会在生日宴会上玩打彩罐游戏，并享用墨西哥玉米粉蒸肉。但是他们可能并没有意识到这些经历是他们文化独有的。直到入学后，随着认知能力的发展，他们才开始意识到哪些行为是主流文化共有的，而哪些是自己族群特

步入成年   继续形成自我认同

成年早期（从接近20岁到25岁左右）是进行自我认同探索最为自由的时期。"我要成为医生吗？这真的是我想要的吗？""我应该成为一个作家吗？"在这个充满希望和梦想的时期，具有选择的自由无疑令人兴奋。然而，由于建立自我认同的重要性与日俱增，这个时期同样充满着焦虑和不确定。如果父母能够为大学生提供支持，尊重他们的意愿和需要，不介入和操纵他们的决策，他们获得自我认同的可能性就会更大（Luyckx et al.，2007）。如果父母对此不够重视或不能给予理解，他们就更可能获得零散的自我认同感。

如果个体在成年早期未能获得自我认同，其自我认同形成过程还将继续。芬兰的研究者对27岁、36岁和42岁的成年人进行的研究表明，

从自我认同扩散到认同获得的发展过程最为常见，自我认同获得与更长的教育时间、更晚向成年工作生活转变以及在适当的时候形成家庭有关（Fadjukoff et al.，2005；2007）。一项美国研究对30岁的成人样本进行了长达30年的追踪调查，研究发现成年期的自我认同仍在持续发展（Cramer，2004）。最大的转变发生在成年早期到中期这一阶段。在这期间，获得自我认同的可能性上升，同时自我认同扩散的可能性降低。获得自我认同和更加聪明、工作成功、拥有更积极的婚姻和家庭关系、参与社区和政治活动存在关联。自我认同早闭的成人更可能和父母、亲属的关系密切，参与更多俱乐部活动，在政治上趋于保守。自我认同延迟的成人和父母关系冷淡，参与社区和政治活动，在政治上趋向自由。

有的。在这一阶段，对所属族群活动的好感和偏爱开始产生和发展。年轻孩子喜欢这些活动是因为在这些活动中有家族的共同参与；而在小学里，儿童发现这些活动是他们族群背景的表现。

尽管族群意识在儿童中期得到发展，但族群认同发展最为活跃的阶段是青少年期。在这个阶段，青少年的总体自我概念开始形成（Quintana，2008，2010）。例如，一项研究发现，约有1/3的非洲裔美国儿童在八年级时开始探索自我认同问题，十年级时这一数字为一半，而在大学这一数字仍在持续增加（Phinney，1989，1992）。其他研究者同样发现，处于青春期的非洲裔和拉美裔美国青少年对自身的族群认同探索越多，他们越为所属族群感到骄傲（Pahl & Way，2006；S. French et al.，2006）。

青少年获得清晰族群认同的时间和完整性因人而异。在一项研究中，研究者发现，大量少数族群学生在十一年级时完成族群认同（拉美裔学生26%、亚裔学生39%、非洲裔学生55%；Umana-Taylor et al.，2004）。还有部分学生存在族群认同早闭（拉美裔学生34%、亚裔学生13%、非洲裔学生24%）；他们在很小的年龄没有经历什么探索就获得了族群认同。第三类学生对族群认同漠不关心，获得了弥散的族群认同（拉美裔和亚裔学生23%、非洲裔学生8%）。而处在自我认同延迟状态的学生数量最少（拉美裔学生9%、

亚裔学生13%、非洲裔学生8%）。

清晰、积极的族群认同的获得和高自尊、乐观以及更强的社交能力存在关联，同时对所属族群的积极情感也更强（Chavous et al.，2003；Wong et al.，2003；Yip & Fuligni，2002）。这在没有遭受族群歧视的青少年（如所在班级的大部分学生都是自己所属族群的人）身上表现得尤为明显（Greene et al.，2006）。对所属族群缺乏认同的青少年存在着一定的风险。如果对主流文化的认同太强，他们经常会因为"太白人化"而受到同族群伙伴的批评和排斥。认同主流文化的价值观、生活方式及精神的非洲裔美国人、亚裔美国人及美洲原住民会被贴上"奥利奥"、"香蕉人"和"苹果人"（意为外在非白人，而内心是白人）的歧视性标签。这些青少年可能会受到同族群伙伴的拒绝，并发展出隐藏成绩或假装不在意"白人式的成功"等行为策略（Ogbu，2003）。在一项考察11～16岁非洲裔美国青少年的研究中，玛格丽特·斯宾塞（Margaret Spencer）发现，和具有非洲裔美国认同的青少年相比，认同欧美主流文化的非洲裔美国青少年成就和自尊都较低（Spencer et al.，2001，2003）。但是，具有反白人态度的学生表现同样不佳。这一结果表明，对少数族群学生而言，在主动接受族群文化、建立积极族群认同的同时又不抵制欧美主流文化是更为有利的

选择。具有强烈族群认同的少数族群青少年参与违法犯罪行为的可能也更小（Bruce & Waelde，2008）、在学校表现更佳（Adelabu，2008）、抑郁的可能更小（Mandara et al.，2009），并对其他族群的态度更加积极（Phinney et al.，2007）。

双种族及双文化儿童和青少年

双种族儿童，即被其他种族群体收养或父母来自不同种族的儿童，他们在族群认同建立上存在着特殊的困难（Umana-Taylor et al.，2004）。由于拥有一位白人母亲和一位黑人父亲，美国总统巴拉克·奥巴马（Barack Obama）就为了自己的自我认同问题挣扎了很久。如同在他的《我父亲的梦想》（Dreams from My Father）一书中描述的那样，在经历了童年和青春期对自身社会地位的迷茫后，他最终选择了黑人的自我认同。他是黑人吗？他是白人吗？很多在白人家庭中长大的黑人孩子也在经历着同样的困扰。在对白人父母领养的黑人孩子进行的研究中，桑德拉·斯卡尔（Sandra Scarr）和她的同事发现，17岁青少年样本中接近一半都表现出社会适应不良（DeBerry et al.，1996）。建立了黑人或白人认同的青少年，其适应表现要强于没有建立明显认同的被试。

那么，父母来自不同文化或两者都是从不同文化移民而来的儿童呢？他们也必须要二者择其一吗？还是他们能够形成双文化认同？即接受主流或新文化的规范和态度，但同时又保留并珍视其少数族群的传统？双文化认同包括同时接受两种不同文化使用的语言和风俗习惯（Ramirez，1983）。这一认同能够让儿童和青少年自如地应对少数和多数族群情况下的双重期望。正如一个来自移民家庭的青少年所说的那样："由于文化的差异，被邀请拜访其他人的家给了我改变在家生活方式的机会……我已经对此非常适应，能在两者之间切换自如。这并没有多困难。"（Phinney & Rosenthal，1992，p. 160）

图6.1阐明了墨西哥裔美国人可能建立的四种不同类型的自我认同：同时对主流欧美文化和墨西哥文化产生归属感的双文化认同、只对墨西哥族群产生认同的墨西哥认同、只认同主流文化的欧美认同以及边缘认同（即青少年没有对两者任一产生强烈的认同）。产生边缘认同的青少年产生了"去文化化"，他们拒绝传统文化的同时又游离于主流文化之外（Berry，2008）。他们很可能具有社会和

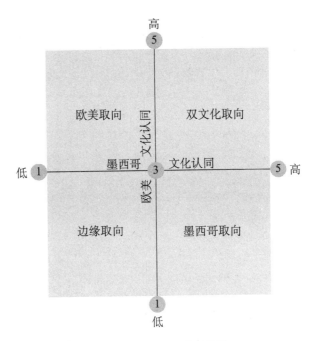

图6.1 族群认同类型

让墨西哥裔美国青少年在5点量表上对其持有的欧美文化认同及墨西哥裔美国文化认同进行评定，根据得分可以将他们归类到四个不同的认同组。

资料来源：Parke & Buriel，2006.

心理方面的问题。在当今多元化世界中，具有双文化认同的青少年拥有最好的生理和心理健康状况（Chun et al.，2003；Buriel & Saenz，1980）。在两种社会环境中切换自如的能力有助于他们人际技能的发展和获得高自尊（Buriel et al.，1998，2006）。

促进族群认同的因素

家长在儿童族群认同的过程中扮演着主要的角色，他们通过传授传统文化知识、灌输族群文化遗产，并让儿童为少数族群可能遇到的困难（如偏见和歧视）做好准备（Sanders Thompson，1994；Spencer，2006）。这一社会化过程发挥了保护性的作用，让儿童在面对歧视时具有更好的心理弹性（Miller，1999）。一项研究发现，相比父母支持不足的儿童，时常受到父母种族自豪感教育并为歧视做好准备的八年级非洲裔美国儿童在面对歧视的时候表现出更高的自尊（Harris-Britt et al.，2007）。另一项研究也表明，在种族社会化程度较高的非洲裔美国家庭中，青少年的攻击行为和问题行为更少（Bannon et al.，2004）。大多数少数族群家长都对儿童进行种族和歧视方面的教育（Stevenson，1994），尤其是对年龄较大的儿童（Hughes & Chen，1997，1999）。没有得到这

据估计，约有5%的青少年认同自己是同性恋或双性恋（Rotherman-Borus & Langabeer, 2001）。对选择同性作为性伴侣的认可通常是一个逐渐发展的过程。许多男同性恋和女同性恋回忆发现，在童年时期，他们的感觉就和同伴不同（Bailey & Zucker, 1995）。早在四年级，一些孩子就表现出对自己异性恋倾向的怀疑（Egan & Perry, 2001; Carver et al., 2004）。他们对诸如"一些男孩确定他们有一天会结婚"、"一些女孩确信自己将成为一位母亲"的句子反应更加消极；对符合自身性别的刻板行为（例如，女孩照看婴儿、男孩玩棒球等）兴味索然，并更可能对自身性别表示不满。相比对自身异性恋倾向持确定态度的孩子，这些具有同性恋倾向的孩子更可能具有受损的自我概念。

通常，在这一质疑阶段之后，青少年会进入"尝试和探索"阶段。在这一阶段，同性恋和双性恋青少年对自己的同性恋倾向仍不明确，他们

开始探索这一感觉（Savin-Williams, 1998; Savin-Williams & Cohen, 2004）。而在"认同接受"阶段，他们开始接受自己同性恋倾向这一事实。"认同整合"则是这一认同加工的最后一个阶段，男女同性恋和双性恋接受自己的倾向并向他人承认。现在，约有55%的同性或双性恋大学生向父母坦白自己的性别认同倾向，而在十年之前只有45%的学生会这么做（Savin-Williams & Ream, 2003）。相比十年之前的20多岁，他们坦白的时间也更早（平均17岁）（D'Augelli, 2006）。

不同群体对青少年的同性恋认同的接受程度也各不相同。相比母亲，父亲更难接受儿子或女儿的同性恋倾向；而保守的宗教信仰群体的接受性也更低（D'Augelli, 2006）。亚裔美国人和拉美裔美国人对同性恋的容忍程度也低于欧美人（Dube et al., 2001）。很多同性恋个体（20%～40%）经历过歧视、排斥和毫不掩饰的敌意（D'Augelli, 2006）。

些社会化教育的儿童在遇到歧视时会表现得更加脆弱和手足无措（Spencer, 2006）。

随着儿童进入青少年期，同伴成为了另一个族群认同社会化的来源和塑造者。在高中，大多数学生和同族群群体一起活动。他们倾向于减少对其他族群学生的了解，因为他们将其看作其他族群群体的成员而非单纯的个体（Steinberg et al.,

1992）。和与同族群同伴接触较少的青少年相比，时常与同族群群体成员保持联系和友谊的青少年拥有更加稳定的族群认同（Yip et al., 2010）。当然，跨群体交流同样具有积极的影响。在学校内和其他族群群体接触更多的青少年通常具有更加成熟的族群认同，对其他族群的成员也持有更加积极的态度（Phinney et al., 1997）。

理解他人能力的发展

脚本 对日常生活事件或情境的心理表征，包括对即将发生事件顺序的预期以及在这类事件或情境中个体应有行为的理解。

对自己的理解只占据社会性发展领域的半壁江山；儿童还需要学会理解他人的社会性线索、信号、意图和行为。

对意图和规范的早期理解

在1岁时，婴儿开始明白人们的行为具有其意图和目标（Thompson, 2006b）。例如，他们意识到，当一个人看着、伸手取或指向某个物体时，这意味着他对这个物体感兴趣（Woodward,

2002; Woodward & Guajardo, 2002）。随后，婴儿能够通过和成人观看同一物体，或以动作、手势和伸手等行为将成人注意力引导到目标物体上，从而建立起和成人的共同注意状态（Tomasello & Rakoczy, 2003）。在18个月大时，学步儿已经能够认识到简单的社会规范。他们知道破损的东西不是该物体的正常状态，鼻子上有口红也不是人们正常的表现（Lewis, 2000）。在两岁末，他们已经能够描述日常行为的规范或**脚本**（script），如上床睡觉的程序、家庭吃饭时间或在托儿所睡着会发生什么（Bauer, 2002; Nelson, 1993）。这类脚本为理解更加广阔的社会事件打下了基础，包

括如何向朋友打招呼、在学校排队吃午饭、在玩大富翁或踢足球时遵守规则。对脚本的了解节省了儿童的社会认知资源，使他们能确信社交活动的可预测性，并让同伴互动更加顺畅。

对心理状态的理解：心理理论

随着年龄的增长，儿童开始理解他人的心理状态（如想法、信念和欲望）以及它们是如何对行为造成影响的（Harris，2006；Tager-Flusberg，2007）。这一理解能力对社会性发展具有重要的意义，因为这让儿童获得隐藏在外显动作、外表之后的信息，并对他人的内在状态做出反应。研究者使用故事法考察儿童对他人行为及其心理状态关系的理解，从而获得儿童**心理理论**（theory of mind）发展的信息（Wimmer & Perner，1983）。例如，他们给儿童讲述一个名叫马克西的小男孩的故事，马克西把糖果放在厨房的碗柜里，然后就去另一个房间玩了。在玩的时候，他的妈妈走了进来，把糖果从碗柜拿到了抽屉里。过了一会儿，马克西回来想要拿他的糖果。研究者随后询问儿童马克西会到哪儿去找他的糖果。年龄较大的学前儿童（4～5岁）通常会说马克西会去碗柜那儿找，因为他们知道马克西会去他认为糖果

> **心理理论** 儿童对他人持有的且影响其行为的想法、信念和欲望等心理状态的理解。这种能力能让儿童获得他人动作、外表之后的信息，并对他们的内在状态做出反应。

深入聚焦　　　　　　　　**心理理论的脑机制**

研究者使用事件相关电位（ERP）和脑成像技术（如fMRI等）对心理理论的神经机制进行了探索（Baron Cohen et al.，1999；Castelli et al.，2002）。他们重点关注大脑前额叶区域，这不仅是因为这是心理理论相关任务加工的可能区域，还因为这片区域在学前期后期得到了迅猛的发展。在一项研究中，研究者考察了儿童在进行错误信念任务时前额叶皮层的活动情况（Liu et al.，2009）。他们向4～6岁儿童展示了一个卡通故事片，并让他们判断片中主角的心理状态（信念）和现实状态。所有试验的流程基本一致：首先，一个卡通角色（如加菲猫）站在两个盒子和两只动物后面。它把两只动物分别装入两个盒子中，随后走到盒子前方（从而不能看到两个盒子）。然后一只动物从盒子里跳了出来，可能跳到另一个盒子中，也可能回到原来的盒子。随后研究者让儿童进行"现实判断"（"动物实际上在哪里？"）以及"观点判断"（"加菲猫会认为它在哪里？"），与此同时，研究者使用128导电极帽记录了儿童的大脑活动。研究发现，回答正确的儿童其左侧前额叶区域产生了类似的活动模式。而这一现象没有在回答错误的孩子身上观察到（见图6.2）。

这一研究证明，前额叶皮层在心理理论的发展中发挥着一定的作用。由于这一区域在童年期持续发展，回答错误的儿童随后也能迎头赶上。

但是，罹患自闭症的儿童可能就没有这么幸运了，他们的大脑发展状况不足以通过这一测试。然而，如果给予他们干预，提高其社会观点采择能力，他们就能够发展出和普通儿童类似的神经活动模式（Wang et al.，2006）。显而易见，对他人心理状态的理解具有神经基础，但不要忘了，经验同样能够对大脑产生影响。

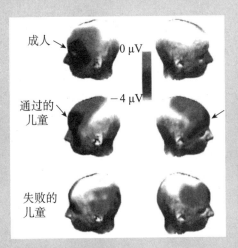

图6.2 通过错误信念任务的成人和儿童的大脑活动模式，以及任务失败儿童的大脑活动模式

图中记录了进行"现实判断"和"观点判断"时头皮电极活动的差异。

资料来源：Liu et al.，2009，Neural correlates of children's theory of mind. *Child Development*, 80, 318-326. Society for research in Child Development. Reprinted with permission of Wiley-Blackwell.

应该在的地方寻找，而不是儿童所知道的抽屉。这些儿童的答案表明，他们已经知道马克西的行为是基于其自身的心理状态，并能够将马克西的信念和他们自己的想法区分开。更年幼的孩子（3岁）则不能通过这一测试。他们忽略马克西的心理状态，并认为他会在抽屉里寻找。使用"错误信念"故事技术的研究表明，儿童对心理状态的理解在童年早期就已经得到发展（Wellman et al.，2001）。

几乎所有人和部分灵长类都具有这一能力（Tomasello et al.，2005）。然而，具有自闭症的孩子，在心理理论的发展上存在明显滞后，部分孩子还存在严重的缺陷。他们不能理解心理状态会影响行为，也不能理解他人的心理状态会和他们自己的不同（Baron-Cohen，2000；Lillard，2006）。因此，这些孩子不能以他人的心理状态为基础，对其行为进行评估。在一项自闭症儿童研究中，研究者发现，只有20%的自闭症儿童顺利通过"错误信念"故事测试，而正常儿童的这一比例为80%（Baron-Cohen et al.，1985）。自闭症儿童心理理论发展能力的缺陷可能是他们交流和社交技能不尽如人意的原因之一（Baron-Cohen，

2003）。对正常儿童而言，心理理论的发展是社交能力发展的关键步骤（Carpendale & Lewis，2006；Tomasello et al.，2005）。缺乏这种能力，社会交流经常会产生误解，并导致社交互动的草率和低效。事实上，错误信念的理解及心理理论的其他方面存在的个体差异能够预测儿童当前和将来的社交能力（Cutting & Dunn，2002）。

理解心理特质标签

婴儿何时开始，以及如何意识到其他人也具有心理活动是社会理解的另一重要方面。在学前时期，儿童通常使用外表特征对他人进行描述（"她个头很大，头发是红色的，和我住在同一条街"），就如同他们形容自己一样。逐渐地，儿童开始使用一些心理方面的描述（"她乐于助人、为人很好"），并表现出对特质标签的理解。4岁大的儿童能够利用心理特质标签推断他人对某些事件（如遇到一群人）的反应（Heyman & Gelman，1999）。他们表示，"害羞"的人在遇见很多人时会不高兴，而"不害羞"的人可能恰恰相反。然而，在这一年龄段，儿童对特质标签的

❓ 你一定以为……   婴儿不会"读心术"

理解他人行为的前提是理解其心理状态。这听起来像是一项很高级的能力。你可能会认为，婴儿肯定不会具备这种"读心"能力。事实上，长期以来，科学家也是这样认为的。然而，近期的研究表明事实并非如此，勒妮·巴亚尔容（Renee Baillargeon）通过观察婴儿的注视行为的方法了解他们对他人心理状态的理解。她向婴儿呈现不同的事件并测量他们注视的时间。婴儿通常会花更多时间注视让他们感觉惊讶的事情。使用这一方法，巴亚尔容考察了15个月大婴儿从他人信念（对玩具藏在绿色还是黄色盒子中的信念）出发对其行为进行预测的能力（Onishi & Baillargeon，2005）。研究的第一步是让婴儿熟悉实验材料和程序（熟悉阶段）。她让婴儿观看一位女实验者玩一片玩具西瓜，几秒钟后实验者将玩具放入盒子中，然后又拿出来。研究第二步向婴儿展现了实验者建立关于玩具藏在哪个盒子的正确或错误的信念（信念引导阶段）。为了建立错误信念，实验者看着玩具从绿色盒子移到黄色

盒子中，随后离开。在她离开后，玩具又被放回到绿色盒子中。而为了建立正确信念，实验者看着玩具被放入黄色盒子中，并一直没有离开。最后，在研究的第三步（测试阶段），实验者到绿色或黄色盒子里拿玩具。巴亚尔容预测，如果婴儿能够从实验者的信念而非自己持有的信念出发对其行为进行预测的话，他们观看与预期不符情况的时间要明显更长。例如，如果实验者持有玩具藏在黄色盒子里这一错误信念，但是她却到绿色盒子里寻找，婴儿注视的时间会更长。巴亚尔容发现，当实验者的行为和其持有的信念不一致时，婴儿观看的时间确实显著延长了。这一结果支持了这样一个观点：即使是婴儿也能够了解其他人具有自己的信念，这个信念可能是错误的，并和婴儿自身持有的信念不同，而这些信念还能够影响到持有者的行为。巴亚尔容的研究表明，即使在还不能回答他人错误信念问题的时候，婴儿就已经具备初步的"读心"能力，其心理理论也已开始萌芽。

理解仍较为片面，他们可能会以自身或常见反应对其进行推断，如"很多人在商场里，大家都很开心"。

到了 5 ～ 7 岁的时候，儿童开始意识到人们具有不同的心理和人格特征，这让每个人都各不相同。这些特征非常稳定，因此能被用来预测人们在不同时间不同环境下的行为。你能够预期一个"卑劣"的同伴会偷你学校午餐的糖果，在玩电子游戏的时候分散你的注意力，或在公园里把你推倒。如果一个"卑劣鬼"在上个月、上周或今天对你做了这些事，你可以悲观地推测他们将来仍将做这些让你不快的事情（Flavell et al.，2002）。这个年龄的儿童将特质标签作为评估的手段，用来判断他人行为的"好"与"坏"。

在 9 ～ 10 岁时，儿童在描述他人时使用好和坏之类的词语越来越少，而更多使用稳定的心理特质对其进行形容，如无私、慷慨、吝啬或自私等（Alvarez et al.，2001）。他们能够从多种情境中进行总结，如用"聪明"描述在数学、科学和社会学科上表现很好的男生，或使用"友好"描述喜欢发起与同伴的交流、与到访的成人谈话并邀请新同学放学后去她家玩的女生。他们开始用更加详细的词语标签取代原先较为一般性的词语，如使用"恼人的"、"伤人的"或"不体谅人的"代替原来使用的"卑劣的"（Livesley & Bromley，1973；Yuill & Pearson，1998）。他们认为特质是稳定的（Lockhart et al.，2002）。在小学中期，儿童开始明白外在表现与现实可能会存在矛盾，这让他们开始对别人的自我描述产生怀疑（Heyman，2008）。在一项研究中，研究者询问儿童，他人的自我报告是否是其人格特质的可靠来源（Heyman & Legare，2005）。研究发现，当自我报告的是非评价性特质，如害羞或神经质时，6 岁和 10 岁儿童认为他人的自我报告是可以接受的。但是，当涉及评价性特质，如智力、社交技能时，相较而言，年长的儿童表现出更多怀疑。他们意识到人们有时候会歪曲事实以造成好的印象。怀疑能力是人际交往关系的重要组成部分，这能够避免受到他人的操纵或愚弄。

青少年对他人特质的理解要更加全面。他们明白人是复杂性和矛盾性的统一体，在公众场合和私下具有不同的表现。他们知道特质在很长时间内都会持续不变，但是个体行为会随着环境和内部状态的不同而发生改变（Flavell et al.，2002；Harter，2006）。例如，一个 16 岁青少年这样描述他的弟弟："他很喜欢热闹……在大多数时间他脾气很好，并且很风趣……但是在我们一起踢足球时情况就大不相同了……他丢球后像疯了一样……后来我发现他在自己的房间里号啕大哭。"（Livesley & Bromley，1973）

这一理解他人心理特质能力的发展变化体现了儿童在不同年龄段使用的心理理论的差异（Flavell et al.，2002）。7 岁或 8 岁之前，儿童描述他人的方式犹如一位人口统计学家或行为主义者，他们关注于外显的特征、行为和环境。而到童年中期，儿童开始转变成为特质理论家，认为心理特征非常稳定，不会随着时间和环境的变化而改变。到了青少年期，儿童接受互动论的观点，认为个体特质和环境的交互作用会对行为产生影响。

观点采择的阶段

罗伯特·塞尔曼（Robert Selman）和他的同事界定了理解他人想法和观点的五个阶段（Selman，1980，2003；Selman & Byrne，1974；Selman & Jacquette，1978）。这些阶段从儿童自我中心观点开始，逐渐向更复杂的社会理解和考虑推进，而儿童也逐渐学会区分自身和他人观点的差异、了解他人的观点以及自己和他人观点间的关系（见表6.4）。

表 6.4　　　　　　观点采择能力的发展

阶段 0: 自我中心观点	儿童既不能对自己和他人的观点进行区分，也不能意识到他人对经历的解读可能和他们自己的不同。
阶段 1: 分化的观点	儿童开始意识到自己和他人的观点可能相同也可能存在差异，但无法推断他人的观点。
阶段 2: 交互的观点	儿童能够从他人的角度看待自己，并知道其他人也能这么做。他们已经能够预测和考虑他人的想法和感觉。
阶段 3: 共同的观点	儿童能够同时考虑自己和同伴的观点，并从第三者的角度找出这些观点共同的地方。
阶段 4: 社会或更深层次的观点	儿童能够建立观点网络，如社会的、共和党人的或非洲裔美国人的观点。

资料来源: Selman & Jacquette，1978.

向当代学术大师学习　　　　　罗伯特·L·塞尔曼

罗伯特·L·塞尔曼（Robert L. Selman）是哈佛教育研究院教育与人类发展的教授和哈佛医学院精神病学系的心理学教授。在获得了波士顿大学博士学位之后，塞尔曼以社交问题儿童为对象进行临床工作。这段经历让他对儿童建立和维持社会关系能力的来源进行了研究。他考察了儿童整合观点和使用谈判策略的能力，还对儿童及青少年在与不同种族、文化背景的人交流时的社会意识进行了研究。目前，塞尔曼正在研究儿童

社会意识和学业技能之间的关系，并已写就对这两者进行改进的指导手册。塞尔曼总是对基础研究和实际应用两手一起抓。他对未来的期望是，公立学校能够将社会、伦理和公民理念的发展结合到一起。他给大家的建议是要选择对社会和个人都具有重要意义的研究问题。

扩展阅读：
Selman, R. L. (2003). *The promotion of social awareness.* New York: Russell Sage Foundation.

社会理解的进步

孩子理解他人意图、心理状态特质和观点的能力各不相同。什么因素能够预测社会理解方面存在的差异？

儿童能力

社会理解能力包含在儿童的社会性倾向与智力之中。社会理解能力更强的儿童在智力测验中表现更好，也更加频繁地在操场或教室中表现出助人或分享等亲社会行为（Eisenberg et al., 2006）。

家长影响

家长和孩子的交流同样在儿童社会理解的发展中发挥着作用。大量研究表明，如果儿童所在的家庭时常谈论心理状态，相比之下这些儿童更可能在心理理论任务中获得成功（Dunn, 1988；Dunn, Brown & Beardsall, 1991；Dunn, Brown, Slomkowski, et al., 1991；Brophy & Dunn, 2002；Ruffman et al., 2002；Taumoepeau & Ruffman, 2006，2008）。甚至在婴儿期，母亲和婴儿说话的倾向也能够单独预测婴儿其后的心理理论表现（Meins et al., 2002）。如果父母和儿童的交谈包含了心理状态的成因和影响，使用"因为"、"如何"以及"为什么"等词语（如"灯坏了的时候她的感觉如何"，"她都快疯了，因为她觉得他是故意的"），谈话的帮助作用最为明显（Dunn, Brown & Beardsall, 1991；Dunn, Brown, Slomkowski, et al., 1991；LaBounty et al., 2008）。而交谈的相互属性同样非常重要。研究者发现，如果2～4岁儿童和他们的母亲有更多连贯的交谈，他们的社会理解能力会获得进步（Ensor & Hughes, 2008）。

就同一问题进行交谈显然能够促进理解他人观点的能力，而忽视他人的言论或转换话题带来的帮助就不那么明显。

兄弟姐妹和朋友

与兄弟姐妹及朋友的交流同样为儿童提供了理解他们想法和特质的机会。两种类型的互动交流最为有效：假装游戏和争端解决。这两种活动都包含了观点采择和角色扮演，并都能提高儿童的社会理解能力（Howe et al., 2002；Foote & Holmes-Lonergan, 2003）。和兄弟姐妹及朋友的交流还有一个重要方面：他们时常会讨论共有的观念、爱好和目标。这些在儿童与成人的交谈中并不多见；与成人交流时，儿童往往只会谈及自己的目标，而不会涉及成人的。与兄弟姐妹、朋友的互动中，儿童时常会遇到彼此需要的不同，而这种经历能够促进错误信念任务理解能力的上升（Brown et al., 1996）。事实上，拥有兄弟姐妹的儿童在错误信念任务中的表现比独生子女要好（Perner et al., 1994）——除非他们是双生子（Cassidy et al., 2005）。双生子可能太过相似了，因此很难对彼此的社会理解能力起到促进作用。父母对兄弟姐妹间的异议进行调和并指导他们解决争端的过程同样大有裨益。研究者对家长进行了调解技能训练，如帮助儿童建立基本规则、分析双方观点异同，以及鼓励儿童讨论自身的感受和目标并找出问题的解决方案。家长应用这些技能带来的结果是：他们孩子的社会理解能力上升了，而孩子们之间的争端减少了；孩子对兄弟姐妹的观点更加了解，并明白他们能从不同于自身的视角对

争端进行合理的解读（Smith & Ross，2007）。这一实验有力地表明，学习建设性地解决争端，而非遭遇争端本身，能够提升儿童对他人的理解。

家庭之外的经历

家庭之外的经历同样能够促进儿童社会理解能力的发展。儿童"代理人"研究就是证据之一。所谓儿童"代理人"就是指移民家庭的孩子，他们为不会说英语的父母做翻译，帮助他们和医生、雇主以及政府官员进行交流和谈判。扮演这一角色的儿童在心理理论任务中的得分要高于一般儿童（Love & Buriel，2007）。这一文化代理经历可能能够增强儿童对他人心理状态及心理状态与行为之间关系的意识。在学校，教师也能够教导儿童观点采择技能。罗伯特·塞尔曼（2003）创立了一个适用于学校的项目，使用小说主角面临的社会两难情境来教育儿童通过接纳别人的观点来解决社会争端。还有一些项目，作为改进儿童社交关系课程的一部分，在增强儿童对他人观点和感受的理解上已经取得了不少成果（Kress & Elias，2006）。

文化影响

研究者试图了解，儿童社会理解的改变及其时间是否具有跨文化的一致性。在一项研究中，他们就他人的信念和欲望问题对中非巴卡狩猎采集部落的孩子进行了访谈（Avis & Harris，1991）。研究发现，在5岁时，大多数儿童都能准确预测成人会在离开后被清空的盒子里发现什么。这一结果和其他研究的发现，即不同文化下的5岁孩子都能够顺利完成心理理论任务相一致（Harris，2006）。然而，研究者也观察到了一些儿童社会理解的文化差异（Harries，2006；Lillard，1998）。差异之一是儿童在评价他人时使用的词语会和其所属的文化价值观相一致。在8～15岁时，美国儿童越来越多地使用和特质相关的词语对他人的助人行为进行描述，而印度儿童则更喜欢使用社会情境（即有帮助的需要和义务）描述助人行为。另一差异是，相比美国儿童，中国儿童对他人自我报告的诚实等特质持更大的怀疑态度，这一现象部分源于中国文化更尊崇谦虚，不鼓励表露个人想法和感受（Heyman et al.，2007）。因此，尽管几乎所有正常儿童获得心理理论能力的年龄大致相同，但他们对他人行

为进行描述、评估和解释的方式要受到社会规范和信仰系统的影响。

刻板印象和歧视

在多民族和多种族的社会，如美国、加拿大、欧洲、澳大利亚和中东，儿童经常会遇到和他们自身不同的语言、肤色、文化和宗教习俗。儿童对这种多样性的处理是非常重要的。"刻板印象"涉及儿童如何将自己和其他族群的人进行区别；"歧视"涉及是否对这些个体持否定态度。

刻板印象形成

刻板印象（stereotype）是指对某个种族、民族和宗教群体成员贴上的一般性标签，忽视其成员之间的差异（Killen et al.，2006）。在5岁时，儿童已经表现出一些民族和种族的刻板印象。一项研究让5岁、7岁和9岁儿童观看两个儿童（一个是黑人，另一个是白人）的漫画故事，并让他们记住两位主角在故事中的行为（Davis et al.，2007）。相对于非黑人孩子的刻板印象行为（如刻苦工作、恋家、有体臭和贪婪），三个年龄段孩子都对黑人孩子的刻板印象行为（如跑得快、舞跳得好、攻击性强和吵闹）记忆得更好。另一研究表明，几乎所有10岁儿童都表现出**刻板印象意识**（stereotype consciousness），他们知道人们对种族或民族群体持有刻板印象。

> **刻板印象**　基于个体的种族、民族和宗教成员身份而形成的一般性印象，忽视该群体成员的个体差异。
> **刻板印象意识**　对他人具有刻板印象信念的知觉。
> **歧视**　个体对某一群体的全体成员持有消极态度。

这体现在他们对"白人认为黑人不够聪明"等陈述的赞同上（McKown & Weinstein，2003）。如果儿童自身来源于被污名化的群体，他们的刻板印象意识就会更加明显——这可能是源于刻板印象在他们生活中具有更高的凸显性。具有刻板印象意识的儿童会使用这些知识对社会交流进行解读，并可能将种族间的消极互动归结为歧视（McKown & Strambler，2009）。在8～9岁时，儿童开始意识到个人信念和刻板印象之间的差异，并能够将自己对群体成员的观点和该群体的刻板印象区分开（Augoustinos & Rosewarne，2001）。

歧视

使用刻板印象描述他人的儿童更可能对其产生**歧视**（prejudice）；歧视者认为被歧视群体成

员非常类似并且素质低下（Aboud，2008）。族群歧视，如族群刻板印象在 5 岁儿童身上就有明显的表现。澳大利亚的一项研究发现，白人儿童使用更加消极的形容词（如"肮脏"、"坏"、"刻薄"）形容黑人，而使用更积极的形容词（"干净"、"好"、"和蔼"）形容白人（Augoustinos & Rosewarne，2001）。类似地，说英语的加拿大儿童对说法语的加拿大儿童存在歧视（Powlishta et al.，1994），犹太以色列儿童对阿拉伯人存在歧视（Teichman，2001）。在 5～9 岁时，随着认知理解能力发展，儿童开始意识到，不同群体存在着类似的地方，尽管外表不同，人们的内在存在很大的相似性，并且开始明白，群体中的成员也各不相同，这使得他们的歧视行为减少（Aboud，2008）。在童年后期和青少年期，由于对个人和族群认同的关注，这一阶段的歧视又开始增加（Aboud，2005；Teichman，2001）。

歧视的表现方式也会随着儿童年龄的增长发生改变。在童年早期，歧视的表现方式是回避和社会排斥；而童年晚期或青少年期，冲突和敌意往往是其主要表现形式（Aboud，2005）。然而，在这一年龄，一些年轻人已经了解外显歧视可能会造成的不利社会影响。因此，他们不再公开表现出歧视，取而代之的是无意识或自动化的"内隐"歧视。内隐联想测验（IAT）可以测量儿童对黑白面孔以及褒义词（如"愉悦"、"爱"、"和平"）、贬义词（如"可怕的"、"恐怖的"、"肮脏的"、"糟糕的"）进行分类的速度（Baron & Banaji，2006）。它通过比较白人儿童对刻板印象词组（白人面孔/褒义词、黑人面孔/贬义词）以及非刻板印象词组（白人面孔/贬义词、黑人面孔/褒义词）反应时的差异对其内隐歧视进行测量。如果儿童对刻板印象词组的反应时要短于非刻板印象词组，就可以推测其存在歧视。使用这一测验，研究者发现，四和五年级白人儿童对非洲裔美国人存在歧视，而这一内隐测量的结果和通过问卷测量的外显歧视之间不存在相关（Sinclair et al.，2005）。内隐歧视非常重要，因为这和儿童对待其他族群成员的行为存在关联。例如，一项考察德国八年级学生对土耳其人（德国的一个移民群体）内隐歧视的研究发现，相比在测验中得分较低的学生，得分高的学生更不愿意让土耳其人加入到他们的电脑游戏中（Degner et al.，2009）。显然，内隐歧视会影响儿童的行为，尽管

他们自己都不曾意识到（如果你对自己的内隐歧视倾向感兴趣，请访问 buster.cs.yale.edu/implicit/index.html）。

刻板印象和歧视的影响因素

研究者发现，当成人看到不同种族的面孔时，他们大脑杏仁核区域产生了激活，这一区域和恐惧、愤怒以及悲伤有关（Cunningham et al.，2004）。面对其他种族面孔首先产生消极反应对进化而言可能具有适应性的意义，这可能意味着歧视具有生理基础（Hirschfeld，1996，2008）。然而，许多社会因素同样能够导致歧视的产生，如父母、同伴、学校和媒体传达的偏见信息等。对年幼的孩子而言，父母是最重要的歧视来源，其影响也最为久远。一项研究发现，父母对婴儿的种族社会化在其 18 个月大时就已经开始，这一行为还能够预测婴儿 3～4 岁时的种族态度（Katz，2003）。当儿童对父母深刻认同并将他们作为自己行为的榜样时，父母的影响作用尤为明显（Sinclair et al.，2005）。然而，父母没有表现出歧视并不意味着儿童不会产生歧视（Aboud & Doyle，1996；Ritchey & Fishbein，2001）。 事实上，有时候父母会为儿童对他人歧视之深感到震惊。媒体对少数族群负面和刻板的描述也会导致儿童歧视的产生（Comstock & Scharrer，2006），而在青少年期，同伴们提供了对待其他族群成员的行为和态度的准则。

刻板印象和歧视的加剧

研究者瑞贝卡·比格勒和林恩·利本（Rebecca Bigler & Lynn Liben，2006，2007）进行了一系列研究，对儿童歧视的发展进行了考察。他们安排小学生在几周内都穿黄色或蓝色 T 恤上学，人为建立了两个一眼就能看出明显区别（类似于种族特征）的小组。社会学研究已经发现，当组间存在差异时，歧视更有可能发生（Bigler et al.，1997）；这就是为什么社会有时候会刻意增加某个群体视觉差异的原因，例如，纳粹德国就曾经要求犹太人必须佩戴黄色星星。按照研究要求，部分老师在课堂活动时安排两组儿童分组活动，另一部分则不进行分组；部分老师根据衣服颜色将儿童称为"黄衣组"和"蓝衣组"，另一部分则不加以区分。研究发现，当老师为儿童贴上"黄衣组"和"蓝衣组"的标签，并且两组儿童人数存在差异时（如多数群体和少数群体），刻板印

洞察极端案例　　最严重的歧视——种族灭绝

纵观历史，人们有时候会表现出歧视的最极端形式——种族灭绝。这一词意味着大量屠杀或迫害一个国家、民族、种族或宗教群体；还包括通过其他手段消灭某一群体，如禁止生育、强制将该群体的孩子送到别的群体等（联合国《防止及惩治种族灭绝罪公约》第2条）。如果群体之间存在着很大的差异，人数众多的群体就可能会将少数族群"非人化"（Chalk & Jonassohn，1990）。随后，消灭这些少数族群以保护自身群体利益就成了顺理成章的事情。一个众所周知的种族灭绝例子就是第二次世界大战中纳粹德国对犹太人进行的大屠杀，600万犹太人死于非命。例子之二是1994年发生在卢旺达的对图西族人进行的杀戮。卢旺达总统乘坐的飞机被击落引起了大规模的暴力活动，在100多天时间里，胡图族人杀害了约80万图西族人。胡图族广播电台播放着鼓动性的宣传语，敦促胡图族人"杀死那些蟑螂"。图西族人在恐慌中逃离家园，随后被诱捕并杀死在检查站。妇女和年轻男子是最重要的杀戮目标，因为他们代表了图西族的未来。

更接近的案例发生在苏丹的达尔富尔地区。军队将250万包括达尔富尔、马萨利特和扎格哈瓦等民族在内的苏丹人驱赶至难民营，随后对其进行严重的性侵犯。金戈威德民兵和政府军常用的手段是对离开营地采集木头、草料和水的妇女和女孩进行轮奸。强奸导致的"金戈威德婴儿"通常会遭到母亲族群的遗弃或杀害。从2003年以来，达尔富尔问题已经造成了40万条生命罹难，时至今日，每天还有100多人因此丧命。

这些人道主义灾难证明了歧视会产生负面的后果，并表明为了保护自身群体，普通人也会犯下极端恐怖的罪行。这些事实告诉我们，每个人都可能为了自己民族、种族或政治群体的利益犯下暴行，要时刻保持警惕。自1991年以来，让学生了解什么是大屠杀已经成为美国学校课程的必备部分。然而，老师发现，很多学生都认为时至今日，种族灭绝不会再发生。一些老师通过卢旺达和达尔富尔案例反驳了他们的观点。

象增加了。而当班级活动被分为两个组时，歧视就增加了。很明显，刻板印象和歧视都能被人为建立。那么，有什么办法能够减少它们吗？

如何减少刻板印象和歧视

减少歧视的方法之一是增加相互歧视群体成员之间的交流。在一些研究中，研究者发现，和其他群体成员在一种积极、安全的环境下进行交流能够减少歧视（Pettigrew & Tropp，2006；Schofield & Eurich-Fulcer，2001）。在经典的罗伯斯山洞实验中，研究者首先将夏令营中的11岁男孩分为两组，通过拔河和寻宝等集体竞争活动让他们彼此产生歧视，随后又将他们集中到一起解决一个共同面临的问题：修理营地坏了的水泵（Sherif，1966）。在同心协力解决了供水问题后，两组成员之间的态度得到了改善。而最近的研究也表明，减少竞争是降低歧视的重要方法（Abrams & Rutland，2008）。

减少儿童歧视的第二种方法是让成人强调对方群体成员的个体特征。例如，当让老师鼓励学生更注意班上同学的个体品质而非种族特征时，学生的歧视减少了（Aboud & Fenwick，1999）。

减少书本、电视和电影中关于种族、民族刻板印象的刻画是降低儿童刻板印象和歧视的第三种途径（Comstock & Scharrer，2006）。在一项研究中，研究者在分享阅读中使用了描述多数和少数族群儿童间友谊的故事书（Cameron et al.，2006）。结果发现，听过这些故事的5~11岁英国儿童对待少数族群儿童的态度比没听过故事的儿童更加积极，尤其是在故事角色的个人品质得到强调的情况下。

■ 相互交流：语言的角色

理解他人需要具备与他们进行交流的能力，而语言是首要的工具。从天然属性而言，语言是一种社会现象，这对于理解他人、与人交流、向他人传达信息和控制其行为都具有非常重要的作用；语言同样能用来表达自身的感受、愿望和观点。儿童在婴儿时期就已经开始学习这一基本工具，但其进展状况受到社会互动环境中他人所提供社会支持的制约（Hoff，2006）。

语言的组成成分

为了有效地交流，儿童需要掌握语言的四个方面。他们需要知道语言的声音——关于**音素**（phonemes），即语音的最基本单元，以及音素如何组合形成词语、短语和句子。他们需要了解语言的含义——**语义**（semantics），即特定词语的含义，以及如何使用这些词语并将其整合成为短语、从句和句子。儿童还要知道**句法**（syntax），即词语如何组成句子的特定语法。最后，他们还要学会**语用**（pragmatics），即在特定情境（如操场或教室）下使用语言的规则（Bates，1999）。

迈向语言流畅的步骤

前语言交流阶段

婴儿最早的交流体验源于和照看者的互动（Fogel，1993；Lock，2004）。父母和婴儿时常会通过声音、动作和表情进行"对话"。微笑似乎在帮助婴儿学习协调发音和将表达转为有效的交流方面发挥着特别重要的作用（Yale et al.，2003）。尽管早期交流可能乍一看像是在"交谈"，仔细观察表明，这只是一种"伪交谈"，因为只是父母一方在努力维持交流的持续（Jaffe et al.，2001）。父母在婴儿时有时无的反应间插入自己的行为，使得婴儿的行为（除打嗝和打喷嚏之外）看起来像是交谈。例如，婴儿咯咯地笑，母亲回报以特定的声音，随后等待婴儿的回应。如果婴儿没有反应，她就通过改变表情、再次重复或爱抚等行为进行提示。这些互动行为帮助婴儿在 1 岁的时候能成为热衷交流的伙伴（Golinkoff，1983）。在墨西哥玛雅文化（Brown，2001）、澳大利亚瓦尔皮里（Walpiri）文化（Bavin，1992），以及美国南部一些非洲裔美国人群体文化（Heath，1983）等特定文化中，家长并不把婴儿作为

音素　语言中影响语义的最小语音单元。
语义　词语或词组的含义。
句法　描述词语如何整合成为短语、从句和句子的语法。
语用　在特定社会情境下使用语言的规范。
喔啊声　非常小婴儿发出的类似元音的声音。
咿呀声　婴儿发出的辅音—元音组合的声音。

交流的对象（Hoff，2006），他们不会对其进行直接的教导；然而，由于他们经常抱着婴儿，聆听成人的谈话就成为了婴儿学习的方式（Lieven，1994）。

婴儿还学会了使用手势进行交流（Fogel，1993；Lock，2004）。在 6 个月时，当成人递东西给婴儿或让他们看时，婴儿会以手势作出反应，他们还会以用手指的方式引导他人的注意到特定物体上。通过用手指这一动作，他们学会了感兴趣东西的名字（Golinkoff & Hirsh-Pasek，1999），他们还知道了社会性伙伴——通常是父母——是信息和帮助的宝贵来源。婴儿通过手势让父母为他做事，例如，他们指着架子上的泰迪熊，让父母帮他取下来。稍大的前语言阶段儿童能够非常熟练地使用这一交流手段，时常观察以确信"对话"对象正在看着正确的方向并能对他们的要求作出反应（Bates et al.，1989）。随着年龄增长，手势的使用逐渐减少，儿童开始更多使用语言技能传达自身的需求和愿望（Adamson，1995）。

咿呀声和其他早期声音

喔啊声（cooing）是婴儿最早发出的声音——类似元音的声音，很像鸽子发出的"oo"声，通常出现在第 1 个月婴儿和照看者交流时。而**咿呀声**（babbling）——辅音和元音的组合——通常出现在 6 个月左右。婴儿咿呀的声音都是一样的，无论他们听到的是什么语言（Thevenin et al.，1985）。甚至先天耳聋的婴儿发出的咿呀声都是类似的（Crystal，2007；Lenneberg et al.，1965）。咿呀声的差异在 9 个月左右时开始出现。和瑞典、英国的婴儿相比，法国和日本婴儿的咿呀声会包含更多的鼻音，这和法语、日语相对于瑞典语和英语有更多鼻音的现象一致（De Boysson-Bardies et al.，1992）。婴儿开始向日常听到的语言"调整"。在 1 岁末，他们能够发出由母语音素组成的声音段，听上去很像他们在说话。这一"伪言语"吸引了家庭成员的注意，和指点手势等非言语信号一起，构成了婴儿向他人传达他们的发现和愿望的方式。

语义的发展：词语的力量

通常在 10 ～ 15 个月时婴儿会说出他们第一个真正的词语（Fenson et al.，1994）。在两岁时，他们平均拥有 900 个基本词语，在 6 岁时，词汇

量猛增到 8 000 个。儿童能够理解的词语远远超出他们能够发音的词语（Huttenlocher，1974），例如，当他们只能读出 10 个词语时，他们能够理解的词语已经达到了近百个。

婴儿获得词语的方式和原因

尽管学习词语非常困难，但婴儿显然拥有一些技能和原则使得语言学习成为可能（Hollich et al.，2000）。他们首先学到的是表示人、物体、活动和事件的词语，随后，他们开始理解新的词语代表着新的人物、活动或事件这一原则。儿童词语的获得还受助于词语出现的社会交流情境。在和语言能力更强者的日常交流中，婴儿不断习得词语，他们的词汇量反映了父母和所处文化常用的词语（Bornstein & Cote，2006；Crain-Thoreson & Dale，1992；Hoff & Naigle，2002；Huttenlocher et al.，1991；Tamis-LeMonda et al.，2006）。婴儿最早学会的词语通常是他们熟悉对象的称呼，如"爸爸"、"妈妈"、"阿姨"（Bornstein & Cote，2006），他们常用的物体，如"鞋子"、"袜子"、"玩具"（Clark，1983），以及他们能够参与的活动，如"走"和"跑"等（Huttenlocher et al.，1987）。他们使用这些最早的词语进行社会交流：一个女孩会看着母亲，指着她想母亲念给她听的书，说出"书"一词；一个男孩说"跳"意味着他想要从沙发上跳下来并希望父亲能够接住他。

语法的获得：从词语到句子

最初，儿童会使用单个词语，辅以手势来表达成人能用句子表达的意思（Dale，1976）。例如，当他们说"泰迪"意味着"把我的泰迪熊给我"或"我的泰迪熊在桌子下面"。这些能够表达完整意思的单个词语被称为**单词句**（holophrase）。在两岁时，儿童开始将词语进行组合，形成**电报式言语**（telegraphic speech）。他们会说出两三个传达他们意思的关键词语，如"给，泰迪"，而不是"把我的泰迪熊给我"。这种说话方式通常被称为"电报式"的，因为它排除了不重要的词语。在 3 岁时，儿童开始能够理解成人的语法规则，并开始使用助动词、除了现在时之外的时态、代词和冠词，原本简单的句子变得越来越复杂（Valian，1986）。父母为儿童提供词序正确的句子作为范本（"呀！你踢了球"），扩展儿童原本简单的句子（儿童说"踢，球"；母亲回答说"是

的，你踢了球"）或重复儿童正确的句子（儿童说"我踢了它"，母亲回答说"是的，你踢了它"），在父母的帮助下，儿童逐渐获得了语法规则（Tomasello，2006）。在 5 岁时，儿童已经获得大部分基本语法形式。这些语法方面的进展促进了社会交流，让儿童准确清晰地表达自己的需求和愿望，并对父母的需求和愿望做出更加恰当的反应。

> **单词句** 能够表达完整意思的单个词语。
> **电报式言语** 只使用两个或三个传递说话者意图所必需词语的表达方式。

学习语言的社会性用途

在儿童获得词语和语法规则之后，下一个重要任务是了解在不同社会情境下与不同人物进行交流时应该使用什么样的词句。

语用规则

为了有效地交流，儿童必须学会语用规则。第一，他们要学会在开始说话之前吸引听者的注意。第二，他们需要敏锐地洞察听者的反馈。如果儿童在听者没有理解自己意思时不能有所觉察，他就无法成为一个成功的交流者。第三，儿童需要学会在面对不同听者时调整自己的语言。例如，当和更小的孩子说话时，他们应该使用更简单的句式；而和年长的成人说话时则需要使用敬语而非俚语。第四，儿童要学会根据情境调整自己的言语。在操场或大街上，说话大声或粗鲁可以接受，但是在教堂、教室或晚餐时情况就完全不同。在这些场合，使用礼貌的说话方式（如"请问能否借用一只你的蜡笔"或"烦请递一下果酱"）要比粗鲁的索取（如"把蜡笔（果酱）给我！"）得体有效得多。第五，儿童需要学会如何参与讨论，他们不仅要成为一个高效的发言者，同时也要成为一个善于倾听的听者。他们要学会轮流发言，并在别人说话时保持安静。第六，儿童还要学会对自己和他人传递信息的清晰有效程度进行评估。在必要时改正自己传达的信息，并在他人误解时作出澄清（Glucksberg et al.，1975；Hoff，2006）。

学会根据听众的不同调整语言

在两岁时，儿童已经非常擅长吸引听者的注意并对其反馈作出回应。在一项研究中，研究者对学前班中两岁儿童的交流互动行为进行了录像分析（Wellman & Lempers，1977）。研究清楚地

表明儿童具有很好的交流能力。当儿童想让另一儿童看他指向的物体时，如果他们在一起玩，那么儿童总是会先吸引其注意（82%），或选择交流对象没在和别人互动的时机（88%）。他们在彼此能看见（97%）或挨得很近（91%）时发起交流。在谈话时，他们会确保自己（92%）及听者（84%）都距离谈论的物体很近。儿童能够有效地吸引听者的注意，他们的大多数信息（79%）都得到了答复。并且儿童还能根据情境的不同调整自己的交流行为：在遇到困难时相互之间的交流会变得更加频繁。例如，在听者和谈论的物体之间存在障碍的情况下。最后，儿童会对听者的反馈作出回应。如果他们没有得到听者的回应，那么在超过半数的情况下会重复自己传递的信息，而在获得回应的情况下这一情况基本不会发生（只有3%）。其他研究者发现，1岁半儿童在初次信息传达失败后会重复或重新组织表达方式，并通常能够取得成功（77%）（Golinkoff，1986）。他们还发现，两岁儿童在和不同年龄儿童谈话时会对言语进行调整。例如，在和襁褓中的弟弟妹妹说话时，他们会时常重复，并使用能吸引注意的词语（"嗨！""你好！""看！"），在和母亲对话时这些现象出现的频率就要小很多（Dunn，1988；Dunn & Kendrick，1982）。学前儿童会根据同伴地位的不同调整自己的语言：和高地位同伴说话时更加恭敬，而和低地位同伴说话则表现得更有主见（Kyratzis & Marx，2001）。当然，学前儿童的交流能力存在一些限制。他们更善于就当前情境中单一、熟悉的物体进行一对一或面对面的交流，在进行群体交流、电话通话，以及讨论不在场物体或自身感觉、想法或关系方面仍有所欠缺（Cameron & Lee，1997；Dunn，1988；Ervin-Tripp，1979；Shatz，1994）。

学会批判性地倾听

儿童有时并不能意识到自己没有理解信息。如果信息很简单并且明显存在含混不清的地方，那么即使3岁的孩子也都能以适当的方式解决沟通存在的问题。例如，研究者给予3～4岁儿童模糊的指示（如桌上有4个杯子时和儿童说"给我杯子"）或不可能做到的要求（"把冰箱拿过来"），儿童会意识到这些要求存在问题，并询问更多的信息（Revelle et al.，1985）。然而，如果任务需要更多思考、其模糊性表现得不那么明显时，学龄儿童也可能不会意识到自己没有听懂。在一项研究中，研究者给予一年级和三年级儿童缺乏必要信息的游戏规则（Markman，1977）。一年级儿童对信息缺失毫无意识，在发现自己对流程仍不清楚之前就在催促下尝试开始游戏。不过，通过训练，儿童能够成为更有效的听者并询问更多信息（Cosgrove & Patterson，1977；Patterson & Kister，1981）。贯穿整个童年、青少年、成年期，倾听技能一直都是进行成功社会交流、维持社会关系至关重要的组成部分（Gottman et al.，2007）。

本章小结

自我意识

● 在6个月末时，婴儿已经能够区别自我与他人。并在1岁末时获得基本自我识别能力。

● 儿童在4岁时能区别过去的自我和现在的自我。

● 一开始，儿童使用具体的词语描述自己（外表特征、拥有物和喜爱的活动）。随后会加入一些心理特质。青少年的自我看法更加整合，能够接受矛盾特质的并存。

● 自闭症儿童在自我识别上表现出延迟或者缺陷。

● 性别、文化和家庭都会影响自我的发展。

自我知觉

● 自尊是指关于整体自我价值的意识，和对自己在学业、运动、外表、道德和社会接受性等特殊领域的能力进行的评估不同。

● 高自尊和学业成功、与父母及同伴关系良好、更少的冒险行为、更少的焦虑和抑郁等适应性行为存在关联。

● 高自尊鼓励个体进行尝试，这可能导致过早发生性行为和饮酒。

● 从童年中期开始，女孩的整体自尊低于男孩。

- 亲子关系质量会影响自尊。权威的父母（坚定、清晰且温情）往往培养出高自尊的青少年。
- 同伴和导师都是自尊提升的影响因素。
- 随着儿童成长，他们对自己能力积极、时常不切实际的观点逐渐变得客观。

自我认同的形成

- 青少年期或成年早期的主要任务之一就是形成稳定的自我认同，包括性别和族群认同。族群认同指对特定民族或种族群体的归属感。
- 青少年自我认同发展受到社会、生理和认知等多方面因素的影响。
- 稳定自我认同的获得和更好的适应能力存在关联。
- 双种族和双文化青少年面对着获得清晰自我认同的挑战。

理解他人能力的发展

- 儿童在改善理解他人社会行为、意图、动机和目标能力的同时，还在学习指导他们社会互动行为的规范和社会脚本。
- 心理理论的工作揭示了儿童何时及如何理解他人的心理状态，如想法、信念、欲望及其对行为的影响。
- 自闭症儿童表现出心理理论发展的缺陷。
- 和家庭成员、朋友的互动，以及文化日常活动都对社会理解的发展具有重要的作用。

- 儿童对他人态度和特质的描述逐渐从具体、侧重身体、简单向抽象、侧重心理和差异化转变。

刻板印象和歧视

- 刻板印象是根据个体的种族、民族、宗教群体的成员身份而为其贴上的一般性标签，并忽视其群体成员的个体差异。在8～9岁时，儿童能够对刻板印象和自身观点进行区分。
- 歧视他人的个体认为该群体成员不仅相似并且素质低下。5～9岁时，儿童开始明白，群体中成员还存在个体差异，他们的歧视减少了。
- 在童年后期和青少年期，随着族群认同的增加，歧视也随之增加。
- 歧视可能源于家长、同伴、学校和媒体传达的偏见信息。
- 降低歧视的方法包括增加不同群体成员的接触、让成人强调对方群体成员的个体特征、减少书本、电视和电影中对于种族和民族群体刻板印象的刻画。

语言的角色

- 语言帮助儿童互动，传达信息，表达感受、愿望和观点，控制他人行为并调整情绪。
- 在开口说话之前，婴儿会发出咿呀声和喔啊声。
- 词语出现的社会情境帮助儿童习得语言。
- 语用，即语言使用的规则，决定了在面对特定的听者和场合时使用的语言是否恰当。

关键术语

咿呀声	集体自我	喔啊声	族群认同
单词句	自我认同	个体自我	音素
语用	歧视	关系自我	脚本
自尊	语义	刻板印象	刻板印象意识
句法	电报式语言	心理理论	

电影时刻

　　和本章相关的电影关注自尊、自我认同、刻板印象和歧视。《鲸骑士》（*Whale Rider*，2002）讲述了孩子提升自尊的故事，故事的主角，一位新西兰家长制部落的11岁小女孩怀抱自己必将成为部落新首领的信念，和祖父及上千年的传统抗争，并最终达成了目标。在《阿基拉和拼字大赛》（*Akeelah and the Bee*，2006）中，另一位11岁小女孩克服了自身的不安全感、低自尊、不利的经济地位和无处不在的刻板印象与歧视，最终获得了拼字大赛的成功。

关于自我认同发展的电影有《曲线窈窕非梦事》(*Real Women Have Curves*，2002)，该片讲述了第一代墨西哥裔美国儿童在符合主流文化的梦想及传统文化遗产之间的摇摆不定。《无处藏私》(*Towelhead*，2008) 则表现了美国家庭背景下的种族主义冲突、文化适应和文化认同。电影《黑》(*Just Black?*，1991) 对不同种族混血的年轻男女进行访谈，在电影中，他们讨论了为了建立种族认同而经历的挣扎，并质疑当今美国是否有多种族认同生存的空间。探讨年轻同性恋探索自身性认同的电影有《定义正常》(*Redefining Normal*，2008)、《直男艺术》(*The Art of Being Straight*，2008) 以及《孤独的小孩》(*Lonely Child*，2005)。

获奖电影《眼盲》(*Eye Was Blind*，2005) 探索了宗教和种族问题，让观众对自己可能拥有的刻板印象行为 (如通过外表、文化和种族对他人进行判断) 进行反思。影片《四个小女孩》(*4 Little Girls*，1997) 叙述了在民权运动高潮时，引发亚拉巴马州伯明翰第十六街教堂爆炸的种种事件，对种族歧视行为进行了栩栩如生的刻画。

《卢旺达饭店》(*Hotel Rwanda*，2004) 是种族灭绝题材电影中的佼佼者。它表现了一个卢旺达人以自己的酒店为避难所，为挽救家庭成员和超过 1 000 个难民的生命而作出的努力。这一电影得到了多项奥斯卡奖提名，并被美国电影学院列为史上最鼓舞人心的 100 部电影之一，被称为非洲版的《辛德勒的名单》。《辛德勒的名单》(*Schindler's List*，1993) 是另一部获得过奥斯卡奖的影片，这部片子讲述了一个男人在二战的种族灭绝大屠杀中拯救超过 1 000 名犹太人的故事。

第7章
家庭：早期和持久的影响

爱丽丝和她的父母、祖母以及9个兄弟姐妹生活在一起。她家的家规非常严格，每天晚上所有的孩子必须10点熄灯之前上床。艾丽莎从没见过父亲，她独自和母亲生活在姑姑和表兄弟家隔壁。有时，她会和表兄弟待上一整夜，她的母亲对此毫不在意。艾伦有两个父亲，他们在旧金山结婚，并期望在不久后领养另外一个儿童。所有这些儿童都生活在家庭当中——但是他们的家庭状况截然不同。在本章中，我们将描述家庭的差异，并探讨家庭对儿童们社会性发展强烈而持久的影响。

什么是家庭？家庭是一个社会单元，身处其中的成人配偶或伴侣以及他们的孩子共享经济、社会及情绪的权利和责任，以及相互之间的承诺和认同感。家庭的组成各不相同——家长可以是一位或者两位，儿童可以是一个或者多个——但所有的家庭都具有相同的功能。首先，家庭为儿童提供了最早同时也最为持久的社会接触。家庭还提供了最为强烈和持久的人际关系纽带。此外，家庭成员共享对过去的回忆和对未来的期望，这种时间上的连续性使得家庭关系和玩伴、朋友、老师、邻居及同事关系具有本质上的不同。由于出现得最早，并且最为强烈持久，因而家庭关系成为了判断其他关系质量的标准。

社会化 家长或其他人教育儿童受社会认可的行为标准、态度、技能、动机的过程。

家庭系统 由相互依赖的成员和子系统组成的一群人，一个成员行为的改变会影响其他成员的行为。

家庭同时也是**社会化**（socialization）的系统，家庭成员将儿童的原始冲动引导成为社会可接受的行为方式，并教给儿童适应社会所需的技能和规则。在儿童很小时，父母就开始了对其进行社会化的过程，以确保儿童的行为方式能够获得父母和社会的认可。从出生那一刻起，不管儿童是被包裹在粉色还是蓝色的毯子里，是被放在背带里还是摇篮里，是受到家长的溺爱还是放任其哭泣，儿童的社会化都已经开始。

家庭系统（family system）由许多"子系统"组成，包括母亲和父亲，母亲和儿童，父亲和儿童，母亲、父亲和儿童，以及包括兄弟姐妹在内的子系统。我们在本章中探讨的社会化过程，发生在其中每一个子系统中。我们还讨论与社会阶层、文化和历史有关的家庭社会化有何差异，此外，我们还会对近几十年家庭结构和职能的主要变化进行探讨。

家庭系统

家庭是一个复杂的系统，它由相互依赖的家庭成员和子系统构成，这种构成影响了家庭运行的方式。最简单的例子：一个人行为的改变会影响到其他成员的行为（Bronfenbrenner & Morris, 2006; Kuczynski & Parkin, 2007; Sturge-Apple et al., 2010）。例如，如果父亲在家庭中的角色发生变化，那么母亲的角色和儿童的体验都会随之产生变化。家庭成员之间的相互影响既是直接的，也是间接的。直接影响的过程非常显而易见：配偶通过赞扬或者批评相互影响；父母通过拥抱或打屁股影响儿童；儿童通过黏着父母或者顶嘴来影响父母。间接影响包括两个步骤：父亲改变他和母亲的关系，然后会影响儿童的发展，而母亲通过改变父亲和儿童互动的数量和质量，进而影响儿童的行为；儿童通过改变父母中任意一个的行为来间接地影响父母之间的关系。

在一个运转良好的家庭系统中，父母之间关系融洽，他们关心和支持儿童，儿童也会合作、负责并关心父母。在一个功能失调的家庭系统中，父母婚姻不幸福，他们对着儿童发火，而儿童则表现出反社会行为，这进一步加剧了父母之间的矛盾。这种家庭互动的消极局面很难得到扭转，因为系统通常很难得到改变。这就是为什么家庭中消极的互动方式会导致儿童攻击性的产生并难以改正的原因（Dishion & Bullock, 2002; Katz & Gottman, 1997）。如果家庭成员不努力进行理性沟通、降低怒火或解决问题，那么他们很可能陷入消极的互动模式中，不断维持和促进成员间的不适应行为。适应性是良好家庭功能的关键。

夫妻系统

家庭系统中两个成员连在一起就建立了一个子系统。发展心理学家有时候会忽略这个子系统的重要性，但这个关系的特点毫无疑问会对儿童的发展具有重要的影响。通过直接或间接的方式，夫妻关系的质量会促进或者阻碍养育的质量、兄弟姐妹间的关系以及儿童的发展。

夫妻关系如何影响儿童

当夫妻间相互提供情感和身体上的支持和安慰时，儿童同样获得这些支持和照料的可能性很高。研究发现，当夫妻能够彼此提供支持时，他们会对儿童更加投入，育儿能力更强，并且与儿童间的关系会更深，并对其更敏感（Cowan & Cowan，2002；Katz & Gottman，1997）。而父母恩爱的儿童同样表现出更好的适应性和积极的态度（Goeke-Morey et al.，2003）。

那些矛盾重重、满怀敌意、好斗和轻蔑抨击对方的父母会造成儿童的心理行为问题（Cummings & Mrrilees，2010；Grych & Fincham，2001）。当这些冲突发生在儿童年幼的时候，儿童就不太可能形成对父母的安全型情感依恋（Frosch et al.，2000）。当矛盾发生在儿童长大以后，儿童就可能变得具有攻击性或抑郁（Katz & Gottman，1993，1996）。

当亲眼看到父母争吵和斗殴时，儿童会受到父母矛盾的直接影响。马克·卡明斯（Mark Cummings）和他的同事让演员表演在家庭环境中夫妻为了看哪部电影或谁去洗碗这种小事发生争吵的场景，让儿童们现场观看或通过录像观看。研究发现，争吵越是频繁、暴力或与儿童的言行关系越大，儿童感到不安和自责的可能就越大（Cummings et al.，2002）。而且，相比争端解决的情境，当成人最终未能达成一致时，儿童们会表现得更加愤怒和痛苦（Cummings et al.，1993）。

卡明斯和他的同事还考察了儿童对亲生父母而非演员冲突的反应。这些研究同样表明，儿童感受到的痛苦水平随着父母争吵强度和破坏性程度的上升而上升（Davies et al.，2006）。那些目睹了父母激烈、破坏性冲突的儿童会遭受不安全感、抑郁、焦虑、行为问题、人际关系困难、情绪调节能力差等问题的困扰，这些影响可能会持续数年之久（Cummings et al.，2006；Cummings & Davies，2010；Cumming & Merrilees，2010）。在

某些情况下，儿童应对压力的生理能力也会遭受损害（Davies et al.，2007）。然而，如果父母能建设性地处理双方的分歧，表现出对对方意见的尊重，彼此表达温暖和支持，建立有效的冲突谈判策略，就能减轻对儿童的负面影响。目睹建设性的争端解决甚至能教会儿童进行冲突谈判，并在其他场合解决与他人的争论。如果父母频繁、激烈，并通过身体冲突发泄愤怒，而且争端最终没能得到解决，在这种情况下儿童最有可能出现问题（Cummings & Merrilees，2010）。

父母冲突还会对儿童产生间接影响：婚姻出现困难会影响家长抚养儿童的方式，而抚养儿童方式的改变会进而影响儿童的发展。冲突婚姻关系中的父母很可能采用愤怒和暴力的教养方式，这导致儿童在与父母（Katz & Gottman，1997）和其他儿童（Cowan et al.，1994；Perry-Jenkins et al.，2000；Kahen et al.，1994；McCloskey & Stuewig，2001；Stocker & Youngblade，1999）的互动中表现出大量的愤怒。

研究者提出了多种不同的理论来解释父母的冲突对儿童社会性发展的影响。每个理论都得到了实证研究的支持。社会学习理论认为，儿童们通过观察父母的行为来学习如何与他人交流并解决冲突。如果父母吵架，儿童们会学会攻击性的互动策略（Crockenberg & Langrock，2001）。第二种解释建立在依恋理论的基础上，这一理论提出，目睹父母间的冲突会导致儿童的情绪唤起和痛苦，并发展出不安全感，这导致了儿童在随后的社会互动中出现问题（Cummings & Davies，2010）。有研究支持了这一观点，研究者发现小学低年级儿童对父母关系的不安全表征是父母冲突与儿童情绪困扰之间的重要中介因素（Sturge-Apple et al.，2008）。第三种理论强调的是儿童的认知过程，这一理论认为父母冲突的影响取决于儿童们如何对其进行理解。如果儿童把冲突看成是威胁性的，他们会变得焦虑、忧郁以及退缩；如果他们把冲突理解为自己的错误，他们更可能采取行动；如果父母解决了冲突，儿童们产生这些问题的可能性就会大大减少，因为他们预期自己也有能力解决冲突（Grych & Cardoza-Fernandes，2001；Grych & Fincham，1990）。第四种理论认为，父母不良的心理健康状态导致了父母冲突对儿童行为的影响。在一项对此观点提供

支持的研究中，卡明斯和他的同事发现，父母的抑郁水平是婚姻痛苦对儿童抑郁症状影响的中介因素（Cummings et al.，2005）。第五种解释是，父母冲突对儿童社会性行为的影响，在某种程度上是遗传的。研究者已经发现，与父亲或母亲是异卵双生子之一的家庭比较，父亲或母亲是同卵双生子之一的家庭，其婚姻冲突和青少年管教问题之间具有更强的相关（Harden et al.，2007）。

上述每种理论都有其优点，但不管支持哪种解释，将家长冲突和儿童调节看做是一个相互影响而非单向的过程非常重要。当卡明斯和他的同事考察三个时间点上父母不和与对儿童影响的关系时，结果发现，在第一个时间点上的父母不和行为能够预测第二个时间点儿童的消极情绪反应。这种反应可能表现为行为紊乱（如更多的苦恼，惹更多麻烦）或代理行为（儿童会不遗余力地干涉父母间的冲突）。而这一阶段儿童的代理行为能够预测第三个时间点上父母关系不和的降低（Schermerhorn et al.，2007）。结果表明，随着儿童们的努力，父母可能会更加意识到不和谐的婚姻关系所带来的负面影响，最终减少公开争执的次数。而儿童的行为紊乱能够预测父母冲突概率的增加，从而提高了儿童适应性问题出现的可能性。

研究者已在采取措施帮助父母改善夫妻关系，从而为儿童提供帮助。卡明斯和他的同事（2008）为4~8岁儿童的父母开设了一门课程，教育父母建设性和破坏性的婚姻问题解决对儿童带来的影响。与仅阅读同样教育信息的对照组父母相比，那些参与这一课程的父母能够更加深刻地理解不和谐婚姻带来的危害，他们以建设性而非破坏性的方式解决问题，其儿童的适应性也强于控制组。1年之后，这一差异依然显著。在另一课程中，实验组的4岁儿童的父母在专家引导下对育儿和婚姻问题进行了讨论（Cowan et al.，2005）。他们的孩子会表现出更少的攻击行为和心理问题，和同伴间关系更加融洽，甚至在10年后仍表现出比控制组儿童更强的社交能力和更少的行为问题（Cowan & Cowan，2010）。

三口之家诞生：新生儿对夫妻系统的影响

就像夫妻关系影响儿童一样，儿童也会影响夫妻关系。最直接的影响出现在第一个儿童出生之后。这一重大生活改变带来的是家庭分工向更加传统的方式转变（Cowan & Cowan，2000，2010）及婚姻满意度的下降（Twenge et al.，2003）。婚姻满意度的下降在女性身上表现得尤为明显（Cowan & Cowan，2000，2010），也许是因为，向传统分工的转变往往意味着她们需要放弃自己的工作并待在家里照顾婴儿。父亲的满意度也会下降，但其下降速度相对较慢：这也许只是因为男人逐渐感觉到了婴儿出生对他们生活带来的约束。

如果小孩或夫妇关系存在问题，那么儿童出生对夫妻关系的影响会表现得特别明显。一个难养育型或者身体残疾的儿童会加重家庭的压力，并可能会增加父母间的冲突。如果之前夫妻已经

向当代学术大师学习　　E·马克·卡明斯

E·马克·卡明斯（E. Mark Cummings）是圣母大学的心理学教授，毕生致力于婚姻关系、养育行为和儿童适应问题的研究。最初，心理学并非其首选职业，他希望成为一名物理学家，其次是医生。本科选修的社会性发展心理学课程及自身关于童年走失、分离和争执的记忆让他开始试图了解儿童和家庭。从加州大学洛杉矶分校毕业后，他在美国国家精神卫生研究所工作过一段时间，提出了一个家庭对儿童社会性发展的影响模型，并将其作为一系列实证研究的框架。他进行了许多实验室模拟实验，模拟家庭中发生的真实事件，例如，现场考察儿童在成年人争执时的反应等。他的主要发现是，看到成人争执可能会对儿童的社交行为及幸福感带来深远影响。这一发现让人们更加清楚地意识到家庭是如何成为精神病诱发的温床的。为了儿童们的幸福，卡明斯正推出一项课程来教会父母如何处理彼此间的纠纷。

扩展阅读：
Cummings, E. M., & Merrilees, C. E. (2010). Identifying the dynamic processes underlying links between marital conflict and child adjustment. In M. S. Schuk, M. K. Pruett, P. Kerig, & R. Parke (Eds.), *Strengthening couple relationships For optimal child development* (pp. 27 - 40). Washington, DC: American Psychological Association.

步入成年	升级为父母

尽管孩子的到来通常是一件快乐的事，但为人父母同样也会带来压力和风险。为了使这种转变带来的压力减少，心理学家设计了夫妻关系强化课程，帮助人们减少成为父母可能带来的负面后果。在"组建家庭"的课题中，菲利普和卡洛琳·考恩（Philip & Carolyn Cowan, 2000, 2010）研究了72对拥有第一个孩子满怀期望的夫妻，以及24对还没有决定是否要成为父母的夫妻。他们选取了1/3期望成为父母的夫妻参加一个为期6个月的集中干预，该干预在他们的孩子出生3个月之后结束。在每周的课程中，一对受过专门培训的已婚夫妻鼓励这些准父母说出任何他们正在纠结的事情。让妻子和丈夫描述他们心中理想的家庭，并谈论即将到来的分娩。有趣的是，每个人都很难想象在孩子出生后会发生什么。孩子出生之后，夫妻要面对改变、问题和冲突。谁需要放弃什么？谁为什么承担责任？当

面对孩子的不断需求时，他们还能保持令人满意的婚姻关系吗？研究者在他们怀孕后期、孩子6个月、18个月、3岁、5岁大的时候多次评估了他们的家庭功能、婚姻关系质量、养育效率及适应行为。在第18个月进行的评估发现，干预取得了令人鼓舞的效果。干预组的父亲参与更多，对孩子的养育状况更为满意，他们报告的婚姻满意度、两性关系和社会支持上的负面改变更少。而干预组的母亲对劳动分工和婚姻的整体满意度更高；并对两性关系表示满意，看上去她们能更好地平衡生活压力和社会支持。干预组夫妻分居或离婚的情况也更少。但是，到孩子上幼儿园时，一些早期干预效果开始消失。尽管干预组的夫妻继续维持较高的满意度，但在养育风格或者孩子行为上两组已经几乎没有差异。研究者认为，为了延续良好的家庭功能，在家庭生命周期中时不时打下"强化针"大有裨益（Schulz et al., 2006）。

处于冲突状态中，儿童的出生可能会加剧他们关系的破裂。而在儿童出生前关系非常融洽的夫妻通常能非常理性地应对生活转变带来的压力，相比之下关系破裂的可能性要小很多。因此，尽管儿童的出生很少会摧毁父亲与母亲之间的良好关系，但一个难养育气质儿童的存在足以给原本脆弱的关系带来损害（Hogan & Msall, 2002）。

亲子系统

大多数父母都会就儿童应有的素质以及如何通过养育方法培养儿童形成这些素质拥有自己的信念。家长如何进行这一养育过程以及这些养育方式是如何取得成功的是这一节的主题。

父母如何对儿童进行社会化

尽管社会化进程在婴儿出生的时候就已经开始，但随着儿童机动性的增加以及语言能力的获得，这一过程的目的更加明确。当这一年龄的儿童取得了任何受父母或社会认可的成就时，父母会毫不吝啬地拥抱、宠爱和赞扬他们。接着，父母不再接受仅仅是"可爱"的行为，他们开始阻止儿童爬出婴儿床、敲打锅碗瓢盆或打小猫。有一些家长会对这些行为保持相对的宽松和宽容。而对于另一些儿童而言，由于婴儿护栏和家长各

种禁令的约束，练习新获得的运动技能及探索世界成为了一种真正的磨练。在入学之后，家长对其进行社会化的努力持续增加并维持，直至获得了满意的结果，或在多次挫折后不得不放弃。

大多数父母都试图将儿童培养得很有礼貌、和他人和睦相处、重视诚实以及努力工作，并达到一系列目标——虽然这些目标因家庭不同而存在很大差异。例如，对加拿大原住民父母而言，社会化的目标包括尊重文化传统并为文化遗产感到自豪（Cheah & Chirkov, 2008）。不管他们的目标具体是什么，父母都会使用学习理论让儿童习得社会规范和角色。他们会使用强化手段向儿童传达行为底线的信息，并在儿童遵守或违反这些规范时使用表扬或惩罚的手段。当出现想要儿童具备的行为时，他们希望儿童能够进行模仿学习。但是在出现他们不希望儿童效仿的行为时，模仿学习作用同样会不可避免地发生。当家长对朋友撒谎、嘲笑同事或欺负儿童时，这些消极行为与其积极行为一样很可能被儿童模仿，并且其影响要强于家长的说教。

社会化方法的差异

除了社会化目标的差异，父母在社会化方法

的选择上也各不相同。差异之一是情感卷入的程度：一些父母在社会化过程中表现得非常温情和积极，而另一些则表现得冷漠和拒绝。前者有助于社会化效率的提高。和拒绝否认的家长相比，父母能够提供支持、温暖和积极参与的儿童通常具有更好的社交能力（Grimes et al.，2004）和受欢迎程度（Henggeler et al.，1991；Isley et al.，1996，1999）。父母控制水平是差异的另一来源：一些家长非常宽容、要求较低，几乎让儿童随心所欲，为所欲为；而另一些父母则望子成龙，非常严厉。两者的折中似乎是最好的选择。如果父母使用最小的压力让儿童的行为符合自身的期望，儿童们就更可能合作并将父母的标准内化（Crockenberg & Litman，1990；Holden，2009）。如果控制太少，儿童就更可能出现外部行为问题（Barber & Harmonu，2002）。但如果控制得太多，他们会对儿童当前行为产生影响，但是从长期来看，儿童会感觉无助、对自身价值产生怀疑，并回避与家长的交流，这减少了父母对其进行社会化的机会。

严格控制的一个关键方面是体罚——打屁股、扇巴掌、恐吓、殴打。一项元分析表明，体罚和一系列消极结果存在联系，尤其是儿童攻击行为的增加（Gershoff，2002）。但这一点还存在很大争议，并不是每个人都认为打屁股是错误行为（Baumrind et al.，2002）。在最近一项元分析中，研究者比较了不同类型的体罚，包括：（1）适当地打屁股，将其作为讲道理、关禁闭等温和方式的补充手段；（2）将打屁股作为首要的教育手段；（3）严厉地体罚，包括在愤怒趋势下失去控制地摇晃、扇耳光等（Larzelere & Kuhn，2005）。研究发现，只有后两种体罚方式与儿童的负面行为（如反社会行为和较低的道德发展状况）存在关

> **专制型养育**　严厉、无响应、刻板、倾向于使用暴力进行控制的养育方式。
>
> **溺爱型养育**　松懈、不一致、鼓励儿童自由表达自身冲动的养育方式。
>
> **权威型养育**　温情、有响应、积极投入、设置合理的限制并期待儿童作出适当、成熟行为的养育方式。
>
> **忽视型养育**　冷漠、忽视、关注自身需要而置孩子于不顾的养育方式。

联。事实上，相比非体罚手段，如忽视、关禁闭和剥夺特权，适当地打屁股与不服从、反社会行为的减少之间的关联更大。这些发现表明，温和、明智的体罚可能是一种有效的惩罚策略。实验研究结论也支持了这一点，偶尔进行体罚并让孩子清楚其原因，同时强化适当行为，能够消除体罚行为的负面影响（Matson & Taras，1989；Walters & Grusec，1977）。

养育风格

结合养育的情感和控制维度，研究者确定了四种养育风格（见图7.1）。**专制型养育**（authoritarian parenting）的特征是情感拒绝和高控制；**溺爱型养育**（permissive parenting）的特征是情感积极和低控制；**权威型养育**（authoritative parenting）的特征是情感积极和严格控制；**忽视型养育**（uninvolved parenting）的特征则是情感消极和低控制。

戴安娜·鲍姆林德（Diana Baumrind）是第一位把专制、权威以及溺爱型社会化风格与儿童发展结果相联系的心理学家（Baumrind，1967）。在对学前儿童的日常生活进行了为期14周的观察之后，鲍姆林德界定了三组存在广泛差异的儿童：第一组儿童精力充沛且非常友好；第二组儿童充满矛盾并易怒；第三组儿童则冲动并具有攻击性。随后，她对儿童的家长进行了访谈，并在儿童家中及实验室中对他们的亲子互动活动进行了观察。此后，她又对这些家庭进行追踪调查，直到儿童们度过了青少年期（Baumrind，1991）。研究发现，社交能力全面占优的活跃—友好组儿童更可能具有权威型的父母。他们给予孩子很大的自由，不横加干涉。但是在他们熟悉的领域会加强限制，对孩子的无理要求坚决抵制。他们期望孩子具有适当、成熟的行为，设置合理的限制，并关注孩子的需求，及时作出反应。这些孩子表现出很高的自尊水平、适应性、能力以及内在控制水平；他们很受同伴的欢迎，几乎不会表现出反社会行为。这些积极的成果在青少年期依然存在，这在男孩身上表现得尤为明显。

与之相反，表现得畏惧、喜怒无常的矛盾—易怒型儿童更可能具有专制型的父母。这些父母非常刻板、独断、严厉，并对儿童的需要视而

情感

	温情、有响应	拒绝、无响应
严格、高要求	权威	专制
纵容、无要求	溺爱	忽视

（控制）

图7.1　养育风格

将控制和情感两个维度进行结合产生的四种不同养育风格。

资料来源：Maccoby & Martin，1983.

不见。儿童几乎无法控制自身的生活环境，并不能获得任何满足。鲍姆林德提出，这些儿童常常有被束缚感，他们很愤怒但又不敢承认自己处于充满敌意的环境中。这些孩子，尤其是男孩，在童年期和青少年期往往表现得缺乏自信，社交能力更差，不友好行为更多，并不太可能成为同伴中的领袖。

冲动—攻击型的儿童很可能具有溺爱他们的父母。这些父母与孩子具有亲密的关系，但由于他们管理过于宽松、惩罚前后不一致，并鼓励儿童自由表达冲动，造成了孩子不受控制、不合作以及攻击行为难以得到遏制的现状（图7.2生动地总结了鲍姆林德的发现）。

随后，研究者界定了第四种养育模式，忽视型（Maccoby & Martin，1983；Sturge-Apple et al.，2010）。这种养育模式描述的是那种对自己的孩子呈不闻不问态度的家长。他们尽可能减少在孩子身上的投入——无论是时间还是精力。他们将自身的需求放在孩子之前。尤其在孩子长大之后，这些家长通常会放弃对孩子的监督。在回答一个经典问题"现在是晚上10点钟，你知道你的孩子在哪儿吗"时，这些家长通常不得不承认自己不知道。忽视型家长的孩子通常非常冲动、攻击性较强、不合作且喜怒无常（Sturge-Apple et al.，2010；Thompson，2006b）。在青春期，他们可能会成为问题青少年（Dishion & Bullock，2002）。如果家长能够增加自身的参与程度，孩子的问题行为就会减少，社会能力也会随之提高（El Nokali et al.，2010）。

表7.1对这四种养育模式和儿童典型行为特征进行了总结。

养育方式差异的由来

这种社会化方式上的差异是如何形成的？其可能有很多来源。家长的相互关系是其中之一。婚姻状况良好的家长更可能使用权威的养育方式（Cowan & Cowan，2002 Katz & Gottman，1997）。第二个因素是家长自身的人格特征（Belsky & Barends，2002）。随和性较差的家长（在养育儿童之外的情境中进行测量）更倾向于使用专制的养育方式——缺乏响应、更多的拒绝和威压（Clark et al.，2000；Koenig et al.，in press）。家长的能力也会影响其养育方式。观点采择能

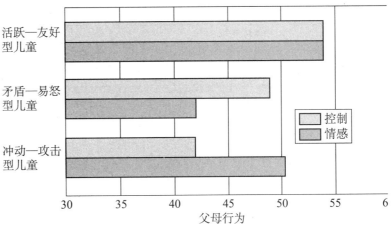

图7.2 养育行为和儿童特征的维度

活跃—友好型儿童的家长在控制和情感（养育方式）两个维度上的得分都更高。

资料来源：Baumrind，1967.

力较差的家长更加专制（Gerris et al. 1997），而善于应对改变或压力情境的父母通常是权威型的（van Bakel & Riksen-Walraven，2000）。家长的心理健康状况也会产生影响。患有神经症的家长，如抑郁、焦虑、强迫等，对待儿童更加消极并表现出更多的拒绝（Belsky et al.，1995）。抑郁（Goodman & Gotlib，2002；Hammen，2009）或受夫妻关系不和或离婚所困扰（Hetherington & Kelly，2002）的家长在养育中的投入程度更低。自身焦虑和心理问题驱使这些家长以儿童利益为代价换取自我满足（Patterson & Capaldi，1991）。家长的受教育程度是另一个影响因素。受教育较少的家长更可能表现得专制（Carpenter，1999；Kelley et al.，1992）。原生家庭的养育风格同样是影响因素之一。不管家长是否意识到，小时候和父母相处的经历都会对他们产生影响（Murphy-Cowan & Stringer，1999；Smith & Drew 2002；Wakschlag et al.，1996）。从某种程度而言，养育方式是代代相传的。

家庭环境也在一定程度上影响家长的行为。居住在危险社区的家长通常更加专制（Leventhal & Brooks-Gunn，2000），并对儿童的活动进行更多限制（O'Neil et al.，2001）。这种严格控制的方式可能是适应性的，因为居住在危险社区可能会给儿童带来伤害或参与反社会行为的风险（Dodge et al.，2005）。当这些家庭搬到更加宽裕、安全的社区时，他们的养育方式会变得宽松（Leventhal &

表7.1　　　　　　　　　　　　　　　　养育模式和儿童特征的关系

养育类型	儿童特质
权威型家长	**活跃—友好型儿童**
温情、投入、响应及时 对孩子的建设性行为表示欣赏和支持 考虑孩子的期望和恳求，提供替代选择 建立标准，清楚地向孩子传达，并坚决执行 面对孩子的要挟坚持不让步 对不良行为表现出不快，和不听话的孩子面对面讨论 期望成熟、独立、与孩子年龄相符的行为 计划文化相关活动并积极参与	快乐 自控自立 对新环境充满兴趣和好奇 非常活跃 和同伴保持友好关系 和成人合作 从容应对压力
专制型家长	**矛盾—易怒型儿童**
很少给予温暖和积极参与 不顾孩子的需要和选择 严厉执行规则，但缺乏清晰的解释 表现出愤怒和不快，当面质问孩子的不良行为，并使用严厉的惩罚措施 认为孩子受到反社会冲动的控制	喜怒无常、不快乐、缺乏目标 恐惧、不安、容易苦恼 消极敌对、谎话连篇 在攻击行为和消极退缩行为之间摇摆 面对压力时非常脆弱
溺爱型家长	**冲动—攻击型儿童**
温情程度适中 崇尚冲动和欲望的自由表达 没有明确传达或执行规则 向孩子的要挟和抱怨妥协，隐藏自身的不耐烦和愤怒 对孩子没有成熟、独立方面的要求	攻击性强、专横、顽固、不合作 易怒，但能很快恢复到快乐的心境 缺乏自我控制和自立行为 冲动性强 缺乏目标及目标导向行为
忽视型家长	**冲动—攻击—不合作—情绪波动型儿童**
以自我为中心、消极、无响应 追求自身满足，不惜以孩子的利益为代价 尽可能减少在孩子身上的投入（时间、精力） 不能对孩子的行为、活动地点和同伴进行监控 可能会抑郁、焦虑或情感空虚	情绪化、不安全依恋、冲动、攻击性强、不合作、缺乏责任心 自尊较低、不成熟、与家人不合 缺乏社会追求 放纵、和问题同伴交往、可能会违法犯罪、性早熟

资料来源：Baumrind，1967，1991；Hetherington & Clingempeel，1992；Maccoby & Manin，1983；Sturge-Apple et al.，2010.

向当代学术大师学习　　　戴安娜·鲍姆林德

　　戴安娜·鲍姆林德（Diana Baumrind）是加州大学伯克利分校人类发展研究所的研究员，她也在这里获得了临床、发展和社会心理学博士学位。她的研究方向是不平等关系中的相互权利和责任。这一研究方向引导着她研究家长和儿童、研究者与被试间的关系。她是父母权威养育方式对儿童青少年特质和能力发展影响研究领域的权威。她的研究表明，权威养育模式是促进儿童情绪调节的最佳方式。鲍姆林德努力在相关重要政策制定领域推广研究的成果，并为体罚、儿童虐待、药物滥用以及人权等领域的争论作出了贡献。尽管她是相关研究领域中备受推崇的领军人物，但她从来都没有在哪个大学担任稳定的职务，政府和基金的资助项目是她主要的经费来源。这是一个很困难的方式，但是鲍姆林德认为这能够"避免受到心理学潮流或资助条件的影响，将研究做到极致"，而她也可以按照自己的方式在事业发展和家庭责任之间保持平衡。出于对她在发展心理学领域所作贡献的认可，美国心理学会为她颁发了 G·斯坦利·霍尔奖。鲍姆林德给学生们的建议是跟随她的指引，"把事情做得尽善尽美"。

扩展阅读：
Baumrind, D. (2005). Patterns of parental authority and adolescent autonomy. In J. Smetana (Ed.), *New directions for far child development: Changes in parental authority during adolescence* (pp. 61-69) .San Francisco: Jossey-Bass.

Brooks-Gunn，2003）。家长的文化背景同样是社会化方式选择的另一重要影响因素（我们会在本章后面部分讨论这一问题）。

最后，儿童的行为也会影响养育方式（Kochanska，1997；Koenig et al.，in press）。很多人，尤其是没有养过孩子的人会认为，在家庭中主要是父母在对儿童施加影响。事实上，社会化是一个双向的过程，在改变儿童行为的同

敌意养育方式的代际传递

劳拉·斯卡拉梅拉和兰德·康格（Laura Scaramella & Rand Conger，2003）对三代人进行了前瞻性研究，考察了第一代的敌意养育方式传递到第二代的可能性（见图7.3，路径 a），同时还观察了第二代的敌意养育方式是否与第三代中儿童的行为问题存在关联（路径 b）。

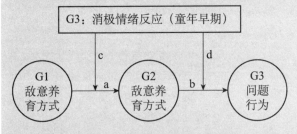

时间点1
G1：养育子女期/
G2：青少年中期

时间点2
G2：成年早期/
G3：童年早期

G1= 第一代；G2= 第二代；G3= 第三代。

图7.3　敌意养育方式的代际传递

资料来源：Scaramella, L. V, & Conger, R. D.（2003）. Intergenerational continuity of hostile parenting and its consequences: The moderating influence of children's negative emotional reactivity. *Social Development*, 12, 420-439. Reprinted with permission of Wiley-Blackwell.

他们研究的优点在于，在每个时间点都有独立的观察者对父母和儿童的行为进行评定，此外还对儿童的重要特质、消极情绪反应进行了调查。这是研究的一个重要组成部分，因为对环境限制表现出消极情绪反应的儿童可能会激起父母的敌意，而他们的消极气质可能会促使他们产生更多的问题作为对敌意养育方式的回应。用专业的术语来说，儿童气质可能是养育方式代际延续和养育方式影响儿童情绪发展的调节因素（路径 c 和 d）。

研究者对75名九年级学生和父母解决常见家庭问题（如宵禁分歧、家庭作业纠纷）的过程进行了观察。他们记录下敌意养育方式（生气和强制性纪律策略）的程度。5～8年后，当原先的九年级学生进入成年期并为人父母时，研究者对他们与其18个月大学步儿在玩具整理任务中的行为进行了观察。通过这一方式，研究者对这些年轻的父母使用的敌意养育方式进行了评估，并通过控制手臂的方式考察了学步儿的消极情绪反应（如愤怒、压抑和挣扎）。

如同预期的那样，九年级时受到父母敌意对待的孩子在10年后自己成为父母时也表现出了更多敌意养育行为。并且，年轻的父母敌意越强，孩子表现得越富有反抗性和富有攻击性、抑郁和退缩。儿童的气质同样会造成影响：只有儿童消极情绪反应得分在中等以上时，敌意养育方式才表现出代际间的延续性。在孩子气质更积极的家庭中，第一代父母的敌意养育行为不会延续到第二代。这一发现的解释之一是，儿童的消极情绪反应让父母感受到压力，并促使他们使用从童年期经历中学到的方式来应对。

总而言之，这些结果为"为什么不是所有在敌意养育方式中长大的父母都会表现出敌意养育行为"，以及"为什么不是所有经历父母敌意养育待遇的孩子都会产生行为问题"这两个问题提供了初步的答案。如果父母在童年时没有经历敌意养育，高消极情绪反应儿童未必会存在问题风险；而如果儿童不具有消极情绪反应，父母的敌意养育行为也未必会导致其后孩子的行为问题。然而，如果父母童年时存在敌意养育现象，而他们的孩子又具有消极情绪反应，这可能会导致问题的日益加剧。

类似这样的代际研究具有许多限制。限制之一是，由于需要和样本进行长时间的接触，这一实验通常会非常复杂和昂贵，并时常受到被试流失的影响。此外，研究者不能对父亲的影响进行全面的考察，由于父母离异的影响，有1/4的样本无法获得第一代父亲的数据。将来，研究者会通过考察更大更完整的样本对代际养育延续性进行考察，以获得更全面深入的信息。

养育孩子是一项艰难的任务。它涉及多种任务、更少的睡眠时间、紧绷的神经和社会关系的减弱。你可能会认为，因为父母需要时刻为孩子的需求作出反应，这一负担会导致他们的大脑枯竭。如果你这么想就大错特错了。实践证明，养育行为对大脑大有裨益。克雷格·金斯利和凯利·兰伯特（Craig Kinsley & Kelly Lambert，2006）的研究发现，怀孕、分娩与哺乳期急剧的激素波动可以改造妇女的大脑，增加某些区域神经元的大小，并改变了另一些大脑区域的结构。雌激素和黄体酮显然增大了下丘脑（控制着基本的母性反应）区域神经元细胞的体积，并增加了海马（控制记忆和学习）神经元分支的表面积。研究者使用功能性核磁共振成像（fMRI）对哺乳期老鼠的大脑进行了研究，他们发现，在为幼崽提供照料时，母鼠脑区中强化和奖赏区域发生了明显的激活（Ferris et al., 2005）。在怀孕过程中，老鼠下丘脑区域的神经元数量大量增加（Kinsley et al., 2006）。在身体产生了生产和成为母亲的预期之后，孕激素让这些相关神经元运转起来。生产之后，在这些神经元的引导下，母亲将注意和动机都转向了后代，为孩子提供照料、保护和养育。

母亲生产体验也增加了空间学习能力和记忆力。研究者发现，那些经历过一两次怀孕的母鼠能够更好地记住食物在迷宫中的位置，捕捉食物（蟋蟀）的动作更为迅速（Kinsley & Lambert，2008）。在遇到游泳或探索新环境等挑战时，怀孕和哺乳期的母鼠表现出的恐惧和焦虑（通过血液中的激素水平测量获得）更少（Wartella et al.，2003），这是由于海马区域（调节压力和情绪）的激活受到了抑制（Love et al.，2005）。催产素——一种引起分娩时子宫收缩和乳汁分泌的激素——似乎也能够影响海马并改善学习能力和长时记忆表现。此外，成为母亲还会促使神经胶质细胞（中央神经系统的连接物质，能够提升学习能力和空间记忆能力）的数量和复杂程度的提高（Tomizawa et al. 2003）。最后，母鼠更擅长多重任务，它们几乎总能够在需要同时对环境、声音、气味和其他动物进行监视的任务中击

败没有经过交配的母鼠（Higgins et al.，2007，Lambert & Kinsley，2009）。这一影响具有持续性，在母鼠两岁（相当于60岁以上的人类女性）时，它们在空间任务的学习和记忆上仍然具有优势（Gatewood et al.，2005）。对它们大脑的检查发现，其大脑中淀粉样前体蛋白（能够起到加剧大脑老化的作用）的含量更少（Love et al.，2005）。

人类母亲的情况又如何呢？研究者同样使用核磁共振成像对听到孩子哭声时母亲大脑的反应进行了考察（Lorberbaum et al.,1999）。其模式和啮齿类动物母亲非常相似。其他研究也发现，即使仅仅是看着孩子，母亲大脑中调节奖励的区域也得到了激活（Bartels & Zeki，2004）。人类大脑的感知觉系统同样发生了和动物类似的改变。人类母亲有能力识别自己孩子的气味和声音，可能就是因为感知觉能力的提升（Corter & Fleming，2002）。生育后皮质醇激素维持在高水平的母亲对自己孩子的气味更加敏感，分辨孩子哭声的能力也更强（Everette et al.，2007）。一项研究发现了成为母亲可能存在的长期效应：在40岁或40岁之后曾经怀孕的妇女活到100岁的可能是早孕妇女的4倍（Perls & Fretts，2001）。也许在绝经导致孕激素下降这一关键期即将开始时，怀孕或成为母亲能够提升女性大脑的功能。

男性也能在成为父亲这个过程中获益。研究者通过"觅食树"实验对绒猴（巴西一种小型猴子）父母进行了考察，在这一实验中，他们必须学会哪个容器存放着最多的食物，研究发现，无论是绒猴母亲还是父亲都比未成为父母的猴子表现更好（Lambert & Kinsley，2009）。类似地，研究者对一个由雄性承担主要照料责任的老鼠种类进行了研究，发现成为父亲的老鼠对乐高积木等新异刺激的探索更加迅速（Kinsley & Lambert，2008）。总体而言，生育和养育子女的经验能够促进大脑的积极变化，并带来技能和行为的改变，这一点在母亲的身上表现得特别明显，父亲也有可能从中获益。成为父母显然能够促进大脑的发展，而不会导致大脑枯竭。

时，父母自身的行为也随着孩子的影响发生着改变（Bronfenbrenner & Morris，2006；Kuczynski & Parkin，2007）。具有困难型气质或行为问题的儿童可能会迫使家长采取越来越强制性的社会化手段（Dodge & Pettit，2003；Laird，Pettit，Bates，et al.，2003；Reid et al.，2002）。具有胆怯气质的儿童更可能为家长所接受（Lengua & Kovacs，2005），并对其采取更加细致的社会化策略（Kochanska et al.，2007）。这种儿童的反向影响不仅在相关研究中被发现，还得到了实验研究的支持。在一个实验中，研究者将行为紊乱男孩与正常儿童的母亲进行配对，让他们进行5分钟的自由活动，随后清理玩具并解决数学问题（Anderson et al.，1986）。相比于和正常男孩（不管是自己的儿子还是他人的儿子）一组的母亲，和行为紊乱男孩一组的母亲表现出更多的消极和控制性行为。儿童对养育方式的影响还得到了行为遗传学研究的支持。在一项研究中，和一般孩子相比，具有反社会行为风险的儿童（母亲在高中阶段具有离家出走、斗殴、逃课等行为）更可能诱发养父母严厉、敌意的对待（O'Connor et al.，1998）。显而易见地，儿童的特质对养育方式的选择会产生影响。

社会化：从双向到交互

如今，儿童发展研究者已经意识到，社会化是一个双向的过程，换而言之，父母的行为会影响儿童，同时儿童的行为也会对父母产生影响。但对社会化的长时间观察表明，这一过程远比想象的复杂，儿童和父母通过一个持续、交互的过程相互影响（Sameroff，2009，2010）。为了证明社会化过程存在交互影响的特性，研究者对亲子行为之间跨时间的联系进行了记录。在一项研究中，他们发现，7岁儿童调节冲动行为的能力能够预测他们在9岁时受到母亲处罚的频率，这又进一步预测了儿童在11岁时的冲动调节能力（Eisenberg et al.，1999）。在另一项研究中，研究者发现家长对孩子的温情能够预测两年后孩子的共情能力，而儿童的外部行为问题能够预测两年后父母的温情和响应程度（Zhou et al.，2002）。在第三个研究中，研究者发现家长惩罚行为的不一致性预测了儿童在8～11岁期间的烦躁水平，同时儿童的积极情绪能够预测下一年母亲对其的

接受程度（Lengua & Kovacs，2005）。

母亲和父亲的养育方式

在过去的几十年中，父亲在孩子生活中的参与程度产生了明显的改变。在20世纪70年代，父亲的参与程度只有母亲的1/3，而如今已经达到了近3/4（Pleck，2010；Pleck & Masciadrelli，2004）。不过，现在父亲和孩子在一起的时间通常还是要少于母亲（Pleck，2010；Pleck & Masciadrelli，2004），对孩子与同伴玩耍进行监控的可能性也更小（Bhavnagri & Parke，1991；Ladd & Pettit，2002）。这一差异不仅表现在美国，同时也在英国、澳大利亚、法国、比利时和日本等国家存在（Zuzanek，2000）。尽管和孩子在一起的时间有限，父亲在孩子的发展中却发挥着重要的影响。研究发现，父亲对孩子的社会性行为存在有别于母亲的重要贡献（Boyum & Parke，1995；Carson & Parke，1996；Hart et al.，1998；Isley et al.，1996；McDowell et al.，2002）。如果父亲在与孩子的互动中表现得积极和亲社会，孩子与同伴交往的能力就会更强；如果父亲在互动中表现得对抗和愤怒，孩子的能力就会相对更差。

和母亲相比，父亲更可能融入到儿童的游戏活动中（Yeung et al.，2001）。两者参与的活动在质量上也存在差别。父亲参与的游戏更加具有感官刺激，而母亲则参与更常规的游戏，如与玩偶互动、与孩子聊天等（Parke，1996，2002）。甚至对青少年而言，父亲也是更好的玩伴——可以开玩笑和戏弄（Shulman & Klein，1993）。尽管互动时间有限，但父亲会使用他们独特、刺激的方式让孩子对与其进行的互动印象深刻。男性比女性更强壮：所有年龄段的男性都较女性喧闹（Maccoby，1998）。但是，并不是所有文化中的情况都是如此（Roopnarine，2004）。在瑞典或以色列集体农庄，父亲对孩子游戏的参与并不比母亲多（Hwang，1987），而在中国、马来西亚、意大利和印度等国家，父母通常都不会和孩子进行身体游戏（Hewlett，2004；New & Berugni，1987；Roopnarine，2004）。这些跨文化的数据表明，在父母游戏方式的塑造中，文化、环境背景和生物因素都发挥着重要的作用。

共同养育系统

尽管在和孩子相处的时间往往不一致，但父母之间的表现存在关联，这建立了一个家庭子系统——共同养育

（coparenting）。相关研究者已经区分了三种不同的共同养育模式（McHale，2010；McHale et al.，2002）。在一些家庭中，共同养育表现得非常合作、有凝聚力，并以儿童为中心，这些家庭很可能会有很高的家庭和谐程度。而在另一些家庭中，共同养育是敌对性的，父母展开相互竞争试图获得更多儿童的关注和忠诚。在第三种共同养育类型中，父母在孩子身上倾注的时间和精力存在差异，这导致了对孩子卷入程度的不同。这一差异可能来自"守门效应"，即父母一方限制或控制另一方的参与程度。例如，如果一个母亲认为女性比男性更加适合抚养儿童，她就可能通过建立精巧的障碍来限制父亲的参与（Beitel & Parke，1998）。

研究者发现，即使在控制了母亲幸福感、父母婚姻质量以及父母在单独和儿童互动时表现出来的温情等因素之后，这三种共同养育模式也和儿童的社会性发展存在着关联（Cox & Paley，2003）。出生第一年父母处于敌对和竞争的共同养育状态的婴儿可能在童年早期就表现出高水平的攻击行为；而父母之间存在很大分歧可能会给孩子带来焦虑（Fivaz-Depeursinge & Corboz-Warnery，1999；McHale，2010；McHale et al.，2002）。相比之下，父母之间的合作对于儿童的社会性—情绪的发展具有积极影响（McHale，2010），并能够减少问题气质带来的消极影响（Schoppe-Sullivan et al.，2009）。

兄弟姐妹系统

在美国和加拿大，80%以上的家庭有多个孩子，孩子的数量、间隔及孩子间的关系会影响整个家庭的运转。对大多数儿童而言，他们和兄弟姐妹相处的时间要长于父母或他人（Dunn，2002；Larson & Verma，1999）。兄弟姐妹间的相互影响为儿童提供了大量学习积极和消极交流方式的机会，其情绪体验也较其他家庭成员和朋友之间更强（Katz et al.，1992）。就像一个9岁孩子说的："我的妹妹更了解我，所以比起其他朋友，我更愿意和妹妹在一起。"（Hadfield et al.，2006）

出生顺序如何影响兄弟姐妹

在家庭中的位置，即第一、第二或是更后出生，对儿童的经历有着明显的影响。头胎出生的儿童会经历一段在父母眼中享有绝对的特权的时期，直到更年幼的弟弟或妹妹出生来分享父母的关爱。独生子女能永远享受到父母专一的关爱。而后出生的孩子从出生开始生活中就充斥着更年长哥哥姐姐的举动和需求。不出所料，研究者们在不同出生顺序的孩子身上找到了很多差异。头胎出生的儿童往往比弟弟妹妹们更成人化，更乐于助人，自制力更强，学习更加刻苦，道德感也更强（Herrera et al.，2003；Zajonc & Mullally，1997）。事实上，头胎出生的儿童在名人录或在罗德学者这些优秀人群中占据了绝大多数。他们更倾向于保守并维持现状，这或许与父母对其的期望和要求有关。第二胎出生的儿童往往更加乐于变化和革新（Sulloway，1995）。后出生的儿童体验到的担忧和焦虑感往往少很多。他们的内疚感更少，能更好地处理压力情境，患上心理疾病的概率也更低（Dunn，2002；Teti，2002）。和头胎出生的儿童一样，独生子女更可能取得很高的成就，并维持和父母的亲密关系，焦虑感更少，自制力更强，更成熟并且更具备领导才能（Falbo & Polit，1986）。在家庭中或者家庭外的社交关系中，独生子女似乎比经历过弟弟妹妹间竞争的儿童们更容易作出积极的调整。

这一出生顺序造成的差异其实并不大，根据幅度的大小，我们一直在谨慎地使用"趋势"或"可能性"之类的词语。头胎出生儿童、后出生儿童及独生子女的行为和性格具有很大的重叠部分，兄弟姐妹之间的相似之处可能会大于差异。然而，出生顺序是在儿童社会性发展经历中有趣的一面，同时也是家庭情境的重要组成部分。

出生顺序和亲子互动

在很大程度上，是父母决定了头胎出生的儿童是否会觉得弟弟妹妹的出生是一件严重的压力事件（Teti，2002）。通常，在新生儿出生后，父母和稍大孩子的互动会减少，母亲的态度会更加强硬，和其进行的游戏活动也有所减少（Dunn，1993；Teti，2002），尤其当新生儿的到来并不在父母计划之中时，这一情况会表现得更加明显（Barber & East，2009）。因此，头胎

洞察极端案例 家庭规模何时会过大？

美国的家庭规模在过去的十年间呈平稳下降趋势，可能你的曾祖母有8个、9个甚至10个孩子，这是为了维系家庭农场或商业运转的必要选择。那时的大家庭都住在一起，所有的家庭成员——包括阿姨、叔叔、表兄弟姐妹、爷爷奶奶都会帮助照顾儿童。但如今，父母双方都可能在外工作，亲戚通常住在很远的地方，管理大家庭变得更加困难。现在，每个家庭平均拥有孩子的数量为1.8个（Bellamy, 2000）。当纳迪亚·苏尔曼，一个已经拥有6个孩子的单身母亲，又生了八胞胎，照料大家庭带来的挑战在2009年1月引起了全国性的关注。她要怎样完成照顾14个儿童的任务？托儿服务指南建议，每4个婴儿至少需要一个照顾者，来确保婴儿得到适当的照顾。这意味着，至少要4个照顾者来照顾她的孩子。如果她生活在大家庭成员能够分担儿童照料负担的时代，或生活在社区成员可以分担儿童工作的文化中，那她面临的挑战就不会这样令人生畏了。但在我们当前文化中，苏尔曼正面临着艰巨的任务。这一极端例子表明了，缺乏经济和个人资源来源的单身母亲在抚养大家庭时遇到的困难。很多专家为这些儿童发展的结果表示忧虑。"八胞胎母亲"的案例也引发了对替代生育技术使用的质疑。纳迪亚·苏尔曼通过体外受精生下八胞胎及之前六个孩子。尽管对胚胎植入技术而言，在体内植入两到三个胚胎非常常见，但在这一例子中，纳迪亚·苏尔曼请求医生至少植入六个胚胎。这一极端的案例不仅唤起了我们对照顾多个孩子面临挑战的重视，也同时表明，作为一个社会，我们需要反思无节制地利用人工授精技术带来的伦理和智慧问题。有时候，太多就意味着过度了。在八胞胎六个月大的时候，纳迪亚·苏尔曼告诉记者她很后悔植入了过多的胚胎。（*Us Magazine*, August 20, 2009）

出生的儿童更可能产生情绪和行为问题（Dunn, 1993）。如果母亲仍旧能够就较大孩子的需要作出回应，并帮助他们理解弟弟妹妹的感受，手足间的激烈竞争的可能性就会减少。在新生儿出生后，父亲如果能够增加与头胎出生的孩子的互动，也能够减少孩子被取代和嫉妒的感觉。实际上，第二个孩子的到来还可能会产生积极的影响，让父亲更多地参与到孩子的照料中（Kramer & Ramsburg, 2002; Parke, 2002）。在这种充满潜在压力的情况下，朋友也可以起到缓冲的作用。一项研究发现，和同伴关系不佳的孩子相比，拥有好朋友的学龄前儿童在弟弟妹妹出生时感受到的沮丧更少（Kramer & Gottman, 1992）。此外，朋友关系良好的学龄前儿童能够更好地接受新出生的弟弟妹妹，对他们的表现更积极。在这项研究中，研究者对儿童进行了长达13年的追踪调查，结果发现，在弟弟妹妹出生前拥有友谊的孩子，在进入青少年期之后与弟弟妹妹的关系更融洽（Kramer & Kowal, 2005）。甚至与家庭外（如托儿所）其他儿童的接触也能为弟弟妹妹的出生带来缓冲作用。有时候，随着第二胎的诞生，母亲会减少工作的时间，不再将大些的孩子送去托儿所（Baydar et al., 1997）。这是布朗芬布伦纳生态学理论在现实中应用的很好范例。新生儿出生这一发生在家庭内部，即"中间系统"的改变导致了其与外部世界，即"外层系统"联系的改变——年长的孩子不再被送去托儿所（Volling, 2005）。

即使兄弟姐妹生活在相同的家庭中、有着相同的父母，他们也可能会受到区别对待，或是自我感觉受到了父母的区别对待。这种差异造就了家庭的非共享环境，并进而导致了兄弟姐妹发展结果的差异。如果儿童认为自己受到了不公平的对待，通常就会产生手足竞争加剧、压力加大等负面影响（Teti, 2002）。一项研究发现，认为自己受到父母不公平对待的儿童更可能会表现出外部行为问题的增加（Richmond et al., 2005）。而另一研究表明，如果青少年认为父母喜欢兄弟姐妹甚于自己，他们对自己的看法就会更消极（Barrett Singer & Weinstein, 2000）。幸运的是，大多数儿童都认为父母的区别对待是合理的。在一项对11～13岁儿童进行的调查中，只有1/4的儿童认为父母的行为是不公平、不合理的（Kowal & Kramer, 1997），大多数儿童都表示接受，并能理解是因为弟弟妹妹的年龄、需求和个体特质造成了父母行为的差异。只有当儿童无法理解或忍受家长的区别对待时，他们才会消极看待与兄弟姐妹的关系。

出生顺序和同胞互动

在家庭中的地位也会影响儿童与兄弟姐妹间的交流。姐姐时常表现得像个保姆；大家庭中最大的姐姐很可能会像一个年轻母亲一样高效而熟练地完成热奶、换尿布、安慰号哭的婴儿等任务（Edwards & Whiting，1993）。哥哥姐姐还能在弟弟妹妹感到压力时为他们提供支持，尤其是在弟弟妹妹缺乏成人或朋友的帮助时（Conger & Elder，1994；Hetherington & Kelly，2002；Teti，2002）。在离婚等家庭危机中，姐姐能够起到很好的保护作用（Hetherington & Clingempeel，1992）。

哥哥姐姐同时还是弟弟妹妹的老师（Watson-Gegeo & Gegeo，1986，p.37）：

> 姐姐：当你觉得饱的时候，你就这样说："我不想再吃了。"
>
> 弟弟：（轻声）什么？
>
> 姐姐：我不想再吃了。
>
> 弟弟：我不想？
>
> 姐姐：你只要这样说，像这样："我不想再吃了。"
>
> 弟弟：我不想。
>
> 姐姐：我饱了。
>
> 弟弟：饱了。
>
> 姐姐：我饱了，不想再吃了。
>
> 弟弟：不想再吃了。

年长的哥哥姐姐将父母作为社会学习的主要来源，而年幼的弟弟妹妹则同时向父母和哥哥姐姐学习（Dunn，1993；Pepler et al.，1982）。在一项调查中，70% 的弟弟妹妹听从过哥哥姐姐，尤其是姐姐的意见（Zukow-Goldring，2002）。哥哥姐姐教导弟弟妹妹的方式取决于他们的年龄。处于学龄前阶段的哥哥姐姐更可能进行亲身示范。而学龄阶段的哥哥姐姐更喜欢使用详细语言指导和支架式教学（如提示和解释）的方式，尤其在弟弟妹妹还很年幼的时候（Howe et al.，2006；Recchia et al.，2009）。所处的文化也会影响兄弟姐妹间的教学活动。例如，研究者发现，学龄前玛雅儿童通过示范和支架式教学的方式教弟弟妹

妹们做玉米饼，很少使用言语指导；与之相对的，在正规教育更加普及的西方国家，语言指导的使用要更加常见（Maynard，2004）。哥哥姐姐还会充当弟弟妹妹的管理者、监控者，以及对弟弟妹妹家庭外社交行为进行筛选的"看门人"（Edwards & Whiting，1993；Parke et al.，2003）。在一些情境下，年长的哥哥姐姐会表现出保护和帮助作用："我的哥哥和姐姐会在家里和在外面支持我。"也可能表现得很霸道："我哥哥总会指挥我，弄乱我的东西。"（Hadfield et al.，2006）通常情况下，这两种情况会在哥哥姐姐身上并存。在表现出养育行为的同时，他们对弟弟妹妹的对抗行为（如打、踢、咬等）也要多于弟弟妹妹对他们的对抗（Campione-Barr & Smetana，2010；Dunn，1993；Teti，2002）。

但是哥哥姐姐并不总是能够为弟弟妹妹带来积极的影响；他们也可以作为越轨的榜样，鼓励弟弟妹妹过早发生性行为、药物滥用或参与犯罪（East，1996；East & Khoo，2005；Garcia et al.，2000）。在一项以非洲裔美国青少年为对象的研究中，哥哥姐姐在 12 岁时滥用药物的意愿能够对两年后其弟弟妹妹药物滥用行为进行预测（Pomery et al.，2005）。如果家庭生活在使用违禁品的机会和压力很大的高危社区中，这一影响会表现得尤为明显。

和兄弟姐妹良好的人际关系可以弥补与同龄人人际关系的缺乏。在两项研究中，研究者发现，和兄弟姐妹间良好的关系能够为同伴关系不佳的儿童提供缓冲作用（East & Rook，1992 McElwain & Volling，2005）。反之亦然：高质量的友谊同样能够缓冲手足同胞关系不佳带来的负面影响（McElwain & Volling，2005）。只有与兄弟姐妹和朋友的关系都不尽如人意的儿童才会表现出很高的攻击性和破坏性（见图7.4）。

随着儿童的成长，兄弟姐妹之间的关系也会发生变化。当兄弟姐妹们进入了青少年期时，他们越来越相似，具有更多的共同兴趣，不再为了父母的关注而争风吃醋（Dunn，2002）。兄弟姐妹间的竞争和矛盾很可能会消失，取而代之的是亲密关系的增加。如果父母表现出肯定和赞许，兄弟姐妹间的关系就会更加亲密（Kim et al.，2007）。在青少年期时，兄弟姐妹在外表、同伴关系、社交问题和性方面的交流要比与同伴或父母更为开放。青少年期兄弟姐妹关系质

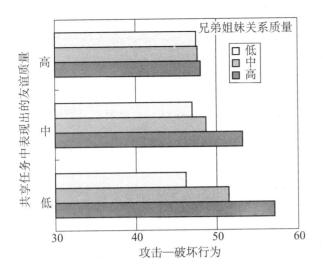

图 7.4 友谊质量与家长报告的攻击—破坏行为（在共享任务中表现出的兄弟姐妹关系质量之间的关系）

资料来源：Copynght © 2010 by the American Psychological Association. Reproduced with permission. McElwaiu, N, L, & Volling, B, L,. (2005). Preschool children's interactions with friends and older siblings: Relationship specificity joint contributions to problem behavior. *Journal of Family Psychology*, 19, 486-496. The use of APA information does not imply endorsement by APA.

量可能具有长期的影响。在年轻时和兄弟姐妹关系紧张的人更可能在 50 岁时表现出抑郁的症状并更多使用情绪调节药物（Waldinger et al., 2007）。这种联系可能意味着良好的兄弟姐妹关系能够发挥保护作用，帮助儿童发展出更好的心理功能，并在其一生中都发挥着重要支持资源的作用。

家庭单元：故事、仪式和日常事务

除了已经讨论过的家庭子系统，家庭单元本身就能发挥社会化的作用。家庭具有不同的氛围，为儿童提供了不同的社会化环境（Fiese & Schwartz, 2008；McHale, 2010）。讲故事、家庭日常事务和家庭仪式是父母和儿童用来创造家庭氛围的有效方法。

故事能够传递家庭的价值观，增强了家庭的唯一性。这些故事教育孩子们产生自我认同，并时常融入家庭的相关信息（Sherman, 1990）。家人反复重复这些故事，因为这能让每个人都参与其中，并产生熟悉感（Norrick, 1997）。家庭历史是家庭故事的来源之一。家庭成员讲述关于自身早期经历的故事，这些故事世代相传，塑造着家庭成员的互动方式和期望。通过这些故事，父母向儿童传达了家庭期望的行为。下面是一个母亲给 4 岁儿子讲的故事，在故事中她强调祖父母的重要性和和蔼（Fiese & Bickham, 2004, p.268）：

> 在我还是一个小女孩的时候，我和我的祖父母住在一起。祖父有一把宽敞又舒服的椅子，我可以爬到他的腿上听他讲故事。给祖父梳头是我最喜欢的事情之一。有一天我决定给他梳头发，但他不知道我有一些发卡和别针，我用它们弄了一些小卷发盖住了他的脸，他就睡着了。在醒来时他发现自己满头都是漂亮的卷发，他一点都不介意。他是不是很和蔼可亲啊？

那些讲述自己童年的故事，强调亲密、温情的母亲通常会更多参与和孩子的互动游戏；而侧重于讲述家人成就或被家人拒绝故事的母亲在和儿童互动时通常会表现得更像是在进行干扰或指挥（Fiese, 1990）。比起那些不讲故事或故事充满了混乱、恐惧的家庭，那些自认为是"讲故事的家庭"并且讲述的故事更侧重努力工作和成就的家庭满意度和家庭运转都要更好（Kellas, 2005）。

家庭日常事务和家庭仪式也是社会化的重要元素（Fiese, 2006；Pratt & Fiese, 2004）。**家庭日常事务**（routines）是每天保持家庭正常运转的活动，如做饭或洗碗。**家庭仪式**（rituals）包括正式的宗教仪式、家庭庆典和成人仪式。它们具有象征性的价值，诠释了"这就是我们的家"。这些仪式还在代际传承。日常事务和仪式都有利于儿童的发展。对生活在单身、离异或重婚家庭中孩子而言，家庭日常事务与更好的调整能力之间存在着关联（Fiese et al., 2002；Cicchetti & Toth, 2006；Luthar et al., 2000）。日常就寝时间与儿童良好睡眠习惯的养成存在关联（Fiese, 2006）。而日常进餐时间能够预测儿童和青少年的高自尊和更少的情绪问题，药物滥用和酗酒的可能性也更小（Center On Addiction and Substance Abuse, 2007；Eisenberg et al., 2004, 2008；Fiese et al., 2006；Hofferth & Sandberg, 2001）。

家庭故事、日常事务和仪式是否真正有利于儿童发

> **家庭日常事务** 诸如做饭、洗碗等每天需要进行的活动。
> **家庭仪式** 家庭活动，包括正式的宗教仪式和家庭庆典。

实践应用	让我们吃晚饭吧

在你长大之后，你的家庭还会在一起吃饭吗？这个活动比你想象的要重要得多。社会评论家为在快餐社会背景下失去的家庭聚餐表示惋惜，而育儿专家认为"在一起聚餐的家庭具有凝聚力"（Grant，2001）。他们不过是在宣扬一个众所周知的道理。在一项研究中，超过80%的父母认为家庭聚餐是很重要的，而79%的青少年认为家庭聚餐是最为重要的家庭活动之一（Zollo，1999）。调查研究表明，绝大多数儿童和青少年定期与家人一起吃晚饭（Child Trends，2005；Videon & Manning，2003）。然而，家庭聚餐非常简短，平均而言，仅持续18～20分钟（Center

on Addiction and Substance Abuse，2007）。这些短暂的相聚能使儿童受益吗？家庭聚餐显然为家庭成员提供了互相接触、对彼此近况进行了解的机会（Fiese，2006）。但是怎样才是让儿童参与家庭聚餐的最好方式呢？在孩子宁愿玩耍、看电视或玩手机的情况下，家长怎样才能让聚餐变得意义丰富并愉快呢？在对聚餐日常事务及仪式进行大量定性观察的基础上，芭芭拉·菲瑟（Barbara Fiese）提出了一系列指导方针来促进不同年龄儿童对家庭晚宴的参与（见表7.2；Fiese & Schwartz，2008）。

表7.2	不同发展阶段家庭用餐的ABC（活动、行为、交流）		
年龄（岁）	活动（Activities）	行为(Behaviors)	交流(Communication)
0～1	逐一介绍固体食物。	10～15分钟的简短进餐时间。	模仿儿童发出的声音。 介绍食物的名称。
2～5	在进餐时间关掉电视。在孩子年幼时介绍手抓食物，稍大让孩子在大人的监管下准备食物。	建立固定的进餐时间。 学会用餐礼仪，如说"请"和"谢谢"。 进餐持续15～20分钟。	谈论社区中发生的事情。 谈论兄弟姐妹们在学校的经历。
6～11	关掉电视。让孩子每周至少帮忙准备一次晚餐。	争取全家在一起吃五顿饭。 为每个孩子指派任务（摆桌子、擦桌子、洗碗）。	谈论学校发生的事情。 讲述家庭故事。 计划周末的活动。
12～16	关掉电视和手机。让孩子参与制定用餐计划。	每周选择一个大家都会在家的时间进聚餐。	谈论时事。 讨论不同的生涯发展规划。 谈论不同的国家。 谈论家庭的历史。

资料来源: Fiese & Schwartz. Reclaiming the family table: Mealtimes and child health and well being. *Social Policy Report Volume XXII, Number IV*, © 2008. Reproduced with permission of the Society for Research in Child Development.

展，或仅仅是家庭关系良好的表现，这是一个重要问题。一项研究发现，即使在调整了家庭关系之后，日常进餐时间和青少年物质滥用的相关依然显著，表明这些因素并非只是家庭关系的反映，

而具有实质的作用（Eisenberg et al.，2008）。然而，我们仍需要进行干预研究以确定单纯家庭日常事务的改变是否能导致儿童和青少年发展结果的改善。

家庭差异：社会阶层和文化

　　每个家庭都处于更大的社会系统之中——即布朗芬布伦纳生态学理论中所谓的"宏系统"

（Bronfenbrenner & Morris，2006）。在这一节，我们讨论宏观系统的两个方面——社会阶层和文化

是如何对家庭中发生的事情产生影响的。

家庭价值观和活动的差异与社会经济地位有关

关于家长的信念和活动与其社会阶层或社会经济地位（SES，即包含着教育、收入和职业地位这三个人口统计学变量的结构）之间关系的研究由来已久。家长在语言使用上的差异非常引人注目（Hart & Risley，1995；Hoff et al.，2002），社会经济地位较低的母亲较少和孩子说话，并难以像高社会经济地位的母亲那样和孩子具有默契（Hoff-Ginsberg & Tardif，1995）。社会经济地位较低的母亲通常表现得更加专制，使用更多处罚的手段（Hart & Risley，1995；Kelley et al.，1993；Straus & Stewart，1999）。她们更可能使用粗暴的命令并不给予详细的解释。社会经济地位较高的家长与儿童进行理论，提供选择并潜移默化地影响儿童作出的决定（Lareau，2003）。在世界范围内多种文化中都观察到了社会经济地位对父母响应性和惩罚措施使用的影响——无论是高生活水平的欧洲、以色列还是低生活水平的非洲地区都是如此（Bradley & Corwyn，2005）。

儿童养育的文化模式

家庭所在的文化背景也会影响父母的社会化行为。相比科技发达的现代文化，传统文化中的父母表现得关爱要更少（Bradley & Corwyn，2005）。打屁股、严酷的惩罚措施司空见惯。例如，尼日利亚约鲁巴族的父母认为儿童的意见不值得注意，他们只能无条件地服从智慧博学的长者，在北美文化看来只是幼稚轻率的行为就会遭到体罚。印度尼西亚的家长会体罚不尊重成人的孩子。一项研究表明，只有42%的印度尼西亚父母允许孩子表现出对成人的负面情绪，而美国家长的这一比例为86%（Zevalkink，1997）。

在个人主义和集体主义文化中，社会化活动也存在差异。美国、加拿大及欧洲等以个人主义文化为主的国家更加重视个体的自主性，强调竞争、自我实现、控制力和情绪的公开表达。而集体主义文化更加重视和群体的相互依赖和联系，更强调社会的和谐、合作以及为他人提供便利，有时会屈从权威。尽管在所有社会中都能发现个体主义和集体主义的价值观，但对超过50个对不同文化中个体（主要是大学生）研究的元分析表明，美国、加拿大的个体与印度、中国、日本、韩国、新加坡相比更加偏向于个体主义，在集体主义维度上低于印度、以色列、尼日利亚、墨西哥、中国和巴西（Oyserman et al.，2002）。

这些差异表现在家庭结构和养育风格上。拉美国家的集体主义精神在他们养育方式上表露无遗，他们鼓励儿童发展融入自身家族的认同（Buriel et al.，2006；Parke & Buriel，2006；Sarkisian et al.，2007）。对许多拉丁美洲人而

向当代学术大师学习　　丰尼·C·麦克洛依德

丰尼·C·麦克洛依德（Vonnie C. McLoyd）是北卡罗来纳大学的心理学教授，她在密歇根大学获得博士学位并留校任教多年。如今她在北卡罗来纳大学教堂山分校任职。她的研究目标是了解经济不利儿童青少年心理弹性形成的过程。在贫困对家庭生活及儿童发展的影响这一领域进行的研究让她成名。近期，她完成了一个项目，对福利制度覆盖范围内外低收入单身母亲孩子的行为进行了考察。她的著作《美国黑人家庭生活》（African American Family Life），对于增进经济状况、种族、儿童调节之间关系的理解作出了很大贡献，并引发了新一轮关于少数族群儿童、青少年体罚效果的争议。麦克洛依德致力于通过实践和政策考察其研究的意义。她是密歇根大学人类成长与发展中心贫困儿童项目的主管，是青少年研究协会的前任主席，《美国心理学家》杂志的副主编，麦克阿瑟研究网络成年期转化项目的成员，并获得了儿童发展研究协会颁发的儿童发展杰出科学贡献奖。

扩展阅读：

McLoyd, V C., Aikens, N. L., & Burton, L. M.（2006）. Childhood poverty, policy, and practice. In W. Damon & R. Lerner（Series Eds.），K. A, Renninger & I.E. Sigel（Vol. Eds.），*Handbook of child psychology: Vol.4. Child psycology in practice*（6th ed.,pp. 750-775）. Hoboken, NJ:Wiley.

核心家庭　父母和他们的儿童一起生活的家庭。

大家庭　核心家庭成员以及包括祖父母、阿姨、叔叔、侄女、侄子等亲属在内的一群人。

言，"家族"这个词不仅包含着**核心家庭**（nuclear family），而且包括**大家庭**（extended family）——包括祖父母、阿姨、叔叔、侄女及侄子，甚至还会包括教父等血缘关系之外的虚构亲属。在拉美文化中，由于家庭价值观影响以及出于对年龄和性别的尊重，祖母通常是大家庭的象征并且是孩子养育建议和支持的主要寻求对象（Ramos-McKay et al.，1988）。对拉美人来说，获得"良好的教育"非常重要，这不仅体现为获得良好正规的教育，还包括在任何人际场合之下表现出适当的行为不会失礼的能力。通常而言，儿童会在和成人的交流中习得这些能力（Valdes，1996）。为了达到这一目标，拉美父母通常会表现得比欧美父母更加专制而非权威（Dornbusch et al.，1987；Schumm et al.，1988；Steinberg et al.，1991）。

在亚洲家庭中，养育反映了集体主义和儒家的思想，如家庭团结和尊重长者等。家庭会教导儿童将家庭需要放在自身个人愿望之前，并展示

顺从和对父母的忠诚。亚洲父母更强调家庭合作和责任。通常而言，他们比欧美父母更专制，约束更多，对孩子的安排也更多（Chao & Tseng，2002）。

考虑到非洲西部人崇尚精神、和谐和部落主义的传统，非洲裔美国人家庭之间的相互依赖要强于欧美国家（Boykin & Toms. 1985；McLoyd & Ceballo，1998；McLoyd et al.，2000）。他们更可能住在亲戚周边，与他们交流频繁，具有强烈的家庭和家庭责任意识，家庭间的界限非常灵活，乐意接纳亲戚（Harrison et al.，1990；Hatchett & Jackson，1993）。大量由女性主导家庭的存在让大家庭显得尤为重要。每三个家庭就有一个具有祖父母参与（Pearson et al.，1990）。祖母的存在增加了家庭对道德—宗教观的强调（Tolson & Wilson，1990）。无论是否住一起，只有祖母在情感上和母亲保持亲密时，儿童的养育才能够顺利进行（Wakschlag et al.，1996）。如果忽略家庭中祖母的角色，那么与欧美父母相比，非洲裔美国父母更加专制，更强调对成人的服从，也更可能使用体罚等纪律手段（Dodge et al.，2005；Portes et al.，1986；Steinberg et al.，1991）。

向当代学术大师学习　　雷蒙德·布里尔

雷蒙德·布里尔（Raymond Buriel），波莫纳学院心理学教授，是研究美国拉美裔家庭的先驱。尽管文化多样性研究的重要性目前已经得到了广泛的承认，但布里尔早在30多年前就认为这是一个值得研究的主题。作为在南加利福尼亚长大的墨西哥移民孩子，他注意到当地和移民孩子家庭模式的差异。移民家庭的孩子对家庭的参与更多，对父母的尊重更多，同时也具有更强的家庭责任感。他的研究生涯主要关注这些当地家庭和移民家庭之间的差异是如何对儿童发展造成影响的。他发现，"双文化主义"是移民家庭采用的一种适应性策略，而后代的"去文化"行为具有负面影响。随着孩子逐渐适应美国文化并抛弃自身的传统，他们的社会生活会恶化。布里尔近期的工作集中在文化的"代理人"，即儿童充

当移民父母的语言和文化翻译。这对自身也在面临挑战的儿童而言是一个沉重的负担。布里尔在这一领域的工作对现实产生了影响。如今，加利福尼亚州已经有法律规定，医疗结构必须要提供专业的翻译，并为病人翻译文档而不是将这些任务丢给他们的孩子。布里尔获得了很多教育类的奖项，并且是儿童发展研究协会拉美研究中心的创立者之一。他希望学生能够排除所处文化对生活印象的干扰，写下心理学新的篇章。

扩展阅读：

Buriel R., Love, J. A., & De Ment, T. L.（2006）. The relation of language brokering to depression and parent-child bonding among Latino adolescents. In M. H. Bornstein & L. R. Cote（Eds.），*Acculturation and parent-child relationships: Measurement and development* (pp.249-270). Mahwah, NJ: Erlnaum.

| 文化背景 | 不同文化是如何影响养育的 |

基本而言，养育的效果具有跨文化的相似性。响应和温情的养育方式能够为孩子带来积极的影响，而充满敌意、拒绝的养育方式则恰恰相反（Bradley & Corwyn, 2005；Hill et al., 2003）。然而，有一个方面存在着显著的文化差异——体罚。相比极少进行体罚的国家，身处对体罚行为习以为常国家的孩子在受到体罚后更少表现出焦虑和攻击性。例如，在肯尼亚、印度和意大利，体罚非常常见，他们的孩子在受到体罚后表现出的攻击性和焦虑并没有体罚较少见的国家，如中国、泰国和菲律宾的孩子那么多（Gershoff et al., 2010；Lansford et al., 2005；见图7.5）。显然，如果儿童认为体罚在他们的文化群体中是广为接受的，那么他们会觉得，打屁股并不意味着父母的拒绝或不公平对待（Rohner et al., 1996）。但如果他们是邻里中唯一一个被打的孩子，他们更可能会产生问题行为或退缩。

在美国，族群差异和文化差异极为相似。包括体罚在内的严厉控制和欧洲裔美国人家庭中孩子更多的外部行为问题之间存在着相关，但在体罚更多、更加常见的非洲裔美国家庭中，两者却不存在相关（Deater-Deckard et al., 1996；Slade & Wissow, 2004）。在纪律更严明的亚洲裔美国人家庭中，体罚与儿童不利结果之间的相关则较低（Chao & Tseng, 2002）。

需要注意的是，体罚的倡导者有时候会使用这些研究的结果作为论据，认为将体罚行为常规化能够降低或消除其负面影响。但这些论点忽视了这一问题：即社会的体罚程度是否会影响到社会的暴力水平。詹妮弗·兰斯福特和肯尼斯·道奇（Jennifer Lansford & Kenneth Dodge, 2008）就这一问题对世界六个主要地区186个国家进行了考察，研究发现，更严厉、频繁的体罚与更多的战争、人际暴力以及儿童攻击行为的习得存在关联。因此，在那些体罚常规化的国家中，尽

管儿童个人受体罚经验和攻击行为之间的联系并不强，但使用更多体罚的族群同时也表现出了更高的暴力水平。体罚行为的常规化可能会从总体上增加社会的攻击性和敌对性，儿童会将文化规范内化并使将武力作为解决问题的方式（Deater-Deckard et al., 2003）。体罚常规化带来的结果可能是文化群体暴力水平的上升。

许多国际机构认为体罚行为是对人权的侵犯，并敦促各国政府颁布法律禁止体罚行为（Gershoff & Bitensky, 2007）。从2007年开始，智利、哥斯达黎加、荷兰、新西兰、葡萄牙、西班牙、乌拉圭和委内瑞拉已经通过了禁止父母、老师以及其他照看者对儿童进行体罚的法律，使得通过类似法律的国家数达到了23个（Global Initiative to End All Corporal Punishment of Children, 2009）。此外世界231个国家中的91个国家或公国已经禁止老师和学校管理人员对儿童进行体罚。美国迄今还没有加入其中。

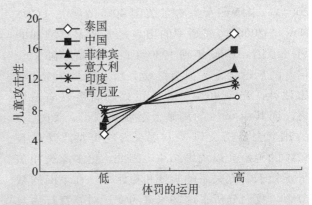

图7.5　体罚常规化国家（肯尼亚、印度和意大利）及非常规化国家（中国、泰国、菲律宾）中体罚与儿童攻击性之间的联系

资料来源：Lansford, J. E., Chang, L., Dodge, K. A., Malone, P. S., Oburu, P. Palmerus, K.,... Quinn, N. (2005). Cultural normativeness as a moderator of the link between physical discipline and children's adjustment: A comparison of China, India, Kenya, Philippines, and Thailand. *Child Development*, 76, 1234-1246. Reprinted with permission of Wiley-Blackwell.

变迁中的美国家庭

就像在不同文化中的家庭之间存在差异一样，家庭在不同历史时期也存在不同。根据布朗芬布伦纳的生态学理论，儿童和家庭都处于"时间系统"中，这意味着他们会受到时间改变的影响。现在的美国家庭和早些时候，甚至只是 10 年或 20 年前，在很多方面已经发生了变化。变化之一是更多的母亲走出了家门开始工作。1968 年，拥有 1 岁以下孩子的母亲只有 20% 参加工作；到了 2008 年，这一数字已经接近 60%（U.S. Bureau of Labor Statistics，2009）。另一改变是，夫妻结婚生子的年龄推迟了。成为父母的机会也更多了。现在，不孕不育的夫妻可以通过多种新的生殖技术获得孩子，或是通过传统的方法，收养孩子。同性恋夫妻同样能够成为父母，男或女同性恋成为家长的例子越来越多。单亲家庭也在增加，这一方面是由于更多的妇女未婚生子。1960 年，每 1 000 个未婚妇女生育孩子的数量是 22 个，而 2002 年这一数字是 44（Children's Defense Fund，2004）。未婚妇女生育了美国 40% 的婴儿（CBS News，2006）。离婚率的增高是单亲家庭增加的另一原因。1960 年到 1980 年间，离婚率翻了一倍，随后稳定下来没有继续上升。据人口统计学家估计，当今 40%～50% 的婚姻将会以离婚告终，而其中 60% 的离婚会牵涉到孩子。美国 1/3 的儿童会经历父母一方或双方的再婚，并且有 62% 的再婚会以离婚结束。因此，更多家长和孩子正处于家庭关系的转变和重组中。在下面的章节中，我们分析了这些家庭的变迁对养育行为及儿童发展产生的影响。尽管改变同时也带来了新的机遇，但 73% 的母亲认为，和她们小时候相比，现在成为一个母亲要更加困难（CBS News Poll，2009）。

父母职业和儿童发展

随着母亲将更多时间花在工作而不是家庭中，家庭的角色和运作模式产生了变化。这些改变以及母亲的工作压力会影响养育活动和儿童的行为。

职业母亲

职业母亲和孩子都在抱怨彼此待在一起的时间太少了（Booth et al.，2002；Perry-Jenkins et al.，2000）。然而，实际上，无论母亲工作与否，她

们花在孩子身上的时间以及参与活动的类型都没有显著差别（Gortfried et al.，2002）。母亲参加工作的结果是：她们需要重新安排自己的时间和优先顺序，将一些家务活委托给他人，增加孩子参与幼儿园及课后项目的时间，并重新定义自身在养育活动中的角色。因为母亲工作，家庭中的父亲同样会增加对养育活动的参与（Pleck，2010）。

公众对母亲就业影响的担忧正在减少。根据美国劳动统计局 2009 年的资料：2003 年有 61% 的美国公民认为让母亲待在家里是对儿童更好的选择；然而，到了 2009 年，只有 50% 的人持有这一观念。研究者发现，职业母亲提供的行为榜样能够对儿童的男女性别观念产生积极的影响。职业母亲的孩子对性别角色的看法更平等，在中产阶级家庭中，职业母亲的孩子还有更高的受教育水平和职业目标（Hoffman，2000；Hoffman & Youngblade，1999）。这些差异可能是由于职业母亲为追求职业目标建立了榜样，在她的鼓舞下，孩子在很小的时候就表现得比全职家庭主妇的孩子更加独立和自主（Hoffan，2000）。与全职家庭主妇的孩子相比，职业母亲的女儿更可能认为女性的角色充满了自由的选择、满意度和能力；她们更可能就业、独立、自信、拥有较强的自尊心（Hoffman，2000）。职业母亲的儿子不仅会认为女性更有能力，而且还会觉得男人是富有温情的、更具表现力的。这种对男人看法的差异部分原因在于：与全职家庭主妇相比，双职工家庭中的男人参与了更多的家庭养育任务（Pleck，2004）。但是需要注意的是，即使是在双职工家庭中，妇女仍然肩负着大部分儿童照料和家务：女人约占 2/3，而男人平均完成 1/3（Coltrane & Adams，2008）。

研究尚未就母亲就业如何影响儿童社会性发展的其他方面这一问题提供明确的答案。一些研究者发现，母亲在孩子年幼时就业和后来孩子的幸福感之间存在着负面的相关（Han et al.，2001）。然而，其他研究者发现母亲就业并没有对孩子的安全依恋（Huston & Rosenkrantz Aronson，2005）、行为问题或者自尊产生消极影响。在一项

从婴儿开始追踪到 12 岁的纵向研究中，研究者并没有发现母亲就业和孩子的社会性情绪发展之间存在联系（Gottfiied et al.，2002，2006）。一些研究者甚至发现，对于低收入家庭而言，母亲就业与儿童较少的行为问题存在关联（Dunifon et al.，2003）。由于母亲参与工作会促进孩子自主性的增强，这导致进入青春期后孩子面临更大的风险（Zaslow et al.，2005）。如果孩子的能力较强，那么在适当的时期这种促进作用能够带来更强的独立性。但是，如果两者不协调，那么职业母亲对自主性的鼓励和监管的缺乏会让青少年过早经历独立的压力，并导致问题的出现。男孩尤其可能对过早的自立压力产生消极反应。

通常而言，孩子和母亲的个体差异的重要性远胜于母亲外出打拼还是操持家务。比起希望参加工作而闷闷不乐的家庭主妇，从主妇身份中获得满足和自我效能感的母亲以及享受工作的职业母亲都和孩子的关系更加积极（Hoffman，2000）。因此，要对母亲工作的影响进行评估，很多相关因素都需要纳入考虑范围，如母亲就业的原因、对工作的满意程度、工作对母亲及其家庭的要求、家庭对其就业所持的态度，以及能否找到在她工作时为孩子提供照看的合适人选。

工作压力和儿童的调节能力

近年来，很多工作的人都经历了工作时间延长、工作稳定性降低、临时工作的增加，以及对低薪工作者而言收入的相对降低（Mischel et al.，1999）。这些因素都会对工作与家庭间的平衡产生影响，增加了父母和儿童感受到的压力和痛苦。工作压力会对儿童、父母和婚姻状况产生负面影响（Crouter & Bumpus，2001）。工作压力下的父亲会很迟钝，很少与妻儿互动（Goldberg et al.，2002；Repetti，1989，1996）。在经历了一个特别紧张和任务繁重的工作日之后，母亲也可能会远离孩子（Repetti & Wood，1997）。如果在工作中存在不顺心的地方，她们还可能对丈夫发火或冷战（Schulz et al.，2004；Story & Repetti，2006）。父母的工作时间表也可能成为压力的来源，并对儿童产生负面影响。一项研究表明，如果母亲没有稳定的上班时间，时常上夜班或轮班，孩子的语言能力的发展就会受到损害（Han，2005）。相反，积极的工作经历可以提高父母行为的质量。那些工作称心如意的父母具有更多的独立性与解决问题的机会，他们通常会更加温情、限制更少，并对孩子的自主性给予更大的支持（Greenberger et al.，1994；Grimm-Thomas & Perry-Jenkons，1994；Grossman et al.，1988），而他们的孩子表现出的行为问题也更少（Cooksey et al.，1997）。正如布朗芬布伦纳的生态系统理论认为的那样，工作和家庭环境是密不可分的。

在 30 岁之后育儿

和以前相比，现在夫妻结婚越来越晚（比 20 世纪 50 年代晚了 3 ～ 4 年），生育的年龄也在推迟（Martin et al.，2005）。造成这些延迟的原因包括：妇女就业和职业发展状况的改善，以及男女性别角色灵活性的增加，现在的夫妻通常会先完成学业和事业小成之后才会考虑成为父母。生育控制和社会规范使得推迟组建家庭成为可能，并日益流行。

或许是因为期盼已久（有时候备尝艰苦才得偿所愿），和年轻母亲相比，大龄母亲的责任感更强，更能体会到养育的乐趣，对孩子表现出的积极情感也更多（Ragozin et al.，1982）。她们会花更多的时间和婴儿待在一起，更善于诱使婴儿表现出发音和模仿行为。这可能和随着她们自身的成熟，社会阅历和认知技能的增加有关。然而，育儿能力的增加只持续到 30 岁（Bornstein & Putnick，2007）。也许是因为到了这个年龄，女性认知和情绪的发展已达到成熟，这限制了养育技能的进一步提升。此外，晚孕还会增加孩子存在出生缺陷的危险，并增加孕妇的疲劳程度（Mirowsky，2002）。

和年轻父亲相比，大龄父亲在平衡工作和家庭需求方面拥有更大的灵活性和自由，他们固定参与儿童日常照料的可能性是年轻父亲的 3 倍（Daniels & Weingarten，1988）。并且对父亲的角色更加投入，在孩子养育过程中体验到更多的积极情感（Cooney et al.，1993；NICHD Early Child Care Research Network，2000）。相比之下，大龄父亲在与孩子互动时大运动量的游戏更少，取而代之的是更多语言、玩具的刺激。这可能是身体能量随着年龄增长而减少的反映，也可能是由于大龄父母关于男性刻板印象的观念在减弱（Neville & Parke，1997；Parke & Neville，1995）。晚育对父亲而言同样具有不利的一面。随着年龄增长，精子质量会降低，这增加了存在出生缺陷的危险（Wyrobek et al.，2006）。男人和女人一样会受到自然规律的影响。

新的生育技术

现代生育技术的发展为无法生育的夫妇提供了希望。卵细胞胞质内精子注射技术（ICSI）可以解决男性精子数量过低、运动性差，或精子形状异常的问题（Schultz & Williams，2002）。体外受精技术（IVF）则能够解决女性输卵管堵塞问题。男性精子数量不足或女性不能产生卵子时还能够寻求捐赠者的帮助。此外，受精卵还能够被植入到代孕母亲子宫中并由其代为生育。全世界有超过 5 000 万对夫妻使用辅助生育技术来克服不孕不育问题，并已经有超过 100 万的成功案例（Schultz & Williams 2002）。现今，在新生育技术帮助下出生的婴儿已经超过婴儿出生总数的 1%（Schieve et al.，2005）。

通过卵细胞胞质内精子注射技术或体外受精技术怀孕出生的婴儿存在风险的可能性要比自然受孕婴儿高出约 30% ～ 40%（Hansen et al.，2005）。但是，如果能够存活下来，他们与普通婴儿在与父母关系、自尊、产生行为或情绪问题的可能性上并无二致（Gibson et al.，2000；Golombok，2006；Golombok et al.，2001，2002；Hahn & DiPietro，2001；Patterson，2002）。这些孩子的良好表现至少部分归功于费尽周折将他们带到世界上的父母们的期望和投入（Golombok，2006；Golombok et al.，2004）。研究者发现，比起普通父母，这些父母往往更加温情，对孩子的保护也更加周到（Gibson et al.，2000；Golombok，2006；Hahn & DiPietro，2001）。

收养：为人父母的另一途径

不是每对夫妇都会利用新生育技术，有些会选择收养孩子。选择收养的原因多种多样：因为他们自身不能生育，年龄太大存在染色体异常的风险，为了避免家族遗传疾病，或是想要给予高危婴儿或孤儿院儿童一个舒适的家。在美国，有 2% ～ 4% 的孩子是收养的（Stolley，1993）。

通常而言，和亲生孩子相比，收养的孩子罹患心理疾病的可能性更大（Brodzinsky & Pinderhughes，2002）。但是，如果收养让他们离开了孤儿院等不利环境，相较而言他们的情况会好很多（Rutter，2002a，b）。在这些情况下，收

养带来的帮助取决于他们被收养的年龄。相比长时间处在不利环境下的儿童，从婴儿期就被收养的孩子能有更好的表现。迈克尔·鲁特（Michael Rutter）和同事对来自罗马尼亚孤儿院的婴儿进行了考察，发现在 6 个月大之前被领养的孩子不存在社会和情绪适应问题 (Rutter, Kreppner, et al., 2001)。但是，经历长期社会剥夺或有过不利经历（如孕期接触过毒品、被多次送至孤儿院、受到过身体或性虐待等）的孩子即使进入了良好的收养家庭也很难完全克服早期不良经历的影响。

从 20 世纪 70 年代开始，收养的过程变得越来越透明。如今，生父母、养父母和儿童之间都相互认识或至少知道彼此身份的情况非常常见。尽管有人认为透明收养可能会破坏收养儿童的家庭，导致被收养儿童出现困惑和适应问题，但事实上并不存在这类问题（Grotevant，2007；Grotevant & McRoy，1998）。儿童、生父母、养父母都能从这个公开透明的过程中获益。儿童的行为问题更少，养父母和孩子之间关系更加稳固，而生父母感受到的抑郁、内疚和悔恨也更少（Brodzinsky & Pinderhughes,2002；Grotevant，2007）。

男同性恋和女同性恋父母

产生同性恋家庭的方式有两种：（1）一位同性恋家长和异性伴侣（即孩子的生父／母）分手后开始了同性婚姻，随后两人一起抚养这个孩子；（2）一对在之前婚姻关系中都没有孩子的同性恋夫妇通过收养或者人工授精的方法成为父母。

研究表明，和异性伴侣离婚的同性恋母亲在自我意识、总体幸福感和整体调整能力方面和异性恋母亲几乎不存在差别（Patterson，2006）。但我们对离异之后同性恋父亲的情况知之甚少，因为他们中只有很小一部分能够获得儿童的监护权或与儿童生活在一起（Patterson，2004）。我们对同性恋父母的了解大部分源于选择成为"父母"的同性恋夫妇。比较同性恋家庭和异性恋家庭的研究发现，同性恋家庭在分担家务方面比异性恋家庭更加平衡（Solomon et al.，2004）。然而，在女同性恋家庭中，儿童的生母更可能负责孩子的照料工作，而非生母则花更多时间在工作上。和异性恋家庭一样，如果父母双方能够共同分担儿童的照料任务，他们的满足感会更强，儿童也适

应得更好（Patterson，1995）。

总而言之，在同性恋家庭中成长的儿童表现正常。没有证据表明他们比在异性恋家庭中成长起来的儿童存有更多情绪或社交问题，也没有明显证据表明他们存在性别角色反常现象（Golombok，2006；Rivers et al.，2008；Wainright & Patterson，2008）。很多由男同性恋"父亲们"抚养长大的儿童是异性恋。也没有证据显示他们与异性恋家庭的孩子相比存在什么不足。尽管男同性恋父亲必然会遭遇偏见和歧视，但他们的儿童用"温情"和"支持的"来描述和"父亲们"的关系（Patterson，2004）。现有证据表明，对同性恋家庭接受程度的提高有助于这些家庭中的孩子更好地成长，对自己在社会中的地位感到自信和舒服，并且充满温情和爱的家长更能培养出具有安全感、自我感觉积极、和父母感情深厚的孩子。

单独养育

正如我们刚才提到的，家庭中另一大变化是有越来越多的单身母亲出现。她们没结婚就生下了孩子或是在离婚之后独自抚养孩子。在单身母亲家庭中成长的经历会对孩子产生什么样的影响呢？总体而言，相对于双亲齐全的家庭，这些儿童在发展指标测试中的表现更差。在加拿大一项全国性研究中，艾伦·李普曼（Ellen Lipman）和她的同事（2002）发现，相比普通儿童，来自单身母亲家庭的 6～11 岁儿童具有更多社交和心理问题。在美国一项全国性研究中，研究者们也发现了类似的情况，和来自双亲家庭的孩子相比，来自单身母亲家庭的学前儿童和母亲之间的安全依恋更少，对其的态度也更加消极（Clarke-Stewart et al.，2002）。但这些差异取决于单身母亲家庭的类型。与离婚或分居单亲家庭的儿童相比，未婚母亲的孩子社会化不足，欠缺社交技巧，并很少对母亲表现出积极行为。而在芬兰进行的全国性研究则发现，单亲家庭带来的影响在孩子长大之后依然明显：如果单身母亲在儿子 14 岁时还没有结婚，那么这些男孩表现出反复暴力违法行为的可能性是双亲家庭男孩的 8 倍。如果母亲是因离婚而导致单身，那么孩子出现暴力违法行为的可能性只有普通男孩的两倍（Koskinen et al.，2001）。在美国，单亲家庭出现这种差异

的原因之一是未婚母亲的家庭收入只有离婚母亲的一半（Bianchi，1995；Clarke-Stewart et al.，2000）。这些母亲比离婚的母亲更年轻、更缺乏教育，而且很有可能是非洲裔美国人。她们可能有更多心理问题。和双亲家庭一样，压力、经济困难、社会支持的缺乏都会对单亲家庭儿童的发展产生负面影响（Golombok，2000；Lipman et al.，2002）。

离婚和再婚

100 年前，美国的年离婚率只有 1/1 000。到了 1980 年，这一数字攀升到每千人中就有 5 人离婚。离婚相关法律和道德限制的减少、家庭生活重心从经济依赖向情感满足的转变都是离婚率攀升的原因。自 1980 年以来，离婚潮再次转向，离婚现象开始减少。现今这一比率为每千人中接近 4 人——这已经是 30 多年来的最低点。然而，尽管有所下降，美国的离婚率仍是所有西方国家中最高的。

离婚的原因很复杂，但是夫妻具有不同的族群背景、缺乏反对离婚的宗教信仰、酒精或其他药物滥用、缺乏沟通技能或存在心理健康问题都可能带来更高的离婚率（Clarke-Stewart & Brentano，2006）。如果夫妻承受着因低教育水平、经济困难、早婚、养育责任等带来的巨大压力，他们离婚的可能性就会非常大，而孩子具有缺陷或出生在结婚前则会让情况雪上加霜。

离婚不是一个简单的事件。它需要一系列的步骤，这一过程在正式分离的很久之前就已开始，其间需要经历分离带来的痛苦、再建两个家庭面临的困难，以及冗长的法律进程。尽管对一个分崩离析的家庭而言，离婚可能会被证明是一个明智的解决办法，但对家庭大多数成员来说，分离之后的一段时期充满着压力。在离婚后的第一年中，父母会感受到更多的痛苦和不快，父母和儿童之间问题频发，而且儿童的幸福感状况通常会恶化（Hetherington & Stanley-Hagen，2002）。在第二年中，家庭成员开始适应新的状态，许多父母能够体验到个人幸福感、社交功能和家庭关系的提高。从长远来看，儿童们在稳定、运转良好的单亲家庭中的表现要强于充满冲突的双亲家庭。然而这并不意味着这一方法非常轻松，或离婚对所有的儿童都有益。

离婚对儿童的影响

研究者发现，平均而言，离异家庭的孩子要比双亲家庭的孩子具有更多的行为和情绪问题。他们的攻击性更强、固执、反社会、亲社会行为更少、自尊较低、和同伴相处更为困难（Amato, 2001；Clarke-Stewart & Brentano, 2006；Hetherington, 2006；Hetherington et al., 1998）。此外，离异家庭的孩子与父亲的关系更加消极，尤其是在离婚发生在童年早期或孩子是个女孩的情况下（Amato, 2006）。与儿子相比，父亲在离婚之后继续和女儿保持联系的可能性更小（Manrung & Smock, 2006）。

这些离婚与完整家庭孩子之间的差异并不大。对一系列考察离婚和完整家庭孩子异同的研究进行的元分析表明，心理适应（抑郁和焦虑）的效应量是 0.31，行为问题（攻击性和不当行为）的效应量是 0.33（Amato, 2001）。这意味着，平均而言，离婚家庭的孩子和完整家庭孩子相比，在心理幸福感和良好行为评估得分上要低 1/3 个标准差。研究者还发现，离异家庭的孩子逃课、被劝退，违法犯罪，早孕，在 20 岁左右无业，以及达到痛苦和抑郁临床诊断标准的可能性是普通孩子的两倍（Clarke-Stewart & Brentano, 2006；Zill et al., 1993；Hanson, 1999）。约 1/3 的离异家庭儿童存在行为问题或未成年意外怀孕现象，约 1/4 存在适应问题或社会关系不良，相比之下，普通家庭儿童发生这些问题的概率是 1/10 到 1/7（Hetherington & Kelly, 2002；McLanahan, 1999；Wolchik et al., 2002）。尽管离婚的影响并不是很大，但它对儿童行为问题及心理压力的影响要强于种族问题、出生顺序、家庭成员的死亡或父母低教育水平等因素。事实上，这一关联要强于吸烟和癌症之间的联系。这一效应可能还会造成长期的影响：加州特曼纵向研究（Terman Longitudinal study）表明，和父母白头偕老的成人相比，经历过父母离婚的成人去世更早（Friedman et al., 1995）。

谁受到最大的影响

父母离婚造成的影响因人而异。离婚时孩子的年龄是一个重要因素。通常人们认为，如果孩子还非常年幼，或已经长大成人，那么离婚几乎不会造成多大影响。确实，对这两个年龄段而言，离婚的后果可能没有那么严重，但研究者已经发现，离婚对任何年龄的孩子都会产生影响。离婚家庭的婴儿对父亲或母亲的依恋更可能是不安全或紊乱的（Solomon & George, 1999），并且与父母游戏时的积极性和参与度都更差（Clarke-Stewart et al., 2000）。如果离婚时孩子的年龄稍

向当代学术大师学习　　　E·梅薇思·海瑟灵顿

E·梅薇思·海瑟灵顿（E. Mavis Hetherington）是弗吉尼亚大学的心理学荣誉退休教授，写小说是她真正的兴趣所在。她选修心理学课程仅仅是出于更好地刻画人物形象的目的，却成为了社会性发展领域的一件幸事！在她作为科学家和教师的生涯中，她为社会性发展研究作出了重要贡献，并获得了美国心理学会、心理科学协会以及儿童发展研究协会颁发的大量荣誉。她的研究试图解释家庭对儿童机能的影响。其间，一篇探讨父母和孩子间相互影响的文章对她产生了很大的影响，并成为了她研究的中心主题。在 50 年的研究生涯中，她考察了家庭间的相互影响，父亲缺席对孩子发展的影响以及离婚和再婚对成人、孩子带来的影响。在她的畅销书《好转或恶化》（*For Better or for Worse*）中，海瑟灵顿和大众分享了她研究的成果，并提供了减轻离婚带来的痛苦的建议。尽管她为人们所熟知的是在离婚、再婚及继父母孩子养育问题方面的工作，事实上她还为遗传和发展心理学的整合作出了重大贡献：阐述了遗传因素和家庭环境的交互作用如何塑造父母养育行为和孩子社会性发展成果。以自身为例，她给新一代学生提出了如下建议："挑选让你充满激情的课题，记住，研究并不仅仅意味着努力工作，它还充满了乐趣。"

扩展阅读：
Hetherington, E. M, & Kelly, J. (2002). *For better or for worse.* New York: Norton.

大，他们可能会感到困惑、恐惧和焦虑，还可能向不成熟的行为模式倒退（Clarke-Stewart & Brentano，2006）。就如一个大学生回忆的那样（Clarke-Stewart & Brentano，2005，p.111）：

> 父母离婚的时候我才4岁，我非常迷惑和茫然。我开始吮吸手指，并不再参与和其他孩子一起的活动。我非常害怕被母亲抛弃，我不明白为什么必须要去见我的父亲。我感觉自己根本不了解他，而且莫名地对他充满了愤怒。只有母亲在场时我才会感到安全。她是我唯一可以信任的人。

比起更小的孩子，学龄儿童能够更好地理解"离婚"和"分手"的概念，但在发现父母分手时同样会感到震惊、担忧和悲伤。8～10岁的儿童更可能会生气——因为父母离婚，因为搬家而和朋友分离，因为父母遭受的痛苦，还因为抚养权问题，如要生活在两个家中。这个年龄的孩子会反复思考离婚这件事：一项研究发现，甚至在1年之后，这些孩子有40%每天都要花时间思考离婚的相关问题（Weyer & Sandler，1998）。许多这一年龄段的儿童都会表现出身心压力症状：头疼、呕吐、头晕、睡眠问题以及无法集中注意力等（Bergman et al.，1987）。一个父母在她五年级时离婚的大学生如是说（Clarke-Stewart & Brentano，2005，p.115）：

> 父母分手是我生命中最具毁灭性的事情。我还记得在得知父母的计划后我就生病了。我足足病了一个星期，每天不是睡觉就是呕吐。

青春期的到来增加了孩子对父母问题的认识和理解，但是他们依然会从自身的角度看待问题："你们怎么能这样对我？"与来自完整家庭的同伴相比，他们更可能参与危险的行为，如性行为、吸食毒品或酗酒等，进而违反校规或法律（Kirby，2002）。他们可能会有被抛弃、焦虑和沮丧的感觉，并可能会考虑自杀（Simons et al.，1999）。

大量研究表明，离婚对男孩的影响比女孩更糟。例如，海瑟灵顿（1989）的一项研究表明，相比女孩，来自离婚家庭的学前男孩更可能表现出攻击性和不成熟行为。其原因可能有很多：从生理而言，男孩在压力面前更加脆弱；家长和老师对男孩的情绪爆发管理得更加严格；由于通常离婚家庭的男孩会和母亲生活在一起，他们失去了生活中的男性榜样；由于男孩更加吵闹、精力更旺盛、叛逆行为更多，这让家长精疲力竭，为其提供的情感支持会更少。然而，并不是所有研究都会观察到性别差异。元分析表明，在心理适应方面，男孩并没有受到更大的影响（Amato，2001）。但在社交适应（如受欢迎程度、孤独感、合作性以及亲子关系）方面，他们的表现要比离婚家庭的女孩差。一些大规模研究发现，离异家庭男孩的行为问题也更多，如偷窃、破坏财物、被逮捕及被控告等（Morrison & Cherlin，1995；Mott et al.，1997；Simons et al.，1996）。

有研究者认为，男孩和女孩都会受到离婚的影响，只是在表现方式上有所差异：男孩更可能外化他们的痛苦，而女孩则选择将其内化。这一观点已经得到了一些研究的支持。在离婚适应组的孩子写给父母的信中，男孩表现出更多的愤怒，而女孩则更为焦虑（Bonkowski et al.，1985）。相比之下，男孩更可能与离婚的母亲发生争执（Brach et al.，2000），成年后，来自离异家庭的妇女会长期遭受焦虑、抑郁以及社交困难的影响（Dixon et al.，1998；Feng et al.，1999；McCabe，1997；Rodgers et al.，1997）。另一个获得部分研究支持的观点是：女孩在离婚期间更加痛苦，而男孩的痛苦则在离婚之后。一项研究表明，对青少年期女孩而言，离婚造成的负面影响主要表现在离婚期间，而对男孩的影响则主要体现在离婚之后（Doherty & Needle，1991）。在一项模拟父母打架的研究发现，男孩更可能在打架之后表现出攻击行为，而女孩则会在打架过程中表现得非常痛苦（Cummings et al.，1985）。第三个观点是，男孩在年幼时对父母离异的反应最大，而女孩则主要出现在青少年期。支持这一观点的研究发现，离婚家庭的青少年期女孩表现出反社会行为、情绪困扰及和母亲冲突的增加；她们可能会频繁发生性行为、怀孕并结婚（Hetherington，1998；2006）。随后，她们更可能遇到婚姻关系问题，并和她们的父母一样，最终走上离婚法庭（Amato，2006；Hetherington，2006）。而青少年期和成年期的男孩不会表现出这些影响。

或许能够为儿童适应父母离异提供更大帮助

的不是性别因素，而是个体素质。和离婚之前就存在心理问题的孩子相比，心态健康、快乐和自信的孩子能够更容易地应对离婚带来的挑战和压力（Tschann et al.，1990）。事实上，他们也许能从这段经历中有所收获，变得更善于解决社交问题（Hetherington，1989，1991）。高智商能帮助儿童缓冲离婚带来的消极影响（Hetherington，1989；Katz & Gottman，1997）。拥有随和的气质也能够帮助孩子从父母离婚中恢复出来。具有乐观、建设性和实际的目标也能够让孩子调整得更好。这些孩子在童年期心理问题更少（Grudubaldi et al.，1987；Mazur et al.，1999），在成年早期的浪漫关系中也表现得更有安全感（Walker & Ehrenberg，1998）。

离婚和单亲家庭

我们该如何理解离婚给儿童带来的影响？最重要的解释之一是：单身家庭会带来多种压力风险的增加，使孩子的养育更加困难。事实上，在离婚之后通常会存在一段养育的真空期（Hetherington & Stanley-Hagan，2002）。母亲沉浸在离婚的痛苦中，很可能会自顾不暇、性情古怪，在对待孩子的态度上缺乏持续性。并且无法对孩子的行为进行足够的控制和监管。离婚给孩子造成的直接影响是他们变得更加挑剔、不合作、攻击性更强，或充满了牢骚并依赖性过强。离婚的母亲和孩子非常可能进入相互强迫并日渐升级的循环中。

熟悉的家庭和生活方式的失去也是孩子感到痛苦的原因，如家庭收入大幅下降，母亲在经济上经常入不敷出。离婚之后，一些孩子不得不承担更多的家务，这导致了怨恨和反叛。如果孩子体验到的压力（如繁重的家务活、照顾弟弟妹妹的责任、搬家去陌生的地方或多次出席法庭等）更小，那么他们对离婚的适应会更加容易一些（Clarke-Stewart & Brentano，2006）。

尽管养育质量在离婚后第二年得到了显著的改善，但儿子，尤其是困难型气质的儿子仍会存在养育问题。尽管女儿青少

单独监护 离婚家庭孩子监护的方式之一，在这种情况下，孩子完全交予一方抚养。

共同生活监护 离婚家庭孩子监护方式之一，在这种情况下，与孩子生活相关的问题要由父母双方协商决定，并且双方分享生活监护权，孩子与父母在一起的时间大致相当。

年期的叛逆行为会让离婚母亲备受煎熬，但她们最终很可能能够建立起亲密关系（Hetherington & Clingempeel，1992；Hetherington & Kelly，2002）。如果离婚母亲能够变得温情，并在教导方面做到始终如一，那么她的孩子，无论男孩还是女孩，适应问题都会更少（Wolchik et al.，2000）。和完整家庭中一样，权威的教养方式和孩子更积极的适应行为之间的关联在离婚家庭中同样存在。如果离婚减少了压力和冲突，让父母更好地发挥自身角色的作用，从长远来看孩子就能够从中获益。

另一个影响离异家庭儿童幸福感的关键因素是儿童与没有获得监护权的家长（通常是父亲）的关系。只要离异的父母能在养育方法上达成一致，并保持良好的关系，孩子能频繁和不住在一起的另一方见面，就能为孩子的适应行为带来帮助（Dunn et al.，2004；Fabricius et al.，2010）。这些探望对儿子特别有益。让离开的一方仍旧扮演家长的角色，参与孩子做家庭作业、做饭、举办节日庆典等过程，而不是作为单纯的成人搭档，对孩子的帮助尤为重大。然而，如果父母间的冲突仍然继续并让孩子夹在中间左右为难，那么频繁的接触反而会带来孩子更多的行为问题（Buchanan et al.，1992；Buchanan & Heiges，2001）。如果父亲有反社会行为的前科，如偷窃和打架，那么频繁接触也会导致负面的影响（DeGarmo，2010）。显而易见，只有不住在一起的家长没有冲突、压力及反社会行为，和他们的接触才是对孩子有益的。

监护权的影响

让父亲或者母亲对离婚后的孩子进行**单独监护**（sole custody），或由父母双方共同监护是否会对孩子带来不同的影响呢？目前，绝大多数孩子都是由母亲单独监护的。在接近80%的案例中，母亲都获得了主要的监护权，父亲只有10%；双方进行**共同生活监护**（joint physical custody）的判决案例只有约4%（Argys et al.，2006；Logan et al.，2003）。但是，让母亲进行单独监护是最好的安排吗？研究者发现，让父亲进行监护对儿童的自尊、焦虑、抑郁和行为问题更加有利（Clarke-Stewart & Hayward，1996）。获得监护权的父亲通常比母亲有着更高的收入，并更可能得到家人和朋友的支持。此外，如果孩子由父亲进行抚养，母亲和他们保持联系的可能性要大于相反的情况。因此，由父亲抚养的孩子能够从和双亲保

持亲密联系之中受益。一项全国性研究对 1 400 名 12 ～ 16 岁青少年进行了调查，结果发现，由母亲抚养的孩子只有 1/3 和父亲还维持积极的关系；而由父亲抚养并和母亲保持积极关系的孩子超过了一半（Peterson & Zill，1986）。然而，这并非意味着法院可以不假思索就把所有的孩子都判给父亲。比起不主张监护权的父亲，积极争取监护权的父亲在孩子身上投入的情感更多，其养育行为也更周到。此外，另一项研究发现，平均而言，由父亲进行监护的儿童表现得要比母亲监护的儿童更好，并且与由母亲监护同时又与父亲保持密切联系的孩子不相上下（Clarke-Stewart & Hayward，1996）。

如果与父母双方保持联系对儿童的离婚后适应非常重要，那么，共同监护是否是更好的问题解决手段？在**共同法定监护**（joint legal custody）安排中，母亲和父亲共同分担就孩子生活相关问题进行决策的责任，但儿童可能只和一方一起生活。而在共同生活监护安排下，孩子和双亲一起居住的时间大致相等。这种安排可能能够给予孩子安全感，并减轻被一方抛弃的感觉。对 33 个研究进行的元分析表明，和单独监护的孩子相比，在共同法定监护或共同生活监护下的孩子适应得更好；他们的行为问题和情绪困难更少，同时具有更好的自尊状况和家庭关系（Bauserman，2002）。然而，许多因素会影响共同监护的效果。如果父母的生活方式存在极大差异、价值观相互矛盾、缺乏交流技能，或双方不能搁置自身的争议，或双方想要搬去不同的地区，那么共同监护会成为一种挑战，并可能缺乏稳定性。如果孩子仍非常幼小，或父母将其作为吵架的牺牲品，或者共同监护只是法院的安排，与父母的意愿相悖，就很可能会产生负面的影响（Clarke-Stewart & Brentano，2006）。如果父母之间的冲突很小，孩子没有在夹缝之中的感觉，那么在这种情况下共同监护会发挥最好的效果。但是，即使父母非常合作，孩子仍可能因为共同监护而产生撕裂感。一个学生如此描述每天在父亲和母亲家之间穿梭的体验（Clarke-Stewart & Brentano，2005，p. 203）：

　　　　早上 4 点半，爸爸打开门，把我从温暖的被窝带到冰冷的小货车里。接着，他又去拉我的妹妹。爸爸把我们放在货车后部铺好的床上，随后再次进屋取装满了衣服、作业的包和每月一张的支票。我们会在 5 点左右到达妈妈的家。然后爸爸再一次把我们扛在肩上，带着我们进入房间。妹妹和我会继续睡到 6 点半，随后起床去上学。妈妈把午饭打包好，开车送我们去学校。然后爸爸会在 3 点半下班后来接我们。我们会和他一起吃饭、做作业、整理书包、上床睡觉，随后又开始重复这一过程。在我 6 岁到 14 岁期间，每周有五天是这样度过的。周末我们会花一天和母亲待在一起，另一天则和父亲……这种监护安排唯一积极的地方在于，它使我感觉到我有两个真正关心我的父母。除此之外一切都非常困难，因为一切都要被一分为二——包括去哪儿度假、在学校宴会时谁坐在我旁边、我们的生日宴会会在哪儿举办……这种压力非常可怕，我总是会想怎么才能把自己分为两半。

显然，共同监护不是解决离婚家庭问题的灵丹妙药，在很多情况下这一方式都难以顺利实现。从长远来看，它对父母及孩子的益处更可能是象征性的。这让父亲感觉自己仍然保留了作为父母的权利和责任，并向孩子传达了父母双方都爱他们、父亲仍然非常重要的信息。

再婚

约 3/4 离婚的人会选择再婚（Kreider & Fields，2001）。对于离婚的妇女来说，再婚是摆脱贫困的最可靠方法，新的伴侣能够提供情感上的支持和孩子养育上的帮助。然而，再婚并不是幸福的保证，也不是孩子相关问题的解决方法。再婚家庭孩子的情绪问题要比完整家庭，甚至单亲家庭的孩子更为严重（Clarke-Stewart & Brentano，2006；Cherlin & Furstenberg，1994；Hetherington et al.，1998；Pryor，2008）。与完整家庭相比，再婚家庭中兄弟姐妹间的敌对情绪更强，这在兄弟之间表现得尤为明显（Conger & Conger，1996；Dunn & Davies，2000；Hetherington et al.，1998）。然而这一差异并不是永久性的（Amato，

共同法定监护　离婚家庭孩子监护方式的一种，在这种情况下，父母双方分担就孩子生活相关问题进行决策的责任，但儿童通常只和一方一起生活。

1994）。尽管多数继子女在父母再婚后的过渡期都会产生各种问题，但大部分孩子都能够展现出很强的心理弹性，3/4 的孩子不会长期受到困扰（Hetherington & Jodl，1994）。年幼的儿童适应起来更容易；青少年很难接受父母再婚这一事实，他们极有可能产生酗酒、违法、发生过早性行为等外部行为问题。和普通家庭相比，再婚家庭孩子报告的与继父母的冲突更多（Hetherington，1991；Hetherington & Stanley-Hagen，2002）。这并不令人意外，继父母在继子女身上的养育和情感投入都要少于生父母（Clarke-Stewart & Brentano. 2006；Pryor，2008）。

本章小结

家庭是社会的单元。身处其中的成人配偶或伴侣以及他们的孩子共享经济、社会及情绪的权利和责任，以及相互之间的承诺和自我认同感。家庭同时也是社会化的系统，家庭成员将儿童的原始冲动引导到社会可接受的方式，并教给儿童适应社会所需的技能和规范。

家庭系统

- 家庭是一个包含着独立成员和子系统的复杂系统。这些成员或子系统的功能会随着其他成员行为或关系的改变而发生变化。夫妻系统、亲子系统以及兄弟姐妹系统的功能相互关联，并对儿童的幸福感产生影响。

- 夫妻子系统通常被认为是家庭正常运作的基础。如果夫妻间能互相提供支持，他们会增加亲子互动的投入程度，并带来更亲密的亲子关系。

- 父母间的冲突可以直接或间接地对儿童产生影响，这些冲突会给孩子带来消极的情绪和行为，并导致社会性发展的问题。尤其在冲突没能得到妥善解决的情况下，儿童很可能产生消极的情绪反应。冲突的影响是相互的，随着时间的推移，孩子和家长进入相互影响的循环中。

- 孩子对夫妻系统同样存在影响。第一个孩子的出生导致父母向更加传统的男性和女性角色转变。母亲和父亲都报告了婚姻满意度的降低，但父亲的满意度下降较慢。难养育型或残疾的孩子可能会毁掉一个原本就脆弱的婚姻。

- 尽管在儿童出生之时，其社会化就已经开始，但是随着儿童的成长，它会变得更加明确。父母直接为儿童传授社会规范，并充当儿童模仿的榜样。

- 父母和儿童的关系可以根据情绪和控制两个维度进行分类。

- 权威型养育，包括温情、一致性及有力的控制，能够促成儿童最为积极的社会和情绪发展成果。

专制型养育（低温情、高控制）会培养出矛盾、易怒的儿童。

- 许多因素会影响这些养育风格的选择，包括夫妻关系、父母的心理健康状况以儿童的性格和行为。

- 在社会化过程中，父母和儿童在连锁互动中影响着对方，这一过程可以用交互影响来形容。

- 通过不同的互动方式，父亲和母亲在孩子的发展过程中各自发挥着独特的作用，母亲更侧重于语言交流，而父亲则侧重于感官刺激游戏。

- 合作型共同养育系统能够促进积极的社会性发展；竞争或不平衡的共同养育系统导致不良的发展结果。

- 孩子的数量、性别以年龄差异影响着家庭的功能。随着家庭规模的增大，父母和孩子接触的机会减少，但兄弟姐妹相互接触的机会有所增多。

- 在弟弟妹妹出生之后，头胎出生的儿童经常会表现出情绪和行为上的问题，但母亲的反应、努力顾及头胎出生的儿童的感受，以及父亲的参与都能够缓解这些问题。和弟弟妹妹相比，头胎出生的儿童通常更成人化、更乐于助人、自我控制能力更强、更顺从，同时也更焦虑。

- 家庭分享故事、日常事务和仪式，这些活动能够传递价值观，让成员了解自身的家庭角色，并强化了家庭的独特性。

家庭差异：社会阶层和文化

- 每个家庭都处于更大的社会系统之中，即布朗芬布伦纳生态学理论中所谓的"宏系统"。

- 社会经济地位较低的父母通常更加专制，而高社会地位的父母会和孩子讲道理，并为之提供更多的选择。

- 父母的社会化方式受到其所在文化、工作经历以及所在社区的影响。

变迁中的美国家庭

- 母亲就业造成的影响取决于其参加工作的原因、对自身角色的满意程度、其他家庭成员的态度和需求以及其替代者照顾孩子的质量。工作压力可能会对夫妻关系和孩子产生负面的影响。

- 相比之下，当代人生育的年龄更晚。晚育具有积极的一面，例如，父母已经事业有成，在家庭角色上更加具有灵活性。

- 生育技术的发展为不孕不育的夫妻带来了希望。尽管和自然怀孕相比，使用这些方法可能会带来更高的出生缺陷风险，但孩子并没有表现出更多的心理问题。

- 通过将孩子带离恶劣的养育环境，收养能够为婴儿和孩子提供保护。收养儿童通常存在罹患心理疾病的风险，但年龄、性别和被收养前的居住环境决定了心理问题发生的水平。

- 男、女同性恋家庭变得越来越常见。证据表明，儿童们在这些家庭中发展正常。

- 单独养育也变得越来越普遍。通常而言，来自贫困及没结过婚的单身母亲家庭的孩子表现更不尽如人意。

- 离婚后第一年，儿童通常会受到扰乱，但从长远来看，大多数儿童都能够适应父母的离异。刚离婚之后家庭互动具有如下特征：家长养育行为不当，孩子痛苦、苛刻且不合作。

- 不同年龄儿童对父母离婚的理解和反应也各不相同。对即将步入青少年期的孩子的消极影响会更大。比起父母离婚之前就存在心理问题的儿童，气质随和、具有更多心理资源的儿童更容易适应离婚。

- 在父母离婚后，绝大多数儿童和母亲住一起的，尽管和父母双方都保持联系能够为对儿童的适应带来帮助。如果父母间的冲突很少，儿童没有被夹在中间的感觉，共同监护就能够带来最好的效果。

- 儿童对再婚的反应受其先前家庭体验和再婚时年龄的影响。对青少年期孩子而言，接受这一点尤为困难。

关键术语

专制型养育	权威型养育	共同养育	大家庭
家庭系统	共同法定监护	共同生活监护	核心家庭
溺爱型养育	家庭仪式	家庭日常事务	社会化
单独监护	忽视型养育		

电影时刻

家庭生活题材的电影每个周末在每个电影院都会上映。电影制片人常常将自身的家庭经历作为制作电影的蓝本，观看这些影片具有教育、怀旧，甚至治疗的作用。很多片子描述了家庭成员间积极、相互支持的关系。其中，《种族情深》（*Crooklyn*，1994）是斯派克·李（Spike Lee）的半自传体电影，该片讲述了他对自己非洲裔美国家庭的热爱，描述了父母对孩子的承诺、支持和关心，尽管有时候他们也会感到沮丧和愤怒。《幸福已逝》（*Grace Is Gone*，2007）讲述了一个父亲艰难地将一个晴天霹雳般的事实——孩子的母亲已经在伊拉克战场上阵亡的消息——告诉女

儿们的故事，展现了父亲的体贴和深情。《感恩大餐》（*What's Cooking*，2000）形象地描述了家庭活动的族群差异，片子展示了四个家庭——越南人、犹太人、非洲裔美国人和墨西哥裔美国人家庭庆祝感恩节的方式，描述了不同族群家庭各自的紧张经历。儿童经历父母离婚这类题材的电影同样涉及家庭关系紧张这一主题。《孩子的爱》（*Children of Love*，2002）描绘了离异家庭的三个孩子如何应对忠诚和爱这些问题。这是一个关于离婚家庭情感体验的感人故事。《鱿鱼和鲸》（*The Squid and Whale*，2005）真实地展现了两个10多岁男孩应对父母离婚的经历。基于编剧自身的

童年经历，这部电影反映了隐藏在他们愤怒和号哭等外在表现背后深深的痛苦和困惑，清晰地阐述了家庭变化带来的益处和弊端，并说明了善意的父母是如何对青少年期孩子产生潜移默化的影响的。《克莱默夫妇》（*Kramer vs. Kramer*，1979）则描绘了一个父亲在妻子离开后如何转变成为合格奶爸的故事。这部电影标志着 20 世纪 80 年代一场社会运动的开始，这场运动促成了儿童监护权法律的改革，使得性别不再是判决的主要影响因素，取而代之的是筛选"最佳心理父母"的标准程序。《窈窕奶爸》（*Mrs. Doubtfire*，1993）则以幽默的方式呈现了离婚后探视限制如何干扰儿童和无监护权父母之间的关系。职业母亲是另一个备受欢迎的电影主题：在电影《24 小时女人》（*24-Hour Woman*，1999）中，试图成为超级制片人和超级母亲带来的压力让格蕾丝逐渐陷入抓狂的境地。在更为严肃的纪录片《双重负担：三代职业母亲》（*Double Berden: Three Generations*，1992）中，三个单身职业母亲为了让孩子衣食无忧而拼命工作。关于同性恋和同性恋家庭的电影也有很多，并发人深省，《制造格蕾丝》（*Making Grace*，2004）就是其中之一，片子展示了两个女人如何创建家庭、面对挑战，以及女同性恋母亲独有的快乐。

第 *8* 章
同伴：社会性发展更广阔的世界

1 岁的时候，萨拉通过拉扯两岁女孩安娜的手臂并对其大喊大叫来吸引她的注意。在 3 岁时，萨拉要求安娜和她一起玩，她成为安娜的"跟屁虫"，模仿安娜所做的每一件事。在萨拉 8 岁时，安娜对和同班的女孩们出去玩更感兴趣，在数次尝试和安娜一起玩被拒绝后，萨拉感到非常沮丧。当她们上中学的时候，两个女孩都参与了学校的戏剧表演，她们成为了永远的好朋友，年龄差异不再是问题，她们反而因为共享过一段玩乐时光、教堂活动和邻里事件的记忆以及共同拥有对音乐剧和吸血鬼类书籍的强烈兴趣而变得更加亲密。这些例子阐述了儿童在成长历程中互动并形成友谊的一些方式。而这些互动与相互关系便是本章关注的焦点。

儿童与同伴之间的关系不同于他们与成人之间的关系。同伴关系更为简单、自由，也更加平等。它们更可能包含着彼此间的积极情绪和冲突（Gerrits et al.，2005）。同伴关系给儿童提供了探索各种新人际关系类型的机会，促进了他们社会能力的发展，为儿童形成家庭之外的群体开辟了一条道路。同伴关系的产生使得儿童建立起自己的文化群体，在这个群体中，儿童拥有共同的行为模式与习惯（Howes & Lee，2006）。在本章中，我们阐述了儿童和其同伴间的互动模式及这些模式是如何随着儿童成长而发展变化的，考察了同伴关系在儿童社会化过程中所扮演的特殊角色，分析了影响同伴接纳性的众多因素，并对被同伴拒绝的影响进行了探索。此外，我们还探讨了成人通过干预促进儿童同伴接纳性的途径，讨论了儿童友谊发展的方式，描述了儿童在同伴群体中的行为。

定义和区别

在开始了解儿童同伴互动行为和人际关系的相关研究之前，有必要对一些定义和它们的差异进行区分。首先是同伴与朋友之间的区别。一个同伴是指年龄大概相仿的另一个儿童，而一个朋友则是指与儿童有着特殊关系的某个同伴。同伴是儿童社会世界的组成部分。他们共同活跃于教室、社区与课外社团中。他们因日常的事务与儿童发生互动联系，一起分享任务信息、一起交谈、一起在操场上玩耍。这些交往非常短暂，彼此之间并没有强烈的责任感，并只在教室或操场等特殊情境下发起形成。这类交往可能是单向的，因为同伴关系并不一定需要彼此间的相互喜欢和尊重。在这些交往中，儿童与同伴中的一小部分人发展出了亲密关系，这些人就是他的朋友。朋友关系有着常规的、稳定的基础，有着对未来交往的预期。他们经常表现出互惠行为，如分享故事和秘密，并相互支持。朋友之间的关系的特点是互相喜爱，这和普通同伴关系存在着很大差异。

第二个需要区别的概念是儿童二人搭档（dyads）与儿童群体。前文中我们描述的同伴和朋友之间的互动都是发生在两人之间的，或者说是儿童搭档。儿童也会形成有明确界限和社交组织的同伴群体。这些群体包括小集团、组、族。群体会发展出自身的标准、规则和阶层，以对群体成员的活动进行组织和管理。同伴间的互动、同伴友谊、同伴群体都体现了同伴关系的不同形式，在儿童的社会发展中起到不同的作用。

同伴交往的发展模式

多年以来，心理学家都忽视或否认幼儿具有进行彼此间互动能力的可能性。然而，过去 30 年收集到的数据清楚地表明，从很小的时候开始，儿童就是社会活动的积极参与者。表 8.1 总结了同伴间的互动和关系随着年龄增长而变化的情况。

表8.1 　　　　　　　　　　　　　　　　　儿童的同伴交往和友谊的发展

0 ～ 6 月	触摸并看着另一婴儿，以哭声来回应其他婴儿的哭声。
6 ～ 12 月	尝试通过观察、触摸、喊叫或挥手来影响另一婴儿。 通常以友好的方式与另一婴儿互动，但有时会拍打或推搡。
1 ～ 2 岁	开始采用互补的行为，比如轮流玩、互换角色等。 这一阶段出现了更多社交活动。 开始进行想象游戏。
2 ～ 3 岁	在游戏以及其他社交互动中，开始交流意图，例如，邀请另一儿童一起玩或表示到时间互换角色了。 开始更喜爱和同伴一起玩，而不是成人的陪伴。 开始进行复杂的合作活动或戏剧的表演。 开始喜欢同性别的玩伴。
4 ～ 5 岁	与同伴分享更多。 期望将游戏中获得的兴奋和享受最大化。 游戏时间更加持久。 更乐于接受除主角外的其他角色。
6 ～ 7 岁	到达想象游戏的顶峰。 更喜欢和同性玩伴一起玩的倾向非常稳定。 友谊的主要目标是进行合作和一起游戏。
7 ～ 9 岁	期望朋友能一起活动、提供帮助、不愿分离。 寻求被同伴接纳，避免被拒绝。
9 ～ 11 岁	期望得到同伴的接纳和称赞。 期望朋友忠诚并认真投入友谊关系。 更可能在初期互动的基础上建立起友谊关系。 友谊的主要目标是被同性别伙伴接纳。
11 ～ 13 岁	期望朋友之间真诚、亲密、自我表露，有共同兴趣，拥有相近的态度与价值观。
13 ～ 17 岁	友谊的重要目标是相互理解。 开始拥有浪漫关系。
17 岁	期望朋友提供感情上的支持。 浪漫关系提供亲密与支持。

注：表中年龄为大致趋势；对具体某个儿童而言，这些变化出现的时间因人而异。

资料来源：Collins et al.，2009；Hartup，1996，Rubin, Bukowski, et al.，2006.

婴儿期的初次相遇

在出生后的前 6 个月，婴儿互相触摸对视并会对对方的行为作出反应。但是这些早期行为并不是婴儿刻意为之，他们也没有期待得到其他婴儿的回应，因而不能被认为是社交性质的。直到 6 ～ 12 个月后，婴儿才开始将同伴作为社交活动的对象（Brownell，1990；Howes，1987）。在 6 ～ 12 个月之间婴儿开始通过叫喊、挥手、触摸来尝试同其他婴儿互动，虽然他们有时会彼此推打，但通常而言，这些社交行为都是友好的（Hey et al.，2000；Rubin, Bukowski, et al.，2006）。下文列举了两个婴儿互动的例子（Mueller & Lucas，1975，p.24）：

拉里坐在地板上，伯尼转过身来看着他。

伯尼挥舞着自己的手臂说："哒。"并盯着拉里。

伯尼重复喊了三遍，随后拉里笑了。

伯尼再次叫喊，拉里再次笑了。

双方又重复了这一过程达到 12 次之多，直到伯尼转身离开。

婴儿与婴儿的社会交流和他们与成人的截然不同（Rubin, Bukowski, et al.，2006）。因为婴儿的反应更具不确定性，所以他们的交流更短暂，也更缺乏持续性。此外，婴儿之间的交流还更加平等，因为在与成人的交流中，成人往往起到了主导作用。

学步儿的社会交流

在1～2岁期间，儿童的运动和语言能力得到了明显进步，这增加了他们社会交流的复杂性（Dunn，2005；Rubin，Bukowski, et al.，2006）。儿童的互补性社会交往能力也得到了发展（Howes，1987）。这意味着他们能够在游戏中轮流扮演或互换角色，例如，轮流做"躲藏者"与"寻找者"。他们也开始互相模仿，并且能够意识到自己正在被人模仿（Eckerman，1993）。当学步儿进行积极社会互动时，和婴儿期相比他更可能表现出微笑或大笑（Mueller & Brenner，1977）。他们互动持续的时间也更长（Ross & Conant，1992）。随着年龄的增长，和成人相比，儿童更喜欢与同伴进行互动（Eckerman et al.，1975）。

> **假装游戏**　使用象征性的物体来假装进行某项活动。
>
> **联合游戏**：小孩共享玩具、材料的互动方式，有时有交流但没有参与联合活动。
>
> **合作游戏**：和拥有共同目标的儿童一起通力合作达成目标的互动方式。
>
> **平行游戏**：非常小的儿童做相同事情时的互动，他们经常肩并肩坐着，但自顾自没有互动。

但是婴儿能够同时与多人互动吗？在这个年龄段，儿童的时间通常在群体中度过——在"母亲与我"这一群体，或是在儿童照料中心。那么，在不止一个同伴在场的情况下，他们会如何互动呢？在研究两岁儿童组成的三人小群体时，研究者发现，尽管有时会出现两个孩子玩而第三个孩子在旁观看的情况，但在超过半数时间里，三个孩子都在积极参与，相互叫喊、比划和运动（Ishikawa & Hay，2006）。

在学步儿阶段后期（2～3岁），儿童的主要社交成就就是学会与同伴分享意图（Mueller，1989）。儿童通过眼神交流提出游戏建议，随后奔向三轮脚踏车或者一套乐高玩具。他们通过"轮到我了"给出角色变换的信号，然后使劲拉着玩具。在玩具交接时，他们通过微笑表明相互的默契。这种意图分享使得儿童能够玩更多种类的游戏，也让一起玩**假装游戏**（pretend play）成为可能（Howes，1987）。

童年早期的同伴游戏

80年前，米尔德里德·帕腾（Mildred Parten，1932）描述了儿童在童年早期的游戏方式，她所定义的游戏类型至今仍广为使用。表8.2总结了帕腾观察到的3～5岁儿童同伴之间游戏的类型。这个年龄阶段的儿童可能会参与表中任意一种游戏类型，这视具体情境而定，但随着年龄的增长，他们越来越喜欢玩更复杂的**联合游戏**（associative play）或**合作游戏**（cooperative play），而不喜欢仅仅看着别人或是互不干扰地玩**平行游戏**（parallel play）。在学龄前阶段，消极交流方式和冲突也有所增加（Rubin，Bukowski et al.，2006）。事实上，社交游戏与冲突似乎是不可分割的。频繁地与同伴发生冲突的孩子通常社交能力也最强，并最有可能发起同伴互动（Brown & Brownell，1990）。

表8.2　　　　　　　　　　　　　**学前儿童的游戏类型**

看别人玩	儿童看着别人玩或与玩游戏的孩子交谈。约一半两岁儿童都属于这种类型。
平行游戏	儿童玩相似的游戏，经常是肩并肩的，但是都自顾自，彼此间没有互动。这种游戏类型在两岁孩子里较常见，但到了三四岁便逐渐减少消失了。
联合游戏	儿童与其他孩子一起玩，但大家不一定有共同的目标。他们共享玩具、材料，甚至可能对其他孩子在玩的游戏表示出反应或作出评价（例如，共享画笔或一起议论其他儿童的艺术作品）。然而他们还不会一起合作进行某个游戏项目。这种游戏类型在3岁和4岁孩子里较常见，但很少在两岁孩子身上观察到。
合作游戏	在3～4岁时，儿童开始参与到需要相互之间合作、互惠以及有共同目标的游戏中。例如，一起建造个沙雕城堡、一起画一幅画、玩一个有彼此角色互动的想象游戏。

资料来源：Parten，1932.

假装游戏似乎在早期儿童社交能力的发展中发挥着非常重要的作用。它让儿童在嬉戏环境中体验不同角色、感受他人的感觉，这教会他们如何成为社会群体的组成部分，并与其他儿童协调合作。假装游戏的首次出现大约在1岁半左右，通常出现在与母亲或哥哥姐姐的互动中，随着儿童社交能力的发展和遇到其他儿童机会的增多，同伴变成了假装游戏最常见的合作者（Dunn，1988；Haight & Miller，1993）。到了3岁时，儿童的假装游戏已经相当复杂，需要默契合作并富有戏剧性。在这一年龄，儿童已经能够共享假装游戏中一些抽象符号的意义（Fein，1989），这一能力随着儿童年龄的增长而不断增强（Goncu，1993）。随之而来的是，和3岁儿童相比，4岁儿童玩耍的回合更多更久，并能够协商游戏的角色、规则与主题。在3岁时，所有的孩子都想成为蝙蝠侠，但到了4岁时，在意识到稍后会轮到他们自己扮演蝙蝠侠时，他们开始愿意接受罗宾之类戏份较少的配角。5岁孩子的假装游戏包括慢动作的打斗和枪战，以及以夸张的姿势表现拖长、蹒跚的死亡场景。游戏内容还包括盛装表演复杂的仪式，如结婚或被王子拯救。假装游戏在儿童6岁时达到顶峰。在这个阶段，假装游戏包含着高度协调的幻想，多种角色的迅速切换和物体、情景的独特转变（MacDonald，1993；Power，2000）。虽然假装游戏在西方国家非常常见（Smetana，2002），但是在很多集体主义、以群体为导向的文化（如肯尼亚、墨西哥、印度和贝都因阿拉伯人）中，儿童几乎不会参与这类游戏（Aried & Sever，1980；Edwards，2000）。

校园时期的同伴交往

在开始上学后，儿童与其他儿童的社会互动持续增加，同时与成人的社会交往则相应减少。在一项研究中，研究者发现，从1岁到12岁，儿童与同伴在一起的时间越来越多，而与成人在一起的时间越来越少（Ellis et al.，1981；见图8.1）。在这一期间，伙伴互动的性质也在发生着改变。针对同伴的身体攻击行为减少，慷慨、助人行为则在增加（Eisenberg et al.，2006）。学校时代的标志是追寻同伴的接纳和与同学的和睦相处。

同伴年龄的重要性

儿童对同伴的选择也会随着年级的变化而变化。而同伴年龄这一因素变得更加重要，和同龄同伴的交流开始增加。儿童选择同龄伙伴的倾向在其社交发展中具有特殊的作用，因为这些同伴具有共同的兴趣爱好，能力也大致相仿（Maccoby，1998）。在西方社会，按年龄因素对学校年级和运动团队进行分级促进了这种趋势。而在许多其他文化中，年长的儿童会与年幼的孩子一起玩，同时对其进行照料和教育（Zukow-Goldring，2002）。

同伴性别的重要性

性别同样影响着儿童对游戏同伴的选择。在3~4岁时，儿童在选择同性或异性伙伴一起玩

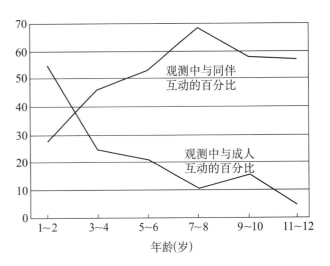

图8.1 儿童与同伴及成人的互动时间的变化

从大约两岁半开始，儿童开始花更多时间与同伴一起，而与成人互动的时间则越来越少。

方面并没有什么倾向性。到7岁时，他们开始更乐意与异性伙伴一起玩。但在小学阶段，男孩和女孩都开始选择同性作为玩伴，并开始排斥异性（Maccoby，1998）。当然，这一性别排斥规律也存在例外，但通常在"地下"进行。例如，女孩和男孩可能会在教堂或社区里一起玩，但是会对同班同学保密（Cottman，1986；Thorne，1986）。他们不想被学校的同学嘲笑或戏弄。

学校里的性别隔阂表现得非常明显：男孩和女孩玩着不同的游戏，并使用不同的游戏设备（Blatchford et al.，2003；Leaper，1994，p.29）：

> 杰克和丹尼在大秋千上玩耍，劳拉跑过来，兴奋地叫着："我能上去吗？""不行！"杰克断然拒绝，"我们不想你在这里，这里只能有男孩……我们只喜欢和男孩玩。"

甚至早在一年级时，由于兴趣和游戏方式不同，儿童已经根据性别分为不同的群体（Silvern，1995，p.3）：

> "女孩喜欢谈论女孩的事。"卡特里娜说……（与此同时）迈克和他的朋友正要用他们的塑料勺子去翻葡萄干，而大卫则专注于吹足够的泡泡让巧克力牛奶从纸盒溢到桌上去。

研究者们记录了男孩女孩不同的游戏方式。女孩们倾向于在小群体里、学校建筑附近和成人密切监督下玩安静的游戏（Thorne，1986）。她们更倾向于艺术性的活动、书籍或者布娃娃。她们喜欢更随意的活动，如谈话和散步（Savin-Williams，1987）。她们比男孩更加亲昵并且交流更多的信息（Fabes et al.，2003；Lansford & Paker，1999；Zarbatany et al.，2000）。男孩们倾向于一群人玩大运动量的追逃游戏，占据的场地几乎是女孩游戏的 10 倍（Thorne，1986）。吵闹与嘈杂通常是男孩们游戏的特征。相比之下，男孩的游戏竞争更加激烈，随着年龄的增长，男孩们更喜欢有规则和组织的游戏（DiPietro，1981；Eisenberg et al.，1982；Maccoby，1998）。甚至，假装游戏的性质也不相同：男孩们更可能扮演超级英雄的角色，而女孩们则喜欢扮演妈妈和公主（Haight & Miller，1993）。由此可见，儿童更喜欢和同性伙伴一起玩便不足为奇了——超人飞身出现拯救一脸不情愿的少女或是男孩绕着安静地玩着芭比娃娃的女孩们跑圈，这样的游戏似乎很难顺利进行。

无论是男孩还是女孩，在群体中的竞争意识都要强于二人搭档组合，这一差异在男孩身上表现得更为明显（Benenson et al.，2001）。当群体中只有男孩时，他们表现得特别积极和强硬。而在一个混合性别群体中，男孩的吵闹减少了而女孩会变得更加吵闹，因为儿童要调整自己的行为来适应更受另一性别喜爱的游戏类型（Fabes，2003）。然而也不应该夸大游戏类型的性别差异。男孩女孩都会参与相互合作和竞争的游戏，双方的游戏行为也有很多相似之处（Underwood，2004）。

青少年期的同伴交往

除去在教室一起上课的时间，在一周中，高中学生 30% 的清醒时间都是和同伴一起度过的。这是他们与父母及其他成人相处时间的两倍（13%）。这种与同伴的交往模式在西方国家尤为突出（Brown，2004）。研究者发现，在美国，十二年级的学生平均每天要花 2.5 个小时与同伴交谈——这一数字是韩国、日本学生的两倍多（Larson & Verma，1990）。而且，与年少时相反，成人对青少年期的同伴交往行为的指引和监视非常有限。

与同伴一起时，青少年通常会进行娱乐和聊天（Larson & Richards，1994；Larson & Verma，1999），在这些活动中，他们获得自己行为的准则。同伴们的能力、目标和面临的问题都很相似，因而能够平等相处。在了解新异事物方面，他们是专家，并影响着青少年人际行为的方式、对朋友的挑选以及对时尚娱乐潮流的选择。在酗酒、吸烟、非法使用药物（尤其是大麻方面），同伴的影响力要超过父母（M. Allen et al.，2003）。对于缺乏父母支持的青少年，同伴的影响尤为突出。如果父母充满温情、提供支持或表现权威，与父母不具备这类特质的孩子相比，他们的孩子受到同伴压力的影响要小很多（Steinberg，1986）。如果青少年朋友的父母是权威的，那么这也能发挥作用。一项研究表明，与朋友认为其父母"独裁"的青少年相比，朋友用"权威"一词形容其父母的青少年吸食毒品和触犯法律的可能性都要小很多。（Fletcher et al.，1995）。即使通过统计手段控制了青少年自身父母的影响后，这一关联仍然具有显著意义。

到青少年期后，同伴活动中的性别藩篱随着约会的开始逐渐分崩离析（Brown & Klute，2006；Richards et al.，1998），在运动、学校和其他活动中形成的同伴群体成为了青少年探索和提高自我认同的工具（Brown & Klute，2006）。在本章的后面部分，我们将对青少年期的浪漫关系和同伴群体进行探讨。

同伴和社会化

在童年期和青少年期，同伴是重要的社会化发起人，和父母一样，同伴影响着孩子们的价值观和行为。

榜样行为

同伴们通过互为榜样相互影响。仅仅通过观察同伴的行为，孩子们就学会尝试了很多行为。甚至连两岁儿童也能进行相互模仿，这使得维持互动、学习更复杂的游戏（如前后抛球）成为了可能（Eckerman，1993）。更年长的儿童通过观察同伴学会社交规则。例如，到新学校的第一天，儿童就可能学会老师走进教室时要起立，玩射球枪很危险，要避开有一头红发的大个孩子，因为他喜欢欺负人。通过模仿他们的同伴，尤其是没有遇到麻烦的同伴，儿童学会了教室里的规范，发展出让他们与新同学和睦相处的社交技能。在青少年期，通过模仿同伴，青少年做出穿什么衣服、吃什么、是否开始抽烟、是否参加帮派以及是否逃学的决策（Dishion et al.，2001）。同伴的影响可能积极也可能消极。如果有选择，儿童最愿意模仿的是年长、强壮和有威信的同伴（Bandura，1989）。

强化和惩罚行为

同伴也会刻意对彼此施加影响。正如"同伴压力"一词描述的，同伴们不仅通过榜样示范，还会主动劝说其他孩子加入其中。他们告诉儿童如何行动，并用表扬和积极反应来强化他们支持的行为，同时使用批评和消极反应对不喜欢行为作出惩罚。同伴互相强迫的可能性随着年龄的增长而增加（Charlesworth & Harrup，1967）。

研究者记录了同伴的赞扬这一积极强化是如何影响儿童社交行为的。在一个个案研究中，研究者考察了同伴赞扬对三个社交退缩女孩社交行为的影响（Moroz & Jones，2002）。教师对在日常活动中公开赞扬这几个女孩的同伴提供奖励，这一赞扬很快就见到了成效。在这一实验操作后，所有三个女孩的社交能力明显增强；她们参加了

文化背景　　　不同文化下的伙伴角色与关系

在不同的文化中，同伴扮演着不同的角色。与美国青少年相比，日本青少年与同伴在一起的时间较少，他们父母的价值观对其影响更大（Rothbaum, Pott, et al.，2000）。拉丁美洲的儿童同样以家庭为导向，较少受同伴影响（DeRosiei & Kupersmidt，1991）。他们的父母经常对同伴交往采取直接的限制措施（Ladd，2005；Schneider，2000）。甚至同伴之间的关系也会因文化不同而不同。和加拿大儿童相比，意大利儿童更喜欢进行争吵和辩论，可能正由于对冲突的忍耐力更强，意大利儿童之间的友谊关系也更为稳固（Casilia et al.，1998）。中国、印度、韩国的儿童与加拿大、美国的儿童相比，对同伴的态度更加合作和顺从（Farver et al.，1995）。以一项研究为例，研究者发现，5岁中国儿童与同伴间约85%的交往活动都表现得非常合作和相互体谅，而加拿大儿童间78%的同伴互动都产生了纠纷（从简单言语不和到身体攻击）（Orlick et al.，1990）。美国不同族群之间的差异和文化差异如出一辙。韩裔美国儿童要比欧裔美国儿童在交流中更多地使用礼貌的请求和赞同，而较少告诉朋友做什么或拒绝他们的建议（Farver et al.，1995；Farver & Shin，1997）。亚洲和美国文化中对个人与群体相对重要性看法的分歧导致了这一差异的产生（Chen & French，2008）。在以个人为导向的社会里，个体的身份地位在很大程度上由其个人成就决定，然而，在

群体导向的集体主义社会里，个体的身份与是否被大群体接纳为成员密切相关（Schneider，2000；Schneider et al.，1997），儿童的同伴关系反映了这类文化导向。

文化所弘扬的特定社会行为的差异也会造成同伴关系的不同。在传统的中国文化中，害羞和敏感被看做是成熟懂事的标志，是儿童需要培养的重要特质（X. Chen et al.，2006；Chen, Chen, et al.，2009）。在这一情况下，拥有这类特质的同伴受到中国孩子的欢迎而同时却会被加拿大儿童拒绝便不足为奇了（Chen & Tse，2008；Chen et al.，1992）。在年龄更大的儿童和青少年中，甚至在中国，害羞、敏感的儿童也容易被人拒绝（Chen & Rubin，1994；Chen et al.，2005），这部分源于人们对儿童长大后要更加自信的期望。然而，中国的发展变迁改变了儿童的价值观。在1990年时，害羞的小学生能够获得同伴的接纳，但到了2002年，情况已不再如此（Chen et al.，2005）。中国向市场经济转型，随之带来的对自信、自我导向的推崇可能是这一变化产生的原因。而在中国的农村地区，害羞仍然与儿童更好的社交、心理调适能力联系在一起（Chen & Wang，2006；Chen, Wang, et al.，2009）。这一情况可能会随着经济改革向这些地区扩展而发生改变。显然，要对同伴关系进行深入的理解，文化与历史因素是不能忽视的一环。

更多的群体活动，和同伴的相处也变得更好。研究者也观察到同伴的消极行为对其他儿童的影响。例如，在被同伴批评"玩异性才玩的玩具"后，孩子们玩这一玩具的时间明显减少（Lamb et al., 1980）。同样地，如果青少年的穿衣风格或交友品味受到了同伴的嘲笑，那么他们很可能会调整自身的穿衣规范或重新择友。或许这一领域最受研究者关注的课题是同伴压力对青少年反社会行为的影响（Sullivan, 2006）。在这一案例中，同伴压力包括示范反社会行为并鼓励朋友照着去做，通过带着朋友一起参与反社会行为来对其进行强化，批评或抛弃那些不参与活动的同伴。

社会比较

社会比较　人们通过与他人（通常是同伴）进行比较，对自身能力、价值与其他特质进行评估的过程。

同伴的第三种影响方式是他们为彼此提供了衡量自身的标准。儿童几乎没有对自身人格、能力和行为进行客观评定的方法，所以他们转而求助于他人，尤其是同伴。通过名为**社会比较**（social comparison）的过程，他们观察并评价他们的同伴，然后用这一标准评价自己。社会比较帮助儿童认识自我，并决定了在他们心中自己在同伴中脱颖而出的程度。这一比较在自尊形成上发挥着重要作用（Harter, 2006）。如果儿童认为自己和同伴相比并不逊色，他们就会产生高自尊；如果他们认为自己不如别人，他们的自尊就会受到很大的打击。与同伴进行比较是适应性的。如果一个男孩想知道自己是个多好的格斗者，他更该评估自己在社区混战中的表现，以及同伴对他的评价，而不是与职业拳师进行比较。如果一个女孩想评估自己的阅读能力，那么与班里其他孩子而非姐姐进行比较是她更好的选择。作为自我定义的基础，同伴群体并不平等。在小学早期，儿童与同伴进行社会比较并进行自我评估的频率越来越频繁，并且，这一过程一旦开始就永远不会真正停止。

同伴地位

同伴非常重要，因为他们给了儿童接纳感和家庭之外的身份。在这一节，我们讨论关于儿童同伴地位的心理学研究，考察同伴的看法对儿童的影响，并思考如何让孩子更易被同伴们接纳。

同伴地位的研究：接纳和排斥

社会测量法（sociometric technique）是研究儿童同伴地位最为常用的方法。

社会测量法　确定儿童在其所在同伴群体中地位的方法，具体做法是：让群体中每个儿童对其最为喜欢的和最不喜欢的同伴进行提名，或让每个孩子对群体中同伴的满意程度进行排序。
受欢迎儿童　受大多数同伴喜欢、不喜欢他们的孩子很少的儿童。
一般儿童　有一些朋友但不像受欢迎儿童那样被人喜欢的儿童。
受忽视儿童　经常被孤立(尽管不一定招人讨厌)、朋友很少的儿童。
争议儿童　同时得到很多同伴喜欢和讨厌的儿童。
受排斥儿童　不被大多数同伴喜欢、喜欢他们的人很少的儿童。

这种方法通过让儿童彼此评估喜欢或不喜欢程度来测量其同伴接纳和排斥性（Hymel, 2010），在"提名"社会测量法里，研究者要求每个儿童分别写下几个（通常3个）班里他们最喜欢和最不喜欢的同伴（Coie et al., 1982）。然后，研究者将每个儿童获得的最受喜欢和最不受喜欢提名的数量进行相加。**受欢迎儿童**（popular children）是那些接收到最喜欢提名最多而最不喜欢提名最少的。**一般儿童**（average children）接收到一些两种类型提名但最喜欢提名数量没有受欢迎儿童那么多。**受忽视儿童**（neglected children）收到较少的最喜欢和最不喜欢投票，这不意味着同学们不喜欢他们，但他们比较孤立，缺少朋友。**争议儿童**（controversial children）收到大量的最喜欢提名和最不喜欢提名。**受排斥儿童**（rejected children）收到很多最不喜欢提名和较少最喜欢提名。要求儿童写下他们不喜欢同伴的名字涉及伦理道德问题，这一技术的使用可能会诱发受排斥儿童更多的社交问题。然而，有证据表明，如果小心操作并努力预防消极后果，提名法不会造成显著的危害（Hymel et al., 2002；Mayeux et al., 2007）。

这种提名法的优点是快速、操作简便。然而，由于提名人数的限制，研究者不能获得儿童如何看待班级里的大多数同学的信息。"名单评分"社会测量程序（Parker & Asher, 1993）是可供选择的另一测量方法。研究者给予儿童全班同学的名单，要求他们在5点量表上选出和每个同学一起玩、工作等活动的愿意程度。每个儿童的接受水平即他／她获得的平均得分。这两种社会测量法都非常有效。在使用干预方法帮助存在同伴关系问题的儿童时，提名法更适用于找出儿童最喜欢与最不喜欢的同伴这类极端问题；而评分量表测量法则能够获得每个儿童对群体中所有其他儿童的感觉（Asher et al.，1996）。

第三种评估同伴地位的方式是搜集关于儿童的**受欢迎度**（perceived popularity）信息。这一方法让教师、家长、儿童对某个儿童受欢迎程度进行评定。在童年时，这一方法测量的受欢迎度与社会测量法的结果高度相关；而到了青少年期，这一相关程度减弱了，因为对青少年来说，受欢迎度是包含社会声望（包括可见度和认可度）的多维结构，而不仅仅是喜欢或者不喜欢这样简单的偏好（Closson，2009）。

同伴接纳的影响因素

儿童受欢迎、排斥或忽视的状况取决于他们的行为及认知、社交技能。同时也受外部因素的影响，如孩子的名字或外表。

行为的影响

研究者考察了儿童的同伴地位和他们行为之间的关联，并界定了两类受欢迎儿童。大多数受欢迎儿童对同伴非常友好，并为大家所喜爱。他们表现自信，但不具破坏性和攻击性。这些儿童能够顺利加入群体游戏，并让原有活动不受打扰地继续进行（Black & Hazen，1990；Newcomb et al.，1993）。他们擅长交际，帮助群体制定规则，比普通儿童表现出更多的亲社会行为。而另一小部分受欢迎的儿童和青少年则表现出积极消极混合的行为模式（Closson，2009；Hawley，2003a；LaFontana & Cillessen，2009）。这类受欢迎攻击型（popular-aggressive）儿童表现活跃、傲慢并好斗，但同时也被认为很"酷"和吸引人。尽管他们对同伴经常颐指气使而非友好，他们仍然具有很高的社交影响力（Cillenssen & Mayeux，2004；Cillessen & Rose，2005；Rodkin et al.，2009）。同学模仿他们的穿衣风格和对音乐的品位，想和他们做朋友并成为小群体的一员。其至学校的小痞子都可能成为这种类型，尽管同伴可能会避开他们以免成为下一个受害者（Juvonen et al.，2003）。这种受欢迎攻击型儿童的存在说明了攻击的适应意义；对这些孩子来说，攻击提供了一种获得权力和影响的途径（Hawley

et al.，2007）。然而，这种行为也存在风险。高受欢迎青少年——典型如受欢迎攻击型儿童——在高中几年中表现出更多饮酒行为和性行为（Mayeux et al.，2008）。

> **受欢迎度**　通过教师、父母和儿童来评价一个儿童有多被他/她的同伴喜欢。
> **攻击型受排斥儿童**　因为低自控能力和高攻击水平而受到同伴排斥的儿童。
> **非攻击型受排斥儿童**　因为时常焦虑、沉默寡言、社交技能缺乏而被排斥的儿童。

受排斥儿童同样也有两种类型。**攻击型受排斥儿童**（aggressive-rejected children）的自控能力较差，频繁表现出攻击和问题行为（French，1990；Parkhurst & Asher，1992）。**非攻击型受排斥儿童**（nonaggressive-rejected children）则表现得非常焦虑、沉默寡言，并缺乏社交技能（Crick & Ladd，1993；Gazelle & Ladd，2003；Oh et al.，2008）。社交退缩和童年中期及青少年期受同伴排斥存在着直接联系（Deater-Deckard，2001；Newcomb et al.，1993），在印度等其他文化背景下也发现了同样的现象（Prakash & Coplan，2007）。

受忽视儿童则受到同伴们的忽视，但不一定被排斥。这一群体比较害羞、安静，攻击性很小（Ladd，2005）。受忽视儿童也可以分为两类。"社交沉默"儿童远远地看着其他儿童，不隶属于任何群体，徘徊在群体附近但不参与任何互动。"不合群"或"交际冷淡"儿童不会焦虑、害怕，只是因为更喜欢一个人玩而拒绝进行社会交往（Rubin et al.，2009）。

生物倾向

在这些影响儿童同伴地位行为的背后，是影响儿童气质表现的生物学因素。那些破坏性和攻击性很强，并且多动的受排斥儿童通常具有活跃、外向、冲动和精力不集中等气质特点，换言之，他们拥有外倾—支配型人格（Ormel et al.，2005；Valiente et al.，2003）。而因退缩而受到同伴排斥或忽视的儿童往往拥有社交能力缺乏的气质：在婴儿时期和母亲互动时他们就笑得更少，也很少凝视母亲（Gerhold et al.，2002），表现出低外倾—支配型的人格特征（Ormel et al.，2005）。那些和同伴互动频繁且能力很强的受欢迎儿童则拥有既不抑制又不冲动的人格特征（Corapci，2008）。

和发展心理学的其他研究领域一样，气质和后天经验的交互作用决定了儿童的同伴地位。父母处于高水平冲突情况，同时本身有属于低控制能力气质的儿童更可能受到同伴的排斥（David & Murphy，2007）。如果母亲表现消极同时儿童具有害羞的气质，孩子就更可能产生社交退缩（Hane et al.，2008）。对儿童激素水平（低皮质醇水平与较差的同伴关系之间存在着关联；Booth et al.，2008）和心率（更规律的心率与良好同伴状况存在关联；Graziano et al.，2007）的研究同样表明同伴地位的形成具有其生物学基础。

社交认知技能

如果儿童具有与新认识的人交往的社交知识和技能，如向其打听信息（"你住在哪儿"）、提供信息（"我最喜欢的运动是篮球"），或邀请其一起活动（"想帮我一起造城堡吗"），他们被同伴接纳的可能性就大很多（Putallaz & Gottman，1981）。这些儿童很享受新的社交情境，期望和其他儿童交流，对自己的价值非常自信并乐于学习群体中其他人喜欢的东西。能够理解他人心理状况并能意识到他们的情感和动机的孩子，他们的焦虑、退缩或攻击和破坏行为要少于缺乏这类知识的孩子（Hoglund et al.，2008）。那些缺乏社交技能、静静徘徊在群体外围，或在背后制造攻击或不恰当言论的孩子在一开始就已经被甩在后面。

进入新的社交情境的过程与解决认知问题非常相似。儿童在试图进入一个同伴群体时需要清楚地理解同伴们交流的内容，准确解读他们的行为，在正确解读的基础上制定自身的目标和策略，做出正确的行为决策，与同伴进行清楚有效的沟通，尝试并评估自身的社交策略。这是一个非常困难的任务，尤其是对年幼的孩子而言。相比之下，一些儿童似乎更擅长此道。为了考察这些技能的相互作用，肯尼斯·道奇（Kenneth Dodge）提出了一个社交信息加工模型，我们在第1章的图1.3（Crick & Dodge，1994；Dodge，1986）里已经对它进行了介绍。这一模型强调了对社交情境的认知加工过程。按模型的步骤，儿童在每一步都会作出准确或不准确、有利或无益的决定和行动。下文两个假想的例子描述了儿童在面对社交情境时可能发生的情况：

7岁的乔尼具有很强的社交能力。她看到两个女孩在玩棋盘游戏，乔尼注意到其中一个女孩对她友好地微笑（第一步，编码线索）。她认为这个女孩想要她过去一起玩（第二步，解释线索），她也同样希望加入她们的游戏（第三步，明确目标）。她对所有实现目标的可能动作进行了评估——回以微笑、请求加入、就站那儿，并考虑两个女孩对每种行动的可能回应（第四步，评估行动/回应）。乔尼决定对那两个女孩的游戏作出友好的评价（第五步，决定）。就在那时，那个微笑的女孩再次看过来，乔尼回以微笑并说："看起来很有趣。"（第六步，行动）。于是，这两个女孩邀请她玩下一个游戏。

6岁的杰米缺乏足够的社交能力。他看到两个男孩在玩，因为他在看他们的运动鞋所以错过了其中一个孩子给予他的友好微笑（第一步，对社交线索编码失败）。杰米由此认为那两个男孩并不友好（第二步，错误地解释线索）并思考他可以做什么。他在思考自己能说什么——问那两个男孩为什么他们不请他一起玩，指责他们小气、丑陋——并且没有考虑他们可能给予的回应（第三步，目标阐明失败；第四步，检查可能的行动和回应失败）。杰米在靠近他们的路上作出了决定（第五步，决定）并脱口而出："你们两个太自私了！不让我一起玩！"（第六步，行动）毫无意外地，那两个男孩对他置之不理，最后杰米只能悻悻地离开。

使用这一模型，道奇对被老师和同伴们评价为社交能力出色和欠缺的5～7岁儿童进行了比较研究（Dodge，1986）。向这些儿童展示了描述乔尼和杰米所遇到场景的录像：一个儿童尝试加入两个同伴正在进行的游戏。并询问他们在模型中的五个步骤（在这项研究中，步骤三被省略了）中的每一步分别会做什么。研究者发现，社交能力欠缺的儿童注意并正确解读线索的可能性相对更小，应对策略的选择也更缺乏，选择适当应对方式的次数更少。随后，研究者让儿童进入一个现实情境，让他们加入到两个同班儿童组成的同伴群体中。那些在观看录像带时知道自己该做什么的儿童在真实情境任务中表现得更好。在另一项相关研究中，研究者询问 8～10 岁儿童当他们和同伴发生冲突时会如何进行回应（例如，同伴弄倒了积木搭成的塔，但是无法判断他是否故意）。被老师和同伴认为攻击性特别强的儿童在社交信息加工模型的每个环节都表现出缺陷，在遭遇另一儿童真正挑衅时，他们的回应方式更不恰当。这些研究清楚地表明，儿童与同伴的互动需要其具有处理社会信息的相关认知技能。

社交理解力的缺乏会导致适应不良的行为、低下的互动质量和更低的同伴接纳水平。反之亦然，同伴的排斥同样会导致社交信息加工方面的缺陷（Gifford-Smith & Rabiner，2004）。道奇和他的同事（2003）发现，在幼儿园时受到同伴排斥的儿童到二、三年级时会表现出社交信息加工能力的不足。信息加工和同伴交往关系是相辅相成的。

儿童总是三思而后行的吗

尽管社交信息加工模型很具说服力，但它也不能解释同伴间所有的社交行为。儿童并不总是先深思熟虑再作出回应；有时他们会冲动或自动地作出某些行为。很多的社交决策都是在无意识的情况下作出的。他们可能认为对自己的决策过程了如指掌，但实际上，大脑活动记录显示，当孩子还在思考应该怎么做时，大脑决策的流程已经完成（Klaczynski，2005）。在接触社交情境后，孩子们发展出了一套"社交习惯"以应对类似的情境。这种自动化的社交行为具有它的优势，它使反应更为快速，节省了进行选择所需的时间和精力，使得社交生活更具效率。但同时，这一自动化行为也会产生问题，尤其是对于新环境的假设和实际不符时——例如，如果男孩假设一个同伴是个"小霸王"，他很可能对同伴的行为作出攻击性的回应，即使这个同伴并没有伤害他的意图。在这种情境下，儿童认为发生在他们身上的消极或模棱两可的行为是故意并充满敌意的，因而不假思索作出反击（Cates et al.，1996；Fite et al.，2008；Gifford-Smith & Rabiner，2004）；这一行为模式已经被程序化和常规化，以至于在这一过程中意识几乎不发挥什么作用。

这种一环扣一环的社交信息加工模型可能更适

向当代学术大师学习　　　史蒂芬·R·亚瑟

史蒂芬·R·亚瑟（Steven R. Asher）是杜克大学心理学与神经科学教授（http://fds.duke.edu/db/aas/pn/faculty/asher）。在进入罗格斯大学时，他打算主修历史并希望成为一位律师，但是，在受到心理学导论课程的鼓舞之后，他转而主修心理学课程。当一位教师建议他进入研究生院时，他的第一反应是："那是什么？"他了解法学院，但对博士项目一无所知。他很快对其进行了充分的了解，并去了威斯康星大学，在这里，他在罗斯·帕克（Ross Parke，即本书作者之一）的指导下获得了学位。在毕业之后，亚瑟成为了一名儿童同伴关系专家。他创立了一系列考察儿童孤独感、友谊质量以及社会测量的新方法，并发现，社会测量中地位较低、同伴友谊关系缺失的儿童蒙受着社交—情绪方面的痛楚。他主张并设计了社交技能训练项目，帮助改善受排斥和忽视儿童的生活状况。亚瑟在无意中听到 4 岁的儿子马特与好朋友杰西卡（比他年长 1 岁）的聊天："杰西卡，如果我和你在同一天出生，我们就可以每天在一起玩直到我们死去。"马特无比温柔地说着这些话，并为他们因年龄不同而被剥夺了在一起的整整一年而深以为憾！这让亚瑟意识到，即使在小孩子的生活中，朋友也具有特殊的重要地位。他说，任何一个细心观察儿童的人都会为孩子们友谊的力量感到震惊。他认为，当今最为急迫的事情之一就是找出儿童获得友谊所需的技能。亚瑟是《儿童友谊发展》（The Development of Children's Friendships）和《童年期同伴排斥》（Peer Rejection in Childhood）杂志的主编之一，发表了大量关于儿童同伴关系的论文。他是美国心理学会、心理科学协会和美国教育研究学会的一员，并在儿童发展研究协会管理委员会任职。他给学生的寄语是："能够让你的人生变得丰富多彩的课程不多。而这是其中之一。努力学习吧，从课程中获得快乐，提出一些有助于你、你的同学和老师成长的难题。"

扩展阅读：
Asher, S. R., & Paquette, J. A. (2003) .Loneliness and peer relations in childhood. *Current Directions in Psychological Science*, 12, 75 - 78.

用于全新或模棱两可的情境，而非熟悉的情境或熟知的朋友。研究者发现，相比拥有大量思考时间的情况，当儿童被要求快速作出反应时，他们更可能依靠习惯化的行为（Rabiner et al., 1990）。社交信息加工模型可能更适用于气质上更为沉稳、理性和慎重的孩子，而非冲动型的孩子（Dodge & Pettit, 2003）。因为儿童在社交情境中的认知评价与行为反应同时受到其感受和思维的影响，情绪这一因素也应被纳入到社交信息加工模型中（Burks et al., 1999；Lemerise & Arsenio, 2000）。

儿童的社交目标

儿童的目标影响他们在社交情境中的策略，这同样会影响到他们的同伴地位（Asher et al., 2008）。想要开始或保持社交关系的儿童更可能使用亲社会策略，从而被同伴们接纳；以支配他人为目标的儿童可能选择强迫手段并最终得到了同伴们的排斥。研究者询问儿童在一些假设的情境中他们会如何反应，例如："你家搬到了一个新镇上，这是你到新学校的第一天。课间休息时，同学们出去玩了。你会怎么做？"地位较高、受同伴欢迎的儿童提供积极的目标和策略。例如，他们会说他们想和操场上的孩子交朋友并请他们一起玩。他们描述了一系列主动又友善的行为策略来达成这一目标。与之相反，地位较低、受排斥儿童更可能描述充满敌意的目标和策略，并表示自己将努力避开这一情境——比如："我可能自己一个人玩。"社交退缩儿童寻求低代价目标并使用间接策略来开始社交，例如询问："你能看一眼这个吗？"而不是走过去说："我能和你一起玩吗？"

外表

另一个影响了儿童同伴关系状况的因素是他们的长相。当成人在排队或酒吧初次相遇时，他们以外表为基础对彼此进行评估。儿童同样如此。研究发现，即使是新生儿，在面对两张分别被成人评价为"有吸引力"和"没吸引力"的面孔照片时，他们观看有吸引力面孔的时间也更长（Langlois et al., 2000；Slater et al., 2000）。3 岁儿童同样表现出这一倾向（Langlois, 1986）。

成人还倾向于将积极品质赋予外表好看的个体，儿童也不例外（Langlois & Stephan, 1981；Langlois et al., 2000）。儿童预期好看的同伴会拥有诸如友爱、无畏和乐于助人等特征，而对没有吸引力孩子的预期是攻击性强、孤僻和小气的。这一预期符合实际吗？朱迪丝·兰格罗伊斯（Judith Langlois）和她的同事（2000）的研究报告证明了这些预期的存在，并指出外表吸引力可能比我们预计的更为重要。在一系列研究中，甚至很熟悉孩子们的成年人也会认为外表有吸引力的儿童比不好看的儿童表现更加积极。在评测中，有吸引力的儿童在社交吸引、人际能力和心理调适上的得分也更高。客观的观察者也发现，这些儿童的适应力更好。外表吸引人的儿童更受欢迎（Langlois et al., 2000）。吸引力和受欢迎之间的联系也得到了其他研究的证实。当询问四年级和七年级非洲裔美国儿童是什么因素让一个男孩或者女孩更受欢迎时，外表是他们最常提到的特征之一（Xie et al., 2006）。在另一项研究中，儿童和青少年认为，过度肥胖的儿童缺乏吸引力，更不受人喜欢（Zeller et al., 2008）。

融入

另一影响同伴状况的因素是儿童的融入能力。那些看起来或是行事风格很"古怪"的儿童很难受到同伴的欢迎；破坏性强、多动的儿童则更可能受到排斥（Mrug et al., 2009；Pedersen et al., 2007）。一些研究者认为，同伴们排斥社交沉默儿童的原因是难以与他们相处融洽；他们的行为举止与该年龄段的社会规范和社交期望之间存在差距（Rubin, Bukowski, et al., 2006；Rubin et al., 2009）。随着儿童年龄增长，不正常行为在同伴群体中表现得更加突兀，这可以解释为什么社交退缩和同伴排斥之间的关联随着年龄增长而增加（Ladd, 2006）。

甚至名字不常见有时候也意味着被孤立。儿童很快学会哪些名字非常流行，是"可接受"或"称心合意"的。随之，他们更愿意和名字为人熟悉的同伴成为朋友，如米歇尔或迈克尔、詹妮弗或简森，而非那些名字在当下不流行的儿童，如贺拉斯或默特尔等（Rubin, Bukowski, et al., 2006）。他们对名字和性别相符的儿童好感更多，而不喜欢使用异性常用名的同伴。他们对叫阿什莉、亚历克西、寇特妮和谢尔比的男孩表示同情（Figlio, 2007）。喜欢玩受大家认可游戏的孩子也更受儿童欢迎，而违反性别角色模式的儿童更难得到大家的喜欢。同班同学对喜欢玩玩偶而非玩具车的学前男孩的指指点点是普通男孩的 5 ～ 6 倍（Fagot, 1985a）。高中学生对外表的评价标准不同，相比遵守社交规范的同伴，矫揉造作的人更不为他们所接纳（Horn，2007）。

穿着"恰当"的衣服也能产生影响。在一项研究中，8～12岁的英国儿童表示，穿着名牌运动鞋的儿童比穿着一般运动鞋的儿童更受欢迎，且与同伴相处更为融洽（Elliott & Leonard，2004）。这些受访儿童还宣称，他们更喜欢和穿名牌运动鞋的孩子说话。

来自多数族群的儿童也更受欢迎；由于和班上的大多数人相似，他们更容易融入群体中。例如，在一项对印度尼西亚七年级学生进行的研究发现，来自两个大族群（巽他族和爪哇族）的男孩比来自少数族群的孩子感受到的孤单更少（Eisenberg et al.，2009）。相似地，一项以美国托儿所儿童为被试的研究表明，缺乏同族群同伴的儿童在与同伴的交往上困难重重（Howes et al.，2008）。

同伴排斥的后果

儿童会用很多令人难以接受的方式来表达对同伴的厌恶。"呆子！""混蛋！""胖子！"一项对三至六年级儿童的研究发现，在拒绝厌恶同伴的方式上，儿童具有非凡的创造力，并且非常残忍（Asher et al.，2001）。儿童可能会避开他们（"来我的家吧，这样就能避开弗兰克"）、控制他们（"离我远点，乔什！"）、说刻薄的话（"我实在无法忍受贾尼，她让我毛骨悚然"）、阻止他们接近其他人（"你不属于俱乐部——我们不需要你"），并通过击打或说"你知道你自己脑子里装的是什么吗？一大堆砖块"的方式对他们进行直接攻击。当儿童受到同伴们拒绝时，其后果可能非常可怕。在本节中，我们将就这些后果进行探讨。

什么决定了儿童应对排斥的方式

儿童以不同的方式来应对同伴的排斥，这和他们自身的性格密切相关（Asher et al.，2001；见表8.3）。如果儿童对受排斥敏感并经常得到消极反馈，他们更可能把模棱两可的评论理解为排斥，并陷入痛苦。如果儿童非常自信，以积极的态度进入社交情境，而非为自己是否达标而心怀畏惧，这样的孩子较少将模棱两可的评价解读为排斥。保持着幽默感并以玩笑或戏谑的方式回应同伴排斥的儿童经常能够扭转形势，从遭受排斥转为受到接纳。而那些具有攻击性或一味退缩，并且不会努力争取的儿童很可能一再受到排斥。儿童对遭受排斥的反应也取决于排斥他们的人。如果排斥来自儿童想要接近或者非常欣赏的同伴，那么这将给儿童造成更大的伤害。

排斥的短期和长期后果

受到排斥会造成短期与长期的后果。孤独是被排斥者首先面对的问题。受排斥儿童经常报告说感到孤独；相比其他儿童的同伴地位，被排斥儿童更容易感到社交孤立和疏远。这里有几个受排斥儿童和孤独儿童感受的例子（前两个例子来自Hayden et al.，1988；第三个例子来自一个让人们描述自己小时候故事的网址，http://isusedtobelieve.com/）：

> 今天每个人都去了玛丽·安妮的派对。我却被抛弃了。我没有收到邀请，所以整个周末我没有事情可做。无论大家去哪儿，我都不能一起去。我是那个被抛弃的人。也许

表8.3　　　　　　　　　　　　　　　什么决定了儿童应对排斥的方式

排斥特征	应对
排斥者传达的清晰度	如果排斥者的意图并不清楚——例如，在一家吵闹的自助餐厅，很难判断排斥者是忽视还是没有听到，那么敏感的儿童会认为自己受到了排斥。
排斥者的身份	当排斥者是一个亲密的朋友或家庭成员时，受排斥儿童遭受的痛苦要多于排斥者是一般人的情况。
受排斥者的身份	对小事念念不忘的受排斥儿童会把消极事件归因为自身缺陷而非客观原因，并认为自身能力或个性不可改变；他们还可能把社交情境当作一次对自己"满意度"的测试，而非结识新朋友、学习新东西的机会。这类孩子更可能因为受到排斥而感到痛苦。
受排斥儿童的行为	受排斥儿童对排斥的反应可能影响排斥行为的强度和持续时间，例如，报复性的反应或者不努力争取会使情况变得更糟。善用幽默则有可能将同伴的排斥转化为玩笑并获得排斥者的接纳。
受排斥儿童的社会支持	有朋友和其他社会支持的受排斥儿童更容易应对他人的排斥。
排斥的前后一致	经常且持续地受到排斥的儿童可能对他人的排斥行为产生预期乃至预测。

资料来源：Adapted from Asher et al.，2001.

你一定以为……　　　绰号永远伤害不了你

记得你妈告诉过你"棍棒和石头可能会打断你的骨头，但是绰号将永远不会伤害你"吗？我猜你肯定曾经认为她是对的。如果是这样，那你（和你妈）就大错特错了。被同伴们起绰号或以其他方式排斥毫无疑问令人痛苦。早在 2 000 多年前，亚里士多德写道："没有朋友，没人愿意活下去。"从那以后的数十个世纪中，作家、音乐家、剧作家、诗人都描述过因社会关系的丧失或缺乏而导致的深切痛苦。在一些国家，社会隔离被用作法律惩罚的极端方式，甚至可以与死刑互换。在日常用语中，我们会用"心碎了"和"伤感情"这样的话语来强调社会关系破裂及同伴排斥所带来的痛苦。

如今，研究者已经使用脑成像的方法证明了排斥会产生伤害，并且发现，身体疼痛与社交疼痛诱发的脑区激活模式非常类似（Eisenberger & Lieberman, 2004）。

一项研究让年轻成人在电脑上玩抛球游戏并告知他们这一游戏是联网的，他们在和另两个玩家进行对抗（Eisenberger et al., 2003）。当被这些"游戏者"挤出游戏时，功能性核磁共振记录显示，被试与身体疼痛相关的脑区——前扣带回皮层——的活动增加了。被试报告的被排斥和抑郁感受越多，这一区域的神经

活动越剧烈。游戏中被试右侧腹内侧前额叶皮层（RVPFC）——一个与疼痛管理相关区域——也表现出激活（见图 8.2）。当这个区域的活动增加时，被试自我报告感受到的压力更小。显然，和这一脑区活动能够减轻身体上的痛苦一样，右侧腹内侧前额叶皮层也能够降低因排斥带来的痛苦感。这些研究者的进一步研究显示，被试在虚拟世界中受到排斥的反应与其在真实世界中受到社交排斥的反应非常相似（Eisenberger et al., 2007）。

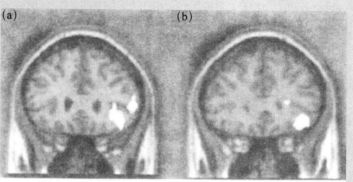

社交疼痛调节　　　　　身体疼痛调节
RVPFC（y=27）　　　　RVPFC（y=30）

图 8.2　社交疼痛调节、身体疼痛调节诱发的右侧腹内侧前额叶皮层（RVPFC）的激活

资料来源：Reprinted from *Trends in Cognitive Sciences*, 8, Eisenberger, N.L., & Lieberman M.D., Why rejection hurts: A common neural alarm system for physical and social pain. *Trends in Cognitive Sciences*, 8, 294-300, with permission from Elsevier.

他们并没有意识到我被遗忘了，但是这样的事情总是一次又一次重复发生。

今天是星期天，所有商店都关门了。我的朋友杰森必须要去他的阿姨家。我去拜访杰米，但是没有人在家。我打开电视，只有教堂的节目。我上楼去玩，但一个人玩非常无趣。狗在沙发后面，所以我不想打扰它。妈妈在睡觉，姐姐在临时照看小宝宝。这不是属于我的一天，没人和我说话或一起玩，也没有什么可以听。

小时候我非常孤独，所以我经常假装自己有很多朋友。我时常凝望太阳或日光灯，

这样眼中就会出现五彩斑斓的点。我认为这就是他们，当他们消失时，我就会很难过。

即使在幼儿园，受排斥儿童也会感到孤独（Kochenderfer & Ladd, 1996）。非攻击型受排斥儿童典型地比攻击型受排斥儿童更孤独（Parkhurst & Asher, 1992）。哪怕只有一个朋友情况也会好很多。哪怕只和一个其他儿童有一份稳定的友谊，他们的孤独感也会比完全没有朋友的受排斥儿童少很多（Parker & Asher, 1993；Sanderson & Siegal, 1991）。除了感到孤独，被同伴排斥的儿童在学校里的其他困难也更多；他们和老师的关系不好，而学业成绩更惨不忍睹（Parker & Asher, 1987；

Rubin et al.，2009）。在课堂上，他们积极性和合作性都较差（Ladd et al.，2008），并更可能辍学和参与各种类型的犯罪活动（Nelson & Dishion，2004）。他们更可能出现行为和情绪问题，包括焦

虑、抑郁综合征和低自尊（Honglund et al.，2008；Klima & Repetti，2008；Nesdale & Lambert，2008；Pedersen

> **相互反感** 一种两个人间彼此讨厌的关系。

| 深入聚焦 | 当"爱你的敌人"失败时 |

相互反感（mutual antipathy）是人们之间彼此厌恶，甚至仇视的感觉。这种相互讨厌的类型可能源于感觉到的攻击、轻蔑、冲突，没有得到妥善解决的争端以及变质并最终结束的友谊（Hartup & Abecassis，2002）。一项对美国三年级学生的研究表明，65%的学生报告至少与一位同性存在相互反感关系，而一些儿童则报告了三位之多（Hembree & Vandell，2000）。在荷兰一项以5 000名儿童为被试的研究中，研究者让五年级和八年级的孩子提名最不喜欢的同班同学。结果发现，男孩更可能具有相互反感的同性伙伴；受很多同性反感的儿童可能有反社会行为、好斗并喜欢欺负别人，或是被大家所欺负（Abecassis et al.，2002）。丝毫不令人意外的是，相比受欢迎和一般儿童，受排斥儿童和有

争议儿童更可能牵扯到这一类关系中（Rodkin & Hodges，2003）。相互反感的儿童对对方的预期最低：例如，一项以爱沙尼亚10岁大的孩子为被试的研究发现，当搭档是"敌人"而非普通同伴时，他们对其进行更多敌意的归因，并预期获得更多敌对的反应（Peets et al.，2007）。相互反感对儿童的发展存在着消极影响：儿童相互反感的人数越多，其社交调节能力和学业表现就越差（Hembree & Vandell，2000）。青少年期之前有敌人是青少年期发生问题的预兆：在10岁时与同性相互反感的男孩更可能在青少年期产生物质成瘾和犯罪问题；对女孩而言，同性相互反感预示着低成就（Abecassis et al.，2002）。就如同拥有朋友是发展的保护性因素一样，拥有敌人让儿童陷入风险之中。

| 洞察极端案例 | 从排斥到报复？ |

1999年4月20日，在科罗拉多州立托顿的科伦拜恩高中里，两个高中生埃里克·哈里斯（Eric Harris）和迪伦·克莱博尔德（Dylan Klebold）实施了美国历史上最为惨烈的一场校园屠杀。他们使用自制炸弹、锯短的机关枪、一把半自动来复枪和一把9毫米半自动手枪，杀害了12名学生、1名老师，射伤23人，随后自杀。他们计划将炸弹放在自助餐厅里，并在爆炸的幸存者逃跑时对其进行射击。这一阴谋已经筹划了一年多之久。为什么这些男孩密谋、计划并实施这次袭击？一些见证者表示，埃里克和迪伦受到了大家的孤立，为学校派系所排斥和欺凌（Kass，2000）。当一位科伦拜恩的运动员学生被问到在学校里大家如何对待这两个枪击者时，他的回答直指同伴排斥："是的，我们嘲笑他们。但是如果你带着怪诞的发型来到学校你能期望得到什么样的对待？不仅仅是我们运动员，整个学校都厌恶他们。他们是同性恋，抓着

彼此的私密部位。……所以整个学校都管他们叫同性恋，当他们做一些病态的事情时，我们会告诉他们：'你们有病，那样是错的。'"（Gibbs & Roche，1999）

但是科伦拜恩大屠杀并不仅仅是同伴排斥而导致的复仇行为。布鲁克斯·布朗（Brooks Brown）是大屠杀的幸存者之一，他声称学校存在诱发这一攻击行为的完美条件，这包括了欺凌他人的学生、允许欺凌行为的老师以及对此毫无作为的学校管理层（Simon，1999）。此外，埃里克和迪伦能够获得枪支以及炸弹制作原料，花许多时间玩《毁灭公爵》（*Doom*）等暴力视频游戏，并喜欢观看《天生杀人狂》（*Natural Born Killers*）等暴力电影。最引人注意的是，这两个孩子还受到心理问题的困扰。一个记者对这两个孩子的日记进行了分析（Cullen，2009），认为迪伦是一个充满愤怒、古怪而又抑郁的人，而埃里克则是一个心理变态的施虐狂，他们将同伴非

人化为"机器人"、"僵尸"和"绵羊",并设计了大屠杀来证明他们天生具有优越性。

这一悲剧和其他高中校园的枪击事件让人们深刻反思。学校管理者和老师开始了解他们需要更多地注意学生的交往行为,并推出了更多校园项目来减少和预防欺凌行为的发生(Juvonen et al., 2007),甚至身体上都会出现问题(Brendgen & Vitaro, 2008)。

al., 2003)。学校制定了校园内武器"零容忍"政策。而家长们则学会对孩子活动和行为中的"预警信号"保持警惕。一些人则呼吁通过法律严格管控枪支并增强对暴力媒介的监管。研究者则对同伴排斥的破坏性作用进行了深入探讨,这也是本章介绍的内容。

同伴地位会改变吗

总体而言,儿童的同伴地位相当稳定。受欢迎儿童有时会失去他们的地位,受忽视儿童偶尔能够获得一些社交接纳,但是受排斥儿童不大可能改变他们的社交地位(Coie & Dodge, 1983)。在某种程度上,这种稳定性是**声望偏见**(reputational bias)的结果,所谓声望偏见,即儿童以过去的交往经验和印象为基础,对其当前行为进行理解的倾向(Hymel et al.,

声望偏见 以过去的交往经验和印象为基础,对同伴当前行为进行解读的倾向。

1990)。当被要求对同伴的消极行为进行判断时,儿童倾向于原谅之前喜欢的孩子,对其进行有利的解读,但他们不会原谅不为自己喜欢的同伴。声望影响了儿童对同伴行为的解释,是同伴地位稳定的一个重要原因(Denham & Holt, 1993;Hymel, 1986)。然而,声望不是造成同伴地位稳定的唯一原因。儿童自身的行为和性格也发挥着影响。为了证实这一点,研究者将男孩们带到一起并分成新的社交群体,结果发现,无论在新群体还是在原有群体中,男孩的同伴地位基本相同——即使新群体成员对他们之前的声望一无所知(Coie et al., 1990)。原先广受接纳的男孩们再次得到大家的欢迎;而受排斥男孩则继续着他们令人沮丧的孤立状态。

促进同伴接纳

如果心理学研究者能够找出帮助低同伴地位儿童提高其社交技能和获得同伴接纳的方式无疑是一个很有意义的课题。如何鼓励受欢迎儿童接纳社交能力缺乏的同伴同样具有研究意义。一些研究者认为,早期的社交技能训练能够帮助儿童相亲相爱,互相帮助。父母、老师和同伴是这种训练的可能来源。

父母作为同伴接纳的促进者

父母能够通过很多不同的方式帮助孩子发展更好的同伴关系(McDowell & Parke, 2009;Parke & O'Neil, 2000)。他们能够成为孩子和同伴互动的教师、教练以及社交活动的安排者。他们也能够和孩子互动,以支持和促进其积极社交行为。

父母作为积极的搭档

研究者已经发现,儿童与父母的关系和他们与同伴的关系之间存在着直接的联系,当父母是值得信任的搭档时,儿童更可能获得社交技

能(Isley et al., 1996;McDowell & Parke, 2009;Parke et al., 2004)。当与父母的关系充满相互温暖、接纳时,儿童更加亲社会,并能与同伴共情,因此更受同伴们的喜欢;当与父母的关系非常糟糕时,儿童更不受同伴们喜欢,其同伴地位也更低(Clark & Ladd, 2000;Crimes et al., 2004;Harris et al., 1994;Putallaz, 1987;Putallaz & Heflin, 1990)。和父母间存在安全依恋关系的儿童社交能力更强,与同伴的友谊也发展得更好(Lindsey et al., 2009;Lucas-Thompson & Clarke-Stewart, 2007;McElwain et al., 2008;Simpson et al., 2007)。他们的孤独感较少,社交问题解决技能更强(Raikes & Thompson, 2008)。一项研究发现,在1岁时有着安全依恋的儿童在小学时具有更强的社交能力;这预示着他们在16岁时与亲密朋友的关系更加稳定,进而预示着在成人期时与恋人在冲突解决任务和合作任务中的消极情感

更少（Simpson et al.，2007）。退缩儿童的父母通常对孩子进行过度保护、控制和干扰（Coplan et al.，2004；Lieb et al.，2000；Parke et al.，2004；Rubin et al.，2001）。研究者认为，父母的这些行为强化了儿童的不安全感，导致亲子关系陷入了儿童越来越绝望无助，而父母越来越控制保护的循环中（Rapee，1997；Wood et al.，2003）。攻击型受排斥儿童与他们的父母的相互关系也同样存在这样的怪圈（Dodge，Coie et al.，2006；Rubin，Bukowski，et al.，2006）。

儿童通过与父母的交往学习特定的社交技能，如对情绪进行编码和解码、调节情绪、对人们的意图和行为作出正确判断、解决社交问题等（Eisenberg，2000；Eisenberg & Fakes，1994；Ladd，2005；McDowell & Parke，2005；Parke et al.，2006）。编码和解码情绪信号的能力在一定程度上是在亲子游戏情境中获得的，尤其是唤起性的身体游戏（Parke et al.，2004）。通过与父母的互动游戏，儿童学会了如何对社交与情绪信号进行解码以及如何使用情绪信号来控制他人的行为。这种对情绪表达进行解码、编码的能力与儿童社交能力密切相关（Halberstadt et al.，2001）。儿童调节自身情绪唤起的能力同样与其社交能力存在关联（Eisenberg，2000；Parke et al.，2006）。注意能力是儿童从家庭中获得的第三种技能，这对留意并追踪互动同伴的社交线索非常重要。拥有敏感热情父母的孩子通常注意能力更强，并且在一至三年级时与同伴互动的能力更强（NICHD Early Child Care Research Network，2009）。

通过观察父母的相互交往，儿童也能够学到如何与同伴互动。那些父母更加相爱的儿童，在和最好的朋友相处时也会更加融洽（Lucas-Thompson & Clarke-Stewart，2007）。而父母经常争吵的青少年被同伴接纳的可能性要更低，他们没什么朋友，友谊质量低下（Vairami & Vorria，2007）。并且在浪漫关系中表现出更多敌意（Stocker & Richmond，2007）。

儿童是如何将在家庭中习得的策略转移到他们与同伴的相互交往过程中的呢？一些心理学家认为，儿童发展出内在心理表征来指导他们的行为，例如工作模型（Bretherton & Munholland，2008）、脚本或是认知地图（Grusec & Ungerer，2003）。在一项研究中，研究者发现，拥有亲切、有责任感父母的儿童有更加积极的心理模型（由积极目标、建设性的问题解决策略以及在模糊情境中对父母或同伴作出善意的归因组成），这些儿童比那些心理模型相对消极的儿童更受同伴们喜欢（Rah & Parke，2008）。

父母作为教练和老师

没有人比父母更热切地希望孩子学会社交技能。因此父母会对孩子进行直接指导，以促进其社交能力和同伴接纳。父母可以通过有针对性的教育和训练，为孩子成功获得社会认可做好准备（Bhavnagri & Parke，1991；Ladd & Pettit，2002；Lollis et al.，1992；Pettit & Mize，1993）。当儿童的努力遭遇失败时，父母可以通过对孩子的努力进行表扬和奖励以及提供其他备选途径的方式对孩子的行为进行强化。他们可以传授孩子抽象的概念或策略，或是举一个成功行为的例子，然后通过对特定行为进行多次训练来引导孩子。他们可以对孩子的表现进行总结，并向孩子展示如何评估自身行为。通过这一途径，父母为孩子提供如何与同伴互动的建议，引导他们学会最有效的社交策略，支持他们尝试新的想法。

当然，只有当父母本身具备社交技能或深谙社交脚本时，这种训练才能发挥作用。在澳大利亚的一项研究中，研究者发现，高同伴地位与低同伴地位孩子的母亲在训练方法上迥然不同（Finnie & Russell，1988; Russell & Finnie，1990）。高同伴地位孩子的母亲通常会支持更积极的社交策略建议，例如，当孩子和其他孩子产生异议时，她们会建议孩子提出其他可行方式。这类母亲更支持以规则为导向的策略，例如，支持孩子轮流玩而非争抢玩具的建议。相反，低同伴地位孩子的母亲趋向于提出逃避型策略，例如，他们的孩子会无视同伴不友好的行为；她们不会有针对性地提出应对策略，而只会说"要了解其他孩子"或"别惹麻烦"。当实际参与到儿童的活动时，这两组的母亲表现出的社交技能也大不相同。高同伴地位孩子的母亲鼓励孩子间普通的交流，主动帮助孩子参与到讨论中。低同伴地位孩子的母亲通常会掌控整个游戏，打断孩子的玩耍，或是干脆对孩子置之不理。

此外，对孩子社交能力与同伴接纳提高而言，父母和其他成年人或儿童的互动模式的影响力丝毫不逊于其教育方式。通过观察父母的言行，他们学会了父母的社交方式。无论父母表现得彬彬有礼还是自私粗鲁，孩子们都会看在眼中。这很容易受到父母的忽略：如果他们希望孩子模仿自己积极的社交行为，而不是消极的错误，那他们就必须时刻留意自身的言行。

父母作为社交管理者和监督者

给予孩子们与同伴互动的机会是父母促进孩子同伴关系发展的另一方法（Ladd，2005）。首先，他们要在附近挑选出让孩子能够找到玩伴和玩乐基础设施的场所。但这并不意味着最富有的社区就是最好的。在一项研究中，研究者发现富裕社区儿童的同伴关系并不如低收入地区那样轻松和丰富（Berg & Medrich，1980；Medrich，1981）。在富有的社区里，孩子们彼此住得很远，他们的父母不得不开车送他们参加预先计划好的社交活动，许多孩子只有 1 ～ 2 个朋友。在低收入社区中，孩子们拥有大量的同伴，并且就住在附近，他们的游戏更自主且更频繁。每个孩子通常都有 4 ～ 5 个密友。然而，在暴力充斥的社区，孩子的情绪调节能力往往会存在缺陷，更容易受到同伴的排斥（Kelly et al.，2008）。如果孩子们生活在不安全的社区，父母就需要通过监督孩子们的活动以及选择玩伴的方式来扮演社交管理者的角色（Brody et al.，2001；O'Neil et al.，2001）。

对于年幼孩子的父母而言，扮演好一个社交管理者的角色尤为重要。他们需要计划好孩子玩耍的时间、让孩子参与组织好的活动，以及将孩子送到托儿所等。这些努力都会获得收益。加里·拉德（Gary Ladd）和他的同事发现，和不作为的父母相比，积极促进孩子社交活动的父母，他们的孩子具有明显的社交优势：这些孩子的玩伴范围更广、校外活动更加频繁，也更受其他孩子的喜爱（Ladd & Golter，1988；Ladd & Pettit，2002；Ladd et al.，1992）。父母持续为孩子提供社交机会也会得到有价值的回报。加入宗教机构是父母让孩子获得和同伴交往宝贵经验的又一途径。一项研究发现，八年级时参与教堂活动的青少年在十二年级时与同伴的关系更好（Elder & Conger，2000）。

我们讨论的这三种养育策略——具有积极的亲子关系、给出了良好的建议，以及管理社交活动——都非常重要，综合分析这三种策略能够为儿童的社交能力和社交接纳提供强有力的预测

（McDowell & Parke，2009）。

父母促进孩子积极同伴关系的最后一种方法就是监管他们的活动。研究者发现，社交活动受到父母监管的学龄儿童更少受到同伴的排斥（Sandstrom & Coie，1999），如果父母能够对孩子的同伴关系和活动有更深入的了解，孩子就会有更加亲密和稳定的同伴关系（Krappmann，1986）。到了青少年期，父母的监管从直接干预转变为远程的检查，这依然非常重要。没有得到父母有效监督的青少年更可能发生过失行为，心理健康状况也更差（Hair et al.，2008）。他们更可能与离经叛道的同伴交往（Knoester et al.，2006）。不过，监督孩子的活动不仅仅是父母的工作，也是社会共同的责任（Kerr & Stattin，2000；Laind et al.，2003b）。父母监督孩子的能力依赖于孩子分享活动和同伴信息的意愿（Mounts，2000）。在一项考察高风险青少年的研究中，研究者发现，这类年轻人抗拒父母监督意图（Schell，1996）。例如，他们会在要去什么地方等问题上撒谎，使父母监控他们的活动变得非常困难。如果孩子善于交际和表达，父母就更可能了解孩子们的活动（Crouter et al.，1999）。为了使父母亲监督取得成功，父母必须了解自己孩子承担责任和调节冲动的能力，孩子也必须接受父母的监督行为。

当父母失职时：受虐儿童的同伴排斥

父母的虐待很可能阻碍孩子良好同伴关系的发展。研究者发现，长期受虐待的孩子更有可能被同伴排斥，受虐待越严重，受到的排斥越强烈；（见图 8.3；Bolger & Patterson，2001）。受虐儿童在形成和保持友谊方面存在困难，对那些在学龄前阶段受到虐待的儿童而言，这一现象表现得更加明显。受到身体虐待的儿童很可能因为具有攻击性而被同伴排斥。此外，受虐儿童通常难以调节自身情绪，这也会导致同伴的排斥（Shields et al.，2001）。受到虐待的经历增加了被同伴们欺凌的可能性，正如他们父母所做的那样，对男孩来说尤为明显（Schwartz et al.，1997）。被父母忽视的儿童也更加可能被同伴们所忽视（Bolger et al.，1998；Garbarino & Kostelny，2002）。

研究者作为同伴接纳的促进者

研究者能够帮助那些孤独、社交困难与退缩的儿童，提高他们的社交能力，增加他们受同伴

接纳的程度（Bierman & Powers，2009）。在一项研究中，拉德和他的同事们教导学龄前儿童和三年级儿童使用三种与同伴交流的方法：使用积极的语调问问题、提供有效的建议，做支持型的陈述（Ladd，1981，2005；Mize & Ladd，1990）。在 3 周内，儿童参加 8 次培训课程，每次约持续 1 小时，课程首先由成年教练提供说明和指导，随后让儿童自行练习，最后进行复习回顾。在课程结束之时以及 4 周之后，儿童的课堂行为得到了改善，他们的受欢迎程度也增加了。

儿童百分比

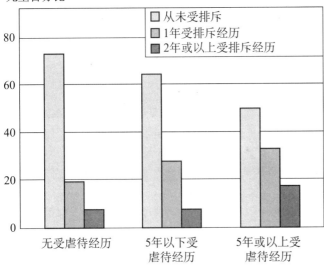

图 8.3 儿童受虐待与被排斥

受虐待儿童时常被排斥，受虐持续得越久，被排斥的可能越大，时间也越长。

资料来源：Bolger, K. E., & Patterson, C. J. (2001). Developmental pathways from maltreatment to peer rejection. *Child development*, 72, 549-568. Reprinted with permission of the Society for Research in Child Developmant and Wiley-Blackwell.

研究者帮助儿童提高社交能力的另一方法是提高儿童的自我效能感。在孩子们尝试和朋友建立友谊但是遭到冷落后，研究者让孩子解释"发生了什么"，一些儿童认为他和同伴之间存在误解，或认为自己只是还不够努力，并且对下次取得成功表达了自信（Dweck，2006；Goetz & Dweck，1980）。另一些儿童则表示交朋友对他们而言真的很困难。第一组儿童把问题看作是临时和固定的；第二组儿童则觉得这反映了他们能力的缺乏。为了防止这种失败主义的想法，研究者让儿童将注意力集中到尝试新事物上，而不

是把失败当作对自身能力的衡量（Erdley et al.，1997）。他们把儿童分成两组，一组以学习为目标，一组以表现为目标，告诉他们要为成为笔友俱乐部的成员而努力。随后，研究者告诉学习目标组，最重要的是这个任务将会帮助他们"练习和提高"交朋友的方法："把它看作一个提高你技能的机会，或许你还能学会一些新的技能。"研究者告诉第二组他们对儿童建立新友谊的能力感兴趣："把它看作一个表现你交友能力的机会。"以学习为目标的儿童比以表现为目标的儿童表现得更持久，最后更加成功。这一结果支持了我们在第 1 章讨论过的班杜拉社会自我效能感理论，也和高自我效能感的儿童在面对最初的排斥和失败时更可能坚持下去的研究结论一致（Ladd，2005）。

研究者还能让不被同伴接纳的儿童学会合作，成为合格的交流者，支持或肯定其他儿童的想法和行为，参与到游戏和运动中（Asher & Hopmeyer，2001）。对受排斥儿童需要进行特殊的教育，因为他们往往不能或很难学会如何与他人交往。在与同伴们的交往中，他们往往表现得不亲社会、不乐于助人或不太具有合作精神，并表现出消极、退缩和不负责任的一面。对被排斥的焦虑和恐惧可能阻碍了他们对他人示好的行为。游戏和运动为儿童学会这些相关技能提供了一个非常有效的情境和发展、表现自身能力并获得认可的机会。下文是一名研究者"教练"教育儿童在游戏中和他人合作的例子（Oden & Asher，1977，p.500）：

　　教练：好，我知道怎样可以让你和其他孩子的游戏变得更加有趣。你们有不少重要的事情要完成。你需要与他人合作。你明白什么是合作吗？你可以用自己的话来告诉我。

　　儿童：嗯……分享。

　　教练：对，分享。好的，比如说，我们正在玩你最近玩过的游戏，是什么游戏呢？

　　儿童：画一幅画。

　　教练：好的，告诉我，在玩画图游戏时，什么样的行为是分享呢？

　　儿童：我会让你使用一些笔。

　　教练：非常正确。你与我分享画笔。这是一个关于合作的例子。假设我们正在玩画图游戏，你可以再给我举一个不合作的例子吗？

儿童：我自己使用所有的笔。

教练：你使用所有的笔会使游戏变得有趣吗？

儿童：不会。

教练：所以你不会使用所有的笔。相反，你会通过与我分享它们来进行合作。你可以举出更多关于合作的例子吗？（教练停顿等待回应）好的，那么我们轮流说一说怎么样……比如你和我（教练举了一些例子）。好的，我希望当你（与另一名儿童）玩（一个特别的新游戏）时你能实践一下这些主意。我们去找（另一个儿童）吧，在游戏结束之后，我会再次与你交谈 1 分钟左右，如果这些主意让你与其他孩子玩的游戏变得有趣，你可以告诉我。

试图提高儿童社交接受性的研究者可以通过多管齐下的方式来提高其方法的效率，例如，改善儿童的注意力和自我调节能力、帮助他们解决学业难题，因为这些问题通常和同伴排斥同时存在（Bierman & Powers，2009）。

向当代学术大师学习　　加里·W·拉德

　　加里·W·拉德（Gary W. Ladd）是家庭和人类发展研究领域的教授，也是亚利桑那州立大学社会和家庭动力学系的副主任（http://sec.was.asu.edu/directory/person/323736）。他对同伴关系的兴趣源于职业初期作为学校心理学家的经历，他发现儿童在课堂上、操场上、校车里的社交问题比他们的学业问题更具挑战。这一发现促使他开始研究帮助受忽视和排斥儿童提高与同班同学关系的策略。他发现，将训练和榜样相结合的方法非常有效，他的研究成果引发了课堂内容和教育政策的改变。拉德还研究了家庭经历对儿童同伴关系的影响。他发现父母为儿童提供与伙伴交往的机会是帮助孩子形成社会关系的重要方式。在路径项目（Pathways Project）中，拉德追踪一群学龄前儿童直至他们进入高中。他发现，童年早期行为倾向与社交经历（如同伴排斥或接纳）相结合，可以预测其后期的发展成果和心理健康。拉德是《梅琳—帕尔默季刊》（Merrill-Palmer Quarterly）的编辑，这是一本致力于理解儿童发展的杂志。他同时还是斯坦福大学行为科学高级研究中心的研究人员、斯宾塞基金会的会员、优秀教学奖的获得者。对他而言，在社会性发展中最紧迫的问题是如何为儿童提供安全、社会支持和积极向上的学校环境，而无论他们的性别、种族、民族或国籍。他鼓励进行能够增进对不同文化中同伴关系理解的研究，并考察族群和暴力政策对儿童的影响。

扩展阅读：

Ladd, G.W. (2005) .*Children's peer relationships and social competence: A century of progress*. New Haven, CT: Yale University Press.

同伴也能提供帮助

　　同伴同样能够帮助儿童提高社交能力，使其体验到同伴接纳的增加。不受欢迎的儿童在与年龄、威胁性较小的儿童交往时，更容易获得他们的接纳。哈洛（Harlow）在观察猴子时首先发现了这个现象；他发现在早期受其他猴子孤立而产生的负面影响会随着与年轻猴子的交往得到改善（Suomi & Harlow，1972）。这一发现促使研究者开始考察与年轻同伴交往对4~5岁社会退缩儿童的影响（Furman et al.，1979）。正如灵长类动物研究的结果预示的那样，社会退缩儿童变得更社会化。

　　与同性和异性一起互动交往是同伴帮助的另一方法。异性之间和同性之间的游戏能帮助孩子们理解更多的行为方式和活动（Rubin，1980）。这可以扩展不受欢迎儿童的潜在朋友群体，促进对两性共同特质的理解。在一项研究中，研究者发现，三年级和四年级同时具有异性和同性朋友的儿童比只有异性同伴的儿童社交能力更强，也更为同伴所接纳（Kovacs et al.，1996）。与此类似，当儿童进入中学后可能会获得同伴的接纳，因为这为他们提供了与大量、不同类型的同伴交往的机会（Rubin et al.，2009）。

当同伴变成朋友

至今为止我们的讨论都聚集在儿童如何为同伴（尤其是同学）接纳这一方面。同伴关系的另一重要方面就是儿童与少数同伴们形成特殊的友谊。这两种同伴关系在某种程度上是独立的。有的儿童可能会被同学们排斥或忽视，但同时拥有至少一个朋友；有的儿童可以被大部分同学接纳，但却没有一个密友（Parker & Asher，1993）。

友谊和年龄

在这一部分，我们讨论儿童的友谊及其对友谊的概念是如何随着年龄的增长而变化的（见表8.1关于友谊发展性变化的概述）。

最早的友谊

早在1～2岁，儿童就能形成初步的友谊。他们偏爱特定的玩伴，这一偏爱会在积极或消极的相互交换行为中表现出来（Ross et al.，1992）。早期友谊形成的一个明显的标志是和特定的孩子一起时儿童不再独占玩偶或暴力击打塑料棒子。这个年龄的儿童知道谁是他们的朋友，并寻求与这些特殊同伴的交往。此外，他们的偏爱不是暂时性的，50%～70%的早期友谊可以持续长达1年（Howes，1996），在一些案例中可长达数年（Dunn，2005）。

在学龄前期间，儿童的友谊是以年龄相似和性别相同为基础的，他们和与自己行为方式相似的同伴成为朋友。活跃儿童到处寻找朋友，而安静的儿童则结交自己身边的。这种与同类人交往的趋势被称为**同质性**（homophily），即"对同类的偏爱"（Ryan，2001）。甚至在这么小的年纪，儿童也能表现出对朋友和非朋友的差异：儿童会发起更多和朋友的交流，与他们一起时更加合作，并对其表现出更积极的行为（Dunn，2005；Dunn et al.，2002）。这种友谊的特点是支持性和排他性的（Sebanc，2003）。年长一些的学龄前儿童比年少的学龄前儿童更可能表现出投桃报李式的友谊。然而，约有1/4的儿童在学龄前阶段不会形成友谊（Dunn，1993）。在形成友谊方面更为成功的儿童有更好的社会认知能力，包括观点采择、对他人社交意图的理解、阅读他人情绪的能力，以及对自身情绪状态的调节能力等。尽管在学龄前阶段的同伴关系和长大后友谊的心理学含义不尽相同，但它们可能在儿童时代为友谊发展打下了基础（Dunn，2005；Ladd，2005）。

友谊目标的改变

随着儿童的成长，形成友谊的目标和过程发生了变化（见表8.4；Parker & Gottman，1989）。对于3～7岁的儿童来说，友谊的目标就是一起玩耍，儿童所有的社交过程都是为了促进游戏的成功和有趣。而到了8～12岁，友谊的目标转变为获得同性别同伴的接纳。儿童想要了解群体的规范，进而了解哪些行为能够被接纳和包容，而哪些行为会被拒绝和排斥。在这个阶段，最突出的社交过程是传播**流言**（negative gossip），即分享关于另一名儿童的负面信息。如果这一活动进展顺利，同伴会回应以有趣的、更加负面的流言，两人会产生一种小团体的感觉。下文是一个例子，两个女孩艾丽卡和米凯拉，在搬弄另一个女孩凯蒂的是非（Gottman & Mettetal，1986，p.204）。

> **同质性** 个体与跟自己类似的人联系的趋势。
>
> **流言** 与同伴分享有关另一名儿童不利的信息。
>
> **自我表露** 诚实地分享非常私人的信息，通常为了解决某些问题；是青少年和他人形成友谊的主要手段。

艾丽卡：凯蒂做事很奇怪。比如，每当她犯错时，她都会说："好吧，对不起。"（嘲讽的语调）

米凯拉：我知道。

艾丽卡：类似的事情还有很多。

米凯拉：她很卑鄙。她曾经打过我一顿。（嘲笑）她使劲打我的胃部以致我几乎不能呼吸了。

艾丽卡：她的行为像是……

米凯拉：她是老板。

传播流言时常被当作是建立群体规范的手段之一，如上文的例子表明的，群体成员不能攻击性太强或是太过专横。在青少年期，友谊的焦点转变为自我理解。自我探索和**自我表露**（self-disclosure）是主要的社交过程，与之相伴的是真诚和问题解决。青少年开始理解情绪在人际关系中的意义，尤其是在约会和浪漫关系变得越来越普遍的情况下。

对友谊期望的改变

儿童对朋友关系的期望也随着年龄的增长发

生着改变（见表 8.5；Berndt，2002；Bigelow，1977；Bigelow & LaGaipa，1975；Schneider，2000；Smollar & Youniss，1982；Youniss，1980）。当儿童 7 ～ 8 岁时，他们希望朋友能有和自己类似的人口统计学信息，提供新颖的想法，给予他们帮助和评价，一起参与活动，能够参与分工合作的游戏。

表8.4　　　　　　　　　　　　　　　　友谊关系中的发展性变化

	主要关注点	交往的主要过程和目标	情绪发展
童年早期（3 ～ 7 岁）	将玩要获得的兴奋、快乐和享受最大化。	协调游戏、扩大或缩小游戏活动、讨论活动、解决矛盾。	在交往中学习管理情绪唤起。
童年中期（8 ～ 11 岁）	被同伴接纳、避免被排斥、用积极的方式将自我呈现在他人面前。	与他人分享流言。	获得表露情感的规则。
青少年期（13 ～ 17 岁）	对自身进行探索、了解和定义。	向他人表露自己并解决问题。	整合逻辑和情绪、理解人际关系中情绪的含义。

资料来源：Gottman & Mettetal，1986.

当他们到 9 ～ 10 岁时，他们认为朋友应该相互友爱、相互帮助。他们期待彼此之间拥有忠诚和信任；希望朋友能够接纳和赞扬自己，信守友谊的承诺，对规则表现出相似的价值观和态度。他们希望朋友提供评价并一起活动。到了 11 ～ 12 岁，儿童依然希望获得朋友的接纳和赞扬，以此来提高自我价值感，他们希望朋友能够忠诚、信守承诺，开始期待真诚并寻求潜在的亲密关系。他们希望朋友能理解他们，乐于进行自我表露；希望朋友能够接受他们的帮助，拥有共同的兴趣，对一系列问题持相似的态度和价值观，而非仅限于一些规则。12 岁之后，青少年仍渴望真诚和潜在的亲密

表8.5　　　　　　　　　　　　　　　　对朋友期望的发展性变化

衡量得失阶段（二至三年级）	儿童希望朋友能够提供帮助，一起玩要，提供新颖的想法，具有参与有分工合作游戏的能力，提供评价，能 直在身边，并拥有与自己相似的人口统计学信息。
规范阶段（四至五年级）	儿童希望朋友接纳和赞扬他们，对友谊忠诚并信守承诺，对规则和处罚表现出相似的价值观和态度。
共情阶段（六至七年级）	儿童开始希望得到朋友的真诚对待，寻求和朋友发展亲密关系；他们希望获得朋友的理解，乐意进行自我表露；他们希望朋友能接受自己的帮助，拥有共同的兴趣爱好，对一系列问题持有相似的态度和价值观。

资料来源：Bigelow，1977.

关系，重视与朋友的共同兴趣，此外他们认为提供情感支持也是朋友很重要的职责。其他文化背景下的儿童对友谊的期望存在着些许不同。在许多非西方文化中，朋友对儿童自我价值提升的促进作用并不那么明显。来自中国（Chen et al.，2004）、印尼（French et al.，2005）、阿拉伯或加勒比文化背景（Dayan et al.，2001）的儿童很少把自我价值提升视为友谊的重要功能。另一种文化差异是：在富裕的西方社会中，情感上的亲近通常是友谊期望的主要部分；而在较为贫穷的文化中，对物质支持的期望更加普遍（Beer，2001；Keller，2004）。

与朋友的交往

为了了解儿童在实际生活中是如何与朋友交往的，约翰·高特曼（John Gottman）和同事对 3 ～ 7 岁年龄段儿童进行了研究（Gottam，1983；Gottman & Parker，1986；Parker & Gottam，1989）。他们在儿童家中安装了录音机，录下了儿童在三天中和挚友或陌生孩子玩要时的声音。他们发现，朋友之间拥有更多积极的交流，交流也更加清晰，也更容易产生共同语言，交流的信息

更多，自我表露更多，争端的解决也更为有效。这些发现还在其他研究中得到了验证。儿童在与朋友交往中表现出比与非朋友交往时更多的积极情感（Hartup，1996；Ladd，2005；Schneider，2000）。他们与朋友交流得更多（Berndt，2004），尽管在朋友成为强劲的竞争对手时，这种交流会有所减少（Berndt，1986，2004）。成为朋友并不意味着儿童从来没有意见不一致的时候（Hartup，1996；Laursen et al.，1996）。事实上，和非朋友相比，朋友之间意见不一致的时候要多，但这些矛盾很少被激化，在争吵过后更可能继续保持交流（Hartup et al.，1988）。朋友更可能用公正的方式解决矛盾，确保问题解决后还能保持他们的友谊（Hartup，1996；Laursen et al.，1996）。比起与刚刚相熟的人来说，他们更能自我表露（Berndt，2004；Berndt &Perry，1990；Simpkins & Parke，

2001）和对彼此有更多的了解：他们知道彼此的优点和秘密、愿望和弱点（Ladd & Emerson，1984；Schneider，2000）。

友谊的表现方式在个人主义和集体主义文化中存在着些许差异。尽管相互帮助是友谊的共同点（French et al.，2005），但对西方个人主义文化中的儿童而言，帮助的表现形式通常是给出建议或提供认知支持；在集体主义文化中，工具性和物质上的支持显得更为重要（Chen et al.，2004；DeRosier & Kupersmidt，1991；D.C.French et al.，2005，2006；Gonzalez et al.，2004）。亲密程度在不同文化中也各不相同。在韩国、古巴、以色列集体农庄等许多集体主义文化中，友谊要表现得比在美国、加拿大等个人主义文化中更加亲密（D.C.French et al.，2006；Gonzalez et al.，2004；Sharabany，2006）。

洞察极端案例　　当儿童互相喜欢和保护时

　　二战期间，出于安全考虑，许多年轻犹太儿童被秘密带离纳粹德国及其占领的区域。从1938年12月至1939年9月间，通过"金德输送"行动，约有10 000名儿童搭乘火车、渡轮前往英国。安娜·弗洛伊德（Anna Freud）观察了其中6名在4岁时被营救出来带到斗牛犬河岸（一个由英国农村的小家庭改装的托儿所）的孩子（Freud & Dann，1951）。这些儿童在他们还是婴儿时就被迫与家人分离，被关进集中营。在到达斗牛犬河岸时，这些儿童忽略或强烈敌视照顾他们的成年人，咬他们，向他们吐口水，或是诅咒他们，叫他们"愚蠢的笨蛋"。但他们彼此之间形成了强烈、保护性的关系，他们对分离充满抵触，哪怕是面对骑小马这样的特殊款待。当一名儿童生病时，其他儿童会希望留下来陪着她。他们没有表现出一点羡慕、嫉妒、对抗或竞争。他们分享和互助的水平令人印象深刻。一次，儿童们正在吃蛋糕，约翰开始大哭，因为剩下的蛋糕不够他吃第二份了。露丝和米丽亚姆把自己还没吃完的蛋糕给了约翰。在另一个场景

下，一名儿童丢了手套，其他儿童把自己的手套借给他，对寒冷毫无怨言。在恐怖的形势下，儿童们有能力克服自身的恐惧，给予彼此帮助或安慰。一次，当一条狗靠近时，所有的儿童都感到恐惧。尽管露丝自己也很害怕，但她勇敢地走向正在尖叫的皮特，并给他自己的玩具兔子作为安慰。其后的一天，露丝正在海滩上扔卵石玩，皮特看见一个大浪打来，他克服了恐惧，大喊着冲向露丝："水来啦！水来啦！"并把她安全地拉了回来。这些儿童的生存环境显然非常特殊。在斗牛犬河岸，他们第一次经历了被友善的人包围的环境。因此，在开始的阶段，他们对成人充满了怀疑和不合作毫不令人意外。令人惊奇的是他们彼此间紧密团结在一起的程度。他们的行为证明，年纪较小的儿童同样能够发展出强烈的同伴关系，这种关系能够维持孩子们的情绪状态。尽管大多数孩子的友谊关系没有这么强烈，但这个极端的例子有力地告诉我们，儿童的友谊并不仅限于嬉闹和游戏，还能为彼此提供舒适和照料。

向当代学术大师学习　　　　威拉德·W·哈塔普

威拉德·W·哈塔普（Willard W. Hartup）是明尼苏达大学儿童发展研究所的荣誉教授。在年轻时，在一个朋友的强烈推荐下，他阅读了弗洛伊德的书籍，这让他产生了学习心理学的兴趣。在进入哈佛大学成为研究生后，他和两位发展心理学的领军人物，罗伯特·西尔斯（Robert Sears）以及埃莉诺·麦考比（Eleanor Maccoby）一起工作，他把研究儿童的社交行为作为自己一生的使命。哈塔普认为，同伴是一个备受忽视但同时又对社会性发展具有巨大潜在影响力的群体。这一见解部分源于在送儿子上学时无意听到的儿子和其朋友的谈话，他们正在谋划着如何伤害另一个孩子。另一个小插曲是在谈话中，一个学生问他：我们目前对同伴和儿童发展之间的关系有多少了解？在回答了"知之甚少"后，他组织了一个研讨小组，并开始毕生就这一问题进行探讨。在接下来的40年里，他使用实验和观察的方法对友谊进行研究，而近期又开始关注敌意。他发现，同伴可能会让人愉快也会让人苦恼，可能有所帮助也可能造成伤害。哈塔普的工作获得了很多应有的认可，如国际行为发展协会和儿童发展研究协会颁发的杰出科学贡献奖、美国心理学会发展心理学分会颁发的斯坦利·霍尔奖。他认为，目前社会性发展研究最为紧迫的问题是探索同伴关系对后期发展的长期影响。他预测，将来能够建立一个基因—环境交互作用加工模型来对发展的结果进行更好的预测。他给大学生的建议是："写，写，写下更多。学习包括文学和科学在内的多种课程，包括生物学，并时刻做好准备：心理学的未来与心理学的过去将会大不相同。"

扩展阅读：

Hartup, W. W. (2006), Relationship in early and middle childhood. In D.Perlman & A. Vangelisi (Eds.), *Handbook of personal relationship* (pp.177-190). Cambridge, UK: Cambridge University Press.

友谊模式

友谊并不总是一帆风顺的。冲突时常会出现，朋友相互伤害，有时友谊就此结束。儿童结束并替换友谊的过程，有时候持续几天或者几周，有时候会长达数年。为了检验儿童的友谊模式，一些研究者对夏令营中的8～15岁儿童进行了观察（Parker & Seal, 1996）。他们定义了5种不同的友谊模式。在"轮换"组，儿童能够轻易地形成新的关系，但他们的社会关系几乎没有任何稳定性。这些儿童喜欢戏弄他人。他们往往对最新、最有趣的八卦了如指掌，但具有攻击性、专横且不值得信任。"成长"组的儿童在增加新关系的同时保持着已有关系。这些儿童既不专横也不容易被摆布。"衰退"组的儿童失去了友谊并且没能找到替代品。这些儿童会关心他人、与他人分享，不过像轮换组一样，喜欢戏弄他人；他们常常被评价为"好出风头的"。"静态"组的儿童保持着稳定的友谊数量，不会结交新朋友。他们不太戏弄他人，但同时也不会关心他人；这一组的女孩子以诚实而闻名。最后，"没有朋友"组的儿童在整个夏令营里没有交到任何朋友。这些儿童被认为太过胆小羞怯，他们更愿意独自玩耍。他们不愿被戏弄，很容易生气。另外，与别的孩子相比，他们被评价为不关心他人、不愿分享并且不够诚实。可想而知，这些儿童是最孤独的。显然，儿童的友谊模式存在巨大的差异。

另一考察友谊模式的研究表明，性别是影响儿童同伴关系稳定性的因素之一。在一项以10～15岁儿童为对象的研究中，研究者发现，和男孩相比，女孩与亲密同伴的友谊更为脆弱（Benenson & Christakos, 2003）。研究者认为，女孩们更倾向于形成独立于大群体之外的亲密友谊，这可能会损害她们的人际关系。男孩们的同性友谊通常包含在大群体关系之中，这种关系提供了一个安全网络，能够有第三方调停，形成同盟，还能从中另选同伴。

女孩间友谊更脆弱的可能原因之一是亲密行为的表达方式（Rose, 2002）。相比男孩，女孩更可能担心友谊结束，或觉得自己做了伤害朋友的事情。女孩的友谊中存在更多的"共同反思"——朋友在一起谈论彼此的个人问题和消极感受。尽管这一行为会促成更积极友谊关系的产生，但也增加了女孩的抑郁和焦虑（Rose et al.，2007）。另外，当友谊出现问题时，女孩更可能会泄露该朋友的私人秘密，从而让问题愈加严重，这种背叛行为很可能加速友谊的终止。相比之下，男孩与他人并不会太过亲密，泄露朋友的个人信息的可能更小，当问题出现后，他们更可能选择和朋友面对面解决（Rose & Rndolph，2006）。

友谊的优点和缺点

对大多数儿童而言，拥有朋友是一种积极的经历。朋友能够提供支持、亲密和指引。有朋友的儿童感受的孤独和抑郁更少（Berndt，2004；Hartup，1996）。即使是受排斥攻击型儿童和退缩儿童也时常会获得友谊，尽管他们想要获得并维持群体的接纳非常困难（Pederse et al.，2007；Rubin et al.，2009），朋友可以起到缓冲孤独和哀伤的作用（Laursen et al.，2007；Parker & Asher，1993；Sanderson & Siegal，1991）。有许多朋友的儿童可以处理好学习成绩差这一问题而不会抑郁（Schwartz et al.，2008）。就长期来看，拥有友谊是好事。在一项研究中，研究者发现，在五年级时有互惠式友谊的儿童到了成年后适应能力更强（Bagwell et al.，1998）。与五年级时没有朋友的年轻人相比，他们更少抑郁，参与违法犯罪活动的可能性更小，与家人、同伴的关系也更好。

但不是所有的友谊都是支持性和有益的。有些友谊会带来风险而非保护（Bagwell，2004）。退缩儿童的朋友可能会变得退缩并伤及自身（Rubin，Bukowski，et al.，2006，Rubin，Wojsla-wowicz，et al.，2006，Rubin et al.，2009），这种友谊提供的乐趣、帮助和指引更少（Rubin，Bukowski et al.，2006）。相似地，受排斥儿童很可能会跟其他受排斥儿童发展出友谊，而相互之间更多的是冲突而非亲密（Poulin et al.，1999）；这些儿童经常强化彼此的偏差行为，如欺骗、打架和吸毒（Bagwell，2004；Dishion & Dodge，2006）。在衡量友谊的价值时，考虑友谊的性质和质量非常重要。当儿童拥有低质量的友谊时，他们会变得更

加抑郁（La Greca & Harrison，2005），并且更可能受到欺负，后者在他们受到大同伴群体排斥时表现得尤为明显（Malcolm et al.，2006）。

浪漫关系

青少年期是浪漫关系初次出现的时期（Collins et al.，2009）。然而，包括父母和老师在内的很多人都低估了这种关系的重要性。在这一部分，我们讨论了三种广受认同的关于青少年期浪漫关系的谬论。

青少年恋爱真的很重要

谬论1：青少年期的浪漫关系是罕见的、短暂的。

事实：青少年期的浪漫关系既不罕见也不短暂。到了青少年期中期，大多数年轻人都至少有过一段浪漫关系。在一项研究中，36%的13岁青少年、53%的15岁青少年以及70%的17岁青少年都报告称在前一年或半年内有一段特殊的浪漫关系，60%的十七八岁青少年说他们的浪漫关系持续了11个月或更久（Carver et al.，2003）。高中生与恋人的交往要多于父母、兄弟姐妹或朋友（Laursen & Williams，1997）。

谬论2：青少年期的浪漫关系不重要。

事实：青少年期的浪漫史对青少年期表现有着重大影响。从消极一面看，浪漫关系中的青少年报告了更多矛盾，有更多心情起伏，当关系破裂时，他们比没有浪漫关系的青少年经历更多的抑郁症状（Harper et al.，2006；Harper& Welsh，2007；Joyner & Udry，2000）。抑郁也伴随着低质量的浪漫关系（Harper & Welsh，2007；La Greca & Harrison，2005；Zimmer-Gembeck et al.，2001，2004）、杂乱的约会模式（Zimmer-Gembeck et al.，2001）或消极的浪漫经历（Ayduk et al.，2001；Davila et al.，2004；Grello et al.，2003；Harper & Welsh，2007）。从积极的一面看，浪漫关系中的青少年比没有浪漫关系的青少年有更高的自我价值、体验更少的社交焦虑、能够感受同伴群体的不同方面（Harper，1999；La Greca & Harrison，2005；La Greca & Prinstein，1999；Pearce et al.，2002；Zimmer-Gembeck et al.，2001）。

青少年的浪漫关系还可能存在长期影响。在德国的一项研究中，研究者发现，相比缺少浪漫关系的青少年，有积极、亲密浪漫关系的青少年在成年早期能建立起更多稳定的关系（Seiffge-Krenke & Lang，2002）。在另一项研究中，研究者发现，稳定约会少量对象的青少年比随意约会大量不同对象的青少年，在成年早期的状况更好（Collins，2003；Collins & van Dulmen，2006）。青少年浪漫经历的长期影响很难被发现（Roisman et al.，2004），尽管青少年浪漫关系在短期内的重要性已经非常清楚，其长期影响还未有定论。

谬论3：浪漫关系和其他社交关系并无二致。

事实：青少年浪漫关系确实与其他社交关系存在关联。与父母关系亲密的青少年更可能拥有更亲密的浪漫关系（Conger et al.，2000）。如果青少年能成功解决与父母的矛盾，那么他们同样可以处理好与恋人之间的问题（Cui & Conger，2008；Donnellan et al.，2005）；如果父母表现得非常严厉，那么青少年更可能对恋人表现出攻击行为（Capaldi & Clark，1998；Kim et al.，2001）。与恋人的关系还和他们与朋友的关系密切关联。友谊为浪漫关系提供了社交支持的范本和源泉（Connolly & Goldberg，1999；Connolly et al.，2004）。有高质量友谊或友谊表征的儿童在青少年期通常具有更加亲密的浪漫关系（Collins & Sroufe，

> **同伴群体网络** 在不同时间段，为了共同的游戏或任务而结识并彼此间存在联系的一群同伴。

1999；Furman & Shomaker，2008；Furman et al.，2002）。与同伴关系敌对的青少年在浪漫关系中同样会表现出更多的敌意（Leadbeater et al.，2008；Stocker & Richmond，2007）。除此之外，青少年与父母、同伴的关系明显与恋人不同，其出发点也各不相同。父母的价值在于为青少年的教育和生涯发展提供建议，朋友则为他们提供时尚风向和八卦信息，而恋人是为了情感上的亲密和对将来计划的分享（Furman et al.，2002）。此外，青少年在和恋人交往过程中产生的矛盾争执要多于密友（Furman & Shomaker，2008）。

浪漫关系动力的发展

在青少年期早期和后期，浪漫关系存在着巨大的差异（Collins et al.，2009）。参与浪漫活动的频率增加，浪漫关系持续的时间也会增长（Carver et al.，2003）。在青少年期早期，同伴群体在恋人的选择上发挥着重要作用。事实上，**同伴群体网络**（peer group network）和浪漫关系可能互相支持：同伴群体网络促成了早期的浪漫配对，而浪漫关系则促进了网络中同伴间的联系（Connolly et al.，2000；Furman，2002）。青少年与人约会会受到同伴群体网络的赞同，或被认为很"酷"。外表、衣着、身份和其他外在特质决定着青少年的选择。而年长的青少年则更在意影响亲密和和睦的一些特质，如人格、价值观和兴趣（Zani，1993）。他们和恋人更加相互依赖（Laursen & Jensen-Campbell，1999），和年轻时相比，他们更可能对恋人妥协以解决问题。

■ 团体中的交往

儿童和青少年会建立起具有共同目标和规则的等级制团体。

统治阶层

早在学龄前阶段，团体中的儿童就会形成**统治阶层**（dominance hierarchy）或"社会等级"（Hawley，1999；Rubin，Bukowski，et al.，2006）。事

> **统治阶层** 群体中个体的顺序，从统治力最强到最弱，是一种强弱排序。

实上，在1岁半到3岁的儿童活动中就能发现等级划分的迹象（Hawley & Little，1999）。在这个年龄，占统治地位的儿童可能很强壮、认知成熟、坚持不懈，女孩子常常统治男孩子。在3岁以后，男孩子更多地取得统治地位。在随后的几年中，统治地位的建立是以指挥他人行为、引导他人进行游戏以及在身体上压制他人为基础的。而到了童年中期及青少年期早期，统治地位的建立开始

基于领导才能、吸引人的外表、学业表现、运动能力和青少年期发育的基础。

学前儿童的统治阶层相比之下要更加简单和宽松，并且他们自认为的群体地位往往要比实际地位稍高一些；随着儿童的成熟，他们对自身地位的判断更加精确（Hawley，2007）。无论年龄如何，统治阶层都会迅速出现。一项研究发现，彼此不熟悉的小学生在开始接触 45 分钟内就形成了一种有组织的社会结构（Pettit et al.，1990）。

群体等级发挥着很多重要作用。第一，它降低了团体成员间的攻击水平。事实上，在一个构建完善的等级团体内部很少会出现攻击行为。因为高等级成员能够利用其居高临下的地位让低等级成员各司其职。群体等级的第二个作用是分配团体间的任务，低等级成员扮演工人的角色，主管的角色由更有统治性的成员担当。第三，统治阶层决定资源的分配（Hawley，2002）。在一项对夏令营中青少年的研究中，研究者发现处于统治地位的青少年常常吃到最大块的蛋糕、坐在他们想坐的地方、睡在最理想的地点（Savin-Williams，1987）。显然，对所有年龄的个体而言，顺序就意味着特权。

小集团、族和帮派

在童年中期，儿童可能会形成**小集团**（clique），一个基于友谊和共同兴趣的群体（Brown & Klute，2006；Schneider，2000；Kimdermann et al.，1995；Chen et al.，2003）。小集团的规模范围通常是 3 ~ 9 名儿童，成员往往拥有相同的性别和种族。到 11 岁时，大多数儿童与同伴的交往都出现在小集团环境中。参与小集团提高了儿童的心理幸福感，并能更好地应对压力。小集团在青少年期的作用也很明显，但到了高中阶段，由于"离

> **小集团** 以友谊为基础，形成的同伴团体。
> **族** 一个拥有共同态度或活动的人的集合，他们拥有特定的刻板印象，例如，大众宠儿、书呆子。

步入成年	**当运动健将、聪明学生和公主们长大后会怎么样**

你可能还记得你高中时候带领队伍的"运动健将"、成绩总名列前茅的"聪明学生"，还有在拉拉队和几乎所有场合引人瞩目的"公主们"。你们心中对这些人的称呼可能会因学校不同而有所差异。当这些青少年长大后会发生什么呢？为了找到答案，研究者邦妮·巴伯、杰奎琳·埃克尔斯和马加特·斯通（Bonnie Barber，Jacquelynne Eccles & Margaret Stone，2001）对 900 名青少年展开从十年级到成年的追踪调查。在这项研究开始时，描述高中群体学生的电影《早餐俱乐部》（The Breakfast Club）非常流行，研究者要求学生选出最适合他们自己的类型：运动健将、聪明学生、犯人、公主或落魄者。其中，对犯人的描述是粗暴、叛逆，为同伴和成人所厌恶的；公主是深受欢迎、影响力非凡、社会地位高；聪明学生宁愿不受人欢迎也要追求高学分；运动健将则是运动队的成员；落魄者则将自己与同伴们孤立开来。在考察的学生中，约有 28% 认为自己属于运动健将，40% 是公主，12% 是聪明学生，11% 是落魄者，9% 的是犯人。

到了 24 岁，之前的运动健将和聪明学生的表现最为成功，犯人和落魄者最差。犯人和落魄者最为沮丧和担忧，报告的自尊水平也最低；25% 的落魄者经历过心理医生的治疗，而运动健将的这一比例仅为 6%。但是，运动健将也有他们的问题；他们和犯人一样喜欢酗酒，最有可能加入戒酒项目。犯人，尤其是男性，使用大麻最多，从大学毕业的可能性最小（只有 17%，落魄者、运动健将和公主的这一比例约为 30%，而聪明学生则为 50%）。运动健将，尤其是女性，赚的钱要比其他组更多。

为什么十年级的群体认同具有这么长久的预测作用？最为可能的原因是青少年对符合自身行为模式及人格特征的群体产生了认同（Brown，1989，1990），而这些行为模式被带入成年期。成年之后，运动健将加入运动俱乐部，在那里他们获得商业成功，随后出去喝酒；聪明学生则继续其在教育和志愿者服务领域的兴趣（Raymore et al.，1999）；犯人和落魄者仍然不能摆脱心理健康问题。这种跨越年龄的联系表明，自我选择群体及参与群体活动能够帮助个体巩固其自我认同、获得新技能并加强与志趣相投同伴的社交联系（Barber et al.，2001）。

群"或与小集团联系的减少，其重要性逐渐减弱。

小集团被**族** (crowd) 所取代。族是一个拥有共同态度或活动的人的集合，他们拥有特定的刻板印象："运动健将"、"聪明学生"、"受欢迎的人"、"书呆子"、"溜冰者"、"古惑仔"、"吸毒者"、"怪人"、"哥特人"等 (Shrum & Cheek，1987)。他们相聚的时间有多有少 (Brown，1990；Brown & Huang，1995；Brown & Klute，2006)，但族成员表明族能够提供支持、促进友谊并增加社会交往 (Brown et al.，1986)。一项研究表明，高中第一年就加入族的学生在第三年时拥有更好的适应能力 (Heaven et al.，2008)，另一项研究则表明，在族中与同伴交往的青少年产生社交焦虑的可能性要小很多 (La Greca & Harrison，2005)。当然，族的类型也会产生影响：如果与地位高的同伴（如运动健将、聪明学生或受欢迎的人）交往，青少年的表现会更好 (Heaven et al.，2008；La Greca & Harrison，2005)。在青少年期末期，由于青少年的重心逐渐转移到和密友的二人友谊关系以及浪漫关系上，族趋向于解散，其重要性随之减弱 (Brown et al.，1986)。

帮派 (gang) 是拥护共同目标的青少年或成人形成的族。帮派可能是一个松散群体，也可能具有领导者或执政委员会、帮派颜色、标志和名称的正式组织。正式的帮派经常与犯罪活动联系在一起。参与帮派可能会导致违法犯罪和其他负面活动。成为帮派的成员也可能会限制青少年的社交联系。对青少年而言，加入帮派后再想改变生活类型或获得新的自我认同非常困难，因为他们已经陷入一群拥有相同价值观和自我认同的个体之中难以自拔 (Brown & Klute，2006)。帮派会产生刻板印象；青少年会由于其所在帮派的声望和偏见信息而受到歧视，这一情况在模糊情境中表现得尤为明显 (Horn，2003)。

帮派 拥护共同目标的青少年或成人形成的群体。

实践应用　　　　　　　青年帮派

帮派已经存在了数百年之久。海盗的运作方式和帮派就极为类似。在 19 世纪，大量的由移民组成的帮派——爱尔兰人、意大利人、波兰人——保护着纽约等城市中自己的地盘。1969 年，一个名叫"婴儿床"(Cribs) 的街头黑人帮派在洛杉矶成立，拉开了青年黑帮历史的序幕。之所以起这个名字，是因为这个帮派成员都非常年轻。这个帮派的最初意图是继承 20 世纪 60 年代的全新意识形态，领导并保护当地的社区，但是这些革命言论并没有付诸实施。"婴儿床"成员开始犯抢劫、强奸等恶行。在被一个受攻击的受害者描述为拄着拐杖的年轻瘸子后，他们将帮派名称改为"瘸子"(Crips)。"瘸子"很快在洛杉矶发展壮大起来，而其他的帮派也随之形成。今天，"瘸子"和他们最为臭名昭著的竞争者——"血帮"(Bloods, red)，在全国各个城市都有"特许分会"。据估计，美国大约有 25 000 个青年帮派 (Snyder & Sickmund，2006)。

总体而言，青年帮派由组织较为松散的群体构成，他们为了获得活动的资金并进一步扩大帮派的声望而参与犯罪活动 (Snyder & Sickmund，2006)。帮派拥有共有的名字或标志。他们穿着相似并象征团伙颜色的衣物——"瘸子"是蓝色，"血帮"是红色。他们用帮派的颜色和符号在墙上涂鸦以标记地盘。许多帮派还采取特定的发型，并通过手势交流。新成员加入帮派时通常需要经历一个入会仪式。最常见的入会仪式包括"跳进来"(jumping in)，在这一仪式上，入会的新人要挨每个现有成员一拳。大多数帮派成员都是男性（94%）(Snyder & Sickmund，2006)，但有时帮派会以强奸作为接纳女性成员的入会仪式。将帮派标志文在身上也是入会仪式的另一可能的组成部分 (Deschesnes et al.，2006)。有时新成员必须参与到某个任务中。这个任务可以包括从偷车到和竞争帮派火拼等任何事。对某些帮派而言，只有开枪杀死某人才能成为他们的正式成员。

年轻人加入帮派的理由五花八门。无聊是理由之一；如果年轻人没有其他事来打发时间，有时他们就会进行恶作剧来自娱自乐。但这并不是最重要的原因。许多年轻人被帮派所吸引是因为他们有归属的需要（Rizzo，2003）。帮派给了他们自我认同以及来自新"家庭"的爱。受关注的需要和对物质的渴望也是加入帮派的原因。许多帮派存在的主要目的是赚钱，他们时常偷窃和交易毒品。年轻人加入帮派的另一原因是为了权力和获得保护，从而避免其他帮派的伤害和恐吓。帮派也随即给予年轻人认可、"声望"（rep）、来自帮派成员的尊重，以及受到竞争帮派成员不敬（dis）时反击的权力。青少年加入帮派不仅因为他们受到招募，还因为这个年龄段的青少年非常容易受到同伴压力的影响。如果他们生活在帮派统治地区或者所在的学校有强大的帮派存在，那么他们可能发现自己的许多朋友都是帮派成员，于是他们也选择了加入。毫不奇怪的是，研究者发现，帮派成员更可能来自贫穷和异常的家庭，父母对其缺乏重视，住在被贫穷、毒品与帮派包围的社区。他们无法获得体面的工作，无法离开所在的贫民窟，也无法得到教育的机会，对他们而言，加入帮派似乎是飞黄腾达的途径。帮派成员在加入帮派之前通常也问题重重；在小学，他们受到同伴的排斥，无法完成课堂任务，具有很多反社会行为（Dishion et al.，2005）。在老师和同伴的评定中，他们的攻击性要比非帮派成员更强（Craig et al.，2002）。

　　成为帮派成员的后果往往很悲惨。成为帮派成员增加了他们的违法、暴力和吸毒行为（Gatti et al.，2005；Snyder & Sickmund，2006），并在成年早期参与一系列严重违法犯罪活动（Srouthamer-Loeber et al.，2004）。参与帮派还增加了青少年成为暴力活动受害者（Taylor et al.，2007）和罹患抑郁等心理疾病（Li et al.，2002）的可能性。帮派还可能以更隐晦的方式对其成员造成伤害，参与帮派让青少年无法接触到能够帮助他们顺利过渡到成年的人和机会，甚至在他们退出后，帮派仍然扰乱着他们的生活。加入帮派很可能让他们过早结束受教育的过程、过早有了孩子，并无法建立起稳定的生活——所有这些都增加了成年后被捕入狱的可能性（Snyder & Sickmund，2006）。

　　一位因枪杀对手帮派成员而入狱的不良少年这样告诫可能加入帮派的青年人（http://www.gangsandkids.com/）：

　　　　我必须告诉你们，成为帮派成员没有一点儿好处！的确，在初期你可能有些美好的时光，但最终你将不停地参加葬礼或进入各种监狱！如果毒品、谋杀、暴力、监狱和死亡是你对生活的追求，那么加入帮派非常适合你！是的，当你和弟兄们闲逛、和女孩们喝酒、玩得尽兴、与竞争对手打斗，或者犯着各种类型的罪时，这些都很酷！但是当它需要以生命为代价时，那你得花时间好好想想并质疑下自己现在的生活状况！问问你自己，你真的想在监狱里、在别人每周7天每天24小时的控制下度过一生吗？或是每次去商店的时候都要想着躲避子弹？或许你喜欢每隔一周埋葬一个弟兄？这都由你决定！但是帮派的生活是属于把头别在裤腰带上的人的。在一切都太晚了之前睁开眼好好想想吧。我看到的事实是，帮派（一些人称之为第二家庭）就是狗屎，我对帮派误入歧途的忠诚完全就是浪费时间，在过去的24年中，没有一个所谓的弟兄或姐妹给我写过一封信、寄过包裹或来看看我！但是你知道是谁在为我挺身而出吗？是我的妈妈！我的故事寓意很简单：要自爱、自尊和自知！那么你将发现，一份真正的友谊正在产生。也请尊重你的父母，当烟雾散去，他们将是唯一在你身边支持你、陪伴你的人。

■ 本章小结

同伴交往

● 儿童与同伴的交往是短暂的、自由的，相比于成人要更加平等。这些交往促进了人际探索和社交能力的发展。

同伴交往的发展模式

● 婴儿通过叫喊和触摸与同伴交往。
● 学步儿在与同伴交往中变换次序与角色；其主要成就包括与同伴分享意图并参与到彼此的假

装游戏中。

- 随着儿童年龄的增长，他们更愿意与同伴交往而非成人。
- 在学校期间，儿童与同龄同伴的友谊会增加。
- 儿童更愿意选择同性别玩伴。
- 在青少年期，性别隔阂随着约会的开始而逐渐减少。同伴关系被用于探索和增进自我认同感。

同伴和社会化

- 同伴起到社交行为的榜样作用，彼此进行强化和惩罚，同伴还能作为儿童评价自己的标杆，提供发展归属感的机会。
- 在青少年生活方式的选择上，同伴比父母具有更大的影响力。
- 同伴交往的模式和影响具有文化差异。

同伴地位

- 同伴地位通过社会测量法来评估，即让儿童评定他们喜欢和不喜欢的同伴；同伴接纳则通过让儿童彼此评估喜欢或不喜欢程度来测量。儿童被分为受欢迎、受排斥、受忽视、争议及一般儿童。
- 同伴地位取决于儿童发起交往、有效交流、对他人的兴趣及行为产生回应及在活动中合作的能力。
- 受欢迎儿童参与到亲社会行为中，帮助群体建立规范。非攻击型受排斥儿童倾向于退缩、缺乏社交技能。攻击型受排斥儿童有着低自控和外显问题行为。受忽视儿童不太说话、更害羞和焦虑。受争议儿童受到很多人的喜欢同时也被很多人讨厌。
- 根据社会认知信息加工理论，儿童在社交情境中寻找线索，理解其他儿童的行为，决定他们自己的目标及达成方式，决定采用某特定方案并加以实施。
- 在社交情境中，儿童并不总是三思而后行；有时他们的行为是冲动或自动的。
- 与不受欢迎和社交失败儿童相比，那些受欢迎和社交成功的儿童拥有更积极的目标和策略，表现更加自信和执著，当一种方法不成功时，能够尝试新的方法，更有吸引力，能与其他儿

童融洽相处。

- 不受欢迎会导致短期的问题，如孤独、低自尊；还可能导致长期的问题，如抑郁。有至少一个朋友能够减少孤独感。
- 社交地位在时间和形式上都表现得较为稳定，尤其对于受排斥儿童而言。

促进同伴接纳

- 父母能够成为帮助儿童获得社交技能的搭档、进行社交训练的教练，并为儿童的同伴交往提供机会。
- 研究者们能够通过训练帮助儿童提高他们的社交技能。
- 同伴本身也能够帮助受排斥儿童提高社交技能，体验更多同伴接纳。

当同伴变为朋友

- 儿童只与少数同伴发展亲密的友谊。
- 对友谊的目标和期望随年龄的增长而发生变化。
- 和非朋友相比，朋友之间的交流更明显、积极，自我表露更多，交换的信息更多，建立更多共同的基础，并能更有效地解决矛盾。
- 男孩的同性友谊比女孩的更稳固，因为他们的友谊通常包含在更广的关系之中。
- 朋友能够提供支持、亲密和指引。然而有些友谊会强化异常行为，比如欺骗、斗殴和吸毒。
- 退缩及攻击性儿童的朋友通常具有和他们一样的特质。
- 浪漫关系对青少年而言是一种重要而又特别的社会关系。

团体中的交往

- 儿童建立具有共同目标和管理规则的等级制群体。
- 在童年中期，儿童形成小集团，这可以增强他们的幸福感及应对压力的能力。
- 在高中阶段，儿童可能会被同伴归类于某个特殊群体。
- 帮派是由拥护共同目标的青少年或成人形成的群体。帮派可能是个松散的群体，也可能是个正式组织。正式的帮派经常与犯罪活动联系在一起。

关键术语

攻击型受排斥儿童	联合游戏	一般儿童	小集团
争议儿童	合作游戏	族	统治阶层
帮派	同质性	相互反感	流言
受忽视儿童	非攻击性受排斥儿童	平行游戏	同伴群体网络
受欢迎度	受欢迎儿童	假装游戏	受排斥儿童
声望偏见	自我表露	社会比较	社会测量法

电影时刻

友谊是电影中常见的主题。在《追风筝的人》（*The Kite Runner*，2007）中，两个男孩阿米尔和哈森建立了深厚的友谊，在1970年，他们在阿富汗喀布尔的街道上游戏和放风筝。哈森从一个年长的暴力男孩手中保护了阿米尔，表明了他的忠诚。但当阿米尔目睹哈森被打倒并遭受强暴却没有提供帮助时，他们友谊就此终止。这部电影生动阐述了辜负友谊引起的持久负疚与悔恨。在《兰博之子》（*Son of Rambow*，2007）中，两个似乎没有任何相同之处的11岁英国男孩在学校门厅处相遇。一个男孩是因为生活在家规严格的宗教家庭，不被允许看电影；另一个男孩则是因为惹了麻烦。两个男孩在家和学校里都很孤独，尽管表面上完全不同，他们发现彼此具有很多共同点，并建立起了深厚的友谊。这部电影带你进入儿童的世界，让你了解儿童，并让你更加确信友谊的重要性。《真爱奇迹》（*The Mighty*，1998）讲述了两个有严重生理缺陷的男孩之间的一段感人友谊。因为生理原因，凯文的身体扭曲，发育停滞。而麦克斯体型庞大，但大脑迟钝。通过他们的友谊，男孩们克服了他们精神和身体的缺陷，勇敢对抗暴力，保护了弱者。这部电影清晰地表明了亲密友谊带来的益处。《欢迎光临娃娃屋》（*Welcome to the Dollhouse*，1996）是一部黑色喜剧，讲述了一个笨拙的七年级女孩因为外表被同伴们侮辱和奚落的故事。她的父母没有为其提供任何支持和帮助，而她的妹妹则给予不以为然的评论。这部电影没有快乐的结局，但是它让你对饱受同伴拒绝并将愤怒和挫折发泄在更不幸孩子身上的小孩充满同情。

还有些电影则探讨了本章中同伴关系的其他部分。《独领风骚》（*Clueless*，1995）是一部关于高校小集团、友谊和浪漫关系的电影；电影描述了三个自恋、时尚的青少年由于遭受其他男孩的嫉妒而几乎分开，但最终友情战胜一切的故事。关于青少年浪漫关系的电影数不胜数，但是电影《罗密欧与朱丽叶》（*Romeo and Juliet*，1968）以及《大卫和丽莎》（*David and Lisa*，1962）刻画了青少年强烈而又心酸的爱情。在后者中，大卫是一个无法忍受触碰的强迫症患者，丽莎是个说话必须押韵的精神分裂症患者。虽然在真实生活中，情感和友善并不能像电影中一样治愈精神疾病，但是电影描绘的年轻爱情令人动容。《美国制造》（*Crips and Bloods: Made in America*，2009）是一部纪录片，片子讲述了洛杉矶南部两个最为声名狼藉的美国非洲裔帮派的故事，记录了以数十年为周期的破坏和绝望的循环，以及由此产生的现代帮派文化。

第 9 章
学校和媒体：数字化时代的儿童

欧文，3岁，酷爱动画节目《巴尼和他的朋友们》(Barney and Friends)。当电视里约1.8米高的紫色恐龙带头唱歌并玩着关于尊严、谦恭和礼貌的游戏时，他也跟着哼唱起来。拉尼，4岁，对《托马斯（蒸汽火车头）和他的朋友们》(Thomas [the Tank Engine] & Friends) 欲罢不能，她认真观看火车头学习成为"真正有用的火车头"的过程，同时也在获得责任、帮助、鼓励、真诚待人的教育。《芝麻街》是5岁大的伊森的最爱。这部电视剧寓教于乐，不仅教会他学习字母，更教会他关于分享和诚实等亲社会行为。上述电视节目都是时下在学前儿童中最为流行的，但是它们是否对孩子的社会性发展产生了影响？答案将在本章揭晓。

在本章中，我们讨论家庭、同伴之外的社会化源对儿童的影响，尤其是学校和包括电视、视频游戏、网络在内的电子媒体。电视在童年早期就已经是儿童生活的一部分，而在4岁或5岁时，很多儿童每天都要花固定的时间玩视频和网络游戏，同时，这个年龄段的儿童也开始进入校园，随着时间的推移，学校活动占据了他们越来越多的时间。即使在放学之后，学校教育仍然会通过布置作业，组织运动、俱乐部等其他课外活动的方式影响着孩子们的日常生活。同时，学校和电子媒体占据着孩子们大部分非睡眠时间，所以，它们会对儿童的社会化发展产生影响也就不足为奇了。

学校在社会性发展中的角色

和从前相比，儿童现在在学校里度过的时间更多，不仅每天在校的时间增加了，一年中入学的天数也在增长。现在的美国学生平均而言每天在校时间达到5个小时，一年在校180天。而在1880年，美国孩子一年中在校的时间只有80天。除了每天在校时间和每年入学天数增加之外，学生入学的年龄有所提早，离开学校的年龄则推迟了。

尽管给予孩子教育是学校的首要目标，但学校的作用绝非仅限于教育孩子写作、解决数学问题或在地图上找到津巴布韦，它们还同时肩负着另一任务：让孩子们学习适应社会所需的规范和价值观，以及帮助他们发展与同伴互动的技能。在学习英语和数学的时候，他们还在学习社会期望、自我情绪管理以及行为的规范（Epstein，2001；Greenfield，Suzuki，et al.，2006）。因此，学校也是学生社会化的重要场所。从教室到咖啡厅、从操场到训练场，学校还是学生与同伴们互动的场所。在这些互动过程中，儿童学会了社交技能，他们的社会理解能力提高了。一些学校在促进儿童社会性发展方面表现更为突出。在这一节中，我们对影响学生社会化发展的学校环境因素进行讨论。

学校：一个社会群体

学校不仅仅是教室、教学楼或操场这么简单。如果儿童和教师、学校员工拥有共同的目标和价值观，彼此支持，并相信每个成员都在为学校生活做出重要贡献，他们就会产生集体感（McDevitt & Ormrod，2007；Osterman，2000）。如果学校能够让学生产生强烈的集体感，这些学生的社会化表现就会更好。他们对学校的态度更加积极，亲社会行为更多，破坏性行为更少，情绪压力更小，暴力及吸毒的比率更低，此外，学生自暴自弃或辍学的可能也更低（Osterman，2000）。

集体感导致积极效果的内部机制可能是由于"集体效能感"，我们在第1章中曾经给出定义，集体效能感是指个体对所在群体能够达到目标或获得理想结果的信念（Bandura，2000，2006）。当群体意识存在时，教师、学生和行政人员更可能具有共同的目标以及通过集体合作达成该目标的信念。一项研究对79所小学的集体效能感进行了考察，研究者发现，如果教师们对自身群体激励、教育学生的集体效能感坚信不疑，学生就能够具有更好的学业表现（Bandura，1993）。集体效能感同样是高中学生学业表现的一个重要预测指标（Goddard et al.，2004）。尽管目前尚未有直接证据表明集体效能感和儿童的社会性行为之间存在直接的联系，但研究者已经发现，学业表现良好的儿童更可能表现出良好的社会性行为

（Reid et al., 2002）。不仅如此，研究者还发现，如果教师报告称自己对学校政策具有更大的影响力、拥有更强的效能感，该学校课堂气氛就会更加积极（Pianta et al., 2007）。因此，促进集体效能感可能能够促进学生的学业表现、课堂氛围以及社会性行为。

学校规模和组织形式

在门外汉看来，大型学校似乎优势明显，它们面积更大、有专门的教室和大量学生。小型学校规模较小，教室、学生数量也更少，难以给人留下深刻的印象。但是，表面现象是会骗人的。

大型学校和小型学校

学校对学生社会性发展的影响主要来自于课堂之外的活动，比如俱乐部和体育运动，甚至是洗车、出售面包等。你也许会认为大型学校能为学生提供更多课外活动的机会，例如流行乐队和管弦乐队、橄榄球和足球、法语俱乐部和日语俱乐部、绘画俱乐部和数码艺术俱乐部，参与反对土地私有和成为青年民主党等学生活动。然而，在一项关于学校规模的研究中，研究者发现，学校的规模和它们能够为学生提供的活动种类之间没有太大关联，更重要的是，小型学校学生的课外活动参与率要显著高于大型学校（Barker & Gump, 1964）。在小型学校里，学生拥有更多参与社团和俱乐部的机会，因为这些社团提供的职位要多于参与学生的数量。学生具有积极参与的责任感以及归属感。在大型学校里，众多的学生人数和极其有限的职位形成了"僧多粥少"的局面，很多学生不得已沦为了旁观者。其他研究者也发现，学校规模越大，学生课外活动参与率越低，对学校及教师的认同也更少（Grosnoe et al., 2004）。这种较低的认同感和参与度可能是大型学校辍学率较高的原因之一（Lee & Burkam, 2003）。

参与课外活动能够带来很多积极的影响。和不参与课外活动的学生相比，参与活动的学生自尊更强、学校出勤率更高、成就动机更强，酗酒或吸毒的可能性也更低（Child Trends, 2008）。他们参与违法犯罪活动、早孕、抑郁或自杀的可能性都更低（Dusek, 1991；Mahoney, 2000）。

一项关于高中学生体育活动参与度的研究揭示了这些活动的价值（Simpkins et al., 2006）。每个星期参与 10 个小时以上有组织运动的学生与那些不怎么参与的学生相比，更少抑郁、自尊更强、

更可能成为积极同伴群体的成员（尊重学校、尊敬父母），对学校的归属感也更强。与那些鼠目寸光的学校官员持有的课外活动并不重要的观点相反，这些研究结果表明，俱乐部和课外活动能够帮助学生和青少年更好地适应学校生活并获得了成功。

尽管小型学校在课外活动参与度方面具有优势，但美国学校的平均规模从 1940 年的 127 名学生上升到了 1990 年的 653 名学生（Mitchell, 2000）。教育工作者认为，尽管改变现有学校的规模非常困难，但在学校建立小单元的制度能够更好地满足学生的需要。这种"校中校"模式能够提供更多的行为环境，让学生产生认同感和归属感，从而防止他们辍学，提升获得积极社会心理发展成果的可能性（Linney & Seidman, 1939；Seidman & French, 1997）。

校园中的年龄群体

不同年级的组织形式也会影响学生的发展（Roeser et al., 2000；Wigfield et al., 2006）。传统而言，学校都按照学生年龄分为两个独立的部分：前八年和后四年。而如今另一种组织方式更为常见：最初六个年级为小学，随后是三年的初中（七至九年级）和三年的高中（十至十二年级）。研究表明，这种组织方式的改变并没有为学生带来积极的影响。尤为引人注目的是，和留在熟悉的小学环境中的学生相比，从小学升到初中的学生非常可能经历社交和学业问题。相比没有经历这一转变的学生，小升初学生的自尊下降，对俱乐部和社团的参与度也有所降低，并且认为自己难以很好融入学校和同伴群体（Eccles & Roeser, 2003；Roeser et al., 2000）。

是什么导致了这些消极的结果？和小学相比，初中规模更大，这让学生产生彼此疏远和无足轻重的感觉。学生参与些小活动的可能性降低，这导致了归属感和社交能力信心的降低。教学模式同样发生了改变，从小学时一个班级一个教室转到了初中不同的课程拥有不同的教师和班级。和小学相比，初中学生难以和老师建立起亲密的支持性关系。在初中，由于儿童需要和来自不同小学的同学一起上课，他们的朋友网络受到了破坏，由于更加严格的分级政策，同伴之间的竞争也更加激烈。这些因素的共同作用导致了学生在从小学进入中学时面临着巨大的挑战，很可能会削弱

学生的社交能力并增加其辍学的可能性（Wigfield et al.，2006）。

小升初的转变产生消极影响的另一原因是学生同时还在经历其他的转变，如青春期发育的开始、开始约会等等（Eccles，2007；Wigfield et al.，2006）。在这个年龄段转入到新学校并不符合 **阶段—环境匹配**（stage-environment fit）原则。研究者发现，和没有经历众多转变的学生相比，在这一年龄段经历着三种或更多转变的学生（尤其是女生）存在自尊较低、课外活动参与率低、成绩不理想等问题（Mendle et al.，2007；Simmons et al.，1987）。其意义显而易见，如果改变太过突然、太早或多方面同时发生变化，那么儿童将无所适从。如果面对的是他们熟悉的舞台，那么儿童的自尊会更高，行为适应能力也更强。

尽管小升初吸引了大量的关注，但从初中到高中的转换同样是一次挑战。对许多学生而言，进入高中需要面对更加专业的课程、更多学习能力角逐的挑战，以及由学校规模导致的更加淡漠的社交氛围。这些学生可能会经历学业成绩的下滑、社会孤立感的上升；初中升高中的女生尤其容易受到孤独、焦虑等适应问题的困扰（Barber & Olsen，2004）。高中的族群平衡同样会影响少数族群青少年对转变的适应。如果高中所属族群人数比例较低，没有初中那么平衡，拉美裔和非洲裔美国青少年就会受到消极的影响（Benner & Graham，2009）。

然而，没有一种年龄分类系统是普遍适用的。个体差异影响了儿童适应学校转换的程度。相比具有积极感受的学生，感觉自身控制能力和重要性降低的学生更可能体验到压力和抑郁（Rudolph et al.，2001）。不少教育组织（比如卡耐基基金会和美国中学生协会）提议对初高中进行改革以降低学校转换带来的消极影响。他们建议将大型学校划分为一系列更小的学习单元，培养教师对年轻学生特殊需要的意识，为所有学生提供建议和疏导。和常规学校相比，实践了这些改革的学校中的学生自尊更高、行为问题更少，也较少担心学校会发生针对他们的消极事件（Felner et al.，1997；Maclver et al.，2002）。

男女混合学校与单一性别学校

关于由男生或女生单一性别组成的学校还是男女混合学校更有利于学生发展的争辩由来已久。

1972年，美国通过一项法律要求公立学校必须是男女混合学校。从那以后，许多研究表明，男生和女生学习方式存在差异，在混合学校里女生难以完全发挥其潜能。于是，必须建立混合学校的法律规定于2002年被取消，建立单一性别学习成为了合法的选择。在随后的7年中，提供单一性别班级的公立学校从11个猛增到518个。

> **阶段—环境匹配** 环境适应儿童发展需要的程度。

这一改变的效果如何？研究证据表明，在单一性别学校中，学生的成就和职业抱负更高，这在女生身上表现得尤为明显（American Association of University Women，1998；Lee & Bryk，1998；Perrg，1996；Sax，2005；Watson et al.，2002；Van de Gaer et al.，2004）。不仅如此，在单一女生学校里，女生更可能参与传统上更加男性化的课程，如物理、计算机、工程学等（Koppe et al.，2003）。同样，单一男生学校里的男生也更愿意参与到传统意义上更女性化的课程中，如美术、戏剧、音乐和外语等（Sax，2005）。尽管这些差异都表现在学业领域，但造成这些现象的原因可是社会性的。在单一性别学校中，学生不易受异性同学吸引，更加积极参与班级讨论，自信心和自尊都更高（Baker，2002；Cairns，1990）。然而，由于大多数单一性别学校都是私立而非公立的，其教师的教学质量和学生的学习动机都可能要高于公立学校（Datnow，2002）。因而不能将观察到的这些优势简单地归因为单一性别的学校环境。在这一领域还需要进行更多的研究。终结争议或关闭男女混合学校仍为时尚早。

班级规模与组织结构

儿童的社会性经历及发展不仅会受到学校规模和组织形式的影响，班级规模与组织形式对其的影响更为强烈。

小班制的优势

在较小规模班级中学习和小型学校一样能够促进学生的社会性发展，对低年级学生而言，这一点尤为明显。在美国、英国以及以色列进行的研究表明，在小班中，教师和学生的交流更加频繁也更深入，学生表现更好，和同伴互动更多，较少受到欺凌（Blatchford，2003；Finn & Pannozzo，2004；Khoury-Kassabri et al.，2004）。小班的学生参与班级活动更加积极，更关注班级，游手好闲或参与破坏活动的可能更小，反社会行为更少，亲社会行为更多（Finn et al., 2003）。在小学阶段，较小的班级规模和更加积极的情绪氛围存在关联（Pianta et al., 2007）。小班似乎能够营造一种气氛，让身处其中的学生彼此支持，相互关心。理所当然地，小班的教师也有着更高的满意度（Blatchford, 2005）。

开放式班级 一种相对松散的课堂组织方式，教室的不同区域被用来进行特定的活动，儿童在教师的监督下进行单独或小组活动。

开放式班级的优点

教师能够以不同的方式组织班级和班级活动。他们可以站在讲台上滔滔不绝，也可以让学生四处移动，组成小组，在学习中互相帮助，并参与到决策过程中。使用这种**开放式班级**（open classroom）组织形式的教师认为，儿童能够在亲身参与的过程中达到最好的学习效果，而非被动地由教师灌输知识。相关研究结果并未表明在开放式班级中的学生都学得更好，但这一组织形式能够为学生社会性发展带来帮助（Minuchin & Shapiro, 1983）。开放式班级中的小学儿童具有更多的社会交流，对学校的态度更积极，在学习过程中更加自立同时又有更好的合作表现。开放式班级中的高中生更加积极地参与学校活动，具有更多不同类型的社交关系，违纪行为也更少。

❓ 你一定以为……   家庭自学学生的社会化程度较低

在家自行教育孩子而非将其送去正规学校成为越来越流行的选择。在美国，超过 100 万学生在家自学。家长选择这种方式的原因多种多样：宗教信仰影响（33%）、学习环境更好（30%）、不认可学校教的内容（14%）、觉得学校的课程没有挑战（11%）（Princiotta & Bielick, 2006）。研究的结果支持了家长的选择。在家自学的学生在标准测验中的表现比在校生更好（Basham, 2001; Klicka, 2001; Lines, 2000a, b）。然而，正如我们所指出的，学校教育并非学业学习这么简单，它还为儿童与同伴交往、学习社交技能提供了弥足珍贵的机会。反对家庭自学的观点主要认为其剥夺了儿童和同伴交往的机会，尤其是和不同族群、宗教背景的同伴，这可能会导致产生社会孤立感、孤独感以及难以和同伴良好相处等社会性问题。正如一位母亲所言："我高中的一些曾经在家自学过的朋友在社会化方面困难重重。"

这位家长的担忧正确吗？如果你持赞同态度，请再思考一下。研究表明，对在家学习学生社会性发展的担忧是毫无根据的（Shaw, 2008）。受过专业训练的心理辅导员对由在家自学和在校学习学生组成的群体在玩耍时的视频进行了分析，结果发现，在家自学学生的行为问题更少而非更多（Shyers, 1992）。在另一项研究中，研究者发现，在家自学学生的适应能力更强、更快乐，同时社会化表现也比在校学习的同伴更突出（Moore, 1986）。第三项研究发现，相比在校学生，在家自学的孩子在学业成就和社会化方面具有更高的自我知觉（Taylor, 1986）。在家自学的长期效应似乎也是积极的。一项研究发现，曾经在家自学的成人中有 71% 会参加社区服务，如做教练或志愿者，而接受传统教育的成人参与比例只有 37%（Ray, 2003）。他们更积极地参与公民活动，参与选举的概率是一般人的两倍，并声称自己更加快乐。

为何在家自学的学生具有如此突出的社会化表现？一方面，他们并没有与世隔绝。这些孩子的家长会经常带他们去博物馆、社区中心、运动俱乐部、教堂、公园，以及参与课后活动与科普活动等，从而让他们有更多接触社会的机会。在家自学的家庭群体时常相聚，创造了一种小班级的氛围，孩子也能够和同伴们互动，建立友谊。一些州甚至立法允许在家自学的孩子使用公立学校资源，让孩子参与到运动队、学校乐队中，或和别的孩子一起参与艺术课程。另外，在家自学的孩子很可能还有兄弟姐妹。

然而，在家自学相关研究有一个值得注意的问题。研究者并没有把在家自行教育的学生进行随机分配，和每天把孩子送到校车上就万事大吉的家长相比，选择让孩子在家学习的家长通常受教育水平较高，提高孩子学业表现和社会技能的动机也更强（Kilcka, 2001）。除此之外，现有证据表明，在家自学并不会导致社会孤立和适应不良。

合作学习

合作学习（cooperative learning）是指学生以小组的形式共同学习。通常小组是异质化的，由不同能力和背景的儿童组成，并一起解决问题。小组没有所谓的领导者，其目标是让所有学生的所得最大化，并让不同学生之间建立友谊。大多数合作学习的相关研究表明，这一课堂教学技术对学生的自尊具有积极的影响，增加了其对同伴的关心和帮助他人的意愿（Minuchin & Shapiro，1983；Slavin，2005；Slavin & Cooper，1999）。在合作学习小组中的儿童与其他族群的接触更多，这使得族群冲突减少（Renninger，1998）。合作学习对拉美裔和夏威夷原住民学生的帮助作用更加明显，这部分源于这一教学方式和集体主义文化导向家庭的学习模式更加匹配（Aronson & Gonzalez，1988；Aronson & Patnoe，1997；Tharp & Gallinore，1988）。不幸的是，在现实世界里，美国小学生一堂课超过 90% 的时间都是在自己的座位上听老师讲课或者自己独立思考问题，只有大约不到 5% 的时间进行小组合作（Pianta et al.，2007）

同伴辅导

教师有时候会安排学生进行**同伴辅导**（peer tutoring），即让年长、更有经验的学生指导年轻一些或能力稍差的学生学习（Slavin，1996）。同伴辅导能够在教会儿童社交技能的同时增强他们数学和阅读能力。例如，一项研究发现，通过社交技能课程，9～13 岁儿童增强了需特殊教育儿童的社交技能（Blake et al.，2000）。尽管辅导者和被辅导者都能通过不同的方式获益，但通常而言辅导者收获更多，他们的自尊和班级地位获得了提升，并从帮助他人的过程中获得满足感（Dansereau，1987）。包括不同族群背景的后进生和心理障碍儿童在内的许多学生都能从同伴辅导中收益，获得社会性和学业的进步（Cochran et al.，1993）。

教师的影响

教师在班级中扮演着多重角色，例如教育者、社会榜样、评估者、管理者等。教师如何扮演这些角色会对儿童产生一系列不同的影响。

师生关系

师生关系质量对学生的学业和社会成功有重要影响（Hughes & Kwok，2006）。与教师关系恶劣的学生通常都不太喜欢学校，而且在班级里显得不太合作。随着时间推移，他们助人和合作行为越来越少，而攻击性、抑郁则越来越强（Birch & Ladd，1997，1998；Jia et al.，2009；Pianta et al.，1995）。而过度依赖教师的学生也面临着各种问题：他们参与学校活动的积极性较低，和同伴相处时具有较强的攻击性或社交退缩（Birch & Ladd，1997；Howes et al.，1994；Pianta，1999）。但是，和教师关系既密切又温情的学生，其学校适应性、自尊都很高，也更容易为同伴所接纳（Hughes & Kwok，2006；Jia et al.，2009）。同样的现象在不同的国家和不同年龄段儿童身上都有所发现（Jia et al.，2009；Lee & Buekam，2003；Yang，2001）。

师生关系对少数族群学生的社会适应尤为重要。一项研究发现，有攻击性的非洲裔和拉美裔儿童在和二或三年级教师建立起积极关系一年之后，其攻击性降低了，但是，对欧裔美国儿童而言效果没有这么明显（Meehan et al.，2003）。造成这一现象的原因可能是教师对欧裔美国儿童的支持一贯很多，导致更积极关系的效果不如少数族群那么明显。相比非洲裔和拉美裔美国儿童，教师在面对欧裔美国儿童时确实积极言论更多、消极言论更少（Tenenbailm & Ruck，2007）。即使在犯错时，教师对欧裔美国学生的行为也会进行更加积极的解读（Hill & Bromell，2008）。他们将学生的不良行为视为学生已经厌烦而应该给予他们更有趣资料的信号。但如果犯错的是非洲裔美国学生，他们就会简单地将其解读为学生无心学习。师生关系对少数族群学生更加重要的另一原因是，由集体主义文化国家移民而来的家长比个人主义国家的家长更加重视师生关系（Greenfield，Suzuki，et al.，2006）。除此之外，和教师良好的人际关系能够成为儿童在校适应不良的保护性因素。

保持控制：班级纪律训导和管理

教师将大量时间花在管理班级和训导自由散漫的学生身上。他们使用的方法会对儿童的社会性行为产生巨大的影响。一些教师使用筹码或糖果鼓励学生努力学习、好好表现。另一些教师则

> **合作学习** 一种让学生以小组的形式一起学习的教学技术。
> **同伴辅导** 让年长、更有经验的学生辅导年少、经验较少儿童的一种教学方式。

使用言语称赞，对学生的良好表现进行系统性强化。教师使用操作条件反射来管理班级的意图达到了很好的效果。大量研究验证了系统性强化在班级控制中的效果（Cashwell et al., 2001；Chang, 2003；Kazdin, 2007）。现在，积分制是老师管理班级时经常采用的方式，儿童可以积累点数、代币或金色星星并换取糖果、玩具等物质奖励。此外，学生还能够积攒奖励以换取参加派对和出游的机会。

采用操作条件反射的效果无疑要强于大喊大叫或放任不管。但是，使用明确物质奖励同样有其不利的一面。在一些情况下，物质奖励可能会破坏教师的计划并减缓学生的进步。奖励的存在可能会让学生失去对事件本身的内在兴趣（Lapper & Henderlong, 2000）。例如，研究已经发现，对助人行为的奖励会降低学生业已内化的道德责任感（Kohn 1993；McLean, 2003）。代币制能够发挥一定的作用，但教师需要悉心挑选目标活动及推行奖励系统。

班级管理还包括布置和完成班级任务的方式。如果能够在深入理解学生文化背景的基础之上进行决策，那么管理班级的任务会更加简单。如果拉美裔儿童的教师能够认同集体主义文化价值观的作用并依此对班级活动进行调整，纪律问题就会降低（Rothstein-Fisch & Trumbull, 2008）。如果缺乏这种意识，教师通常就会给特定的学生指派特定的任务，如擦黑板、点到等。当朋友间试图相互帮助时，教师会责备他们："那是马克的任务，你有自己的任务要完成！"他们不仅认为学生的互助行为是偷懒的、徒劳的，还将其视为和作弊一样的错误行为。如果教师能够给每个任务指派两个儿童，或让儿童相互帮助，打扫工作就会令人愉悦。这种支持儿童相互帮助而非惩罚他们越俎代庖的管理方式提高了效率、任务完成率，并建立了和睦的班级氛围。

教师期望与学生成功

尽管大多数教师会否认在开学不久他们就会建立起对新生将来表现的预期，但这种预期会影响学生的班级表现。在一个经典研究中，

皮革马利翁效应：教师对学生的积极期待最终成为现实的现象。
自我实现预言：积极或消极的期待能够改变个体的行为，让其在无意识情况下创设实现期待的情境。

罗伯特·罗森塔尔和勒诺·雅各布森（Robert Rosenthal & Lenore Jacobson, 1968）让教师对班级中特定的孩子产生期待。他们随机选择了一些学生，告诉教师他们是"未来之星"，会在将来的学习中拥有突出的表现。8个月之后，这些学生智商的增幅要大于其他学生。这一结果，以希腊神话中让雕像活过来的雕刻家皮革马利翁命名，称为**皮革马利翁效应**（Pygmalion effect），是**自我实现预言**（self-fulfilling prophecy）现象的生动阐述。在相信这些学生具有潜力之后，教师对待他们的方式发生了变化，他们给予这些学生更多的锻炼机会和更多的回答问题时间，在回答正确之后给予他们更多的表扬，而犯错的时候批评更少。通过这些特殊待遇，教师强化了受期望的行为模式（Brophy, 1998）。随后的研究表明，皮革马利翁效应还部分源于学生对自身期望的改变。当教师认为学生能够做得更好时，儿童也对自己产生了同样的期望，这进一步促进了成就的上升（Kuklinski & Weinstein, 2001）。教师期望的差异可能会导致多数和少数族群学生成功率的差异。教师对亚裔美国人的期望最高，而对拉美裔、非洲裔美国学生的期望则最低（Tenenbaum & Ruck, 2007），而学生的表现与期望如出一辙。除了不同班级，自我实现预言效应还在启智（Head Start, 针对心理发展滞后学生的教育项目）班级和成人身上得到了验证（Kuklinski & Weinstein, 2001）。对479个研究进行的元分析表明，皮革马利翁效应的影响不容忽视（$\bar{r}=0.30$；Rosenthal, 2006）。尽管这些研究大多只关注学业表现，但一些研究表明，教师对学生社会性行为的期望同样能够影响其社会化成就。

学校—家庭联系

学校和教室是促进儿童自尊和社会性技能的重要场所。但其效果与家长给予的支持密切相关。本节我们对学校和家庭之间的联系进行讨论。

学校文化与家庭文化

来自低社会经济地位以及少数族群家庭的儿童在学校的表现通常不如白人中产阶级家庭的儿童，因为前者需要适应和家庭完全不同的文化价值观和规范（Hill, 2010）。学校是一个中产阶级的机构，具有中产阶级的价值观，其员工——教师——同样属于中产阶级，此外，美国

学校还受到欧裔美国人个体主义导向的强烈影响（Greenfield，Suzuki，et al.，2006；Hill，2010）。穷困、少数族群学生与中产阶级教师之间的差异会导致彼此的误解。一项研究要求欧裔和拉美裔美国儿童、他们的家长和教师对一些常见的学校情境作出反应。下文是情境的例子之一（Raeff et al.，2000，p.66）：

> 到了放学大扫除时间，丹尼斯感觉不太舒服，她希望贾思敏能帮助她完成擦黑板的任务，贾思敏不确定自己是否有时间去完成自己和丹尼斯的任务，你认为老师应该怎么做？

教师的反应具有典型的个人主义特征，他们认为故事中的教师应该另找一个孩子来擦黑板并让贾思敏有精力完成自身的任务。然而，儿童和家长的反应则因其其文化背景而异。欧裔美国儿童和家长的反应和教师如出一辙。拉美裔儿童，尤其是其家长，更可能选择集体主义文化的典型反应：贾思敏应该帮助生病的同学完成她的任务。

向当代学术大师学习　　　　　南希·E·希尔

南希·E·希尔（Nancy E. Hill）是家庭——学校关系领域的专家、哈佛大学教育学教授。在完成了密歇根州立大学的研究生学业和亚利桑那州立大学的博士后工作之后，她开始在杜克大学任教，随后前往哈佛大学。她开始的研究兴趣主要包括对不同情境下家庭社会化的理解。值得一提的是，她考察了不同族群和社会经济地位群体社会化的差异及其受邻里、学校等情境因素的影响。她还考察了人口统计学变量对家庭动力学和儿童发展之间关系的影响。希尔最新的研究包括PASS项目（促进学生学业成就项目）。这是一项纵向研究，考察能够预测儿童从幼儿园到四年级学业表现的家庭因素。她的另一项研究，ACTION/ACCIONES，是一项跨族群的纵向研究，考察了小升初过程中家长对教育问题的参与程度。她和种族、文化以及民族的研究团队一起合作（这是一支由国内知名专家组成的跨学科研究团队），对定义和理解不同家庭文化情境的理论及方法进行研究。她希望自己的研究成果能够促进家庭和学校的关系，从而改善通常在学校中处于不利境地的少数族群儿童的生活。

扩展阅读：
Hill, N. E., & Torres, K. A. (2010).Negotiating the American dream: The paradox of aspiration and achievement among Latino students and engagement between their families and schools. *Journal of Social Issues*, 66, 95-112.

文化背景　　　　班级结构与文化价值观的匹配及其实践

学校是一个文化情境，学生的成功在很大程度上依赖于班级的社会结构与其期望的匹配程度。教师在计划班级活动时，对学生的文化背景知识进行了解至关重要。在美国典型的班级里，教师通过一对一、小组集体或让学生单独学习的形式教育儿童。对大多数欧裔美国学生而言，这一安排能够达到很好的效果，但对于其他文化背景的学生而言就不一定适用了。研究发现，美国原住民学生会感受到班级规则与家庭日常规范之间的冲突（Phillips，2001）。在家里，他们能够自行决定什么时候说话，并且时常以小组的方式活动。在学校，相比欧裔美国人，他们不太愿意在全班同学面前说话或被老师点名回答问题。

夏威夷的研究者尝试减少家庭——学校间的不匹配（Tharp，1989；Tharp & Gallimore，1988）。在传统的班级里，夏威夷的学生很少将注意集中在教师身上，而是努力寻求同班同学的注意，这和他们的文化强调合作与集体的背景不无关系。针对幼儿园和小学学生的卡米哈米哈早教项目（KEEP）鼓励学生的集体意识和合作精神。这个项目有如下几个特征：（1）在班级内以同伴辅导学习为中心。（2）每四或五个人建立一个班级小组，教师可以在组间穿梭并给予指导。（3）鼓励学生的合作，例如让学生合作讲述故事等。夏威夷的学生在这种模式下具有更加突出的表现。不仅其学业成绩更高，其社会性行为也得到改善，班级中的破坏行为减少，合作增加，师生之间的关系也更加融洽。

对这些儿童而言，学校和家庭的价值观存在着明显的分歧。而家长会研究进一步表明了文化鸿沟现象的存在。当教师对儿童的个人成就进行了表扬时，拉美裔家长会感到不适，因为其强调的是个人而非集体（Greenfield et al.，2000）。

这些发现并非意味着低收入家庭和少数族群家庭的家长觉得教育不重要（Fuligni & Tseng，1999；Hill & Sprague，1999；Portes & Rumbaut，2001）。一项对小学儿童的调查表明，拉美裔和非洲裔美国儿童的母亲对孩子教育的重视程度比欧裔美国母亲有过之而无不及（Steinberg et al.，1992），对旧金山湾区域 8 000 名青少年及其家长进行的调查同样发现，非洲裔美国家长对儿童教育的重视毋庸置疑（Steinberg et al.，1991）。在另一项研究中，拉丁美洲的家长，尤其是移民，如墨西哥裔美国儿童的家长，同样非常重视孩子的教育问题，虽然他们对孩子学习的参与度不及欧裔美国家长，但这可能是因为语言障碍或自身教育水平的限制使然（Greenfield，Suzuki，et al.，2006）。总而言之，尽管家长和教师存在见解上的分歧，但他们关心学生教育这一点并无二致（Hill，2010）。很明显，任何一项期望改善穷困和少数族群家庭儿童表现的项目都要求教师了解多元文化的价值观和观点，以更好地理解学生们的文化背景。

父母对学校活动的参与

最近一项评估表明，约 70% 的美国学生的家长每学年至少会出席一次学校或班级的活动（Herrold & O'Donnell，2008）。然而，还是有很多学生家长从不参与学校活动，尤其是高年级学生的家长（Epstein & Sanders，2002；Herrold & O'Donnell，2008）。一项对 50 个研究进行的元分析发现，如果家长参与学校活动、出席家长会、参与家长教师协会，或成为班级的志愿者，他们的孩子就会拥有更好的学业及社会化表现（Hill & Tyson，2009）。

然而，各种参与方式的效果各不相同。参与操场管委会的家长对孩子的帮助要小于参与学校决策的家长（Pena，2000）。如果家长能够将自身的期望传达给教师，并让孩子了解自己对教育的重视，那么其参与效果会更上一个台阶（Hill & Tyson，2009）。以上述方式参与学校活动的家长，其孩子的合作精神、亲社会倾向及自我控制能力都

较不参与家长的孩子更强（McWayne et al.，2004）。

是什么影响了家长对学校活动的参与度呢？如果家长很忙、压力很大或属于社会边缘群体（如离异、贫困或来自少数族群等），他们参与的程度就会很低（Adler，2004；Epstein & Sanders，2002；Xu & Conno，1998）。学校惯例同样会影响家长的参与度。如果学校对所有的家长表示欢迎，并提供家长参与方式的相关信息，家长的参与程度就会有所上升（Sanders et al.，1999）。由于语言和文化背景差异，新移民和业已站稳脚跟的少数族群（如非洲裔美国人）通常都会有不受学校欢迎的感觉（Adler，2004；Garcia Coll et al.，2002）。在一项关于家庭—学校互动的定性研究中，研究者发现，拉美裔且受教育程度较低的家长在和学校单独交流时会有低人一等、尴尬、无助和羞耻情绪（Auerbach，2002）。这些家长通常对学校以及其运作方式所知甚少，这进而导致学校活动参与度的减少（Greenfield，Suzuki，et al.，2006；Vega et al.，2005）。

一些旨在增强少数族群家长学校参与度的项目已经收到了很好的效果。在这些项目中，教师会向家长介绍他们提升孩子学校表现的方式，而家长会介绍自己的目标、价值观、信念以及实践方式。在洛杉矶一个能增强教师对文化背景理解的项目中，研究者发现，教师—家长关系以及师生关系都得到了改善（Trumbull et al.，2003）。由于能够理解其文化，教师与少数族群家长的关系更加亲近了。如同一位教师说的那样："我能更好地理解他们，对他们的主观判断减少了，而同理心增加了……（关于）学生为什么会旷课——'我要去提华纳因为我的祖母病了'——或者为什么他们会全家人一起来上课，我以前只是对这些行为表示接受，但现在我能够理解他们。"（Trumbull et al.，2003，p.57）教师还采用更加私人和非常规的方式和这些家庭进行交流。他们设计了新的班级活动，展示了对这些家庭文化价值观的理解，并增加了参与班级志愿活动的家长数量。他们顺应家长的需要改变了家长会的形式，由一对一的讨论改成了小组会议的形式，这让拉美裔家长感觉更加舒适。教师还给家长提供了关于学校目标和价值观的评价。他们成为了学生和家长学校系统中更加称职的代言人。由于这些改变，交流的效果提高了，教师和家长更能互相理解和尊重。因此，家庭和学校之间的文化差异的减少能够让儿童获益良多（Collignon et al.，2001；Duran et al.，2001）。

学校：学生的缓冲器

当家庭环境存在不足时，学校可以发挥缓冲器的作用，避免儿童误入歧途。这种缓冲作用甚至在入学之前就已开始，当儿童和母亲之间存在不安全依恋关系时，和学前班照看者形成的安全依恋能够让他们适应更好（Howes & Spieker，2008）。入学之后也一样，支持性的班级环境能够缓冲支持不足的家庭带来的负面影响。吉恩·布洛迪（Gene Brody）和同事（2002）以7～15岁的非洲裔美国儿童及其母亲为样本，对这一问题进行了考察。研究发现，对那些母亲参与不多、监控聊胜于无的儿童而言，如果教师能够明确规则，班级组织良好，同学积极参与活动，那么他们的表现也能更好。这些孩子管理自身情绪的能力更强，攻击性、抑郁和破坏性都低于母亲与学校都支持不足的儿童。显而易见，好的学校环境能够给家庭环境不利的儿童带来保护作用，帮助他们顺利成长。

课后项目

由于父母通常都会参加全职工作，儿童可能需要在放学之后找地方待着。美国约有20%的6～12岁儿童是**挂钥匙儿童**（latchkey children），这些儿童需要自行在家待着并照顾自己，直到父母下班回家（Urban Institute，2000）。毫不令人惊讶，随着儿童的长大，自我照料行为增加了，大多数青少年至少在某些时间段需要自我照顾。从积极的一面看，自我照料赋予儿童责任，促进了他们的成熟（Belle，1999）。

> **挂钥匙儿童：**放学后因为父母在外工作而必须自己待在家里的儿童。

但这种行为也有消极的一面，因为这些儿童更可能成为放学后反社会行为的受害者或参与者，他们更容易产生行为问题，如出现反社会行为、学业表现较差、压力巨大或吸毒等（Belle，1999；Lord & Mahoney，2007，见图9.1）。对于这一现象，家长并非毫不在意。一位母亲不无忧虑地说："我很担心她下午在做什么。从3点开始我就不能放松下来。我一直在想她是否在家做她的家庭作业。"（Belle，1999，p.87）家长可以通过远程监控来降低儿童自我照料带来的风险，如通过电话联络，或建立起关于许可活动、朋友及地点的清晰规则（Belle，1999）。

暴力欺凌受害者年龄分布

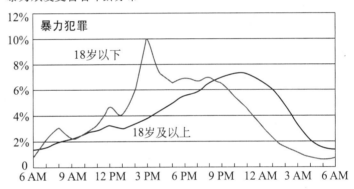

图9.1　18岁以下的学生在放学后遭遇暴力欺凌的情况

资料来源：Office of Juvenile Justice and Delinquency Prevention，1999.

向当代学术大师学习　　黛博拉·劳·范代尔

黛博拉·劳·范代尔（Deborah Lowe Vandell）是加利福尼亚大学尔湾分校教育系主任。在哈佛大学和波士顿大学完成了研究生学业之后，她在达拉斯的得克萨斯大学执教，随后又前往威斯康星大学麦迪逊分校教授教育心理学、人类发展和家庭研究，以及其他心理学课程。她的研究主要关注三个问题：（1）幼儿照料和教育对其发展的影响；（2）课后项目及活动对儿童，尤其是低收入有色人种儿童的影响；（3）儿童与同伴、家长、兄弟姐妹、教师和指导者的关系。在研究中，她使用观察、访谈和问卷调查等多种方法，被试年龄跨度从婴儿到青少年。她的研究结果具有重要的实践意义，并业已被用作改进儿童照料质量以及课后项目的基础。范代尔还为美国国家科学院、美国国家健康研究所、教育部、国家早教研究中心以及一些基金会提供咨询服务，她还为美国国会以及联邦、州和地方政府的其他政策制定提供证据。

扩展阅读：
Vandell, D. L., Pierce, K. M, & Dadisman, K. (2005). Out-of-school settings as a developmental context for children and youth. In R. V. Kail (Ed.), *Advances in child development and behavior, Vol. 33* (pp. 43-77). New York: Academic.

课后项目提供了自我照料之外的又一选择。这些项目提供了让孩子学习新技能的活动，如计算机、科学以及艺术等。高质量的课后项目具有如下特点：生理和心理安全，和成人及同伴之间的支持性关系，具有参与团体的机会以及积极的社会规范 (Eccles & Gootman, 2002)。参与这些项目能够给小学生带来一系列帮助。他们的情绪状态调节得更好，同伴关系更佳，更加擅长冲突解决，他们的学业表现更好，吸毒或参与违法犯罪活动的可能更低 (NICHD Early Child Care Research Network, 2004a；Mahoney et al., 2007；Vandell, Pierce, et al., 2005；Vandell, Shumow, et al., 2005)。孩子参与到高质量的课后项目中后，父母也感觉轻松了许多："参加课后项目后，我再也不用担心他在街上游手好闲了。他和一群特定的儿童在一起，不会沉迷于电视节目。我对这个项目和项目的教师非常满意。"(Belle, 1999, p.88) 然而，缺乏监管、组织混乱的课后项目会对儿童的发展产生不利影响 (Mahoney et al., 2009)。家长需要精心挑选课后项目。

种族融合学校

很少有主题可以像种族隔离一样在美国引起轩然大波。1954 年，最高法院宣判终结种族隔离教育，声明种族隔离的教育是不公平的 (Brown v. Board of education, 1954)。人们期望种族隔离制度的废除能够提高非洲裔美国学生的自尊和学业成就水平，让非洲裔美国人和欧裔美国人更加积极地彼此看待，为进入这个日益多族群化的社会作好准备。

如果以非洲裔美国学生自尊和学业成就的提升作为判定这一宏观政策成功与否的标准，那么其结果非常复杂。尽管一些研究报告，在种族融合学校中的非洲裔美国人的自尊和学业成就有所上升，但不是所有的研究都支持这一观点 (Wells, 1995)。然而，如果标准是增加了非洲裔美国学生的机会，让他们对不同种族有更加积极的态度的话，那么众多研究都一致得出了积极的结论 (Pettigrew, 2004)。和种族隔离的学校相比，种族融合学校的非洲裔美国学生更有可能进入并从原先由欧裔美国学生占主导的大学毕业，更可能和欧裔美国人成为同事，也更可能获得好的工作。他们更可能住在多种族的社区，拥有欧裔美国人朋友，对欧裔美国人的态度也更加积极。和种族隔离学校的欧裔美国学生相比，种族融合学校的欧裔美国学生同样对非洲裔美国学生持有更加积极的态度。一项对 515 个研究进行的元分析表明，94% 的研究支持了种族融合学校中不同种族的接触能够降低种族歧视，尤其是在学校给予不同种族平等的地位、鼓励种族间的合作，并减少种族间的恶性竞争的情况下 (Pettigrew & Tropp, 2006)。

班级中的种族融合同样和安全感、社会满足感之间存在着关联。一项对六年级学生进行的研究表明，相比单种族学校，非洲裔和拉美裔美国学生在多种族学校中更有安全感，孤独感更低，更少受到同伴的欺凌，自我价值感也更高 (Juvonen et al., 2006)。在学校层面也观察到了类似的模式：在多种族学校里，学生的安全感更高，更少感到孤独或受欺凌。为了促进种族融合学校不同种族群体之间的关系，人们采取了多种多样的措施。例如，一个项目给 830 名一、二年级学生布置了一系列任务，帮助他们和其他族群的成员打成一片。这一项目让儿童以更加开放的心态去选择理想的玩伴 (Houlette et al., 2004)。

不幸的是，在过去几十年间，随着住宅区的分离，学校的种族分离现象日益严重 (Orfield & Grordon, 2007)。在很多城市，因为欧裔美国儿童的家长不愿孩子搭乘公共汽车去种族融合学校，同时也因为种族融合已经不再是法律所强制要求的，欧裔美国儿童生源的缺乏导致种族融合项目不得不中止。甚至在种族融合学校内部，分班制度也会导致实际上的种族隔离现象。在很多这类学校中，非洲裔和拉美裔学生被分配到较欧裔美国学生水平更低的班级，导致了彼此之间几乎没有互动机会。尽管如此，美国不同种族学生的家长仍然对种族融合持支持态度 (Pettigrew, 2004)。或许将来种族融合政策能够以更新、更有创造力的方式继续贯彻下去。

■ 电子媒体和学生的社会生活

在过去几十年中，电子媒体的出现已经完全改变了学生的生活。如今，从很小的年龄开始，电视、电子游戏、互联网和手机就已经成为了儿童生活中不可或缺的部分。在 16 岁时，大多数美国儿童花在电视上的时间要多于上学或睡觉。近99%的美国家庭拥有电视机，而拥有Xbox360、Playstation3和Wii游戏机的家庭占有孩子家庭总数的83%。事实上，一项以全美范围内2 000多名8～18岁儿童为样本的调查发现，平均而言，儿童的家中有4台电视机、3台VCR/DVD播放器、两台游戏机以及两台计算机（Rideout et al.，2005）。调查表明，美国50%的儿童及97%的青少年能够上网（Roberts & Foehr，2004；Ybarra，2004），并且65%的学生和80%的青少年拥有手机，其中15%是智能手机（CTIA，2009；Pew Internet，2009；Statistics and Cell phones，2008）。

看电视和玩电子游戏

电视能够给孩子带来积极的影响，给他们树立容忍和善良的榜样。然而大量攻击和暴力行为的刻画会造成负面的后果，这让世界各地的家长充满忧虑。2001年，美国儿科学会建议不要让两岁以下的儿童观看电视，也不要在年长儿童房间里安放电视（American Academy of Pediatrics，Committee on Education，2001）。在这一节，我们提出并回答了一些与儿童看电视、玩电子游戏有关的问题，分析这些行为对儿童社会性发展的影响。

参与时间

看电视的经历从婴儿时期就已开始。一项研究发现，40%的3岁以下婴儿每天至少盯着开着的电视机1个小时（Zimmerman et al.，2007）。另一项研究则表明，两岁以下儿童平均每天看两小时电视（Wartella et al.，2005）。这些儿童有1/4在自己卧室有电视机。但是，在小的时候，这些儿童并不一定会看电视成瘾。2～9岁的儿童平均每天看电视的时间是3个小时，看电视时间的最高峰是青少年期前期（10～13岁），这个年龄儿童平均每天看4个小时电视。而13～17岁青少年看电视时间是两个半小时（见图9.2；Comstock & Scharrer，2006；Robert & Foehr，2004）。这种看电视的模式普遍存在，类似的发展模式在欧洲、加拿大和澳大利亚都有所发现（Larson & Verma，1999）。玩电子游戏的高峰期同样出现在童年中期：在8～10岁时，73%的男孩平均每天玩1个半小时，而16或17岁时，他们每天只玩半个小时（Rideout et al.，2005）。由于多任务能力的发展，儿童能够在玩电子游戏的同时看电视节目。

儿童看多少电视和玩多长时间的电子游戏取决于他们的家庭特征。来自贫困、非洲裔或单亲家庭的孩子看电视的时间更多（Comstock & Scharrer，2006）。家长看电视的时间更多、房间里有很多电视，或在他们的房间里有电视都会导致儿童看电视时间的增加（Rideout et al.，2005；Woodard，2000）。玩电子游戏的时间和家庭收入没有相关，男孩玩游戏的时间是女孩的两倍（Rideout et al.，2005）。这可能部分由于大多数游戏是男性导向的，不合女孩的兴趣和口味（Subrahmanyam & Greenfield，1999）。在自己房间有游戏机的年轻人会玩得更多，在控制了年龄、性别、

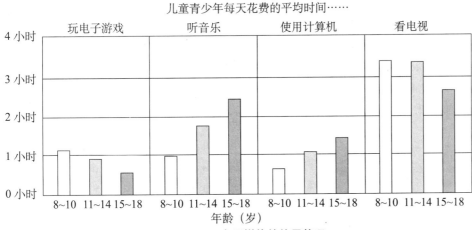

图9.2　电子媒体的使用状况

随着儿童的成长，他们看电视和玩电子游戏的时间减少，而听音乐、使用计算机的时间增加。

资料来源：Rideout et al., 2005. Report Generation M2: "Media in the Lives of 8 to 18 Year Olds," (#8010) The Henry J. Kaiser Family Foundation, January 2010. This information was reprinted with permission from the Henry J. Kaiser Family Foundation. The Kaiser Family Foundation is a non-profit private operating foundation, based in Menlo Park, California, dedicated to producing and communicating the best possible analysis and information on health issues.

种族和社会经济地位等因素之后情况依然如此（Rideout et al.，2005）。花大量时间看电视的儿童往往也是计算机和电子游戏的重度使用者。

电视和电子游戏的内容

儿童会观看各种各样的节目，如卡通、情景喜剧、家庭剧和教育类节目，像《芝麻街》等。男孩更喜欢观看动作片和体育节目；女孩则更喜欢看社会剧和肥皂剧（Valkenburg，2004）。随着他们日益长大，儿童对儿童节目的兴趣减退，开始关注大人的节目（Wright, Huston, Vandewater, et al.，2001）。不幸的是，这些节目里包含了大量的暴力画面，平均而言，从1973年到1993年，电视台黄金时间段播放的节目有91%都包含暴力因素（Gerbner, Morgan, et al.，1994）。更令人担忧的是，周六早上的节目有70%包含了暴力，其主要观众就是儿童。周末的卡通节目同样很暴力，有95%和暴力有关，每小时出现的暴力画面高达21次。这一比率从1960年开始就呈现持平或上涨的趋势直到今天。2002年，晚上8点档电视节目的暴力画面比1998年增加了41%，而9点档节目更是增加了134%（Schulenlourg，2006）。DVD电影和电子游戏也同样具有大量暴力画面。对PG-13（13岁以下必须要有成人陪同才能观看）电影内容的分析表明，90%的电影具有暴力内容，其中近一半描述的暴力活动是致命的（Webb et al.，2007）。超过85%的电子游戏包含暴力内容（Subrahmanyam et al.，2001）。一项全美调查表明，77%的8～10岁儿童玩过以暴力闻名的游戏《侠盗猎车》（Rideout et al.，2005）。从20世纪60年代末期开始相关研究以来，尽管人们进行了大量的努力，但电子媒体中的暴力画面依然没有降低（Bushman & Anderson，2001）。

与此同时，电视节目和电子游戏中的"侵犯性内容"（如粗口和性行为等）越来越多（Comstock & Scharrer，2006）。在一年中，年轻人会在电视上看到14 000次与性相关的内容或信息（Strasbukger & Wilson，2002）。性内容已经成为了情景喜剧、肥皂剧和黄金时段节目的重要特征，而这些节目的目标观众除了成人还有年龄稍大的儿童和青少年。一项研究对早7点到晚11点之间播放的900个电视节目进行了调查，发现其中66%包含了性内容，频率高达平均每个小时4次（Kunkel et al.，2001）。这些电视上的性画面往往是无心之失，而非有意为之，通常只是节目的一个正常部分（Cantor et al.，2003）。在音乐电视节目中，女性往往被描述成被动的性对象（Jhallly，1995）。大多数包含着性内容的电视节目、游戏和音乐电视都没有关于性行为风险和责任的介绍（Comstock & Scharrer，2006）。只有少量媒体节目将唤起公众对强奸、艾滋病和避孕等问题的意识作为其直接目标（Agha，2003）。

儿童能理解看见的内容吗

为了理解在电视和电子游戏中看到的内容，儿童需要区分幻想和现实的能力。很小的儿童很可能认为电视的画面是真实的，这种现象被称为**魔法窗口思维**（magic window thinking）（Bushman & Huesmann，2001）。3岁的小孩会走到电视屏幕前向喜爱的人物招手或尝试触摸他们（Valkenburg，2004）。他们认为大鸟和兔八哥都是真实的（Howard，1998），认为芝麻街是人们真实生活着的地方，儿童还认为在看电视时，电视里的角色能够看到他们并听到他们的声音，屏幕上所有的东西都真实存在于电视机内部（Nikken & Peeters，1988；见表9.1）（或许平板电视对他们的这一想法会构成挑战——这是你可以尝试的研究主题！）。儿童对电子游戏的反应大同小异。一位年轻的玩家如是说："我曾经认为，所有游戏中的角色，如马里奥和索尼克都是真实存在的，他们能过来拜访我并和我成为朋友。"（http://iusedtobelieve.com）随着儿童的长大和认知技能的提高，他们区分幻想和真实的能力得到了提升。4岁儿童能够理解在电视上看到的角色和物体其实并不在电视机里面（Flavell et al.，1990）。更年长些的儿童能够理解大多数节目都是编造的，是根据剧本排练的（Wright et al.，1994）。

儿童认知能力的发展还能帮助他们更好地理解电视节目中的因果关系。这种将动作与其后果相联系的能力可能能够减少暴力画面对儿童的消极影响。很多研究发现，如果电视上角色的攻击行为受到了惩罚，儿童模仿该行为的可能性会更低（Bushman & Huesmann，2001）。然而，不幸的是，电视中只有20%的暴力行为受到了惩罚和制裁

魔法窗口思维　儿童认为电视中的画面都是真实的这一认知倾向。

（Center for Media and Public Affairs，1999）。不仅如此，节目错综复杂的故事情节经常将人物的攻击行为及其后果割裂开，这导致了年轻的观众难以将犯罪行为及其受到的惩罚联系在一起。在一项研究中，研究者让三年级、六年级和十年级儿童观看描述攻击行为的电视剧（Cllins，1983）。

其中第一组儿童观看攻击行为立刻受到惩罚的片段，第二组则在惩罚片段之前播放一段广告。结果发现，由于拥有较好的长时记忆能力，较年长儿童没有受到广告的影响，但观看插播了广告的三年级儿童相比第一组儿童更可能表示愿意模仿电视中的暴力行为。

表 9.1 儿童对电视节目信以为真的例子

有一次我看《芝麻街》，当 Snuffalupagus 先生紧紧跟在 Gordan 身后时，我大声喊起来："他就在你的后面！！！"然后 Gordan 就转过头来说："你是说他就在我后面？"从那天开始，我再也不敢只穿着内衣看电视了。
我一度认为，电视是我家的另一扇窗户，而《芝麻街》里的人物就是我的邻居。
我曾经相信电视里的人能听到我在房间里说话，因此，每当我父母开始讨论别的事情时，我觉得新闻播报员肯定会很沮丧，因为他们肯定觉得自己被忽视了。
我曾经相信在彩色电视被发明之前，世界是黑白的。
我曾经相信，当电视画面改变的时候，前一个画面里的人物会被冻住，直到再次轮到他们讲话。
我曾经相信，如果屏幕上还有人的时候把电视关掉，电视里面的人就会死掉，所以我总是等电视剧放完了才关电视。
当我还是个小女孩的时候，我曾相信，电视节目是通过天上的镜头拍摄的，所以我四处玩耍，就像在电影里一样。
当我还小的时候，我们一家人坐在客厅看新闻。新闻里正在播放圣诞节的内容，当我看到其中有个小孩没有收到圣诞礼物时，我就从自己的圣诞树下拿了一个礼物想要送给电视里的小朋友。

资料来源：http://iusedtobelieve.com/.

将电视节目中的行为与其结果相联系能力的缺乏可能是攻击性节目对年轻观众影响巨大的原因之一（Bushman & Huesmann，2001）。但是，经过教育即使很小的儿童也能够区分电视画面和真实生活中可接受行为之间的界限。一项历时两年的研究让儿童参与讨论小组，告诉他们电视节目是对真实世界的虚拟描述，在现实生活中攻击行为发生的频率远低于电视，学习攻击性电视角色的行为是不恰当的（Huesmann et al.，1984）。和那些没有参加培训的儿童相比，两年之后，培训组儿童的攻击行为更少。帮助儿童理解他们在电视里看到的并非现实（即使是真人秀节目）能减少电视暴力节目带来的消极影响。

电视的积极影响

教育类电视节目对儿童认知和语言能力的发展具有积极的影响（Comstock & Scharrer，2006）。但是，电视能够促进儿童的社会性发展吗？研究者考察了观看《罗杰斯先生的邻居》（*Mister Rogers' Neighborhood*）对儿童亲社会行为的影响。这一节目的主题是理解感受、表达同情和帮助他人。观看了《罗杰斯先生的邻居》的儿童不仅学会了节目中特定的亲社会行为，还能够将其运用到和同伴交往的情境中（Anderson et

al.，2001；Comstock & Scharrer，2006；Huston & Wright，1998；Singer & Singer，2001）。类似地，《芝麻街》和《巴尼和他的朋友们》等节目也在鼓励分享、合作等亲社会行为，从而增加了年轻观众的亲社会行为（Mares & Woodard，2001）。由于中产和上层阶级家庭中的父母时常陪孩子观看这些节目并鼓励他们的利他行为，节目的促进作用表现得尤为明显。亲社会电视节目的积极作用在其他文化中也有发现。为了促进以色列与约旦河西岸和加沙地区儿童的相互尊重和理解，《芝麻街》节目组制作了并在当地播放两款节目，这不仅使得以色列和巴勒斯坦学前儿童在争端解决中亲社会判断增加，还让他们更多地使用积极词对对方进行描述（Cole et al.，2003）。对 34 个研究进行的元分析表明，观看亲社会电视节目和更高水平的社会互动、利他行为以及更低的攻击行为、成见之间存在着稳定的关联（Mares & Woodard，2005）。这些影响一直延续到青少年期（Lee & Huston，2003）。此外，看电视和玩电子游戏可以加强群体认同。有观点认为，对青少年而言，对媒体的选择发挥着认同标识作用，青少年以此来定义自我（Huntemann & Morgan，2001）。

向当代学术大师学习   爱丽莎·C·休斯顿

爱丽莎·C·休斯顿（Aletha C. Huston）是得克萨斯州大学奥斯汀分校儿童发展专业的教授（http://www.he.utexas.edu/hdfs/ahuston.php）。尽管她最初的专业是化学，在斯坦福大学和社会学习理论家阿尔伯特·班杜拉一起工作的经历让他对社会性发展产生了浓厚的兴趣。她研究的目标是描述对社会行为（主要是电视上的行为）的观察如何影响儿童的学习和行为。另外，她还研究了贫穷、儿童照看方式对儿童社会性发展的影响。休斯顿最引以为豪的成果是：她是第一个摆脱只考察暴力电视节目影响这一研究思维定势，转而研究亲社会电视节目的研究者。这开创了一个漫长的研究项目，她考察了通过电视培养儿童社会和认知技能的可能性，促成了一场改进儿童电视节目而非对看电视行为进行简单压制的运动。美国联邦通信委员会在就儿童电视节目进行决策时经常会引用她的工作成果，其工作得到了广泛的认可。休斯顿认为，当前最急切的工作是如何将儿童发展的相关知识和政策制定相结合。她认为，包括发展科学、社会学、政策分析、经济学在内多学科的交融是一个令人激动的趋势，能够帮助我们更好地理解复杂的问题。在本科时，她惧怕开创性的研究，认为这需要全新的理论以及明显的创新，但今天，她给学生的建议是："不要害怕，你可以从细节入手，和良师益友合作，逐渐把工作做得尽善尽美。"

扩展阅读：

Huston, A. C., Bickham, D. S., Lee., & Wright, J. C. (2007). From attention to comprehension: How children watch and learn from television. In N. Pecora, J. Murray, & E. A. Watella (Eds.), *Children and television: Fifty years of research* (pp. 41-64). Mahwah, NJ: Erbaum.

电视和电子游戏的负面影响

观看暴力或性相关的电视节目、玩暴力或性相关的电子游戏带来的负面影响广泛而深远。本节我们对最引人注目的负面影响进行讨论。

电视知觉偏差

电视是了解他人的一个重要来源，儿童（及成人）花在电视上的时间越多，他们越可能将真实世界视为电视世界的翻影（Gerbner et al.，1980）。不幸的是，电视对生活和社会的描述通常是不确切的。那些花大量时间看电视的人会产生一种错误的倾向，高估世界的危险和犯罪行为，同时低估他人可信任的程度和帮助他人的意愿（Gerbner，Gross，et al.，1994）。这无疑对儿童的社会性发展具有不利的影响。目前尚未有电子游戏产生偏差效应的相关研究，但其效果很可能大同小异。

电视和电子游戏取代其他活动

由于取代了运动、社团、交谈等活动，电视和电子游戏同样会对儿童的社会性发展产生负面影响。在加拿大一项研究中，研究者比较了三个小镇学生的社会活动：一个小镇没有电视可以看，第二个小镇只有一个电视频道，而第三个小镇有四个频道（MacBeth，1996；Williams & Handford，1986）。结果非常明显：没有条件看电视的儿童参与交流活动最多，而有四个频道的小镇参与最少。当第一个小镇具备了看电视条件之后，儿童对舞蹈、派对和运动的参与程度下降了。南非一项研究发现了类似的现象：花大量时间看电视的人更少参加体育运动或其他户外活动，和朋友相处的时间也更少（Mutz et al.，1993）。即使和朋友在一起，他们也更愿意看电视或玩电子游戏，而不愿进行有意义的交谈和互动（Huesmann & Taylor，2006；Larson & Verma，1999；Subrahmanyam et al.，2001）。仅仅开着电视就能够造成扰乱和分散注意力等影响（Schmidt et al.，2008）。"背景电视"同样会影响儿童与父母的互动：开着电视的时候，亲子社会性交流的频率和质量都下降了（Kirkorian et al.，2009）。

电视造成对少数族群的刻板印象

电视同样让儿童对其他族群产生了偏见（Berry，2000，2003；Greenberg & Mastro，2008，Signoriell & Morgan，2001）。从电视角色的分布上，欧裔美国人具有压倒性的优势。2002年，73%的电视角色是欧裔美国人，将非洲裔美国人

（16%）、拉美裔美国人（4%）、亚裔／太平洋小岛居民（3%）和美国原住民（不到1%）远远抛在后面（Diversity on Television，2002）。从1998年到2003年，拉美裔演员扮演仆人的可能性是非拉美裔白种美国人的4倍，扮演犯罪分子的可能性则接近3倍，拉美裔以及中东人更可能扮演犯罪分子而非医生、法官等专业工作角色（Children Now，2004）。事实上，近半数的中东角色都是犯罪分子。儿童观看最多的晚8点档节目以及最受儿童欢迎的情景喜剧节目对族群多样性及多种族融合的表现最少。所有族群的儿童都将欧裔美国角色与富有、聪明、受到良好教育相联系，而少数族群的角色则与违法、经济拮据、懒惰、贪婪相联系（Children Now，1998）。

看电视影响种族态度的研究表明，儿童的原有观念左右着电视对其观点的影响效果（Huston & Wright，1998）。与其说电视导致了偏见，不如说电视强化了原有的消极态度。不管怎么样，这一问题都需要引起重视。2008年，电视节目中少数族群的数量仍然偏低（Armstrong & Watson，2008），但好消息是儿童电视节目——尤其是迪士尼频道和Nickelodeon——已经增加了角色的多族群性（Wyatt，2008）。尽管如此，少数族群演员的参与性和角色积极程度还有很大的提升空间。

暴力电视节目和电子游戏导致攻击性

电视对儿童社会性发展最为严重的负面影响之一是电视和电子游戏中的暴力画面导致了儿童攻击性的增加（Anderson et al.，2007；Dubow et al.，2007）。时常观看电视暴力画面会影响儿童的态度和行为，让其认为使用暴力的方式解决个人冲突是正当且有效的（Bushman & Huesmann，2001）。这一效应不仅在美国，还在澳大利亚、芬兰、英国、以色列、波兰和荷兰得到了验证。第12章"攻击行为"会详细讨论电视对儿童攻击行为的影响。

暴力电视节目和电子游戏导致脱敏

暴力电视节目和电子游戏的另一负面影响是**脱敏**（desensitization）。经常观看暴力电视或玩电子游戏的个体容易对暴力产生脱敏，他们对暴力节目的情绪反应减少（Cantor，2000），在玩暴力电子游戏之后，他们对真实世界攻击行为的生理反应（如心跳速率的改变）也有所减少（Carnagey et al.，2007）。观看暴力电视的儿童面

对暴力场景时的情绪波动更小，对真实的暴力行为持更加宽容的态度（Drabman & Thomas，1976）。

> **脱敏** 个体对重复出现刺激或事件的情绪反应降低的现象。

电视和性

电视暴力并非唯一需要担心的方面。电视上大量性画面以及虚拟、刻板化和存在潜在健康风险的性信息同样会对儿童产生影响（Ward，2003；Ward & Friedman，2006）。电视节目中的性具有"娱乐化"倾向，发生性行为的个体通常没有婚姻等固定关系，很少提及避孕、性传播疾病等（Kunkel et al.，2003）。一项研究发现，时常观看充斥着性信息节目的高中生对性持更加娱乐化和刻板化的态度（Ward & Friedman，2006）。这可能是因为这些学生业已形成的性态度让他们选择观看这些节目，而非电视节目塑造了他们的态度。为了考察这一问题，研究者让一组学生观看流行的戏剧和情景喜剧片段［如《宋飞正传》（Seinfeld）和《老友记》（Friends）］，这些片段将性描述为一种消遣，女性是性玩物，而男性则完全受性的驱使。控制组青少年则观看同一部片子中与性无关的片段。结果发现，相比控制组，观看了性相关视频的青少年更可能认同女性是性玩物这一观点，并具有更多关于性的刻板印象。这一结果表明，具有性刻板内容的电视节目能够促进个体对性的刻板态度。那些声称自己看电视是因为无人陪伴而非消遣的青少年更可能接受这种性刻板形象。或许依赖电视而非同伴来避免孤单的个体更容易接受电视传递的信息，并在这些信息的基础上定义社会规范和价值观。事实上，其他研究者也发现，对缺少朋友的年轻人，电视具有更大的影响（Morgan & Rothschild，1983）。

大量观看电视还会改变对同伴性行为的认知。青少年看《绯闻女孩》（Gossip Girl）、《新飞越比佛利》（90210）等刺激节目越多，他们越认为同伴是性活跃的（Eggermont，2005）。不仅如此，那些观看了大量性相关电视节目的青少年在随后一年中发生性行为的可能是其他青少年的两倍（Collins et al.，2004），性内容接触越多，怀孕的可能性也越大（Chandra et al.，2008）。

电视也有可能在性这一方面产生积极的影响。在流行儿童节目《费丽丝蒂》（Felicity）播放了关于约会强奸的描述，并给出危机热线电话之后，该

平均而言，儿童一年要看到 40 000 条电视广告，并对其中至少 10 000 个广告产品产生兴趣（kunkel，2001）。含糖谷物，快餐，昂贵、可笑甚至危险的玩具都将儿童作为广告轰炸的目标（Byrd-Bredbenner，2002；Matthews，2008）。广告中铺天盖地都是不适合儿童的产品，家长和发展心理学家对此深感忧虑也就不足为奇了。

但是，孩子注意这些广告了吗？这一问题的答案或许没有广告商期望的那么乐观。当广告出现的时候，儿童的注意力就分散了，并且随着年龄的增长这一趋势越来越明显。一项研究表明，甚至是 4 ~ 5 岁的儿童也已经能够区分广告和电视节目，但只有 1% 儿童知道广告的目的是"尝试让你买东西"（Gaines & Esserman，1981）。从 8 岁开始，儿童开始对广告产生质疑和批评，这种质疑和批评在 12 岁时达到顶峰（Boush，2001）。

尽管儿童对广告目的理解能力有限，但广告确实能够影响儿童的选择。一项研究让 5 ~ 8 岁儿童观看不同的电视广告（Gorn & Goldberg，1982）。一些儿童看甜食广告，另一些看水果、果汁或者关于健康饮食的公共服务信息。只看了甜食广告的儿童更倾向于选择甜食而非水果或果汁。在另一项研究中，4 ~ 12 岁儿童在观看了电视广告之后，更愿意选择相应品牌的饮料、小吃、谷类食品和甜食（Buijzen et al.，2008；Pine & Nash，2003）。观看更多广告的儿童对垃圾食品的态度更加积极，消费也更多；但是，当研究者让他们观看有营养食品广告时，他们产生了更加健康的态度和信念（Dixon et al.，2007）。

电视广告还能影响儿童对玩具的选择。研究者发现，当小孩给圣诞老人写信时，经常看电视，尤其是经常单独看电视的孩子会希望得到更多的玩具（Pine & Nash，2002），并更可能希望得到电视广告中的特定玩具（Pine et al.，2007）。对大一些的孩子而言，广告与其索要玩具、CD、衣服、电脑游戏以及运动装备的行为及物质主义水平存在相关，让儿童相信拥有金钱、能够买很多东西非常重要（Buijzen & Valkenburg，2003）。

看了广告之后，儿童会尝试劝说父母购买广告中的产品。一项研究发现，85% 的儿童曾经向父母索要电视广告中的产品（Greenberg et al.，1986）。儿童对广告产品的索要和恳求造成了亲子冲突的增加（Valkenburg，2004）。因此，广告不仅榨取家庭的经济资源，还造成家庭关系的紧张。广告导致了购买请求，购买的请求导致了亲子冲突，如果该请求遭到拒绝，儿童就会感到失望，而失望进而导致对生活不满的增加（见图 9.3：Buijzen & Valkenburg，2003）。家长能够通过向儿童解释广告的意图是销售产品并且其内容不一定真实来减少上述负面效应；单纯通过限制儿童对广告的接触效果不佳（Buijzen & Valkenburg，2005）。

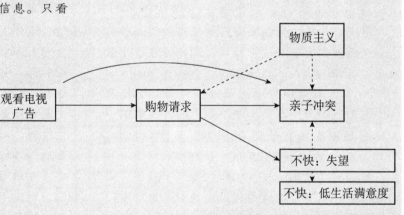

图9.3　广告的无意识影响

观看电视广告与儿童更多的购买要求和物质主义倾向存在关联，更多的购物请求导致了更频繁的亲子冲突和更多的失望情绪。

资料来源：Buijzen, M., & Valkenburg, P. M. The unintended effects of television advertising: A parent-child survey. *Communication Research*, 30, pp. 483-503, copyright ©2010. Sage Publications. Reprinted by permission of Sage Publications.

电话的拨打率上升了（Folb，2000），并且，频繁接触避孕宣传和安全性行为意识的提升存在相关（Agha，2003）。尽管如此，总体而言电视在青少年性态度及行为的发展上发挥的作用弊大于利。

父母如何才能消除电视的消极影响

一项对全美国范围内超过 30 000 名 6 ～ 11 岁儿童进行的调查表明，如果儿童时常观看电视，同时父母对其关注不足的话，这些孩子就非常可能出现行为问题（Mbwana & Moore，2008）。如果儿童每天看电视的时间超过 3 个小时，同时家长与其交流不畅并对孩子的朋友近乎一无所知，这些孩子通常就会表现出很高水平的外部（如行为不当）和内部（压抑和焦虑）问题。

家长可以通过一系列措施减少电视对孩子产生的消极影响。方法之一是和孩子一起看电视。这已经越来越为家长所接受：据儿童报告，家长和他们一起看电视时间的比例从 1999 年的 5% 上升到 2004 年的 32%（Rideout et al.，2005）。"全家一起看"的节目更加有益。和母亲或父亲一起看电视可以帮助儿童战胜恐怖节目带来的恐惧。事实上，孩子们表示，他们应对电视上可怕内容最常用的策略是"坐到父母身边"（Huston & Wright，1998）。儿童还时常会和兄弟姐妹一起看电视（Roberts et al.，1999），和哥哥姐姐一起看恐怖电视的儿童感到的不安情绪要更少（Wilson & Weiss，1993）。

步入成年	还在玩电子游戏？

现在的年轻成人是第一批玩着电子游戏成长起来的人。从雅达利到任天堂再到 Xbox，游戏已经成为了他们生活的一部分。在他们成年之后情况如何？他们是否因为工作、婚姻、债务和孩子而放弃游戏？答案明显是否定的。根据娱乐软件协会（Entertainment Software Association，2009）的报告，现在典型的游戏玩家年龄为 35 岁。

游戏玩家长大了之后会是什么状态呢？一些记者指责电子游戏制造了一批低成就的"大小孩"，并将他们与 20 世纪 60 年代的人们进行比较：20 世纪 60 年代的男人拥有一份固定的工作，努力成为一名好丈夫、好父亲，为家庭制定长远规划；而如今的男人只会"在酒桌上展望未来，吊儿郎当玩着《光晕 3》"（Hymowitz in Smith，2008）。这一观点让成人玩家非常愤怒，他们声称玩游戏只是个爱好，仅此而已，但他们也承认自己很可能在早上 4 点到 7 点之间起床玩游戏（Smith，2008）。对 802 名成人进行的调查表明，游戏玩家过着非常充实的生活，其中 93% 会看书和日报，94% 会追踪新闻时事，61% 参与宗教活动，50% 花时间绘画、写作或演奏乐器，平均而言，他们每周花在这些活动上的时间是游戏时间的 3 倍（Fahey，2005）。

成年玩家和青少年玩家有所不同。对游戏《无尽的任务》（最流行的大规模多人在线角色扮演游戏）的玩家进行的调查表明，玩游戏时间在 20 ～ 22 岁时达到顶峰（平均每周 29 个小时），随后逐渐下降到 30 岁时的每周 23 个小时（Griffiths et al.，2004）。和青少年玩家相比，女性成年玩家显著更多（20% 对 7%），并且成年玩家放弃学业和工作去玩游戏的可能更小（7% 对 23%），他们更愿意牺牲某个爱好（28% 对 19%）或和朋友、家庭一起的社交时间（21% 对 12%），也更少认为暴力画面是游戏中最受他们喜爱的方面。显然，成人玩家的游戏行为更加"成熟"。

成人玩家中已为人父母的比例正在日益上升。对他们而言，时间是最大的挑战。在孩子还小需要照料时，家长需要挑选随时可以暂停去换尿布的游戏（Struck，2007）。当孩子长大了一些，家长需要能够和小孩一起玩的游戏，或至少能当着孩子的面玩的游戏。娱乐软件协会（2009）的一项研究发现，35% 的美国家长时常玩电子游戏，并且 80% 的"父母玩家"会和孩子一起玩。这些家长相信，一起玩游戏会拉近和孩子的距离，并且认为自己应该参与到孩子的活动中，不管是棒球还是电子游戏。

现有研究证据表明，玩游戏行为会持续到成年之后，由于家长将游戏的爱好与孩子分享，使得游戏成为了家庭生活的一部分。该行为对下一代的长期影响毫无疑问会受到游戏本身发展和成熟的影响。最后，游戏对儿童社会性发展的促进可能会成为比少年棒球联合会更加有效。让我们拭目以待！

家长消除电视负面影响的第二种策略是主动成为中介，帮助儿童理解电视节目的内容（Huston & Wright，1998；Valkenburg，2004；Wright，Huston，Murphy，et al.，2001）。家长可以帮助年少的孩子建立行为与后果之间的联系。在父母的帮助下，年幼儿童对电视节目内容的理解能和大孩子不相上下（Collins et al.，1981）。不仅如此，有父母在身边解读故事并澄清信息的孩子往往更有想象力、攻击性更低、不会过度活跃（Singer et al.，1988）。

消除电视负面影响的策略之三是家长表达对电视内容的反对（Anderson et al.，2003）。在一项研究中，研究者让助手和儿童一起看电视，并对电视中的暴力画面表示赞许（如"干得好！""太棒了！"）或否定（如"太糟了。""他伤害了他。"）（Grusec，1973）。结果表明，助手持否定态度组的儿童随后表现出的攻击行为要少于赞同组。

策略之四是家长鼓励儿童对受害者表示同情并采择他们的观点。一项研究让 6 岁男孩观看一部具有攻击性的卡通片中"啄木鸟伍迪"的行为，如果研究者询问他们受害者的感受，儿童随后的攻击行为会更少。不幸的是，家长很少会为儿童解释电视节目的内容、讨论其中的价值观，或解读节目的意义（Hogan，2001）。

第五种降低电视消极影响的策略是限制儿童与电视的接触和电子游戏的选择。尚不清楚这一策略的普遍性如何（Hogan，2001）。随着越来越多的电视、电子游戏机以及电脑进入孩子的卧室，父母限制儿童接触媒体的能力在下降（Rideout et al.，2005；Valkenburg，2004）。在一项全美范围的调查中，只有一半 8 ~ 18 岁儿童报告称家里有限制看电视的规则，只有 1/15 对孩子所玩游戏的类型进行限制（Rideout et al.，2005）。

为了协助父母对孩子观看暴力电视的限制，《1996 年电信法案》要求电视厂商在电视中整合"V- 芯片"，以便家长拦截"V 级"（暴力）节目。现在有 5 000 万台电视安装了"V- 芯片"，但是研究发现，尽管大部分家长对孩子观看暴力电视充满担忧，但只有约 7% 的家长在真正使用这一功能（Kaiser Family Foudation et al.，2001）。事实上，一个研究发现对电视节目暴力和性内容的评级通常很不准确，65% 包含暴力画面的电视节目没有标注"V"，80% 包含性信息的电视节目没有"S"标签（Kunkel et al.，2001）。除此之外，有"V"标签的节目可能对孩子更加具有吸引力（Brown & Cantor，2000）。使用数字视频录像机（DVR）设备同样能够让家长对孩子观看的节目进行控制，但是孩子也能够学会如何使用录像机。家长直接进行控制仍然是管理儿童看电视行为最简单同时也是最有效的方法。

互联网和手机

电视和任天堂并非全部。除了看电视、玩电子游戏，现在的孩子还将时间花在互联网上——通过电脑和智能手机。互联网是个复杂的虚拟世界，孩子可以主动参与其中，而不是像电视一样只能观看，或是像电脑程序一样只能使用（Yan & Greenfield，2006）。这是一个全新的社会情境，青少年可以通过电子邮件、即时信息、博客、聊天室、公告板、Facebook、MySpace、YouTube 和 Twitter 等应用共同构建他们的环境。青少年使用这些论坛探索自我认同、自我价值感以及性等社会问题。互联网提供了无数种可能，让个体与拥有类似兴趣和价值观的人们彼此交流互动（Bargh & McKenna，2004）。互联网交流可以是小范围、亲密的，如学校好友之间互发信息，也可以是全球性的，如来自印度、澳大利亚和芬兰的参与者在网络空间上进行互动。互联网让人不安的一面是它可能会暴露孩子的个人隐私、让孩子接触色情信息、在线骚扰和网络欺凌。尽管与恋童癖、食人魔的接触也是需要担心的因素之一，但这类威胁发生的概率非常之低（Berkman Center for Internet and society，2008）。

网络接入及使用

儿童非常倚重互联网。如果让孩子从手机、电视、收音机或计算机中选一样伴随他们到荒无人烟的沙漠的话，那么有网络连接的计算机是首要的选择（Rideout et al.，1999）。和流行的观点相反，互联网的使用时间及偏好方面几乎没有性别差异（Gross，2004）。男孩和女孩都使用网络访问网页、下载音乐、发即时信息和电子邮件。关于这种两性平衡现象有两种解释。第一，如前面提到的一样，男孩是游戏（包括网络游戏）的重度玩家，这可能导致了关于男孩上网多于女孩的误解。然而，重度使用者只占到互联网用户比例的很小一部分，约 5%（Gross，2004）。第二，男孩更可能成为性感图片的浏览者，约 25% 的男孩声称每周至少会浏览一次这类资料，而女孩这样做的比例只有 5%（Peter & Valkenburg，2006）。

上网的影响

上网会带来什么样的影响？我们知道沉迷于网络会带来生理危险——增加了肥胖、痉挛和手腕不适的概率（Subrahmanyam et al.，2001）。但是，这会带来社会性风险吗？

网络认同

探索并表达自我认同是个体使用互联网的动机之一。如果青少年自我认同的重要方面（如性取向）不能在现实生活中进行表达，他们就会寻找能够表达这些特质的聊天室（Long & Chen，2007）。青少年会在多用户在线角色扮演游戏和 Facebook、MySpace 等社交网络上对不同的自我认同进行探讨，他们积极主动地寻求社会反馈，随后才在现实生活中表露自身的自我认同（Schmitt et al.，2008）。考察在线认同对儿童心理调节及真实自我发展影响的相关研究才刚刚起步。然而，一项研究发现，孤独的青少年在使用互联网探索认同之后，其社交能力获得了提升（Valkenburg & Peter，2008）。

对社会关系的影响

尽管一开始有人认为大量互联网使用会导致孤独感的增加，并减少真实社会生活的参与程度，最新研究却并没有支持这个观点。在这一开创性研究中，研究者从 20 世纪 90 年代中期开始对一系列家庭样本进行了追踪（Kraut et al.，1998）。刚开始，这些家庭没有计算机，研究者给每个家庭一台计算机并连上网络。在两年之后，由于网络的使用，这些家庭报告的抑郁、孤独水平略有上升。然而，在 3 年以后，这些消极影响消失了（Kraut et al.，2002）。此外，对一个新家庭样本的分析发现，几乎在每一个测量指标上（如个体调节，和家庭、朋友和社区的融洽程度等），互联网的使用和积极心理学及社会性成果都存在积极的关联。例如，人们花在互联网上的时间越多，他们和家人、朋友面对面交流的时间也越多。然而，因网络用户性格特征存在差异，网络的影响也存在不同。通常而言，网络能够为外向、社会支持很多的个体带来积极的结果，但对内向、社会支持匮乏的个体则效果相反。

其他研究发现，网络是学生交友的方式之一。一项对 1 500 名 10~17 岁美国学生和年轻人进行的调查发现，其中有 17% 和网上遇见的人发展成为亲密的朋友（Wolak et al.，2002）。另一项对 12~17 岁青少年进行的调查发现，有 32% 的被试认为互联网帮助他们交到新朋友（Lenhart et al.，2001）。在大多数的情况下（69%），青少年在网上交到朋友之后会使用电话、短信等方式进行线下的联络，但通常较少见面（Mitchell et al.，2001）。大多数在线友谊没有和朋友、家人的面对面关系那么强烈和相互支持（Subrahmanyam et al.，2001）。多用户域（MUD）和大型多人在线角色扮演游戏（MMORPG）是在线社会关系的两大来源。一项研究发现，几乎所有玩 MUD 游戏的青少年至少与一个人建立起个人关系，大多数人拥有 4 或 5 个联系人，包括密友（44%）、普通朋友（26%）和恋人（26%）（Parks & Roberts，1998）。总体而言，互联网成为了维持既有社会关系，建立新的但略显脆弱的社会关系的场所。互联网还是拓展社交网络的一个途径，例如，在一项研究中，欧裔美国青少年报告称，与来自不同族群的人的互动是他们在线体验中重要且有影响力的一个方面（Tynes et al.，2008）。

研究者已经使用实验室实验来考察互联网关系的建立。在这些研究中，一群素未谋面的青少年在网络聊天室或现实生活中相遇。结果发现，个体报告称，和面对面认识的朋友相比，他们和在互联网上认识的朋友彼此的感觉更好——即使两者是同一个人的情况下也是如此（被试不知道这点）（McKenna et al.，2007）。和网络上的朋友在一起时，青少年可以没有顾虑地表露"真实"的自我，尤其是他们认为重要但私人的一面（Bargh et al.，2002）。网络相对匿名的形式降低了自我表露可能带来的风险，促进了亲密关系的建立。

互联网交流同样能够巩固线下建立的友谊。研究发现，48% 的 12 ~ 17 岁青少年认为互联网增加了他们和既有朋友的友谊，只有 10% 认为互联网导致了他们和线下朋友在一起时间的减少（Lenhart et al.，2001）。尽管大多数社会关系都在互联网之外建立，但儿童时常会跑回家使用即时通讯（IM）软件和半个小时前才说过"拜拜"的朋友进行联络。在中国的一项研究中，青少年报告称他们使用即时通信软件改善真实生活中的人际关系（Lee & Sun, 2009）。在美国，青春期女孩将即时通信软件视为验证自身受欢迎程度、接纳或排斥他人、分享流言、攻击他人、协商社交行为以及讨论男孩的工具（Stern, 2007）。

年轻人还通过互联网建立浪漫关系。在网上，他们提供年龄、性别、地址（a/s/l）信息并进行"私聊"（离开聊天室进行私人联络）（Subrabmanyam et al., 2004）。私聊这种形式让他们以相对匿名、平等的方式进行对话。网络约会提供了一个"练习"建立新关系的安全场合。和面对面约会相比，网络约会的收益降低，但其风险也相对更小。相比被熟知且每天见面的人拒绝，在网络环境下受到拒绝带来的伤痛要更小。

网络性爱的影响

网络同样会带来性风险。青少年会有意或无意地接触色情图片和其他的成人材料，也会在聊天室内向陌生人表达性欲，以堕落、主动的方式，没有任何建立亲密关系的意图（Greenfield, 2004；Subrahmanyam et al., 2004；subrahmanyam & Greenfield, 2008）。通过对网络聊天大样本进行分析，研究者发现在年轻人的聊天室内，平均而言每分钟会出现一次与性相关的言论，每两分钟出现一次淫秽的内容（Subrahmanyam et al., 2006）。

接触网络色情图片会让儿童体验到焦虑和不安。事实上，一项研究对 10 ~ 17 岁儿童进行了调查，发现 25% 的被试报告称曾经无意间观看过色情内容，遇到与性相关的资料，并且很多人在面对这些内容时感到不安或尴尬（Mitchell et al., 2003）。然而，接触色情图片或淫秽语言并非总是个意外，青少年会积极参与与性有关的讨论，并且，和前文提到的一样，主动搜索色情图片（Peter & Valkenburg, 2006）。网络聊天匿名、廉价和可访问的特性给予了青少年探索性问题（如避孕、流产、强奸、婚前性行为乃至领养）的机会（Subrahmanyam & Greenfield, 2008）。男女两性在聊天室中谈论性问题的风格存在差异（Subrahmanyan et al., 2006）。女性通常使用含蓄的语言谈论性问题（如"艾米·纳姆很火啊，因为他很性感"），而男性的语言则要直白很多（"有个性感的女孩给我发消息了"）。青少年显然将网络作为探索自身性感受并和同伴分享性信息的场所。在线聊天室或许是个适宜青少年进行性探索的场合，但

深入聚焦　　角色扮演游戏与真实社会生活

大型多人在线角色扮演游戏（MMORPG），如《亚瑟王的召唤》或者《魔兽争霸》，为玩家提供了体验团队合作、激励和乐趣的场合，在现实生活中，个体受到外表、性别、性取向或年龄因素的影响，不能自如地自我表露，但在游戏中玩家不会受到这些因素的限制。为了研究这种在线角色扮演游戏对人们社会生活的影响，海伦娜·科尔和马克·格里菲斯（Helena Cole & Mark Griffiths, 2007）对近 1 000 名来自 45 个国家的玩家进行了调查。这些玩家报告称，MMORPG 游戏是一个高度互动的环境，拥有很多建立友谊和情感关系的机会。事实上，社交互动是游戏重要乐趣所在，很多人宣称自己结交到了终生的朋友。然而，我们很难从相关研究中得出交友是玩家参与游戏的目的这一结论。或许外向、合群的个体更可能选择参与游戏，而他们的社交性特质营造了 MMORPG 游戏高度社会化的氛围。

约书亚·史密斯（Joshua Smyth, 2007）通过实验研究考察了 MMORPG 游戏对玩家社会幸福感的影响，从而回答了这一问题。在研究中，100 名 18 ~ 20 岁（73% 为男性，68% 为高加索人）被随机分配到街机、游戏机、单机版计算机游戏和 MMORPG 游戏四个组，持续时间 1 个月。随后考察了不同游戏类型对被试玩游戏程度、健康、幸福感、睡眠、社会化以及学业活动的影响。研究发现，MMORPG 游戏组和其余三组存在显著的差异。MMORPG 组被试花在游戏上的时间更长，在玩的时候更加乐在其中，更有兴趣继续游戏，并获得新的友谊。这是好的一面。此外，被试还报告称游戏导致了健康以及睡眠质量的下降，并对现实生活中的社交及学业产生了干扰。这些研究表明，MMORPG 游戏确实提供了社会化的机会，但也要付出代价。如何成功将虚拟世界和真实生活中社交关系进行整合是一个挑战。

向当代学术大师学习　　帕萃西娅·M·格林菲尔德

帕萃西娅·M·格林菲尔德（Patricia M. Greenfield）是加州大学洛杉矶分校的心理学教授，同时也是儿童数字媒体中心的主任（www.cdmc.uda.edu）。从哈佛大学毕业后，她接触了跨文化研究，并开始研究不同文化如何应对科技进步和正规教育的发展。她的研究表明了新媒体的引入是如何改变我们与他人交流的方式、建立社会关系、习得新的社会角色的。当地广播电台的一个电话让她开始了考察媒体对美国儿童的影响的研究，该电话让她11岁的女儿成了电台专栏作家，并引起了格林菲尔德就广播、电视对儿童影响这一主题进行研究的兴趣。她的儿子对计算机、电子游戏非常着迷，学习编程的速度比她快很多，这引发了她研究计算机、电子游戏的兴趣。电子媒体成为了家庭的焦点，并且这种代际

间的文化传递是双向的：她的儿子和女儿都选择了和媒体相关的职业。格林菲尔德的发展历程为社会科学家对研究问题的选择通常会受到他们孩子兴趣的影响这一命题提供了很好的例子。这表明亲子之间的影响是相互的。在教学和研究方向的杰出表现让格林菲尔德赢得了无数的荣誉，包括美国科学进步协会颁发的杰出行为科学研究奖，以及尤里·布朗芬布伦纳发展心理学科学与社会服务毕生贡献奖。她时常就儿童及新媒体这一主题和媒体进行交流。

扩展阅读：
Subrahmanyam, K., & Greenfield, P. M. (2008). Media technology and adolescence: Identity, interpersonal connection and well-being. *Future of Children*, 18, 119-146.

是参与者面临着非意愿性诱惑的风险（Mitchell et al., 2001）。一项以近700名捷克共和国学生为被试进行的研究表明，使用互联网的学生有16%尝试过网络性爱，包括谈论性行为、裸聊和自慰。并且男女生对网络性行为的参与度大同小异（Vybíral et al., 2004）。网络性爱或在线谈论性问题是否会对现实生活中的亲密关系带来影响仍是个不得而知的问题，这有待将来的研究回答。

对心理健康的影响

互联网可能会导致心理健康问题。尽管研究表明互联网能够成为社会边缘化个体打破藩篱与人建立联系的场所（McKenna & Bargh, 2000），但网络交流的匿名性可能会导致不当的在线行为（Postmes & Spears, 1998；Postmes et al., 1998）。在互联网上儿童和青少年能够自由发表消极言论，不用担心被人发现，也不会看到自己的言论给他人带来的伤害，这导致了攻击行为的产生。一项对聊天室里关于种族问题进行的交流的研究发现，如果聊天室里有成人监管，那么参与者只有19%的可能接触到种族歧视言论，但如果缺乏监管，那么接触种族歧视言论的可能性高达59%（Tynes et al., 2004）。

研究者记录了互联网用户的舌战（言语侮辱、彼此威胁）和网络骚扰（使用粗鲁、肮脏的评论

或故意让人尴尬作为对错误言行的报复）。网络骚扰对青少年而言是个严重的心理问题。一项全美调查指出，7%的10～17岁美国青少年网络用户在过去一年中有过被骚扰的经历（Finklhor et al., 2000；Ybarra, 2004；Ybarra & Mitchell, 2004a, b）。1/3受骚扰青少年报告称感到非常或极度不安；1/3在遭受骚扰后至少经历过一种压力综合征。受骚扰男孩报告抑郁的可能性是其他男孩的3倍以上。消极网络攻击甚至可能导致自杀。在将来的研究中，研究者应该考察是消极网络经历导致了青少年的抑郁综合征还是抑郁增加了网络事件带来的风险。

网络上关于心理问题的交流同样会导致儿童青少年心理健康问题的增加。研究发现，青少年会通过网络留言板分享自身问题的相关信息（如自残等）（Whitock et al., 2006）。研究者发现了超过400个自残网络留言，大多数都是自称12～20岁之间的女性发布的。这一发现表明，在线互动能够为社会孤立群体提供社会支持，但同时在线交流让自残行为常规化，并鼓励这种行为的发生，增加了自残者做出致命或伤害行为的可能性。

手机联络

手机让人们每周7天每天24小时都能和他

洞察极端案例　　　　　性短信的危害

2008 年 7 月 3 号，杰西卡·洛根（Jessica Logan），这名来自俄亥俄州辛辛那提市的女孩在发给男朋友的裸照被转发给其他女孩之后选择了自杀（Celizic，2009）。在事件发生后的几个月间，她饱受嘲笑、戏弄和讥讽，并如其父亲所言，"完全无法摆脱"。这一生命的悲剧是性短信（通过手机或网络传递性信息或照片）导致的后果。性短信在美国以及英国、澳大利亚、加拿大、新西兰等国家都有增加的趋势。2009 年一项调查表明，每 5 个青少年中就有 1 个给他人发送过艳照（Harsha，2009）。尽管这些交流是私下进行的，但照片很可能会传播出去。一些"性短信"甚至可能被发布到儿童性侵犯者使用的论坛上。

这些私人照片的传播不仅对受害者造成了伤害，分享的人还可能因侵犯他人隐私而面临着严重的法律后果。在一些案例中，青少年无论是发自己的裸照还是传播他人的裸露照片都会被控传播色情图片。例如，菲利普·阿尔伯特（Phillip Alpert），一个来自佛罗里达奥兰多的 18 岁的男孩，由于将 16 岁前女友的裸照发给了她的朋友而获刑 5 年，并因性侵犯的罪名被记录在案，这个标签将跟随着他直到 43 岁（Feyerick & Stoffen，2009）。因为这一事件，他被大学扫地出门，失去了很多朋友，入狱的经历还给他找工作带来了很多麻烦。大多数青少年都会在某些时候犯下愚蠢的错误，参与危险的行为，挑战自身的极限。这是他们学习和成长的方式。但是面对着触手可及的即时满足，一次简单的考虑不周就会导致人生急转直下。现代科技的出现让青少年犯错只在一念之间，无暇考虑该行为对自身、他人的长期影响。

对性短信导致悲剧（如杰西卡·洛根的自杀和菲利普·阿尔伯特的入狱）的大力宣传引起了家长、教师以及青少年关于该行为后果的重视。学校为此专门开设了教育课程，而一些组织提供了指导方针帮助家长与青少年理解这一社会趋势的风险（National Campaign to Prevent Teenage and Unplanned Pregnancy，2009；Web Wise Kids，2009）。听从他们的劝告也许能减少性短信事件发生的概率，挽回下一个杰西卡的生命，避免其他孩子像菲利普一样触犯法律。

人取得即时联系，这使得儿童、青少年的社交经历发生了重大改变。在美国最近一项调查中，约一半受调查年轻人声称手机提升了他们的生活质量，增进了与朋友的交流，让其成为一种更加丰富多彩的体验，改善了他们的社交生活（CTIA，2009）。几乎所有人都声称手机是他们与同伴保持联系的方式，1/3 使用手机帮助过同伴，80% 的人认为手机让他们感觉更加安全。澳大利亚的年轻人同样表示，手机为他们带来了很多方便之处，是日常生活不可缺少的部分，一些人是如此依赖手机，以至于研究者考虑其是否属于成瘾行为（Walsh et al.，2008）。在日本情况同样如此，研究者对手机成瘾表示忧虑。在东京进行的一项研究发现，超过一半的初中生每天通过手机电子邮件与同学联系 10 次以上（Kamibeppu & Sugiura，2005）。这些青少年认为手机在他们的友谊中发挥着重要的作用，但他们同样缺乏安全感，并且每天因为发电子邮件熬到很晚才睡觉；他们难以想象没有手机的生活。

手机让个体与同伴的社会交流跨越了时间和地点的界限，让青少年每时每刻都能与特定的同伴分享生活经历，从而让与朋友的联系更有延续性。手机还减少了儿童与其他不同群体之间的交流，降低了社交容忍度（Kobayashi & Ikeda，2007）。除了和同伴联系之外，手机同样成为了联系儿童与家长之间的桥梁。研究者对以色列青少年进行的研究发现，在危险环境下，手机是亲子关系的安全保障——因为它们让时刻保持联系与进行交流成为了可能（Ribak，2009）。

本章小结

学校在社会性发展中的角色

- 帮助儿童社会化是学校的非正式功能之一。学校通过给学生灌输社会生活所需的规范、标准和价值观，帮助他们发展和同伴成功互动的技能。

- 学校是教师、学生和工作人员组成的集体。那些对学校产生集体感的儿童的社会化往往更好，参与暴力、吸毒等行为的可能性更低，也不容易辍学。

- 和大型学校相比，小型学校的学生更愿意参加课外活动，也更不容易辍学。

- 小升初或初升高的转变会对学生的自尊产生消极影响。

- 相比男女混合学校，单一性别学校的学生在学习和社会性发展上表现更加优异，这可能是学校及选择学校家长的特点使然。

- 小班的师生交流更加频繁和深入，儿童的行为表现、与同伴互动都更好，受到欺凌的可能性也更低。

- 开放式班级中的小学儿童具有更多的社会交流，对学校的态度更加积极，在学习过程中更加自立同时又有更好的合作表现。开放式班级中的高中学生更积极地参与学校活动，具有更多不同类型的社交关系，违纪行为也更少。

- 合作学习是指学生以小组的形式共同学习。这种课堂技术对学生的自尊具有积极的影响，能够增加他们对同伴的关心、帮助他人的意愿以及在校学习的乐趣。

- 同伴辅导即让年长、更有经验的学生指导年轻学生学习的方法。同伴辅导能让参与双方都受益，通常而言辅导者的收获更大，他们的自尊和班级地位都获得了提升，并能从帮助他人的过程中获得满足感。

- 与教师关系既亲密又温情的学生学校适应性较强、自尊很高，也更容易为同伴所接纳。少数族群儿童更可能从与教师的良好关系中获益。

- 如果教师对儿童的学业及社会性发展充满期望，学生成功的可能性就会更大，这一现象验证了自我实现预言或"皮革马利翁效应"。

- 教师对贫困和少数族群学生的期望更少。

- 当家长对学生学校活动有更多参与时，学生会有更好的表现，特别是在家长将自身期望传达给教师并让孩子了解其对教育的重视时。

- 参与高质量课后项目的学生情绪调节能力更强、同伴关系更好、更加擅长解决冲突、参与违法犯罪活动的可能更低。

- 和种族隔离学校学生相比，种族融合学校的学生具有更强的安全感和满足感，对不同种族的态度更加积极。

电视和电子游戏

- 看电视对儿童的社会性行为具有重大影响。儿童从很早就开始看电视，并且直到青少年期看电视的时间都还一直在增加。

- 学生会观看很多不同的节目，如卡通、情景喜剧、家庭剧和教育类节目。男孩更喜欢看动作冒险类和体育类节目；女孩更喜欢看社会剧和肥皂剧。

- 很小的孩子在看电视时会表现出魔法窗口思维，即无法区分电视或电子游戏是幻想还是现实。

- 那些向学生传达社会规范和社会期望的节目，比如《芝麻街》和《罗杰斯先生的邻居》能够对学生的亲社会行为产生积极的影响。

- 电视和电子游戏的消极影响包括导致儿童的知觉偏差、高估现实生活中的危险和犯罪行为、低估他人的可信任程度及帮助他人的意愿。

- 电视和电子游戏会取代学生的社会交往，如运动、社团活动等。

- 电视中对少数族群形象的塑造通常具有刻板化的特征。

- 时常观看暴力电视或玩暴力电子游戏会导致暴力脱敏，增加儿童的攻击性。

- 接触性相关电视节目会导致儿童更容易接受性活动、过早的性行为及更高的怀孕可能性。

- 电视广告会影响儿童的消费选择，特别是对食物和玩具，这些食物或玩具可能是不健康或危险的。

- 家长可以通过对电视节目内容进行解释或限制学生看电视、玩游戏的行为来改变媒体的负面效应。

互联网和手机

- 和女孩相比，男孩更可能成为重度游戏玩家，浏览更多与性相关的资料。
- 互联网除了帮助儿童探索自我认同之外，还成为了个体维持既有社会关系、建立略显脆弱的新关系的场所。
- 无意接触色情图片或其他成人材料的儿童会感到焦虑和不安。网络聊天室为青少年提供了探索性问题和感受的机会。
- 互联网会影响儿童和青少年的心理健康，特别是网络骚扰。此外互联网还会促进学生就心理问题进行交流，如自残行为等。
- 手机让儿童与同伴的社会交流跨越了时间和空间的限制。儿童会手机成瘾，觉得自己无法离开手机；同时手机也会带来危险，如发送性短信等。

■ 关键术语

合作学习	脱敏	挂钥匙儿童	魔法窗口思维
开放式班级	同伴辅导	皮革马利翁效应	自我实现预言
阶段—环境匹配			

■ 电影时刻

学校和电子媒体不仅是教科书的热议话题，同时也是电影的流行主题之一。下面挑选的电影和电视节目可能会让你对本章内容展开更加深入的思考。

电影中的教师

《热血教师》（*The Ron Clark Story*，2006）改编自一个真实的故事。一名老师搬家到纽约哈林区，并获得了给顽皮的六年级学生上课的"机会"。他发现和学生接触困难重重，但他没有放弃，秉持"我们是一个大家庭"的信条并推行班规。渐渐地，班级开始变得温情，最终故事获得了一个欢乐的结局。《我和我的小鬼们》（*The Class*，2008）的结局则没有那么美好。这部法国电影重点关注幼稚学生和问题老师们之间的冲突。一个教师的班级充斥着不同背景的学生，他努力想赢得学生的信任并给予他们指导，但他自身的脆弱阻碍了这一进程。这些电影阐述了教师在和学生交流中面临的挑战。

学校种族隔离

HBO纪录片《小石城中心高中：50年后》（*Little Rock Central High: 50 Years Later*，2007）是众多探讨学校种族隔离影响的电影之一。1957年，在最高法院根据"布朗诉教育委员会案"结果废除种族隔离教育政策之后，9名非洲裔美国儿童被一群白人暴徒阻拦，不能进入小石城中心高中。这部片子采访了当时在小石城中心高中学习的学生、工作人员，此外还有9名非洲裔儿童之一，这个女孩的经历反映了从她勇敢地踏入学校的大门之后这半个世纪中大大小小的改变。另一部电视纪录片《我坐在我想坐的地方：布朗诉教育委员会案的遗产》（*I Sit Where I Want: The Legacy of Brown v. Board of Education*，2004）讲述了水牛城一个种族混合学校里的学生尝试着促进午餐时间种族间的交流，并到彼此的家拜访的故事。《光辉岁月》（*Remember the Titans*，2000）讲述了1971年弗吉尼亚州郊区关闭一所白人学校和一所黑人学校，并将所有学生送到T. C. 威廉姆斯高中的故事。当不同种族的运动员被强制分到同一支橄榄球队之后，紧张的气氛产生了，但是男孩们和教练最终学会了彼此依赖和相互信任。

关于"小银幕"的电影

在两部发人深省的讽刺喜剧中，电视的效果被夸大了：《富贵逼人来》（*Being There*，1979）讲述了因为雇主去世，一个头脑简单的园丁被迫流落街头的故事，他对世界的认知完全来源于电视，但他无脑的声明和总结却被人们解读为寓意深刻。而在电影《楚门的世界》（*The Truman*

Show，1998）中，保险经纪人楚门［金·凯瑞（Jim Carrey）饰］和他美丽的妻子住在有史以来最大的摄影棚里，除了他之外所有人都是演员。这些电影传递的信息，即电视会颠覆人们的生活并渗透入大脑，为儿童电视成瘾提供了深刻的见解。

媒体刻板印象

纪录片《坏阿拉伯人：好莱坞如何中伤一个民族》（*Reel Bad Arabs: How Hollywood Vilifies a People*，2006）探讨了长期以来电影中阿拉伯人的形象日益降低的过程：从贝多因劫匪到阴险的酋长再到挥舞枪械的恐怖分子。这部片子为这些刻板形象的起源、刻板形象发展和美国历史关键时间点的关系，以及为什么时至今日具有这么大的影响进行了颠覆性的解读。

电子游戏和互联网

《离线化身》（*Avatars Offline*，2002）对数十亿美元的游戏产业进行了考察，并探讨了大型多人在线角色扮演游戏，如《无尽的任务》、《星球大战星系》是如何成为美国主流文化的组成部分，并改变玩家的生活的。PBS的纪录片《前线：在线成长》（*Frontline: Growing Up Online*，2008）深入探讨了每天登陆 MySpace、YouTube、Facebook 或 Friendster 的青少年资深网络用户的世界，了解他们如何和朋友、陌生人进行社交互动、探索自我认同并建立虚拟个人资料。这一节目展现了青少年和父母之间隔着的电子鸿沟，捕捉一些他们父母从来没有面对过的问题，如网络名声、网络色情狂等。网络欺骗也是电影的流行主题。在电影《网络约会》（*Internet Dating*，2008）中，一个身高约1.52米的低收入者在网络上声称自己是身高约2.13米的洛杉矶湖人队队员。如果电影《初次约会》（*First Date*，2006）的情节中，隐藏在欺骗背后的是一个色情狂的话就尤其令人担忧了，该片讲述了一个前罪犯安排与在网上认识的未成年男孩见面的故事。故事片《水果硬糖》（*Hard Candy*，2005）则颠覆了色情狂网上找性玩物的老套剧情，在三个星期的网络聊天后，一名14岁女孩和32岁的男人见面了，他们来到了男人的家里。然后她将男人灌醉，把他绑起来指控他有恋童癖。在随后的片段中，她陷入了猫追老鼠的痛苦游戏中——和恋童癖者引诱儿童见面的通常结局大相径庭。

上述电影并非用来捧着爆米花消遣的，它们为电子时代社会性发展面临的严肃问题提供了新的视角。

第 *10* 章
性和性别：差异万岁？

盖尔喜欢把她的布娃娃假装成一个婴儿。当朋友跌倒摔伤膝盖时，她会非常同情；当妈妈叫她时，她会飞奔而来。加里更喜欢玩卡车和火车。玩伴跌倒时，他会毫不在意，即使母亲呼唤他也不会停下手中的游戏。这两个假想的孩子的行为反映了多少男孩和女孩间的差异？女孩是否通常比男孩更善于交际并富有同情心？如果是这样，为什么呢？本章回答了这些问题。

在所有社会中，女孩和男孩在一些方面的表现都会存在差异，他们受到的对待也各不相同，在长大后也会扮演着不同的角色。但同时，在一些方面男性和女性又有不少相似的表现，获得同样的对待，并且角色也很类似。心理学家们面临的挑战是如何对这些行为进行分类，以及解答这些异同是如何产生的：它们是由稳定的内在差异决定，还是生理基础、认知和社会化等因素共同影响的结果？在本章，我们对这些问题进行了探讨。

开始：性和性别的定义

传统上，"性"（sex）一词是指一个人的生理特征为男性或女性，而"性别"（gender）则是用来指代人的社会身份。今天，这两个术语经常被交替使用。儿童获取符合自身性别的社会行为的过程被称为**性别特征形成**（gender typing）（Ruble et al., 2006）。这是一个多维概念：儿童开始产生**性别信念**（gender-based belief），包括认识自己的性别、理解自身和他人的性别标签，以及对性别刻板印象的认知。在很小的时候，儿童开始发展出**性别认同**（gender identity），认识到自己是男性或女性，并了解什么人格特征和兴趣才符合自身的性别。性别认同产生之后，儿童会产生**性别角色偏好**（gender-role preference），或希望拥有自身性别的典型特征。儿童对于玩具和玩伴的选择反映了这些偏好。孩子还产生了**性别稳定性**（gender stability），认为男人会一直是男人而女人会一直是女人，此外，儿童还发展出**性别恒常性**（gender constancy），明白外观或行为的变化不会改变一个人的性别。**性别刻板印象**（gender stereotype）被认为是一种文化中成员持有的关于不同性别各自可接受或适当的态度、活动、性格、职业和外表的信念。**性别角色**（gender role）是在一个特定的文化中与男性或女性相联系的外观和行为的一般模式。

> **性别特征形成** 儿童获得符合所属文化预期的，与其性别相符的价值观、动机和行为的过程。
>
> **性别信念** 能够用来区分男性女性的概念。
>
> **性别认同** 对自身性别的认知。
>
> **性别角色偏好**：拥有特定性别特质的期望。
>
> **性别稳定性** 男性一直会是男性、女性一直会是女性的事实。
>
> **性别恒常性** 外貌、行为等表面上的变化不会改变性别的意识。
>
> **性别刻板印象** 特定文化成员持有的，关于男性女性适当的态度、兴趣、行为、心理特质、社会关系、职业和外貌的信念。
>
> **性别角色** 特定文化中典型男性或女性行为的集合，是日常生活中性别刻板印象的反映。

性别刻板印象

我们的文化有一致的男性和女性角色刻板印象。典型男性角色包括控制和操纵环境。文化对男人的期望是独立和自力更生、意志坚强和自信、具有统治性和竞争性、果断、直接、积极主动、富有冒险精神、追求名利和强壮。即使在压力下，男人也应控制自身情绪，冷静而理性。典型的女性角色包括对丈夫和家庭提供支持。文化对女人的期望是漂亮、善于交际、有爱心、敏感、体贴、温柔、多愁善感并富有同情心。通常而言，人们认为在人际交往中表现热情、压力下表露出焦虑、抑制攻击性和性欲的描述更适用于女性（Prentice & Carranza, 2002；Simon & Clark, 2006）。性别刻板印象同样适用于儿童：女孩应该甜美、温柔、漂亮，穿裙子戴首饰，玩布娃娃和厨房玩具并关注自己的外表；而男孩应该顽强、坚韧、勇敢，喜欢体育节目和电子游戏，爱玩玩具车、玩具枪、建筑玩具等（De Caroli & Sagone, 2007；Miller et al., 2009）。

孩子们很早就意识到这些成人和儿童的性别刻板印象。在一项研究中，当两岁儿童看到一幅男人做女性事情的图片，例如认真投入地化妆时，他的表现比看到女性做这些事的时候更加惊讶（Serbin et al., 2002）。儿童对刻板印象的认知在 3 岁到 5 岁之间迅速增加，在入学的时候已经发展得较为完善（Signorella et al., 1993）。从入学开始直到 7 岁或 8 岁，儿童对性别刻板印象的了解相当固定（Ruble et al., 2006）。在 8 岁或 9 岁的时候，他们开始对男性女性可接受行为表现出一定的灵活性，虽然大多数孩子仍然表示他们不会和涂唇膏的男孩或玩橄榄球的女孩做朋友（Levy et al., 1995）。在五年级，刻板印象知识一直持续发展，这从儿童对男人、女人、女孩、男孩角色的描述中得到体现（Miller et al., 2009）。女孩比男孩更了解刻板印象，到了童年中期，她们表现出的灵活性也更强（Ruble et al., 2006）。

尽管随着 20 世纪 60 年代妇女运动的发展，男女平等的概念开始深入人心，但性别刻板印象仍然表现得非常稳定（Bergen & Williams, 1991；Hosoda & Stone, 2000；Twenge, 1997）。态度也可能会发生改变，但是这个过程十分缓慢。一些研究列举了一些细小的变化，研究人员发现相比 20 世纪 70 年代，现在的男人较少用坚韧和攻击性描述自己（Spence & Buckner, 2000）。在临床心理学课程上，学生对心理健康女人的定义是不仅要具有和善及养育孩子等典型女性特征，还需要独立、勇敢面对挑战等典型的男性特征（Seem & Clark, 2006）。不过对于刻板印象的主要方面，职业性别刻板印象仍然保持不变（Liben & Bigler, 2002）。儿童和成人仍然认为医生、牙医、技工、驾驶员、管道工、卡车司机、消防员、电工、建筑师、警察、工程师属于男性的角色，图书馆员、护士、教师、秘书、舞蹈演员、发型师、装饰设计师则为女性角色（Kee et al., 2005；Oakhill et al., 2005）。这些职业的性别差异表明了社会文化背景对性别角色的塑造，也反映了男女地位和权力的不同（Wood & Eagly, 2002）。跨文化研究表明，这些刻板印象分布非常广泛，除了北美，在南美、欧洲、非洲、亚洲等大量社会中都有所体现（De Caroli & Sagone, 2007；Whiting & Edwards, 1988；Williams & Best, 1990）。

然而，对性别刻板印象认同的强度发生了一些变化。比起接受教育较少的妇女，接受过高等教育的妇女对女性的刻板印象较少，而妇女对女性的刻板印象也要少于男性（Basow, 1992；de Philis et al., 2008；Pasterski et al., 2010；Seem & Clark, 2006）。这一现象在北美之外的国家也同样存在（例如，在中国；Wang & Liu, 2007）。尽管存在这些变化，但几乎每个人认为攻击更符合男性特征，而人际关系敏感更符合女性特征（Dodge, Coie, et al., 2006）。

文化背景　　　　性别刻板印象的文化差异

性别刻板印象出现在每一种文化中，其在跨文化中的相似性远大于分歧（Best, 2004）。然而，性别刻板印象似乎是在性别社会地位差异较大的传统文化中表现得更加明显（Wood & Eagly, 2002）。希尔玛·罗贝尔（Thalma Lobel）和她的同事（2001）对中国台湾和以色列儿童持有的性别刻板印象进行了考察，其中中国台湾属于传统、集体主义的文化类型，这一文化强调社会角色、人与人之间相互依存并融入社会环境。而以色列则属于现代、个人主义的文化，这一文化更加强调独立、自我表达及追求个人兴趣目标。他们预测，在性别刻板印象上以色列儿童比中国儿童更灵活、更容易接受违反既定性别刻板印象的行为。为了检验这一预测，他们让每个三年级和五年级的儿童听一个故事，故事的主角是具有男性或女性刻板印象行为的男孩或女孩。在男性化男孩的故事中，儿童听到"思明（或罗恩）是一个生活在附近和你一般大小的男孩，他喜欢和男生玩棒球或橄榄球，他经常玩战争游戏（或模型飞机）"；而女性化女孩的故事将上述故事换成了女性化的选择，如玩布娃娃。在反刻板印象的故事里，故事中的孩子违反性别刻板印象。在男性化的女孩故事里，梅思欧（或卢西）喜欢与男孩子玩棒球（橄榄球）和战争游戏（或模型飞机）。在女性化男孩的故事里，男孩和女孩一起玩布娃娃。为了获得儿童们对这四个故事人物的态度，研究人员要求他们对故事中人物的男性刻板印象特征（攻击性、强壮、勇敢）和女性刻板印象特征（温柔、爱哭、喜欢打扮）进行打分。

两种文化中的儿童都能够对男孩的男性和女性表现方式进行区分，但比起以色列现代文化，在中国传统文化中，这一差异表现得更加明显。研究者还要求儿童对故事中人物受同伴欢迎的程度进行评估。结果发现，中国儿童认为，表现出男性化行为方式的男孩会更受同伴的欢迎，但以色列儿童在这方面的差异要小很多。最后，当儿童被问到他们对故事中男孩和女孩的喜爱程度、和他们成为朋友的乐意程度以及是否愿意和这些孩子一起参与各种活动时，和以色列儿童相比，中国儿童对男性化男孩的喜爱程度要更高。

这些发现清楚地表明，处在更加传统、集体主义文化中的儿童对违反性别刻板印象行为的容忍性更低。传统文化强调对社会规范的遵守，稍有违背就会受到严厉惩罚；集体主义文化则强调社会规范和顺从的重要性。此外，在等级森严的文化中，个体倾向于遵守自身的角色规范并对他人的角色严加注意。所有这些特点都增强了性别恒常性观念，并增加了违背性别角色行为的突兀性。

然而，罗贝尔的研究还表明，不同文化在女孩违背性别刻板印象问题上的差异就没有这么明显了。中国和以色列的儿童都认为玩布娃娃的女孩更有女性特质，而玩战争游戏的女孩更有男性特质，他们对女性化女孩的喜欢要甚于男性化女孩。但同时他们并不认为女性化女孩会更受同伴的欢迎。一些在西方文化中进行的研究也表明，表现出男性化行为的女孩并没有女性化男孩那么刺眼，并且男性化女孩和女性化女孩受欢迎的程度大致相当（Ruble et al., 2006）。罗贝尔的研究发现中国台湾同样存在这一现象。似乎中国台湾的西化导致了对女孩男性化行为的强化。随着全球通信和技术的进步、文化间态度和信息交流的增多，男孩刻板印象行为的文化差异可能也会逐渐减少。

行为、兴趣和活动的性别差异

性别刻板印象是否能够准确反映男性和女性的实际行为？一些行为和特质上的差异在童年时就有稳定的表现，但另一些则由工作、权力、地位、生育和家务经验决定（Eagly, 1996；Halpern et al., 2007；Hyde, 2005；Leaper & Friedman, 2007；Ruble et al., 2006；Underwood, 2004）。在大多数情况下，这些差异与性别刻板印象并行不悖。然而，需要着重指出的是，男性和女性特质具有重叠的部分（见图10.1）。有些男性比女性更顺从，话也更多；而有些女性则比普通男性更强壮，在男性传统运动项目，如篮球、足球、拳击、曲棍球上表现抢眼。女性不仅能够成为护士和图书管理员，她们还能成为建筑师、数学家、工程师和科学家。男性和女性之间的确存在差异，但不应对其进行夸大。事实上，大多数差异相当之小（Hyde, 2005）。这种差异并没有"男人来自火星，女人来自金星"这么夸张，而更像是"男人来自蒙大拿州，女人来自弗吉尼亚州"。此外，社会关系与幸福感方面的性别差异更是微乎其微（Meadows et

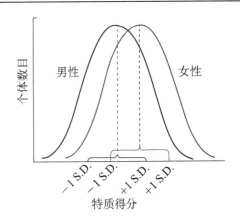

图10.1　重叠的钟形曲线

这些分布表明在某一特质上女性的平均得分要高于男性。在这一例子中，其平均数间的差异（竖线）大约为一个标准差（S.D.）的80%。

al., 2005）。

童年行为差异

平均而言，在出生时女孩的身体和神经系统发育更加成熟，她们更早学会走路，进入青春期的年龄也比男孩早。在婴儿时期，她们更喜欢看人脸而非物体 (Connellan et al.,2000)；4 个月大时，女婴和妇女相互凝视的平均持续时间是男婴的 4 倍 (Leeb & Rejskind, 2004)。女孩在社会交往中的眼神接触比男孩更多 (Dunham et al.,1991)，而且能够更好地认识和处理面部表情 (McClure,2000)。她们的言语表达能力通常比男孩强——说得更多，学得更快，阅读能力也更强并表现出更好的语言创造性。女孩通常对父母和他人的要求更加遵从，能够为更小的孩子提供体贴照料，长大以后也更加胆小。女孩更早具有阅读情绪信号的能力，在入学之后她们比男孩更加敏感、善良、体贴并富有同情心。女孩更可能寻求同时也更乐意给予他人帮助 (Benenson & Koulnazarian, 2008)，和母亲的情感交流更多 (Bornstein et al., 2008)，并更擅长控制自身情绪 (Else-Quest et al., 2006)。女孩参与的社会性交谈更多，更愿意向朋友进行自我表露，也更看重友谊；她们通常以小群体的形式游戏 (Rose & Rudolph，2006)。

和女孩相比，男孩在肌肉发育和心肺体积上更有优势，他们在涉及力量和运动技能的项目上表现更好。大多数男孩具有的空间—视觉能力让他们能够更加容易地阅读地图、瞄准目标和操纵物体；而女孩具有这些能力的可能性较小 (Newhouse et al., 2007)。作为新生儿，男孩更喜欢看物体，他们对车子的兴趣远高于移动的面孔 (Connellan et al., 2000)。通常，男孩比女孩更活跃，他们倾向于以大群体的形式在更大的空间中玩耍，更喜爱喧闹、热烈的体力游戏。从两岁开始，男孩会参与更加危险的活动，在活动中受伤的概率是女孩的 2 ～ 4 倍 (Morrongiello & Hogg, 2004)。在操场上表现出攻击行为的往往是男孩；他们互相推操并击打对方的情况要多于女生 (Baillargeon et al., 2007；Card et al., 2008；Ostrov, 2006)。男生往往关注统治力而非友谊 (Rose & Rudolph，2006)，并且比女孩更喜欢竞争 (Fabes et al., 2003)。

童年的兴趣和活动

儿童很早就表现出兴趣方面的性别差异 (Beal, 1994；Ruble et al., 2006)。甚至在学会说话或伸手拿玩具之前，婴儿就会通过观看的物体和持续时间来表达自身的偏好。丽莎·瑟宾 (Lisa Serbin) 和同事 (2001) 发现，布娃娃和汽车对男孩

和女孩的吸引力不同。在 1 岁时，女孩看布娃娃的时间比男孩多，这一差异在他们 1.5 岁的时候表现得更加明显（见图 10.2）。而在 1.5 岁时，男孩更喜欢看交通工具，如轿车和卡车，这一倾向在两岁时更为突出。另一项研究发现，1.5 ～ 3 岁的男孩和女孩在幼儿照料中心明显表现出对符合性别角色玩具的偏爱 (O'Brien et al., 1983)。这些偏爱不会随着儿童的长大而发生变化。在一个对 5 ～ 13 岁儿童的研究中，女孩更喜爱布娃娃和毛绒动物，而男孩更喜欢可操纵的玩具、汽车和动作片人物 (Cherney & London，2006)。女孩请求父母购买的服装、饰品、布娃娃和室内用品要多于男孩；而男孩索要的更多的是运动器材、车辆、军事玩具和动作片人物 (Etaugh & Liss，1992)。女孩喜欢的玩具往往与外观有关——布娃娃、服饰和珠宝等，而男孩选择的玩具通常和动作、攻击和暴力存在关联——卡车、汽车、飞机、动作片人物、武器等 (Blakemore & Centers，2005)。

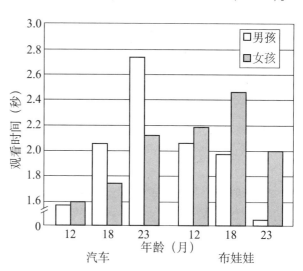

图 10.2　布娃娃和汽车对男孩和女孩的吸引力

在 18 个月时，男孩和女孩都更喜欢符合性别特征的玩具。男孩喜欢观看汽车，女孩则喜欢布娃娃。

资料来源: Serbin, L.A., Poulin-Dubios, K.A., Colburne,K.A., Sen, M. G.,& Eichstedt, J.A. (2001) .Gender stereotyping in infancy: Visual preferences for and knowledge of gender-stereotyped toys in the second year. *International Journal of Behavioral Development*, 23, 7-15, copyright ©2010 Sage Publications Ltd. Reproduced by permission of Sage Publications Ltd.

一些迹象表明，儿童对玩具的选择范围可能会略有扩大。在寄给圣诞老人的邮件中，男孩和女孩希望得到的礼物具有明显的性别刻板特征，

但女孩也会像男孩一样希望得到自行车、运动器材和男玩偶，而男孩也可能和女孩一样想要服装、学习工具和艺术玩具（Marcon & Freeman，1996）。此外，一些在1975年被认为具有男性特征（如科学玩具、乐高积木、较大的汽车）和女性特征（例如，玩具真空吸尘器）的玩具，在2005年时则被认为是中性的（Blakemore & Centers，2005）。然而，研究发现非人类灵长类动物在玩具的选择上和人类非常相似，年轻的雌性动物喜欢布娃娃，而雄性则更喜欢玩具车（Alexander & Hines，2002；Williams & Pleil，2008），这一结果表明，部分儿童喜好差异不太可能消失。

除了玩具选择的不同，男孩和女孩的兴趣也表现出性别差异。对2 000多名7～11岁儿童进行的调查表明，相比之下，男孩更喜欢射击、拳击、摔跤、武术、团队活动、修理或制作东西；而女孩更喜欢缝纫、烹调、舞蹈和照顾小孩（Zill，1986）。在童年中期和青少年期，女孩在女性休闲活动（如跳舞、写作、制作工艺品和艺术创作等）上花的时间，比男孩在男性化休闲活动（狩猎、捕鱼、建筑或竞技类体育）上花的时间更多（McHale et al.，2004）。甚至在读物的选择上两者都存在差异。女孩更喜欢浪漫故事，而男孩们更倾向于选择恐怖和暴力冒险类故事（Collins-Standley et al.，1996）。这和他们对电视节目的偏爱如出一辙——女孩更喜欢肥皂剧，而男孩喜欢动作冒险和体育节目（Valkenburg，2004）。最后，女孩和男孩从事的家务活也不同。女孩更喜欢整理床铺、准备饭菜、洗碗、打扫房间和洗衣服，而男孩更喜欢修理东西、倒垃圾、修剪草坪等（Coltrane & Adams，2008）。

青少年期及成年期的变化

尽管在童年期性别角色偏好和兴趣相当显而易见，但很多男孩和女孩会参加中性的活动。到了青少年期，"性别强化"现象开始出现。随着青春期的到来，年轻人开始表现出更为典型的性别特征行为模式（Larson & Richards，1994；McHale et al.，2004）。在一项研究中，"假小子"报告从12岁开始，由于父母和同伴施加的压力，以及自身对恋爱兴趣的增加，她们开始接受更为传统的女性兴趣和行为（Burn et al.，1996）。其他研究者发现，在青少年期，女孩变得更加多愁善感，男孩则更加喜怒不形于色，这和性别刻板印象相一致（Polce-Lynch et al.，2001）。相比之下，女孩会对他人更加关怀备至，男孩则表现得更加漠不关心（Aubé et al.，2000）。近期，研究者发现，性别强化现象不如以往那么明显了，这一现象可能表明，和几十年前相比，性别刻板印象对青少年行为的限制作用有所降低（Priess et al.，2009）。

在成年人为人父母之后，他们的性别角色可能会得到强化。即使夫妻双方共同分担家务，养育任务的开始依然意味着传统性别角色的出现（Cowan & Cowan，2000；Parke，2002）。这些角色强调了女性的**情感表达特质**（expressive characteristics）——养育悉心、富有同情心、关注孩子感受、以孩子为中心，以及男性的**工具性特质**（instrumental characteristics）——以任务和职业为导向。随着母亲和孩子年龄的增长，她们往往变得更加自主，但在晚年又向女性角色转变，这也许是因为她们需要更多的帮助（Hyde et al.，1991；Maccoby，1998）。而男人随着年龄的增长往往会变得更加温情，对孩子的养育更加上心。总之，性别定型是一个动态的过程，在一定程度上这一过程贯穿了整个生命。

性别特征的稳定性

尽管在童年期、青少年期及成年期，个体的性别特征会产生如上文所述的整体变化，但是，在某一年龄具有强烈男性或女性特征的个体通常会将这一特征维持下去。研究者以英国5 500个儿童为样本进行的分析表明，在学前年龄行为最符合性别特征的儿童在8岁时仍然如此（Golombok et al.，2008）。甚至成人的行为也能通过其童年兴趣的性别特征来进行预测。一项开始于20世纪30年代的美国纵向研究发现，对需要运动技能的竞争性游戏和活动感兴趣的男孩与对烹调、缝纫和阅读感兴趣的女孩在成年后也依然会参与同样类型的活动（Kagan & Moss，1962）。当儿童的特点与性别刻板印象一致时，其稳定性尤为突出。在成人行为选择越来越多样和灵活的今天，童年到成年期性别特征是否一如既往地稳

> **情感表达特质** 个体悉心养育、关心他人感受的一面，是更偏女性化的特质。
>
> **工具性特质** 个体以任务或职业为导向的方面，是更偏男性化的特质。

步入成年	男性和女性的职业

1895 年《纽约时报》一篇文章的标题如是说："女人可以从事任何职业——除两种以外。"该文章援引美国第 11 次全国普查就"从事有报酬职业十年或者以上的人数"这一问题获得的数据，发现禁止女性参与的两种职业是美国海陆军军官和士兵。然而，大多数职业参与其中的女性屈指可数，如飞行员只有一位，钻井工一位，轮胎工一位，粉刷匠、屋顶维修工、制酒师、锡匠、木匠、煤炭工人和调酒师都只有几位。妇女最可能参与的职业是服务人员，职业妇女中服务人员的比例超过了 1/4，占了所有服务人员总数的 84%。护士，助产士、保姆、教师、音乐家及与女士服装业相关（如制作衣服、手套、胸衣、帽子、袜子、蕾丝、刺绣、纽扣以及洗衣服等）的工作中女士占了绝大多数。而男士则大多数从事演员、作家、面包师、调酒师、内科医生和外科医生等工作。

1895 年后这一局面发生了变化。妇女开始进入以往由男性主导的行业，并逐渐退出服务及胸衣制作行业。1960 年到 1980 年间，女管理人员增加了 800%，而女教授增加了 300%（Beller，1985）。从此之后，女性开始不断地进入原先由男性一统天下的行业（Longley，2005）。其中最大的转变发生在汽车修理业，女性从业人员比例激增了 400%。而其他传统男性职业中的女性工作者比例也有了显著的升高，如侦探、工程师、机械师、消防员和飞行员等。但比例的上升并不意味着绝对数量的激增。例如，美国从事汽车车体维修的女性只有 5 000 人。男性女性在不同行业里比例失调的现象依然存在：男性仍然占据着牧师、内科和外科医生的绝大部分；而女性仍然是保姆、护士和教师的主流。

这种职业差异使得男性和女性在收入上产生了差距。虽然女性参与工作的比例已经从 1895 年《纽约时报》报道的 20% 增加到如今的 60%，但女性经济地位上升并不大。如今，女性的工资平均比男性少 22%（Blau & Kahn，2006）。职业的选择是造成这一收入差距的重要因素，因为女性为主职业的薪酬水平要低于男性主导的行业。女性选择报酬少的工作是因为她们需要时间生孩子，并且需要灵活的时间来照顾家庭（Coogan & Chen，2007）。她们获得高薪职位可能性较小的另一原因是雇主不希望员工会在什么时候突然离开一段时间。有孩子的女性获得雇用的可能性要低于男性申请者，并且她们获得的薪水也会更低（Correll & Benard，2005）。两性收入差异的另一部分原因是即使做同样的工作，雇主支付给女性的薪酬也要较男性低（Bayard et al.，2003）。性别歧视已经得到研究的证实，研究者发现，男性变性为女性之后的平均收入比变性前减少了 32%，而由女性变性而来的男性收入提高了 2%（Schilt & Wiswall，2008）。女性在要求加薪时也会受到比男性更多的歧视（Babcock，2007）。政府在努力消除劳动市场的性别歧视。随着《1963 年同筹法案》和《1964 年民权法案》"第七条"的出台，以及 1972 年平等就业机会委员会的成立，女性的工资有了一定的增长。但值得注意的是，2009 年奥巴马总统上任后签署的第一份法案是《莉莉·莱德贝特公平酬劳法案》，这一法案以一位女性命名，该女性在亚拉巴马州固特异种植园工作了 19 年后才发现自己的工资一直比男性同事低。

成人在选择他们的职业时，一定程度上会受到自身性别角色的影响。拥有更多传统性别观念的男性会倾向于选择男性主导的工作领域，如机械工程师，而不太会选择非传统职业，如小学咨询顾问（Dodson & Borders，2006）。选择一份与传统的性别角色一致的工作具有一定的优势。研究发现，如果男性进入女性占主体地位的工作领域（如护士），他们报告的患病率、缺勤率和工作相关问题更多；而如果女性进入以男性为主导的工作领域（如会计师），则会导致更高的焦虑和其他工作相关的问题（Evans & Steptoe，2002）。此外，传统性别观念更强的男性收入要高于性别观念较弱的男性（Judge & Livingston，2008）。而女性则恰恰相反。当然女性对收入的重视程度也稍低：和男性相比，更多大学女生认为快乐和充实感要比职业目标重要（Abowitz & Knox，2003）。此外，女性对可以为他人提供帮助的职业兴趣更强，而男性则对赚钱更感兴趣（Weisgram et al.，2010）。

定已经成为一个有待研究的问题。

性别特征的差异

和男性受传统性别角色的束缚要大于女性一样，男孩在游戏和玩具选择时表现出的性别刻板行为也要多于女孩（O'Brien et al., 1983）。随着年龄增长，男孩对于符合自身性别特征玩具的喜爱一如既往，而女孩对自身性别角色相关活动的兴趣有所下降（Cherney & London, 2006）。此外，男孩更容易对某些项目或活动产生极为强烈的兴趣，而这种强烈兴趣往往和刻板印象一致，如堆火车、搭房子模型、参加手推车比赛等等

（DeLoache et al., 2007）。

为什么男孩不太可能像女孩玩卡车模型一样去拥抱一个布娃娃？一方面，西方文化从根本而言是以男性为导向的：男性比女性拥有更多的尊重、特权和地位，并且要求其做事方式要和高地位相符。男性角色的界定要比女性更加清晰，因此他们获得的压力也大于女性。男孩羞于做女性化的事情，因为这样会被其他男孩嘲笑并被父母批评。男孩表现出哭泣、在面对攻击时退却、穿女性的衣服或玩布娃娃等行为都会受到母亲和同龄人的指责。与之相反，父母和同龄人却可以接

 你一定以为……　　　　性别认同由生理性别决定

对大多数人而言，性别认同与其生理性别是一致的。但对个别变性人来说，性别认同与生理性别并不相同。这些人长期处于严重、扰乱并持久的不一致状态。他们会受到性别焦虑症的困扰——这是一种由性别认同与生殖器不一致导致的极度苦恼状态。他们时常会体验到抑郁、焦虑、恐惧、愤怒、自我伤害、低自尊或产生自杀的念头。这种不一致一度被认为是种精神疾病，但近几十年来，将性别改变归为病态招致的抗议已经越来越多（Hill et al., 2007）。

性别认同通常在童年早期就已开始（Mallon & DeCrescenzo, 2006）。变性儿童喜欢异性的衣着打扮。他们参与异性的游戏和活动，并排斥同性的活动：变性男孩喜欢玩过家家、画公主图像、玩布娃娃、化妆，并喜欢和女孩一起玩；而变性女孩更喜欢蝙蝠侠和超人，棒球、曲棍球及其他一些竞技类运动，喜欢和男孩玩。变性儿童坚持认为自己就是异性或希望成为异性。他们还会厌恶自己的生殖器。女孩可能会认为自己会长出阴茎，并且站着上厕所。而男孩可能会梦想成为一个女孩子，可以坐着上厕所，并且摆脱他们的阴茎。比如乔伊在4岁的时候，就开始告诉别人自己是个女孩。他喜欢穿橙色的衣服，因为这一颜色和粉色相近。在5岁的时候，他开始拒绝剪头发，并且总是被误认为是女孩。另外一个变性男孩——布兰登，在幼儿时期就满屋子寻找可以盖在头上的东西——比如毛巾、抹布或手帕（Rosin, 2008）。他的母亲最后才明白其实他

是在找类似长发的东西。在全家外出吃饭的时候，布兰登对着一个身着大红套装的女士说出了他第一个完整的句子："我喜欢你的高跟鞋。"在家里，他会马上脱掉母亲为他穿上的衣服，并穿上她衣柜里的衣物——紫色的内衣、内裤还有袜子。到了玩具店，他会径直奔向芭比娃娃，以及粉红色和紫色玩具屋的货架。有一次，在洗完澡从浴缸爬出来的时候，他用大腿夹住生殖器在镜子面前跳舞，还高兴地对着母亲说："妈妈，你看，我是一个女孩。"他妈妈回答道："布兰登，上帝既然让你是个男孩一定有他的道理。"但他毫不犹豫地回答："上帝搞错了。"

有迹象表明，儿童变性的愿望可能在2~3岁时就会出现，而最终变性的个体通常报告他们在4岁时就对自身性别感到困惑或不适（Vitale, 2001）。但大部分人直到青少年期或成人期才开始形成并表现出对另一性别的认同（Hines, 2006）。很多年轻人一直秘密怀有想要变性的想法直到实在无法掩饰（Mallon & DeCrescenzo, 2006）。通常年轻人想要变性的想法会让父母感到惊讶，随之而来的是震惊、否认、愤怒、悲伤、内疚、羞愧，并开始担心孩子的安全、健康、就业及未来的恋爱关系。这些年轻人很难得到朋友和亲属的支持。他们可能会经常听到这样的劝告："让那个男孩来参加运动！""别让那个女孩成为假小子。"父亲尤其难以接受孩子性别的改变（Wren, 2002）。一位父亲曾经说道："我可以接受孩子心理和生理性别不统一，但是如果

让我看到他穿裙子，我非打他不可。"而母亲则会以各种方式表达对孩子的同情与关心，并认为孩子发展出对另一性别的认同无可非议。最具容忍性的父母会认为孩子的现状是先天（生理因素）决定，而不是后天环境（家庭原因）造成的。事实上，一些证据表明，大脑的性别差异可能是变性念头的成因（Blackless et al., 2006）。

想要变性的年轻人有时候会对男女同性恋产生疑惑。而事实上，大部分拥有变性念头的儿童会在青少年期停止变性的想法，而选择成为一个同性恋者。由于不可能确定一个具有变性倾向的儿童在成年后会成为变性人还是同性恋者，这些儿童无法和成人一样通过注射激素进行治疗。最近，一些医生开始使用药物抑制青春期发育，让儿童到青春期后期再决定自己的未来（Cohen-Kettenis et al., 2008）。乔伊在 8 岁的时候开始服用睾酮阻滞剂，并将在 12 岁时开始注射雌性激素。随着我们对变性的了解更加深入，我们很高兴看到父母、医生和社会对其态度的逐渐转变。

洞察极端案例　　　　**美国第一个变性人**

克里斯汀·约根森（Christine Jorgensen），1926 年 5 月 30 日出生于纽约城时名叫小乔治·威廉·约根森（George William Jorgensen, Jr.），因成为美国历史上第一个进行男—女变性手术的人而广为人知（Meyerowitz, 2002）。在小时候，约根森是一个极力逃避打架和混战游戏的弱小、内向的男孩。1945 年，约根森应征入伍，在退伍回家之后，他开始意识到自身在男性发育上的缺陷并开始服用雌性激素雌二酮。在找到一个能够进行变性手术的瑞典医生并行将出发的时候，约根森遇到了克里斯蒂安·汉伯格（Christian Hamburger），一位丹麦的内分泌专家。于是他最终去了丹麦，在汉伯格医生的指导下进行激素替换治疗，同时进行了一系列手术移除睾丸和阴茎并建立阴道。1952 年 12 月 1 日，《纽约时报》以"前美国大兵变成金发女郎"为标题在头版刊登了报道并引发了媒体报道的热潮，而约根森也被冠以"第一个变性人"的称号。事实上，这一报道并不确切，早在 20 世纪 20 年代末和 30 年代初就已经有德国医生施行过类似手术。但约根森案例的不同之处在于她还辅助使用了激素治疗。1953 年 2 月，约根森回到了纽约并立刻成为了名人。她的名声使她成为了变性及意图变性者的代言人，在 20 世纪 70 年代，她在高校进行巡回演说，谈论自身变性的经历。她的直率和智慧得到了很多人的喜爱，还曾经得到美国副总统斯皮罗·阿格纽（Spiro Agnew）的道歉，因为这位副总统曾经骂另一位政治家为"共和党的约根森"。约根森曾经做过演员、酒吧表演者，并唱过许多歌曲，其中《我喜欢成为女孩》深深打动人心。她的表演生涯持续到了 1982 年。1989 年，也就是她辞世的那一年，约根森认为自己给了性别革命"漂亮的临门一脚"。她同样在性别研究者的屁股上狠狠踢了一脚，让他们知道个体的性别认同和其染色体性别可能并不一致，并且这些个体能够顺利完成到另一性别的心理转变。她勇敢的行为为所有渴望变性的人开辟了道路，社会开始接受性别的多样性，而研究者也开始了性别复杂性的研究。

受女孩偶尔发发脾气、表现粗鲁、穿蓝色牛仔裤和玩卡车模型。事实上，一项调查发现，50%以上的女性在童年时都拥有过一段像"假小子"一样参加运动、玩男孩玩具的时间（Morgan, 1998）。"娘娘腔"的男孩会受到排斥，但是"假小子"是大家可以容忍的。

■ 性别差异的生理因素

是什么造成了男孩和女孩、男人和女人间行为及特质的差异？生理因素无疑是重要的影响因素之一。影响性别行为形成的生理因素包括进化、激素的作用、遗传因素和大脑。

进化论与性别的发展

进化论强调自然选择和适应原则。这些原则可以运用到性别发展的过程中，为能够增加个体基因传递概率的性别角色行为提供解释。为了将基因传递下去，个体需要形成择偶策略以提高繁殖成功率。男性需要具有攻击性和竞争能力，在吸引伴侣的竞争中获胜。而女性则需要运用策略吸引并留住能够为后代提供资源和保护的男性，同时她们还要具备养育孩子的技能和兴趣（Buss，1994，2000；Geary，1998，2006）。根据进化论，这两种互补的策略导致动物和人类性别行为的差异——男性更注重自身能力、力量、攻击性，而女性则更关注外表及养育技能。

然而，进化论解释也有一定的局限性（Ruble et al.，2006；Wood & Eagly，2002）。第一，它很难进行验证。第二，它只能解释男性和女性的群体行为，而无法解释个体差异。第三，它不能解释近年来因技术进步导致的男女性别角色的急剧变化，这些技术的出现降低了男女差异的重要性。第四，跨文化研究表明，不同文化中的性别角色存在着极大的差异，这导致了对进化论假设的质疑（Wood & Eagly，2002）。第五，进化论因太过强调遗传决定论，没有考虑环境等因素与其的交互影响而广受批评（Lickliter & Honeycutt，2003）。

激素和社会行为

激素是形成性别差异和性别角色的另一生理因素。从婴儿时期开始，男性女性体内和性别特征与繁殖功能相关的激素浓度就存在差异。睾酮，又称雄性激素，是男性最重要同时也最具影响力的激素。雌性激素和黄体酮则是女性最重要的激素。男性和女性都具有大量自身性别的激素及少量另一性别的激素，也就是说，男性具有很高的睾酮水平，同时具有少量的雌性激素和黄体酮，而女性则具有较多的雌性激素、黄体酮及少量睾酮。

这些激素联合作用，决定了婴儿的生理及心理特征是男性化还是女性化，而青春期激素的迅猛增长激活了这些特征（Hines，2004）。激素对男性女性社会行为的影响已经在动物研究中得到了证实。例如，研究者给怀孕中前期的母猴注射了睾酮，其产下的雌性后代表现出了公猴的社会行为模式，如威胁性姿态、攀爬行为及打闹游戏等（Young et al.，1967）。还有研究者为出生后的正常母猴注射了雄性激素，这些母猴变得自信爆棚，有时甚至能够成为猴群的领袖（Zehr et al.，1998）。

人类研究同样证明了激素的作用。约翰·玛尼（John Money）和同事对雄性激素水平过高的女性胎儿进行了考察（Money，1987；Money & Ehrhardt，1972）。研究发现，这些女婴在出生后会表现出典型男性化的行为和兴趣。她们热衷于激烈的体育活动（如球类），而对玩布娃娃、照顾婴儿或年幼的儿童不屑一顾。她们喜欢简单的服饰，对化妆品、珠宝和发型兴趣寥寥。除了兴趣更像男孩外，她们果断的作风及对性和成就的态度也和男生如出一辙。还有研究发现，在胎儿期摄入过多雄性激素的女孩更乐意和男孩一起玩，喜欢男孩的玩具，表现出男性的典型行为并参加各种打闹游戏（Berenbaum & Snyder，1995；Hines，2006，2009；Reiner & Gearhart，2004）。在产前接触的雄性激素越多，女孩对男性游戏和活动的喜爱越强烈（Berenbaum，2001；Servin et al.，2003）。尽管父母费尽心机想鼓励她们参与女性化的活动，但往往都徒劳无功（Pasterski et al.，2005）。其他研究发现，一些基因上属于男性，但出生时没有阴茎并被作为女孩养大的孩子也会表现出典型的男性行为，这可能是他们体内较高的雄性激素水平使然（Reiner & Gearhart，2004）。事实上，无论女孩还是男孩，胎儿期具有高水平的雄性激素都意味着其在出生后会表现出更多的男性行为（Auyeung et al.，2009）和较少的共情（Chapman et al.，2006）。一项研究中让母亲对 3～10 岁女儿的攻击性进行评定（Pasterski et al.，2007）。结果发现，先天具有肾上腺增生（能够产生过多的雄性激素）的女孩被认为在各种情境下都具有更强的攻击性，和姐妹相比她们参与的斗殴行为也更多。显然，上述研究表明，激素在性别角色发展中发挥着重要的作用（Berenbaum，2006）。

性别和大脑

男性和女性的思想和行为存在差异是尽人皆知的事情——女性喜欢问路和说"我爱你"，而男性则喜欢要杯啤酒和饼干看摔跤比赛。抛开这些玩笑话，男性女性大脑的结构和功能确实存在

差 异（见 图 10.3；Cahill，2006；Yamasue et al.，2009）。有研究者曾经猜测，大脑可以分为善于交际、富有同情心、友好且对社会和情绪信号敏感的"女性大脑"和以目标为导向、善于将信息系统化的"男性大脑"（Baron-Cohen，2002）。研究者的发现对这一猜测提供了支持：平均而言，女性大脑灰质和白质的比例要高于男性（J. S. Allen et al.，2003），特别是在社会大脑区域（Yamasue et al.，2009；见第 3 章"生理基础"图 3.4）。脑成像研究表明，女性大脑社交区域的活跃水平总是高于男性。看到滑稽动画片时大脑左侧前额叶脑区（Azim et al.，2005）及为赌博游戏对手的失败感到同情时内侧前额叶脑区（Fukushima & Hiraki，2006）的活动都是如此。使用结构核磁共振技术的研究表明，罹患自闭症（通常被认为具有极端"男性大脑"）的个体这些区域的体积小于常人（Baron-Cohen，2002；Yamasue et al.，2009）。

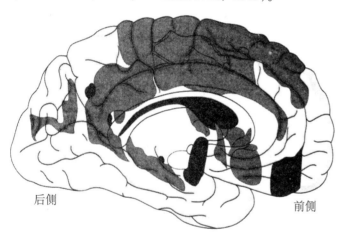

后侧　　　　　　　　　　　前侧

■（灰）相对大脑体积而言，健康女性大脑中体积更大的结构

■（黑）相对大脑体积而言，健康男性大脑中体积更大的结构

图 10.3　大脑结构的性别差异

资料来源：Cahill, 2006, adapted from Goldstein, J.M., Seidman, L.J., Horton, N.J., Makris, N., Kennedy, D.N., Caviness, V.S., Faraone, S.V., & Tsuang, M.T. (2001). Normal sexual dimorphism of the adult human brain assessed by in vivo magnetic resonance imaging. *Cerebral Cortex*, 11, 490-497.

大脑的性别差异还表现在杏仁核区域，杏仁核是进行情绪加工的主要结构（Goldstein et al.，2001；Hamann，2005；Nopoulos et al.，2000）。虽然男性杏仁核占大脑的比例较女性更大，但是女性拥有更大的眶额皮层区域（Gur et al.，2002），

这一区域控制着传递给杏仁核的信息（LeDoux，2000）。这意味着女性拥有更多的大脑皮层来调整情绪性信息的输入，因而她们能够更加高效地处理情绪信息，并更好地巩固情绪性记忆。研究还发现，人类镜像神经元系统也存在性别差异，女性的共情反应要强于男性（Cheng et al.，2006；Schulte-Rüther et al.，2008；Yang et al.，2009）。

男性女性大脑在左右半球分工上也存在差异。正如我们在第 3 章谈到的那样，大部分人的大脑右半球负责处理视觉信息和社会情绪信息，比如面孔识别和情感表达等，而大脑左侧半球则负责处理语言信息。研究表明，男性大脑的偏侧化较女性更为明显，这意味着他们左右侧大脑的专门化程度更高。尽管不是所有研究都发现了大脑偏侧化的性别差异（Sommer et al.，2004，2008），但音韵（Cohen-Bendahan et al.，2004；Lindell & Lumb，2008；Shaywitz et al.，1995；Sommer et al.，2008）以及视觉（Bourne，2008；Hiscock et al.，1995）加工的脑成像研究都为这一观点提供了支持。甚至婴儿在进行词语理解任务时也表现出了偏侧化的性别差异（Hines，2004）。此外，同样是左侧大脑损伤，男性比女性更可能产生语言障碍，而右侧大脑损伤的男性，其空间能力的障碍也表现得更加严重（Halpern，2000）。女性大脑的胼胝体（连接左右半球、帮助信息在两侧间传递的纤维组织）要大于男性（Driesen & Raz，1995），这可能是女性偏侧化没有那么明显的原因。总而言之，这些研究都支持了男性女性大脑存在差异的观点，并有助于解释为什么女性在社会和情绪处理方面占据优势。

性别与遗传

2008 年，瑞典一个研究团队公布了人类大脑的遗传差异大型研究的结果（Reinius et al.，2008）。他们发现，男性大脑里有 1 349 个基因的表达与女性存在差异，为男性女性大脑存在遗传差异提供了迄今为止最有力的证据。在 20 世纪 70 和 80 年代，人们认为性别主要受到社会的影响。孩子被灌输性别角色相关知识，通过学习男孩知道自己应该玩卡车玩具，而女孩则知道自己应该玩布娃娃。甚至在不久之前，连科学家都认为性别基因表达的差异只与 X 和 Y 染色体有关。然而，现在我们已经知道，分散在男性女性所有 46 条染色体上的基因都能造成大脑的差异。并且，个体

性别角色行为同样和遗传有关。通过考察近 4 000 个 3 岁儿童，行为遗传学家发现相比异卵双生子，同卵双生子在性别角色行为上的相关更高。例如，都喜欢玩枪、扮演士兵，并喜欢追逐打闹游戏，或都喜欢珠宝、布娃娃、过家家、打扮以及漂亮的东西（Iervolino et al.，2005）。研究者发现遗传具有中等程度的影响，尤其是对女孩而言；而环境具有很强的影响，这在男孩身上表现得特别突出。或许男孩受环境影响更大的原因是父母和同伴更可能对他们违反性别角色的行为给予强烈的反馈和批评（Ruble et al.，2006）。和女孩相比，男孩更可能认为违反性别角色的行为是"不好"的，并受到这一观念的影响（Banerjee & Lintern，2000；Raag，1999；Raag & Rackliff，1998）。

生理和文化的期望

研究者发现 4 ～ 5 岁时，女孩比男孩更加喜欢和婴儿互动。例如，当被要求照顾婴儿时，男孩通常会对婴儿采取漠不关心的态度，而女孩子则时常表现得乐在其中（Berman，1987；Blakemore，1990）。这一差异和性别差异的生理解释相一致，同时也符合进化论的观点，即女性在养育活动中更加投入。另外，这一差异还支持了如下观点：促进怀孕和哺乳的生理和激素因素使得妇女对婴儿、儿童的迹象和信号特别敏感。然而，这些行为倾向还能被归因为文化期望和训练的结果（Parke，2002）。在私密场合下青少年和成人行为的性别差异并没有在大庭广众之下那么明显（Berman，1987）。研究者使用技术手段测量了在婴儿哭泣时父母血压、皮肤电以及自主神经系统的反应，结果发现父母之间并不存在差异（Frodi et al.，1978；Lamb，2004）。由此看来，对婴儿反应的性别差异似乎会受到生理、进化和文化条件的共同影响。

影响性别特征形成的认知因素

性别特征形成同样具有其认知基础。孩子对性别、性别角色及性别规则的理解会影响其性别角色形成。西格蒙德·弗洛伊德（Sigmund Freud，1905）是最早就这一问题进行探讨的研究者之一，他认为，儿童在 5 ～ 6 岁时会对自身性器官的生理结构产生好奇，并意识到男性和女性器官存在差异。从这时起，他们的性别身份开始逐渐形成。弗洛伊德还认为，在建立性别身份之后，儿童会通过对同性别父母产生**认同作用**（identification）的过程逐渐获得女性化或男性化的特质。最近，研究者开始使用认知发展的两个重要理论对性别特征形成进行解释。根据认知发展理论，儿童根据身体和行为线索将自己归类为男性或女性，并按照自认为和性别特征相符的行为准则行事，到 6 ～ 7 岁时，他们已经能够形成稳定的性别特征行为。而信息加工性别图式理论则认为，儿童在 2 ～ 3 岁时已经开始发展自身关于性别差异的朴素理论，并形成与性别相符行为的图式。两个理论拥有共同的假设，即儿童会主动接受并解读环境中的信息，并创建符合自身理论的环境。而两者的差异在于儿童何时获得不同种类性别信息及相关知识、如何改变性别角色的活动及行为。接下来我们将对这两个认知理论进行讨论。

认知发展理论

劳伦斯·科尔伯格（Lawrence Kohlberg，1966）在他的**性别特征形成的认知发展理论**（cognitive developmental theory of gender typing）中指出，儿童在很小的时候就可以区别男性和女性，并且发现相比之下自己和同性更加相似。这一过程要早于弗洛伊德的性别认同加工阶段，并且是自发产生的。使用身体和行为线索，如发型和服装等，儿童将自己归类为男性或女性。他们随后发现以符合性别规范的方式行事、对同性榜样进行模仿能够得到奖赏。例如，一个女孩会认为："我是一个女孩因为我更像我的妈妈和其他女孩，而不像爸爸或其他男孩；因此我的穿着要像个女孩，打扮得像个女孩，玩女孩的游戏，像个女孩一样去感受和思考。"儿童的实际性别（即他们看待自己的方式）和他

认同作用 弗洛伊德理论的概念，即儿童认为自己与同性别家长是一样的。

性别特征形成的认知发展理论 科尔伯格的理论，该理论认为在很小的时候，儿童就会使用身体和行为线索区分性别角色，并发展自身的性别特征行为。

们的行为、价值观间的一致性对他们自尊的形成
至关重要。

科尔伯格指出，所有孩子对于性别的理解都要
经历三个阶段。首先，在 2 ～ 3 岁之间，儿童开始
获得基本的性别身份，意识到自己是男孩或女孩。
随后，在 4 ～ 5 岁，他们获得了性别稳定性的概
念，意识到男性会一直是男性，而女性会一直是
女性。小男孩不再认为自己可能会成长为一个母
亲，而小女孩也逐渐放弃成为超级英雄的梦想。
最后，在 6 ～ 7 岁时，儿童开始意识到性别的恒
常性，意识到外表或行为的改变不会改变性别。
即使一个女孩穿着牛仔裤或踢足球，一个男孩有
一头长发，或热衷于刺绣，他们的性别都不会发
生改变。科尔伯格认为，这一观念的获得非常重
要，因为性别恒常性影响着性别特征行为的选择。

研究者对科尔伯格的理论进行了验证性研
究，证实了男孩和女孩首先会获得性别身份，随
后理解性别的稳定性，最终形成了性别恒常性
（Martin & Little，1990；Slaby & Frey，1975）。在
北美以外其他文化中的儿童在性别理解上同样经
了类似的过程（Munroe et al.，1984），尽管非工
业化国家和低收入家庭的儿童达到这一里程碑的
时间会比美国和加拿大中产阶级家庭的儿童晚 1
年左右（Frey & Ruble，1992）。

早在还不能理解标签和语言的婴儿时期，儿
童就开始将男性和女性识别为两个不同的种类。
一项研究表明，75% 的 12 个月婴儿可以将男性和
女性的面孔分成两类（Leinbach & Fagot，1992）。
虽然这并不意味着他们知道自己属于哪一类，但
这一结果表明了婴儿开始理解性别的过程要早于
科尔伯格的预计。没过多久，儿童就具备了理解
性别标签（如男孩和女孩）的能力。一项研究让
父母每天记录儿童的语言，结果发现，25% 的儿
童在 17 个月的时候就已经在使用性别标签（女孩、
男孩、妇女、男士、女士、小伙子），而在 21 个
月时这一比例达到 68%（Zosuls et al.，2009）。在
这一期间，了解并使用性别标签的儿童更可能表
现出性别特征行为的增加。然而，两岁儿童对性
别身份的理解仍然
非常有限（Fagot &
Leinbach，1992）。
虽然他们能够知道
有些活动和物体与

性别图式理论 这一理论认为儿童会发展出图式，或朴素理论来帮助他们组织、构建与性别差异、性别角色相关的经历。

特定性别存在联系，如男人打领带、妇女穿裙子
等，但直到 3 岁他们才发现自己和其他的儿童一
样，也有自己的性别。尽管如此，他们还时常会
表现出混淆。就如下列两个 4 岁男孩的谈话表现
得那样。里奥宣称戴发卡来学校的杰里米是一个
女孩，因为"只有女孩子才会戴发卡"，杰里米
脱下裤子想证明自己是个男孩，但里奥回答道：
"每个人都有阴茎，但只有女孩子才会戴发卡。"
（Bem，1983，p.607）

生殖器知识的获得对性别恒常性的理解具
有决定性的意义。桑德拉·贝姆（Sandra Bem，
1989，1993）首先让学前儿童观看裸体男孩和女
孩照片，随后又向他们展示同样的儿童分别穿着
同性和异性服装的照片。虽然照片中的儿童穿着
和其性别不符的衣服，但 40% 的儿童还是能够正
确判断出其真实的性别。随后，贝姆测试了学前
儿童对两性生殖器差异的理解，她发现具有生殖
器知识的男孩有 60% 表现出了性别恒常性的概念，
但缺乏相关知识的儿童意识到性别具有恒常性的
比例只有 10%。儿童对自身性别具有恒常性的理
解要稍早，随后他们才会意识到他人也具有性别
恒常性。学前儿童在 4.5 岁时就已经明白自己的
性别不会发生改变，但直到 5.5 岁左右才发现其
他儿童也同样如此（C.L. Martin et al.，2002）。

性别图式理论：信息加工取向

根据**性别图式理论**（gender-schema theory），
儿童通过建立图式来帮助自己理解与性别差
异、性别角色相关的经历（Bem，1993，1998；
Martin & Halverson，1983；Martin & Ruble，
2004；C.L. Martin et al.，2002）。这些就哪些玩
具和活动适合男孩而不适合女孩，哪些工作适合
男性而非女性等问题进行的总结能够帮助儿童寻
找环境中的特定信息并对其进行解释。

儿童的图式来源于自身的观察及父母、同伴
和文化刻板印象提供的信息。他们会使用这些
性别图式对行为进行评估和解释。例如，同样
是被告知有个孩子把牛奶洒出来了，如果这个孩
子是男孩，儿童对洒牛奶行为的评价会更加消
极，因为刻板印象告诉他们男孩是坏的（Giles &
Heyman，2004；Heyman & Giles，2006）。他们
会认为女孩比男孩更容易受伤，因为在他们的刻
板印象中女孩要更加脆弱，尽管事实上男孩受伤

的频率要高于女孩（Morrongiello et al.，2000）。研究者认为，儿童对自身性别相关信息进行选择性注意和记忆，以及要和同性别个体具有同样行为的动机是形成性别图式和儿童自身行为之间的关联的原因。

为了了解性别角色图式如何影响儿童看待事物的方式，研究者向5～6岁儿童展示了男性及女性分别从事与性别角色相符（如男孩玩玩具火车）和不符（如女孩锯木头）的图片（Martin & Halverson，1983）。一周后，研究者让儿童回忆看到过的图片时发现，在描述性别—行为不一致的图片时，儿童往往会弄错人物的性别。但他们对性别—行为一致图片的回忆要精确很多，同时对自己记忆的信心也更足。其他研究报告了类似的发现。此外，相比之下，女孩更容易回忆起女性化的玩具、同伴和活动；而男孩则恰恰相反（Martin，1993；Signorella et al.，1993）。实际上，儿童成为了自己的"性别社会化专家"，因为他们会根据自身的性别特征来记忆和发展男性女性的特质。

儿童性别图式的完善程度存在个体差异（Signorella et al.，1993）。一些儿童是"性别图式专家"，对性别相关信息高度敏感；而另一些儿童则相反，他们更加关注信息的其他方面。显然，相比之下"性别图式专家"能够对性别—行为一致信息进行更好的记忆，同时也更容易记错性别—行为不一致的信息（Levy，1994）。之所以会产生这一现象，部分原因可能在于这些儿童会更多地注意与自身性别相关的信息。在一个让儿童看电视的自然实验中，研究者发现，相比性别恒常性仍未发展成熟的男孩，对性别恒常性理解更加深入的男孩更喜欢观看男性角色以及表现男性特质的节目（Luecke-Aleksa et al.，1995）。女孩的表现同样如此。性别角色图式明显改变了儿童加工社会信息的方式，可能会帮助儿童进行更精确的回忆，也可能歪曲事实以和自身固有概念相符。

认知发展理论和性别图式理论的对比

认知发展理论和性别图式理论在性别特征行为知识如何影响性别角色活动和行为这一问题上存在不同的预测。认知发展理论认为，性别恒常性的获得会影响儿童对不同性别活动的选择，因此，在5～7岁之前，儿童几乎不会表现出对符合自身性别角色行为的偏爱。而性别图式理论则认为，儿童只需要一些性别的基本信息（如对男

向当代学术大师学习　　　卡罗尔·琳恩·马丁

卡罗尔·琳恩·马丁（Carol Lynn Martin）是性别图式理论的创始人之一。在佐治亚大学完成了研究生生涯之后，她被聘成为亚利桑那州立大学社会和家庭动力学学院人类发展专业的教授至今。在本科阶段，她就对人类学、遗传学和心理学有着浓厚的兴趣，最终她选择了心理学。在研究生阶段，马丁从事的是实验心理学研究，学习了大量关于记忆和感知觉的课程，但随后她决定转攻自己喜爱的发展心理学。最后，她终于确定了自己最感兴趣的领域：儿童社会性发展。她的主要目标是理解性别观念的发展：儿童如何产生自身性别身份意识，他们又是如何产生对男女性的刻板印象的，这些刻板印象和性别身份如何影响他们的行为和思考方式以及性别行为规范和适应之间的关系。她对性别发展的兴趣并非源于自身受性别歧视的经历（尽管她能回忆起一个堂兄不愿帮忙洗盘子的经历），而是为了回应一

个教授对其性别观点挑衅味十足的质疑。在听到一个男孩说道"我是一个男孩，我感到自豪，自豪，自豪！"，并看到男孩如何成为操场上的"王者"后，她开始意识到儿童具有很强的性别观念。如今，她对性别隔离如何影响儿童的性别发展及其成功尤为感兴趣。她和一个研究团队就桑福德课程项目展开合作，这是一个旨在通过改变男女间互动和交流的风格来改善异性儿童关系的大样本课程发展项目。马丁是儿童发展研究协会、美国家庭关系协会以及美国心理学会的成员。

扩展阅读：
Martin, C. L., & Ruble, D. N. (2003). Children's search for gender cues: Cognitive perspectives on gender development. *Current Directions in Psychological Science*, 13, 67-70.
Martin, C. L., & Ruble, D. N. (2003). Gender-role development. *Annual Review of Psychology*, 61, 353-381.

女性别的识别）就能够形成并遵循相关的性别行为规则。在这一问题上，性别图式理论似乎是正确的。性别标签已经足以影响儿童对于性别活动的选择（Martin，1993；Martin & Little，1990）。一项研究发现，仅仅告知孩子一个新颖好玩的玩具很受异性孩子的追捧就足以导致该玩具被打入冷宫（Martin et al.，1995）。由此可见，性别特征行为，如选择卡车还是布娃娃作为玩具，并不依赖于儿童对性别稳定性和恒定性的理解。

社会影响与性别特征形成

家庭、同伴、教师和电视都会影响儿童性别特征行为的发展。他们发挥着榜样、塑造者、鼓励者和强化者的作用。

社会影响的理论

社会影响和性别特征行为领域最具影响力的理论是**性别发展的社会认知理论**（social cognitive theory of gender development），这一理论由波希（Bussey）和班杜拉于1999年提出，通过将班杜拉的社会认知学习理论应用到性别发展领域得来。根据这一理论，观察学习是儿童习得性别相关问题的途径之一。通过对同性及异性儿童和成人的观察，儿童学会了哪些行为适合自身的性别，并积极构建符合不同性别角色的外貌、工作和行为的相关概念。在儿童表现出符合或不符其性别的行为时，他人给予的积极或消极反馈也是儿童学习性别问题的方法之一。同伴、父母和教师是对性别适当行为的强化者。尽管一开始儿童的行为受到外部影响的约束，但很快儿童就产生了和性别相符的行为选择更可能带来积极的结果，而对性别表现规则的违背会带来惩罚的内在期望。在3～4岁的某个时间段，儿童从外部管理转向了自我调节，使用自我奖励和自我约束策略维持自身符合性别角色的行为（Bussey & Bandura，1992）。儿童对自我效能感及在性别领域具备娴熟技巧和能力的期望驱使、指引并管理着他们对性别特征行为和表现时机的选择，这进而强化了他们与性别相关的兴趣和行为。简而言之，个体对性别的观念、与性别相关的行为模式以及环境对性别相关行为的促进或阻碍作用都会对儿童的性别发展产生影响。

这一性别发展理论和认知发展及性别图式理论存在相似的地方，如都强调了认知的重要性以及儿童在理解性别方面的主动性。然而，和另外两个理论相比，社会认知理论更加强调动机、情感以及环境对性别发展的影响，它还意识到性别发展是在社会环境的大背景下进行的。**性别角色社会构建理论**（social structural theory of gender roles）则更加关注男性和女性在受教育、工作以及政治领域受到的制度限制，并将其作为性别角色的决定性因素（Wood & Eagly，2000）。这一理论和女权主义者的观点一致：即男性和女性在家庭、工作及政治领域中权力地位的分配差异对性别发展具有强烈的影响（Miller & Scholnick，2000）。社会认知和社会构建理论都强调对不同历史时期社会影响的变化进行追踪的重要性，并着重指出社会和机制的限制在儿童及成人性别相关期望和行为形成中的重要作用。

父母对儿童性别特征行为选择的影响

父母对童年早期性别特征的形成具有最为强烈的影响（McHale et al.，2003）。他们是最早仔细观察儿童的人，同样也是最早试图教育儿童并塑造其行为的人。在婴儿时期，父母就已经开始向他们传递关于性别角色和性别刻板印象的信息。这一进程在父母给孩子起名字（如男孩起名布拉德或女孩起名安吉丽娜）并带他们回到充满着蓝色运动主题或粉色花朵主题的育儿室时就已开始。父母通过孩子的穿着打扮向世界宣告他们的性别。一组研究者在购物中心对1～10个月婴儿的穿着进行了观察，发现男孩都穿着简单、蓝色或红色的衣服，而女孩则穿着粉色、有花边或蕾丝的服装，用蝴蝶结、发卡或彩带修饰头发（Shakin et

性别发展的社会认知理论 使用观察学习、积极和消极反馈、自我效能感等认知社会学习原理对性别角色的发展进行解释。

性别角色社会构建理论 从男性和女性在受教育、工作以及政治领域受到制度限制的角度解释性别角色的形成。

al.，1985）。这些具有性别特征的服饰展示了儿童的性别，并保证即使是陌生人也能作出与儿童性别相符的回应（Fagot & Leinbach，1987）。对于更大一些的孩子，父母会给他们选择裤子或裙子、理板刷头或卷发、选择他们认为适合其性别的玩具或活动、促进其与同性玩伴的交流，并时常对孩子违背他们性别特征标准的行为进行劝阻或批评。他们在男孩的房间摆满了男性玩具，如交通工具、机械、武器、士兵、运动器械等；而在女孩的房间中摆放着家庭导向的玩具和女性装饰品，如布娃娃、娃娃屋，以及具有花朵纹理和花边的家具（Pomerleau et al.，1990）。在儿童开始索要生日或节日礼物之前，父母已经在主动塑造孩子的品位和偏好。父母还通过让男孩和女孩参与不同类型的活动、俱乐部和运动（如男孩参加棒球队，而女孩参加芭蕾班）为他们提供了学习性别特征行为的机会（Leaper & Friedman，2007）。和没有孩子的成人相比，为人父母者对儿童课外活动的选择更加符合性别刻板印象（Killen et al.，2005）。

父母对男孩和女孩态度的差异

父母对儿童性别特征形成的影响远不止为他们选择球拍和球或布娃娃和芭蕾短裙那么简单。在出生那一刻，父母对待儿子或女儿的态度就大不相同。

对待婴幼儿的态度

从孩子出生开始，父母对男孩女孩的感知就存在差异。和强调男性要强壮、富有竞争力，而女性要善于养育的进化论观点一致（Geary，1998），父母通常形容女儿娇小、柔弱、可爱、纤细，比对男婴的描述更加细致。父母通常会强调儿子的个头、健壮、协调和机警以及女儿的脆弱和美丽（Rubin et al.，1974；Stern & Karraker，1989）。了解了这种知觉上的差异，父母会以不同的方式对待儿子和女儿就不足为奇了。他们和女儿的言语交流要多于儿子；无论在婴儿期还是稍大的时候，父母和女孩的交谈都更加频繁，使用的语言也更加具有支持性和指导性（Clearfield & Nelson，2006；Kitamura & Burnham，2003；Leaper & Friedman，2007；Leaper et al.，1998）。而在面对男孩时父母会显得更加严厉（McKee et al.，2007）。

这种感觉和对待方式上的差异在父亲身上表现得更加明显（Stern & Karraker，1989）。从知道怀孕开始，准父亲更希望有个男孩，在婴儿出生后，父亲和儿子进行游戏和交谈的可能性要大于女儿，尤其是对第一个孩子而言（Parke，2002；Schoppe-Sullivan et al.，2006）。在孩子进入学步的年龄后，相比女儿，父亲会花更多的时间对儿子进行照料、爱抚和游戏。他们喜欢玩打闹游戏，并以富有男子气概的方式和儿子进行交谈，如叫孩子"嘿，小老虎！"（Parke，2002）。至于女儿，父亲更喜欢温柔地拥抱她们，而不是与其玩激烈的游戏。相反，母亲对待男孩和女孩的方式更加相似（Leaper，2002；Lytton & Romney，1991）。这种父母对待儿子、女儿方式上的差异表明，对儿童性别特征行为的强化在出生时就已经开始，由于在对待男孩和女孩方面表现出的巨大差异，父亲对儿童性别特征形成过程的影响要大于母亲。

对待稍年长孩子的态度

随着孩子长大，父母积极鼓励并强化他们的性别特征行为。游戏是他们采用的手段之一。在一项研究中，研究者观察了父母对3岁和5岁孩子玩耍的反应，以及他们如何刻意操控孩子对玩具的选择（Langlois & Downs，1980）。研究者同时提供了男性化玩具（如大兵或加油站）和女性化玩具（如娃娃屋和厨房用品），让孩子玩与其性别特征相符或不符的玩具，随后记录了父母对孩子选择玩具的反应。研究发现，父亲会给孩子（无论男孩还是女孩）施加压力，让其玩与性别特征相符的玩具。他们会对玩适当玩具的孩子进行奖励，同时惩罚玩异性玩具的孩子。母亲只会对女孩有同样的反应，对待男孩的态度可能会缺乏一贯性，她们有时会奖励玩女孩玩具的男孩，有时又会对其进行惩罚。其他研究也发现，父亲更可能对孩子玩异性玩具持否定态度（Leve & Fagot，1977）。相比之下，男性购买符合孩子性别特征玩具的可能性要大于女性，这在孩子是男孩的情况下表现得更加突出（Fisher-Thompson，1990；Fisher-Thompson et al.，1995）。

父母对孩子差异行为进行鼓励的另一领域是独立性和依赖性。对于男孩，父母会鼓励他们更加独立，去探索并承担个人责任；而他们往往会鼓励女孩表现出依赖、服从并维持和家庭成员间的密切联系（Leaper & Friedman，2007；Ruble et al.，2006）。父母更加注重对女儿身体的保护。尽管在一些安全的场合，他们可能鼓励女儿和儿子更加独立和成熟（如整理房间、摆放玩具和衣服、自行穿衣），但如果环境存在风险，他们对待儿子和女儿的态度则会完全不同。一项研究让父母想象孩子受伤的情况，发现相比之下，女儿受较轻的伤就能引起他们的关切（Morrongiello & Hogg，2004）。他们更可能阻止有女儿参与的打架，无论她是攻击者还是受害者（Martin & Ross，2005）。父母认为男孩应该在更早的年龄表现出冒险行为，如离开家玩而不事先告诉父母、到邻居家串门、单独过马路或使用尖锐的剪刀（Pomerantz & Ruble，1998）。父母更可能去接女儿放学，对其课后行为进行监督并设置限制和宵禁（Parke & Buriel，2006；Ruble et al.，2006）。许多心理学家担忧对女孩自由的限制会让她们对自身能力缺乏信心，阻碍她们对世界的探索和冒险行为的产生（Ruble et al.，2006）。

父母对儿子和女儿的区别对待还表现在对成就的追求上。相比女儿，父母更加鼓励儿子追求成就并参与竞争（Ruble et al.，2006）。在校期间，父母对男孩和女孩数学、科学成绩的差别对待尤为突出（DeLisi & McGillicuddy-DeLisi,2002）。他们更可能鼓励儿子参与数学和科学的活动（Eccles et al.，2000）。一项研究表明，在去自然博物馆时，父母更可能向儿子而非女儿解释互动装置的原理（Crowley et al.，2001）。另一项研究发现，即使六年级女孩和男孩对科学课程的兴趣及其成绩都不相上下，父母也会低估女儿对科学的兴趣，认为科学对她们更加困难，在完成与物理有关的任务时给予她们科学解释的可能性也更小（Tenenbaum & Leaper，2003）。父亲更可能向儿子而非女儿强调成就、事业及职场成功的重要性；他们更关注女儿的人际交流关系（Block，1983）。即使在睡前读故事时，母亲给儿子的教导也要多于女儿。她们会教儿子一些新词（"看，这是一只长颈鹿，你会读长颈鹿吗？"），但是对女儿，她们更强调交流的愉悦性（Weitzman et al.，1985），更关注她们的感受和情绪，而不是知识和学习（Cervantes & Callanan，1998）。这些父母行为的差异会对孩子的行为造成影响。当父母对男孩和女孩能力的观念受到刻板印象的强烈影响时，

孩子也会产生同样的观点，不论他们的实际能力到底如何（Eccles et al.，1993,1998）。当父母亲具有性别平等的观念、在对待男女孩时更加平衡时，女孩的成就会上升（Leaper & Friedman，2007；Updegraff et al.，1996）。

不同族群对孩子性别差异的鼓励程度各不相同。相比欧裔美国家庭，非洲裔美国父母期望男孩和女孩都能尽早独立，并且在家庭角色分配上的性别差异也小很多（Gibbs，1989）。此外，他们还会鼓励女孩表现出攻击性和自信，鼓励男孩表达情绪并参与养育（Allen & Majidi-Abi，1989；Basow，1992）。墨西哥裔美国父母则恰恰相反，他们对不同性别角色社会化的标准比欧裔美国父母更加严格（Coltrane & Adams，2008）。而其孩子的行为反映了这一点（Ruble et al.，2006）。例如，与欧裔美国女孩相比，墨西哥裔美国女孩更少注重自身的学习成绩，这与她们受到的社会化，即成为传统的妻子和母亲角色不无关系。而墨西哥裔美国男孩则比欧裔美国男孩更加独断，表现了他们文化强调大男子主义的传统（Adams et al.，2007）。

父母特征的榜样作用

除了依照性别提供不同的玩具，父母还通过榜样作用影响孩子的性别角色发展。母亲和父亲的态度、行为和生活方式都为儿童提供了发展自身性别角色的榜样。一项研究发现，父母和孩子的性别观念之间存在着相关：如果父母高度符合传统性别角色，孩子关于性别刻板印象的知识就会更多（Turner & Gervai，1995）。另一个研究发现，父母和儿童行为风格之间存在关联：和阴盛阳衰家庭的男孩相比，具有强壮、"富有男子气概"父亲和柔弱、"女人味十足"母亲的男孩表现出男性化特征的可能更大，表现出女性特征的可能则更小（Hetherington，1965）。父母亲对不同家务活的分担也为孩子提供了形成性别特征行为的榜样。研究者发现，父母在任务分配上表现得越传统，孩子关于性别差异的知识会越多（Serbin et al.，1993；Turner & Gervai，1995）。表10.1展示了儿童的性别角色发展及父母对其进行的性别角色社会化。

表 10.1 性别特征行为和性别角色的发展

婴儿	父母为婴儿选择粉色或蓝色的衣服，并把育儿室装饰成同样的颜色。 他们用"强壮"、"活跃"形容男孩，用"甜美"形容女孩。 父亲用"嘿！小老虎"和男孩打招呼，而用"你好，小宝贝"和女孩打招呼。
1～3岁	父母选择适合孩子性别的玩具，促进其与同性玩伴的交流，对不符孩子性别角色的行为表现出否定态度。 相比母亲，父亲更可能强化孩子的性别特征行为。 儿童能够将男性和女性面孔归为两个不同的类型。 儿童能够正确认识自身的性别，但是对性别身份及其意义的理解仍相当有限。 在接近3岁时，儿童开始获得性别身份的概念。
3～5岁	儿童能够将自己和别的孩子进行性别归类。 儿童明显表现出对符合其性别特征玩具的偏爱。 女孩和婴儿的交流更多，并且比男孩更加积极主动。 儿童表现出比成人更强的性别刻板倾向。 儿童开始理解性别稳定性概念。
5～7岁	相比女孩，男孩更喜欢和同性别群体一起玩。 儿童和同性玩伴一起玩的时间多于异性玩伴。 儿童理解性别稳定性和性别恒常性（在7岁时）。
7～11岁	儿童对与文化性别刻板印象一致的活动产生兴趣。 大多数儿童表现出关于性别特质的知识。

注：上述发展性事件为研究得出的总体趋势。儿童表现出这些行为的年龄可能存在很大的个体差异。

资料来源：Beal，1994；Leaper & Friedman，2007；Maccoby，1998；Paserski et al.，2010；Rubles et al.，2006.

深入聚焦　　反主流文化家庭中的性别角色

从20世纪70年代开始，"家庭生活方式研究项目"的研究者对南加利福尼亚超过200户家庭进行了追踪调查，考察其生活方式和儿童性别发展之间的关系（Eiduson et al.，1988）。参与调查的家庭部分是通过传统婚姻建立的，而其他家庭则具有非传统的形式：如单亲家庭、同居伴侣、公社夫妻及其他组织形式。大量非传统家庭（78个）都践行男女平等的信念和价值观。这些前卫及反主流文化的家庭更可能参与激进的政治活动，如反战游行或环保行为艺术等。他们对女权主义坚定不移，并将其贯彻到日常行为中。他们共同分担家庭、经济和儿童照料任务，或将这些任务交由父亲一人承担。

在这些家庭中的孩子成长到6岁时，研究者将每个孩子及其父母带到大学进行为期一天的参观（Weisner & Wilson-Mitchell，1990）。他们对父母进行访谈，了解他们如何将自身的性别观念融入到养育活动中，研究者还从多个方面对儿童的性别特征行为进行评估：外表、兴趣爱好、社会关系、个体社会性特质（如冒险性、体贴性、外向性、平和性等）。将这些孩子与传统家庭孩子进行的比较发现，前卫及反主流文化家庭的孩子在活动和兴趣的选择上更少表现出性别特征行为，并且在女孩成为工程师或消防员、男孩成为图书管理员或护校教师等问题上表现出的性别刻板印象更少。这些家庭的孩子有70%在面对男孩和女孩应该从事什么职业这一问题时给出了和传统刻板印象不符的答案，而传统家庭孩子的比例只有40%。尽管在其他方面，两种家庭孩子的表现非常类似，如对游戏的偏爱、对玩具（餐具、卡车、布娃娃、赛车）的基本知识都和传统性别特征一致。尽管家庭具有非传统的生活方式，但前卫及反主流文化家庭的孩子还是获得了正常文化的性别特征图式。他们没有表现出反刻板印象行为，而是倾向于**多图式**（multischematic）并存，即视具体情境表现出传统或男女平等的图式。他们具有多种图式可供选择，并且建立了何时使用哪种图式的选择标准。这种灵活应变和多图式并存的能力是这些家庭

多图式　同时拥有关于适当行为的多种图式，并视具体情境进行选择。

的特征模式之一。这些孩子的父母时常会就文化标准进行讨论，对这些标准提出争议和质疑，并让孩子加入到讨论中。这一过程鼓励儿童就信念和行为问题进行思考和质疑，而不是简单地接受传统或反传统的标准。然而，研究发现有些家庭生活方式让孩子更加拘泥于性格刻板印象行为。在虔诚、极其强调传统性别角色的公社家庭中长大的孩子就不如一般家庭孩子那么开明。这一研究清楚地表明，父母能够改变儿童的性别角色，令其在男女性别角色问题上更加极端或趋于平等。

当孩子缺少父亲时

正如前文所述，父亲在对待男孩和女孩的方式上存在更大的差异。因此，我们推测那些缺少父亲或者父亲长期在外的孩子会更少表现出性别特征行为。缺少男性榜样以及缺乏和男性进行交流互动的机会可能会导致性别身份和性别角色发展的困难。研究者已经发现，在父亲永久（离婚或去世）或短暂（出差、服兵役，或对孩子不感兴趣）离开的情况下，年幼男孩的性别角色发展会遇到问题，行为表现更像个女孩（Ruble et al.，2006；Stevenson & Black，1988）。如果父亲的缺失发生在孩子5岁之前，情况会更加严重。但随着儿童的成长和社会接触的增多，其他男性榜样（如同伴、兄弟、教师、体育明星）能够弥补父亲缺失带来的影响。

父亲缺失对女孩的影响较小——或推迟到进入青少年期后才会在女孩和异性交往中表现出来。研究者对美国和新西兰一些5岁女孩进行追踪调查直至其18岁，结果发现，缺少父亲的女孩发生早期性行为及怀孕的风险上升了，父亲离开得越早，这种风险越大（见图10.4；Ellis et al.，2003）。在控制了贫困、暴力、养育方式不良和缺乏监管等因素之后，这一相关仍然显著。这一发现可以通过心理学理论进行解释：学习理论认为，由于失去了与能够欣赏她女性之美、同时又能作为异性典范的男人互动的机会，这些缺少父亲的女孩未能发展出和异性正常交往所需的技

能和信心。进化理论则认为，在父亲缺失家庭中长大的女孩会认为男性对家庭的投入是不可靠、不重要的，因此在性关系方面会表现得更随便（Bjorklund & Shackelford，1999；Geary，1998）。

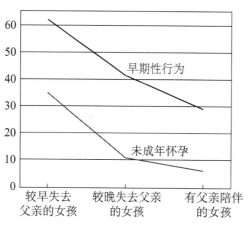

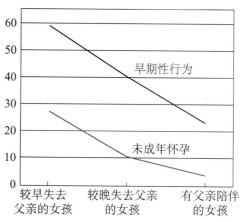

图10.4　父亲的缺失对女孩早期性行为和怀孕的影响

父亲的离开导致美国和新西兰少女更早发生性行为，尤其是在父亲在她们5岁之前就已离开的情况下。

资料来源：Ellis, B. J., Bates, J. E.,Dodge, K. A., Fergusson, D. M., Horwood, L. J., Pettit, G. S., and Woodward, L. (2003). Does father absence place daughter at special risk for early sexual activity and teenage pregnancy? *Child Development*, 74, 801-821. Reprinted with permission of the Society for Research in Child Development and Wiley-Blackwell.

然而，父亲在性别特征行为形成中的重要性受到了女同性恋家庭孩子研究的质疑。这些家庭中孩子的性别角色行为和异性恋家庭的孩子并无二致。拥有女同性恋父母的男孩和女孩同样会选择传统性别导向的玩具、活动和朋友，在青少年期也没有表现出过早的性行为（Patterson & Hastings，2007）。这些研究表明，儿童也可以从不同家庭配置中学到性别角色。

向当代学术大师学习　　夏洛蒂·J·帕特森

夏洛蒂·J·帕特森（Charlotte J. Patterson）是弗吉尼亚大学的心理学教授，她教授儿童发展和性取向心理学课程。在获得波莫纳大学学士学位以及斯坦福大学心理学博士学位之后，她开始了发展心理学的研究，尤其关注男女同性恋家庭中孩子的发展。她对这些家庭的兴趣源于：（1）尽管同性恋家庭孩子的数量在增加，但主流心理学对这一问题仍持忽视态度；（2）她和同性恋伴侣养育两个女儿的亲身经历。她的目标是了解在这类家庭中成长的经历对孩子心理调节能力、性别特征行为形成、性别认同以及性别偏好的影响。她的研究表明，这些孩子调整良好，和异性恋家庭的孩子并没有什么不同。帕特森的研究被广泛应用于法院关于抚养权和同性恋家庭领养案例的判决中。她还作为专家出席了一些影响深远的案件的审判，如波顿斯诉波顿斯案（Bottoms v. Bottoms，一个同性恋母亲被自己的母亲起诉，要求获得其孩子的抚养权），以及巴艾尔诉麦克案（Baehr v. Miike，两对女同性恋夫妻和一对男同性恋夫妻质疑夏威夷禁止同性恋结婚的法令）。帕特森的工作受到了同性恋议题心理研究协会（美国心理学会的分会之一）的认可，被授予了年度杰出科学贡献奖。此外她还获得了美国心理学会女同性恋、男同性恋及双性恋委员会颁发的杰出成就奖，还因在增进家庭心理学的多样性和整合性方面作出的贡献获得了美国心理学会第43分会（家庭心理学）颁发的卡罗琳·阿特妮芙家庭多样性奖。

扩展阅读：

Patterson, C.J. (2006). Children of lesbian and gay parents. *Current Directions in Psychological Science*, 15, 207-268.

兄弟姐妹促进性别社会化

兄弟姐妹同样能够影响儿童的性别选择、态度和行为。在一项纵向研究中，研究者试图了解家庭第一个孩子的性别角色态度、活动以及特质能否预测第二个孩子的同样行为（McHale et al., 2001）。结果发现年幼孩子的性别特征行为和哥哥姐姐特质之间确实存在关联——甚至还超过和其父母特质间的关联。其他研究者发现，兄弟姐妹的性别因素同样存在影响。有姐妹的儿童会发展出更多的女性特质，而有兄弟的则恰恰相反（Rust et al., 2000）。两兄弟组合更喜欢玩男孩的游戏，如扔球、玩具车及玩具枪等；而两姐妹或姐姐带弟弟的组合会参与更多女性化行为，如参与艺术类活动、玩布娃娃和过家家（Stoneman et al., 1986）。具有弟弟的长子最容易发展出符合性别刻板印象的行为；而拥有比自己年长的异性哥哥姐姐会减少儿童的刻板性别角色观念（Crouter et al., 2007）。甚至父母亲都会受到其他孩子性别的影响：父母在为已经有一个哥哥的新生儿子装扮房间时会选择最有男孩子气的风格（Rheingold & Cook, 1975）。

书籍和电视的影响

随着孩子的成长，家庭之外的因素对孩子性别角色发展的影响越来越重要。儿童阅读的书本通常以符合性别刻板印象的方式描述男孩和女孩。虽然教育学家呼吁更加平等的表现形式，但儿童文学中仍然存在很多性别刻板行为的描写。一项对15年间小学儿童读本进行的比较研究让人们看到了一些希望：和早期读本相比，后期作品中女孩参与的活动种类明显增多（Purcell & Stewart,1990）。然而，这些书中的女性形象仍然更加消极、依赖性更强，参与的职业类型较男性狭隘；而男性则更加自信果敢（Turner-Bowker,1996）。甚至标注了"无性别歧视"的书也存在明显的性别刻板行为（Diekman & Murnen, 2004）。

电视节目也是性别刻板行为形成的源泉之一。电视上的男性形象的攻击性、判断力、专业能力、理性、可靠性、力量和忍耐力更强；而女性则被描绘为温情、快乐、更加社会化，同时也更感性。除了《公主战士希娜》（Xena, Warrir Princess）等屈指可数的例外，大部分在电视上展现攻击性的女性都表现笨拙或遭遇失败，是暴力行为的受害者而非发起者。相比之下，女性出演主角的可能性较低，更可能扮演喜剧片的角色、与人结婚或订婚、年轻且富有魅力（Comstock & Scharrer, 2006；Huston & Wright, 1998）。但是，人们也注意到，电视中的女性职业形象存在多元化的趋势（Coltrane & Adams, 2008；Douglas, 2003）。一项调查发现，事实上在电视节目中，只有4%的女性被刻画为家庭主妇（Heintz-Knowles, 2001）。然而，即使在电视广告中，男性通常会以权威的形象出现，通过画外音对产品的优点进行评论，而女性则扮演消费者的角色，表现出对商品的兴趣（Coltrane, 1998）。只有在讨论食品、洗衣皂或护肤用品时女性才会以专家的身份出镜。

这种刻板形象的展示特别值得关注，因为儿童倾向于观看和自身性别一致的演员。无论是在北美还是亚洲，研究者都已发现男孩更偏爱男性角色、女孩更偏爱女性角色，并且男孩和女孩都更加偏爱和性别一致的内容，即男孩喜欢暴力画面，而女孩喜欢平和的内容（Knobloch et al.,2005）。孩子的性别图式引导着他们观看特定

的内容，而这些内容同样在塑造着他们的性别观念——由此进入了性别特征行为形成和刻板印象化的循环中（Leaper & Friedman, 2007）。

有研究考察了男女角色刻板化带来的影响，结果发现，看电视更多的孩子更可能具有性别刻板印象，并表现出文化所接受的性别特征行为（Berry, 2000；Ward & Friedman, 2006）。一项研究（在第9章"学校和媒体"进行过讨论）考察了引入电视对一个加拿大小镇带来的影响，研究者发现两年之后儿童性别态度的刻板化显著增加（Kimball, 1986；MacBeth, 1996）。电视同样能够被用来减少儿童的性别刻板印象。在一项研究中，研究者让5～6岁儿童观看了一部动画片，片中的人物在进行和传统性别角色不符的活动（如女孩在帮助建造一座俱乐部），结果发现，这些孩子的性别刻板印象减弱了（Davidson et al., 1979）。电视剧《花样篮球》（Freestyle）试图消除儿童的性别刻板印象并获得了一定程度的成功，提高了

实践应用　　　　计算机会扩大性别差异吗？

计算机已经在班级、家庭、课后俱乐部及夏令营中随处可见，但它是否为男孩和女孩提供了"公平的竞争场所"呢？在计算机刚开始普及的时候，男孩女孩与其接触的程度就存在很大差异（Lepper, 1985；Lepper & Gurtner, 1989）。学习计算机基础课程的男生是女生的10倍，而高级课程的比例更加悬殊。和女孩相比，男孩玩计算机游戏也更多，并且认为这些游戏更能为男性所接受（Funk & Buchman, 1996）。他们甚至表示花费大量时间玩游戏的女孩是不受欢迎的，如果她们想受到欢迎就应该停止玩游戏，尤其是那些"格斗游戏"（但女孩不这么认为）。

很多因素可以解释这一计算机使用的性别差异。第一，计算机领域为男性所占据，几乎没有能够吸引女孩的女性榜样出现。第二是计算机实验室通常竞争性很强，同时非常喧闹，男孩可以泰然处之，但女孩会感到不适。第三，计算机实验室通常归属于数学部门，并且学习计算机课程需要一定的数学基础。由于女生通常认为自己的数学能力弱于男生，这一安排让她们对计算机，乃至和数学、科学相关的工作都敬而远之（Shea

et al., 2001）。第四个原因是大部分计算机程序似乎都是为男孩而写的（Subrahmanyam et al., 2001）。甚至教育类游戏都会因为其男性化的名称（如"外星人加法"、"拆迁除法"、"拼写棒球"等）让女孩兴致索然。第五，同伴的鼓励和赞扬是让男孩在计算机上花费大量时间并更擅长游戏的原因，女孩很少会得到这种强化（Funk & Buchman, 1996；Lawry et al., 1995）。

近期研究表明，计算机使用的性别差异正在缩小，这部分源于电子邮件、聊天室和教育类应用软件的增多，计算机的用途不再仅限于编程和游戏。有数据显示，男孩和女孩花在计算机上的时间大致相同，对自身的计算机技能同样信心十足。但他们喜爱的计算机活动存在差异：女孩通过计算机进行社交联络，而男孩则主要用来玩游戏。只有在计算机提供了符合他们兴趣的功能时，女孩和男孩才会都乐在其中（Subrahmanyam et al., 2001）。因此，计算机本身并没有扩大性别差异，但只有在男孩和女孩都有均等的机会获得计算机软件时，性别差异才会消失。

人们对男孩和女孩表现出中性行为的接受程度。例如，9～12岁观众更容易接受参与体育运动和商业活动的女孩以及参与养育活动的男孩（Johnston & Ettema，1982）。然而，大多数电视干预效果一般，持续时间也很短暂，并只能对年幼儿童产生影响（Comstock & Scharrer，2006）。想要减少儿童性别刻板印象的发展，书本和电视还需要进行更加实质、普遍的改变。

同伴、性别角色和性别隔离

同伴能够成为儿童的榜样和社会性别角色标准的强化者，在校期间，他们对儿童性别特征行为产生的影响无人能及（Leaper & Friedman，2007；Rose & Rudolph，2006）。为了了解同伴榜样的影响力，研究者让三至四年级儿童观看同伴榜样选择玩具的行为（Bussey & Perry，1982）。结果发现，在观察同性别榜样的行为后，很多儿童依样画葫芦开始玩中性乃至异性的玩具。为了考察儿童作为强化者的影响，研究者对200名学前儿童的玩耍行为进行了为期数月的观察（Fagot，1985a）。结果发现，当儿童违反了性别角色行为规范时，同伴会作出强烈的反应。玩布娃娃而非卡车的男孩度日如年，他们受到的批评比遵循性别刻板行为的男孩多5～6倍。而喜欢扮演消防员而非护士的女孩通常不会受到这么严酷的对待，同伴倾向于忽视其存在而不是对其进行批评。当同伴（尤其是同性伙伴）对儿童符合性别角色的行为提出表扬后，儿童的这类行为会持续更久。

这一同伴互动模式和儿童的**性别隔离**（gender segregation）现象有关。在任何一个校园的操场上，你都能看到儿童和同性伙伴一起玩的画面。尽管父母的影响可能促进了这一过程，但学前班儿童已经会自发选择同性玩伴而无需成人的鼓励、指导或施压（Maccoby，1998；Pellegrini et al.，2007）。一项学前儿童研究发现，不管男孩还是女孩，他们和同性伙伴的互动都是异性的两倍以上，在原有活动受到打断之后，他们返回同性群体的速度更快，加入游戏的速度也更快（Martin & Ruble，2010）。在学前班开始仅仅几周之后，这一模式就表现得非常明显。其他研究表明，在学前班结束时，儿童和同性伙伴一起玩的时间是异性的近3倍，而在6岁时，这一比例攀升到了11倍（Maccoby，1998）。相比女孩，男孩更可能形成同性群体（Benenson et al.，1997）。这一趋势在小学阶段依然存在，儿童对同性伙伴的喜爱远胜异性，对同性伙伴表现出的负面行为也更少（Underwood，Schockner et al.，2001）。性别隔离在很多文化中都有发现，包括美国、印度及部分非洲国家。就这样，儿童生活在相互隔离的世界中，这进一步增加了男性和女性交流方式的差异。和同性伙伴一起，女孩们玩过家家而男孩们则外出探险。这些活动提供了实践性别角色行为的机会。女孩的游戏为她们提供了练习养育、亲社会及合作行为的机会，而男孩则培养了自信和竞争性的行为。这是儿童学习并维持性别角色的另一途径。

为了更加详细地考察性别隔离的影响，卡罗尔·马丁（Carol Martin）和理查德·菲比斯（Richard Fabes）于2001年在一个幼儿园进行了为期1年的追踪调查。他们发现，在男孩和女孩同性团体的活动出现明显区别的那一年，性别隔离增多了。男孩在一起玩的时间越长，他们活动的激烈程度越高。和同性伙伴玩耍的时间更多的男孩，参与追逐打闹游戏更加积极、外显攻击性越强、与成人接触或接近的时间越少，并表达出更多的积极情绪（如更加开心）。相反，和同性伙伴玩耍时间更多的女孩变得更加文静、攻击性更少，也更愿意和成人接触。因此，性别隔离为男孩和女孩提供了完全不同的社会化体验（Maccoby，1998）。另一项研究的发现和这些结果一致，研究者发现，学前男孩喜欢选择活跃的朋友，而女孩则更喜欢文静的；简而言之，儿童会选择活跃程度和自己合拍的朋友（Gleason et al.，2005）。

埃莉诺·麦考比（Maccoby，1990，1998）认为儿童的性别隔离有如下成因。第一，女孩对男孩追逐打闹的活动及竞争势头感到反感，所以她们尽量避免和男孩接触。对行为高度符合性别特征的孩子而言，这种对异性互动方式的负性情绪反应尤为强烈（Martin & Ruble，2010）。第二，男孩和女孩喜欢的活动类型不同：男孩喜欢运动和游戏，而女孩喜欢社交和看电视（Cherney & London，2006；Mathur & Berndt，2006）。第三，女孩

> **性别隔离** 儿童选择和同性同伴待在一起。

向当代学术大师学习　埃莉诺·E·麦考比

埃莉诺·E·麦考比（Eleanor E. Maccoby），斯坦福大学荣誉教授，她在增进我们对儿童性别差异及性别角色的了解方面所作的贡献无人能及。麦考比在里德学院和华盛顿大学获得本科学位，1950年获得密歇根大学实验心理学博士学位。麦考比对性别差异的兴趣部分源于她努力在母亲和学者两个角色中寻找平衡的经历。在领养了第二个孩子后，她参与工作的时间骤减，研究几乎完全陷入停滞，直到孩子长大才有所改观。在再次重新全身心投入到学术研究中后，她几乎放弃了睡觉的时间以同时成为合格的母亲和研究者。和职业母亲广为人们所接受的今天不同，当时的职业妇女想要两者兼顾所遇到的挑战要大很多。20世纪50年代，麦考比开始在哈佛大学教授儿童心理学，同时进行儿童养育模式的研究，为了解父母如何对孩子进行社会化作出了很大的贡献。20世纪60年代末，她开始探索发展过程中的性别差异问题，并于1974年出版了《性别差异心理学》[The Psychology of Sex Difference，和卡罗尔·杰克林（Carol Jacklin）合著]一书，对性别领域的研究进行了全面的总结。70年代女权运动的风起云涌引发各界就妇女能否胜任男性工作这一问题进行了大量争论，而这本书的出版让争论进一步升级。在1998年出版的著作《两性：独立发展，相互靠近》（The Two Sexes: Growing Up Apart, Coming Together）中，麦考比提出了她的性别隔离理论，阐述了在生命周期中，个体和异性的关系是如何发展变化的。作为对她突破性工作的认同，麦考比获得了很多的荣誉，包括美国心理基金会的终生成就金奖，并被推选为美国国家科学院的院士。

扩展阅读：

Maccoby, E. E. (1998). *Two sexes: Growing up apart, coming together*. Cambridge MA: Harvard University Press.

发现自己很难应对男孩，和女孩交流她可以使用自己喜欢的方式，如礼貌地给出建议，但对直来直去的男孩而言，这一手段很难奏效。所以女孩开始回避男孩。这些和同性伙伴一起玩的倾向不仅导致了性别隔离，同时也使儿童产生了不同的能力。例如，只和其他男孩群体一起玩的倾向限制了他们社会技能的发展。由于以群体的方式活动，他们变得竞争性更强，也更加果断；但由于只和男孩交流，他们没能学会如何表露自身信息或表达自身情绪——也就是俗话说的"接触自己女性的那一面"（Leaper & Friedman, 2007）。

学校和教师

我们要讨论的最后一个影响儿童性别特征行为形成的因素是学校。和父母、同伴以及媒体一样，教师和学校也会向儿童传递性别相关信息（Leaper & Friedman, 2007；Ruble et al., 2006）。

校园文化

对大多数学校系统而言，尽管大权在握的通常是男性（如校长和主管），创造校园文化的却往往是作为教师的女性，这导致至少在开始阶段女孩更受偏爱。在小学里，女教师往往对独立、独断、竞争、喧闹等行为蹙眉不悦，而这些正是男孩从小就备受鼓励的行为。而女孩更受教师喜爱，因为她们表达能力更强、行为适当、遵守纪律。女孩更喜欢学校，课堂表现也更强。对许多男孩而言，学校不是一个令人愉悦的地方。他们很难适应学校的日常规范，时常为教师造成麻烦；而女孩则发现学校和她们的性别偏好更加一致（McCall et al., 2000；Ruble et al., 2006）。

然而，女孩的领先只是昙花一现，她们的学业成就随着年龄的增加不断下滑，在大学阶段，女性后进生的比例要高于男性（Eccles et al.,1993；Wigfield et al., 2006）。从长期看来，小学教师对女生顺从和依赖行为的鼓励可能会造成消极的影响。依赖与智力成就之间存在负相关。无论对男生还是女生而言，独立、自信和不墨守成规更可能促进创造性思维和问题解决能力，以及更高的学业成就（Dweck, 2001,2006）。

心理学家已经发现，在竞争性活动中取得成就会让女孩及妇女感到威胁。她们可能会通过隐藏自身能力来处理这一矛盾，尤其在面对男生时

(Ruble et al., 2006)。例如，对于共同选修的课程，女生向男生透露的分数可能会低于她的实际得分。女生还可能故意表现出低于其实际水平的能力。甚至非常成功的职业妇女也可能会通过超级女性化的表现来掩盖自身的成就：除了成为女强人，她们还会努力成为一个超级妻子、超级母亲和超级志愿者。

教师态度和行为

教师通常会以符合性别特征行为的方式对待男生和女生。他们对女生的社交行为（如谈话和手势）以及男生的攻击行为（如推搡等）更加敏感 (Hendrick & Stange, 1991)。因此，在幼儿园结束时女孩和教师的交流会更多，而男孩则更加独断专行 (Fagot, 1985a)。这一行为对女生而言有益，但对男生而言却并非如此。相比之下，教师对表现出异性行为的男生（如着装打扮或玩布娃娃等）批评更多 (Fagot, 1985a)。尽管教育工作者曾经认为，男性教师的增多能够改善这一问题。但研究发现，不管孩子的性别如何，男女教师都更加偏爱参与女性化活动（如艺术、写作和助人等）的孩子 (Fagot, 1985b)。

男孩女孩在语言和数学领域的表现一向存在差异。女生在语言方面表现更好，而数学则是男生的强项 (Eccles et al., 1998；Shea et al.,2001)。然而实际上，女生的数学计算要比男生更好，并且具有更多数学和代数的知识。那么，为什么在学校课程注册、入学课程选择及成人职业选择中都表现出男孩更擅长数学呢？原因之一是在数学学习方面，教师对男生的鼓励甚于女生 (Wigfield et al., 2006)。这当然不会是唯一原因。男生通常会感受到自己的数学能力更强，而女生则倾向于认为数学是男性的领域。即使在小学后期，女生在语言艺术、数学、科学和社会学科的表现都要胜过男生，女生还是认为自己只是语言更加优秀，因为这是她们理所当然的强项 (Pomerantz et al., 2002)。杰奎琳·埃克尔斯 (Jacquelynne Eccles, 2007) 发现，五至十二年级的美国孩子普遍认为男孩在数学上的表现要强于女孩，尽管事实上他们的成绩并不存在性别差异。同样，欧洲研究者发现，四或五年级意大利男孩对自身数学能力的信心要强于女孩，尽管其成绩大致相当 (Muzzatti & Agnoli,2007)。将来，教师可以试着改变儿童对于数学领域存在性别差异这一认知，在鼓励和表扬方面对男孩女孩一视同仁。

双性化

很多心理学家认为，传统性别角色概念已经太过狭窄。因为某人的兴趣、态度和行为而将其归为"男性化"或"女性化"其实意义不大，因为事实上大多数人都表现为男性特质和女性特质的组合。任何人，无论男女，都能够做到养育子女、在工作上独当一面、在网球场上纵横驰骋，或是下厨做出美味佳肴。我们将同时具有男性和女性特质称之为**双性化** (androgynous) (Bem, 1981, 1998；Spence & Buckner, 2000)。儿童也可能和成人一样表现出双性化，这些孩子在玩具和活动的选择上更少受到性别特征行为的影响 (Harter, 2006)。他们具有更强的适应能力和创造能力 (Norlander et al., 2000)。具有男性或双性特征的儿童比只有女性特征的儿童自尊更高 (Boldizar, 1991；Ruble et al., 2006)。那些能够接受自身的性别，但同时又认为表现出异性行为也能够接受的孩子比对自身性别角色持迷茫态度的孩子

调整得更好 (Carver et al., 2004；Egan & Perry, 2001)。

让儿童同时具备两种性别的优点——社会敏感、抚养幼小、公开表达积极情绪、决策果断、行为独立是一项建设性的任务。但是通过教育儿童能够变得更加双性化吗？从下文中一名心理学家的儿子和他朋友的对话来看，这似乎并不容易：

> 儿子：我妈妈一直在帮助人们，她是一名博士（医生，英文同为 doctor）。
>
> 朋友：你是说护士吧。
>
> 儿子：不是，不是那种医生，她是一名心理学家，是心理学博士。
>
> 朋友：我知道了，是心理学的护士。

通过努力，儿童的性别刻板化程度能够有所降

双性化 同时拥有男性化和女性化心理特质。

低。研究者以 10 种儿童通常认为是男性化（如牙医、农民、建筑工人）和女性化（如美容师、空服人员、图书管理员）的职业为例，成功降低了他们的性别刻板印象水平（Bigler & Liben，1990,1992）。首先，研究者让儿童排除性别因素，将注意集中到工作适应性的两个方面：对工作的热爱以及完成工作所需的能力。例如，建筑工人必须要喜欢建造东西并具有驾驶大型机械的技能。随后，研究者询问儿童一些实践问题，让他们指出某项工作和某些人匹配的原因。如果儿童的回答主要基于性别而非兴趣或技能，他们就会纠正儿童的答案。而控制组儿童则进行小组讨论，但不对性别因素进行强调。在后续的测试中，实验组儿童给出了更多非性别刻板印象化的答案，无论涉及的职业在之前有没有学习过。例如，在被询问谁可以去当警察或者护士时，他们中更多的人回答"男人女人都可以"。而控制组的儿童仍然会说"女孩不能成为消防员"。和性别图式理论一致，实验组儿童在随后的记忆测试中对违背性别刻板印象的信息回忆得更好。尽管两组儿童都记住了消防员弗兰克和美容师贝蒂，但只有实验组的儿童能够记住图书管理员拉里和宇航员安妮的故事。

和传统幼儿园相比，现在的教师会有意减少儿童的刻板印象，儿童在混合性别组中玩耍的时间更多，而参与具有传统性别特征的活动更少，男孩和女孩会一起玩过家家和玩具卡车（Bianchi & Bakeman，1983）。显然，儿童的性别角色和态度是可以改变的。在瑞典等国家，公民需要就男女平等问题作出明确承诺，时常看到男女参与和传统性别刻板印象不符的工作或活动促进了儿童双性化态度的增强（Coltrane & Adams，2008；Tenebaum & Leaper，2002）。在美国，人们关于性别角色的态度转变很慢，但随着越来越多的人逾越性别的传统界限，这一变化势头必将持续下去。

◼️ 本章小结

性别的定义

- 在文化的影响下，儿童获得符合自身性别的价值观或者行为方式的过程称为性别特征形成。儿童会发展出基于性别的信念（如性别刻板印象），这些信念会在性别角色中表现出来。在生命早期，儿童会建立性别身份并开始发展性别角色偏好。

性别刻板印象

- 我们的文化通常要求男人独立、自信、具有竞争性；而要求女性忍让、敏感、能够提供支持。尽管女权主义者和其他性别平等的拥护者一直在大声疾呼，但这些观念一直没有发生什么变化。

发展中的性别差异

- 平均而言，女孩在出生时身体和智力上都占据一定的优势，更早获得语言技能、更加善于抚养年幼的孩子。而男孩的肌肉发育更加成熟，并且更具有攻击性。
- 尽管男女存在差异，但两者的共同之处远大于其差异。
- 儿童在 1 岁时就表现出性别特征偏好。

- 女孩受到性别刻板印象的限制要小于男孩，这可能是由于违反性别角色行为时，男孩受到父母和教师的压力会更大。由于男性具有更高的社会地位和特权，女孩也有可能会模仿男性角色行为。尽管一些男孩和女孩的跨性别行为得到了支持，但大部分孩子被鼓励表现出传统的性别特征行为。
- 小学儿童具有性别特征的兴趣能够预测其成年后的行为。如果个体特质和传统刻板印象相一致，其稳定性就会表现得尤为突出。
- 进入青少年期或为人父母之后，个体的性别角色会有所加强。

性别差异的生理因素

- 根据进化论观点，男性和女性会使用不同的策略来繁衍后代。这些策略导致了性别差异，女性会更加关注自身的外表、敏感性以及照顾孩子的技巧，而男性更注重强壮、权力和攻击性。
- 在胎儿期，激素决定了儿童具有男性化或女性化的特征，而青春期激素的迅猛增长激活了这些特征。

- 男性和性和女性的大脑存在结构和功能上的不同。女性大脑的社会区域更加活跃，偏侧化程度低于男性。这可能是女性在性别相关行为方面表现得比男性更加灵活的原因。
- 男性和女性大脑中有超过 1 000 个基因的表达是不同的，个体行为符合性别特征的程度和遗传因素有关。

影响性别特征形成的认知因素

- 儿童对性别、性别特征及性别规则的理解会影响其性别角色形成。
- 科尔伯格的认知发展理论认为，孩子们首先会将自己归类为男性或女性，随后在作出符合自己性别的行为时获得表扬。直到儿童理解了性别恒常性后，他们的性别特征行为才会开始出现。
- 性别图式理论认为，儿童只需要一些性别的基本信息就能够形成心理图式，图式能够帮助他们组织自身经验并建立与性别相关的规则。研究结果对性别图式理论而非科尔伯格的理论提供了支持，这意味着性别标签已经足以影响儿童对玩具及活动的偏好。
- 一些孩子更善于建立性别图式；还有些孩子同时具有多种图式。

社会影响与性别特征形成

- 性别发展的社会认知理论将班杜拉的社会认知学习理论应用到性别发展领域。而性别角色社会构建理论则更加关注男性和女性在受教育、工作以及政治领域受到的制度限制。
- 父母通过为男孩和女孩提供不同的环境、衣服和玩具来对其性别特征行为进行启蒙。父母对待儿子和女儿的方式也不一样。即使在刚出生时，父母眼中的男孩也更加强壮，与男孩的玩耍更加剧烈。随着孩子长大，父母对女孩的保护更多，给予的自主权更少。
- 父母也通过性别角色榜样作用对孩子的性别特征行为产生影响。
- 父亲对孩子性别特征行为的监管比母亲严格。
- 年长的哥哥姐姐会影响弟弟妹妹的性别角色发展。
- 父亲的缺失会为儿童的性别角色发展带来负面影响，但是没有证据表明在女同性恋家庭长大的男孩和女孩存在类似问题。
- 书籍和电视通常以符合性别刻板印象的方式刻画男性和女性。看电视越多的孩子性别刻板印象越深刻。利用电视节目减少性别刻板印象获得了一定的成功，但其效果一般且持续时间不长。
- 同伴也是儿童性别角色社会化的重要来源。他们既为儿童提供了榜样，同时也是儿童性别特征行为的强化者。如果其他孩子违反了性别规范，他们就会作出消极的反应，这导致了那些孩子行为的改变。性别隔离和与同伴玩耍同样提供了习得性别特征行为的机会。
- 教师通常会以符合性别特征行为的方式对待男生和女生，并且对男生的批评会多于女生。

双性化

- 大多数人不能被简单地归类为"男性化"或"女性化"，而属于"双性化"，即同时具有男性和女性的特质。
- 双性化的儿童在游戏和活动的选择上更不受性别刻板印象的限制，和传统女性特质的孩子相比具有更高的自尊。

关键术语

双性化	性别特征形成的认知发展理论	情感表达特质	性别信念
性别恒常性	性别认同	性别角色	性别角色偏好
性别图式理论	性别隔离	性别稳定性	性别刻板印象
性别特征形成	认同作用	工具性特质	多图式
性别发展的社会认知理论		性别角色社会构建理论	

电影时刻

很多影片都在探索性别问题。《艺伎回忆录》（*Memoirs of a Geisha*，2005）讲述了一位年轻妇女被训练成传统日本艺伎的故事，阐述了在社会学习和自我认同的作用下，女性理想的转变过程。另一些电影则关注身心性别不一致的孩子。《跳出我天地》（*Billy Elliot*，2000）中的比利·艾略特是一个讨厌拳击课的 11 岁男孩，他蹒跚着离开了拳击台，跨入了芭蕾舞的世界，并不得不面对众人的不解和反对。在《服装密码》（*Dress Code*，1999）中，8 岁的布鲁诺喜欢穿女装，这为他带来了众多麻烦。这部电影诱发的问题远超其解答的，但它表现了违反性别角色期待的孩子将面临多大的困难。第三部影片《夜间飞行》（*Night Fliers*，2008）讲述了一个假小子在新学校备受欺凌和骚扰、举步维艰的故事。

还有些电影则关注了跨性别个体面临的挑战。在影片《玫瑰少年梦》（*My Life in Pink*，1997）中，卢多维奇是一个 7 岁小男孩，但在心里他认为自己应该是个女孩。他期待能有奇迹发生以"纠正"上天这个错误的安排。他穿女生的裙子，具有和女生一样的日常表现，并迫不及待地想要长大成为女人。这些行为招致了同学的排斥、家庭的误解，偏执的邻居甚至把他赶出了镇子。这部电影从一个孩子的视角阐述了性别认同的复杂性。《男孩别哭》（*Boys Don't Cry*，1999）讲述了一位跨性别个体在成年早期遇到的问题。布兰登搬家到了内布拉斯加州的一个小镇，在那里他和其他男孩混在一起喝酒、骂街，敏感而体贴的行为让他迷倒了一群年轻的女性。但是，布兰登忘了告诉大家他其实是女儿身。在朋友发现了这一秘密后，他的生活发生了天翻地覆的变化。这一看似怪诞，实际上是根据真实事件改编的电影为希拉里·斯万克（Hillary Swank）赢得了奥斯卡最佳女主角奖。而一位由男到女的跨性别年轻人是电影《像男人一样训练》（*Trained in the Ways of Men*，2007）的主角。这部情感纪录片描述了格温·阿劳约的一生和死亡以及对凶手的审判。它告诉了人们什么是跨性别，并为一些问题，如"你是什么性别"、"你怎么知道的"，提供了令人震惊并发人深省的答案。

《13 种性别》（*13 Genders*，2004）和《性别叛军》（*Gender Rebel*，2006）等片子则通过对认为自己非男非女的个体的采访探讨了性别差异问题。还有些电影则对其他文化中的不同性别角色进行了探讨，讲述墨西哥瓦哈卡州南部的萨波特克人的《火花》（*Blossoms of Fire*，2000）和讲述美洲原住民文化的同性恋传统的《双重人格》（*Two-Spirit People*，1992）都是代表之一。最后，还有部分电影涉及了双性化的优势。电影《女男变错身》（*It's a Boy Girl Thing*，2006）讲述了一名勤奋、敏感的女生和一名木讷的男运动员互换了身体，并发现自己逐渐接受了另一性别的积极行为的故事。

第11章
道德：知对错，行善事

现在是七年级考试时间。雷眉头紧锁，集中注意试图解决面临的数学难题。他觉得自己昨天晚上应该花更多的时间学习。贝卡坐在他后排，她也应该花更多时间学习。但是她不是在努力解题而是尝试偷看雷的答案并进行抄袭。她越过雷的肩头偷偷看他的卷子，并希望老师没有注意到。这两个儿童的行为表现出道德行为上的明显差异。为什么这两种行为会如此不同？是年龄、性别、成长或情境的影响吗？在这一章，我们将讨论道德发展的过程以及各种因素对其的影响。

任何观察过儿童们在考场上表现的人都会发现，儿童在道德行为上存在很大不同。有些儿童能够恪守规则，而有些则会说悄悄话或传小纸条，有些会偷偷瞥一眼藏在课桌板下的书本，有的则从别人的试卷里抄袭答案。在操场上，这些差异依然存在。有的儿童会帮助和安慰丢了课本或擦伤了膝盖的同学、和弄丢了午餐的儿童一起分享自己的，而有些儿童则无视这些机会，自顾自地吃喝玩闹。是什么导致了儿童这类行为的差异？儿童的道德感是如何发展的？儿童是怎样变得慷慨大方又富有同情心的？

在本章中，我们会通过论述儿童的道德发展过程来揭晓这些问题的答案。道德的发展可以分为几个组成部分。第一个方面是"认知"：儿童获得道德规则，并对特定行为的"好"与"坏"进行判断。第二个方面是"行为"：儿童在坏境中表现出"好"与"坏"的行为，这需要他们进行道德决策。第三个方面是"情绪"：即儿童对自身"好"与"坏"的行为的感受。我们将对这三个方面以及积极道德行为——亲社会行为——的发展进行讨论，此外我们还会考察这些判断、情绪和行为如何随年龄的增长发生变化，以及父母、同伴和文化因素对这三个方面的影响。

道德判断

让·皮亚杰和劳伦斯·科尔伯格以认知发展的原理和过程为基础，为道德标准和道德判断的发展提供了解释。在他们的理论中，道德发展只是认知发展的一小部分。

皮亚杰的道德判断认知理论

皮亚杰通过两种方式对儿童道德发展进行研究：考察儿童对游戏规则的态度和儿童判断违规行为严重性的标准如何随年龄增长发生变化。他观察发现，儿童道德观念的发展具有三个顺序固定的阶段。

道德推理阶段

在**前道德阶段**（premoral stage），儿童没有任何规则观念或意识。例如，在玩玻璃球等游戏中，他们并不会为了获胜而尝试策略，而只是追求操控玻璃球的满足感，并寻找玻璃球的不同用途。在 5 岁的时候，儿童进入了皮亚杰理论中的道德他律阶段或**道德现实主义**（moral realism）阶段，这一阶段的儿童开始顾忌来自权威人物（通常是家长）给予的规则，并将这些规则视为不可改变并不容置疑的。在发生争端时，他们会使用"因为我爸爸（妈妈）这么说的"来证明自己的正确性。在这一阶段，**道德绝对主义**（moral absolutism）占据着主导地位。如果询问他们其他国家的孩子是否会有不同的玻璃球玩法，那么他们会非常确定地给出否定答案。这一阶段的儿童对**内在正义**（immanent justice）坚信不疑，认为任何违反规则的行为必然会导致惩罚。他们觉得总会有人或东西通过不同的方式对你进行惩罚，这种惩罚可以由无生命的物体或上帝以意外或灾难的形式给予。一个对母亲撒谎的孩子从自行车上摔了下来并擦伤了脚踝，她会认为"这就是我刚刚对母亲撒谎的报应"。在这一阶段，儿童会通过事件的后果对非道德行为的严重性进行评估，而不会考虑施行者的主观意图。

前道德阶段 皮亚杰的道德发展理论的第一阶段，这个阶段儿童几乎没有规则的概念。

道德现实主义 皮亚杰道德发展理论的第二阶段，这个阶段的儿童对社会规则表现出极大的尊敬，并且会牢牢地遵循。

道德绝对主义 死板地把社会规则运用到所有个体，不管他们的文化或者情境如何。

内在正义 任何违规的行为必然会导致惩罚或遭到报应。

儿童在 11 岁左右进入了皮亚杰的道德自律阶段或**道德互惠**（moral reciprocity）阶段。在这一阶段儿童道德判断的特点是：他们开始意识到社会规则只是主观的协定，是可以质疑和改变的。儿童开始意识到，对权威的服从既不是必需的也不总是可取的，违背规则并不总是错误的，也不会必然导致惩罚。在对他人的行为进行判断时，这一阶段的儿童能够考虑其感受和观点。他们认为，应该综合考虑犯错者的意图和犯错行为本身对其进行惩罚。并且惩罚必须能够在一定程度上弥补其犯下的过错，并教育其在将来具有更好的表现。这一阶段的儿童相信平等主义，即所有人都应该被平等对待。皮亚杰认为，道德成熟不仅包括对社会规则的理解和接受，还包括持有人类关系应该平等互惠的观点。

在一组实验中，皮亚杰为儿童阅读了两个故事，询问他们故事中男孩的淘气程度是否相同，并给出原因（Piaget，1932，p. 122）。

> **故事1** 一个名叫约翰的小男孩在自己的房间里。他被叫去吃晚饭。他到了餐厅。餐厅门后面有一把椅子，椅子上有一个托盘，托盘上有 15 个杯子。约翰事先不知道门后有这些东西。他推开门，门撞到了托盘，"嘭"，15 只杯子全都碎了。

> **故事2** 从前有个叫亨利的小男孩。有天，他妈妈外出了，他想从柜橱里拿点果酱。他爬到一把椅子上伸出了手臂。但是柜橱太高了，他够不到。就在他试着去拿的时候，他撞翻了一只杯子，杯子掉了下来，碎了。

显然，亨利企图欺骗母亲，因此他应该是更不道德的一个。但是道德他律阶段的儿童可能会认为约翰更淘气，因为他打破了更多的杯子，即使他的行为是无意的。而道德自律阶段的儿童则会认为亨利更加淘气。当被问到另一个孩子打破的杯子更多是否会影响他们的判断时，他们的回答是："不会，因为打破了 15 个杯子的孩子不是故意的。"

对皮亚杰理论的评价

从 1932 年起，皮亚杰的道德发展理论就成为了很多研究的主题。研究者在美国、英国、法国、瑞士等工业化西方国家进行了一系列研究，样本涵盖了大批人群和不同社会阶层，其发现都和皮亚杰的理论相一致：男孩和女孩的道德判断都表现出从他律向自律发展的趋势。但是，在其他文化中的发现就没有那么强的一致性了。例如，研究者发现，在 10 个美国原住民部落中，内在正义不仅没有随着年龄的增加而减少，反而进一步增加了。并且，其中只有两个部落表现出规则观念灵活性的增加（Havighurst & Neugarten，1995）。

> **道德互惠** 皮亚杰道德发展理论的第三阶段。这个阶段的儿童认识到社会规则是能被质疑和改变的，儿童能够考虑到他人的感受和想法，认为每个人都应该被平等对待。

还有证据表明，皮亚杰低估了儿童的能力。如果以他们能够理解的方式呈现情境，甚至 6 岁儿童也能够将他人行动的意图纳入到考虑之中。例如，如果研究者不是用阅读，而是使用角色扮演和录像的方式呈现故事，那么 6 岁儿童和更年长儿童一样，能够对行为者的目的作出反应（Chandler et al.，1973）。观看真实场景为儿童提供了行为者情绪状态的额外信息，这对儿童推测他人行为的目的有所帮助。皮亚杰低估儿童能力的原因之一就是他仅仅给儿童呈现干巴巴的故事内容。

皮亚杰低估儿童能力的另一原因是他把行为者的目的和行为结果混杂在一起。他总是要求儿童判断那些造成更小破坏但具有不良意图的人是否比那些出发点好但造成更严重后果的人更"坏"。当研究者让儿童就行为意图好坏和结果好坏分开进行评估时，即使小学儿童也能利用意图作为其判断依据（Bussey，1992；Helwig et al.，2001；Zelazo et al.，1996）。例如，研究者复述打破杯子的故事，把重点放在行为者意图上（孩子打破杯子是为了偷块饼干或帮助母亲），并且产生了同样的后果（都打破了 6 个杯子），儿童能够毫无困难地理解意图的作用。通过对皮亚杰的故事进行改编，研究者将影响儿童道德判断的因素分离出来。他们发现，儿童在进行道德判断时会综合考虑行为结果的积极／消极性及导致该结果的行为意图。

科尔伯格的道德判断认知理论

科尔伯格（1969，1985）的道德判断认知理论建立于皮亚杰理论的基础之上，但他精练并扩展了这些阶段。与皮亚杰一样，科尔伯格认为儿童的认知能力决定了他们道德判断的水平，而道德发展建

前习俗水平　科尔伯格道德发展的第一个水平，这一水平对行为的判断以避免惩罚或获得利益为目的。

习俗水平　科尔伯格道德发展的第二个水平，这一水平的道德建立在服从动机之上，以获得他人认同或遵守社会规则和习俗为目的。

后习俗水平　科尔伯格道德发展的第三水平，这一水平的道德判断以内在的道德准则为标准，与他人的认可与否关系不大。

立在前一阶段获取的观念之上。

道德判断的水平和阶段

科尔伯格通过向被试呈现一系列两难故事来研究道德发展，在这些两难故事中，被试要么选择服从社会规则和权威，要么选择满足他人的需要和福祉。被试需要回答他们认为两难故事中的主人公应该如何选择，并给出理由。下面是他使用的故事之一（Colby et al.，1983，p.77）：

> 海因兹需要一种昂贵的特效药来挽救他濒临死亡的妻子，但他的钱加起来只有药价的一半。发明并控制这种药的药剂师拒绝了海因兹先付一半，以后再付另一半的请求。为了救妻子的命，海因兹必须决定是否去偷药，也就是说，他在遵守社会规则、法律和为了妻子的需要而违反它们之间作出选择。海因兹应该怎么做？为什么？

基于访谈结果，科尔伯格构建了道德发展的三个水平，每个水平具有两个阶段。这些水平和阶段的划分不仅基于访谈对象在遵守规则或满足他人需要间作出的选择，还基于他们给出的理由及所作选择的合理程度。

在第一个水平，即**前习俗水平**（preconventional level），道德判断的基础是避免惩罚（第一阶段）或获得利益（第二阶段）。科尔伯格之所以称之为前习俗水平，是因为这一水平的道德推理还没有建立在引导社会行为的社会习俗，即规则和规范的基础之上。在第二个水平，即**习俗水平**（conventional level），道德判断是建立在遵守社会规范的动机上的：在第三阶段，人们遵守社会规范来获得他人的认可，而在第四个阶段，人们会遵守社会规则、法律以及家庭责任、婚姻承诺、忠于国家等社会习俗。只有到了第三个水平，即**后习俗水平**（postconventional level），道德判断才会依靠内在的道德准则而与他人的认可与否关系不大。第五阶段的道德判断建立在社会关于人权的共识之上。而第六阶段的道德判断则基于抽象的普世价值和公平性。

达到这一水平的个体会认为规则和法律太过武断，但同时对其持尊重态度，因为它们保护了人类的福利。他们还认为，如果法律不再具有建设性作用，那么因为人权而违反这些法律是正当的（更多道德推理阶段的信息请见表11.1）。

科尔伯格认为，这六个阶段的顺序是固定的，也就是说，所有人都按照同样的顺序经历这些阶段，每次只能上升一个阶段，并且这一过程是不可逆的。对不同的个体而言，达到这些阶段的年龄存在差异，而且，不是所有人都能够达到最高的水平。科尔伯格和助手进行的实验支持了一理论观点（Colby et al.，1983；Colby & Kohlberg，1987；Kohlberg，1985）。参加实验的被试在长达20年的时间中多次进行两难故事判断，结果发现，除了两个人外，其他所有被试都有从低阶段上升到高阶段的表现，并且没有人具有跨越阶段上升的表现。年幼的儿童更可能作出前习俗水平（水平一）的反应，年长一点的儿童会提供更多的习俗水平（水平二）。大部分实验参与者都停留在了这一道德推理水平（阶段四）。只有很少一部分人（10%）的道德推理能力在20多岁时仍然持续提高，并在成年早期达到阶段五。但是，没有人达到过阶段五（见图11.1）。

科尔伯格认为，这六个阶段不仅顺序是固定的，并且具有文化普适性，即世界不同国家个体的发展顺序都是相同的（尽管和同一文化内部会存在个体差异一样，道德推理最终水平的获得也可能会存在文化差异）。

科尔伯格理论的局限性

在1987年科尔伯格去世之后，他的理论的一些关键方面得到了实证研究的支持。人们以固定的模式从道德判断第三阶段发展到第四阶段的观点已经得到了研究的支持（Turiel，2006；Walker et al.，2001）。第五和第六阶段较少获得研究的明确支持，这部分源于只有很小一部分个体能够达到这一道德高度。此外，实证研究的结果和科尔伯格关于人类道德会向更高阶段而非相反方向发展的观点一致。研究者使用角色扮演情景剧或同伴榜样等方式考察在受到引导的情况下儿童、青少年和成人的道德推理是否会发生阶段间的转换，研究通常发现，人们普遍表现出更高的道德推理水平，相比之下让个体的道德推理向更高阶段转变更加容易（Turiel，2002，2005，2006）。

表 11.1   科尔伯格道德发展理论

水平一：前习俗道德	
阶段一 服从和惩罚定向	为了避免惩罚，儿童对权威或强者（通常是他们父母）言听计从。对某一行为道德性的判断基于其造成的结果。
阶段二 利己主义定向	儿童为了获得利益而遵守规则。他们懂得互惠和分享，但这种互惠是功利和自我服务性质的，并非建立在真正的公正、慷慨、怜悯或同情的基础之上。其实质是一种交易："如果你给我玩小推车，我就借你我的自行车。""如果我能看晚上的电影，我就现在做作业。"
水平二：习俗道德	
阶段三 好孩子定向	儿童的良好行为是为了获得赞许并维持与他人的良好关系。尽管儿童仍然根据他人的反应来判断对错，但他们考虑的重点是他人的认同而非武力。他们遵循家庭和朋友的标准来维持良好声誉，并且根据人们违反这些规则的意愿来判断其行为对错。
阶段四 权威和秩序定向	人们盲目接受社会习俗和规范，并且认为被社会接受的规则是不可变更的。他们不仅遵守其他个体的准则，也遵守社会准则。这是"法律—秩序"道德的典范，即不加置疑地接受社会准则。人们以是否严格遵守规则作为判断行为是非的标准。很多人终其一生也不会超出这一习俗道德水平。
水平三：后习俗道德	
阶段五 社会契约、人权和民主法治定向	人们的道德信念有了早期阶段所没有的灵活性。这一阶段的道德是在个体共识基础上形成的规范，是为了维持社会秩序和他人权利所必需的。然而，由于这是一种社会契约，如果其他方案能够为更多社会成员带来福利，那么人们可以在理性的基础上对其进行修改。
阶段六 个人原则和良心定向	这一阶段的个体会遵守社会标准和内在理想。他们表现出道德行为的意图是避免自我谴责而非他人指责。人们以公正、同情和公平等抽象原则为道德判断的基础。道德的基础是对他人的尊重。达到这一水平的个体具有很高的个体道德信念，可能有时还会和广为接受的规则发生冲突。

资料来源：Kohlberg，1969.

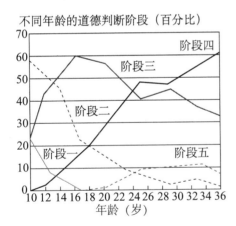

图 11.1　道德推理能力的发展

科尔伯格的研究发现，有 20% 的 10 岁男孩推理水平处于第一阶段，但到了 16 岁时，这一阶段的道德推理已经完全消失。而 10 岁时处于第二阶段的男孩约有 60%，到 24 岁时，这一比例下降到 10% 以下。第四阶段的推理水平在 36 岁时较为常见，但是有约 1/3 的个体仍然处于阶段三。

资料来源：Colby, A., Kohlberg, L., Gibbs, J., Lieberman, M. (1983). A longitudinal-study-of-moral judgement. *Monographs of the Society for Research in Child Development*, 48 (Serial No. 200). Fig 1, p. 46. Reprint with permissions of Wiley-Blackwell.

而科尔伯格理论的其他方面没有获得实证研究的大力支持。尽管从阿拉斯加到赞比亚，在不同文化中开展的实验研究都表明，个体的道德发展遵循着同样的顺序，几乎没有越级或退回到上一个阶段的现象，这支持了科尔伯格关于道德发展阶段具有跨文化普适性的论断，但是，研究者同样发现了道德发展存在文化差异（Gibbs et al.，2007）。在巴布亚新几内亚、中国台湾、以色列基布兹农庄等集体主义文化中的个体在对道德两难故事的答案进行解释时更加强调集体而非个体标准的重要性。而行为与性别、阶层是否相符以及维持个体的纯洁性都是印度个体进行道德判断的重要因素（Shweder et al.，1997）。科尔伯格重点关注个体的权利和义务，低估了一些文化的道德发展状况，并将一些具有文化独特性的道德领域排除在分析范围之外（Shweder et al.，1997；Snarey & Hooker，2006；Wainryb，2006）。

研究者还发现了历史对人们道德观的塑造。一些历史事件，如民权运动、"9·11"事件，让人们对公平和正义更加敏感（Turiel，2002，2006；Wainryb & Pasupathi，2008）。成长于不同

洞察极端案例   道德英雄

父母、同伴、教师和牧师都会对儿童的道德发展产生影响。但是，在不同的历史时期，一代又一代的儿童和成人都在道德英雄的鼓舞下向更高的道德水平迈进，这些道德英雄顺应使命的召唤，激励人们即使有所牺牲也要坚持理想。科尔伯格将三位英雄列为道德发展最高阶段的典范。亚伯拉罕·林肯凭借非凡的勇气、毅力，对道德目标的清晰意识以及对"无论肤色如何，人人生而平等"这一信念的坚持，最终成功结束了美国奴隶制度。在大约一个世纪后，在另一块大陆上，莫罕达斯·甘地为了增加印度人民的权利而奋斗。使用非暴力不合作策略，他成功改变了社会、减少了贫困、增加了妇女的权利并促进了宗教和族群部落之间的关系的改善。即使被囚禁、被打倒，忍受绝食带来的痛苦，甘地坚持为了造福印度人民的道德动机而奋斗。在长达30年的斗争之后，他的努力终于得到了回报，印度从英国的殖民统治之下被解放了出来。他的生日，10月2日被作为国际非暴力纪念日。甘地的事迹激励了美国民权运动的领袖马丁·路德·金。20世纪五六十年代，金采用了甘地的非暴力不合作策略来领袖蒙哥马利巴士抵制运动、蒙哥马利选民抗议、塞尔玛游行以及著名的华盛顿游行，并在这一游行中发表了演说《我有一个梦想》。金提高了公众对民权运动的意识，这也使他自己成为了美国历史上伟大的道德领袖之一。这些道德英雄有几个共同的关键特征，包括为了大我牺牲小我、明确的道德责任和义务感、对正确的事情持有不可动摇的信念。他们的一生为道德发展的最高水平提供了范例。

年代的个体对道德事件的理解也存在差异。那些遭受过巨大经济损失的人可能对穷人的困境更加敏感，并更可能对慷慨持认可态度。简而言之，人们生活的时代会影响他们的道德判断（Rest et al.，2000；Turiel，2002，2006）。如今，心理学家认为，道德是一种社会结构，源自个体经历、习俗以及对社会的思考，并受到文化和历史时期的制约。

科尔伯格理论的另一局限性是它完全依赖于对道德两难问题的口头报告。科尔伯格要求调查对象能解释自身的道德选择；被试需要清晰地表达并说明自己的推理过程。这可能是科尔伯格几乎没有找到阶段五和阶段六证据的原因。研究者发现，当用多项选择问卷而不是面对面访谈的方式询问被试时，人们会更倾向于赞同后习俗推理（Rest et al.，2000）。

此外，假设的道德困境和真实生活中道德困境的差异也是科尔伯格理论的局限性之一。科尔伯格假定，当人们作出道德判断时，他们会通过想象不偏不倚地采择他人的观点。但是，在现实生活中，人们通常对道德判断的对象有所了解，对其具有某种情感，并有交往的历史和将来继续互动的预期（Krebs et al.，1997）。这些道德判断者通常卷入到道德冲突之中，而这会唤起强烈的情绪反应，其利益和道德判断的结果密切相关（Frank，2001；Greene et al.，2001；Haidt，2001；Krebs et al.，1997；Nesse，2001）。人们倾向于在进行理论上、和个体自身无关的道德两难判断时使用第三或第四阶段的道德推理，而在和个体相关的真实两难情境中使用更低阶段的推理（Wark & Krebs，1996）。

尽管存在着种种不足，但科尔伯格的开创性工作极大地改变了人们看待道德发展的方式。在他的影响下，认知判断成为了道德判断的核心部分。在科尔伯格之后，心理学家不断改进他的理论，并以之为基础不断扩展。他们扩充了道德研究的范围，不再坚持科尔伯格关于道德发展阶段绝对化的观点，认为道德发展并非阶梯状的跃进，而是儿童使用更复杂推理方式的频率分布的转变。他们还引入了更多具体的道德推理例子，扩充了科尔伯格的研究。

道德发展的新方面

由于一些局限性的存在，后人对科尔伯格的道德理论进行了大量的修订和扩展。卡罗尔·吉利根（Carol Gilligan，1982）将性别问题和关怀纳入到道德推理研究领域之中。由于科尔伯格研究的被试只有男孩和男性，吉利根对女性是否会表现出同样的道德推理模式表示质疑。她认为，女性很可能在两难境中表现出更强的关怀取向，即更加注重个体权利和公正原则。吉利根询问男孩和女孩海因兹是否应该偷药救妻子时，她发现了性别差异的证据。男孩的回答更侧重于逻辑及生命和所有权的平衡；而女孩的回答往往更侧重于人际方面，考虑到偷窃行为对海因兹、他的妻子、他妻子的身体状况以及他们之间关系的影响。在吉利根对男孩和女孩的道德推理进行初步的探索之后，一些研究者让男性和女性对真实生活中的道德事件进行讨论，其结果支持了其道德推理具有性别倾向的观点（Jaffee & Hyde，2000）。然而，如果询问他们假设的道德两难问题，男性和女性使用的推理方式并没有实质的不同（Jaffee & Hyde，2000；Raaijmakers et al.，2005；Walker，2006）。此外，脑成像研究结果表明，无论是男性还是女性，在就公正问题和关怀问题进行决策时激活的脑区是不同的（Robertson et al.，2007）。吉利根（1993）认为，应该将关怀纳入到道德的范畴之中。

对科尔伯格理论的第二个修正是认识到人们的道德推理可能会因情境而异。科尔伯格假设，个体在进行所有道德判断时都会使用同样的道德推理水平（Colby & Kohlberg，1987）。然而，批评者认为，不同的情境会导致道德判断方式的差异（Krebs & Denton，2005）。在商业领域，指导人们行为的是基于工具性交换的第二阶段道德推理；婚姻关系使用基于相互关系的第三阶段道德推理；法律系统则使用第四阶段，旨在维系社会的运转。批评者认为，随着年龄的增长，人们会根据自身心理结构及所面临的道德两难情境类型扩展道德推理的范围和加工道德信息的方式。人们在不同道德"秩序"之间来回切换，而非不同的道德发展"阶段"。除因为没有获得其他道德推理结构而持续进行阶段一推理的幼儿之外，根据个体对科尔伯格两难情境的反应而断定其处于某个道德发展阶段是一种误导。

对科尔伯格理论的第三个修正是将言论或信仰自由等公民权利和自由引入到道德判断中来（Helwig & Turiel，2010）。在这一备受忽视的领域进行的研究发现，随着儿童的成熟，他们对自由的认同增强了。以加拿大一项研究为例，62%的6岁儿童认同言论自由是一种权利，而8岁儿童的比例为92%，到10岁时，这一比例达到了100%（Helwig，1998）。不管在哪个年龄段，绝大多数儿童都认为言论自由是一种独立于权威和

法律之外的"自然权利"。然而，儿童用来判断公民权利的理论依据随着年龄增长而逐渐变化。最小的儿童支持公民自由的依据是个体选择和表达的需要。而在8岁时，他们开始意识到公民权利还和社会及政治事件相联系。他们捍卫这种权利，因为它是建立个体间联系并通过上诉和抗议来促进社会正义的必要手段。10岁儿童认为言论自由是民主的核心部分，因为它给了人们"说话的权利"。对成年人而言，人们对公民权利的支持和其道德推理以及政治态度相关。美国一项研究表明，和认为自己是保守派的成人相比，在后习俗水平道德推理方面得分较高并认为自己是自由主义者的成年人支持对美国居民、其他国家居民、恐怖分子嫌疑人及其同情者施加限制的可能性更低（Crowson & DeBacker，2008）。如果有其他竞争性的道德事件出现，个体对民主权利的判断可能就会发生变化。例如，在被问及是否对言论及信仰自由持支持态度时，几乎所有的儿童都给出了肯定的答案（Helwig，2003,2006）。然而，如果这些自由与生理和心理自由相冲突，支持言论自由的人数就要少很多。

儿童对政府形态的选择也会随着年龄发生变化。当被问及不同的政体的比较时，一年级儿童认为民主形式的政府比知识精英政体或富裕寡头政治等非民主政府形态更加公平，他们对民主体制的选择随着年龄增长而增加（Helwig，2006）。他们权衡冲突问题的能力更强，如不同政体对言论自由的限制。对五年级的儿童而言，如果对言论自由的限制源于民主政府，其可接受程度要高于非民主政府。令人惊奇的是，甚至非民主国家的儿童同样拥护民主思想。例如，德鲁兹（以色列等级制的穆斯林社会）儿童对言论自由持支持态度（Turiel & Wainryb，1998）。之所以这些儿童会选择民主政体而非非民主政体，因为他们选择的基础是代表性原则和主流规则（Helwig et al.，2007）。民主权利概念似乎在儿童理解能力发展过程中普遍存在。

特里尔的社会领域理论

在科尔伯格之后，埃利奥特·特里尔（Elliot Turiel）的社会领域理论极大地扩展了道德发展研究（Helwig & Turiel，2010；Smetana，200；Turiel，1983，2006）。这一理论认为，道德是儿童社会知识的一个方面，除道德之外，儿童的社会知识还

| 文化背景 | 印度与美国公平和人际责任的比较 |

吉利根认为，重视关怀及人际前景是女性的特征，事实上，这两者的影响力要超出她的预计。跨文化研究表明，在印度，超过80%的印度教儿童和成年人在进行道德两难判断时将人际关系纳入到考虑范围，而美国儿童的这一比例只有1/3。琼·米勒（Joan Miller）和同事对康涅狄格州纽黑文市和印度迈索尔的三年级与七年级儿童及大学生进行了调查，让他们评价违反公平或人际责任案例的不受欢迎程度（Baron & Miller，2000；Miller & Bersoff，1992）。在这一研究阶段，研究者对案例进行调整，使得不同案例的重要性相同或大致相当。在研究第二阶段，研究者给予被试描述冲突情境的故事，在故事中，个体只能履行一种责任（公正或人际关系）而违背另一种。以下是让美国被试阅读的一个冲突情境故事（Miller & Bershoff，1992，p.545）：

> 本恩在洛杉矶出差。在会议结束后，他打算去旧金山参加最好朋友的婚礼。为了准时出席婚礼并送去婚戒，他需要赶上下一班列车。然而，本恩的钱包在火车站被偷了。他丢失了所有的钱和去旧金山的车票。本恩和车站工作人员及乘客商量，请求他们借自己钱买一张新车票。但是没有人愿意。正当本恩坐在长凳上发愁时，他旁边一个衣着考究的男人离开了几分钟。本恩发现他遗落了他的外套。一张去旧金山的车票从外套口袋里露了出来。本恩知道他可以拿走这张车票并登上下一班前往旧金山的火车。他也看到了外套口袋里的钱再买一张车票仍有富余。

随后，研究者给予被试两个选项，让他们判断本恩应该如何选择。

（1）本恩不应该从这个男人的口袋里拿走这张车票——尽管这意味着不能及时赶到旧金山，并给最好的朋友送上婚戒。这是一个基于公平的答案。

（2）本恩应该前往旧金山把婚戒送给他最好的朋友——尽管这意味着要从别人口袋里拿走车票。这是基于人际关系的答案。

选择人际关系答案的印度被试数量是美国被试的两倍以上。违反规则的行为越严重，他们越倾向于选择公平的答案，尽管如此，他们更偏爱人际关系的倾向依然非常明显。此外，印度被试更倾向于将人际关系描述为一种道德需要，而在美国被试眼中，除非情况危及生命，否则都会将其视为个体的选择。由于印度教教义认为，所有的生命都是神圣的，并且印度教文化强调社会责任是社会的起点，印度人认为，帮助他人是自己义不容辞的道德责任，不管事情多么微不足道。这个观点和吉利根关于女性视角的观点差异不大。然而，关怀以及人际关系取向的道德推理似乎并非女性所独有的，而仅仅是一种相对独立于公正、个体权利的道德观念。

包括社会规范、社会习俗知识以及对隐私和个人选择的考量。在社会领域理论的影响下，一系列研究考察了儿童对进食、衣着、谈吐和表达差异等道德之外领域规则的理解，并与欺骗、说谎和偷窃等道德规则的差异进行了比较。最初，研究者着重考察儿童区分不同领域的能力，而最近，他们对多领域情境下的推理方式进行了考察，探索了儿童及青少年如何使用社会推理评估日常生活中遇到的重要而复杂的事件。

社会习俗领域

社会习俗领域（social conventional domain）包括社会期望和社会规则，这些期望和规则促进了社会系统运作的流畅性和效率，例如，餐桌上的礼仪规则、打招呼的方式和其他礼节形式，沐浴活动，社会等级中对地位的尊重，社会交换中的互惠原则等（Smetana，2006）。为了研究儿童是否能够区分这些社会习俗和道德规则，研究者让他们评价打人、说谎以及偷窃这些道德违规行为以及学生直呼老师的名字、男孩进入女卫生间或女孩进入男卫生间、使用手指而非餐具来进食等违反社会习俗行为的错误程度。所有年龄段的儿童一致认为，违反道德规范的行为要比违反社会习俗的行为严重得多（Bersoff & Miller，1993；Turiel，2002，2006；Turiel & Wainryb，2000）。甚至是3岁儿童也能区分道德规则和社会习俗规则之间的不同（Smetana & Braeges，1990）。然而，学前儿童通常只有在熟悉的情境下才能区分两者。直

> **社会习俗领域**　社会性判断领域之一，主要关注社会期望、社会规范和社会规律，有助于提高社会运作的流畅性和效率。

到 9 岁或 10 岁时，他们才能够将这种区分应用到熟悉和不熟悉的情境中（Smetana，1995；Turiel，2006）。

儿童之所以会认为违反道德比违反社会习俗更严重，是因为前者导致了对其他人的伤害，破坏了公平公正的原则。随着他们的成熟，儿童对伤害的看法日渐深入（Smetana，2006）。在童年早期，伤害是有形的、生理上的；到童年中期，伤害来自于人与人之间不平等导致的不公；在临近青少年期时，伤害源于对个体的需求和状态差异的忽视；而到了青少年期，伤害的概念更加包罗万象，并被稳定地运用到不同的道德实践中。无论是儿童还是青少年都认为道德规则是必要、绝对、普遍、稳定和具有约束力的（Smetane，2006）。例如，当被问及在一个没有就偷窃立法的国家中偷东西行为是否可以被接受时，即使 6 岁的儿童也认为这一行为是错误的。与之相对的是，儿童认为社会习俗是主观、相对、可变、双方认可的，具有社会和文化差异。他们认为，违反社会习俗只是不够礼貌，或扰乱了社会的规则和传统。他们已经意识到，和道德规范不同，习俗规范依赖于社会期望、社会规则和家长与教师等权威的力量（Helwig，2006；Turiel，2002，2006；Wainryb，2006）。无论哪种宗教背景，儿童都认为偷窃和伤害他人是道德性的错误，但认为违反宗教习俗（如宗教庆典日、饮食规则和穿着规范等）的行为是可以接受的（Nucci，2002；Nucci & Turiel，1993）。

心理领域

心理领域（psychological domain）是独立于道德及社会习俗领域之外的又一社会知识领域。它反映了对自我和他人这一心理系统的理解，并包含着许多不同类型的问题：只影响自身的"个人"问题，例如偏好和对于身体、隐私的选择，对朋友的选择和娱乐活动等；能够对个体自我（如安全、舒适和健康）产生即刻影响的"安全"问题；关于自我、他人的信念和知识以及向他人进行哪些方面自我表露的"心理"问题。

和道德领域不同，这些领域中的个体选择是可接受的。例如，留着刺猬头、文身、观看暴力电影等都是个人问题而非道德问题；抽烟、喝酒以及吸毒是安全问题，也非道德问题；对安全规范的违背没有违反道德准则那么严重，因为这只伤害个体自身而非他人（Smetana，1988）。在一个考察儿童对道德和安全问题事件理解的实验中，儿童认为个体将他人推下秋千并导致其受伤的场景（道德事件）比个体故意跳下秋千并受伤的场景（安全事件）要严重得多（Tisak & Turiel，1984）。在进行判断时，儿童更着重考虑伤害的类型（道德或是安全事件），而非事件本身的严重性。

儿童也能理解不同的人有不同的心理信念。例如，一些人认为，与他人成为好朋友的方式是不要告诉他们自己真实的想法，而另一些人则认为，分享自己的感受是朋友关系的一个重要方面。儿童意识到，这些人的信念各不相同，但是两者没有对错之分。儿童同样能够容忍人们具有不同的宗教信仰，他们认为，认为世界上有 38 个神或只有在周二去世才能够成为天使的人都是可以接受的，尽管这和儿童自身的宗教信仰存在冲突（Wainryb et al.，2001）。

在个人问题（如择友偏好、发型选择和穿衣风格等）上，儿童表现得尤为开明（Nucci，1996）。这些个人选择是让自身与众不同的重要表现（Nucci，2002）。因此，当他们进入青少年期和家长发生冲突时，个人选择对他们的吸引力增强也就不足为奇了（Smetana，1989；Yau & Smetana，2003）。即使在中国等相对而言集体主义倾向较强的国家，随着儿童的成熟，他们同样能够分辨个体选择及道德规范之间的区别（Nucci et al.，1996；Yau & Smetana，2003）。

对复杂事件的判断

大多数社会领域的研究都在考察儿童如何对道德、社会习俗和个人事件之一进行评估。但在现实生活中，人们经常遇到多个领域交织的情境。研究发现，在大多数情况下，和社会习俗及个人事件相比，人们会优先考虑道德因素（Smetana，2006）。然而，不同领域规则之间的冲突可能导致歧义和不确定性，进而导致道德优先级别的降低。斯坦利·米尔格兰姆（Stanley Milgram，1974）的服从实验提供了一个具体道德判断让位于社会习俗判断的著名例子。在这一实验中，当实验者要求他们对另一个房间里的个体施加电击（违背道德规范）时，这些被试遵守了服从权威人物的规定（社会习俗）。而心

心理领域 社会性判断领域之一，主要关注与自身、他人相关的信念和知识。

向当代学术大师学习　　　埃利奥特·特里尔

　　埃利奥特·特里尔（Elliot Turiel）是加利福尼亚大学伯克利分校教育学教授。在大三时，他立志成为一名心理学家，而在耶鲁大学读研究生时对劳伦斯·科尔伯格在儿童道德推理领域相关研究的了解决定了他一生的发展轨迹。从那以后，探索人类如何发展是非意识以及如何对道德与其他规范、偏好进行区分成为了他研究的目标。他的开创性发现"儿童很早就能够将道德与社会习俗、习惯进行区分"以及"不同类型的社会经历形成了不同的道德判断领域"得到了广泛的认可。而最让他引以为豪的是社会领域理论的建立，这一理论是对社会性发展不同领域进行区分的框架。他最新的研究是考察人们如何应对和其道德准则相违背的制度性不公。特里尔在道德

和公正领域的兴趣源于第二次世界大战期间他在希腊的童年经历，在那里，一些个体自愿对抗社会系统，反抗严重不公的当权者和权威，而特里尔是受益者之一。特里尔的工作在世界范围内广受尊重，他是让·皮亚杰协会的前主席，也是意大利儿童发展研究协会的荣誉会员。他对未来的期望是，研究者能够更加慎重地对待人们进行道德推理并作出道德选择的能力。

扩展阅读：

Turiel, E (2006). The development of morality. In W.Damon & R. Lerner (Series Eds.),& N.Eisenberg (Vol. Ed.), *Handbook of child psychology, Vol. 3, Social, emotional, and personality development* (6th ed., pp. 789-857). Hoboken, NJ: Wiley.

理判断优先于道德判断的实际例子之一是堕胎。这一决定和个体关于杀死胎儿是否属于谋杀（道德事件）、妇女是否有权控制自身的生殖健康（个人事件），以及外科手术是否存在风险（安全事件）等方面的观点有关。将这一问题决策归类于个人问题而非道德问题的妇女更倾向于支持堕胎（Smetana，1981，2006）。

　　在儿童生活中常见的多领域事件的例子是将其他儿童排斥出某个社会群体。梅兰妮·基伦（Melanie Killen）和她的同事发现，小学儿童用道德、社会习俗和个人原因去解释排斥他人行为的对错（Killen & Stangor, 2001；Killen et al.，2002；Killen et al.，2006）。当被问及是不是可以因为种族或性别因素排斥其他孩子时，儿童通常会谴责这种排斥行为，认为其违背了公平公正原则（道德原因）。然而，如果他们没有其他种族的朋友，则更倾向于认为排斥行为是可接受的，就此他们给出的解释是"这是惯例"（习俗理由）。如果排斥行为是建立在被排斥者不仅活动技能低而且种族或性别不同（使用社会习俗论据，如维护团体目标）或被排斥者与团体其他孩子的关系和种族、性别（使用个人认同论据，如排斥一个同学比排斥一个兄弟姐妹好）的基础之上，那么儿童对其的接受性同样会高很多。青少年还提供了多重答案来谴责排斥行为或为之辩护：

例如，他们会说，因性别而进行排斥的行为是不对的，因为它否认男孩和女孩应具有平等的机会，这不公平（道德理由），或者他们会说这没有问题，因为男孩和女孩分为不同的团体能够让合作更加顺利（社会习俗理由），他们还可能认为这取决于儿童自己的决定，因而是可以接受的（个人理由）。

　　简而言之，当面对复杂的问题时，儿童会运用不同领域归纳出的不同理由，并以自身的年龄和经历为基础进行决策。在年幼时，相比多领域问题，儿童对单领域问题的判断更加容易且一致（Crane & Tisak, 1995；Killen, 1990）。而随着儿童的不断成熟，他们理解复杂问题之间细微差别的能力随之增加。

儿童如何学习规范并区分社会领域

　　根据社会领域理论，儿童在和他人各种交往经历的基础上构建不同方式的社会知识。在本节，我们讨论儿童与父母、教师以及同伴之间交往的经历的影响。

父母、教师在道德推理和社会习俗推理中的角色

　　朱迪·邓恩（Judy Dunn）和她的同事花费了大量时间来观察学步儿和母亲在家的互动，以此来界定和儿童道德以及社会规范获得相关的经历

向当代学术大师学习　　　朱迪思·G·斯美塔娜

朱迪思·G·斯美塔娜（Judith G. Smetana），罗切斯特大学心理学教授，于加利福尼亚大学伯克利分校获得学士学位，于加利福尼亚大学圣克鲁斯分校获得硕士和博士学位。总体而言，她的研究考察了人们如何形成是非观念并作出道德选择。从 1970 年到 1980 年期间，她发表了大量关于妇女堕胎决策的文章。随后，她开始关注学前儿童对是非的理解及其如何区分道德规范（偷东西是错的）和社会习俗（男孩子不穿裙子）。她的研究考察了青少年与家长关系的表象和秘密，如使用日记对拉美裔、非洲裔以及欧裔美国青少年进行了研究。她的兴趣还包括：自私和无私，精神、宗教、怜悯的爱和社会公平观念与青少年公民参与以及服务他人之间的联系。养育自己孩子的经历影响着她对自私的研究："我的孩子在高中因竭尽所能帮助他人而受到嘉奖的事情让我感到震惊，这和他们在家时的表现大相径庭。"她的工作具有实践意义，它帮助家长了解为什么自己和青春期孩子会产生冲突，并如何以最佳的方式处理这一问题。斯美塔娜希望将来的研究者能够将文化、族群变量整合到对基本发展过程进行考察的研究中。她获得了儿童发展基金会颁发的早期职业生涯奖，最近，刚刚结束了儿童发展研究协会秘书长的任期。

扩展阅读：
Smetana, J. G. (2006). Social domain theory: Consistencies and variations in children's moral and social judgment. In M. Killen & J.G. Smetana (Eds.), *Handbook of moral development* (pp. 119-154).Mahwah, NJ: Erlbaum.

（Dunn，2006，1989；Dunn et al.，1987）。她们发现，早在 16 个月时儿童就开始理解对错了，而理解能力在 2 ～ 3 岁之间急剧增长。同时，母亲会引导儿童参与关于规则的"道德对话"，儿童则使用点头、摇头或言语作为对母亲的答复。在下文的例子中，21 个月的艾拉对自身违规行为进行了评价（Dunn，1988，p. 30）：

> 艾拉：（坐在桌上，把玩具扔到地板上，这是一个事先被禁止的行为。看着她的母亲。）
> 妈妈：不！艾拉是个？
> 艾拉：坏孩子。
> 妈妈：一个坏孩子。

在 3 岁时，如果和母亲产生争执，儿童就会为自己的行为进行辩护，或母亲就会向其说明规则的合理性。这些理由可能包含了儿童的欲望、需要或者感受（"但是，我需要它"）、社会规则（"那并不属于你"）、他人的感受（"如果你那么做瑞秋就会很难过"），或者行为的后果（"如果你那么做你就会弄坏它的"）。这些例子清楚地表明，道德和社会习俗推理在很早就已经出现，并在家庭互动中反复练习。

当儿童稍大一点时，如果父母能够发起关于他人感受的讨论，使用讲道理和解释等训诫手段，并促进家庭内部民主讨论，儿童的道德判断能力就能够得到最有效的提升（Hoffman，1984,2000；Parke，1977；Walker et al.，2000）。这种教育策略能够促使儿童反思自身的行为及这些行为对他人利益的影响，从而促进了其道德发展。如果父母的道德推理和儿童违反道德规范的行为存在显而易见的联系，并且着重强调该行为对他人道德权利的影响，则能够收到最好的教育效果。相比之下，平常的责备，如"你不能那样对其他人"（唤起社会规则意识）不如针对性的解释，如"你不能打人，因为这会伤害他们，让他们难过"（提供道德解释）那么有效。

在家庭互动中，儿童还懂得了违背道德规则和违背社会习俗会导致完全不同的结果。在很小的时候，儿童就发现用手吃意大利面、弄洒了牛奶或毛衣内外反穿导致的后果没有拿了兄弟姐妹的玩具或者扯了兄弟姐妹的头发的后果那么严重。相比道德领域，母亲倾向于在个人和社会习俗领域给予孩子更多的选择和自由（Nucci & Weber，1995）。如果父母进行和领域相适应的推理，那么这种推理能够收到最好的效果。对违反道德规范行为的适当反应强调该行为造成的破坏和伤害；而对违反习俗规定的适当反应则强调其造成的混乱（Nucci，1984）。父母对孩子违规行为反应的观察研究表明，母亲很自然地将她们的解释与错误行为的性质相结合（Smetana，1995，1997）。如果孩子违反的是习俗规则，父母很少会强调该行为对他人的影响（基于道德的观点），同样也很少使用社会规则（基于习俗的观点）推理回应儿童违反道德规范的行为。在一个研究中，一些两岁孩子的母亲强调违反社会习俗的行为会造成混乱："不要把你的外套扔在地上。房间被你弄得一团糟了！"而她们对道德违规行为的反应则主要集中于行为结果对他人权利的影响上："你伤害了她。想想如果别人打了你，你会是什么感受。"（Smetana，1995，2006）通过改变解释以适应事件所属的领域，父母帮助孩子理解哪些事件是道德相关和绝对的，而哪些事件是社会习俗相关和个人选择的、是可以变通的。除了父母，儿童还能从看护人和教师身上学到不同类型的规则。这些成年人和父母一样，对儿童违反道德规范和社会习俗的行为有着不同的反应（Smetana，1984，1997，2006）。然而，研究发现，儿童认为教师的权威仅限于学校环境（Smetana，2002；Weber，1999）。儿童会对成人给予的信息进行领域适合程度的评定，并拒绝与领域不符的信息（Killen & Sueyoshi，1995；Killen et al.，1994；Nucci，1984）。

家长和教师的影响也取决于他们的信息和儿童发展水平的匹配程度。给1岁儿童普及道德知识通常是徒劳无功的，往往只会换来茫然的注视。随着儿童认知能力在第二年中的突飞猛进，在孩子违反规范时，成人能够将控制行为从直接干涉（如转移其注意力或将孩子带离情境）转向使用言语策略（如对其进行简短的解释）（Dunn，2006；Dunn & Munn，1987）。当儿童3岁时，成人可以用明确的逻辑来引导儿童的行为，例如，告诉他们玩具可能会被弄坏，这比向其灌输所有权等抽象规范的效果要好很多（Parke，1974；Walker & Taylor，1991）。成人使用比儿童当前水平稍高一点的解释水平更够让儿童接触更加成熟的想法，形成一种挑战并更可能促进其道德理解的发展（Turiel，2006）。

父母对儿童道德发展的影响并没有随着童年期的结束而停止。青少年同样理解他们的父母可以合法地控制其道德行为（Padilla-Walker & Carlo，2006；Smetana，1995，2006）。青少年甚至还能够接受父母对其社会习俗与安全相关行为的干涉，如吸烟、吸毒和酗酒等（Hasebe et al.，2004）。然而，他们较难接受家长对他们个人问题的控制，如外表、对朋友的选择或消费习惯等。青少年和父母的冲突多发生在这一领域，随着青少年的成熟，冲突的频率日益增加（Smetana，2006）。同时涉及社会习俗和个人问题的冲突，如父母要求青少年打扫房间或洗澡时表现得最为激烈。家长拒绝给予青少年合理控制个人事件的权利不利于青少年的心理调节。在一项研究中，日本和美国青少年认为父母对他们的个人事件（如发型和对音乐的选择）进行了过度的控制，并报告了更多的焦虑和抑郁情绪（Hasebe et al.，2004）。而在另一项研究中，那些父母在青少年期早期对孩子个人事件施加一定程度控制的非洲裔美国青少年的心理调节更好，但是如果父母的控制延续到青少年期中期或后期的话，这些孩子就会表现出更低的自尊和更多的抑郁（Smetana，et al.，2004）。随着青少年的成长，对其个人问题的过度控制无疑具有更大的影响。

权威型父母更喜欢为青少年在道德、习俗和个人问题之间划定清楚和合理的界限（Smetana，2006）。专制型父母在青少年违反习俗（如咒骂和把手肘放在桌子上）时的表现如同他们违反了道德规范一样，而使用应对习俗事件的方式来对待孩子的个人问题（如服饰和发型的选择）。溺爱型父母则喜欢将所有的问题当做个人问题来看待。

兄弟姐妹和同伴对道德判断和习俗判断的影响

兄弟姐妹、同伴和成年人一样，在儿童道德及社会习俗规范的习得中发挥着特定的作用。轮流玩耍的困难、占有权的争执、社会排斥、奚落、嘲笑以及相互伤害这些学习道德和社会规则的机会更可能发生在儿童与儿童而非与成人的互动中（Ross & Conant，1992）。研究者发现，在两三岁时和兄弟姐妹发生过明显对抗的儿童和那些兄弟姐妹间关系融洽的儿童相比，到五六岁时更了解如何伤害和扰乱他人；而后者具备更加成熟的道德倾向（Dunn et al.，1995）。与之相似的，和缺乏友谊的儿童相比，拥有亲密、融洽友谊的4岁儿童在讨论假设道德违规行为时能够给出更加成熟的理由（Dunn et al.，2000）。例如，这些 4 岁儿童能够从他人的角度谈论受到排斥的感受以及排斥行为对他们之间友谊带来的影响，他们还能更好地理解内心状态和情绪，这可能促进了他们道德的发展。儿童彼此间频繁地谈论违反道德行为，这帮助他们习得道德的规范和概念（Dunn，1988），而关于对友谊忠诚和背叛的经历则给儿童提供了情绪高度唤起的道德学习课程（Singer & Doornenbal，2006）。和成人一样，同伴也会对儿童违背道德和社会习俗的行为表现出不同的反应，这也推动了儿童道德的发展。一项研究对托儿所 2 ～ 3 岁儿童进行观察，发现当一个儿童的行为违反了道德而非社会习俗时，其他儿童的行为更加冲动，报复的次数也更多（Smetana，1984，2006）。3 岁的儿童能够清晰地表达并区分道德和社会规范，并使用这些规范控制和管理同伴的行为。

文化的角色

社会领域理论的研究者发现，世界各地的儿童都能够对道德、社会习俗以及心理这三个领域进行区分。这得到了一系列不同地区研究的证实，如哥伦比亚的棚户区和中等住宅区（Ardila-Rey & Killen，2001；Ardila-Rey et al.，2009）、巴西东北部的中等和低等住宅区（Nucci et al.，1996）、中国的农村和城市（Helwig，2006）、原始德鲁兹文化和以色列的特拉维拉市区（Turiel & Wainryb，1998）、尼日利亚的农村（Hollos et al.，1986）、印度（Neff，2001）、韩国（Song et al.，1987）和日本（Killen & Sueyoshi，1995）。然而，社会习俗的具体内容在不同文化中具有明显不同的表现。在印度，对女孩和妇女而言，社会习俗之一是穿传统的衣服（莎丽服）并在脸上点上记号（额前的人工痣）。而对加拿大和美国的门诺派教徒而

你一定以为……　道德判断会引发道德行为

如果你认为道德知识会导致更道德的行为，那么这样的想法并不会让人觉得惊讶。不然的话，为什么教师和家长要努力给孩子灌输道德规范呢？科尔伯格坚信，道德判断和道德行为之间存在着关联。他认为人们首先要判断什么是正确的，随后判断自己是否有义务表现出该道德行为，最后，如果答案是肯定的，他们才会尝试着表现出道德行为（Kohlberg & Candee，1984）。但是，道德行为并不是道德知识提升的必然结果，道德判断和道德行为之间只存在着很低的相关（Krebs & Denton，2005）。研究者发现，儿童道德判断的成熟并不能预测其实际行为。尤其是对年幼儿童而言，道德判断和道德行为之间通常不存在关联（Blasi，1983；Straughan，1986）。儿童的行为经常是冲动性的，并不会理性地三思而后行（Burton，1984；Walker，2004）。一个男孩可能已经达到科尔伯格的第三阶段"好孩子阶段"，他可能会告诉研究者，由于弟弟并不知道自己在做什么，所以打他们是错误的（Batson & Thompson，2001）。然而，当弟弟弄坏了他最喜欢的玩具时，他可能会踢弟弟。思想并不总是会指引着行为。

对年长一些的儿童和成年人而言，道德判断和道德行为存在关联的可能性更大（Kochanska et al.，2002）。达到科尔伯格第五阶段的个体欺骗或将痛苦强加于他人的可能性较更低阶段的个体要小，而宣扬言论自由、反对死刑的可能则更大（Gibbs，2010；Gibbs et al.，1995；Judy & Nelson，2000；Kohlberg & Candee，1984；Pizarro & Bloom，2003）。对道德发展和行为进行的元分析表明，道德判断发展的滞后和青少年犯罪之间存在很高的相关，即使控制了被试的年龄、性别、智力、社会经济地位和文化背景之后依然如此（Stams et al.，2006）。

一些研究者将个体对事件的分类（道德、社会习俗及个体事件）考虑在内，结果发现了道德判断和行为之间的高相关。例如，将堕胎视为道德事件而非个人事件的妇女更可能反对堕胎（Smentana，1983）。而如果儿童认为抢夺他人的玩具是违反道德的行为而非个人问题时，他们就不会这么做；相比将击打、伤害他人视为个人事件的青少年，将其视为道德事件的青少年表现出的攻击性更少（Guerra et al.，1994）。简单地说，道德判断和道德行为之间是否存在联系要考虑个体所处的道德判断阶段以及其是否将其视为道德事件。

言，女孩的社会习俗包括穿长裙和戴女帽。中东的妇女则遵守伊斯兰教的穿着习惯，包起头发和身体，有时还包括脸（见 http://www.youtube.com/watch?v=HgXgpngHf60）。这些社会习俗规范旨在延续传统文化的社会规则。然而，尽管在社会习俗和个人事件方面存在着文化差异，儿童仍旧认为违反道德规范的行为要严重于社会习俗和心理领域的违规行为。

道德行为

道德发展的第二个组成部分是道德行为。道德感不仅包括对规则的了解，还包括了对规则的遵循；不仅要知道什么是正确，还要将其付诸实施。儿童的生活中充满各种诱惑，让其远离道德正确的行为。儿童必须学会抵制这些诱惑并控制自己的行为。自我控制的发展是道德行为发展中必不可少的过程。

行为的自我调节

儿童在没有外部监督的情况下依照社会和道德规范来控制自身冲动和行为的能力被称为**自我调节**（self-regulation）；自我调节能力是道德发展一个重要方面。克莱尔·科普指出（Claire Kopp，1982，1991，2002；Kaler & Kopp，1990），自我调节的发展包括三个阶段。在"控制阶段"，儿童需要成年人的要求和提醒才会表现出适当的行为。在"自我控制阶段"，儿童能够表现出成人期望的行为，尽管成人在当时只是观望，没有提出要求。在"自我调节阶段"，儿童能够使用策略和计划来引导自身行为，帮助自己抵制诱惑，并表现出**延迟满足**（delay of gratification）能力。在一项验证儿童控制自身行为能力不断增长的研究中，科普和她的同事向 18 个月、24 个月和 30 个月的儿童展示吸引人的东西，如玩具电话，随后告诉他们不要去触摸该玩具（Vaughn et al.，1984）。研究发现，18 个月的儿童自我控制能力极低：在触摸玩具之前只能等待 20 秒。两岁儿童具有一定程度的自我控制能力：在触摸玩

自我调节　运用策略和计划在没有外部监控的情况下对行为进行控制的能力，包括抑制不恰当的行为和延迟满足。

延迟满足　把可以立刻得到的快乐延迟的过程。

内化　儿童把他人在他们的文化中所形成的行为的规则和标准接受为自己的行为规则和标准。

道德心　内化的道德行为的规则和标准。

具之前，他们可以等待 70 秒；而 30 个月的儿童能够等待将近 100 秒。在学龄前期，儿童自我控制和自我调节的能力持续发展（Kochanska et al.，2001；Kopp，2002）。在学前期后期，由于前额叶皮层的发展，儿童的自我调节能力越来越成熟（Shonkoff & Phillips，2000）。

自我调节的个体差异

尽管所有儿童都经历了从他人控制到自我控制再到自我调节的发展过程，但一些儿童的发展更加迅速，达到的自我调节水平也更高。一些儿童在 4 岁或 5 岁时达到自我调节阶段；而另一些儿童仍然需要成人的控制才能遵循规则。那些比同龄人更早达到自我调节水平的儿童有更强烈的"道德自我"意识；他们接受并**内化**（internalize）父母的价值观和规则，并刻意努力控制自身的行为，尽管有时这意味着放弃或推迟快乐感受（Kochanska，2002；Kochanska et al.，2001）。

父母和照看者的行为会促进孩子自我调节的发展。与父母之间合作、温情和互相共鸣的关系能够帮助儿童形成强烈的**道德心**（conscience）或道德内部导向。在很小的时候，他们就能将父母的价值观和标准内化，并使用这些内部规范和价值观指导自身的行为，即使在没有父母监督的情况下也是如此（Kochanska et al.，2008；Kochanska & Murray，2000）。儿童会主动遵循内化的规则以和父母维持积极的关系。

自我调节的个体差异和儿童气质存在关联。格拉齐娜·科钦斯加（Grazyna Kochanska，1993，1995）的研究表明，孩子自我调节的发展涉及气质的两个方面：被动抑制和主动抑制。恐惧和焦虑导致被动抑制，这个过程经常在无意识的情况下发生；努力控制则导致主动抑制，这一过程需要意识的参与（Kochanska et al.，2001；Rothbart et al.，2000）。研究者通过测量学前儿童减慢其肌

步入成年 | **贪财乃万恶之源**

道德挑战并没有随着童年期的结束而结束。成年人在日常生活中也时常面对道德两难困境。大多数困境似乎都验证了《圣经》的古训："贪财乃万恶之根。"（提摩太前书，6:10）。在 2008—2009 年的经济危机时期，很多人震惊地发现身边有这么多为了增加财富不择手段的人——他们暗中控制股票市场、提供次级抵押借款、在公司陷入债务危机的同时接受大量的分红，并逃避个人所得税。伯尼·麦道夫（Bernie Madoff）因操控庞氏骗局而被宣判有罪，这是历史上最大的单人投资诈骗案例。据联邦检举人估计，其客户大约损失了 650 亿美元。按照量刑的最高标准，麦道夫被判入狱 150 年。他的不道德行为是极端恶劣的，但是很多人同样会钻系统的缺陷来避免开支（如在商店行窃或盗版音乐和 DVD）或攫取不应得的钱财（如上班时玩跳棋或拿回扣）。成人的生活中具有大量行骗的机会，而缺乏道德"脊梁"的人很可能成为诱惑的牺牲品。他们可能会故意违反道德规范，或将道德事件归类为个人、安全或社会习俗事件。

考虑到 2001 年安然公司的破产和 2009 年股票市场的表现。这些灾难是贪婪、不道德行为的结果还是出于不幸资本家的无心之失？大多数发放"虚假贷款"（夸大借款人的收入状况）的安然、华尔街或银行员工会为自己辩护：他们是根据公司的规章制度办事，并且目的是维持组织、保护客户或合作者的利益。他们会说，这些决策属于社会习俗领域，而非道德领域。而那些因这些决策蒙受损失的人则不这么认为，对他们及旁观者而言，这些决策是由于那些员工将盈利而非安全作为首要考虑因素并由此导致自我调节失败造成的，是"以贪婪、欺诈、不道德、痴心妄想为特点的美国企业文化的产物"（Ted Koppel，2002）。

根据行为导向经济学家的观点，贪婪等情绪在经济决策中具有举足轻重的作用，其影响力时常会超过道德决策。人们可能知道什么是正确的，但在当时的情绪状态以及短期目标的综合影响下，他们作出了影响他人长期利益的不道德行为。

另一个和实际生活比较接近的存在道德疑问的行为是网络盗版音乐或电影。大多数美国人认为免费下载盗版电影相当于"违规停车"等小事（Robertson，2007）。他们为这一行为辩护，称下载的电影只供个人使用（这只是个人事件而非道德事件），并且那些大公司或明星获得的版税已经让他们富得流油了。在办公时间用工作电脑玩跳棋同样能被认为是一个道德事件或个人事件。这些员工可能认为自己的报酬和工作付出不成正比，因此上班玩游戏减少了这种不公。正如一个跳棋权利支持者所言："我绝对不会在一个让我付出劳动之后却不允许使用公司资源娱乐放松的公司上班。这是不人道的。"这是不道德的吗？每年人们都要报告退税。美国国税局（IRS）报告称，由于瞒报收入，2001 年存在 1 970 亿美元的税收缺口。约 14% 的美国人将其视为个人事件，只不过是"保护自己财产"的方式罢了（Pew Research Center，2006）。

显而易见，坚持道德原则是毕生面临的挑战，而成人回应的方式各不相同。尽管一些人坚持对自己严格要求，另一些则将其视为社会习俗事件或个人事件从而回避自己的义务。还有一些人认为这些是道德事件，但只进行低水平的道德推理。例如，他们可能处于科尔伯格"法律和秩序"阶段，但其行为却如奥巴马对一方面拿着纳税人数十亿美元救助另一方面接受高额分红的美国国际集团（AIG）的评价那样："这样的行为合法，但是不道德。"（*The Tonight Show*，March 19，2009）。

肉活动、努力集中注意，并按照特定的信号（如 Simon says 游戏）抑制或发起活动来测量其主动抑制能力。在这些任务中能够有意抑制自身行为的儿童成为了更加优秀的自我调节者。他们对行为标准的内化更好，并在成人不在的场合下能够更自觉地遵循这些标准（Kochanska et al.，1997，

2001；Kochanska & Thompson，1997）。在 5 岁时表现出更多主动抑制行为的儿童到 7 岁时在游戏中作弊的可能性更小（Asendorpf & Nunner-Winkler，1992）。被动抑制通过和家长教导方式的交互作用对自我调节的发展产生影响。温和的教导方式能够促进恐惧抑制气质儿童的道德感发展，

深入聚焦	儿童说谎

说谎是最常见的违反道德规范的行为，研究者对儿童何时及为何说谎进行了探讨。在一项研究中，安娜·威尔逊（Anne Wilson）和她的同事对两岁和4岁儿童在家的日常活动进行了观察（Wilson et al.，2003）。两年后，她们再次对这些儿童进行观察。在每个时间点，她们都录下6段90分钟的录音，随后将这些录音记录为文字并对说谎的例子进行编码。在观察期间，几乎所有儿童（96%）都会说谎，并且说谎的频率随着年龄的增长而升高：两岁儿童每五小时说一次谎，4岁儿童每两小时说一次谎，6岁儿童每一个半小时说一次谎。儿童用说谎来逃避责任，控诉兄弟姐妹，或对他人行为进行控制。男孩说谎的次数比女孩多——即使在排除男孩有更多需要掩盖的事件这一事实之后依然如此。当父母发现孩子在说谎之后，他们很少关注说谎行为本身，而是质疑谎言的真实性或谎言掩盖的过失。年长的儿童通常比年少的弟弟妹妹说谎更多，如果在第一次观察时父母允许年长的儿童说谎，那么第二次观察时儿童说谎会更多。年长儿童的谎言比年少的更加复杂。他们会巧妙地隐藏自身的动机和行为，如"我没有伤害他的意图"，而年少儿童只会使用简单的解释，如指责兄弟姐妹的不当行为，如"乔内莉摔坏了这小汽车"。这一研究为儿童说谎提供了珍贵的描述性数据。另一项研究则发现，7～11岁儿童越来越频繁地撒"小小的白色谎言"以表现得礼貌（Xu et al.，2010）。

在第三个说谎研究中，傅根跃和他的同事（2007）比较了加拿大和中国两个不同文化下儿童对说谎的态度。在研究中，7岁、9岁和11岁儿童阅读一个角色面临道德两难情境的故事，随后询问他们故事的主角是否应该说谎以帮助集体的同时伤害自己。下文是一个例子（Fu et al.，2007，p. 293）：

苏珊的老师正在寻找代表班级去参加学校拼写比赛的志愿者。苏珊拼写水平一般，但她认为比赛将是一次提高她拼写技能的好机会。苏珊暗自想："如果我是志愿者，我们班将不能在拼写比赛中有良好的表现，但如果我不是志愿者，我将错过提高拼写技能的机会。"

儿童需要回答如下问题："如果你是苏珊，你将会怎么做？你将给你自己一个提高拼写技能的好机会并且告诉老师你是个好的拼写者还是为了帮助你的班级而告诉老师你是个差的拼写者？"研究发现，中国儿童更可能说谎帮助集体并损害自己，而加拿大儿童则恰恰相反（见图11.2）。这个研究清楚地说明了儿童对说谎的道德判断反映了其文化价值观。

这三个研究表明，儿童时常说谎并越来越频繁——以避免麻烦，控制或帮助他人，或为了表现得礼貌。说谎明显受到儿童所在文化和家庭经历的影响。男孩、第一个孩子以及家长太过放纵都会导致说谎可能性的增加。

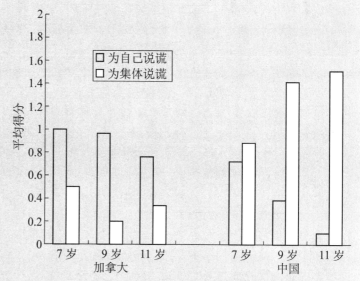

图11.2 中国和加拿大儿童为保护自己或集体而选择说谎

资料来源：Copyright ©2010 by the American Psychological Association. Reproduced with permission. Fu, G., Xu, F., Cameron, C. A., Heyman, G., & Lee, K. Cross-cultural differences in children's choices, categorizations, and evaluations of truth and lies. *Developmental Psychology*, 43, 278-293. The use of APA information does not imply endorsement by APA.

但对没有恐惧气质的儿童无效。对这些儿童而言，关注积极动机的教导方式更可能对其自我调节产生促进作用（Kochanska，1995，1997）。

道德行为跨情境和时间的一致性

自我管理与气质存在关联这一现实让我们预期儿童的道德行为具有相对一贯的特征，而事实也是如此。在一项以 11 000 名学龄儿童为被试的全面调查中，研究者提供了不同情境（运动场、社会事件、学校、在家、单独以及和同伴在一起）下进行欺骗、偷窃和说谎的机会（Burton，1963）。他们发现，尽管儿童的行为受到情境以及动机因素（如害怕被发现、同伴对违法行为的支持以及行为后果影响的重要性等）的影响，但总体而言儿童的道德或不道德行为具有一致性倾向。

在不同年龄阶段，儿童的道德行为也相对一致。研究者发现，在 22 个月时遵守道德规则的儿童在 45 个月时会表现出类似的行为模式（Aksan & Kochanska，2005）。在学前阶段表现出良好自我控制能力的儿童，在青少年期或成年后也具有更强的自我调节能力：根据父母的评定，这些儿童在 14 岁时更可能制定行为计划、更为他人着想，应对挫折的能力也更强（Mischel et al.，1988；Shoda et al.，1990）。在学前阶段表现出延迟满足能力的儿童在 27 岁时吸毒的可能性要更小（Mischel & Ayduk，2004；Peake et al.，2001）。其他研究表明，在童年期存在道德缺陷的人（如麻木不仁、道德情绪发展存在缺陷、行为规范内化不足等）会导致青少年期和成年期的不道德行为（Frick et al.，2003；Frick & Ellis，1999；Lykken，1995；Shaw & Winslow，1997）。

道德情绪

道德发展的第三个组成部分是情绪。当我们违反规则，甚至只是想象违反规则都会让我们"感觉糟糕"。我们会感到悔恨、羞耻或内疚。这些情绪在管理道德行为及思想、帮助我们协调愿望和规章制度之间的冲突中发挥着重要的作用。

道德情绪的发展

正如我们在第 5 章"情绪"中讨论的，儿童在两岁时就会体验到内疚这种道德情绪。当科钦斯加和她的同事给儿童一碰就会散架的玩具，并告诉他们在拿着时要非常小心时，22 个月的儿童在玩具散掉时看起来很内疚——他们皱眉、愣住或发愁；33 个月的儿童会辗转不安，垂下了他们的头（Kochanska et al.，2002）。如果只是因玩具破裂而感到惊奇，那么儿童不会表现出这些消极和紧张的反应。儿童看起来似乎已经意识到自己做错了事，这让他们感觉不佳。研究者现在认为，内疚以及道德感的出现通常在 2～3 岁之间（Emde & Buchsbaum，1990；Groenendyk & Volling，2007；Kochanska，1993）。

道德情绪和儿童性格

然而，不是所有儿童在违反道德规范时都会感受到同等程度的内疚。具有恐惧气质的儿童在违反规范后体验到的内疚感更多。例如，科钦斯加的研究发现，在惊恐情境中（如爬梯子、在蹦床上反向下落或与小丑互动）更容易感到害怕的儿童，在"打破"玩具时表现出更多的内疚（Kochanska et al.，1994，2002）。类似地，另一项研究发现，据父母评定在婴儿期更胆小的儿童在 6 岁时更容易感到内疚和羞耻（Rothbart et al.，1994）。性别因素也有一定的影响。在童年早期（Kochanska et al.，2002；Stipek et al.，1992）和童年中期（Zahn-Waxler，2000），女孩比男孩显示出的内疚和羞愧更多。这可能是相比之下女孩更加遵守规则，因此在违反规责时会更加不安这一事实的反映。

道德情绪和父母的行为

父母会通过多种途径影响儿童的道德情绪。方式之一是在家庭中创造积极或消极的情绪氛围。在温情、支持性的氛围中，儿童会倾听父母的信息，并将内疚和羞耻等情绪反应内化（Crusec & Goodnow，1994；Kochanska et al.，2008）。父母促进儿童道德情绪发展的方式之二是提供解释。如果父母只是单纯使用暴力对儿童的过错进行惩罚，那么儿童较少会感到内疚；如果父母为其解释规则并提供不该违背规则的理由，那么孩子在违背规则时会表现出更多的内疚和悔恨（Forman et al.，2004）。如果父母说，"你应该明白事理，不该打你的妹妹——你要为自己感到羞愧"，儿童就会将悔恨与道德情绪联系在一起。如果父母说，"你打她，所以你是个坏男孩"，儿童就会从情感角度评价自己（Stipek et al.，1992）。通过这些交流，儿童学会了在违反规范后表现出内疚或羞耻的反应，而关于这些情绪的记忆能够减少将来的违规行为。

同情　为痛苦或贫困的人感到悲伤或对其表示关心的情感。

父母促进儿童道德情绪发展的方式之三是激烈地表达自身情绪。如果母亲对儿童的道德违规行为报以强烈的消极情绪，那么儿童做出补救的可能性要大于母亲不带情绪色彩的说教（Grusec et al., 1982；Zahn-Waxler et al., 1979）。当父母夸大其痛苦并表达他们的气愤时，儿童会将注意集中在自己行为导致的伤害或不公上（Aesenio & Lemerise, 2004；Lemerise & Arsenio, 2000）。但这并不意味着父母应该大声尖叫。父母过多的愤怒会诱发儿童的消极情绪，可能会减少他们对感受的关注。而过多的情绪唤起会导致儿童产生自我导向、厌恶的情绪反应，如恐惧或悲伤，而非他人导向的反应，如**同情**（sympathy）（Eisenberg et al., 1988, 2006）。

最后，父母还能通过对儿童情感表达的回应来促进儿童的道德情绪发展。如果父母在儿童表达悔恨、羞愧和内疚时给以积极的回应，儿童就会懂得表达这些情绪能够减轻父母的训斥、修复与父母的关系（Parke, 1974；Thompson et al., 2006）。

对气质不利于发展道德情绪的儿童而言，父母行为的影响尤为重要。研究者发现，通常而言，具有抑制型气质的儿童很可能会发展出内疚感，对这些儿童而言，父母的行为影响不大。但是非抑制型气质的儿童只有在父母持续给予训导的情况下才能获得内疚感（见图11.3；Gornell & Frick, 2007）。

道德情绪会影响道德行为吗

在道德违规后感到内疚真的预示着儿童将不会再次犯错？在儿童内疚研究中，科钦斯加和同事通过一系列方法对儿童道德行为进行了考察：儿童是否会遵守母亲的禁令，在她离开房间后不去触碰一套吸引人的玩具；儿童是否会遵守母亲的要求在她离开房间后把玩具放下；儿童是否会遵守实验者制定的规则，如在猜谜游戏中不要撒谎（Aksan & Kochanska, 2005）。他们发现，这些行为直到儿童4岁才和道德情绪有关。研究表明，在小时候表现出更多内疚反应的儿童，在4岁半时玩禁玩玩具的可能性也更小（Kochanska et al., 2002）。他们对内疚情绪的预测明显制约了其后的不当和违规行为。很早表现出内疚的儿童同样发展出更强的道德自我，在4岁半时他们用更有规则意识、更坚持遵守规则、更有道德观念来形容自己（Kochanska, 2002）。虽然内疚、羞愧和悔恨等道德情绪让儿童感觉不适，但显然对他们的道德发展具有积极的作用。

在年长一些的儿童和青少年身上同样能够观察到道德情绪与道德行为之间的联系。在五年级时更容易感到内疚的儿童到青少年期后被捕、判刑和入狱的可能性都更小，即使研究者控制了家庭收入、母亲教育水平等因素之后依然如此（Tangney & Dearing, 2002）。更易内疚的大学生吸毒和酗酒的可能性也更低（Dearing et al., 2005）。在想象自己违反道德规范时体验到更强烈道德情绪的青少年报告了更少的违法行为（Krettenauer & Eichler, 2006）。羞耻并不能发挥和内疚一样的抑制作用，甚至有可能还会起到反作用（Dearing et al., 2005；Stuewing & McCloskey, 2005；Tangney et al., 1996）。在童年期，易羞耻倾向和更多的外部行为问题（Ferguson et al., 1999）及青少年时的违法犯罪行为（Tibbetts, 1997）存在关联。在五年级时容易感到羞耻的儿童长大之后更可能危险驾驶、更早吸毒酗酒，进行安全性行为的可能性也更低（Tangney & Dearing, 2002）。内疚，而非羞耻，能够更有效地促使人们表现出道德行为（Tangney et al., 2007）。

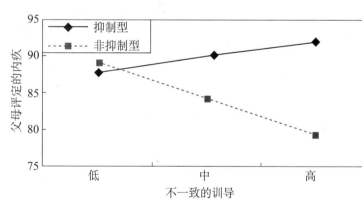

图11.3　气质与训导在父母评定内疚预测上的交互作用

资料来源：Cornell, A. H., Frick, P. J.（2007）. The moderating effects of parenting styles in the association between behavioral inhibition and parent-reported guilt and empathy in preschool children. *Journal of Clinical Child & Adolescent Psychology*, 36, 305-318. Taylor & Francis, reprinted by the permission of the publisher, Tayor & Francis Group, http://www.informworld.com.

| 实践应用 | 是否应该用成人法庭审判青少年 |

在法庭上，一个十几岁的男孩坐在律师旁边，等候对他的判决。他因为向高速公路上的车子扔石头，致两名妇女死亡，并导致另四位司机受伤（CBS News，2000）。尽管证据表明，随着儿童年龄的增长，他们的道德判断不断得到提高，但青少年是否具有与相当于成人的道德能力、是否该为自己的行为负责仍不得而知，因此，法律系统该如何对待这一群体仍存在疑问。劳伦斯·斯坦伯格（Laurence Steinberg）和他的同事尝试着了解青少年是否已经达到成人的入刑标准并在成人法庭接受审判，而结论是否定的（Steinberg & Cauffman，2001；Steinberg & Scott，2003；Steinberg et al.，2003）。

内疚的产生具有几个必要因素。首先，要对罪行感到内疚，个体必须在自发、故意参与该活动，并对行为的潜在后果具有合理的期望。认知能力，如进行逻辑决策并预见到决策后果的能力也是必需的。这些认知能力不大可能在 15 岁之前发展成熟。情绪能力同样非常重要，相比成年人，青少年更可能宣称自己会参与到非法活动中（如在商店行窃、吸食大麻或偷车兜风等）。他们在心理成熟量表的很多项目上的得分更低，如责任感（独立决策的能力）、远见（在不同时间及人际情境中决策的能力），以及节制（自我约束和抑制冲动的能力）。在这些心理成熟量表中得分较低的个体在假设情境下作出具有社会责任感决策的可能更小。简而言之，由于他们的心理成熟程度较低，青少年决策的质量低下，相比成人，他们更可能表示自己会参与到违法活动中。这一发现并非意味着青少年不用为自己的罪行负责，而是表明青少年有限的理性决策能力可以作为减轻量刑的考虑因素。

其次，犯罪者必须具备应对审讯的认知、社会以及情绪能力。他们必须要有咨询律师所需的理解能力以及决定放弃自身权利、提出抗辩及其他程序事宜的能力。参与审讯是一件复杂的事件，需要高度发展的理解能力和推理技能来进行辩护：逻辑决策技能、可靠的记忆能力以提供精确的犯罪信息、对不同抗辩方式后果的预测能力、理解律师及法官的角色及动机的社会信息采择能力，以及对自身动机和心理状态的清醒意识。15 岁以下的青少年不太可能具备这些技能。超过 1/3 的青少年缺乏对"权利"概念的理解，大多数缺乏对法庭程序的足够理解，难以在对抗性的法律场合下保护自己。他们不能很好地理解保持沉默的权利、接受辩诉交易，或以被告身份作证的意义。大量青少年不理解不同法庭人员的角色，以及被告在受审时的权利。在面对权威人物的质问时，他们更可能选择坦白而非保持沉默，并且他们更可能接受辩诉交易，而非受审，尽管这并非其最理想的选择。他们对多种决策选项的风险考虑较少，并且低估这些风险真实发生的可能性，在风险发生时则低估其严重程度。总而言之，这些发现表明，在成人法庭审判青少年而没有对其能力进行仔细评估很可能会导致其受到不公正的对待。由于青少年法庭的规则更加机动灵活，并且允许法官具有更大的量刑余地，这为青少年犯罪者提供了一个相比成人法庭更加公正的审判地点。

感到太多内疚是否不利于儿童的发展仍有待进一步研究的考察。但有观点认为，具有过度内疚倾向的儿童可能会自责、抑郁和焦虑（Zahn-Waxler & Kochanska，1990）。

■ 道德观完善的儿童

我们已经对儿童道德发展的认知、行为和情感成分进行了单独的考察。然而在现实生活中，这些成分会同时发生、彼此产生交互作用，有时甚至还相互冲突，将这些因素进行整合是儿童发展面临的任务之一。这些单独成分整合并在儿童决策过程中发挥引导作用通常出现在学前期后期。从 3 ～ 4 岁，儿童道德行为和道德情绪成分的相互整合表现得越来越明显。在缺乏外部监督的情况下能够遵守格拉齐娜·科钦斯加（Grazyna Kochanska）是艾奥瓦大学发展心理学教授。她最引以为豪的成就是克服了从波兰到美国发展所面临的不利因素和困难，并取得了成功。凭借华沙大学的博士学位，她获得了美国国家健康研究所的职位，在那里，她对社会性发展，尤其是道德行为产生了兴趣。她主要关注儿童如何发展出道德心（一种能够有效指引行为的是非意识），以及为何在其他有些儿童能够遵守规则、有责任心、具有亲社会的同时，另一些儿童却变得无情、捣蛋和反社会。她进行的一系列纵向研究表明，家庭互动模式以及儿童气质是如何影响道德心的发展的。她认为将来的社会——情绪发展研究将包含不同层次（从生理层次到生态层次）结构的整合，同时增进对发展机制和加工随时间变化过程的深入理解。她给予本科学生的建议是，不是每个人都适合做研究的："这不是一种休闲的生活方式。你必须问自己：你确信你能每天整天坚持努力工作吗？你愿意迎接一个又一个的挑战并努力克服这些障碍吗？你喜欢为了长远、自我设定的目标努力工作并不能即刻得到满足吗？你会将科研活动当做个人的事业而非简单的工作吗？如果答案是肯定的，那就放手去做吧！如果这让你迟疑，那就去选择其他工作。"

扩展阅读：

Aksan, N. & Kochanska, G.(2005). Conscience in childhood: Old questions, new answers. *Developmental Psychology*, 41, 506-516.

道德规则（道德行为）的儿童更可能在预想或真正违反道德规范之后体验到内疚（道德情绪）。认知方面（理解道德规范以及社会习俗）随后整合进来。在进入学校的时候，大多数儿童已经将单独的道德事件进行整合，形成了整体的道德自我或道德心（Kochanska & Aksan，2006）。他们能够约束自身，不参与受禁止的行为，遵守游戏的规则，并在违规时感到内疚；他们对规则和行为标准有正确的认知，并能够预料自己或他人违反规则的后果。

整合这些成分并发展出道德心的过程贯穿了整个童年期。约一半6岁儿童仍然认为违反道德规范的人（如偷窃）会感到快乐，因为他们满足了自身的经历，而非体验到悔恨或内疚等道德情绪（Nunner-Winkler，2007）。在现实生活中，他们也不太可能抗拒现实的诱惑，表现出道德行为。随着他们的成熟，儿童理解道德违规会导致悔恨，并减少偷窃或说谎等道德违规行为（在8岁时意识到违规行为会导致悔恨或内疚的百分比是65%，17岁时是75%，而22岁时则是80%）。

儿童社会领域知识和其道德行为、道德情绪之间的相关同样反映了其对道德各成分的整合。儿童将真实生活中的两难困境定义为个人、社会习俗还是道德事件会影响他们的行为和感受（Smetana，2006；Killen et al.，2006）。例如，如果儿童认为将一个孩子排斥出他们的社会群体是一个社会习俗事件，因为这表明了对群体的忠诚并维持了群体的凝聚力，那么他们很可能会排斥这个孩子并且不太可能感到悔恨、羞耻或内疚。如果他们将排斥视为道德事件，因为这侵犯了这个孩子的权利，那么对内疚或羞耻等消极情绪的预期会打消他们的念头，降低排斥该孩子的可能性。

并非所有的儿童都能成功地将道德的各个成分加以整合并发展出强有力的道德自我。一些儿童的认知理解能力有限，无法预见到自身行为会对他人造成伤害，在违反道德规范时几乎不会感受到悔恨或内疚。在一些极端案例中，这些儿童很可能会发展成为精神病患者（Frick & Morris，2004；Lykken，1995）。这些案例表明，当儿童不能整合道德系统的认知、情感和行为成分时会导致怎样的后果。

亲社会和利他行为

抵制道德违规带来的诱惑只是道德发展的方面之一，以积极的方式行事是另一组成部分。道德发展不仅仅是"知对错"，还包括"行善事"。我们把自发造福他人的行为称为**亲社**

会行为（prosocial behavior），它包括分享、关怀、安慰、合作、帮助、共情以及其他善意的行为。亲社会行为还包括帮助其他群体、社会、国家乃至世界的行为。**利他行为**（altruistic behavior）是不考虑自身当前利益、不期望他人的互惠或感谢（通常是匿名的）的亲社会行为，有时候甚至还会牺牲自身的长期需要或期望。亲社会行为在很小的儿童身上就有所表现；而真正的利他行为出现得要晚一些（Eisenberg et al.，2006）。

亲社会行为和推理的发展

在这一节，我们讨论儿童的亲社会行为及亲社会推理和性别、年龄因素的关系，及其跨时间的稳定性状况。

亲社会行为的发展

婴儿在很小的时候便表现出与人分享的迹象，他们会将有趣的景色和物品指给别人看；而到了1岁的时候，他们会向父母甚至陌生人展示、分享自己的玩具（Hay，1994；Rheinghold et al.，1976）。儿童这些早期分享行为并没有得到他人的提示或指导，也没有表扬或奖品的强化。在儿童两岁时，他们表现出一系列亲社会行为，如给予言语建议（"小心！"）、直接帮助（让成人帮助另一个孩子找回玩具）、分享（给姐妹食物）、帮助分散注意（合上让妈妈伤心的书）、提供保护（尝试着避免他人受伤、痛苦或受攻击）（Garner et al.，1994；Rheingold，1982）。儿童表现出亲社会行为的可能性随着年龄的增长、认知能力的成熟而不断增加（Eisenberg et al.，2006；Zahn-Waxler et al.，2001）。情绪知识的增长帮助他们发现他人微妙的情绪线索并确定其需要帮助的时机（Denham，1998；Eisenberg et al.，2006；Garner et al.，1994）。表11.2为我们提供了亲社会和利他行为随年龄增长而变化的细节信息。

亲社会行为模式的稳定性

在童年早期，亲社会行为就表现出个体差异，在儿童成长的过程中，这种差异表现得非常稳定。一项研究对母亲痛苦时两岁儿童的不同应对方式进行了观察；在这些儿童7岁时，约2/3的儿童表现出和年幼时相同的应对方式（Radke-Yarrow & Zahn-Waxler,1983）。在另一项研究中，研究者发现，从学前期到小学期间，儿童对于同伴的喂食及同情行为表现出中等程度的稳定性（Baumrind，1971）。儿童帮助有需要的孩子、协助成人（如帮大人捡起纸屑）以及为其他人提供帮助的意愿在小学期间具有一贯性（Eisenberg et al.，2006）。在青少年期，针对同伴的亲社会行为也表现得相对稳定（Wentzel et al.，2004），在成年早期对关心他人的重视同样如此。亲社会行为似乎具有很强的稳定性：一开始就慷慨、助人为乐、友好的儿童在长大之后很可能会保持这些亲社会特质。

> **亲社会行为** 旨在帮助他人或对他人有益的行为。
>
> **利他行为** 自发的、旨在帮助他人并不期望感谢或回报的行为。

表 11.2　　　　亲社会和利他行为

0～6个月	• 对他人痛苦的情绪反馈（哭泣或不安）
6～12个月	• 表现出分享行为 • 表现出对家人的情感
1～2岁	• 参与合作游戏 • 安慰痛苦的人 • 帮父母做家务 • 向成人展示或分享玩具
2～3岁	• 分享 • 展现更多有意的关心和帮助 • 用言语表达帮助的意愿 • 给予言语帮助建议 • 试着保护别人
3～10岁	• 受快乐驱动而表现出亲社会行为 • 意识到他人的需要，即使其与自身的需要相冲突 • 能通过是非观念对亲社会行为进行判断，并考虑他人的赞许和接纳
10～17岁	• 根据内化的价值观判断帮助行为，并将他人的权利及尊严纳入到考虑范围之中 • 可能会拥有个体与社会责任感信念以及人人平等的观念 • 可能会在实践价值观及接受规范的基础上建立自尊

注：这些数据表明了研究界定的总体发展趋势。儿童表现出这些行为的确切时间因人而异。
资料来源：Eisenberg et al.，2006；Hay & Rheingold，1983.

亲社会推理

南希·艾森伯格（Nancy Eisenberg）

> **亲社会推理** 思考并判断亲社会事件。

享乐主义推理：因期望获得物质奖励而作出亲社会行为决策。

需要导向推理：儿童关注他人需要而进行的亲社会决策，即使这种需要和自身的需求存在冲突。

共情推理：较为高级的亲社会推理方式，包括同情反应、角色采择、关心他人的为人以及因自身行为产生的内疚或积极情感。

内化推理：最高级的亲社会推理方式，因维系社会责任或人人平等的价值观而产生亲社会决策。

及其同事构建了一个**亲社会推理**（prosocial reasoning）发展的模型，这一模型与科尔伯格道德推理模型存在相似之处（见表11.3；Eisenberg zhou et al.，1999，2006；Eisenberg, et al.，2001）。为了验证这个模型，他们创设了一系列关于亲社会两难困境的场景。下面是例子之一（Eisenberg-Berg & Hand，1979，p.358）：

> 一天，一个叫玛丽的小女孩要去参加朋友的生日派对，在路上她看见一个女孩摔倒并摔伤了她的腿。这个女孩让玛丽帮忙去她家告诉她的父母，让她父母过来带她去医院。但是，如果玛丽跑到她家里就会赶不上朋友的派对，错过冰激凌、蛋糕和所有的游戏，玛丽该怎么做呢？为什么？

艾森伯格和她的同事使用这些场景考察了很多儿童。年龄最小（4岁）的儿童用**享乐主义推理**（hedonistic reasoning）去判断亲社会行为；他们认为，人们之所以会表现出亲社会行为是因为他们想要得到物质奖励；这种推理模式随着年龄的增长持续下降。儿童使用的第二种推理是**需要导向推理**（needs-oriented reasoning），他们关注他人的需要，即使这种需要和自身的需求存在冲突。这种推理模式在童年中期达到顶峰，随后便开始降低。最高级的亲社会推理模式是**共情推理**（empathic reasoning）（包括同情反应）和**内化推理**（internalized reasoning）（根据内化的、维系社会责任或人人平等的价值观对亲社会行为进行决策）。这些亲社会推理模式和科尔伯格第五阶段道德推理一样，直到青少年期或更晚的时候才开始出现。其他艾森伯格模型的研究者发现，青少年亲社会推理和其亲社会行为之间存在关联：享乐主义推理和更少的分享、共情之间存在相关；需要导向推理则和更亲社会的行为存在相关；内化推理和需要一些认知反省的亲社会行为，而非捡起掉落的书本这样的简单行为存在相关（Carlo et al.，2003）。

表11.3　　　　　　　　　　　　　　　　　　　　　　　亲社会推理的发展

层次	导向	亲社会推理形式
1	享乐	只考虑对自己的影响。在基于对自身直接利益、未来回报以及和被帮助者情感关系的基础上作出帮助他人与否的决策。
2	需要导向	表现出对他人身体、物质以及心理需要的关心，即使这和自身的需要存在冲突。这种关心通过最简单、非言语的方式表达，具有换位思考的特征，或涉及内疚等内化的情感。
3	赞许寻求	以好人坏人、善行恶行的刻板形象为基础，考虑他人的赞许性与接受性，作出帮助他人与否的决策。
4	共情	在共情反应、换位思考、关心他人的为人以及和行为后果有关的内疚或积极情感的基础上作出亲社会决策。
4	过渡	在作出帮助他人与否决策时不仅考虑内化的价值观、规范、义务或责任，还可能涉及保护他人权利、尊严的必要性。然而，这些概念并没有得到清晰的表述。
5	内化	在内化的价值观、规范、责任感、维系个体和社会契约责任，以及对尊严、权利以及人人平等的信念基础上作出帮助他人与否的决策。

资料来源：Eisenberg et al.，1983.

女孩的亲社会行为比男孩更多

有些人认为女孩比男孩有更多的亲社会行为，但是亲社会行为的性别差异取决于特定的行为（Eisenberg et al.，2006；Fabes & Eisenberg，1996）。在善意和体贴方面差异最为明显；在这几个方面女孩的亲社会行为向来更多。相比男孩，女孩的同情心也更强，她们更能体会他人的感受（Zahn-Waxler et al.，2001），尤其在她们年长一些的时候（Eisenberg et al.，2006）。在一定程度上，和男孩相比，女孩参与心理援助、安慰他人、分享、捐款的可能更大，但这些行为的性别差异并不大。在匿名情况下，两性的亲社会行

向当代学术大师学习　　　　南希·艾森伯格

南希·艾森伯格（Nancy Eisenberg）是亚利桑那州立大学心理学摄政董事教授（Regents Professor），在那里，她花费数十年时间研究儿童亲社会行为的发展。她在加利福尼亚大学伯克利分校的毕业论文研究以及早期的著作《儿童亲社会行为的根源》（The Roots of Prosocial Behavior in Children）让她成为这一领域研究的领军人物。她的目标是了解造成儿童利他、同情和共情行为个体差异的影响因素。她使用包括心理物理法、自然观察法、实验室实验、跨文化比较在内的多种研究方法和研究设计。为了探讨亲社会理解和行为的异同，她的足迹遍布中国、印度尼西亚、法国和巴西。她是《儿童发展视野》（Child Development Perspectives）杂志的创刊编辑。这一杂志致力于总结最新的主题，并获得了包括2007年美国心理学会颁发的欧内斯特·R·希尔加德普通心理学生涯贡献奖在内的诸多奖项。

扩展阅读：
Eisenberg, N., Fabes, R. A., & Sprinrad, T. L. (2006). Prosocial behavior. In W. Damon & R. M. Lerner (Series Eds.) & N. Eisenberg (Vol. Ed.), *Handbook of child psychology: Vol. 3. Social, emotional, and personality development* (6th ed, pp. 646 - 718). Hoboken, NJ: Wiley.

为不存在差异（Carlo et al., 2003）。在一些极端条件下，男性甚至会表现出了更多的亲社会行为，比如说从高山或洪水中冒着生命危险拯救遇险者等（Becker & Eagly, 2004）。在危险系数较低的情境中，如器官捐献或志愿参加和平队时，两者的性别差异很小。

如果研究数据是通过自我、家庭成员或同伴报告而非客观观察收集的，性别差异就会表现得较为明显（Hastings, Rubin, et al., 2005），这表明一些性别差异反映的是人们观念中男孩和女孩应有的行为，而非其实际表现（Eisenberg et al., 2006；Hastings et al., 2007）。和儿子相比，父母对女儿的礼貌、亲社会行为更加重视（Maccoby, 1998）。不仅如此，当女孩表现出亲社会行为时，父母会觉得这是天生的，而将男孩的亲社会行为归因为社会化的影响。这些发现并不意味着性别差异只存在于自己或旁观者的眼中，但是这一差异显然会受到性别刻板印象以及关于女孩"天生完美"观念的影响（Grusec et al., 2010；Hastings et al., 2007）。亲社会行为的性别差异随着年龄增长有增加的趋势，这可能是因为儿童对性别刻板印象具有更加清醒的意识并将其内化的结果（Eisenberg et al., 2006）。

亲社会发展的决定因素

亲社会行为及其发展受到生物学、环境因素、文化、共情和观点采择因素的影响。下面我们对每一种影响因素进行讨论。

生物学因素

亲社会行为与生物学因素存在众多关联：这一行为在婴儿时期就已出现预兆，根源于人类的进化，受到基因因素的影响，具有明显的大脑活动证据，并和气质存在相关。就像我们在第5章"情绪"中讨论的那样，新生婴儿在听到其他婴儿哭泣时会感到痛苦。如本章前面部分所述，在出生第一年，婴儿就表现出分享的迹象。这些行为是亲社会情绪和行为的预兆。因为它们出现的时间如此之早，这些行为的存在表明人类具有共情反应及参与亲社会行为的生理基础。

事实上，帮助、分享、安慰等行为在动物身上也能够观察到，这表明了亲社会行为具有进化的根源（Preston & de Waal, 2002；Sober & Wilson, 1998）。进化论以"亲缘选择"概念对亲社会行为进行解释。在必要的情况下，动物能够牺牲自己的利益以增加所属物种存活和繁衍的可能性。因此，即使死了，它们的基因也可以保留和传承给下一代。由此可以推测，相比远亲或无血亲关系的个体，个体更多地对近亲表现出亲社会行为（Hastings, Zahn-Waxler, et al., 2005）。事实上，研究者确实发现，人们更愿意帮助与自己关系密切的人，关系越密切，帮助的意愿越强烈（Eisenberg et al., 2006）。

基因影响亲社会行为的证据来自于同卵双生子的研究。和异卵双生子相比，同卵双生子的亲社会行为及共情、关怀存在更大的相似性（Davis et al., 1994；Deater-Deckard et al., 2001；Zahn-Waxler et al., 1998）。还有研究发现，特定基因异常的儿童表现出极端的亲社会行为。例如，和正常儿童相比，患有威廉姆斯综合征的儿童（第七号染色体上长臂缺失）会表现出更多的共情和亲社会行为（Mervis & Klein-Tasman, 2000；Semel & Rosner, 2003）。遗传学研究表明，在童年时期，遗传因素对亲社会行为的影响并不明显（Knafo & Plomin, 2006；Vierikko, 2006）。但到了青少年期，遗传因素至少能够解释个体亲社会行为30%的变异，到成年期，遗传因素的作用更加显著（Rushton et al., 1986）。与亲社会行为相关特定基因的研究才刚刚开始。一些单个基因，如多巴胺D4受体基因（Bachner-Melman et al., 2005）以及抗利尿激素1a受体基因的变种（Knafo et al., 2008），都和成人的亲社会行为存在关联。然而，相关研究非常复杂。迄今为止，已经有超过25种基因和个体的亲社会行为、自我报告的合作性之间存在关联（Comings et al., 2000）。由于多种基因都和亲社会行为存在联系，对亲社会行为特定基因的研究无疑要持续下去。此外，在青少年期以及成年期遗传因素对亲社会行为影响更大这一事实表明，一些相关基因要随着个体成熟才会发挥作用（Knafo & Plomin, 2006），这使得将来的研究愈加复杂。

不同类型的大脑研究已经表明亲社会行为具有神经学基础。对脑损伤病人研究表明，这些个体通常具有共情缺陷（Eslinger, 1998）。脑成像研究揭示了当人们听到悲伤故事（Decety & Chaminade, 2003）、产生共情（Amodio & Frith, 2006；Singer et al., 2004）和怜悯（King et al., 2006）、采择他人观点（Ruby & Decity, 2001）、为食物银行捐钱（Harbaugh et al., 2007）、作出道德决策（De Quervain et al., 2004；Heekeren et al., 2003）时特定脑区的激活。我们在第3章"生理基础"中讨论的镜像神经元系统可能是这些联结背后的神经机制（Iacoboni & Dapretto, 2006）。镜像神经元系统的激活和共情之间的相关性已经得到了一系列研究的支持（Decety & Jackson, 2004；Jabbi et al., 2007；Schulte-Rüther et al., 2007）。

气质同样在儿童亲社会行为中发挥着一定的

作用。研究发现，相比低抑制气质儿童，他人的痛苦会让高抑制气质的儿童更加不安（Young et al., 1999）。类似地，能够更好地调节自身情绪（通过心率指标测量）的儿童更可能表现出安慰他人的行为（Eisenberg et al., 1996）。

总之，不同的生物学因素——先天特质、进化、遗传、神经学和气质——促成了儿童表现出亲社会行为的倾向。这些生理影响和环境因素交互作用，决定了儿童的亲社会水平。

环境因素的影响

家庭、同伴、教师以及大众媒体等环境因素都对儿童亲社会行为的发展具有影响。根据认知社会学习理论（Bandura, 1989, 2002, 2006），儿童通过观察、模仿亲社会行为榜样获得亲社会的概念和行为。在实验室实验中，看到向他人捐献或分享的儿童更可能表现出同样的行为（Eisenberg et al., 2006；Hart & Fegley, 1995）。而对待孩子温情、支持、积极的父母通过榜样作用促进了儿童的亲社会和利他行为（Eisenberg et al., 2006）。父母在群体中的亲社会表现同样能够培养孩子的亲社会行为。例如，如果父母参与志愿者服务，那么他们的孩子也会参与到流浪汉收容所或环境保护等类似的工作中（McLellan & Youniss, 2003）。

除了提供亲社会行为的榜样，父母让孩子注意其行为的结果同样能够促进其亲社会行为。卡洛琳·赞恩-瓦克斯勒（Carolyn Zahn-Waxler）和同事让母亲们录下孩子从18到27个月之间对痛苦的反应（Zahn-Waxler et al., 1979）。她们还让母亲多次伪装痛苦。例如，母亲假装伤心（啜泣）、疼痛（抱头叫"哎哟"）或遭受呼吸道问题（如咳嗽或噎到）。总体而言，儿童在1/3的时候报以亲社会行为。然而，儿童间存在着明显的个体差异；一些儿童对大多数痛苦情境都会产生反应（总次数的60%～70%），而另一些儿童则一直毫无反应。如果母亲曾经教导过儿童注意自身行为的结果，那么这些儿童更可能表现出帮助行为。这些父母可能会说"汤姆在大哭，因为你推了他"，或是更加强烈且有效的言论，如"如果你伤害我，我就不想在你身边"。与之一致，其他研究者发现，如果母亲能够用充满温情的方式指出同伴的痛苦，那么儿童更可能报以共情反应（Denham et al., 1994）。反之，母亲使用身体控制

（离开孩子或者将孩子带离受害者）、体罚（"打他是个好主意"）、只禁止不解释理由（"停止那样做！"）或者生气地解释（"我告诉过你，告诉过你不要那样做，你不是个好孩子"）可能会妨碍亲社会行为的发展。

另一种父母促进儿童亲社会行为的方式是敏锐地回应孩子的情绪。如果父母能够容忍孩子的情绪痛苦而非为此处罚他们（Roberts，1999；Strayer & Roberts，2004），如果父母尝试找出让孩子感到焦虑不安的原因（Eisenberg et al.，1993），或父母向孩子解释自己悲伤的感受（Denham，1988；Denham et al.，2007），孩子就更可能表现出亲社会行为。

最后，父母能够通过给孩子表现亲社会行为的机会来促进其亲社会行为。例如，他们能够给孩子分配家务活。即使两岁儿童也能够帮助成人扫地、清洗和整理桌子（Rheingold，1982）。让儿童以这些方式帮助成人符合维果斯基关于发展的社会文化理论，即儿童可以以学徒的方式习得亲社会行为。父母也能通过为孩子提供在家庭之外帮助他人的机会来鼓励他们的亲社会行为。参与志愿活动机会越多，儿童更可能发展出亲社会的态度和行为（Johnson et al.，1998；Metz et al.，2003；Pratt et al.，2003）。

同伴也会影响儿童的亲社会行为。总体而言，"物以类聚，人以群分"，儿童总是与相似的人聚在一起。不太亲社会的儿童和缺乏善意的同伴一起玩耍；而高亲社会倾向的儿童则与友善、合作的同伴打成一片。作为这种"亲社会隔离"的后果，不太慷慨或乐于助人的儿童学习亲社会行为的机会更少。然而，如果给予机会，同伴就能够成为亲社会行为的榜样。一项研究观察发现，在入学时和亲社会同伴交往密切的儿童参与更多亲社会同伴互动活动（Fabes et al.，2002）。另一项研究发现，对同伴采取亲社会行为的学前儿童在一年之后会更多地被同伴报以亲社会行为（Persson，2005）。在第三项研究中，和更加亲社会的同伴一起的儿童在两年之后更加乐于助人和体贴，而与亲社会评定更低的同伴在一起，两年之后儿童的亲社会行为明显减少（Wentzel et al.，2004）。最后，在第四项研究中，研究者发现，如果密友更加亲社会，那么青少年在一年之中的亲社会目标和行为都会有所增加，尤其是在他们

的友谊非常积极且交往频繁的情况下（Barry & Wentzel，2006）。

教师同样能够影响儿童的亲社会行为。学校预防暴力项目（平安使者项目）训练小学教师鼓励、奖励儿童的亲社会行为，使得一年之后学生自我报告亲社会行为增加（Embry et al.，1996；Flannery et al.，2003）。

电视是另一个学习亲社会行为的媒介（Comstock & Scharrer，2006）。正如我们在第9章"学校和媒体"中指出的，当儿童观看反映理解他人情绪、表达同情、助人的节目时，他们学会了亲社会行为的一般规则，并将所学运用到与同伴的互动之中（Anderson et al.，2001；Comstock & Scharrer，2006；Huston & Wright，1998；Singer & Singer，2001）。如果父母能够陪孩子观看这些节目并对他们的利他行为进行鼓励，其效果就会更加明显（Mares & Woodward，2001）。

最后，宠物为儿童学会亲社会行为提供了机会。研究发现，家里有一只狗或猫的儿童在亲社会行为测量中得分更高（Toeplitz et al.，1995），如果儿童与宠物有情感联结，他们就会表现出更多的共情行为（Poresky & Hendrix，1989）。

文化影响

一些文化给予儿童大量照顾弟弟妹妹和完成家务的责任（Eisenberg et al.，2006）。在墨西哥、日本、印度和肯尼亚进行的跨文化研究发现，参与更多家务并花更多时间照顾弟弟妹妹的儿童有更多的利他行为（Whiting & Edwards，1988；Whiting & Whiting，1975）。类似的结果在注重集体价值观的文化（如波利尼西亚的艾图塔基、亚利桑那州的巴巴哥印第安部落和许多亚洲国家）都有所发现（Chen，2000；Eisenberg et al.，2006；Zaff et al.，2003）。在强调亲社会和合作精神的以色列基布兹集体农庄长大的儿童比在城市长大的同伴亲社会倾向更强（Aviezer et al.，1994），墨西哥裔美国儿童也要比欧裔美国儿童更加亲社会（Knight et al.，1982），这一差异直到他们长大为美国文化所同化之后才消失（de Guzman & Carlo，2004）。

共情和观点采择

共情和观点采择是促进亲社会行为的两个重要因素（Eisenberg et al.，2005；Hoffman，2000）。在两岁的时候，儿童具备了和他人情绪状

态产生共情的能力。他人的痛苦表情能够诱发旁观儿童的类似情绪。这种共情的能力会促使儿童参与亲社会行为，在减轻他人痛苦的同时也减少了儿童自身的不安情绪。促使他人产生积极感受的亲社会行为同样能够引起助人儿童替代性的积极情绪。研究者发现，共情能力更强的儿童拥有更强的亲社会倾向（Eisenberg et al.，1990，2006）。在意大利、日本、土耳其和美国等多种文化中都发现了共情和亲社会行为之间的关联（Asakawa & Matsuoka，1987；Bandura et al.，2003；Kumru & Edwards，2003；Vitaglione & Barnett，2003）。

观点采择是理解他人观点的能力。研究者发现了亲社会行为和观点采择能力之间的关联（Eisenberg et al.，2006；Strayer & Roberts，2004）。具有采择他人观点能力的学前儿童具有更强的亲社会倾向（Zahn-Waxler et al.，1995）。然而，观点采择能力本身并不足以促使亲社会行为的产生，儿童还需要表现出亲社会行为所需的动机或社交自信。一些研究者发现，在具有观点采择能力的同时又表现出社交自信或同情他人的儿童相比只具备前者的儿童亲社会倾向更强（Denham，1988；Denham & Couchoud，1991）。例如，一项研究发现，能够给在火灾中受伤的孩子捐款的儿童都具备很好的观点采择能力、更富同情心，同时也更加理解金钱的价值（Knight et al.，1994）。另一项研究发现，亲社会倾向更强的不良青少年更加关心、同情和理解受害人的处境、感受和观点（Stams et al.，2008）。

图11.4阐述了共情和观点采择如何促进亲社会行为。研究者以5岁、9岁和13岁儿童为被试检验了这一模型，结果发现，观点采择能力促进共情，而共情促进亲社会行为（Roberts & Strayer，1996）。

有趣的是，共情能够预测男孩对每一个人的亲社会行为，但只能预测女孩对朋友的亲社会行为。造成这一现象的原因可能是女孩的朋友关系更加亲密。

总而言之，亲社会行为受到多种因素的共同影响（Grusec et al.，2010）。在理解儿童亲社会行为的差异时，应该把包括神经学、基因因素在内的生理因素以及包括家庭、同伴和文化在内的环境因素都考虑在内。

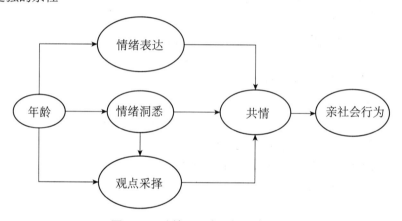

图11.4　移情、观点采择和亲社会行为

根据这一模型，共情是亲社会行为的主要决定因素。共情的背后是情绪表达、情绪洞悉以及观点采择能力。

资料来源：Roberts, W., Strayer, J. (1996). Empathy, emotional expressiveness and prosocial behavior. *Child Development*, 67, 449-470. (fig 1, p 450). Reprinted with permission of Wiley-Blackwell.

本章小结

- 认知、行为和情绪是道德发展的三个方面。

道德判断

- 皮亚杰和科尔伯格提出的道德发展理论，根据儿童认知能力的发展将其道德发展划分为不同的阶段。
- 在皮亚杰的前道德阶段，年幼儿童没有规范意识。在道德他律阶段，儿童判断对错的依据是内在正义和客观结果，他们相信规则是固定不

变且不容置疑的。在道德自律阶段，儿童意识到社会规范的目的性和任意性。

- 皮亚杰低估了儿童的能力：如果以更加简单的方式呈现材料，那么年幼的儿童能够对意图和结果进行区分。
- 在科尔伯格的前习俗水平发展中，道德判断是基于想要逃避惩罚（阶段一）或获得奖励（阶段二）。在习俗水平上，道德判断的标准是获得

赞许（阶段三）或遵循社会规则（阶段四）。在后习俗水平上，道德判断基于人权的社会共识（阶段五）或抽象的公正原则（阶段六）。道德判断的发展持续到成年期，但很少有人能到达后习俗水平。

- 科尔伯格的理论忽略了文化和历史环境因素的影响，因而受到了批评。他的理论得到了扩展，包含了人际关怀和公民权利因素。
- 特里尔的社会领域理论认为，道德推理是社会知识的领域之一。其他领域包括社会习俗（如餐桌礼仪）和心理领域（个体偏好、安全考虑、关于自身及他人的知识）。儿童很早就学会了区分这些领域。他们认为违背道德规范的行为比违背其他领域更加恶劣，因为前者伤害了他人，违背了公正公平准则。
- 道德推理通常涉及多个领域。道德问题通常优先于社会习俗和个人问题。

道德行为

- 如果儿童的年龄更大，或个体倾向于将事件视为道德事件而非社会习俗或个人事件，他们的道德行为就更可能与道德判断之间存在相关。
- 自我调节是指在没有外界控制的情况下，抑制冲动以符合社会和道德规范的方式行事的能力。
- 积极、敏感的母婴关系和主动抑制、努力控制气质能够促进自我调节能力的发展。
- 儿童的道德或不道德行为方式具有跨时间和情境的一致性。然而，害怕被发现、同伴对违法行为的支持以及行为结果对儿童而言的重要性都会影响儿童欺骗、说谎或偷窃的意愿。

道德情绪

- 悔恨、羞耻、内疚等情绪是面对或预期道德违规行为时的常见反应。
- 女孩以及具有恐惧气质的儿童更可能体验到道德情绪。
- 父母可以通过为孩子提供一个温暖、支持性的家庭氛围，在孩子违规时给予充满温情的解释，能够鼓励儿童道德情绪的发展。
- 从3～4岁开始，儿童的道德情绪与道德行为之间存在关联。
- 道德发展的认知、行为以及情绪方面是同时出现的，它们相互作用，有时甚至会彼此冲突。儿童将一个两难情境定义为个人、习俗还是道德（认知加工过程）会影响他们的行动方式（行为）和感受（情绪）。

亲社会和利他行为

- 在儿童两岁时，助人、分享、共情开始出现。利他行为在发展中出现得较晚。
- 亲社会行为模式的个体差异具有跨时间的稳定性。
- 儿童的亲社会推理需经过一系列发展阶段，最终以内化的价值观和规则为基础。
- 相比男孩，女孩更加友善体贴。
- 对动物互助、分享行为的发现表明亲社会行为具有进化基础。基因因素对亲社会行为的个体差异存在影响。
- 父母、同伴、电视、宠物和文化都会影响儿童的亲社会行为。
- 共情和观点采择有助于促进儿童亲社会和利他行为能力。

关键术语

利他行为	道德心	习俗水平	延迟满足	共情推理
享乐主义推理	内在正义	内化	内化推理	道德绝对主义
道德现实主义	道德互惠	需要导向推理	后习俗水平	前习俗水平
前道德阶段	亲社会行为	亲社会推理	心理领域	自我调节
社会习俗领域	同情			

电影时刻

许多电影反映了道德问题。它们栩栩如生地描绘了道德或不道德的行为，刻画了道德或不道德的人物，让观众就道德问题进行了深入的思考。这里介绍这类电影的冰山一角。《甘地》（*Gandhi*,

1982）是一部关于圣雄甘地的传记电影，他以非暴力不合作的方式解放了印度人民。甘地是科尔伯格心目中为数不多的可以作为第六阶段"抽象的公正原则"典范的个体之一。他的领导和榜样作用激励着全世界众多人们及政府向更高的道德层级迈进。另一部关于道德行为的电影则不那么为人所知。《血染的季节》（*A Dry White Season*，1989）讲述了一个南非白人逐渐意识到种族隔离的残暴和不公的故事。而《卢旺达饭店》（*Hotel Rwanda*，2004）讲述了酒店管理者在 1994 年卢旺达种族大屠杀中从屠刀之下挽救超过 1 200 个人的故事。《希望与反抗》（*Sophie Scholl: The Final Days*，2005）记录了大学生苏菲因散发反纳粹传单被捕到被判叛国罪处死这生命最后 6 天的经历。所有这些真实故事都敦促你对自身道德程度进行评估。你能够像这些人一样冒着生命危险勇往直前吗？

《失踪宝贝》（*Gone Baby Gone*，2007）是一部对美国不同道德推理水平进行比较的影片。一名年幼的儿童被绑架了，人们发动了大规模的搜索以找到她。这名儿童的阿姨雇用了一名私家侦探。这部电影对私家侦探持有的绝对的道德标准"谋杀是一种错误，这一点显而易见且毋庸置疑"和一些警察视情境而定的道德标准"依赖于你杀的是谁"进行了比较。这部电影不仅仅是一部关于某些警察为破案不择手段的警匪片，还是一部强调通过共情、合作和关心他人生活来发展团体责任感的重要性的道德故事。

道德问题并非只存在于生存和死亡、犯罪、危机等类型的故事中，它还是小说和奇幻作品的主题。《偷天情缘》（*Groundhog Day*，1993）是一部搞笑电影，这部片子向观众传达了"好人好报"这一道德启示。《让爱传出去》（*Pay it Forward*，2000）传达了同样的信息。《让爱传出去》来自将其写成小说并搬上银幕的作者的真实经历。她的车子在路边着火，两个男子帮忙灭了火，她还没来得及表示感谢，他们就已经离开。随后，她通过帮助另一名车子抛锚的女子来传递这份人情，并要求她将爱心传递给下一个需要帮助的人。尽管这部片子具有很浓的好莱坞特色，但将爱传递下去的概念强化了这样一个理念：每个人都有义务让群体变得更好，并鼓励乐观、亲社会的世界观。如今，"让爱传出去"基金会致力于鼓励和帮助年轻人对社会作出积极的贡献。

第 *12* 章
攻击行为：侮辱和伤害

　　杰森想要玩幼儿园操场上的秋千，于是他把汤姆推了下来。辛迪到处传播关于汉娜的谣言，导致汉娜被排斥出初中的午餐团体。华盛顿摩西湖（Moses Lake）的一位14岁少年，手持一把步枪和两支手枪，走进数学课堂开火杀死了老师和两名学生。这三个例子都表明了儿童具有攻击性。在本章中，我们讨论儿童攻击行为的类型、成因以及攻击行为如何才能得到有效控制。

　　攻击行为有很多不同形式，有些仅仅是骚扰，有些则会造成伤害甚至致命。这些行为的共同点是什么？"攻击"（aggression）一词是指具有伤害他人的意图，并造成了疼痛或受伤等实际伤害的行为。在这一定义中，"伤害意图"非常重要：它将攻击行为和为了维持或保护人们健康而时常造成疼痛的医生或牙医的行为区分开。当然，一个涉及个人意图的定义是存在问题的，因为有时候人们很难判断一个行为到底是有意为之还是无心之失。另一个定义则简单地着眼于行为的方式；例如，咬、踢、拍打和拳击都可以被认为是具有攻击性的。动物行为学家康拉德·洛伦茨（Konrad Lorenz）和尼古拉斯·廷伯根（Nikolaas Tinbergen）通过上述定义对陆生动物、鸟类和鱼的攻击行为进行描述，但是将其应用于人类无疑存在更多困难。对人类而言，有时候冲着别人肩膀来一拳仅仅意味着友好的问候。另一种定义的方法是从行为的后果着手；如果一个人受到伤害，那么，无论施害者的意图如何，这种行为都会被定义为攻击行为。这个定义也有问题，它把意外伤害也包含进去了，而大多数人都不会认为这是攻击的结果；并且还将意图攻击他人但是没有造成伤害的行为排除在外。最好的定义方法是综合考虑攻击者、受害者以及所在的群体标准：如果攻击者意图伤害受害者，而受害者认为这种行为会造成伤害，同时，根据该群体标准，这一行为被认为具有攻击性，那么该行为才被定义是攻击行为。如同法庭和陪审员利用本地标准对某些行为是否有罪进行判定一样，人们也会使用当地的标准对一个行为的攻击性进行判断（Dodge, Coie, et al., 2006）。理解是什么因素决定一个行为是否具有攻击性非常重要，因为我们的判断会直接影响到我们如何做出应对。

攻击行为的类型

　　攻击行为可分为不同类型。第一，攻击行为可能是被动或主动的。对达到某个特定目标的渴望会诱发**主动攻击**（proactive aggression），例如：一个小孩子击打另一个孩子以获得一个玩具或为了玩秋千而把别的小孩推下来；年龄较大的孩子欺负一个同学以达到增加社会权力的目标。由于这类攻击行为是达到某一目标的工具，因而有时也被称为工具性攻击。这种攻击通常是有预谋的，并基于对双方力量的评估。

> **主动攻击** 为了达到特定目标而对另一个体造成伤害的行为。
> **被动攻击** 敌意性行为的一种形式，是对伤害、威胁和挫折的反应，通常由愤怒驱动。
> **身体攻击** 造成身体损伤或不适的敌意性行为。
> **言语攻击** 通过喊叫、侮辱、嘲笑、羞辱等言语的方式造成伤害。
> **社会性攻击** 言语攻击或伤害性的非言语手势，例如，翻白眼、吐舌头等。
> **关系攻击** 通过排斥、散播流言等方式摧毁他人人际关系的行为。

　　被动攻击（reactive aggression）是对威胁、伤害或挫折的反应。例如，一个孩子殴打另一个刚刚侮辱他/她的孩子，或是报复性地辱骂他。这种类型的攻击行为通常由愤怒或敌意驱动，因此也被称为敌意性攻击。这种攻击通常具有冲动性。

　　第二，攻击行为具有不同的形式。**身体攻击**（physical aggression）包括通过击打、推搡、指戳或射击等方式对他人造成身体损伤或心理不适。**言语攻击**（verbal aggression）则是指使用语言给他人带来伤害，如喊叫、侮辱、嘲笑、羞辱、骂人、争论以及取笑等。**社会性攻击**（social aggression）包括言语攻击及伤害性的非言语手势，例如，翻白眼、吐舌头等（Coyne et al., 2010；Underwood, 2004）。**关系攻击**（relational aggression）是指将他人排斥出社会群体、恶意操纵或破坏他们的社会关系，或是破坏他人的社会地位（Crick & Cropeter, 1995；Underwood, Galen et al.，2001）。所有这些类型的攻击都可以表现为直接的或间接的（Dedge，Coie，et al.，2006）。**直接攻击**（direct aggression）意味着攻击行为（包括物理手段或是言语的）直接指向被攻击者本身。而**间接攻击**（indirect aggression）则通过损坏被攻击者的财物，让他人代替实施攻击，或通过流言和谎言损害其社会地位的方式对被攻击者造成伤害，而行凶者的身份不为人所知（见表12.1）。尽管对这些不同类型的攻击行为进行区分是可行的，但是具有攻击性的儿童往往会使用所有的方式。对98项研究进行的元分析表明，儿童使用间接攻击（或关系攻击）和直接攻击的频率之间的相关性高达异乎寻常的0.76（Card et al.，2008）。

攻击行为可能是适应不良的，也可能是适应性的。尽管通常人们只关注它适应不良的那一面，但行为学和进化论的观点认为，由于在自我保护、生存甚至是个体发展方面所起到的作用，攻击行为具有适应性的价值（Hawley，2003b；Hawley et al.，2007）。在童年早期，相互之间的攻击行为能教会年幼的儿童们如何解决争端和异议，并促进他们社会认知的发展（Hawley，2003b；Vaughn et al.，2003）。在童年中期，攻击行为能够成为吸引同伴的注意的方式，并在同伴们心中留下强健坚韧的印象（Rodkin et al.，2000）。在青少年期，展示出勇敢无畏的攻击行为往往是个体在群体中的地位得以维持乃至上升的关键因素（Prinstein & Cillessen，2003；

Thornberry et al.，2003）。然而，这些具有适应性的优点可能会混杂

> **直接攻击** 直接针对他人的身体或言语攻击行为。
> **间接攻击** 身份不为人知的攻击者使用间接的手段对他人造成伤害的敌意性行为。

着适应不良的后果，获得在同伴中的地位可能会导致叛逆行为的增加，以及和包括执法部门在内的权威机构接触的增多。

表12.1 直接和间接身体、言语及关系攻击的例子

身体攻击	直接	推搡、击打、脚踢、拳击或挤撞他人
	间接	破坏他人财物，让第三方对受害者造成身体伤害
言语攻击	直接	贬低、辱骂或戏弄他人
	间接	传播流言、在背后说刻薄的话、让第三方对受害者进行言语侮辱
关系攻击	直接	排斥、威胁，停止喜欢对方
	间接	散播流言或谎言、泄露他人的秘密、忽视或背叛他人、建立排斥受害者的联盟

资料来源：Dodge，Coie，et al.，2006；Ostrov & Crick，2007；Underwood，Galen et al.，2001.

简而言之，攻击行为是在形式、作用及适应性方面都各不相同的多层面行为的集合。在本章中，我们会讨论不同形式的攻击行为是如何随着个体的发展而变化的、攻击行为的原因和后果，以及降低或预防青少年攻击行为的策略。

攻击行为的模式

在这一节。我们讨论攻击行为的模式与年龄、性别和稳定性之间的关系。

攻击行为的发展变化

年龄因素会导致攻击频率、方式和作用的截然不同（见表12.2）。婴儿期的攻击行为通常开始于出生第一年的后期，最为常见的是为了争抢玩具而产生的争吵，因此被认为具有主动性和工具性（Caplan et al.，1991）。这些早期争端中的攻击行为往往直接针对对方身体，包括打、抓和戳等，不存在言语上或间接的攻击。在随后的一年中，由玩具归属导致的争端会一直持续，身体攻击行为呈上升趋势。一项研究表明，87%的21个

月大婴儿在相遇时会产生肢体冲突（Hay & Ross，1982）。

在学龄前时期，主动攻击仍旧比被动或敌意攻击表现得更为频繁，但是被动攻击的情况也开始出现（Ostrov & Crick，2007）。言语攻击开始出现并变得越来越频繁（Caplan et al.，1991）。发怒、同伴冲突、兄弟争斗等攻击行为在2～3岁时达到顶峰，随后，在父母的干预下开始下降（Dodge，Coie，et al.，2006；Tremblay et al.，2005）。最为明显的是身体攻击的减少。美国国家儿童健康及人类发展研究所（NICHD）进行的一项关于早期儿童照样和青少年发展的研究发现

了儿童的身体攻击行为在学龄前有一个明显的降低：根据母亲们的报告，在 2 ～ 3 岁时，70% 的孩子会打、推或踢其他孩子，但是在 4 ～ 5 岁时，这个比例降到了 20%（NICHD Early Child Care Research Network，2004b）。这一攻击行为的降低和儿童控制自身行为的能力及延迟满足能力的日益增长不无关系。一些策略的获得，如将自己的注意力从想要的东西上转移开，帮助儿童们减少了抢夺玩具或攻击同伴的冲动。能够转移自己注意力并忽略挫折信息的儿童拥有更好的愤怒控制能力，并表现出更少的攻击行为（Gilliom et al.，2002）。

小学期间，身体攻击的下降趋势仍然在继续。NICHD 的研究表明，只有 14% 的儿童在一年级时表现出身体攻击行为，在三年级时则是 12%（NICHD Early Child Care Research Network，2004b）。在这一年龄段，儿童已经能够在不使用攻击策略的情况下达成大部分目标。由于前额叶皮层的发展带来了执行控制能力的提高，儿童已经能够设定目标、制定行动计划，并监测实现目标的进展情况（Barkley et al.，2002；Bjorklund，2000）。因此，在这个年龄段，攻击行为从主动攻击为主转为被动攻击占主体。攻击行为不再被用来获得或维持对玩具和领地的控制，而更多被用于当自认为存在威胁和人身侮辱时，解决人际关系问题，提升人际关系指数。他们开始明白同伴可能会有意伤害他们，因而越来越有可能采取报复行为（Gifford-Smith & Rabiner，2004）。直接的言语侮辱及间接的言语攻击（如传播流言或在背后说三道四）在这一阶段变得越来越普遍。关系攻击也变得越来越频繁，如威胁不和其他孩子一起玩或是散播关于其他人的流言蜚语等（Coyne et al.，2010；Underwood，2003）。

在青少年期，大多数儿童的身体攻击行为继续减少。言语侮辱和嘲弄仍在继续，而关系攻击行为变得更加复杂，如拉帮结派、建立联盟等（Coyne et al.，2010）。在这一时

期，极少数青少年会出现严重的攻击行为。这可能是青少年的前额叶皮层并没有完全发育成熟的一个表现（Steinberg，2007）。参与暴力攻击，如抢劫、强奸致人受伤，以及使用武器等严重暴力犯罪的人数比例从 10 岁之前的几乎为 0 迅速增长到 16 岁时的 5%（Dodge，Coie，et al.，2006）。暴力犯罪的总体水平也在上升，并在 17 岁时达到巅峰，约 19% 的男性和 12% 的女性报告说曾经参与过至少一次严重暴力攻击。非洲裔和拉美裔青少年特别容易因为暴力攻击行为而被逮捕和关押（Guerra & Smith，2006）。非洲裔美国人占了青少年人口总数的 15%，但是却占据了被逮捕和被关押青少年人数的 26% 和 44%（Children's Defence Fund，2004）。而拉美裔青少年被监禁的可能性是欧裔青少年的 3 倍（Children's Defence Fund，2004；Villarruel et al.，2002）。经济机会匮乏、身处混乱的街区以及歧视有色人种的司法系统都是这一族群差异的成因。

表12.2　　　　　　　　　攻击行为的发展

婴儿期：0 ～ 2 岁	• 婴儿表现出愤怒和失望 • 出现一些攻击行为的早期迹象（推搡） • 易怒性的差异能够预测随后的攻击行为
学前期：2 ～ 6 岁	• 主动 / 工具性攻击出现 • 言语攻击开始增加 • 男孩比女孩更具身体攻击倾向 • 关系攻击（排斥出游戏场所、忽视）开始出现
小学期：6 ～ 10 岁	• 被动 / 敌意性攻击开始出现 • 主动攻击行为减少 • 男孩会使用身体攻击和关系攻击 • 女孩对关系攻击的依赖越来越明显 • 关系攻击行为（散播流言）的行为越来越老练 • 身体攻击行为减少 • 攻击性较强的儿童往往在学校表现不佳并被同伴排斥 • 父母监控成为防止儿童犯罪的重要手段
青少年期	• 攻击性强的儿童会选择加入具有攻击性、叛逆性的同伴群体 • 关系攻击仍在继续（排斥出群体或是建立联盟） • 一些青少年的暴力攻击行为增多 • 男孩的暴力攻击频率要远高于女孩 • 激素的变化与男孩被动攻击行为之间存在着联系 • 激素的个体差异是攻击程度的一个重要决定因素

注：表中的年龄是根据研究发现的趋势估计获得的。儿童的发展可能存在很大的个体差异。

资料来源：Coie & Dodge，1998；Dodge，Coie，et al.，2006；Ostrov & Crick，2007；Underwood，2004.

攻击行为的性别差异

性别是攻击行为差异的另一重要来源。在婴儿时期，两性的攻击行为几乎没有差异，但到幼儿期时，男孩比女孩更具挑衅性，参与直接人身攻击活动（如击打，推搡和绊倒别人，以及公开的口头攻击，如辱骂、嘲弄、威胁）的可能性也更大（Card et al.，2008；Maccoby，1998）。这种差异在美国的所有阶层都有明显的表现，并在大量其他国家，包括英国、加拿大、中国、瑞士、以色列、埃塞俄比亚、肯尼亚、印度、日本、菲律宾、墨西哥、新西兰和西班牙等，也同样存在（Archer，2004；Broidy et al.，2003；Dodge，Coie, et al.，2006；Whiting & Whiting. 1975）。

男孩与女孩在攻击方式的选择上也存在着很大差异。早在 3 ~ 5 岁时，男孩就比女孩更热衷于进行直接的身体攻击（Crick et al.，1997，2006），这一特点一直在持续。在一项有六个考察点的跨文化研究中，研究者发现，总体而言，从童年期到青少年期男孩的攻击性要强于女孩，即使是攻击性最强的女孩也比不上攻击性最强的男孩（Broidy et al.，2003）。在加拿大全国儿童及青少年纵向调查中，5 ~ 11 岁的男孩约有 4% 频繁地表现出身体攻击，但 5 岁女孩的这一数字为 2%，到了 11 岁时进一步下降到不到 1%（Lee et al.，2007）。这一结果表明，女孩的身体攻击行为存在下降的趋势，但男孩并非如此。新西兰一项以 5 ~ 21 岁个体为对象的纵向研究表明，男孩因严重身体攻击或杀人而被逮捕的数量是女孩的 5 倍，这种身体攻击的性别差异会一直持续到成年（Moffitt et al.，2001）。图 12.1 对美国自我

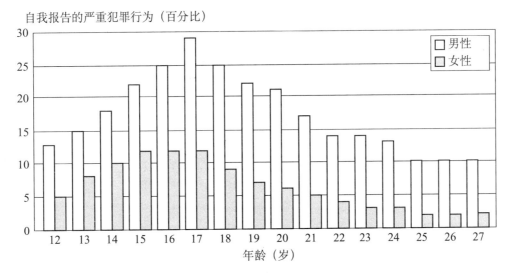

图 12.1　青少年及年轻人自我报告的暴力犯罪率

男性的暴力犯罪行为，如严重攻击（具有犯罪意图的攻击行为）、抢劫、强奸，要多于女性；女性犯罪行为的顶点要比男孩低两岁。

资料来源：Coie & Dodge, 1998. Reprinted with Permission of John wiley & Sons, Inc.

报告的暴力犯罪行为进行了比较（Coie & Dodge，1998）。此外，小时候具有攻击性的男孩长大之后会更可能参与酒后驾车、虐待配偶、刑事交通违规等暴力行为，而攻击性强的女孩长大之后更容易参与非暴力犯罪，如药物滥用等（Bushman & Huesmann，2001；Huesmann et al.，1984）。

男孩的攻击行为更强还表现在其他方面。一项在美国和其他 12 个国家进行的研究表明，男孩表现出说谎、欺骗和盗窃等非直接身体攻击行为的频率也要高于女孩（Crijnen et al.，1997）。新西兰的纵向研究也得出了同样的结论（Moffitt et al.，2001）。男孩侵犯他人权利、违背与年龄对应的社会规则的可能性也是女孩的两倍（Dodge，Coie, et al.，2006），在遭到攻击之后进行报复的可能性也更大（Darvill & Cheyne, 1981）。虽然在童年期（Rodkin & Berger，2008）和约会恋爱期间（Archer，2002），女孩偶尔会成为男孩攻击的受害者，但男孩选择其他男孩作为攻击对象的可能

性更大（Barrett，1979）。

女孩更可能对攻击行为持否定态度，并认为父母会对攻击行为进行指责（Huesmann & Guerra，1997；Perry et al.，1989）。她们更可能使用言语拒绝和谈判等手段解决面临的争端，从而降低争吵升级为言语或身体攻击的可能性（Eisenberg et al.，1994）。但这并不意味女孩不具有攻击性，只是她们选择了不同的策略来达到目标。

在学前期，女孩使用具体、相对简单的关系攻击（如排斥——"你不能来参加我的生日派对"、忽视——当同伴在说话时捂着自己的耳朵）的频率要高于直接的言语和身体攻击（Card et al.，2008，Nelson et al.，2005）。小学期间，女孩增加了旨在破坏或摧毁他人人际关系的关系攻击行为（Card et al.，2008；Cote et al.，2007；Crick et al.，2004；Underwood，2003）。她们可能会排斥其他女孩（"你不能和我们坐在一起吃饭"）、败坏他人的声誉，或散播关于他人消极品质的流言（"你听到了吗？她有些时候真令人讨厌"）（Dodge，Coie，et al.，2006）。中学期间，女孩更喜欢使用社会孤立等间接的方式来伤害他人，而不是直接进行对抗。在进入青少年期之后，女孩则更多地使用将对方排斥出所在群体这一攻击手段（Crick et al.，1999，2004；Underwood，2003；Xie et al.，2005）。她们使用关系攻击破坏同伴的群体地位，

已达到稳固自身地位的目的。

虽然女孩使用关系攻击的频率要高于身体和言语攻击，但这并不意味着她们超过了男孩。事实上，男孩在关系攻击的使用上和女孩相差无几，但其他攻击手段的使用上则远远高于女孩（Card et al.，2008；Pepler et al.，2005；Underwood，2003）。是什么原因导致了女孩偏爱关系攻击而男孩更喜欢身体攻击呢？第一，女孩更加以社会关系为导向，其对社会关系纽带的重视要强于男孩（Leaper & Friedman，2007；Maccoby，1998）。因此，对女性而言，破坏他人社会关系是更加理性的选择（Crick et al.，1999；Coyne et al.，2010）。而且，降低其他女孩的社会地位能够增加自身获得男孩青睐的机会——根据进化理论，这是她们的重要目标（Artz，2005；Bjorklund，2000）。第三，相对其他攻击方式而言，女孩选择对他人进行关系攻击更能为社会所接受（Crick et al.，1999；Dodge，Coie，et al.，2006）。女性对他人进行身体攻击会被认为不够"淑女"，而进行身体攻击的男孩则被认为"表现得像个男人"。

虽然关系攻击不会造成拳击那样明显的身体伤害，但这依然是一个问题。儿童知道关系攻击的厉害。学前女孩和男孩都认为关系攻击和身体攻击都能够造成伤害，并让人非常难过（Crick et al.，2004）。随着年龄的增长，女孩依然认为

向当代学术大师学习　　尼基·克里克

尼基·克里克（Nicki Crick）教授是美国明尼苏达大学儿童发展研究所的主任。克里克最初的理想是成为一名生物医学工程师，在班杜拉社会认知研究的影响下，她改变了目标，立志成为一名发展和临床心理学家。1992年，她获得了范德比尔特大学授予的心理学博士学位［她的导师是肯·道奇（Ken Dodge）］，并着手开始证明女孩和男孩同样具有攻击性，只是在攻击方式的选择上存在差异。她的研究以关系攻击为中心，考察了其形成的原因、相关影响因素，以及造成的后果。结果发现，散布流言、排斥和破坏声誉都会给受害者带来严重的后果，造成的伤害丝毫不亚于击打和被绊倒。她对"棍棒和石头会打断我的骨头，但辱骂永远不会伤害我"这一观点提出

了质疑。她在自身研究的基础上提出了干预方案，以减少儿童在学校的关系攻击和欺凌行为。她获得过美国心理学会颁发的早期研究生涯杰出科学贡献奖。克里克预测，未来20年中，研究者会进行更多关于关系攻击的长期纵向研究，尤其是在考察验证生理、情绪和认知因素影响方面。她给予本科生的建议同样也是她自身的座右铭："发现你的激情，并矢志不渝地坚持！"

扩展阅读：
Crick, N. R., Ostrov, J. M., & Kawabata, Y.(2007). Relational aggression and gender: An overview. In D. Flannery, I. Waldman, & A. Valsonyi (Eds.), *Cambridge handbook of violent behavior and aggression* (pp. 245-259). New York: Cambridge University Press.

关系攻击和身体攻击同样有效，而男孩在多次挨打之后，开始认为直接身体攻击会比关系攻击带来更大的伤害（Galen & Underwood，1997；Underwood，2003）。关系攻击造成的另一个问题是，和身体攻击一样，热衷于关系攻击的女孩和男孩更可能受到同伴的排斥（Crick，1997；Crick et al.，2004，2006）。

个体攻击行为差异的稳定性

在很小的时候，有些儿童就表现出比别的儿童更多的愤怒和攻击行为。这些儿童长大之后是否也更加具有攻击性？换而言之，个体攻击行为差异的稳定性如何？研究者已经发现，随着时间的推移，男孩和女孩的攻击行为都非常稳定（Cairns & Cairns，1994；Dodge，Coie，et al.，

2006；Olweus，1979）。一个在一年级时被评定为具有高攻击性的儿童很可能在十二年级时同样如此，并更可能在成年后触犯法律（Bushman & Huesmann，2001；Huesmann，1984）。事实上，攻击行为和智商一样稳定。尽管身体攻击和关系攻击都具有稳定性，但身体攻击的这一特点表现得尤为明显（Vaillancourt，Brendgen，et al.，2003）。

然而，尽管攻击行为具有稳定性，但并不绝对。只有很小一部分儿童在童年早期极具攻击性，并将这种高攻击水平维持终生。在NICHD早期儿童照料和青少年发展研究中，约18%的儿童从学前期到三年级一直维持了较高的攻击性（NICHD Early Child Care Research Network，2004b）。 在加拿大的研究中，约13%具有高攻击性的5岁儿

步入成年 　　　从童年期攻击行为到路怒症

成年期的攻击行为具有很多种表现方式，从鲁莽驾驶到蓄意谋杀。暴力路怒症、虐待配偶或子女是成年期独有的攻击形式。幸运的是，总体而言成年早期的攻击率有所下降。在英国一项大样本研究中，大卫·法林顿（David Farrington，1993）发现，男性参与入室行窃的可能性从18岁时的11%下降到21岁时的5%，在32岁时进一步下降到2%。美国研究者同样发现，攻击行为在18~25岁期间有所下降，而暴力犯罪在35岁之后下降更加明显（Sampson & Laub，2003）。社会期望成年人更少依赖武力，更多地使用非对抗性的方法解决相互之间的争端。但成年人仍然会使用非直接攻击或关系攻击（Xie et al.，2005），这些方式相比身体攻击更加可取，并不太可能触犯法律。

尽管攻击行为整体上呈下降趋势，但一些个体相比之下更可能维持其较高的攻击水平。开始攻击行为较早的儿童（早期开始攻击者）更可能在成年期仍旧保持其攻击行为（Dodge，Coie，et al.，2006；Farrington，1995）。一项纵向研究的结果证明了这一点，研究者发现，在8岁时具有高攻击性的儿童成年后相比之下更可能虐待其配偶或子女、收到交通罚单、醉酒驾驶，并在成年早期参与犯罪行为（Huesmann et al.，1984）。在另一项研究中，研究者观察了早期攻

击行为带来的一系列后果：在8~10岁具有易怒、攻击行为的男孩在40岁时更可能工作不稳定，具有比父母更低的工作岗位，也更可能离婚；而脾气不好的女孩更可能和职业流动性较差的男人结婚，成为不太称职并火气很大的母亲，离婚的可能性也更大（Caspi et al.，1987）。第三个研究发现，在芬兰，在8岁时表现出较高攻击性的儿童在成年后会更加可能具有酗酒和失业问题（Kokko & Pulkkinen，2000）。

并不是每个攻击性儿童都会发展成为虐待配偶或在高速公路上飙车的攻击性成人。研究者发现，两个因素能够阻止攻击成为贯穿毕生的行为模式。第一个因素是稳定的婚姻，如果具有高犯罪风险的个体能够有幸和"正确"的人（对社会态度积极、无攻击性）结婚，他或她参与犯罪、暴力行为或离婚的可能性就会降低（Rutter，1989；Sampson & Laub，2003）。而与之相反，如果伴侣参与违法或暴力行为，那么他或她很可能也会参与犯罪活动，适应性变得更差（Giordano et al.，2003；Ronka et al.，2001）。第二个能够影响攻击行为持续性的因素是就业。拥有稳定的工作降低了个体在成年期参与暴力犯罪行为的可能性。就业帮助人们摆脱了贫困、减少了他们与犯罪同伴的联系，并提高了他们的自我责任感（Sampson & Laub，2003）。

早期开始攻击者 在很小的年龄就表现出攻击性的儿童，其攻击性往往会持续并贯穿童年和青少年期。

晚期开始攻击者 攻击行为出现较晚的儿童，其攻击性在进入成年后往往会消失。

童在进入青少年期后仍旧保持了较高的攻击性（Nagin & Tremblay，1999）；在 6 ～ 12 岁期间维持高身体攻击水平的男孩比例（11%）要高于女孩（1%）（Joussemet et al.，2008）。

在发展早期就表现出攻击行为并一直维持的儿童，即所谓的**早期开始攻击者**（early starters），最容易产生消极的后果（Patterson et al.，1989）。例如，NICHD 的研究表明，和维持低攻击性或攻击性下降的儿童相比，从学步期到三年级一直保持高攻击性的儿童更可能在 12 岁时表现出严重的适应问题（Campbell et al.，2006）。同样，在之

前提到的六个参察点的跨文化研究中，如果儿童在很小的年龄就表现出高水平的攻击性并贯穿其整个童年，那在进入青少年期之后他们更可能表现出很高的暴力和非暴力攻击行为（Broidy et al.，2003）。相比之下，那些在青少年期才开始表现出攻击性的儿童，即**晚期开始攻击者**（late starters），往往只在十几岁这一有限的时间段内表现出违法犯罪行为，而进入成年期之后就回归正轨。攻击行为起步较晚的儿童避开了困扰早期开始攻击者的同伴拒绝和学业失败，这可能对他们产生了保护作用。早期开始攻击的性别差异尤为明显。新西兰一项研究发现，几乎所有在早期就表现出攻击行为的儿童都是男孩（男孩 10%，女孩 1%），而晚期开始攻击的儿童性别大致均衡（男孩 26%，女孩 18%）（Moffitt & Caspi，2001）。

攻击行为产生的原因

是什么让一些儿童更加具有攻击性，并让他们走上这条充满攻击性的人生轨迹？生物、环境、社会文化及社会认知等众多不同领域的因素相互作用，共同影响着攻击行为的发展。图 12.2 展示的攻击模型有助于增进对这些成因的理解。

攻击行为和遗传学

研究者对攻击行为的遗传学基础有着浓厚的兴趣，并且这一领域的研究每年都会有新的进展。一项研究让母亲对 18 个月大孩子的攻击性进行评定，结果发现同卵双生子的身体攻击行为比异卵双生子更加类似，这一结果表明遗传因素在攻击行为发展中发挥着作用（Dionne et al.，2003）。青少年相关研究也为遗传因素的作用提供了证据。在回答诸如"一些人认为我的脾气很暴躁"等问题时，同卵双生子评定的得分比异卵双生子更加类似（Gottesman & Goldsmith，1994）。在荷兰、瑞典和英国进行的研究

也获得了类似的结果（Eley et al.，1999；Van Den Oord et al.，1996）。加拿大一项双生子研究发现，社会攻击的遗传性约为 20%，身体攻击则是 50%

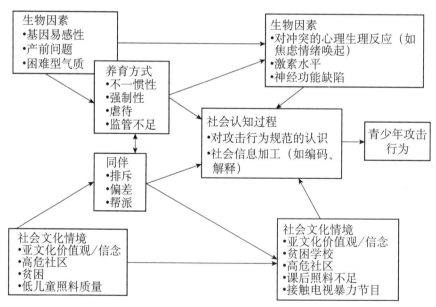

图 12.2 攻击行为发展的生物心理模型

模型从图的左侧部分早期的影响因素开始，以右侧青少年期的攻击行为结束。

资料来源：Copyright ©2010 by the American Psychological Association. Reproduced with permission. Dodge, K. A., & Pettit, G. S. (2003). A biopsychological model of the development of chronic conduct problems in adolescence. *Developmental Psychology*, 39, 349-371. The use of APA information does not imply endorsement by APA.

特里·E·莫菲特（Terrie E. Moffitt）拥有英国和美国的双重国籍，并在两个国家都拥有职务：她是伦敦国王学院社会行为与发展系的教授，同时还是杜克大学心理学、精神病学及神经科学教授。她在大学的首选专业是英语文学，但由于心理学课程成绩优秀，她最终选择了学习心理学。她在南加州大学进行深造并获得了临床心理学博士学位。在研究生阶段，她了解了纵向研究设计的优势，这一设计让她对社会性发展（更精确地说，反社会行为的发展）产生了兴趣。1987年，她在一个会议上遇见了阿夫沙洛姆·卡斯比（Avshalom Caspi），并在1990年与其结为事业和人生的伴侣。她的研究旨在回答两个问题：那些出现行为问题的儿童在其成长过程中到底经历了什么？先天和后天因素如何共同影响儿童的行为？莫菲特和卡斯比对新西兰一组样本进行追踪，从儿童出生开始直至其进入成年，而现在又在追踪英国的另一样本。通过对儿童行为的长期观察，他们发现，根据性别及初次出现

攻击行为时年龄的不同，儿童的反社会行为存在着不同的模式。和较晚开始攻击行为的个体相比，早期开始攻击者更可能在成年后表现出严重的违法犯罪行为。2007年，莫菲特获得了犯罪学领域的斯德哥尔摩奖，2008年她又获得了国际行为发展研究会颁发的杰出科学贡献奖。莫菲特认为这一领域研究最为急切的任务是在儿童初次表现出问题行为时给予干预，避免其产生精神紊乱症状。她预测，将来会有更多的研究者使用神经成像及分子遗传学等新工具对社会性发展进行研究。她给大学生的建议非常积极："行为科学家的生活非常美好，充满着对每个人都很重要的问题，刺激无时不在，从来不会枯燥。"

扩展阅读：
Moffitt, T. E., & Caspi, A.(2007). Evidence from behavioral genetics for environmental contributions to antisocial conduct. In J. Grusec & P. Hastings (Eds.), *Handbook of socialization* (pp. 96-123). New York: Guilford Press.

(Brendgen et al., 2005)。而对42个双生子研究及10个收养研究进行的元分析表明，遗传和反社会行为之间存在着中等程度的相关（效应值 = 0.41）(Rhee & Waldman, 2002)。早期开始攻击者的反社会行为的遗传性高于晚期开始攻击者 (Moffitt, 2006)。

气质和攻击行为

基因在儿童攻击行为产生中的作用从孩子一出生就显露无遗：一些孩子的父母发现，自己的孩子非常容易愤怒、喜怒无常、很难养育。一项研究发现，1岁时具有这些气质的婴儿在3岁时敌意更加明显 (Bates, 1987)。另一项研究表明，3岁时被认为不合作、多动、脾气暴躁的儿童有2/3在9岁时会表现出身体攻击等外部行为问题 (Campbell, 2000)。冲动型同样能够对攻击行为进行预测 (Raine et al.,1998；Tremblay et al., 1994)。另一研究发现，缺乏自制力的儿童更可能很早就表现出攻击性并持续下去 (Moffitt & Caspi,2001)。类似地，缺乏约束气质的学前儿童进入小学后在身体攻击和关系攻击综合测量量表

上的得分更高 (Park et al.,2005)。另一种与攻击行为相联系的气质特征是恐惧。与低恐惧幼儿相比，高恐惧气质的幼儿更可能具有高攻击性，并持续到8岁 (Shaw et al.,2003)。简而言之，难养育型、脾气暴躁、冲动及恐惧的气质更容易导致攻击行为。

大脑让我攻击他人：攻击行为的神经基础

研究者已经发现了攻击行为和神经递质（人体内的化学成分，能够促进或抑制神经冲动在中枢神经系统中的传递）间的关系 (Moeller, 2001)。**血清素**（serotonin）是参与内分泌腺活动调节的神经递质之一。它能够对注意和情绪状态产生影响，并可能参与到动物和人的攻击活动之中 (Herbert & Martinez, 2001)。对老鼠和猕猴的研究表明，中枢神经系统中血清素的缺乏与严重攻击行为的增加之间存在联系 (Ferrari et al., 2005；Suomi, 2003)。研究发现，冲动控制能力差、犯罪率高，具有爆发

血清素：能够调节内分泌腺活动、改变注意和情绪状态并和攻击行为有关的神经递质。

性攻击、冲动性暴力行为的男性和女性，他们中枢神经系统的血清素水平都较低 (Linnoila & Virkkunen,1992；Virkkunen et al.,1994)。调节血清素水平的单胺氧化酶 A（MAOA）基因和大脑前额叶皮层及杏仁核区域容积的减少有关，而这两个大脑区域和反社会行为之间存在着密切的联系 (Raine，2008)。虽然目前我们对血清素和儿童攻击性之间的联系知之甚少，但已有些研究表明，血清素水平较低的儿童具有更高的身体攻击水平 (Halperin et al.，2006；Kruesi et al.，1992；Mitsis et al.，2000)。

"归咎于我"的激素水平

睾酮是与动物攻击性有关的主要激素，这已经得到了研究的证实。对人类青少年而言，睾酮的影响虽然没有动物那么明显，但其和攻击行为之间同样存在着密切的关系 (Book et al.，2001；Moeller，2001)。美国研究者发现，和非暴力罪犯相比，青少年暴力罪犯的睾酮水平更高 (Brooks & Reddon，1996)。瑞典一项类似的研究也发现，血液中睾酮水平较高的 15 ～ 17 岁男孩表现得更缺乏耐心和易怒，而这种不耐烦会增加他们参与无端破坏性攻击行为的倾向 (Olweus et al.，1988)。这项研究表明，睾酮对攻击性有间接的影响，它能让个体变得烦躁，而烦躁会增加攻击行为。另一项在加拿大进行的研究也表明，睾酮水平和攻击性之间存在关联。该研究发现，较高水平的睾酮会导致较高的体重，而体重增加和身体攻击之间存在着关联 (Tremblay et al.，1998)。也许睾酮与攻击性关联的最有力的证据来自于一项对缺乏睾酮的青少年进行激素注射的实验研究 (Finkelstein et al.，1997)。睾酮的注射导致了身体攻击行为和攻击冲动的增加。即使研究人员对儿童的气质、父母养育类型等因素进行了控制，激素的影响仍然显而易见。激素同样能够影响女孩的攻击性。一项研究员发现，青春期女孩雌二醇（一种雌性激素）水平的增加和她们与家长相处时愤怒和攻击性的表达之间存在着正相关 (lnoff-Germain et al.，1988)。而一项元分析表明，睾酮对男孩和女孩的攻击性都存在影响 (Book et al.，2001)。

然而，睾酮和攻击行为之间的关联并不是单向的。高睾酮水平增加了儿童的攻击性，但反之亦然，争斗的胜利同样能够提高睾酮的水平。例如，研究者发现，柔道或掷硬币比赛赢家的睾酮水平会上升，而失败者则不会发生变化 (Dodge，Coie, et al.，2006；McCaul et al.，1992)。

产前条件

产前的环境条件也会导致婴儿的身体出现问题，随之增加了其后产生反社会行为的可能性。最为明显的是，孕妇吸烟会降低婴儿的出生体重，并让孩子表现出反社会、攻击行为的可能性翻倍 (Fergusson et al.，1998；Weissman et al.，1999)。如果儿童在出生之前接触过可卡因，他们的攻击性也会变得更强 (Bendersky et al.，2006)。

社会环境对攻击行为发展的影响

儿童发展出攻击行为模式的可能性也受到环境因素的影响。之前提到过的对 42 个双生子研究和 10 个收养研究进行的元分析 (Rhee & Waldman，2002) 不仅发现了反社会行为和基因的关联，而且发现了这些行为与环境之间存在着密切的联系。在本节中，我们对家庭、同伴、社区、文化、大众媒体如何对攻击行为产生影响进行探讨。

家长：互动伴侣

家庭为孩子提供了学习以攻击或和平的方式处世的最初机会。这一机会从婴儿时期就已开始。在最初的一年中和父母建立了安全依恋关系的婴儿产生攻击性的可能性更小。但如果婴儿发展出不安全依恋，尤其是混乱型依恋，他们在 5 ～ 7 岁时更可能具有攻击行为问题 (Lyons-Ruch，1996；Lyons-Ruch & Jacobvitz，2008；Moss et al.，2006)。如果家庭存在贫困、只有单身母亲或家庭压力水平很高等问题，这一现象就会表现得尤为突出 (Dodge，Coie, et al.，2006；Shaw et al.，1995)。

婴儿期之后，如果父母非常挑剔、消极或控制过多、对孩子的自主性进行限制，这些孩子就更可能表现出身体和关系攻击行为 (Deater-Deckard，2000；Moffitt et al.，2006；Sandstrom，2007)；如果父母非常温情并为孩子提供支持，那么孩子发展出攻击性的可能性较低 (Hart et al.,1998；Joussemet et al.，2008；Nilson et al.，2006)。控制型养育风格会造成稳定的攻击行为 (Joussemet et al.，2008)。这一养育方式与攻击行为间关联产生的原因可能是攻击性儿童对父母负面行为的模仿 (Bandura，1989)，也可能是父母负面情绪的表达及对儿童自主性的干涉干扰了孩子调节自身情绪的能力，这进而导致了更多

的攻击行为 (Eisenberg，Gershoff，et al.，2001；Grolnick，2003)。

父母使用惩罚性手段管教孩子同样会导致消极的结果 (Straus，2005)。尽管很多汽车保险杠贴写着"孩子不是用来打的"，但据估计，3 ~ 4 岁儿童的父母有 94% 都会打孩子的屁股 (Straus & Stewart，1999)。如我们在"家庭"这一章（第7章）建议的那样，适度、合理地打屁股并不会造成什么问题，但严重、持续的体罚会造成攻击行为的增加 (Larzelere & Kuhn，2005)。体罚对儿童攻击性的影响还取决于亲子关系的质量。如果亲子关系缺乏温情 (Deater-Deckard & Dodge，1997) 或体罚手段在所处文化中不太常见 (Lansford et al.，2005)，那么体罚行为尤其可能导致儿童攻击行为的产生。

虐待式养育和攻击性

虐待式养育方式会增加儿童的攻击和其他反社会行为 (Dodge，Coie，et al.，2006；Luntz & Widom，1994)。受到身体虐待的学前儿童在幼儿园中具有更强的攻击性，并在青少年期晚期表现出更多的身体暴力行为 (Lansford et al.，2002)。研究者发现，即使在控制了遗传因素之后，身体虐待和攻击行为之间的相关仍然显著。英国一项研究对超过 1 000 对双生子进行了考察，结果发现尽管遗传因素能够解释儿童 7 岁时反社会行为 2/3 的变异，但在对这一遗传效应进行控制之后，身体虐待的效应依然显著 (Jaffee et al.，2004)。此外，遗传因素并不能够解释儿童遭受虐待行为方面的变异，这降低了儿童气质引发虐待行为的可能性。一些研究者认为，虐待行为会干扰儿童共情能力及正确"解读"他人情绪能力的发展 (Pollak & Tolley-Schell，2003)；这些缺陷都可能会导致攻击性的增强 (Main & George，1985；Manly et al.，1994)。这些结果似乎表明，虐待会对儿童攻击性产生直接和间接的影响。

攻击的强制模型

早在 20 世纪 70 年代，杰拉尔德·帕特森 (Gerald Patterson) 和他在社会学习中心（位于俄勒冈尤金）的同事已经开始就家庭环境因素对儿童攻击行为的影响进行研究。他们发现，父母和孩子在无意间会通过互相强制的循环对彼此进行"训练" (Dishion & Patterson，2006；Patterson，1982，2002；Snyder et al.，2003)。第一步，父母对孩子正在进行的活动进行干涉，如关掉孩子的电视或责备孩子没有完成家庭作业。第二步，孩子回报以抱怨、牢骚和抗议，他们对父母进行反击和对抗。第三步，父母就孩子的抱怨进行妥协，停止责骂和要求。在孩子看来，他们的反攻见到了成效，这是一个小小的"胜利"，因此在周期的第四个步骤，他们停止了反抗和不合作。于是，似乎父母的妥协收到了成效，但是随后，当父母再次试图约束孩子时，孩子又会进行反击，随着"战斗"的进行，孩子行为的攻击性越来越强。孩子已经明白，强制行为（最终表现为攻击行为）能够帮助他们控制父母；而父母也发现，为了让孩子听话，他们必须要施加越来越严格的控制。

这一强制循环也会扩展到兄弟姐妹身上。孩子们发现，能够帮助他们控制父母的强制行为同样适用于兄弟姐妹。当兄弟或姐妹进入到强制性循环之中，尤其在哥哥或姐姐本身就具有攻击性的情况下，弟弟或妹妹很可能也会发展出攻击性 (Slomkowski et al.，2001)。兄弟姐妹间的冲突，加上父母的拒绝会成为行为问题发展的温床 (Garcia et al.，2000)。这些强制行为模式能够跨代传递下去，因为受到强制性养育的孩子会使用同样的方式对待自己的孩子，从而提高了他们孩子的攻击性 (Scaramella & Conger，2003)。幸运的是，这种代际间的持续性并非不可避免。如果孩子的情绪反应不那么强烈，代际间的相关就会消失 (Scaramell & Conger，2003；见第 7 章"家庭"的图 7.3)。

父母：攻击机会的提供者

通过对孩子行为的管理，父母塑造了孩子攻击行为的发展。一些家长能够在任何时间准确地报告孩子正在做什么，以及和什么人在一起；而另一些家长则完全不知道孩子是在街上闲逛、逃学还是在参加学校的舞会。家长对孩子位置、行为和社会关系监控的失败会导致儿童攻击行为的增加 (Patterson & Srouthamer-Loeber，1984)。孩子进入中学后，缺乏父母监控的儿童更可能发展出攻击性的行为模式，他们违法犯罪率更高、更多地参与偷窃和破坏公物等行为、和同伴及教师的关系紧张 (Pettit et al.，2001；Snyder et al.，2003)。

如果家长和青少年期孩子能够在一起交流、具有愉悦的关系，并且青少年将父母的监控行为视为适当的，那么家长的监控行为越多，孩子的反社会行为发生的可能性就越小（Laird, Pettit, Dodge et al., 2003）。充当看门人角色的父母可以让孩子远离那些能够增加其攻击行为的有害影响（O'Neil et al., 2001）。简而言之，如果父母对孩子的活动缺乏了解，没有努力让其避免消极体验，孩子就更可能产生攻击行为模式。

同伴的影响

儿童还能从同伴处习得攻击行为模式。当很早就具有攻击性的儿童进入学校之后，他将面临着两种情况：同伴的拒绝，以及学业上的失败。这两种令人失望的体验都会让儿童的攻击性变得更强（Buhs & Ladd, 2001；Ladd et al., 1999）。同伴的拒绝对儿童而言是一种痛苦不快的体验，随着时间的推移，那些被拒绝的儿童会变得更加具有攻击性（Dodge et al., 2003；Snyder, 2008）。这又让他们的处境雪上加霜，这种拒绝—攻击的恶性循环可能会贯穿儿童的整个童年。

到了青少年期，儿童通过和狐朋狗友的交往习得攻击行为模式。如果同伴群体支持关系攻击，青少年就会更加谙于此道（Wemer & Hill, 2010）；如果同伴群体支持违法行为，青少年的违法行为也会更多（Coie, 2004）。具有攻击性的青少年臭味相投，并彼此强化破坏性行为。他们训练彼此的反社会行为，并建立起对违法活动的积极态度（Dishion et al., 2001）。在这个所谓的**脱轨训练**（deviancy training）中，青少年谈论、预先演练、策划负面的活动，并通常相互给予积极的反馈（Dodge, Dishion et al., 2006；Snyder et al., 2008）。攻击性的同伴不仅会提供榜样作用，还会提供违法的机会，这都会增加青少年的反社会攻击行为。一项研究发现，如果拥有的朋友时常会违法乱纪（如不听话、逃学等），青少年参与违法活动的可能性就要大很多，无论是在当时还是在一年之后（Keenan et al., 1995）。这些违法活动可能包括外显的攻击行为，如打架，也可能包括隐藏的攻击行为，如偷窃。如果青少年成为帮派成员，他们的脱轨训练就会更加极端。帮派中的青少年参与暴力犯罪活动的可能性是一般青少年的 3 倍（Spergel et al., 1989）。加入帮派会增加儿童的非法和暴力活动，离开派则会降低这些活动的频率（Thomberry et al., 2003；Zimring, 1998）。

脱轨训练　青少年和同伴一起并向其学习导致攻击性增强。

社区：攻击行为的滋生地

儿童还能从所在的社区学会攻击行为。居住在贫困、失业双高社区的成年人往往攻击性更强（Beyers et al., 2003）。他们彼此攻击，儿童也是他们攻击对象之一。这些社区中的母亲更可能使用强制、体罚的养育手段（Guena et al., 1995；McLoyd et al., 2006），这导致了儿童的行为攻击性更强，并向帮派靠拢（Tolan et al., 2003）。

时常接触社区暴力会给儿童带来麻烦，年幼的儿童尤其容易受到影响，他们的攻击倾向会增强。研究者发现，社区暴力和儿童攻击性之间存在着稳定的联系。接触社区暴力越多的低收入城市非洲裔家庭儿童表现出的外部行为问题也更多，最初表现为攻击行为的增多，随后升级为暴力行为（Farver et al., 2005；Jones et al., 2005；Kliewer et al., 2004；Osofsky et al., 2004；Ozer, 2005）。和接触社区暴力较少的儿童相比，这些儿童更可能加入帮派（Howell & Egley, 2005）。居住在危险社区的儿童比起安全社区的儿童更可能受到欺凌（Espelage et al., 2000）。

一项大样本研究对居住在芝加哥 78 个社区的近 1 000 名青少年进行了调查。研究者发现，接触枪支暴力和随后的攻击行为之间存在着关联（Bingenheimer et al., 2005）。在过去一年中接触过枪支暴力的青少年（成为他人射击的目标或看着别人射击）参与暴力活动（如持械伤人、向他人射击或参与帮派斗殴）的可能性是没有类似经历青少年的两倍。研究者对其他能够影响青少年攻击性的因素，如出身于单亲家庭、和违法同伴一起活动以及居住在危险的社区等进行了仔细控制之后，攻击性和接触枪支暴力之间的关联依然明显。更加令人惊讶的是，青少年攻击性的增加甚至不需要反复接触枪支暴力，一次接触就足以产生影响。因此，社区能够有效且高效地滋生暴力行为。

文化：攻击行为的决定因素之一

攻击行为发生的频率在世界范围内存在着很大的差异。在一些社会中，攻击是司空见惯的事情，而在另一些社会中则近乎绝迹（Bergeron & Schneider, 2005）。谋杀死亡率的不同能够体现这一差异，挪威每 100 000 人的谋杀死亡率为 1 人，加拿大是 1.4，美国是 7.6，而巴西则高达 25.8（World Health Organization, 1999）。人类学家界定了几个最为安全和最暴力的文化：马来西亚的瑟迈族和奇旺族、菲律宾的布伊德族、加拿大某些因纽特部落，以及墨西哥一些萨巴特克社团中成人和儿童的攻击水平都非常低（Howell & Willis，1989；Sponsel & Gregor，1994）。相反，厄瓜多尔的瓦拉尼人和黑瓦洛人、新几内亚高地的恩加人，凶杀、战争、血仇、体罚儿童、杀婴、斩首式攻击非常常见（Robarchek & Robarchek，1998）。在比较了28种不同的文化后，研究者发现，和中国台湾、泰国和印度尼西亚等关注群体团结的集体主义文化相比，生活在关注个人主义、野心

洞察极端案例　　　　　　　　　　童兵

在世界各地有超过250 000名童兵，并且数量每天都在增加。从乍得、哥伦比亚到斯里兰卡、索马里，数以千计的儿童被招募并训练成武装士兵。根据《2008世界童兵报告》（Coalition to Stop the Child Soldiers Global Report，2008），从2004到2007年间，世界有21个地区在争端中使用了童兵。安哥拉、布隆迪、刚果、苏丹、乌干达、卢旺达的政府军队招募7~8岁的童兵，而塞拉利昂的反叛军招募的童兵甚至小到5岁。之所以政府和武装团体会使用童兵，是由于儿童非常廉价、来源丰富，并且和青少年、成人相比，儿童更容易被训练成为盲目服从的冷血杀手（Amnesty International，2000）。尚未发展成熟的危险评估能力使得他们更愿意冒青少年和成人不愿承担的风险。他们价值观和道德系统仍未发展完善，更容易被洗脑。许多儿童是被武装团体劫持或绑架的。这些武装团体通常会当着他们的面射杀其父母，随后强迫他们长途跋涉前往训练营，在途中不堪重负或跟不上部队脚步的儿童都会被射杀。而试图逃跑的儿童会受到严酷的惩罚。女孩经常会被强暴。在训练营中，儿童会经历残酷的训练以转化成为战士和冷血的杀手。他们时刻面对着暴力、折磨、伤残和强暴。新兵时常会被强迫杀死或暴力伤害他人，甚至可能是同一个村庄或家族的同胞。一些团体还会吃人，让年轻的新兵喝血，生吃受害者的肉，并告诉他们"这会让你更加强大"，但真正的动机是"消除儿童目睹杀人时的情绪反应，磨灭其对生命的神圣感"（Wessells，2006）。类似于"布朗—布朗"之类的毒品（可卡因和无烟火药的混合粉末）让儿童产生脱离现实的感觉。而拒绝吸食毒品会被殴打或杀害（Amnesty International，2000）。复仇也被利用作为动力之一。他们告诉童兵："想象你的敌人，就是那些杀害你的父母、你的家庭的叛军，他们要为发生在你身上的一切负责。"（Beah，2007）最初，大多数儿童会体验到厌恶、内疚和罪恶感，但随着时间的流逝，他们会将自己的行为合理化，不停告诉自己"我不想这么做，但是如果不服从命令我就会被杀死的"，或将一切都看作虚幻的，就像在梦境中。

通过对有过这一非人化体验儿童的追踪研究，我们对残酷训练的影响有了更加深入的理解，同时也对儿童的心理弹性，以及克服逆境的能力表示深深的赞赏（Cicchetti & Toth，2006；Masten，2006）。一些研究对童兵们的命运进行了追踪调查。其中一项研究考察了39个被拯救的莫桑比克童兵恢复正常生活的能力（Boothby，2006）。研究发现，在训练营中生活的时间是其恢复能力的主要决定因素。那些进入训练营不足6个月的儿童倾向于将自己视为受害者而非士兵。尽管他们具有攻击性，对人也缺乏信任，但在获救后这些儿童表现出了悔恨，其反社会行为也随之急剧降低。在训练营中时间更长的儿童已经跨越了一些认同的门槛；他们对绑架者产生了认同，并将自己视为全国抵抗运动的一员。但在获救后，这些儿童也会逐渐产生悔恨，控制自身的攻击行为，并形成对新照看者的积极依恋。只有三个儿童从始至终维持了很高的敌意和复仇的欲望。对他们而言，从鼓励杀戮向谴责杀戮的环境转换实在太过困难。但是，其他童兵的成功转变表明，只要获得成人和群体的社会支持，即使长时间处于暴力和非人化状态的儿童也能够表现出令人惊叹的恢复能力。我们关于风险和心理弹性的理论得到了这些极端案例的支持（Luther，2003；Masten，2006）。现在，援助组织和国际政府组织（如联合国儿童基金会）已经认识到，童兵所需要的远非身体治疗这么简单，他们还需要针对情绪问题和创伤体验的心理治疗，避免再次被招募，学习成为和平的角色，重新获得社区的接受，建立对他人的信任，并学会以非暴力的方式解决争端。

和成功的文化（如美国、澳大利亚和希腊）中的成人和儿童表现出的攻击性要更强（Bergeron & Schneider, 2005）。相比成员自愿合作、具有很高平等意识的文化，那些崇尚等级和权力的社会拥有更强的攻击性。很明显，文化价值观和活动在滋生或减少攻击行为中扮演着重要的角色。

电子媒体上的暴力节目

在观看电影、电视，玩电子游戏及上网时，儿童无时无刻不受到暴力画面的狂轰滥炸。据估计，通过电视网络，美国儿童在小学毕业时已经平均观看了 8 000 起谋杀及 100 000 起其余暴力事件（Bushman & Anderson, 2001）。身体攻击并非媒体暴力的全部内容，几乎所有迪士尼电影及 77% 的电视节目都包含了对关系攻击的刻画（Coyne & Whitehead, 2008；Linder & Gentile, 2009）。

几乎没有人会质疑接触电视暴力会带来儿童攻击行为上升这一观点（Comstock & Scharrer, 2006）。实验室研究和相关研究都表明了这一关联。以北纽约州一项相关研究为例，该研究在长达 17 年的时间里对 707 户家庭的电视观看及攻击行为进行了调查（Johnson et al., 2002）。结果发现，即使在控制了早期攻击行为、不利家庭条件、社区暴力等因素的影响之后，观看电视更多的青少年在随后的追踪中表现出了更强的攻击性。总体而言，研究表明电视暴力能够解释儿童攻击行为变异的 10%（Dodge, Coie, et al., 2006）——这与吸烟和肺癌之间的关联大致相当。对原本就具有攻击性的儿童而言，电视和电影暴力的影响尤为突出（Bushman, 1995；Leyens et al., 1975）。就像电视暴力增加了儿童的身体攻击行为一样，观看电视节目中的关系攻击同样会带来关系攻击行为的增加，尤其是在电视角色因关系攻击获益的情况下（Linder & Gentile, 2009）。在短期效应之外，观看电视暴力还会对儿童产生长期的影响。在 20 多岁时进行的重测表明，和在小学早期不怎么接触暴力电视节目的青少年相比，在同一阶段观看大量暴力节目的青少年攻击性要更强（Huesmann et al., 2003）。他们表现出更多的身体攻击行为、更多的言语攻击行为，收到更多的交通罚单，也更可能被逮捕。

如果儿童对电视节目内容的真实性深信不疑，那么电视暴力对其的影响会更大。研究者发现，在观看了暴力电影片段之后，相比被告知看

的是好莱坞电影片段的儿童，认为自己看到的是真实画面（真实暴乱的新闻报告）的儿童随后的行为更具有攻击性（Atkin, 1983）。随着儿童的长大，区分虚构—真实能力逐渐增强，电视暴力对他们攻击行为的影响就会日渐减少（Bushman & Huesmann, 2001）。

电子游戏和电脑游戏不仅为儿童带来了暴力画面的视觉冲击，还为他们提供了一个在虚拟世界中表现出攻击行为的机会。有研究者认为，这些游戏同样能够增强儿童的攻击性（Anderson et al., 2007）。一项调查发现，无论原本的攻击性如何，玩过暴力电子游戏的青少年报告的攻击行为（如与老师发生争吵或参与斗殴）的频率要更高（Gentile et al., 2004）。并且，暴力电子游戏和攻击行为之间的关系具有跨时间和文化的一致性。即使对原有攻击水平进行了控制，时常玩暴力电子游戏的美国和日本儿童、青少年也都在 3 ~ 6 个月之后表现出了更强的攻击性（Anderson et al., 2008）。实验室研究也为这一相关结果提供了支持：在一项实验中，玩过暴力主题电子游戏的儿童在自由玩耍和遇到挫折时都表现得比玩非暴力游戏的儿童更具攻击性（Irwin & Gross, 1995）。一项元分析发现，暴力游戏和攻击行为之间的关联不大但存在实际的意义，其效应值为 0.19（Anderson & Bushman, 2001）。尽管男孩自我报告的对暴力电子游戏的喜爱程度要高于女孩，但两者受到的影响并不存在差异。网络是另一暴力画面的来源。如 YouTube 就充斥着大量鼓动性、令人不安的青少年斗殴视频，鼠标轻轻一点就能看到超过 30 000 个"儿童斗殴"和 75 000 个"女孩打架"视频。

媒体暴力影响神经学基础的相关研究才刚刚开始。使用功能性核磁共振成像（fMRI）技术的研究发现，在接触暴力电子游戏（Wang et al., 2009；Weber et al., 2006）或观看电影暴力场景（Murray et al., 2006）时，儿童大脑的某些区域（如前额叶皮层）的活动会减弱。这一脑区与自我控制相关脑机制活动的降低有关，这可能是接触暴力画面会增强攻击性的部分原因。

生物和社会因素对攻击行为的共同影响

想要对攻击行为的发展有全面的理解，下列因素都必须纳入到考虑范围中：愤怒的遗传和其他生物倾向、教养的严酷程度、强制性的互动方

式、家庭的虐待行为、和不良朋友的接触、居住在高危社区、和媒体暴力的接触。任一因素都能导致儿童攻击行为的增加；而如果多种因素共同作用在儿童身上几乎必然会导致攻击行为。

研究者对这些因素的综合效应进行了探讨。一些研究考察了基因和环境因素的共同影响。对荷兰 6 000 个领养家庭进行的调查研究表明，基因和环境因素表现出了清晰的累加效应（Mednick & Christiansen，1977）。如果生父母和养父母中都有人具有犯罪史，那么这些儿童的犯罪率是 25%；如果只是生父母之一具有犯罪史，那么儿童的犯罪率是 20%；如果只是养父母之一有犯罪史，那么儿童犯罪率是 15%；如果双方都没有犯罪记录，那么儿童犯罪率只有 14%。而瑞典一项研究的结果也发现了类似的现象，由于他们的调查对象只限于男孩，这让结果更加令人震惊（Cloninger et al.，1982）：如果生父母、养父母都具有犯罪记录，那么 40% 的领养儿童参与过犯罪活动；如果只有生父母犯罪，那么儿童犯罪率为 12%；只有养父母犯罪的儿童参与犯罪的比率为 7%；如果生父母、养父母都表现良好，那么研究中儿童的犯罪率只有 3%。另一角度的研究也表明基因环境因素具有共同效应：在经历家庭负面事件时，相比之下，具有反社会行为遗传风险的儿童更可能表现出攻击行为（Dodge，Coie，et al.，2006）。一项双生子研究发现，如果双生子之一具有行为障碍，那么父母的身体虐待行为会导致双生子中的另一位产生行为障碍的概率增加 24%；如果另一孩子没有行为障碍，那么这一增幅仅为 2%（Jaffee et al.，2005）。显然，恶劣的环境条件与遗传因素相结合，更可能会产生攻击行为这一后果（基因和环境共同影响的例子请见 http://www.zotzine.uci.edu/2010_03/fallon.php.）。

研究者还对先天具有与攻击性相关生理问题的儿童进行了研究，考察不利环境因素如何加剧他们的攻击行为。他们发现，在所处环境支持攻击行为的情况下，难养育、脾气暴躁、冲动型气质更可能导致其后的攻击行为。例如，相比富人区中长大的冲动型男孩，在贫困社区长大的冲动型男孩更可能参与暴力犯罪活动（Lyman et al.，2000）。研究者还发现，环境因素会和神经递质产生交互作用。例如，一项纵向研究表明，血清素较低、同时又具有家庭纠纷体验的儿童在 21 岁时具有最强的攻击性（Moffitt et al.，1997）。研究者还发现，产前生理问题会和产后环境条件发生交互作用（Raine，2002）。例如，芬兰的研究发现，母亲在孕期吸烟（产前问题）并且由单身母亲拉扯大（环境问题）的儿童表现出暴力行为的可能性是普通儿童的 12 倍（Rasanen et al.，1999）。丹麦的研究则发现，如果儿童在产前具有并发症，出生后又遭遇母亲拒绝，那么他们在 19 岁时具有犯罪记录的性是普通儿童的两倍（Raine et al.，1994，1997）。澳大利亚一项研究表明，在 15 岁时最具攻击性的青少年往往经历过不利的生理风险（如母亲的孕期疾病、低出生体重或难养育型气质）和环境因素（如贫困、母亲拒绝或严酷的管教）（Brennan et al.，2003）。在这一研究中，生理和环境因素显然共同发挥着作用，导致了反社会行为后果的产生。这在很早就产生身体攻击行为并贯穿整个青春期的青少年身上表现得尤为明显：2/3 的早期开始攻击者都经历过生理和环境的不利因素。

研究者还考察了不同环境因素的组合如何对儿童攻击行为产生影响。在一个系列研究中，研究者发现，攻击性青少年很可能在童年早期经历过体罚式管教、童年中期和同伴的互动问题重重，并在童年后期与不良朋友接触密切（见图 12.3；Patterson et al.，1989）。

另一项研究发现，居住在贫困社区，并在 15

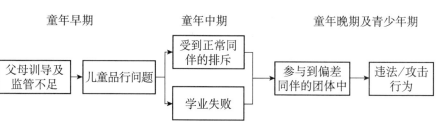

图 12.3 攻击行为的发展

家长和同伴都在儿童反社会行为发展过程中扮演着重要的角色，但两者发挥作用的时间存在不同。

资料来源：Patterson, G. R., DeBarshyshe, B., & Ramsey, R. (1989). A developmental perspective on antisocial behavior. *American Psychologist*, 44, 329-335. Copyright ©2010 by the American Psychological Association. Reproduced with permission. The use of APA information does not imply endorsement by APA.

岁时和反社会同伴交往的青少年更可能在 18 岁时参与暴力活动 (Herrenkohl et al., 2003)。研究者还发现，哪怕是一项有利因素都能对儿童产生保护作用，避免其陷入攻击行为的泥潭中。例如，和父母之间的积极关系能够降低社区暴力对贫困社区青少年的影响 (kliewer et al.,2004；Ozer,2005)。在 15 岁时能得到父母的监督并参加宗教仪式的攻

击性青少年在 18 岁时参与暴力活动的可能性也会减少 (Herrenkohl et al., 2003)。参与宗教团体，同时父母和同伴对反社会行为持否定态度能够降低受虐待儿童表现出暴力行为的可能性 (Herrenkohl et al., 2005)。儿童经历的保护性因素越多，他们发展出攻击性的可能性越小 (Herrenkohl et al., 2003)。简而言之，攻击行为的多少并非由单一因

深入聚焦　　　　　　　　　**基因、环境诱因和攻击行为**

研究者阿夫沙洛姆·卡斯比（Avshalom Caspi）、特里·莫菲特（Terrie Moffitt）和同事考察了基因和环境如何共同作用增强儿童表现出攻击行为的可能性 (Caspi et al., 2002)。以往的研究通常将父母暴力史作为儿童攻击性遗传倾向的指标，而这项研究另辟蹊径，考察了一个被认为和攻击性存在密切关系的基因——单胺氧化酶 A（MAOA）。这一基因对 MAOA 酶进行编码，而 MAOA 酶能够影响去甲肾上腺素、血清素、多巴胺的新陈代谢，降低其活性。已有研究表明，MAOA 活性存在的遗传缺陷和人、动物的攻击性存在着关联。卡斯比和莫菲特预计，低 MAOA 活性会导致对攻击性相关神经递质的抑制不足，从而让个体表现出高水平的暴力行为。

由于基因不能自主发挥作用，卡斯比和莫菲特开始寻找可能促进这一基因表达的环境因素，并最终选择了儿童虐待作为可能诱因。因为受过身体虐待的儿童存在发展出攻击性和反社会行为的风险 (Rutter et al., 1998, Keiley et al., 2001)，但只有一半儿童表现出实际的行为 (Widom, 1989)。卡斯比和莫菲特推断，儿童如果先天就具有攻击性遗传倾向，那么他们在受虐待环境下表现出攻击行为的可能性会更大。随后，他们对 MAOA 基因是否是导致儿童更容易表现出暴力行为的遗传因素进行了检验。

以新西兰纵向研究中的 442 名男孩作为样本，卡斯比和莫菲特对曾经受到家庭成员身体虐待的儿童和没有类似经历的儿童进行了比较。由于 MAOA 基因是基于 X 染色体的，其对男孩的影响更为明显，因此研究选择了男孩作为研究对象。为了界定儿童的暴力行为，研究者对四个方面进行了测量：根据《精神疾病诊断与统计手册》（DSM-Ⅳ）的标准评定行为问题；通过警察

局获得犯罪记录；通过心理测试考察暴力人格倾向；让熟悉男孩的人对其反社会人格紊乱综合征进行评定。研究发现，具有童年受虐待史，同时具有低 MAOA 基因的男孩有 85% 表现出了攻击性和反社会行为。而具有低 MAOA 基因但没有受虐经历的男孩表现出反社会行为模式的比率仅为 20%（见图 12.4）。卡斯比和莫菲特的发现得到了其他一些研究的支持 (Foley et al., 2004; Kim-Cohen et al., 2006)。类似地，研究人员还发现，如果青少年具有和酒精依赖相关的基因，并且不能得到父母的监控，他们就很可能会产生外部行为问题 (Dick et al., 2009)。

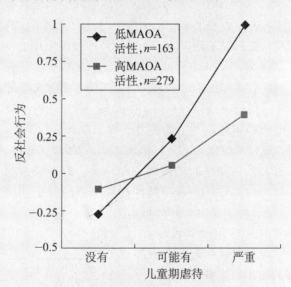

图 12.4　基因、环境与反社会行为的关系

具有低 MAOA 活性，同时又经历过严重虐待的儿童具有更强的攻击性。

资料来源：From Caspi, A., McClay, J., Moffitt, T. E., Mill, J., Martin, J., Craig, I. W., Taylor, A., & Poulton, R. (2002). Role of genotype in the cycle of violence in maltreated children. *Science*, 297, 851-854. Reprinted with permission from AAAS.

素或单个领域决定，它受到了多领域多因素的共同影响。

攻击行为发展中的社会认知因素

基因、激素、父母、同伴、社区和媒体都会对儿童的攻击性发展产生影响，但儿童的认知加工是不可或缺的组成部分。认知编码、解释及理解指引着儿童的社会行为，并影响着其在潜在攻击环境中的决策。在学校午餐室两个儿童对同一事件的不同反应能够很好地说明这一现象。当一个同学把牛奶洒到了哈利的新网球鞋上时，哈利意识到这是个意外，接受了同学的道歉，并借用人们耳熟能详的广告词"来杯牛奶？！"开了个玩笑。而当同学同样把牛奶洒到杰罗姆的新球鞋上时，他马上得出对方是故意的这一结论，于是他转身推了同学一把，并把对方的午餐盘掀翻在地。很明显，哈利和杰罗姆看待世界的方式完全不同。即使有时候会有意外情况发生，哈利仍认为社会环境是友好和善良的。但杰罗姆则认为世界充满了敌意，所有人都想故意伤害他。这两个人物表现了非攻击性和攻击性儿童认知观的特点。

社会信息加工理论为解释这两种不同观点提供了有用的框架（见第1章的图1.3；Crick & Dodge，1994；Dodge，1986；Dodge & Pettit，2003；Gifford-Smith & Rabiner，2004）。这一理论认为，根据长期经历，儿童会形成一系列神经功能并在记忆中形成表征。当儿童遇到新的社会线索（如别人把牛奶洒到他鞋子上）时，他们的反应取决于对线索的加工方式。

第一，儿童会对线索进行编码。由于低下的注意和编码能力，攻击性儿童不会注意到线索的所有方面，他们对攻击性线索进行选择性注意。例如，有过被虐待经历的儿童会更加注意愤怒、威胁性的面孔，而非笑脸（Pollak & Tolley-Schell，2003）。在哈利和杰罗姆的事件中，哈利在看到牛奶洒到鞋子上的同时还注意到了同学惊恐的脸，而杰罗姆完全没有看到同学的表情，他的注意力完全集中在了受损的鞋子上。

第二，儿童会将线索解读为故意、具有威胁性或意外、无害的。在我们的例子中，哈利将洒牛奶的行为解读为意外；而杰罗姆则认为其是故意并具有威胁的。和非攻击性儿童相比，攻击性儿童更可能将他人的行为解读为故意并存在敌意的（Crick & Dodge，1994；Dodge，Coie，et

al.，2006；Gifford-Smith & Rabiner，2004）。他们具有**敌意性归因偏见**（hostile attribution bias），即在面临模棱两可的行为时对其作出故意且恶意推断的倾向。以这种方式解读线索会带来攻击行为的增加。儿童和肇事者的关系也会产生影响。如果造成伤害的是敌人，那么儿童对其进行敌意归因的可能性要大于肇事者是朋友或中立同伴的情况（Peets et al.，2007）。

> **敌意性归因偏见** 将他人中性或模棱两可的社会行为解读为具有敌意的倾向。

在第三阶段，儿童会搜寻所有可能的反应方式。和低攻击性儿童相比，高攻击性儿童产生的可能反应不仅数量较少并且质量低下（Dodge，Coie，et al.，2006；Shure & Spivack，1980）。哈利考虑的选择有：忽视这一事件、一笑置之，或尽量减少其重要性。而杰罗姆的选择则集中在如何对肇事者进行身体和言语攻击上。

第四个阶段，儿童选择了一种反应方式。他们可能会从道德可接受性、其他人的可能反应等角度对这一反应进行评估，对可能造成的后果进行权衡，并选择最为积极的反应方式。而高攻击性儿童不太会考虑可能后果，在进行成本—收益核算之后，"心理算数"的结果让他们选择了攻击行动（Dodge，Coie，et al.，2006）。相比之下，高攻击性儿童在选择攻击反应时更加理直气壮、更没有道德负担，同时视其为更可接受的方式（Crick & Werner，1998；Erdley & Asher，1998）。他们将攻击行为的后果看得更加积极（Fontaine et al.，2002）。因此，杰罗姆认为殴打同学能够挽回面子，而这比被餐厅进行通报批评更加重要，相反，哈里认为攻击的代价（违反自身道德标准或被关禁闭）太大了。

最后，儿童会把选择的反应方式付诸实施。即使在这一步，高攻击性和低攻击性儿童也存在着差异。高攻击性儿童实施非攻击行为的能力也更差（Burleson，1982；Dodge，Coie et al.，2006）。

随着儿童历经这些步骤，他们会获得他人表情和行为的反馈，并进入新的循环。随着时间的推移，儿童会形成处理每一步骤线索的独有风格。他们发展出社会信息加工"模板"或"工作模型"，指引着他们处理社会事件并与同伴交流。这些认知—社会加工过程是解释攻击行为成因的最后一块拼图。

肯尼斯·A·道奇（Kenneth A. Dodge）是杜克大学公共政策研究和心理学教授。1978 年他获得了杜克大学临床心理学博士学位，在"回家"之前，他在印第安纳大学和范德比尔特大学任教。社会行为的社会信息加工模型是他最广为人知的研究成果。根据这一模型，儿童在社会情境中会进行一系列思考、解释和评估，随后才会做出行为决策。这一模型被广泛用于解释部分儿童存在更强攻击性的原因，它结合了认知科学和发展心理学的观点，对先前只关注儿童行为的攻击行为理论进行了重大修正。现在道奇又将生理因素纳入到他的原始模型中，作为认知和社会因素的补充。他和同事还制定了旨在预防儿童反社会行为的干预方案。快速跟踪项目已经被证明能够有效减少儿童的攻击行为。道奇的研究体现了他在提出科学理论及将科学的理论运用于社会问题解决上的努力。他是实验犯罪学学会、科学进步协会的成员。道奇的长期目标是将基础研究成果作为政策的指导，最终达到减少暴力行为的目的。

扩展阅读：
Dodge, K. A., Coie, J. D., & Lynam, D. (2006). Aggression and antisocial behavior in youth. In W. Damon & R. L. Lerner (Series Eds.), & N. Eisenberg (Vol. Ed), *Handbook of child psychology: Vol. 3. Social, emotional, and personality development* (6th ed., pp. 719-788). Hoboken, NJ: Wiley.

欺凌者和受害者

欺凌（bullying）是攻击行为的一种特殊表现形式，这种攻击方式表现为在某种关系中反复滥用其权力。研究者已经界定了一些时常欺凌他人的儿童和一些长期受到欺凌的受凌者。在对美国六至十年级约 16 000 名儿童进行的全国性调查表明，约有 13% 的学生被界定为欺凌者，而 11% 则是受害者 (Nansel et al., 2001)。此外还有 6% 的儿童属于第三种，即"欺凌者—受害者"，这些孩子在受到其他孩子欺凌的同时也会参与到欺凌他人（通常是更弱的儿童）的行动中。加拿大一项研究对近 900 名儿童进行了考察，发现约有 10% 的儿童从青少年期早期到晚期一直表现出很高的欺凌水平；13% 在青少年期初期表现出中度的欺凌行为，随后一直下降，在高中毕业时欺凌行为近乎消失；而有 31% 的儿童从始至终维持了中等程度的欺凌行为 (Pepler et al., 2008)。欺凌问题已经引起了全世界的关注。2007 年，来自瑞士、韩国、意大利、挪威、芬兰、荷兰、葡萄牙、奥地利、澳大利亚、加拿大、西班牙、英国和美国的学者在瑞士会面并签署了《坎德施泰格反对儿童青少年欺凌行为宣言》，期望引起人们对欺凌问题的重视，寻找预防和解决的方案。该宣言指出，欺凌是对尊重和安全这些基本人权的侵犯，确保这些权利得到保障是成人的道德责任。在美国，有 80% 的学校制定了禁止欺凌的政策 (Knox，2006)。

欺凌 通过对弱者的攻击获得地位或权力。

欺凌者和受害者的行为

欺凌者会使用直接攻击（殴打、推搡、威胁、嘲弄）和间接攻击（散布流言、打破午餐盒）等多种方式。他们会同时使用身体攻击和关系攻击。女性欺凌者使用关系攻击的策略相对更多，而男性欺凌者则更热衷于进行身体攻击 (Crick & Bigbee, 1998)。如果欺凌能够获得比受害者更高的地位和权力，并受到同伴的欢迎和赞许，那这种行为就具有适应性 (Caravita et al., 2009；Salmivalli et al., 2010；Vaillancourt, Hymel, et al., 2003；Veenstra et al., 2007)。为了避免同伴情感受损，欺凌者会精心选择那些不太可能受到重要他人保护的受害者下手 (Veenstra et al., 2010)。这一结果表明，同伴在欺凌事件中发挥着重要的作用。事实上，加拿大的研究者发现，操场上发生的欺凌事件有 85% 都有同伴的参与 (Craig & Pepler, 1997；O'Connell et al.,

1999）。这些同伴有 21% 以实际行动支持欺凌者，54% 处于消极观看状态，只有 25% 站在受害者一边对欺凌行为进行干预。此外，随着他们的成熟，原本持观望态度的儿童更加可能加入到欺凌者的行列，捍卫受害者的情况越来越少（Pöyhönen & Salmivalli，2008）。这和其他研究的结果，即对欺凌行为的容忍度随着年龄升高逐渐增加相一致（Salmivalli & Voeten，2004），并且至少在 15 岁之前，儿童帮助受害者的意图一直在下降（Rigby & Johnson，2006）。

受欺凌（victimization）具有多种表现形式。一些儿童，尤其是男孩，如果不听从同伴的命令会受到身体攻击和威胁（Perry et al.，2001）。而女孩相比而言更容易成为关系攻击的目标（Crick & Bigbee，1998；Crick et al.，1999）。受到欺凌的儿童有两种，一种是对欺凌不作任何攻击性回应的消极型受害者，另一种是受到攻击时会表现出攻击行为的挑衅型受害者。大多数受害者都是消极的。他们会传递出不会保护自己，或对欺凌行为进行报复的信号。他们很容易哭泣，通常表现得焦虑或弱小（Hodges & Perry，1999）。事实上受害者确实很弱小（Card & Hodges，2008；Olweus，1999，2001）；如果他们是学校橄榄球队或者摔跤队的成员，那么欺凌者会离他们远远的。受害者还很焦虑，对自己没有信心（Card & Hodges，2008）。一项研究发现，在一年级时具有更多内化症状（如容易哭泣、太过担忧、恐惧或悲伤）的儿童在三年级时会成为他人欺凌的对象（Leadbeater & Hoglund, 2009）。消极型受害者并没有意识到他们的顺从，对欺凌者虚弱的哀求、屈从并交出自身财物的行为反而对攻击者产生了鼓励作用（Crick et al.，1999；Juvonen et al.，2003；Perry et al.，1990）。那些害羞、天性胆小焦虑、性格内向的儿童非常容易成为欺凌的对象。由于他们表现出身体和情绪方面的脆弱，并且不太可能会产生报复行为，这导致了欺凌行为的发生（Rubin，Bukowski et al.，2006；Rubin et al.，2009）。研究者发现，这些儿童存在很高的受欺凌风险（Grills & Ollendick，2002；Hanish & Guerra，2004；Kochenderfer-Ladd，2003）。由于社会退缩是应对欺凌行为的常见策略（Gazelle & Rudolph，2004），这导致了这些儿童陷入到一个循环中：最初，他们表现得非常退缩，这导致他们受到了欺凌，这进而增加了他们的退缩程度（Rubin et al.，2009）。

挑衅型受害者在面对欺凌时表现得更加外向：他们会和欺凌者争吵，打乱其行动，并试着反击。尽管如此，他们的行为效果不佳。有时候他们会试图挑衅或激怒其他儿童，但是却没有把握他们会在自己的威胁下屈服。在一年级时表现出攻击性的儿童很可能在三年级时会成为受害者，尽管他们一直都具有攻击性（Leadbeater & Hoglund，2009）。具有攻击性并不足以远离伤害，只有高效攻击才能避免受到欺凌。

> **受欺凌** 受到更强有力同伴威胁或欺负的过程。

欺凌的后果

欺凌会给欺凌者和受害者都带来负面的影响。欺凌者可能产生行为问题，更可能脱离学校（Juvonen et al.，2003），罹患严重的抑郁症，甚至在青少年期和成年早期都难以摆脱（Klomek et al.，2008，2009）。他们可能会试图自杀。而受害者可能会受到其他同伴的拒绝，在学校困难重重（Boulton & Smith，1994；Ladd & Troop-Gordon，2003；Olweus，2001）。他们的社会地位和自信心都很低，也会受到抑郁症的困扰（Juvonen et al.，2003；Ladd，2005；Leadbeater & Hoglund，2009；Nangle et al.，2003；Schwartz et al.，2001）。他们难以建立新的友谊（Ellis & Zarbatany，2007），学业成就低下（Thijs & Verkuyten，2008）。甚至目睹其他儿童受到欺凌也会产生影响，尤其对情绪调节能力较差的儿童而言（Kelly et al.，2008）。一些具有标准欺凌对象特征的儿童在校期间会频繁地成为受害者（Khatri et al.，1994；Kochenderfer-Ladd & Wardrop，2001），并且，意料之中地，受到欺凌的时间越长，他们的抑郁、焦虑、社会退缩会越严重（Goldbaum et al.，2003）。在极端情况下，受害者还会自杀。即使在成年后，那些在青少年期早期受到同伴欺凌的个体仍然会报告存在抑郁和低自尊（Olweus，1999；Rigby，2001）。集欺凌者和受害者于一身的儿童受到同学排斥的可能性较单纯欺凌者或受害者更大，他们表现出行为问题和退学的概率都非常高（Junoven et al. 2003）。

欺凌行为不仅会影响儿童的激素水平，还会影响他们的幸福感。受到 1～2 次欺凌带来的直接后果是压力的上升（皮质醇水平上升）（Carney & Hazler，2007）。然而，如果儿童经常受到欺凌，他们的皮质醇水平会急剧下降，表明他们对受到欺凌

| 实践应用 | 网络斗殴和网络欺凌 |

电子媒体为儿童和青少年提供了前所未有的体验。今天的年轻人能够看到北极或老挝居民的生活，他们还能和地球另一边的陌生人交流，或在熄灯后和好友分享速记信息。新的电子技术打破了人和人之间的界限。但这些新工具也有消极的一面。它们给儿童带来了攻击行为的榜样以及表现出攻击行为的机会。儿童们不仅会在玩游戏《侠盗猎车》时表现出对虚拟人物的攻击行为、他们还会将互联网作为战场，对真人进行攻击。

这种攻击可以是身体攻击，例如，儿童或青少年录下打斗的视频并把它们上传到YouTube、MySpace或girlfightsdump.com上。这些打斗包含了头盔拳击等危险"运动"：两个孩子戴上头盔和手套并击打彼此的头部，直至一个人投降或失去知觉。打斗还可能包含一群年轻人群殴一个同学，把受害者打到昏迷。上传这些视频能为攻击者带来15分钟的名声，通过向全世界展示受害者的痛苦来捉弄他们。这些视频引发了不少青少年的模仿，形成了"网络斗殴"的恶性循环。近期另一种网络攻击的形式叫做"快闪暴徒"，一大群青少年通过Facebook和Twitter聚集在一起，突然来到某个地方并攻击他们能发现的人。

攻击行为还可能是言语的。**网络欺凌**（cyberbullying）意味着儿童或青少年利用互联网、手机或其他互动数字设备达到对另一孩子进行折磨、威胁、侵扰、羞辱、让其难堪等目的。任何形式，从短信到电子邮件都能被用来进行网络欺凌。一些人甚至还建立专门用来骚扰他人的网站。另一些网站，如juicycampus.com，成为了网络欺凌的场所。网络欺凌的方法包括发送恶毒或粗俗的图片、信息，发布他人敏感或私人的信息，冒用他人身份影响其名声，传播恶意谣言，故意在网络群体中排斥对方，甚至发出死亡威胁。

随着电子媒体的使用日渐增加，网络欺凌也随之水涨船高。2005年，儿童或青少年自认为受到网络侵扰的比例是2000年的两倍（Wolak et al., 2006）。在一项调查中，有42%的四至八年级学生表明自己有过受到网络欺凌的经历（ABC News, 2006），36%的12~17岁学生报告称他们曾通过邮件、即时通信软件、网站、聊天室或者短信等方式收到威胁或者令他们难堪的信息（Fight Crime: Invest in Kids, 2006）。

网络欺凌和当面欺凌存在很多不同：它每时每刻都可能会发生，信息和画面能够在短时间内大量传播，并且欺凌行为通常会匿名进行，这使得人们很难（有时候完全不可能）对其进行追踪。网络受害者和欺凌者在网络上花费大量时间。和没有受到网络侵扰的儿童或青少年相比，他们往往和父母关系紧张，更可能离家出走、逃学、作弊、滥用药物和酒精（Hinduja & Patchin, 2007, 2009; Ybarra & Mitchell, 2004b）。出于特殊的兴趣，他们参与更多攻击行为，并成为线下欺凌的目标。

网络欺凌的受害者更可能具有社会问题，并成为线下欺凌的受害者。而网络欺凌者更可能违反规则，在现实生活中也更具有攻击性（Ybarra & Mitchell, 2004a, 2007）。网络欺凌者也有可能去学校，因为那里的大部分学生都对欺凌持积极态度（Williams & Guerra, 2007）。

当孩子在网上受到了欺凌时，他们并不总是会告诉成年人发生了什么，因此父母很难提供干预、指导或保护。一项调查发现，只有35%受过网络欺凌的儿童和51%的青少年曾告诉父母自己的遭遇（Fight Crime: Invest in Kids, 2006）。事实上，儿童很难意识到自己是网络欺凌的受害者。2006年，13岁的梅根·梅尔（Megan Meier）在MySpace上遇到了一个叫约什·埃文斯（Josh Evans）的"可爱男孩"。约什极力地恭维梅根让她对其产生了倾慕。但这位"可爱男孩"突然翻脸，说他听说梅根待人刻薄，并且发布了"梅根是个荡妇"之类的消息，甚至最后还说出"没有你世界会更美好"的话。这些网络交流摧毁了梅根，她自杀了。随后，人们发现，躲在这段在线"恋情"背后的是一个成年邻居，所谓的约什·埃文斯其实并不存在。在悲剧发生后，梅根的父母极力推动措施来保护网络上的儿童，一些辖区由此立法禁止网上的侵扰行为。2007年3月，美国广告委员会和国家预

网络欺凌 利用互动数字媒体对受害者进行威胁、羞辱或让其难堪。

防犯罪委员会、美国司法部、美国犯罪预防联盟一起发动了一场旨在教育儿童青少年如何制止网络欺凌行为的公众服务运动。梅根·梅尔自杀之后，提供预防网络欺凌行为相关信息的网站激增（例如，http://stopbullyingnow.hrsa.gov/adult/index-Adult.asp?Area=cyberbullying）。而StopCyberBullying.org以梅根之名创立了誓言，并鼓励每个人签名。

梅根誓言

签署誓言意味着：
- 我承诺反对网络欺凌。

- 我承诺不会将技术作为武器伤害他人。
- 我承诺会在点击之前思考。
- 我承诺会考虑网络另一边人们的感受。
- 我承诺不参与网络欺凌活动或被网络欺凌者利用去伤害他人。
- 我承诺努力解决问题，而不是制造问题。

网络欺凌是一个紧迫而现实的问题，它需要并正在得到大家的关注。如何让青少年同意并遵守"梅根誓言"是目前面临的主要挑战。

已经感到麻木。皮质醇低于正常水平可能会导致一系列身心后果，如慢性焦虑、情绪问题以及恐惧。

欺凌的形成条件

基因和环境共同作用，产生了欺凌者和受害者。英国一项研究对1 116个具有10岁双生子的家庭进行了考察，发现基因因素能够解释欺凌行为61%的变异，以及受害者72%的变异（Ball et al., 2008）。早在欺凌行为开始之前，通过儿童的表现就能判断谁将成为欺凌者或受害者。他们无法调节自身的情绪，挑衅型受害者的社会技能和抑制能力都表现很差（Burk et al., 2008）。在婴儿时期，受害者通常对母亲产生焦虑型依恋（Perry et al., 2001）。而挑衅型受害者更可能接触过身体虐待、严酷的管教和婚姻暴力（Schwartz et al., 1997）。男孩受害者更可能拥有一个保护过度的母亲，这种母亲会阻碍孩子自主能力的发展，或鼓励孩子表达其恐惧、焦虑的情绪（Curtner-Smith et al., 2010；Finnegan et al., 1998；Georgiou, 2008；Olweus,1993）。女孩受害者更可能具有强制、拒绝、无响应的母亲，这种母亲阻碍了女儿建立社会关系能力的形成，使她们更加容易受到欺凌（Curtner-Smith et al., 2010；Finnegan et al., 1998）。欺凌者也很可能具有无响应的母亲（Georgiou, 2008），和攻击行为逐渐减少的儿童相比，攻击行为贯穿整个高中阶段的欺凌者和父母的沟通更少、冲突更多，父母对其行为的监控也更弱（Pepler et al., 2008）。

和同伴建立起积极的关系能够对儿童产生保护作用。一项研究表明，儿童的朋友越多，他们成为欺凌行为受害者的可能性越小（Hodges et al., 1997）。但不是任何朋友都能发挥这一作用，只有身强体壮且攻击性强、自身不是欺凌行为受害者的朋友才能发挥保护作用（Laursen et al., 2007）。拥有朋友的儿童受到伤害的可能性更小，更可能具有高自尊，诱发他人攻击或向他人屈服的可能性都比较小（Hodges et al., 1999）。另一项研究发现，如果一个儿童失去了最好的朋友，并在学期末还没能找到替代者，那么他受到欺凌的风险会增加（Bowker et al., 2006）。显然，拥有朋友，并且是正确类型的朋友，能够减少儿童受到欺凌的可能。

攻击行为的控制

到目前为止，我们已经讨论了许多诱使儿童产生攻击性的因素。最后一节我们重点关注减少或控制攻击行为的方法。

认知修正策略

改变儿童对社会情境的思考方式是降低他们攻击性的有效手段。如前文所述，攻击性儿童时常会错误理解他人的行为，也不知道如何解决社交问题（Dodge & Pettit, 2003；Gifford-Smith & Rabiner, 2004）。教育他们如何解读他人的行为线索能够降低敌意性归因偏见，并减少攻击行为

你一定以为…… "宣泄"能够减少攻击冲动

许多年来，心理学家和公众相信，"宣泄"或"释放情绪"能够带来攻击性的降低。一个关于攻击行为根深蒂固的信念是：如果人们具有大量参与攻击行为的机会，那么无论这种攻击行为是真实的还是象征性的，他们表现出攻击冲动的可能性会降低。这一方式被称为**宣泄疗法**（catharsis）。这一信念的基础是：攻击冲动会在人体内积累，除非把积蓄攻击性能量的蓄水池排干，不然暴力攻击行为随时可能发生。其意义非常明确：为人们提供安全的机会来表现出攻击性（如打沙袋）可以降低其产生反社会行为的可能性。治疗师在办公室购置拳击袋并在活动室放置波波娃娃、击打模板、玩具枪和橡胶刀。对此，咨询专栏作家深表赞同。例如，安妮·兰德斯（Ann Landers，1969）曾经建议读者必须要释放其敌意，并进一步建议读者教育孩子将愤怒感发泄到家具而非人身上。一个读者的回复是："我对你

宣泄疗法 通过实际或象征性的敌意行为减少攻击冲动。

就3岁孩子脾气暴躁这一问题给出的建议深表震惊，以前我弟弟在生气的时候会踢家具。现在他32岁了，仍然会踢家具，并且还会踢妻子、猫、孩子以及一切挡在他面前的东西。你为什么不告诉那个母亲孩子们必须要学会控制自身的愤怒？这是文明人和野蛮人的区别。"

尽管宣泄疗法的概念广受欢迎，但研究证据更倾向于支持安妮·兰德斯的这位读者的观点。大多数研究表明，攻击体验只能增加而非减少攻击冲动。在一项研究中，研究者让三年级儿童进行一项任务，并让同伴对其进行干扰，随后，一组儿童使用玩具枪进行射击游戏，而另一组儿童则参与非攻击性任务——做数学题（Mallick & McCandless，1966）。随后，所有的孩子获得向干扰其任务的同伴表达攻击性的机会。通过一个严格的程序，研究者让儿童相信他们会给那个孩子造成电击。结果发现，两组儿童在"电击"行为的选择上并不存在差异。宣泄疗法并不能降低攻击行为。

（Hudley & Graham，1993）。这一方法对反应性攻击儿童尤为有效，因为这一群体在理解他人的线索和意图方面的缺陷最为明显。一个更加全面的项目通过教育儿童在被激怒时转移注意力或进行自我放松、学会从他人的角度看待问题、对他人意图进行正确归因、不屈从于同伴压力、学会用非暴力手段解决社会问题，有效地降低了男孩们的攻击性（Lochman & Wells，2004）让攻击型儿童停止攻击并开始思考社交问题，考虑其他备选反应方案和攻击对自身、他人可能带来消极后果，以及教育孩子和同伴合作都是能够降低攻击行为的策略（Guerra et al.，1997；Kazdin，2003）。

家长协助减少攻击行为

改进父母的行为是减少儿童攻击行为的另一方法。很多基于强制互动循环模型（Patterson et al.，2002）的研究试图做到这一点。这通常被称为父母管理培训（PMT），其目标是消除父母的强制行为，取而代之的是全面、一贯和明确的规则，以获得儿童的服从。这些项目确实降低了儿童的攻击性（Dishion & Kavanaugh，2000），并改善了父母生活的质量。元分析表明，父母管理培训方案

对孩子在10岁以下的家庭非常有效（Serketich & Dumas，1996），而对孩子在10～17岁的家庭效果适中（Woolfendon et al.，2002）。

研究者还使用了其他养育方案减少参与启智项目的学前儿童的攻击行为（Webester-Stratton，1998）、降低青少年违法犯罪行为（Chamberlain et al.，2007；Eddy et al.，2004）。在另一方案中，因为具有反社会行为，一些3～8岁孩子的父母被介绍进入诊所并学习如何表扬、奖励孩子，为孩子提供明确的规则，并在孩子违反规则时给予一致但不严酷的回应（Scott，2005）。在方案结束一年后，达到临床攻击性诊断标准的孩子数量只有方案开始前的一半（37%对68%）。在第四个方案中，研究者筛选出存在攻击风险的高中生，给予他们的父母同样的教育，结果降低了父母的批评及消极习惯，并成功降低了儿童的反社会行为（Irvine et al.，1999）。在另一项目中，研究者教育注意缺陷多动障碍（ADHD）儿童的家长减少处罚性管教策略，这些孩子随后表现出较低的攻击和破坏行为——但只在他们同时服用利他林（Ritalin）等兴奋剂的情况下。这一研究为儿童的

攻击行为同时受到父母管教行为和生理因素的影响这一观点提供了支持。

学校干预项目

学校也通过不少项目来改进攻击性儿童的社交问题解决技能，并降低他们的攻击性（Kress & Elias，2006；Stevahn et al.，2000）。对纽约15所参与"创造性争端解决项目"小学的学生进行的评估表明，接受过创造性争端解决课程教育的学生，他们的敌意性归因偏见、攻击性谈判策略、自我报告的行为问题、攻击幻想及教师报告的攻击行为都增加得更慢（Aber et al.，2003）。在另一学校项目中，教师受到培训使用"良好行为游戏"（Ialongo et al.，2001；van Lier et al.，2004）降低儿童的破坏性行为，该游戏的规则是：如果班上任何孩子有了进步，那么全班都能获得比萨或不布置作业的奖励，而如果个别学生扰乱课堂，那么所有的学生都会承受取消休假、增加作业、全班推迟放学等损失。这一项目降低了一年级学生的攻击行为，其效果至少持续到了小学毕业。

卡琳·弗雷（Karin Frey）和同事以3所学校的三至六年级学生为对象推行了一个反对欺凌的项目（Frey et al.，2005，2009）。这个名为"尊重之路"的项目有3个组成部分：（1）在全校范围内推行反欺凌政策；（2）以班级为单位进行认知—行为课程，教育学生关于欺凌行为的内容、应对欺凌的社会情绪技能，以及如何增加同伴接受性；（3）对参与欺凌行为的学生进行有选择的干预。在项目实施3个月之后，和对照组相比，实验组学生在操场上的欺凌行为减少了25%。而旁观儿童对欺凌行为的支持也有所减少。在项目实施两年之后，实验组的欺凌行为比对照组低了31个百分点，而旁观者对欺凌行为的支持则降低了73%。在项目开始前欺凌他人最多的儿童，以及得到个别教育的儿童产生的转变最为明显。

攻击行为预防：多管齐下

由于攻击行为由多种因素决定，采取多管齐下的措施能够收到最好的效果。挪威一项反欺凌项目充分地表明了这一点。1982年，3个男孩由于受到同学的极端侵扰而选择了自杀，学校官员发动了一场全国性的反欺凌运动，并在所有的学校推行预防措施。这一由丹·欧维斯（Dan Olweus）开发的预防项目具有四个目标：（1）提高公众对欺凌问题的重视；（2）鼓励教师和家长

的参与；（3）为受害者提供支持和保护；（4）制定明确的班级规则制止攻击行为。每个教师都收到一本小册子，描述了校内攻击行为的表现和范围，并提供了控制或预防攻击行为的可操作化建议。这一小册子鼓励教师对欺凌行为进行干预，向学生传递"我们的学校不会接受攻击行为"的明确信息。家长同样收到了关于欺凌行为的基本信息，孩子是欺凌者或受害者的父母还会获得专门的协助。孩子们会在班会上就欺凌和班规进行讨论。对四至七年级总共2 500名学生进行的调查表明，项目开始后第8个月和第20个月时，欺凌和受害问题下降了50～70个百分点。报告受到他人攻击或攻击他人的学生数目更少。此外，破坏公物、偷窃和逃学的行为明显减少，学生对学校生活的满意度显著上升（Olweus，1993，1997，2004）。

"快速跟进项目"为制止美国儿童攻击和反社会行为进行了多方面的努力（Conduct Problems Prevention Research Group，2004）。这个项目给来自贫困家庭的一年级学生上课，帮助这些孩子应对社交问题，提高情绪理解、交流和调节技能。问题最为严重的儿童（约占样本总数的10%）还获得学业方面的辅导、额外的社会技能培训，此外还对儿童父母进行干预，提高其养育技能。研究者发现，在学年结束后，和控制组相比，参与"快速跟进项目"的儿童攻击性更低，学业表现有所改善，社会情绪技能表现也更好。他们和同伴相处融洽，并更受同伴的喜欢。家长的技能以及对学校活动的参与度也提升了。在三年级末，参与项目的儿童有37%没有表现出任何行为问题，而控制组的这一数字为27%。积极的效果在整个五年级依然存在（Foster et al.，2006）。这些影响存在显著差异，但总体效果并不算太大。显然，消除贫困儿童的攻击性是一项艰巨的挑战。

第三种多元干预方案重点关注被捕至少4次、入狱至少8周的高危男性青少年群体。通常而言，即使经过治疗，少年犯的再犯率也在70%以上。但大部分治疗手段都太过单一（只关注一个因素）或太过极端（将青少年关到收容所或孤儿院）。斯科特·亨格勒（Scott Henggeler）和同事以布朗芬布伦纳的发展生态模型为基础，创立了"多系统疗法"（MST）干预项目，对这些违法者和他们问题百出的家庭进行治疗。这一项目以父母教养方

式、家庭间情感交流、青少年在校表现及其同伴关系为切入点。为了对项目的效果进行评估，研究者随机选择了 96 个少年犯家庭，并将其分配到 MST 干预组和典型治疗组（提供社会服务、实施宵禁、强制上学并由督察员进行监督）（Henggeler et al.，2009；Taylor et al.，2004）。在项目实施 5 个月、青少年和治疗师有过 33 个小时的直接接触后，MST 组青少年的再犯率只有 42%，而典型治疗组的比率为 62%，MST 组青少年入狱的比率只有 20%，而典型治疗组高达 68%。

一项研究对项目中单个因素和多因素组合的效果进行了比较。结果证实，只有多因素的组合（包括基于班级的同伴干预，旨在提高养育技能、改善亲子交流的家庭干预）才能有效减少儿童的攻击行为（Metropolitan Area Child Study Research Group，2002）。干预项目的持续时间同样具有影响。一项研究发现，同样是参与一个对父母、教师提供培训并帮助儿童解决认知问题的干预项目，从一年级到六年级全程参与的儿童在 18 岁时表现出破坏和暴力行为的可能性要低于只在五至六年级参与和完全没有参与过该项目的儿童（Hawkins et al.，1999）。在项目结束之后额外进行"强化注射"也有助于维持儿童的低攻击水平（Dodge, Coie, et al.，2006；Dodge,

文化背景　　　　　　　　　预防青少年暴力行为

和多数族群相比，美国少数族群青少年产生攻击和暴力行为的可能性要大很多，有研究者建议，预防和干预方案应该有针对性地关注这些群体的特殊需求（Guerra & Smith，2006）。辛西娅·胡德利（Cynthia Hudley）和阿普里尔·泰勒（April Taylor）于 2006 年提出了一个模型，为针对少数族群青少年、具有文化敏感性的项目提供指导。他们认为，首先，项目要具有文化有效性：服务提供者应具备相应的知识、态度和技能，以在少数族群中正常开展工作；其次，项目必须要有文化敏感性：课程材料和方法必须考虑参与者所在文化的强度，并为他们在自身文化以及主流文化环境中的成功提供支持。暴力预防策略的呈现不能与其文化价值观和行为冲突。最后，项目必须要有文化参与性，即教导参与者理解并接受自身文化的地位，这包括了学习自身文化、以文化遗传为豪，并发展对自身的积极态度。

下文列举了部分能够反映这些原则的文化敏感项目。例如，一项针对夏威夷五至六年级学生的项目将夏威夷的传统价值观［如崇拜大地（aina），钟爱海洋（malama）］和无关文化的因素（如争端管理和问题解决技术）结合在一起。这一项目有效地增加了儿童作为夏威夷人的自豪感，项目的组织者期望族群自豪感的增加能够减少他们的攻击行为（Takeshita & Takeshita，

2002；Mark et al.，2006）。

部落青少年计划帮助美国原住民群体使用传统精神和文化解决所面临的社会问题（Hurst & Laird，2006）。这一计划使用的干预措施包括：建立与传统文化一致的部落青少年法庭，从而对问题青少年进行惩戒，如让其进行社区服务性劳役或研究部落的历史和传统；建立家庭拘留系统，避免青少年和家庭成员分离；采用传统的评估形式，如圆周谈话、沙盘绘画和探险项目等。研究表明，这些方案有效地减少了青少年的反社会行为（McKinney，2003）。

也许针对文化进行量体裁衣能够增加项目有效性的最有说服力的证据来自于对两门社交技能培训课程效果的检验。在这一研究中，部分非洲裔青少年只接受基础课程教育，如进行合作、问题解决、情绪管理方面的培训，而另一组青少年的课程增加了关于非洲裔美国人历史（如马丁·路德·金的演说《我有一个梦想》）和非洲裔美国人价值观（如重视大家庭）的介绍（Banks et al.，1996）。结果发现，第二组青少年的愤怒感减少了，自我控制能力得到了提升。

显然，根据文化背景制定暴力预防项目非常重要。干预方案的文化适用性及其与参与者日常生活的贴近程度能够影响项目的效果（Dodge, Coie et al.，2006；Dodge, Dishion, et al.，2006；Kress & Elias，2006）。

Dishion，et al.，2006；Kress & Elias，2006）。很明显，想要降低儿童的反社会行为，多管齐下非常重要。尽管这需要更多的资金支持，但是这还是值得的（Foster et al.，2006）。据道奇（2008）

估计，一个长期暴力犯罪者会为社会造成 200 万美元的损失，所以，在每个孩子身上花费 1 000 美元的预防项目哪怕只能为 200 个孩子中的 1 个带来转变就非常值得。

本章小结

攻击行为的定义

- 只有攻击者有意伤害受害者，而受害者认为这种行为会造成伤害，同时，根据他们所在群体的标准，这一行为被认为是具有攻击性的，该行为才能被定义为攻击行为。

- 攻击行为的类型包括为了达到特定目标（如获取某物体）而进行的主动攻击（或工具性攻击），以及作为对威胁、攻击和挫折的反应而产生的被动攻击（或敌意性攻击）。

攻击行为的发展变化

- 随着儿童发展，攻击行为的类型不断发生着变化。婴儿和幼儿时期最为常见的是主动攻击。进入童年中期后，被动攻击变得更加常见。此外，儿童的身体攻击减少，而言语攻击在增加。关系攻击也变得越来越常见和熟练。到了青少年期，殴打、抢劫和强奸等严重暴力犯罪行为开始增加。

- 从童年期到成年期，攻击行为的个体差异表现得相当稳定。一小部分儿童在很小的时候就表现出攻击性（早期开始攻击者）并一直维持下去；大部分个体的攻击性会稳步下降。晚期开始攻击者从青少年期开始表现出攻击行为，在成年后仍然保持长期攻击行为模式的可能性较低。

攻击行为的性别差异

- 男孩的身体攻击行为较女孩多。而女孩更可能使用言语攻击的策略来解决面临的纠纷。男孩和女孩都会使用关系攻击，区别在于女孩使用关系攻击的频率高于身体攻击，而男孩则恰恰相反。

攻击行为产生的原因

- 攻击性儿童更可能具有攻击性的亲属，易怒、

冲动型的气质，更低的血清素水平，更高的睾酮水平，以及不利的产前条件。

- 反复无常、严酷的体罚以及过严的控制都会导致儿童攻击水平的升高。

- 与不良同伴的交往会增加儿童参与攻击行为的可能性。贫困、高犯罪率社区也会促进攻击行为的产生。个体主义文化的攻击率高于集体主义文化。

- 暴力电视和电子游戏会导致攻击行为的增加。

- 儿童经历的不利因素越多，产生攻击行为的风险越大。

欺凌者与受害者

- 对许多国家而言，欺凌行为都是学校需要面对的一个主要问题。欺凌行为可以表现为直接（言语或身体）或间接的形式。受害者可以分为消极型受害者（对欺凌行为不作任何攻击性回应）和挑衅型受害者（受到欺凌时会作出攻击性回应）。一些儿童既是欺凌者同时又是受害者。

- 长期欺凌他人或受人欺凌都具有不利的影响，如会导致焦虑、抑郁和社交退缩的增加。

- 拥有好朋友，尤其是一个身强体壮的朋友能够减少成为欺凌行为受害者的可能性。

- 网络斗殴和网络欺凌会造成消极的心理后果，甚至可能造成自杀。

攻击行为的控制

- 宣泄或"释放情绪"并不能有效地控制攻击性。

- 通过教育儿童以更准确的方式阅读他人行为、鼓励他们理解他人的观点和感受能够减少攻击行为。

- 从儿童、父母、教师以及学校多方面入手的干预方案能够有效减少攻击行为。

关键术语

欺凌	宣泄疗法	网络欺凌	脱轨训练
直接攻击	早期开始攻击者	敌意性归因偏向	间接攻击
晚期开始攻击者	身体攻击	主动攻击	被动攻击
关系攻击	血清素	社会性攻击	言语攻击
受欺凌			

电影时刻

许多电影都突出表现了关系攻击行为。在《辣妹过招》（*Mean Girl*，2004）中，接受家庭式教育的凯蒂进入公立高中后随即和"女王蜂"雷吉纳（学校最时尚群体"塑胶女"的领军人物）产生正面交锋。在凯蒂与雷吉纳的前男友陷入爱河之后，女王蜂伸出毒刺，打算摧毁凯蒂的社交生活。"女孩世界"的战争把整个学校都卷了进来。《辣妹过招》是《周六夜现场》（*Saturday Night Live*）的编剧蒂娜·菲（Tina Fey）的作品，改编自非虚构小说《女王蜂和跟屁虫》（*Queen Bees and Wannabes*）。《怪女孩出列》（*Odd Girl Out*，2005）同样讲述了女孩之间进行关系攻击的故事，只是故事的背景换成了初中。片子描绘了坏女孩们的嫉妒、欺骗、传播谣言、辱骂、操纵和社会排斥，影片中的女孩甚至建立了一个充满仇恨的网站，将受害者不堪的照片贴在上面。最终，受害者们奋起反抗欺凌。这暗示人们，只有反抗才能消除坏女孩的侵扰。电影往往有皆大欢喜的结局，但现实生活并非如此。上述电影［以及其他电视剧，如《绯闻女孩》（*Gossip Girl*）等］都强调了关系攻击带来的伤害和痛苦，并提醒人们，让青少年了解为人刻薄的危险性有多么重要。

男孩的身体攻击和欺凌行为也是电影的热门主题。在《X宅男》（*Ben X*，2007）这部片子中，一个身患艾斯伯格综合征的男孩是学校里大家欺凌的目标。他将大量时间花在在线游戏上，以此逃避现实。但欺凌者无情的攻击将他的梦想击碎，他在网上的梦中情人出现，帮助其制定计划，让欺凌者得到了应有的报应。这部电影由真实的案例改编，以新颖的手法将幻想和残酷的现实融合在一起。影片《足球流氓》（*Green Street Hooligans*，2005）对青少年暴力的描绘更令人震惊。片中的英国足球流氓以和对手斗殴的方式鼓舞当地足球队。一位哈佛大学的学生搬到伦敦并很快发现自己成为了这些帮派的一员。起初，他非常害怕，不愿意参加斗殴，但不久就对暴力行为习以为常并投身其中。这部电影描述了一个充斥着暴力的生活环境，帮派为他们提供了力量和友谊，就如同我们在高危社区观察到的那样。《这就是英格兰》（*This Is England*，2006）讲述的是一个贫困社区的男孩被拉拢进入英国光头党的故事。这部电影以细腻的手段表现了暴力和种族问题的复杂性，让人们对帮派的诱惑有了更加深入的理解。获奖电影《科伦拜恩校园事件》（*Bowling for Columbine*，2002）通过科伦拜恩高中枪击事件探讨了美国暴力行为的性质和成因。这部电影展现了美国文化如何通过媒体信息、在线游戏、枪支泛滥等方式放任暴力行为的产生。

第 13 章
政策：改善儿童的生活

乔安娜 16 岁，是一个 6 个月大婴儿的单身妈妈；她和她的母亲生活在一起，她母亲同样未婚并靠领取食物券维持生计。在镇子的另一头，乔伦娜和胡安需要工作撑起一个 4 个孩子的家，但他们的收入非常低，时常会捉襟见肘。他们尤其担心的是，如果其中一个孩子生病了之后该怎么办，因为他们的工作没有提供健康保险。蒂姆和翠西组建的家庭只有一个 7 个月大的孩子，他们住在一个相对宽裕的社区里。翠西必须要回去工作了。想要找到安全又经济的托儿所是一个相当大的挑战。最后，在第四个家庭中，山姆担心自己脾气已经失控，因为他发现自己打骂孩子一次比一次严厉。这些例子表明，不是每个生活在美国的人都可以享受他们的美国梦——幸福、顺利、安全。在这章里，我们会讨论四个影响美国儿童和他们父母的主要问题，并寻找解决它们的政策。

作为世界上最富有的国家之一，美国仍然有很多父母和孩子都在为日常开支挣扎着。这些家庭需要得到帮助以维持生存或提高生活水平。政府对此的计划和政策是——通过预防和减轻他们的问题来改善他们的生活。尽管一些由商人和慈善机构组成的私人组织也会提供一些方案，但是我们在这一章主要关注各州和联邦政府执行的政策。**社会政策**（social policy）往往由一系列的计划性的行动去解决一个社会问题或者达到一个社会目标，只有以政府为基础的社会政策往往才是**公共政策**（public policy）。

社会政策：一系列旨在解决某类社会问题或者达到某种社会目标的计划性行动。
公共政策：政府推出的社会政策。

社会性的政策有一系列的目标（Zigler & Hall, 2000）。第一，它们能够提供信息。

在 1912 年，美国政府设立了儿童局以提供关于儿童的统计信息。如今，政府机关和一些私人组织，比如新美国基金会（New America Foundation）和儿童趋势（Child Trends）每年都会更新儿童和家庭的状况及需求信息。第二，政策为达成目标（如保护儿童、为家庭提供资助等）提供资金。第三个目标是政策可以提供一些服务来预防和减轻问题；这包括对学龄前儿童进行的启智教育以及对青少年进行的禁欲教育等项目。第四个目标是为了儿童的利益，设立一些基础设施；众议院儿童和家庭特别委员会和参议院儿童问题小组在国会提出儿童相关政策问题。在这一章里，我们考察了美国儿童和家庭所面临的重要社会问题，并讨论了一些旨在尽量减轻这些问题并避免对儿童幸福感造成不良影响的政策。同时，我们还会与其他国家针对同样问题推出的政策进行对比。

什么决定了儿童的公共政策

关于儿童的社会政策需要解决什么问题？尽管这个问题看似很简单，但政策无不是社会需要、预算限制和政治议程三者妥协的产物。从近 100 年来儿童政策侧重点的变化可以看出，政策制定是一个动态的过程。19 世纪末，美国政策制定者的主要目标是为儿童的成长创造环境；20 世纪中期，预防儿童（特别是女孩）道德问题和性犯罪成为了关注的重点（Schlossman & Cairns, 1993）。如今，政策关注的包括贫困、健康保险、儿童护理、青少年早孕早育及儿童虐待。很明显，政策的关注点的变化反映了各个历史年代最为突出的社会需要和政治诉求。

第二个问题是该拨出多少钱执行儿童相关政策。社会性政策的有效程度取决于资金的支持力度。近年来，美国政府几乎将一半弹性预算都投入到军事力量的建设中；用于儿童相关项目的资金要少得多，这部分源于美国政策制定者认为儿童健康与发展的责任应该由其家庭承担（Coltrane & Collins, 2001）。在所有发达国家当中，美国的贫困率是最高的，然而用在减少贫困方面的资金却是最少的。

第三个问题是由谁来决定这些资金的用途。在美国，联邦政府、各州政府，以及各地的乡村政府和社区都具有政策制定权（Capizzano & Stagner, 2005）。对于儿童和家庭相关政策基金支持的常见形式有两种：专项补助资金和匹配资金。专项补助资金是联邦政府拨给各个州的数额固定、为解决母亲就业、学校设施改善等宏观问题的资金；而匹配资金就是由联邦和州政府一起分担的各项开支。

第四个问题是政策的研究基础是什么。最近的几十年中，美国和其他一些西方国家政府开始重视科学研究的成果，并将科学成果作为政策制定需要考虑的包括意识形态、利益和制度约束在内的众多因素之一（Huston，2008）。例如，2002年颁布的《不让一个孩子掉队法案》（No Child Left Behind）中出现"基于科学研究"这样的短语超过100次以上（National Research Council，2007）。

■ 公共政策的类型

儿童相关公共政策的形式多种多样。其出发点可以是预防问题或改善问题；针对对象可以是儿童或是父母；手段可以是提供经济援助、社会服务或心理辅导等。

一级预防政策（primary prevention policies）通过改变环境条件来预防问题的发生；例如，通过减少环境中的铅含量以及为所有孩子打造安全校园等。**次级预防政策**（secondary prevention policies）关心的是那些已经处在危机边缘的孩子。启智计划（Head Start）是次级预防政策中很好的例子；表13.1列出了一些其他的相关政策（Gershoff et al.，2005）。这些政策都针对低收入家庭和儿童，但是提供的帮助类型各不相同。

一些政策的目标是提高家庭经济状况，并推出了不少项目。这些项目的基本观点是：经济保障能够减轻家庭的压力并为儿童提供更好的环境。**贫困家庭临时救助**（Temporary Assistance for Needy Families，TANF）项目就是其中之一。第二种类型是服务导向的。这类政策的方案是通过提供食物券、健康护理、儿童护理和住房等方式解决家庭的基本需求。第三种类型是对父母进行干预，通过提供一些心理学知识以及提高父母对孩子的抚养技能来促进儿童的发展。第四种类型是同时对家长和孩子进行干预；通过学前教育、日常护理和健康福利等手段对儿童进行帮助；同时通过教育、工作培训、抚养技能训练为家长提供帮助。最后，还有些政策则直接针对儿童，如提升贫困地区的办学质量或为课外项目提供资金支持等。

还有些政策旨在改善、"修复"业已发生或预防措施效果不佳的问题。例如，通过培养攻击性学生解决社交问题的技能从而降低帮派暴力事件，或鼓励怀孕的青少年留在学校并为她们提供婴儿护理知识等。

> **一级预防政策** 一系列通过改变环境条件来预防一些问题发生的行动。
>
> **次级预防政策** 一系列针对已经出现了问题的孩子的行动。
>
> **贫困家庭临时救助** 联邦立法对各州提供补助资金，对一些个体进行临时的现金帮助，提供一些需要的工作岗位。

表13.1 部分儿童相关政策和项目

政策类型	对象	目标	方案	策略
对贫困家庭进行经济支持	低收入家庭	减少这些家庭对公共援助的依赖	● 贫困家庭临时救助（TANF）项目	● 暂时性现金支持 ● 提供工作岗位 ● 帮助护理孩子 ● 婚姻支持 ● 提供儿童扶助金 ● 要求18岁以下的单身母亲必须和成人住一起
为贫困家庭提供服务	低收入家庭	通过提供食物券、健康护理、儿童护理和住房等解决家庭的基本需要	● 食物券项目 ● 国立学校午餐项目 ● 针对妇女、婴儿和儿童的食品供给方案（WIC）	● 用食物券购买特定健康食品 ● 对符合条件的儿童提供免费在校饮食 ● 营养学教育 ● 食物供给 ● 推荐健康和社会服务

续前表

政策类型	对象	目标	方案	策略
对贫困父母进行干预	低收入父母	减少不良养育方式带来的风险	● 家庭安全稳固促进项目	● 通过家访向家长传达孩子发展时间表、抚养技能、早期学习活动等知识 ● 家庭维持服务，比如危机干预，理财以及提供社会服务 ● 家庭支持服务，比如哮喘护理、早期发育筛查、辅导和健康教育
对贫困父母和儿童的干预	低收入的父母和儿童	通过学前/儿童照料和社会服务为低收入家庭的父母和儿童提供直接的服务和支持	● 启智计划 ● 早期启智计划 ● 儿童全面发展方案	● 学前教育 ● 健康护理 ● 发育筛查 ● 家长教育 ● 职业培训 ● 养育技巧
直接针对贫困儿童的方案	低收入社区儿童	学校、托儿所和社区为贫困儿童进行直接帮助，提高他们的学业成绩，减少其社会违规行为	● 弱势儿童的学业促进条例	● 为贫困社区学校提供资金支持 ● 为课外项目提供资金支持

资料来源：Gershoff et al.，2005.

贫困家庭的儿童：社会政策的一项挑战

在美国，约有 18% 儿童所在家庭的收入在贫困线以下（Moore et al.，2009）。许多政策制定者正在关注这些低收入家庭的不利生活处境。

经济困难和社会弱势地位

贫困不仅仅是货币资源的缺乏；它还同时伴随着社会地位方面的弱势。无能力感便是其中之一。和其他家庭相比，穷人对社会施加的影响有限，受到社会组织良好对待的可能性也更小。能力、信息和教育的缺乏限制了他们的选择。工作和住房的机会更少，面对失业时更加脆弱，也更可能遭受司法系统不人道或不公正的对待。他们经常发现自己处在恶性循环中，经济困难造成社会、教育和就业失败，这又让其经济状况进一步恶化，原先拥有的资源也逐渐失去。鉴于他们有限的能力和匮乏的资源状况，穷人感到压力重重、无助、不安全、不自主，无力抚育和培养孩子也就不足为奇了（McLoyd & Ceballo，1998；McLoyd et al.，2001）。

对贫困儿童的影响

贫困及相应的社会不利因素是如何对儿童产生影响的？贫困家庭的儿童从出生开始就要经历很多风险。和富裕家庭儿童相比，他们出生时体重偏低的可能性要高一倍，在医院待的时间也要长一倍，童年期夭折的可能也几乎是富裕家庭儿童的两倍 (Duncan & Brooks-Gunn，2000)。贫困同样不利于儿童的精神健康：贫穷家庭儿童遭遇心理或行为问题困扰的概率要高 1/3，而遭受歧视或虐待的概率更是富人孩子的 7 倍，遭遇暴力犯罪的可能性超过两倍，辍学概率则达到 4 倍 (Children's Defense Fund，2004)。童年早期家庭贫困的影响尤为巨大 (Duncan & Brooks-Gunn，2000)。在孩子出生后的五年中能够多挣 10 000 美元的家庭，他们的孩子完成高中学业的可能性是低收入家庭孩子的 3 倍；而家庭收入增加对童年后期或青少年期儿童的影响就没有这么显著了 (Duncan et al.，1998)。

贫困对儿童发展的影响是多方面的。第一是家庭环境质量的不同 (Bradley et al.，2001)：贫困家庭的儿童拥有的书、玩具、教育性游戏和电脑都少于富裕家庭的儿童。第二，贫困问题会导致父母的身体或情绪问题，这会影响到他们的养育

向当代学术大师学习　　杰克·P·肖恩柯夫

杰克·P·肖恩柯夫（Jack P. Shonkoff）是哈佛大学公众卫生学院儿童健康与发展系、哈佛大学教育学研究生院、哈佛医学院儿科以及波士顿儿童医院的教授。他是美国国家科学委员会儿童发展分会的主席，也是哈佛儿童发展研究中心的创始人。这些组织将一流的神经科学、发展心理学、儿科和经济学学者组织到一起。他们的任务是让科学研究在影响儿童生活质量的公共政策决策领域发挥影响。在获得纽约大学医学硕士学位之后，肖恩柯夫以儿科医生的身份开始了职业生涯，并将为儿童和家庭提供照料作为自己的职业目标，但他很快就认识到，解决儿童健康问题远远超出了医生的能力范围。他对宏观政策问题产生了兴趣，并毅然从医学领域投身至社会政策领域。自那时起，他一直致力于了解科学研究和政策之间的相互影响，尤其是科学研究如何推动对儿童的早期干预。他想要用科学研究帮助政策制定者理解早期不良经历如何改变儿童的大脑结构以及干预措施如何令其向好的方向转变。他也希望发展科学能够为福利改革、住房问题、探亲假期和环境保护等方面的政策制定提供参考。肖恩柯夫博士获得过很多专业荣誉，包括成为美国国家科学医学研究院的会员，以及儿童发展研究协会颁发的儿童公共政策杰出贡献奖。

扩展阅读：
Shonkoff, J. (2010). Building an enhanced biodevelopmental framework to guide the future of early childhood policy. *Child Development*, 81, 343-353.

方式并损害儿童的情绪和社会性发展。第三，贫困家庭通常生活在犯罪率和失业率较高、对儿童的监管很少、资源相当有限的社区中。这些社区环境会对儿童的发展会产生不良影响（Leventhal & Brooks-Gunn，2000）。第四，家庭扰乱问题，如搬家或离婚等在贫困家庭更为常见，这让儿童无法得到同伴和熟悉教师的支持，使其缺乏安全感，最终在青少年期产生适应问题（Adam & Chase-Lansdale，2002）。

扭转贫困带来的影响

为了减少贫困问题对儿童发展带来的影响，政府推出了一系列措施。一些措施直接针对儿童，而另一些则将提升其父母的收入和工作技能作为帮助他们摆脱贫困的方法。

启智计划

在20世纪60年代，研究者和政策制定者推行了一系列项目以促进贫困儿童的发展。其中**启智计划**（Head Start）是其中最为大型也最广为人知的预防项目，它为3~4岁的儿童提供日常的学前教育。最初，这一项目包括了为父母提供的社会服务、医疗护理和健康教育。但是，由于资金问题，很多针对父母的服务被削减了。如今，启智计划机构对儿童提供了全方位的服务（教育、生理健康和营养、心理健康以及社会服务）和一些针对父母的干预措施。启智计划是美国对幼儿的教育项目的旗舰。受益于这一项目的儿童数量从1995年的720 000人增加到2007年的908 400人，然而还只占符合标准儿童人数的一半不到（Administration for Children and Families，2007；RESULTS，2008）。

1995年，人们意识到，为3岁以前的儿童提供帮助能够达到最好的效果，这使得启智计划进入了一个新的阶段。一个新的项目——早期启智计划——就此诞生，这一项目旨在为贫困家庭的婴儿和学步儿提供帮助。它所涉及的服务范围更为广泛，以家庭访问的形式为贫困家庭提供诸如儿童护理、抚养知识教育、儿童全方位高质量发展服务。早期启智计划能够根据社区和家庭的需要对服务要素进行灵活组合。对3 000户参与计划的实验组以及控制组家庭的调查验证了项目的有效性（Love et al.，2005）。在项目开始20个月后，实验组儿童的表现要好于控制组。他们在语言发展上更有优势，与父母交流时表现出更多情感投入，并且攻击性较少。实验组的父母对孩子更加关爱，更愿意为孩子们朗读书本，体罚也更少。这一结果表明，至少在短期内，早期启智

启智计划　一项由联邦政府资助的，为弱势群体和学龄前儿童提供学前教育、社会服务、医疗和营养保健服务的项目。

向当代学术大师学习　　　黛博拉·A·菲利普斯

黛博拉·A·菲利普斯（Deborah A. Philips）是乔治城大学的心理学教授，也是美国大学儿童研究中心的主任。在获得这一任命之前，她是国家研究委员会儿童、青少年和家庭委员会的执行委员。菲利普斯的研究主要集中在童年早期发展、贫困儿童以及儿童发展与公共政策的关系领域，她对早期项目对儿童发展的影响尤为感兴趣。菲利普斯担任美国国会儿童发展科学顾问（为国会提供为期一年的顾问服务，协助建立科学研究和政策制定之间的关联）和在耶鲁大学布什中心担任儿童发展与社会政策研究员的经历让她对政策制定产生了浓厚的兴趣。她的工作让人们意识到对儿童照看者进行培训以提高儿童看护的质量的计划具有明显的效果。

重要性。她的研究还表明，启智计划等早期干预项目产生了长期的社会和经济成果，在这一领域进行投入非常值得。她和杰克·肖恩柯夫一起主编了《从神经元到社区：早期发展的科学依据》（*From Neurons to Neighborhoods:The Science of Early Development*）一书，呼吁多学科交叉融合以解决儿童发展及儿童、家庭政策问题。她不仅希望通过研究为政策制定提供参考，还希望能够教会下一代政策制定者用知识和政策产生影响。

扩展阅读：
Ludwig, J., & Phillips, D.A. (2008). The long-term effects of Head Start on low-income children. *Annals of the New York Academy of Science*, 1136, 257-68.

计划具有明显的效果。

启智计划自身进行的评估也表明其具有积极的影响。在全美启智计划影响研究中，对随机取样样本的分析表明，在项目施行 9 个月后就已表现出明显的效果。参与启智计划的 3 岁儿童行为问题较少，父母更乐意为他们读书，并更少进行体罚。但是，研究发现这项计划对于减少儿童的攻击行为、退缩行为以及提升其社交技巧没有明显帮助（Puma et al.，2005）。还有一些实验项目的经费比启智计划更加充足、实行更早、持续更久、更全面，并拥有高校研究者的密切参与，因而取得了更加成功的效果（Barnett，1995，1996；Nasse & Barnett，2002；McComick et al.，2006；Reynolds & Temple，1998；Seitz，1990）。密歇根佩里学前教育计划和加利福尼亚启蒙计划等项目的影响能够持续到成年期（Ramey et al.，1998；McLaughlin et al.，2007；Schweinhart et al.，2005）。

福利改革政策

1996 年，美国国会通过了《个人责任和工作机会协调法案》（Personal Responsibility and Work Opportunity Reconciliation Act，PRWORA），这为数十年来减少单亲家庭对福利长期依赖的努力画上了句号。作

《个人责任和工作机会协调法案》 由联邦立法，旨在减少单亲家庭的对福利或现金援助的长期依赖。

为这一法案的一部分，政府推出贫困家庭临时救助（TANF）项目，为单亲家庭提供专项补助资金。和福利不同，这一政策提供的资助具有时间限制，并对受资助者有工作要求。它要求受资助者寻找并为工作做好准备，在收到资助支票的两年内找到全职工作，最高援助的年限为 5 年。福利改革的支持者认为，让单身母亲离开福利并参加工作是解决贫困问题的最有效途径，而工作能够提升母亲的自尊并让家庭日常生活充满生气，这能够促进儿童更加健康地发展。而反对者则认为，单身母亲会被工作要求和资助时限压得喘不过气，一些家庭的贫困程度会进一步加深，幼儿可能会被迫接受糟糕照料，父母监管孩子能力也会降低，这些都会导致儿童的生活状况的进一步恶化（Chase-Lansdale et al.，2003）。

那么，哪一方是对的？贫困家庭临时救助项目的效果如何？研究人员发现，参加工作赚钱对父母大有裨益。有了稳定的工作，收入也增加了以后，他们的心理健康状况得到了改善，报告的家庭暴力也有所减少 (Cheng，2007；Coley et al.，2007；Gennetian & Miller，2002)。那么，孩子的状况又是如何？研究者对在五个州（康涅狄格州、佛罗里达州、印第安纳州、艾奥瓦州以及明尼苏达州）福利改革对儿童的影响进行了最为全面的评估，他们对随机分配到贫困家庭临时救助项目和对照组的 5 ~ 12 岁儿童进行了考察

(Administration for Children and Families，2004)。研究发现，尽管这一新福利政策稳固了大人的工作，也增加了收入，但并没有对儿童产生普遍性的改善或恶化。总体而言，这项政策对儿童的影响无论从人数还是从程度来看都不大。但是，儿童似乎能够从家庭收入的改善中获益。帕梅拉·莫里斯（Pamela Morris）和她的同事对一系列贫困家庭临时救助项目研究的结果进行了总结（Morris，2002；Morris et al.，2005）。他们发现，如

果福利政策促进了父母的就业但没能提高家庭收入，那么它对儿童的社会心理问题几乎不会产生什么影响。如果父母的就业稳定性和收入同时增加，那么儿童的状况会得到改善。这一效应并不大，但是值得关注。而两项关于青少年的研究表明，这一项目对青少年群体的帮助很小；父母从领福利转向工作之后，青少年的问题行为（酗酒、吸烟、轻微违法犯罪）增加了。这可能是因为工作以后父母无暇对孩子进行足够监管。

向当代学术大师学习　　　林赛·切斯-兰斯代尔

林赛·切斯－兰斯代尔（Lindsay Chase-Lansdale）是西北大学教育和社会政策学院人类发展和社会政策系教授。她富有远见地将影响家庭的社会因素与家庭适应逆境的能力相结合。切斯－兰斯代尔研究了经济困难、福利改革、婚姻、离婚、青少年早育、移民以及母亲就业对儿童及青少年的影响。为了帮助这些孩子，她结合生理学、心理学、人口统计学、社会学和经济学的观点，提出了不少政策建议。她的著作《脱离贫困：是什么让孩子们与众不同？》（*Escape from Poverty: What Makes a Difference for Children*?）以及《优点与缺点：福利改革与儿童及家庭的幸福》（*For Better and for Worse: Welfare Reform and the Well-Being of Children and Families*）充分体现了她是用多学科结合的方法研究社会问题的特点。她在西北大学政策研究所创造性地建立了一个名为"社会学单元（C2S）：社会差距与健康研究中心"，以促进不同学科学者的协同合作。这个中心试图将生命科学、生物医学和社会科学等领域的研究者集合起

来，对当代健康不平衡状况的起源、后果和解决政策进行研究。切斯－兰斯代尔以美国国会儿童发展科学顾问的身份学习社会政策。她是美国心理学会和心理科学协会的会员，同时也是青少年社会政策研究奖的获得者。她是儿童发展研究协会出版刊物——《社会政策报告》（*Social Policy Report*）——的发起人之一，这一杂志旨在为实践者和研究者提供当前政策问题总结；同时她还和他人合作创立了《儿童和家庭政策从业资源指南》（*A Resource Guide to Careers in Child and Family Policy*），为志在在政策制定领域寻找工作的学生提供了宝贵的工具。她坚信，只是听课是无法了解政策的，学生们需要参与到政策制定中，这样他们才能反思并扩充关于研究、决策和政治影响的观念。

扩展阅读：
Chase-Lansdale, P.L., Moffitt, R.A., Lohman, B.J., Cherlin, A.J., Coley, R.L., Pittman, L.D., Roff, J., & Votruba-Drzal, E. (2003). Mother's transitions from welfare to work and the well-being of preschoolers and adolescents. *Science*, 299, 1548-1552.

投入和回报：种瓜得瓜

行之有效的政策是否比无效政策需要更多的投入？就旨在解决贫困问题的政策而言，情况确实如此。贫困家庭临时救助项目对家庭收入的支持给儿童带来了积极的影响，相比之下那些花费较少、仅给父母提供工作的项目就难以达到理想的效果。大力度、昂贵的儿童早期干预项目产生的影响要大于低价低质的项目。莎朗和克雷格·雷米（Sharon & Craig Ramey，1992）界定

了影响贫困家庭支持项目效果的一系列因素。他们发现，开始的时间更早、持续时间更长、让父母和孩子共同参与、关注亲子关系以及家庭支持系统的改善，并提供教育、工作培训、职业服务等社区资源的政策通常具有更高的成功率。而拥有这些特质的项目通常需要相对更多的投入。例如，卡罗来纳启蒙计划每年在每个儿童身上的花费达到 40 000 美元。启智计划一般要花费 7 000 美元。一些分析家表示，启智计划带来的回报远

卡罗来纳启蒙计划是贫困儿童干预项目中最为成功同时也耗资最大的一个（Campbell et al., 2001; McLaughlin et al., 2007; Ramey et al., 1998）。这一项目对早期教育为贫困非洲裔美国儿童带来的益处进行了严密的科学研究。四群出生于1972至1977年间的婴儿被随机分配到教育项目组（57人）和控制组（54人）中。教育项目组中的儿童从婴儿到5岁一直接受高质量的全日制儿童教育。所谓的高质量教育包括了小班制、高素质教师、低员工流动率，以及由针对儿童社会性和认知发展设计的活动或"游戏"组成的课程。在这一项目中，儿童每周到校学习五天，他们的母亲也接受了强化养育培训。而控制组儿童在婴儿和学前期间经历着各种各样的照料方式。

在1岁的时候，两组儿童的能力已经开始出现区别；到4岁的时候，教育项目组儿童智商测试成绩比对照组儿童高出13分（Ramey et al., 1998）；教育项目组儿童在小学的表现也更好；

而到了21岁，曾经参与过教育项目的成人仍在接受教育的可能是控制组的两倍（40%对20%）。他们更可能参加四年制大学学业或业已毕业（35%对14%）。他们要孩子的时间也更晚（19年对17年），也更可能受到雇用（65%对50%）。他们报告的抑郁综合征更少（达到抑郁诊断标准的比例为26%对37%）。研究者考察了项目对孩子母亲的影响，发现教育项目组中孩子的母亲更可能从高中毕业并接受大学教育；她们更加自立，已生育第二个孩子的可能更小（Campbell et al., 1986; Ramey et al., 1983）。分析师对这一项目的投入产出比进行了分析，发现每1美元的投入都有4美元的回报（Masse & Barnett, 2002）。这些回报包括参与者毕生的收入（参与项目的预计多收入143 000美元），孩子母亲毕生收入（参与项目的预计多收入133 000美元），由于不大可能需要特殊或矫正教育，学费也更低，参与者抽烟的更少，身体也更加健康。早期干预显然是一项一本万利的投入。

远大于其支出，但他们也注意到，这一项目效果的提升和其投入资金的增加存在关联（Ludwig & Phillips, 2007）。政策决策往往受制于资金预算，而现实是，政府在儿童身上的投入确实非常有限。

然而，如果我们能够在有效但昂贵的项目上投入更多资金，那么贫困带来的问题能够得到更大幅度的改善。

儿童照料：一个缺乏统一政策的问题

各州和联邦政府面临的另一问题是为幼儿提供托儿所。20世纪70年代中期，1/4的6岁以下儿童每周的大部分时间都是由母亲之外的人照料的；到1999年，这一比例已经超过了一半（Urban Institute, 2002）。这一剧烈增长的主要原因是妇女就业的增加。对于单身或者离婚了的母亲来说，工作并送孩子去托儿所并非其选择之一，出于经济因素考虑，她们别无选择。事实上，70%有学前期孩子的单身母亲在参加工作，而已婚女性则只有53%。然而，在不景气的经济状况下，即使是完整的家庭，一份薪水都不足以支付整个家庭的开支。妇女参加工作还因为她们能够从中得到社会和精神上的满足。地域流动性的增加是托儿所需求增加的另一原因。一个世纪前，

年轻父母们通常和大家族住在一起，近一半年轻父母有母亲、婆婆、姐妹或年长的女儿对孩子进行照料。如今在美国能有家族成员帮助的新晋父母只有1/5。增加了托儿所需求的最后一个原因是关于儿童社会性与认知发展需求的观点已经发生了变化。无论母亲工作与否，大多数父母都认为，把孩子送去既能够学习知识又能和同伴一起玩的地方对他是有益的。

托儿所的选择：父母的义务

在托儿所的选择中，父母需要权衡三个方面：成本、便利程度和质量。质量可能是最重要的，但它同样也是最难定义和发觉的。父母希望托儿所是安全的，具有细心的照料人，并能够为孩子提供学习的机会。而专家常常用于鉴别照料质量的特征，

比如小团体看护、较低的儿童—成人人数比例，以及高水平的护理训练对父母而言并不是最重要的。尽管他们也会考虑照料质量，但大多数父母不会进行详细比较和选择。他们更多地依靠朋友、亲戚和邻居的建议。一次短暂的拜访或电话咨询就是他们背景调查工作的全部内容。在这个世界上最富裕，并对包括从地毯纤维到航空公司运营在内的任何东西都有缜密检查体系的国家，托儿所能够提供高质量的照料似乎是顺理成章的事情。但现实表明，而在过去30多年间，照料质量正在恶化，而不是改善（Clarke-Stewart & Allhusen，2005）。

儿童照料类型

家长有三种儿童照料类型可供选择：在自家照料、**家庭式托儿服务**（family child care home），或者是托儿中心。请保姆到家中对孩子进行照料，同时也做一些家务是选择之一，但这通常是最为昂贵的方式。这类保姆没有执业执照，通常也没有经过培训。家庭式托儿服务是由一位成年人，通常是母亲，在她的家中对一小群不同年龄的孩子进行照顾。这些家庭通常是小孩的邻居，这种方式非常方便又很经济。尽管不少这样机构获得了各州政府的许可，但很多都处于无组织管理状态，并在暗地里运行。通常，这些机构不能提供系统的教学活动。

托儿中心（center care）和前两者完全不同。大多数的托儿中心提供受教育机会、同伴接触，并具有一系列材料和设备。托儿中心的工作人员通常受过专门培训，一些还受过大学教育，这些机构是获得批准的正规机构。但是，找一个口碑较好的托儿中心很有难度。很多父母在得到阳性孕验结果的第一时间就会到托儿中心注册，同时开始攒钱。儿童照料是除房子之外的家庭第二大开支。2003年，托儿中心的平均价格是5 000美元一年，比任何公立大学的学费都要贵。儿童照料的开支会占去非贫困家庭7%的收入预算，而对贫困家庭而言，这一数字会是收入的20%。尽管符合贫困家庭临时救助项目的家庭能够得到政府的资金支持，但事实上只有15% ~ 20%的贫困家庭能够真正获得帮助。

托儿所对儿童的影响

托儿所质量的影响

我们知道托儿所质量会对儿童产生影响。获得高质量照料的儿童具有更好的社交能力，更善解人意，自我控制和亲社会能力也更强，他们的适应性更好，较少发怒和叛逆，也拥有更高的自尊心（Clarke-Stewart & Allhusen，2005）。他们与照料人的关系也更好。美国国家儿童健康与人类发展研究所（NICHD）对早期儿童照料和青少年发展关系的研究发现，接受高质量照料的儿童与同伴的互动更加积极，行为问题更少，社会技能发展更全面（NICHD Early Child Care Research Network，1998，2001，2003b）。甚至儿童的生理发育也和照料质量存在联系。一些研究发现，那些能够从照料者处获得更多关注、关心和鼓舞，也可以说是高质量照料下的儿童，其皮质醇分泌增加（对压力的生理反应）的可能性更小（Dettling et al.，2000；Gunnar et al.，2010）。照料质量会对幼儿园到小学一年级儿童（Peisner-Feinberg，2001），甚至是15岁青少年（Belsky et al.，2007；Vandell，2010）的认知和社会性发展产生长期的影响。对于难养育类型的婴儿，照料质量带来的影响将会更大（Pluess & Belsky，2009）。

高质量照料的标准

高质量的照料由很多部分组成（见表13.2）。第一是物理环境。当每个儿童的物理空间非常有限时，儿童对同伴的攻击性会增加，对玩具的破坏性也更强；他们宁愿长时间无所事事也不愿意彼此交流（Connolly & Smith，1978；Rohe & Patterson，1975）。如果缺乏足够的玩具和材料就很难培养儿童的合作性和建设性（Brown，1996）。

第二个因素是儿童的数量。过多的儿童数量，尤其是一个照看者要同时照顾很多儿童，会对儿童产生不利的影响。研究发现，当儿童—成人比例较高的时候，总体照料质量会下降；照料者对儿童的敏感度、负责程度以及积极性都会下降，儿童们也更不愿意和人交往，和照料者形成安全依恋关系的可能也更小（Clarke-Stewart & Allhusen，2005）。

第三个因素是儿童的活动。理想的方案能够在让儿童进行有组织活动的同时还为他们提供自

> **家庭式托儿服务** 儿童照料的类型之一，由个体在自己家中照看3~4个孩子的照料形式。
> **托儿中心** 由经过训练的专业人士和护理人员对孩子提供教育、同伴接触以及材料设备的经过授权的正规儿童保健机构。

由选择和发挥的空间。儿童们在讲究纪律的课堂里更不快乐、服从性更低，压力也更大，对自身的能力缺乏了解 (Stipek et al.，1995，1998)。高质量的项目能够为儿童提供平衡的学业和社会课程；只注重学业的项目难以促进社会性发展 (Finkelstein，1982；Sylva et al.，2003)。

第四个因素是照看者的素质。一个受过更好教育和培训的照看者更可能提供高质量的照料，在他们的照料下，儿童的参与度更高、合作能力更好、游戏能力更强，玩的游戏也更复杂，同时更容易和照看者建立起安全依恋关系 (Clarke-Stewart & Allhusen，2005)。

第五，员工的稳定性和照料质量也存在联系。国家人员配量研究 (National Staffing Study) 发现，人员流动比例较低的托儿所拥有更高的护理质量 (Whitebook，1990)。工作时间越久的员工对儿童越熟悉，他们能够更准确地判断儿童给出的信号，并做出恰当的反应。员工在儿童护理上花的时间越长，给予他们的关心和爱会越多，并更可能与他们建立起亲密的关系 (Cummings，1980；Raikes，1993；Whitebook et al.，1990)。

在托儿所的时间

即使在高质量的托儿所，儿童也可能会表现出消极的行为。在托儿所时间更长的儿童（更多的小时、月或年数）却比那些照料时间稍少的孩子更加吵闹、更霸道、攻击性更强，同时也更叛逆 (NICHD Early Child Care Research Network，2002，2003a)。这些外部行为产生的原因之一可能是由于长时间待在托儿所带来的压力。研究者对压力水平的指标——唾液皮质醇含量——进行了测量，发现在托儿所时儿童的皮质醇含量升高，而回家之后有降低的趋势 (Gunnar et al.，2010；Watamura et al.，2003)。社交恐惧儿童更可能在托儿所体验到皮质醇分泌的增加。对女孩而言，皮质醇水平的提高会带来焦虑和警觉，而男孩则更可能产生发怒和攻击行为。长期待在托儿所带来的外部行为问题虽然还没有达到需要进行临床治疗的程度，但会在入学后给教师带来不少麻烦 (NICHD Early Child Care Research Network，2005)。但同伴可能不这么认为。在托儿所待过更长时间的儿童在小学阶段更可能成为攻击性受欢迎学生 (Rodkin & Roisman，2010)。

表13.2 高质量托儿所的必备要素

● 物质资料丰富。如果托儿所的好玩具数量不足，而孩子们又都想玩就会导致更多打架行为的产生。
● 足够的员工。每三或四个婴幼儿就需要一个照料人员。有些项目声称能够达到这一比例，但到了下午很多组孩子被合并到一起，每个工作人员就要照料更多的孩子。
● 达到组织活动和自由活动的平衡。高度结构化的项目会给孩子带来更多压力。
● 合格的照料人。拥有儿童发展或早期儿童教育学位的员工通常能够提供更好的照料，但照料人员对孩子的关心和敏感性同样重要。
● 人员流动率低。如果一个托儿所每年有 1/3 员工在变动，那么，整个氛围会显得很混乱，孩子的安全感和联系感都会较弱。高人员流动率还可能意味着其他不利条件，如员工工资较低等。

政策是如何起作用的

美国目前并没有统一的儿童照料政策。政府曾多次考虑推出一个全面的计划，但都没有成为现实。在这一问题上，美国联邦政府可能永远都不会达到许多其他国家那样的政府参与水平。例如，在很多欧洲国家和日本，政府会给予儿童照料支出实质性的资助 [见图 13.1；Organization for Economic Co-operation and Development (OECD)，2008]。在美国，父母要自行支付儿童的护理费用，除非他们是能够获得福利帮助的贫困家庭或达到参与政府资助项目标准的家庭。

政策能够通过很多方式帮助美国父母找到高质量儿童护理。第一种方式是增加获得儿童护理服务的容易度。由于儿童照料服务的普及程度非常有限，父母想要找到高质量的儿童护理机构非常困难。解决这一问题的途径之一是扩充公立学校系统，如延长在校时间、在上学前和在放学后都为儿童提供安全的照料和教育环境。另一个方法是将入学儿童的年龄下限降到 4 岁。许多州已经实现或正在探索建立 4 岁儿童学前学校的可行性，但在欧洲的很多国家这一情况已经司空见惯。如在法国和意大利，约 95% 的 3～5 岁儿童就读

向当代学术大师学习　　　凯斯琳·麦卡特尼

　　凯斯琳·麦卡特尼（Kathleen McCartney）是哈佛大学早期儿童发展领域的教授，同时也是教育学院的院长。她的研究涉及早期经验的理论问题，并为儿童照料、早期儿童教育和贫困等政策问题提供了解答。自 1989 年以来，她就是美国国家儿童健康和人类发展研究所早期儿童照料和青少年发展项目的主要研究人员。这一项目从 1 350 名孩子出生开始，一直追踪调查到他们 15 岁，是目前关于早期儿童照料短期及长期影响最为全面的研究。这项研究发表了大量的文章，并在 2005 年出版的《儿童护理与儿童发展》（*Child Care and Child Development*）一书中进行了总结。麦卡特尼在塔夫茨大学拿到了学士学位，并在耶鲁大学获得博士学位。在耶鲁大学时，她是布什儿童发展和社会政策中心的研究员。在新罕布什尔大学任教时，她是儿童研究和发展中心（一所涵盖从出生到幼儿园年龄段的实验学校）的主任。如今她是儿童照料的国家级专家。她发现，对儿童照料政策的测试为在

儿童照料方面提供的帮助能够影响对儿童照料的选择这一观点提供了支持性的证据。麦卡特尼是《早期儿童发展手册》（*Handbook of Early Child Development*）和《发展心理学家定量方法的最佳实践》（*Best Practices in Quantitative Methods for Developmentalist*）的联合主编，同时也是美国心理学会以及心理科学协会的会员，并于 2009 年获得儿童发展研究协会颁发的儿童发展教育杰出贡献奖。她的家庭都受过良好的教育，四个兄弟姐妹中有三个在从事教育工作，她自己嫁给了一名教师，同时她的继子也是一名教师。她认为："教育是公平社会最为重要的部分。"

扩展阅读：
McCartney, K., & Weiss, H. (2007). Data for a democracy: The evolving role of evaluation in policy and program development. In J.L. Aber, S.J. Bishop-Josef, S.M. Jones, K.T. McLearn, & D.A. Phillips (Eds.) , *Child development and social policy: Knowledge for action* (pp. 59-76). Washington, DC: American Psychological Association.

于国家资助的幼儿园。

　　但即使具有获得高质量照料的可能性，父母们还是不容易找到它们。政府为父母提供帮助的第二种途径是增加父母的照料知识。许多父母都是初次选择照料服务，没有经验可言，同时时间又非常紧迫。他们往往认为自己没有多少选择的机会，这一想法限制了他们"货比三家"的努力。即使进行寻找和比较，父母的经验和意识也存在着很大的欠缺。在一项研究中，研究人员发现普通父母对孩子所在的班级的评分高于训练有素的观察员（Cryer & Burchinal，1997）。政府可以通过发放书面材料、提供 YouTube 视频和电视公众服务通知等方式增加父母关于照料质量的知识。政府支持已经提供了托儿所资源库和推荐服务等业务，这对刚开始寻找托儿服务的父母非常有用。

　　帮助父母找到高质量照料的第三种途径是为他们提供更多的资金。对大多数父母而言，价格是最主要的考虑因素。由于高收入父母能够支付得起高质量的照料，低收入家庭又能够获得政府补贴，这导致了中等收入家庭的儿童照料状况

反而是最差的（Cost, Quality and Child Outcomes Study Team，1995；NICHD Early Child Care Research Network，1997a；Phillips et al.，1994）。美国在每个孩子身上的政府资金投入约为 600 美元，而一些欧洲国家的这一数字达到 7 000 美元，政府补贴、税收优惠和雇主补贴覆盖了大部分儿童照料的支出（见图 13.1；Gornick & Meyers，2003；OECD，2008）。研究表明，在儿童照料方面投入资金越大方的州，它们的托儿所提供的照料质量也更高（Rigby et al.，2007）。

　　政府的第四种可行政策是改善儿童照料者的待遇。我们已经知道，如果照料人员在托儿所工作的时间更长，并提供稳定的托儿环境，将会带来显而易见的好处。然而事实上，这一行业的人员流动率是所有行业中最高的，每年更换的人员达到员工总数的 30%(U.S. Bureau of Labor Statistics，1998)，几乎能和快餐店相提并论（Ritzer，2007）。相比之下，公立学校教师的离职率只有 7%。改善照料人员待遇能够鼓励他们更长时间地工作下去。1996 年，美国照料人员每小时

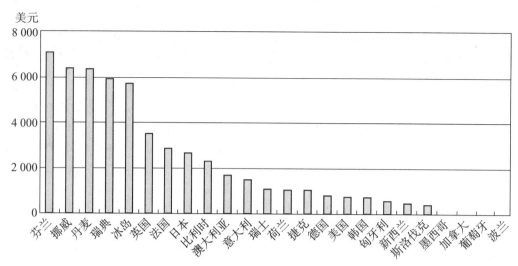

图 13.1　2005 年各个国家在儿童照料上对每个孩子的支出

资料来源：Organisation for Economic Co-operation and Development(2010)，OECD Family database, www.oecd.org/els/social/family/database.

的报酬是 6.12 美元，远远低于幼儿园教师（19.16 美元）。国家人员配量研究的报告表明，工资是人员流动的首要因素，工资只有 4 美元 1 小时或者 更低的教师离职比例是工资 6 美元 1 小时教师的两倍 (Whitebook et al.，1990)。改善军人家庭儿童照料质量的努力就是一个很好的例子 (Campbell

深入聚焦　　佛罗里达儿童照料质量改进研究

20 世纪 90 年代，佛罗里达州成立了考察儿童—员工比例以及照看者受教育程度对儿童照料质量影响的自然实验室（Howes et al.，1995，1996）。1992 年，州立法委员会颁布命令，要求将婴儿—教师比例从 6:1 降至 4:1，幼儿—教师比例从 8:1 降至 6:1。1995 年，他们又额外增加了一个要求：在托儿所中，每 20 个孩子至少要配一个拥有儿童发展领域相关认证或具有同等教育经验的职工。研究人员抓住了这个机会考察了儿童照料法规改变带来的影响。他们在佛罗里达的四个乡村随机挑选了 150 个经过认证的托儿所，考察了 450 个班级在立法前后的差别。在 3 年的数据收集工作中，他们进行了问卷调查、访谈和观察，询问了托儿所所长对政策改变效果的看法并调查了教师的教育背景。研究者在每一个托儿所的婴儿、幼儿和学前班级进行观察以获取儿童—成人比例、照看者和儿童的互动及总体照料质量的相关信息，并从每个班级随机抽取两名儿童进行详细的评估，还让教师对儿童们的行为问题进行评定。

研究人员发现，当儿童—员工比例降低时，项目的总体质量会得到提高，教师变得更加敏感，反应也更加灵敏，对纪律的依赖较小，而儿童会玩更多复杂的游戏，认知发展更好，和老师的依恋更安全。当受过专业训练员工的比例提高时（从 26% 到 53%），教师们和儿童的相处更融洽；接受过最先进培训的教师在课堂质量及照料敏感度上的得分最高；儿童则会在学习和复杂游戏上花更多时间，和老师的依恋也更安全。

虽然这项研究并不是一个控制实验——没有随机分配的控制组，即儿童照料条件没有发生变化的组。但和相关性研究相比具有更高的价值，它表明了儿童照料法律的改变促使托儿所质量发生改变，而托儿所质量的改变进而促使儿童行为发生改变。研究还揭示了一些政策问题。尽管它要求托儿所加强员工的培训并减少每个员工需要照料的儿童数量，但不是所有机构都将其付诸实施。受过培训员工的比例仍低于州政府规定的水平，并且托儿所所长对新儿童—员工比例能够提升照料质量不以为然，认为提升的只是成本。很多所长甚至不希望改革推行下去。显然，实施政策、进行政策研究将会是一项具有挑战性的任务。

et al.，2000；Zellman & Johansen，1998）。美国军队服务系统对分布在世界 300 多个地区、每天为 200 000 多名儿童提供服务的儿童照料系统进行监督。1989 年，由于这些儿童照料条件的极端恶劣，国会通过了《军队儿童照料法案》。这一法案让儿童照料工作人员的工资水平和军事基地中其他需要的培训、教育和责任大致相当的工作平起平坐。员工流动率随之从 48% 下降到 24%。

第五，政策可以促进托儿所的管理质量。2009 年，美国国家儿童照料资源和服务推荐协会对 50 个州及哥伦比亚特区和国防部的托儿所管理质量进行了考察。其结果令人震惊，所有托儿所的平均得分为 F，没有一个州得到 A 或者 B，得 C 的也只有华盛顿。员工没有经过背景审查就被雇用。几乎

没有任何检查。州执业批准办公室堆积着数不胜数的待处理案例。儿童—员工比也和建议标准存在很大出入。国防部托儿所的得分最高，获得了 B。很多问题的解决并不需要大量资金的投入，如对员工是否具有性犯罪经历进行调查只需要增加很小的预算。而其他问题，如儿童—员工比例过高的问题暂时无法得到解决，除非托儿所增加学费（目前的学费已经让不少家庭在勉力维持了）或寻找其他赞助为更多的员工支付工资。州和联邦政府法律应该为照料质量设定最低标准，并对没有达标的托儿所进行处罚。州政府推行的法规越严厉，儿童照料的质量就越高 (Kisker et al.，1991；Rigby et al.，2007)。

第六，政策可以限制儿童在托儿所的时间；但家长们很可能会对此表示无法接受。

■ 早孕：孩子们生孩子

调查显示，几乎一半美国九至十二年级学生有过性经历 (Kaiser Family Foundation，2005)，近 18% 的少女有过怀孕经历 (Perper & Manlove，2009)。每一次青少年名人的早孕 [如杰米·林恩·斯皮尔斯 (Jamie Lynn Spears) 或莎拉·帕林 (Sarah Palin) 的女儿布里斯托表示她很期待早孕] 都会吸引我们的注意力，在所有的工业化国家，美国青少年生育率是最高的（见图 13.2）。美国青少年平均拥有婴儿的数量是英国青少年的近两倍，是法国的 4 倍多，日本的 8 倍多 (Darroch et al.，2001)。不同的州少女怀孕率也不同，在新罕布什尔州为 8%，而在密西西比州却达到了 30% (Perper & Manlove，2009)。1991 年到 2005 年间，美国的青少年怀孕率下降了，白人少女早育的比例从 4.3% 下降到 2.6%，拉美裔少女生育率从 10.5% 降到 8.2%，而非洲裔少女生育率的下降最为明显，从 11.8% 降到 6.1% (Moore，2009)。然而到了 2006 年，维持了 14 年的下降趋势停止了。在 2005 年和 2007 年之间，15 ～ 19 岁女孩的生育率增加了 5% (Moore，2009)。断言这只是昙花一现或是情况恶化的预兆还为时过早，但是对此的担忧日益高涨。2008 年 11 月，一项有 10 000 名少女参与的网上调查结果表明，64% 的被调查者表示自己性行为频繁，52% 表示在进行性行为时没有采取任何保护措施，还有 20% 的少女希望成为母亲 (Tyra's Sex Survey Shocks，2008)。

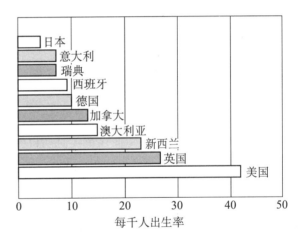

图 13.2 全球青少年生育情况

在 2004 年，在所有工业化国家中，美国的青少年生育率是最高的。

资料来源：Courtesy of the World Bank, 2006.

导致青少年早孕的因素

存在早孕可能的未成年少女在很多方面都存在不同。第一，性开放少女和守身如玉者存在不同：她们的价值观没有后者传统和保守，放学后有更多不受监管的时间（Cohen et al.，2002），更可能具有性态度开放的密友（Jaccard et al.，2005），童年时期没有父亲陪伴的可能也更大（Ellis et al.，2003）。第二，具有性风险（拥有多个性伴侣或不使用避孕套）的少女与进行安全

性行为的少女也存在不同：她们在童年时期自我管理能力较差（Raffaelli & Crockett, 2003），父母经济状况可能较差、缺乏宗教信仰、对孩子缺乏关心和爱护（Manlove et al., 2008；Moore & Brooks-Gunn, 2002）。第三，怀孕少女和没怀孕少女也存在很大区别：她们更可能身处单亲家庭中，具有更多行为问题，对自身和学业前景都没有信心，更想早点有个孩子（Chandra et al., 2008）。此外，她们更可能拥有一个提早辍学并早孕早育的母亲（Abma et al., 2004）。导致这些少女怀孕的根本原因，如价值观、目标、社会—情绪能力、家庭特征和条件等，非常复杂并难以得到改变。

导致少女怀孕的另一因素是电视节目。一个针对2 000名青少年（12～17岁）的全国性报告中显示，那些经常观看色情电视节目的青少年在随后三年中怀孕的可能性是一般青少年的两倍（Chandra et al., 2008）。电视节目很少强调性行为的风险，因而会带来不采用安全措施也不会有风险的错觉。而电视的示范作用也会造成初次性行为的提前；观看更多色情节目的青少年发生性行为的时间也更早（Collins et al., 2004）。

早孕的后果

导致未成年少女早孕的因素在其孩子出生之后仍在发挥负面影响。这一节将讨论年轻的母亲、孩子、祖母、母亲的兄弟姐妹和婴儿的父亲面临的问题。

未成年母亲的问题

超过一半的未成年少女怀孕后决定要孩子并成为了单身母亲。如果她们已经离开了学校，就不大可能再回去；还没有离开学校的女孩也很可能做出辍学的决定，在婴儿出生后很难在学业上再上一层楼。由于较低的教育水平，这些年轻的母亲的工作机会受到了限制，赚钱能力也相对较低。这使她们几乎不能支付照料孩子的开支，除非亲属或其他人可以帮忙照顾孩子，她们可能不得不放弃工作去并依赖福利资助。由此进入低文化程度、缺乏技能、经济依赖以及贫穷的恶性循环中。尽管约1/4的未成年母亲都会结婚，另外3/4的少女和孩子的父亲也有着相当稳定的关系，但还有超过半数的母亲面临着自身发展、经济和社会方面的问题，这使她们无力为孩子提供支持和照料 (Moore & Brooks-Gunn，2002)。

孩子的问题

那些未成年母亲的婴儿也存在问题。事实上，生活环境对婴儿的负面影响要大于他们的母亲。这可能是因为孩子们只能生活在这些恶劣的条件下，而他们的母亲可能还拥有较好的成长环境。未成年母亲的孩子第一年的存活率要低于成年母亲 (Phipps et al.，2002)。孩子们得到父母的积极关爱较少，甚至还可能会受到虐待 (Moore & Brooks-Gunn，2002)。这些孩子更有可能出现行为问题，学业成绩不佳 (Furstenberg et al.，1989；Moffitt，2002)。他们还表现出更高水平的攻击性，对冲动行为的控制力也比较弱。到了青少年期，他们的辍学率和犯罪率都比其他孩子要高。同时他们发生性行为的时间更早，也更可能在 20 岁前怀孕 (Kiernan，2001；Kiernan & Smith，2003)。这些不利后果的原因之一是未成年母亲很难成为称职的家长，她们自身存在着很多问题，同时又缺乏相关资源 (Leadbeater & Way，2001；Moore & Brooks-Gunn，2002)。比起成年母亲，她们在温情和养育方面都会存在不足，很难对孩子的学习产生激励作用。如果孩子与父亲存在密切的联系，或者母亲在孩子出生之前已经做好准备，并具备养育孩子的相关知识，那么孩子的状况会更好一些 (Miller et al.，1996；Whiteman et al.，2001)。

其他家庭成员的问题

随着外甥或者外甥女的到来，少女母亲的妹妹也会受到影响。通常来说，她们需要从学校的功课中抽出时间来照顾小孩，她们酗酒、嗑药，甚至怀孕的可能性都会更高 (East & Jacobsen，2001)。外婆能够为女儿提供一些支持和引导，帮助其成为更称职的母亲，但这也意味着她需要牺牲一些自己的活动，和她女儿之间产生对抗和矛盾也就不足为奇了 (Caldwell et al.，1998；Hess et al.，2002；Oberlander et al.，2007)。如果外婆能够提供更多帮助，年轻母亲就会做得更好。

未成年父亲的问题

成为未成年父亲的男孩通常比较穷，也更可能具有行为问题 (Moore & Florsheim，2001)。这些未成年父亲大都还没有为成为父亲做好准备，

无论是从社会上、情感上还是经济上。一个 17 岁的少年说："我对有了孩子感到吃惊。我从没有这么长时间和孩子待在一起，但大多数的时候我只知道她有哪儿不对劲，但完全不知道该怎么办。除了哭她基本不会发出什么声音，并几乎一直在睡觉。这真是个累赘！" (Robinson，1988，p.39)

尽管社会上常常有人对未成年父亲持批评态度，认为他们没有照顾好孩子和孩子的母亲，但其中有些确实能够做到定期去看看孩子，帮忙照顾 (Coley & Chase-Lansdale，1998)。2/3 的欧裔美国人和拉美裔美国人都会娶"孩子的母亲"，但非洲裔美国人只有 1/4 (Sullivan，1993)。但是，就算结婚了，这些未成年父母分居或者离婚可能性也是其他人的 2 ~ 3 倍 (Furstenbery et al.，1989；Brooks-Gunn & Moore，2002)。一项全美范围的研究表明，一半以上的未成年父亲每周至少去看一次孩子，只有 13% 的从来不会去看 (Lerman & Ooms，1993)。但当孩子长大后，他们的接触会逐渐减少；在孩子两岁前，57% 的未成年父亲每周去看一次孩子；在孩子 2 ~ 4 岁时，这一比例只剩 40%，在孩子 5 ~ 7 岁时则降到了 27%，在孩子更大的时候，去看他们的父亲比例只剩 22%。在年龄最大的一组孩子中约有 1/3 从来没见过父亲。在童年和青少年期，这一比例持续降低 (Furstenberg & Harris，1993)。未婚未成年父亲较少提供经济上的帮助 (Cherlin，1996；Kiselica，2008；Ku et al.，1993)，其原因如下：首先，大多数未成年父亲没有什么挣钱能力；其次，少女的家长会对那些男孩比较排斥，自然也排斥男孩提供的帮助；最后，这些父亲根本不想承担责任。

令人欣慰的结局

令人欣慰的是，还是有很多未成年父母为自己和孩子建立起了美满的生活。两项研究对非洲裔的未成年母亲进行追踪调查，直到其进入中年期 (Furstenberg et al.，1987；Horowitz et al.，1991)。研究发现，不是所有的家庭都走向贫穷和依靠福利度日。在她们三十出头的时候，有 1/3 的母亲完成了高中学业，此外还有近 1/3 拥有高中以上的学历。约有 3/4 的母亲找到了工作，依靠福利维持生计的只占 1/4。一些因素能够对未成年母亲的生活起到促进作用，如进入专门为早孕母亲开设的特殊学校学习、在孩子出生时仍保持远大的

进入成年　　　　　　　　　　　**未成年母亲长大了**

在巴尔的摩进行的一项研究中，三个未成年母亲的经历表明，未成年母亲可以具有完全不同的人生轨迹（Furstenberg et al.，1987）。这些故事代表了三种早孕的应对模式：无法获得家庭和经济保障（多丽丝）、为了维持经济独立而苦苦挣扎（爱丽丝）、取得了婚姻幸福和稳定的经济收入（海伦娜）。很显然，未成年母亲进入成年的途径是多种多样的。

多丽丝是未成年母亲的典型例子。她怀孕时才16岁，没有结婚并且辍学了。在接下来的17年她都依靠福利和公共援助生活，即使期间她有过短暂的婚姻，情况也没能得到改善。她跟三个不同的男人生了三个小孩，但都没有结婚。她阶段性地工作，但持续的时间都很有限，而且那些工作都无法使她彻底摆脱福利的救助。在接近30岁时，她和第三个孩子的父亲的关系维持了很长一段时间。但后来他还是离开了。在30多岁的时候，多丽丝独自和三个孩子及一个孙子——她第二个孩子的两岁儿子——生活在一起。

爱丽丝也在16岁怀孕，一年后孩子出生了。

但她完成了高中学业，后来嫁给了孩子的父亲。这段婚姻持续了大约10年，在这段时间内他们有了第二个孩子。除了在孩子出生前后那段时间，爱丽丝都在工作。在婚姻破裂之后，她接受了两年的公共援助。后来她和另一个男人发生了恋情，但也没有持续多久。当婚姻再次破裂时，爱丽丝没有再接受福利，而是和她的妈妈住到了一起。在经济状况好转时，她又重新搬了出去。在30岁的时候，她以单身母亲的身份与两个孩子一起生活。5年来，她一直是巴尔的摩学区的商业管理员。在家庭和政府的帮助下，爱丽丝艰难地生活着。结了婚并工作着的那段时间是她经济最宽裕的时候。

在海伦娜怀孕以后，她的父母坚持让她推迟和孩子的父亲尼尔森的婚姻，直到她完成了学业并有了一份稳定的工作。她在20岁的时候和尼尔森结婚，现在已经近14年了。在大部分时间里，海伦娜和尼尔森都有着稳定的工作。他们与两个孩子住在巴尔的摩一个舒适的郊区花园公寓里。

志向，以及父母具有高学历。对母亲和孩子而言，过早怀孕并不一定会导致负面的结果。想想英格兰的亨利七世，他母亲生他的时候只有13岁；奥巴马总统出生时他的母亲也只有18岁。

减少青少年早孕

正如前文所述，和其他西方国家相比，美国有着更高的青少年怀孕率。这些差异可能源于人口统计学的相关因素，但在更大程度上源于相关政策的不同。因为美国和其他西方国家性开放程度差不多，而且青少年选择流产也很少。

媒体的支持

媒体宣传是减少青少年怀孕的途径之一。对节目的色情内容进行限制，同时在电视广播上进行安全性行为宣传都能够发挥效果。一项调查表明，72%的美国青少年报告称，媒体是他们获得性知识的途径之一（Kaiser Family Foundation，2003）。广播公司应该对性有更为现实的描述，对可能产生的消极后果进行宣传。但是，这可能还不足以降低未成年怀孕的数量。研究人员发现，那些缺乏性经验的青少年更可能参与电视中描述的不安全性行为（如一夜情），而不管在节目中其结果如何（Nabi & Clark，2008）。国家防止青少年怀孕运动（www.teenpregnancy.org）开始于1996年，他们和编剧、电影制片人等媒体专家一起合作，通过将预防怀孕信息直接植入到青少年娱乐媒体中（Donahue et al.，2008；Sawhill，2002）。虽然要确切衡量这次运动的影响力较为困难，但1996到2006年青少年怀孕的下降至少部分能归功于媒体。

学校的性教育

学校性教育是减少未成年怀孕最为重要的手段。然而在美国，这是个充满争议的话题。许多教育工作者认为，全面的性教育能有效减少未成年少女怀孕的数量，但反对者认为，全面的性教育会鼓励青少年发生更多性行为。《个人责任和工作机会协调法案》（PRWORA）增加了性教育专项资金，每年为"禁欲教育"提供约8 800万美元的资金（见表13.3）。

表13.3　　　　　　　　　　　　　　　　　　　　　　禁欲教育的定义

禁欲教育应当……
1. 具有明确的目的，即宣传禁欲带来的社会、心理和健康方面的益处。
2. 教育所有学龄儿童应当实行婚外的禁欲行为。
3. 教育儿童禁欲是避免未婚怀孕、性病以及其他相关健康问题的唯一途径。
4. 教育儿童婚内彼此忠诚、只有一个性伴侣是性行为的理想标准。
5. 教育儿童婚外性行为很可能导致对身心不利的影响。
6. 教育儿童使其明白未婚生子会对孩子、孩子的父母及社会造成不良后果。
7. 教育青少年如何抵制过早性行为，让其了解酗酒、吸毒会增加过早发生性行为的可能。
8. 教育青少年在发生性行为之前达到自给自足的重要性。

资料来源：TitleⅤ，Section 510（b）(2)(A-H)of the Social Security Act（P.L.104-193）.

禁欲教育在减少青少年怀孕方面的效果如何？研究者发现，项目开始以后青少年怀孕率的下降只有很小一部分（14%）能够被归因为初次性生活的推迟（Santelli et al.，2007）。他们认为，进行禁欲宣传对于帮助青春期孩子预防意外怀孕仍远远不够。另一组研究者进行了一个实验，将2000名青少年随机分配到禁欲教育项目小组或者控制组，并对其4～6年以后的情况进行追踪（Trenholm et al.，2007）。研究发现，和控制组青少年相比，接受过禁欲教育的青少年没有在性行为方面表现出更强的自制能力（两组都有约一半青少年表示自己仍在禁欲），并且两组发生初次性行为的平均年龄相同（14.9岁）。两组中发生过性行为的青少年拥有的性伴侣数目也很相似。禁欲教育项目并没有使避孕套的使用率增加（两组中都有23%表明总是会使用避孕套），这一结果并不令人惊奇，因为课程中并没有明确说明使用避孕套的效果（Kirby，2008；Lin & Santelli，2008）。关于这项政府出资的禁欲教育项目，许多州对其效果的评估都大同小异。对11个州的评估进行的总结发现，只进行禁欲教育的项目，对青少年的性态度和意图几乎没有任何长期作用（Hauser，2004）。更糟糕的是，它们还对青少年使用避孕手段预防性传播疾病的意愿产生了负面的影响。

贞洁誓言（公开宣誓婚前保持贞洁）和贞洁指环是禁欲教育项目的常见组成部分。其效果如何？在特定条件下，宣誓也许能够帮助青少年推迟性行为。国家青少年健康纵向研究的参与者发现，宣誓者的初次性行为时间推迟了18个月——但只在只有少数人宣誓的学校中，所以宣誓行为

并不具有普遍意义（Bearman & Brückner，2001）。此外，当宣誓者发生性行为时，他们使用避孕手段的可能性只有没宣誓者的1/3。在宣誓5年后对这一样本进行的后续调查中，研究者发现，如果控制了经济地位、性态度、宗教等因素，宣誓者和非宣誓者在婚前性行为和性传播疾病方面并不存在差异（Rosenbaum，2009）。更令人惊奇的是，82%的宣誓者否认他们曾经宣誓过。

从预防未成年怀孕的效果来看，性教育项目（为青少年提供正确、完整的安全性行为信息以及避孕措施的使用）能够达到比禁欲项目和宣誓指环更好的效果。完整的性教育项目既强调禁欲，又重视性行为的防护措施，收到了相对更好的效果。全美家庭成长调查的数据显示，1995年到2002年间青少年怀孕率的下降有86%应归功于改善的避孕方法（Santelli et al.，2007）。相比1995年，2002年后性生活频繁的青少年更注意避孕，能够采用多种避孕手段（例如，避孕药和避孕套一起使用），也更善于选择有效的避孕方法。2005年以来避孕措施的使用下降是造成青少年怀孕率上升的原因之一（Moore，2009）。对48个评估综合性教育项目对青少年性行为影响的研究进行的综述表明，约有2/3的项目都对青少年性行为产生了积极影响，不仅推迟了初次性行为的年龄，也增加了避孕套以及其他避孕手段的使用（Kirby，2008）。

在其他国家，性教育是国家政策的组成部分。在英国，这些政策包括为青少年提供性教育、避孕知识和建议服务，鼓励父母与孩子在性生活和恋爱上进行沟通交流。在荷兰，性教育课程除了教授生殖的生理基础外，还包括了价值观、态度、

沟通技巧方面的教育。荷兰媒体鼓励公开对话，医疗健康系统则提供了保密的、无偏见的咨询服务。在瑞典，青少年可以免费获得避孕服务，包括紧急避孕措施和事后流产。在美国，为了减少青少年怀孕，公共政策项目可以为青少年提供避孕和性行为的正确信息，普及避孕服务和工具，推崇采取避孕措施及计划怀孕等负责任行为。

向当代学术大师学习　　克里斯汀·安德森·摩尔

本书介绍的当代大师大多数都是教授，而克里斯汀·安德森·摩尔（Kristin Anderson Moore）是儿童趋势研究中心的高级研究员。儿童趋势是一个独立的关注孩子生活改善的研究和政策制定中心。这一中心界定紧急事件、评估重要项目和政策，并为政策的制定和实施提供科学支持。其研究领域包括儿童福利、青少年怀孕以及不同时期儿童青少年幸福指数调查等，其研究结果清晰地反映了美国儿童和家庭的现状。中心的使命是通过为制定儿童政策的人员和机构（如政策制定、项目审批、基金和媒体等机构）提供研究数据，为儿童谋福利。在重新开始全职研究之后，摩尔成为儿童趋势1992年到2006年的执行理事和主席。现在，她在儿童趋势中领导青少年发展研究这一领域。她是美国国家预防青少年怀孕项目和研究特别小组的创始成员之一，同时兼任民主共和两党的福利指数咨询顾问。1999年，鉴于她为孩子们所作出的贡献，她被授予了儿童发展基金会世纪纪念奖。2009年，因为"在使用社会学研究改良政策、评估项目及对社会的深远理解方面所作的毕生努力，而其努力造福的对象为儿童尤为值得赞赏"，她获得了美国社会学学会社会实践与公共社会学分会颁发的威廉·富特·怀特奖。摩尔的职业生涯表明，学术圈之外的学者也在为儿童的健康和快乐作出巨大的贡献。

扩展阅读：
Manlove, J., Franzetta, K., & Moore, K.A. (2006). Adolescent sexual relationships, contraceptive consistency, and pregnancy prevention approaches. In A.C. Crouter & A. Booth (Eds.), *Romance and sex in adolescence and emerging adulthood: Risks and opportunities* (pp. 181-212). Mahwah, NJ: Erlbaum.

对青少年母亲的支持帮助

除了减少青少年怀孕的项目，社会政策还能够通过为青少年父母提供帮助来减轻青少年怀孕问题的影响。教育和就业上的帮助就是其中之一。调查表明，如果青少年母亲能够得到更多教育、经济上能够独立的话，她们的麻烦和问题相对就会少一些（Kalil & Ziol-Guest，2005；Moore & Brooks-Gunn，2002）。第二种方式是帮助青少年母亲建立成功的信念（Moncloa et al.，2003）。方式之三是提供婚姻帮助。一旦青少年成为了父母，结婚是摆脱贫困的最好方式之一。婚姻关系同时能够让孩子和生父或继父建立亲情关系，这会带来积极的社会影响。然而以拖家带口方式开始的婚姻往往历程坎坷，多数会以离婚告终（Cherlin，1996；Clarke-Stewart & Brentano，2006）。年轻人对于一个人是否适合结成生活伴侣的判断力有限，同时他们还不够成熟，难以妥善应对婚姻和养育孩子带来的压力。而为青少年如何发展与保持稳定婚姻提供引导和帮助的政策能够缓解未成年人怀孕带来的问题。

■ 家庭中的儿童虐待

据估计，2006年有超过350万美国儿童遭遇过虐待或忽视。其中有近100万受害者得到确认：64%儿童遭遇忽视，16%经历过身体虐待，9%遭受性虐待，7%受到过辱骂，超过1 500人死亡（Children's Rights，2008；U.S. Department of Health and Human Services，2007）。由于很多虐待儿童案例并没有被发现或在虐待持续很长时间后才会被发现，这些数字低估了虐待儿童行为的普遍性。虐待的方式多种多样，使之饥饿、殴打、火烧、刀割、捆绑、孤立或遗弃在排泄物中直到死亡。他们还会受到性骚扰，甚至被杀害。面对虐待和忽视，年幼的儿童毫无应对能力。约一半受害者不到7岁，不到3岁的儿童则占了受害者总数的1/4。被虐待致死的儿童约有一半不到1岁，4岁以下则超过了3/4（见图13.3）。多数儿童受到了家庭成员的虐待，近80%虐待者是父母（Child Trends，2007；U.S. Department of Health and Human Services，2008）。男孩和女孩受害的概率没有差异。

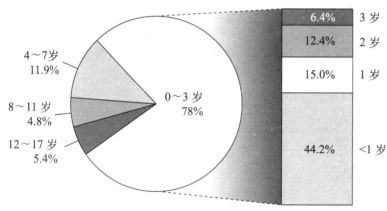

图13.3 不同年龄段因为家庭虐待致死的比例

儿童很容易因为受到虐待或忽视而死亡。

资料来源：U.S. Department of Health and Human Services, 2008.

儿童虐待：家务事

什么因素可能会导致虐待儿童这种不人道行为？很多读者可能会认为，自己认识的人肯定不会虐待儿童，或认为只有心理疾病患者才会对毫无防备能力的儿童造成严重身体伤害。然而，在所有社会阶层都存在虐待儿童的现象，并且没有证据表明虐待儿童的父母具有严重的心理疾病。

身体虐待（physical abuse）被定义为责任人对儿童的身体造成伤害，使儿童的健康或幸福受到损害或威胁。身体虐待包括了殴打、咬、火烧、击打、脚踢、拳击、烫伤、摇晃、猛推、打耳光，并且不让孩子吃、喝或禁止使用卫生间。对儿童造成身体伤害的成人可能并没有伤害儿童的意图。令人震惊的是，母亲常常是对儿童进行身体虐待的人，因为她们与儿童在一起的时间更多（Azar，

2002；Cicchetti & Toth，2006 年）。在大家庭中的幼童最可能遭到身体虐待。

性虐待（sexual abuse）被定义为成人为了自身或他人的性刺激而和儿童发生的接触或互动。它包括实际的身体接触，如抚摸或强奸，也包括让儿童观看性行为或色情图片，使用儿童色情制品，或让儿童观看成年人生殖器等。儿童从婴儿期到青少年期都可能遭遇性虐待，平均年龄是9岁。女孩成为性虐待受害者的可能是男孩的4倍（Feerick et al.，2006），大约有1/4儿童性虐待的施暴者是父亲（U.S. Department of Health and Human Service，2008）。

儿童忽视（child neglect）是指父母或其他照料者未能满足儿童的基本需求。忽视可能是生理方面的（未能提供必要的食物或住所，或缺乏适当的监督）、医疗方面的（未能提供必要的医疗或心理健康治疗）、教育方面的（未能为孩子提供教育或满足其特殊教育需求）或情感方面的（忽视孩子的情感需求、未能提供心理照料或允许孩子使用酒精或其他药物等）。

导致父母虐待行为的最常见因素有：（1）紧张、性生活不和谐的父母关系；（2）家庭具有虐待历史（Azar，2002）。但这并不意味着父母注定会重复他们父母的错误。年轻时受到过虐待的父母只有1/3会虐待自己的孩子（Cicchetti & Toth，2006）。婚姻关系和谐，或经历过治疗的母亲更可能打破这种代际恶性循环（Egeland et al.，1988）。虐待子女的父母往往与社会隔绝（Belsky，1993）。他们的朋友、亲戚或邻居很少，无法帮忙舒缓压力。而这种社会隔绝可能是他们无法意识到自己行为严重性，并将虐待行为归咎于孩子而非自己的原因之一。此外。虐待孩子的父母大都对孩子行为具有不切实际的期望（Azar，2002；Feerick et al.，2006）。

儿童的特质也影响虐待行为的发展。天生具有身体和智力缺陷、易怒或消极气质，或行为恼人的儿童更容易受到虐待。难养育

身体虐待 责任人对儿童进行身体伤害，危害儿童的健康和幸福。

性虐待 犯罪者为了自身愉悦或利益而和儿童发生的不适当的性行为。

儿童忽视 责任人未能满足儿童身体、医疗、教育或情绪需要。

型婴儿和不相信自己有能力影响婴儿发展的"无助"的母亲是典型的虐待"搭档"（Bugental & Happaney，2004）。身体虐待通常由口头和人身攻击升级而来（Straus & Donnelly，1994）。具有虐待倾向的母亲会给出威胁性的命令、给予强烈批评以及体罚（Cicchetti & Toth，2006）。此外，她们的行为往往很难预测；无论孩子顺利完成任务还是发脾气，她们都可能做出同样的反应（Mash et al.，1983）。这种无差别反应会体现在她们的行为上。无论对微笑还是哭闹的婴儿，有虐待倾向的母亲都会产生生理和情绪上的厌恶（Frodi & Lamb，1980）。这种反应会让原本就混乱的亲子关系雪上加霜。

儿童虐待的生态学

虽然虐待在所有类型的家庭中都有可能发生，但有一系列环境因素增加了其发生的可能性。身体虐待和忽视更可能发生在贫困的家庭中（Duncan & Brooks-Gunn，2000）。其原因可能有：贫穷带来的压力、贫民区弥漫的暴力因素、穷人获得社会服务途径有限等。父母失业是另一与虐待相关的生态特征。父亲在失去工作后，虐待的概率会上升（Steinberg et al.，1981）。压力、挫折和父母与子女接触的增加都可能会增加失业和儿童虐待之间的关联。第三，即使在对贫困程度进行了统计控制，邻里间虐待儿童的比率也存在着差异。能够提供更多社会资源（如朋友、邻居、亲戚、社区中心）的社区是保护性的，能够为家长提供建议、指导、物质和经济援助，从而避免虐待行为。那些缺乏友好、处于底层、危险并不稳定的社区会加剧家庭的困境并提升虐待水平（Garbarino & Sherman，1980；Leventhal & Brooks-Gunn，2000；Parke et al.，2010）。

家庭所处的文化和社会背景也是虐待加剧的原因之一。过去几十年的社会变迁（如离婚率、工作流动性、儿童照料需求的增加及医疗保障的减少）增加了父母的压力，导致了儿童虐待行为的增加。此外，媒体对暴力的冷漠态度，甚至将其作为社会问题的解决方式也是儿童虐待的促进因素之一（Straus，2001；Straus & Donnelly，1994）。一些社会学家认为，美国儿童虐待高发在很大程度上是由于对体罚行为的容忍造成的（Donnelly & Straus，2005；Gershoff，2002）。儿童虐待在其他一些文化（如中国）非常少见，这些国家的家长很少体罚孩子。我们的文化对暴力的崇尚可能和家长的社会、经济及情绪资源的匮乏一道，导致了虐待儿童行为的产生。

儿童虐待的原因非常复杂。如果家庭需要面对一系列压力情况，如贫困、单亲、恶劣的居住条件、有限的受教育机会、不良的健康状况以及难养育型的儿童，而同时所在文化又对攻击和体罚持容忍态度，虐待行为就更可能发生。如果只有一个不利因素存在，或压力能够得到保护性因素（如和谐的婚姻关系、社会支持网络、可获取的社区资源、强大的个人素质）的缓解，虐待行为就会很少发生（Azar，2002；Cicchetti & Toth，2006）。

虐待的后果

虐待的后果是破坏性的。受虐待或忽视的儿童通常毕生都会存在阴影（Child Welfare Information Gateway，2006；Cicchetti & Toth，2006；Goldman et al.，2003）。在童年期受过性虐待的儿童，尤其是女孩，可能会存在小便失禁问题。而遭受性虐待的男孩更可能报告身体不适，如胃疼等。无论男孩还是女孩，受性虐待的经历都会让他们的性行为异常，并放荡不羁。他们比正常儿童更容易焦虑和退缩（Trichett & Putnam，1998）。身体虐待儿童更可能抑郁或焦虑、饮食紊乱、产生自我伤害行为、时常会有自杀的念头和意图。他们更可能罹患严重的心理疾病，如创伤后应激障碍等。他们的自尊更低，更可能体验到恐惧和梦魇。这些儿童在自我情绪管理方面也存在困难（Cicchetti & Toth，2006；Kim & Cicchetti，2010）。部分问题可能是心理上的。时常挨打的婴儿在面对压力时具有更高的皮质醇水平（Bugental et al.，2003）。受到身体虐待的婴儿安全依恋水平较低，对母亲持不合作、反抗及回避的态度。在学校时，他们的亲社会和共情行为更少、攻击性更强，也更容易受到同学的拒绝（Bolger & Patterson，2001；Howe & Parke，2001；Shields et al.，2001）。这些行为问题可能会持续到成年；尽管大部分受虐待儿童并没有成为罪犯，但和一般儿童相比，他们在成年后具有虐待、暴力和犯罪行为的可能性要更高一些。如果虐待行为发生在5岁之前，情况就会更加严重（Keiley et al.，2001）。如果儿童长期处于贫困环境，充满了压力源而缺乏支持，那么虐待行为会产生更为长期的影响（Cicchetti & Toth，2006）。

文化背景 　　　　　　　　儿童虐待和儿童权利

　　长久以来，儿童几乎没有任何法律权利可言。直到20世纪中期，人们才逐渐承认儿童具有不受虐待的权利。1989年，联合国通过了关于儿童权利宣言的草案——《儿童权利公约》（CRC）。这一公约得到了190个国家的支持，成为了历史上最广为接受的人权条约。这一公约涉及了儿童权利的一系列方面，如积极家庭环境、基本健康和福利、教育、休闲及文化活动。《儿童权利公约》的推行为全世界范围的儿童带来了福音。然而，针对儿童的暴力仍没有消失。儿童虐待仍在继续的例子比比皆是：在西非被贩卖到种植场工作的儿童、苏丹和塞拉利昂的童兵、斯里兰卡和泰国的儿童色情业以及印度的童工现象（Betencourt et al., 2010; de Silver, 2007; Segal, 2001）。贩卖人口是利润仅次于毒品和军火的第三大犯罪活动。为了应对这些情况，2000年，联合国在《儿童权利公约》中增加了两项协议：旨在防止儿童买卖、儿童卖淫和儿童色情业的反色情人口贩卖协议及旨在确保儿童不会被招募为士兵并参与武装斗争的反童兵协议。然而，就像报纸和电视报道的，儿童色情活动和童兵现象仍非常常见。

　　不同文化对虐待行为的定义及对儿童权利的理解都存在着差异，这也是虐待儿童行为减少的障碍之一。很多西方国家（除美国和加拿大之外）将身体惩罚（包括踢打，掌掴，掐捏，摇晃，使用皮带、桨、戒尺或棍子击打等）视为虐待行为。而其他国家认为这些行为可以接受。在斯里兰卡，对儿童施以鞭刑仍然是政府学校许可的惩罚方式之一（de Silva, 2007）。在肯尼亚，身体惩罚是教育孩子的可接受手段（Onyango & Kattambo, 2001）。在罗马尼亚，几乎所有人（96%）都认为打孩子是正常的教育手段，并认为这不会对孩子的发展产生负面影响（Muntean & Roth, 2001）。在印度，研究者发现，58%的家长曾经进行过"正常水平"的体罚，41%进行过"虐待型"惩戒，还有3%进行过"极端"的惩罚（Segal, 1995）。

　　各个国家对忽视的定义同样存在很大不同。在印度，由于极端的贫困，很多女孩被视为家庭的经济负担，被强迫出嫁以换取金钱。有时候她们还会被卖到妓院（Segal, 2001）。而在日本，忽视的表现形式则完全不同。在很多年间，不想要的孩子会被遗弃在投币式储物柜中，由于没有被及时发现，很多孩子就此死亡。这在20世纪70年代中期成为了严重的社会问题。这一时期储物柜婴儿占到了日本婴儿死亡率的7%（Kouno & Johnson, 1995）。从那以后，由于更频繁的储物柜检查和避孕项目的教育，这一忽视现象出现了急剧的下降。在罗马尼亚，贫穷、未受过教育的父母时常会遗弃孩子（Muntean & Roth, 2001）。

　　尽管所有的国家都存在儿童虐待现象，但每个政府对虐待都有自己的定义、处理和预防的方法。如果所有的政府能够在虐待定义上达成一致，那么这将有力地推动儿童权益保护的进展。如果让全世界的儿童都能够意识到自身的权利，那么这也将是一大进步。正如一个16岁尼日利亚儿童所言："在世界的角落和缝隙中生存的孩子对自己的权利知之甚少，甚至一无所知。甚至他们的老师都忽略了这些权利的存在。如果对一切都全无所闻，那么你拿什么保护和捍卫自己的权利？"（*Voice of Youth Newsletter*, October 2007, p.2）尽管在避免儿童受到虐待方面已经取得了一些进展，但这一问题仍在世界范围内存在。

虐待的预防政策

　　2007年，美国对受虐待和忽视儿童进行定位、评估、治疗及提供其他照料方案的费用高达104亿美元（Wang & Holton, 2007）。与之形成鲜明对比的是，在提供家庭支持、预防虐待方面的投入只有7.42亿美元（Kids are waiting, 2008）。

虐待预防项目

　　对家长进行教育，让他们获得儿童行为和发展相关知识是预防虐待的方案之一。在一个类似的项目中，具有虐待风险的家长（单身、文盲、移民或具有虐待史）被分配到三个组中（Bugental et al., 2002）。其中一个组的家长接受了一系列基本技能的教育，如如何建立家庭目标、获得健康照料、规划开支等，同时还学习了如何处理儿童相关的问题。对照组的家长只学习基本技能。控制组则只提供了社区服务的信息。其结果清楚地表明，相比其他两组，实验组母亲对婴儿的身体虐待更少。因此，教会父母如何认识和解决婴儿相关问题是减少虐待的有效途径之一。

第二种方法通过增加父母的养育技巧来预防虐待。护士—家庭合作计划就是这类方案之一。从母亲怀孕开始直到孩子两岁，护士一直上门并提供帮助。在婴儿出生前，护士帮助母亲提升她们的产前身体状况，随后帮助她们为孩子提供更悉心、恰当和全面的照料。她们还尝试为其他家庭成员，尤其是父亲提供帮助，以提高他们家庭的生活环境，如帮助建立家庭和健康保障服务的联系，改善家长的经济状况，帮助他们完成学业、找到工作，并计划今后怀孕的事项等。研究者通过对照实验对这一项目的影响进行了评估，结果表明，实验组报告的虐待行为比控制组少了48%（Olds et al.，1997）。如今，这项计划工作已经在28个州展开，每天为超过20 000个家庭提供帮助（www.nursefamilypartnership.org）。安全照料是另一个重点关注养育技巧的项目，访问者对存在虐待风险或行为的父母进行了深入、全面地评估，随后教授他们和幼儿交往的技巧。研究表明，和对照的家庭相比，参与这一项目的家庭报告儿童虐待和离家出走的可能要小很多（Edwards & Lutzker，2008）。不过并不是所有的养育计划都能够成功预防虐待儿童现象，但如果训练有素的专业访问者对家庭进行重复拜访，并提供基于心理学理论的指导，其效果就会好很多（Astuto & Allen，2009；Duggan et al.，2004；Holton & Harding，2007；MacMillan et al.，2009；Olds et al.，2002）。

有时甚至简单的干预也能够减少虐待行为的发生。当研究人员发现向儿童家庭寄汇报卡很可能会导致虐待行为发生时，巴尔的摩的学校工作人员开始随汇报卡附上一些相关信息（Mandell，2000）。这些信息印刷在彩色的卡片上，为家长提供积极养育技术知识和危机干预的电话号码。并且电视台在寄送汇报卡那一周同步播放公共服务声明。一年以后，据马里兰州检察长办公室报告，因汇报卡导致的虐待案件数从90降到了2。

巴尔的摩的干预方案除了向父母提供养育方面的指导之外还采取了第三种预防虐待的方法：

为家庭提供支持网络。家长在面对危机需要帮助或建议的时候能够通过给予的电话号码获得支持。这些干预措施改善了家庭的孤立状况，并增加了他们获得社会支持的途径。这也是其他项目中常用的有效策略（Azar，2002）。"危机托儿所"是一种特别有效的支持形式，它为存在被虐待或忽视风险的儿童提供全天候的经济护理服务。大多数危机托儿所为孩子提供一年最多30天的免费护理。他们还提供家庭咨询、养育课程等支持性服务。在一项对伊利诺伊州五个危机托儿所进行的评估中，90%使用过这项业务的家长表示，他们的压力减轻了，96%的家长表示自己的育儿技能获得了改善，还有98%的家长报告了儿童虐待风险的降低（Cole et al.，2005）。儿童帮助计划提供了免费的24小时全国反虐待儿童热线1-800-4-A-CHILD®，也提供了危机干预、信息和急救、社会服务和支持资源的中介服务。

减少虐待儿童的第四个策略是与公众进行沟通。这也是巴尔的摩汇报卡干预活动一个组成部分。通过媒体对儿童性虐待进行预防已经取得了一些成功；至少它们增强了人们对虐待的意识（Self-Brown et al.，2008）以及为儿童提供了举报虐待事件的机会。媒体还能够降低对儿童暴力和体罚行为持容忍态度的社会趋势（Donnelly & Straus，2005）。

最后，推行直接面对孩子的项目是防止儿童虐待，尤其是性虐待的第五种途径。对这些"赋予儿童权力"方案进行的评估表明，3岁儿童能够学会一些自我保护技能，如果有父母的帮助，其学习的效果就会更好。这些项目教会儿童识别不恰当的触摸，并让儿童意识到虐待不是他们的错（Finkelhor，2007；Kenny et al.，2008）。一些研究表明，这些方案的普及确实导致了全美性虐待案件的下降（从1993到2004年下降了49%）。然而，虽然一些项目与儿童举报虐待行为相关，但还有一个项目和更低的犯罪率存在关联，不过这一领域一直没有真正的实验研究，赋予儿童权力项目的效果仍不得而知（Nelson et al.，2001）。

综观这些不同的儿童虐待预防方法可以看出，最有效的方案需要做到以下几点：（1）主要针对身体虐待和忽视，而不是性虐待（因为性虐待更难以证实和预防）；（2）从儿童出生就开始并持续几年时间；（3）要针对家庭中多种风险因素；

（4）针对家庭特殊需求提供服务，并对家庭文化保持敏感；（5）对当地社区影响进行控制；（6）聘用训练有素的工作人员（Nelson et al., 2001；Portwood, 2006）。大多数方案的重要局限是没有减轻家庭的贫困状况，而这正是儿童虐待的主要危险因素。为了防止虐待行为的发生，社会政策需要为家庭提供更多的收入、就业的机会，以及教育和住房的便利。

联邦和各州的政策

美国预防儿童虐待的社会政策侧重于保护儿

洞察极端案例	诱导性审讯和法律政策

在 1983 年 8 月 12 日，一名女性向警察报告称她两岁的儿子在加利福尼亚曼哈顿海滩的麦克马丁幼儿园遭受了性虐待。警探询问了小男孩和其他家长，以确定是否其他孩子也有同样的遭遇。洛杉矶地区检察长办公室委托儿童国际研究所（CII）——一家为受虐待和忽视儿童提供代理的机构——进行调查。1983 年 11 月和 1984 年 3 月之间，CII 的调查员调查了曾进入麦克马丁幼儿园的 400 名儿童并确认受到过虐待的儿童人数为 369 名。据称，这些儿童被迫参与淫秽不堪的仪式和色情游戏。佩吉·巴克（Peqqy Buckey）和 6 名其他工作人员受到了 115 号儿童性虐待法庭陪审团的起诉。

然而，这一美国历史上耗时最长同时耗资也最多的刑事案件以撤销指控告终，巴克也被无罪释放。陪审团认为，录像带录下的调查过程有着太强的诱导性，非常牵强，因而无法确定孩子们到底发生了什么。分析表明，调查者的目的是让儿童承认受到了虐待，而非找出事实真相（Coleman et al., 1999；Schreiber et al., 2006）。他们事先做了孩子的工作，诱骗他们直到得到想要的东西，即"令人厌恶的秘密"。当孩子同意调查者的观点时，他们会受到表扬。当他们不同意时，调查人员会表示怀疑或反对。调查人员常常提出新的诱导性虐待信息："佩吉她脱衣服了吗？""我敢打赌，她看起来很滑稽，是吗？"他们诱导儿童对假设的虐待事件进行推断："你觉得雷先生可能做这样一些令人讨厌的举动吗？你觉得他会摸她哪里？"

在麦克马丁案件之前，所有人认为儿童的证词是毋庸置疑的。在人们的观念中，孩子不会说谎或被教导做出关于性虐待的陈述。麦克马丁事件打开了质疑和谨慎的大门。促使研究者对儿童受到诱导的可能性进行研究。这些研究表明，诱导性的调查会让儿童产生虚假的叙述和指控，尤其在行为容易被误解为虐待的情况下（Ceci & Bruck, 1995；Clarke-Stewart et al., 2004；Thompson et al., 1997）。这些错误的叙述往往表现得非常连贯又详细，专业人士都很难进行区分。如果儿童的年龄很小或记忆已经随着时间慢慢模糊，遇到诱导性很强的问题，以及调查者施加压力的情况下，他们就会很容易受到诱导并承认经历过性虐待行为（Goodman & Melinder, 2007）。

作为麦克马丁案件及相关研究的结果，法律政策的制定和实施都发生了重大变化。警察和儿童保护工作者都受过专门的训练，在就可能的虐待事件对儿童进行询问时，尽可能使用简单、儿童能够理解的语言，对儿童不理解的词语进行解释，使用儿童的原话，避免使用诱导性的问题。他们使用由专业组织提供的调查指南（Goodman & Melinder, 2007），根据这一指南，调查者在开始的时候先要和儿童建立关系（"告诉我你在哪个学校上课"），随后进行自由回忆（"跟我谈谈你最近的生日派对吧"），随后提供调查的基本规则（"你可以说'我不知道'"），对特定事件采用开放式的问题（"告诉我，你为什么要来和我谈话"、"接下来发生了什么"），然后集中地问一些问题（"我听说有人对你做了些什么。告诉我所有的情况，所有你能记住的"）。调查的目标是让儿童尽可能提供最多的信息量，并最大限度地减少信息的污染。在找出并起诉虐待儿童者过程中，使用这些技术对发现"真相，全部的真相，纯粹的真相"非常重要。在加拿大和其他许多国家，这一调查方式已经成为儿童性虐待调查的标准。立法让调查者接受这类训练同样能够改进美国儿童虐待行为的调查流程。

童不受父母的虐待。这些政策要求人们向当局报告可疑的虐待儿童事件，并将儿童从受虐环境中带离（Erickson，2000；Goldman et al.，2003；U.S. Department of Health and Human Service，2008）。从 1974 年起，儿童的虐待和忽视被认为是一个严重问题，需要联邦政府进行干预和调控。这一年，国会通过了《儿童虐待防治法案》（CAPTA）。CAPTA 制定的最低标准是减少对儿童的虐待以及要求识别和向当局报告儿童虐待事件。个别州政府可以决定如何实施报告、如何对那些受虐待儿童及他们的家人提供服务。但他们必须遵守 CAPTA 对儿童虐待和忽视的指引，这样才能获得联邦提供的基金。所有州现在都有报告涉嫌虐待和忽视儿童的系统程序以及训练有素的专业人员，他们可以作出评估和决定是否需要进行干预和服务。还有学校工作人员、医疗和精神卫生专业人员、警察和消防调查报告员，都被授权进行虐待事件的汇报。

CAPTA 的推出以及各州议会的拥护的结果是，美国的政策方向开始朝向消除虐待的家庭环境和对孩子进行寄养。这些政策建立在父母有一项受到宪法的保护的基本权利的信念上，用孩子们认为是合适的手段去提高他们的发展水平，但有些情况下国家有能力和权力采取行动以保护受到重大损害的儿童。起初，孩子往往被寄养，直到他们的父母改过自新，但这往往需要许多年。所以在 1997 年，比尔·克林顿总统签署了《收养和安全家庭法案》（ASFA），有利于快速终止父母的抚养权利，并在孩子被寄养 15 个月后尽快进行收养。ASFA 受到了质疑，因为研究表明孩子们有权主张有多个照料人，包括那些虐待他们的父母。在 2002 年 ASFA 再次被审批，它被修正并再次肯定了它能努力去保护完整家庭的价值。2003 年出台的《维持儿童与家庭安全法案》努力去尝试使那些曾经有虐待的家庭复合，除非父母因犯罪而在受刑，以及遗弃、性虐待或杀死了一个孩子。研究表明，那些被寄养的孩子会和其他与父母正常生活的孩子进行比较（MacMillan et al.，2009）。

如今，家庭和少年法庭有权决定让受到虐待或忽视的儿童在提交请愿书后过怎样的生活，通常通过儿童保护服务（CPS）进行。法院负责作出最终决定，孩子是否应该离开原来的家庭，接下来应该在哪里生活，他们的父母的抚养权是否该终止。在大多数地区，如果父母对孩子进行攻击、遗弃、情感或生理伤害、性虐待、过度暴露或让孩子面临危险，他们都会因虐待儿童而受到法律的惩罚。

尽管联邦和州的关于儿童虐待政策的预期目的是好的，但他们并非没有问题。儿童保护系统依然统计出很多因遭受虐待而死亡的孩子。这些机构的经费投入不足，承担的压力也过大，对工作人员没有做好训练工作，监管措施也不到位，也就没法很好地关注孩子的安全及家庭的治疗与服务需要（Krugman & Leventhal，2005；Vieth，2006）。此外，大多数儿童虐待报告都没有进行调查。为了纠正这些问题，与我们在这一章讨论的所有其他的社会政策一样，需要不断增加政府资金的投入。预防虐待儿童的进展缓慢，花费也昂贵，依然需要得到进一步改善。

■ 本章小结

社会政策的定义、目标和类型

● 社会政策是指为了解决社会问题或达到社会目标而进行的一系列有计划的行动；政府推出的社会政策被称为公共政策。

● 社会政策的目标是提供信息，为项目和服务提供资金支持，为预防或解决问题提供服务，并为儿童的利益提供基础设施。

● 政策决策是社会需要、预算限制和政治议程三者妥协的产物。政策制定者越来越多地将科学信息作为决策的基础。

● 项目可能着眼于预防或干预。一级预防通过改变环境条件来预防问题的发生。次级预防政策为危机中的群体提供服务。基于政策的干预措施包括对已经发生问题的儿童或家庭进行处理。

贫困

- 在美国，18% 的儿童生活在贫困中。
- 贫困的父母能力有限、无助且没安全感，对职业和住房没有选择，在失业面前显得更加脆弱。
- 贫困让抚养儿童变得困难，儿童更加容易产生不良后果。
- 贫困造成的家庭环境质量低下，父母身体、情绪问题及冲突频发，混乱、资源有限的社区以及更高的家庭破裂概率都会对儿童产生影响。
- 启智计划是最广为人知的贫困儿童帮助项目，研究表明它促进了儿童学业和社会表现。
- 包括经济支持在内的福利改革带来了儿童学业表现和社会行为的改善；越年幼的儿童越能从中受益。

儿童照料

- 在美国，超过 2/3 的儿童不是由父母照料的，其部分原因是女性就业和职业流动性。
- 在儿童照料方式的选择上，父母需要权衡成本、便利程度和质量。然而，大多数人不会进行比较。
- 在家照料，家庭式托儿服务以及托儿中心是主要的儿童照料方式。托儿中心提供受教育机会、同伴接触，并具有一系列材料和设备，拥有许可和管理规范。
- 儿童们在高质量的照料下社会化更好，体贴、顺从、自制和亲社会；他们适应性更强，不易发怒和叛逆，有较高的自尊，与照料中心的工作人员也有更好的关系。
- 儿童照料在美国缺乏统一的政府政策。所有的花费需要父母自己来承担，除非他们家庭比较贫困需要接受福利的支持，或者家庭符合政府扶助项目的标准。
- 改善儿童照料的可行政策包括增加父母育儿的知识、为父母提供更多资金、增加照料人员的工资、减少人员的流动性、设立照料质量标准。

青少年早孕

- 美国有近 18% 的少女怀孕，是工业化国家中最高的。
- 与一般少女相比，早孕的少女自信心更低，教育抱负有限，通常来自少数族群，具有不受监管的时间，和单身母亲住在一起，看色情电视节目，参与性活动，来自父母贫穷、受教育程

度低、没有宗教信仰、对孩子关心不足的家庭。
- 超过一半早孕少女决定自己抚养孩子，从而成为单身母亲。未成年母亲很可能退学、寻求公共援助、生活在贫困中。
- 未成年母亲的孩子更可能具有行为问题，且自制力较低。经济资源匮乏、育儿能力不足、时常受到虐待和忽视共同导致了这些儿童不良的发展结果。
- 贫穷、容易具有行为问题的青春期男孩更可能成为未成年父亲。责任感的缺乏、赚钱能力不足，以及少女家人的排斥都会导致父子接触的逐渐下降。
- 减少少女早孕的政策包括全面的性教育；仅仅通过一些禁欲方案效果不大。
- 为未成年母亲提供教育、职业方面的帮助及婚姻方面的支持可以减少她们和孩子面临的负面后果。

儿童虐待

- 2006 年，美国有 100 万起虐待或忽视儿童案件证据确凿。幼童尤其可能成为受害者。
- 通常对孩子进行身体虐待的是其母亲，这可能是因为她和孩子的接触时间比任何其他家庭成员都多。
- 性虐待从婴儿期到青少年期都可能发生。女孩遭遇性虐待的概率是男孩的 4 倍。
- 一些生态学因素，如贫困、父母失业、离婚、迁移以及文化价值观——忍受暴力和体罚，都会增加儿童虐待行为。
- 儿童的一些特征，天生具有身体和智力缺陷、易怒或消极气质，以及行为恼人更容易导致其受到虐待。
- 不同阶层、宗教、种族、民族群体都可能发生虐待儿童事件，没有证据表明虐待孩子的父母患有严重精神疾病。多种风险因素同时发生增加了虐待行为发生的概率。
- 那些虐待孩子的父母很可能自身有过受虐待、被社会孤立的经历，并对孩子的能力有不切实际的信念。
- 在虐待行为发生之前通常会有言语和身体攻击行为，通常没有预兆并和儿童的实际行为无关。
- 儿童虐待的后果包括婴儿期不安全依恋，学步期出现情绪管理障碍及行为问题，长大一些之

后与同伴和成人关系糟糕、自尊较低，在青少年期容易出现违法犯罪行为。

- 一些对父母进行教育并提高其养育技能的项目在减少儿童虐待方面收到了不错的效果。

- 为了保护儿童免受虐待，美国的政策要求个体向当局报告具有虐待嫌疑的案例，而当局会将儿童带离虐待环境并进行寄养。

关键术语

托儿中心	身体虐待	性虐待	儿童忽视
一级预防政策	社会政策	家庭式托儿服务	启智计划
公共政策	次级预防政策	贫困家庭临时救助	
《个人责任及工作机会协调法案》			

电影时刻

很多影视作品涉及本章讨论的问题。在所有关注贫困问题的电影中，《上帝保佑孩子》（God Bless the Child，1988）描述了一位单身母亲应对困境的事迹。这部作品能让你了解不幸的人，并让你对美国贫穷的一面产生更加深入的理解。电影《保护行动》（Protection，2000）讲述了一个家庭分崩离析的故事，由一名具有儿童保护背景的男士编剧并导演。这部传记片一边关注儿童保护问题，一边又从严厉及现实的角度去关注社会服务。《折翼母亲》（Ladybird, Ladybird，1994）讲述了一个真实的故事：一位英国妇女的四个儿子在火灾中受伤，于是她被认为是不合格的母亲，从而失去了孩子们的监护权，她和社会服务机构奋力抗争希望重新取得孩子的监护权。

关于儿童照料的影片包括《保姆日记》（The Nanny Diaries，2007），讲述的是一位年轻妇女成为曼哈顿上东区一户富裕家庭的保姆的故事。片子通过滑稽的方式表达了保姆照料存在的一些问题。最有趣的同主题电影是艾迪·墨菲（Eddie Murphy）主演的《奶爸别动队》（Daddy Day Care，2003）。片中两名失业的父亲被迫成为家庭主夫。由于看不到工作的希望，他们干脆开了家托儿所。尽管全片时刻令人捧腹，但它也表现了一些高质量照料面临的挑战。

关于未成年怀孕最广为人知的电影是《朱诺》（Juno，2007）。一名16岁高中生在和一名朋友发生性行为之后发现自己怀孕了。她考虑了自己的实际情况，决定把孩子交给一对合适的夫妇抚养。她的父母为她提供了支持，到最后事情得到了妥善的解决，她也继续自己原先的生活。让人担心的是，这部影片让未成年怀孕一事看起来很"酷"，即所谓的"朱诺效应"。其他影片对少女怀孕的渲染就没这么积极了，相反显得更加真实。在《成人礼》（Quinceañera，2006）一片中，麦科德雷娜焦急地等待着15岁的生日以庆祝自己的成人礼。当发现自己怀孕时，她觉得整个世界都开始坍塌了。她被家庭和孩子的父亲遗弃了。影片对未成年怀孕的描述和《朱诺》皆大欢喜的结局存在天壤之别。《与男孩同车》（Riding in Cars with Boys，2001）更加真实地描述了未成年怀孕现象。贝弗莉在16岁的时候成了别人的妻子，同时也当上了妈妈。她想继续念完高中并去读大学，但是这个目标非常困难，尤其在她的婚姻出现问题之后。这部影片描述了少女怀孕的一个长期不良后果，详尽地描述了未成年母亲的生活。《怀孕协议》（The Pregnancy Pact，2010）也讲述了由2008年6月一则真实新闻改编的关于虚构"怀孕协议"的故事，探讨了未成年怀孕需要付出的代价。

关于儿童虐待的电影有《亲爱的妈咪》（Mommie Dearest，1981），该片讲述了著名好莱坞女星琼·克劳馥（Joan Crawford）如何对养女克里斯汀娜实施虐待的故事。一开始，她为女儿提供了很多资源，但是当女儿对母亲的苛刻要求和标准进行了反抗后，琼的虐待行为愈演愈烈。这部影片表明，儿童虐待也会发生在富裕的家庭中。另外一部风格截然不同的电影是《轻率》（*Indiscretion*，2006）。故事发生在一个拉美裔家庭中，索菲亚的童年是在母亲的殴打中度过的。为了寻求帮助，她将求救信息系在气球中，从卧室的窗户放飞出去，随后展开了一系列情节。《神秘之河》（*Mystic River*，2003）展示了童年遭受的性虐待对受害者产生的长期困扰。它细致地描述了儿童性虐待的丑陋现实，幸好这只是一部电影。《美国式犯罪》（*An American Crime*，2007）根据一件令人震惊的事件改编。西尔维娅和妹妹被父母留在一位名叫乔特鲁德的单身母亲和四个孩子组成的家庭中。日子非常艰难，由于经济带来的压力，乔特鲁德开始了自残，到后来越来越难以控制。电影很冷酷，充满了令人胆战心惊的虐待和折磨。《交换父母》（*Switching Parents*，1992）探索了收养被虐待和忽视儿童的养育照料系统，并说明了为何这一系统会让孩子们失望。这一片子揭发了让儿童与虐待、忽视他们的父母复合的政策所存在的问题。影片基于格雷戈里·金斯利（Gregory Kingsley）的真实案例：在12岁那年，他将父母告上法院，要求和他们"分离"，以达到和寄养家庭永远生活在一起的目的，这在美国司法史上写下了浓重的一笔。

第14章
包罗万象的主题：整合社会性发展

在本书中，我们对数百项关于儿童社会性行为及发展的研究进行了回顾，阐述了研究者们积累的一系列试图解释详细而复杂信息的理论。和任何科学领域一样，基于研究的知识会不断得到扩充和改变，我们相信本书中的很多信息点在将来也会得到重新的检视和修正。我们认识到，尽管目前对于儿童社会性发展的理解已经较为深入，但还有很多方面有待我们去发现。考虑到这一点，在这最后一章中，我们对社会性发展研究遵循的一些广泛原则进行介绍，并提出一些想法以供将来研究参考。社会性发展是一个充满活力又令人兴奋的研究领域，未来的研究能够为促进儿童健康发展和社会持续进步作出贡献。

我们所知道的：一些共识的原则

关于儿童社会性的观点

儿童在很小的时候就已经具备社交能力

科学家曾经认为婴儿是无助、被动的生物，他们能力非常有限，只能等待着被刻上成人世界的印记。如今，我们眼中的婴儿是能干、主动的个体，他们已经具有一系列社交和情感能力。在出生之时，婴儿们能够使用他们的感知觉和运动能力对社会信号作出反应，并传达自身的需求。在生命的第一年中，婴儿可以在陌生情境下使用社会参照来指导自己的行为，并能够发出社会信号提醒他人注意有趣的事件。在第二年中，婴儿可以推测他人的想法、感受和意图。这些社会—情绪技能为社会性发展的继续提供了基础。

儿童的社会性行为是系统的

诸如大哭、微笑和观看等社交能力并非无序反射或随机反应；它们是系统的反应模式，这些反应模式让幼小的婴儿具备了和人们互动的能力。在和照料者的交往中，婴儿很快就了解了所处社交世界的运行模式并将其作为自身活动的指引，这使得婴儿能够以系统、可预测的方式对社交同伴作出反应。随着年龄的增长，儿童越来越擅长使用社交信息评估社交环境并决定下一步的社交行动。

儿童的社会性行为日益成熟

随着儿童的成熟，早期稚嫩的社交技能变得越来越老练，其出现的环境也越来越复杂。例如，最初儿童能在和成人互动时使用轮流活动的技能，随后他们能将其运用到与社交能力尚不完善的同伴的互动中；最初，儿童在和搭档面对面时能够表达对某个玩具的渴望，随后，面对面不再是必需的条件，因为观点采择能力的获得使他们能够想象出搭档看到的东西。最初，儿童能够使用财产所有权规则对他们生活中的日常社会交换行为进行道德推理，并指出他人行为的结果，随后他们能够将道德推理推广到抽象、假设的两难情境中。正如这些例子表明的那样，随着成长的步伐，儿童的社交能力表现得日益成熟，并能应对更加具有挑战性的情境。他们学会了在各种情况下合理使用社交技能的时机和方式。社会性发展并不仅仅意味着社交技能的获得，还意味着在更抽象、拥有更多冲突需求的情况下如何应用这些技能。

儿童生活在错综复杂的社会背景中

社会互动、关系以及人际网络是儿童行为的社会背景（Bronfenbrenner & Morris，2006；Hinde，1997）。在初级层次，儿童和另一个人（父母之一、同伴、兄弟姐妹之一或某个陌生人）的二人互动是最为简单的形式。这些互动依赖于两者的特征，是双方行为的概括和成果。儿童和两个人（如父母或两位兄弟姐妹）的三者互动要稍为复杂一些。而多于三者的互动则更加复杂。在第二个层次，儿童发展出了长期的"关系"，这种关系依赖于双方的共同经历以及对于将来社交行为的预期。这一层面的二人互动包括儿童对父母之一的依恋、与同伴的友谊以及与对手的彼此敌视。更为复杂的关系则包括儿童和父母、兄弟姐妹或朋友之间的三者互动。社会关系代表着社会系统的独特层次，并具有承诺、相互支持以及信任等特征，这些都不能通过简单观察互动学到。第三个层次是"社会群体"———一个具有规则和认同的社会关系网络。儿童参与的群体包括小集团、社团和帮派。复杂性更高一些的层次是"社会关系网"，儿童可以不是这个网络的一员。诸如家族、家长与教师或家长与其所属宗教机构之间的网络能够对儿童造成间接的影响。最后，在最为复杂的层次中，儿童从属于有自身传统、价值观、信念和机构的"社会"或"文化"。

儿童与他人的交流是相互的

从婴儿时期开始，儿童就影响着身边他人的行为并受这些人回应的影响。儿童通过微笑和哭泣主动诱发并改变父母的行为。随后，父母对这些社交信号的反应改变着两者的行为和交流模式。时常表现得难缠或易怒的婴儿可能会诱发出父母高度体贴、关心，以此来让孩子冷静下来；但也可能会引起父母的厌烦和退缩，变得对孩子漠不关心。容易养育并积极参与互动的婴儿更可能获得父母体贴、愉悦的回应，从而让两者关系进入皆大欢喜的模式；而易怒、困难型的婴儿更可能诱发消极的回应并导致互动模式不尽如人意。随着年龄的增大，儿童通过和父母交流获得社交问题的应对建议，而父母的帮助又改变了儿童与父母、兄弟姐妹和同伴之间的社会互动关系。在发展的历程中，儿童和成人的社会性行为随着这种相互影响的进程不断得到改变。这一相互改变的模式可以被称之为"相互沟通"（transactional）。

儿童社会性行为的组成与解释

发展的各个方面是密不可分的

包括运动、语言、认知等领域的发展在儿童社会性发展过程中扮演着重要的角色。这些不同的发展领域相互依存、密不可分。婴儿爬行或走路的运动能力拓展了他们的社交能力：他们不再依赖于哭闹或叫喊来吸引照料者的注意，而能够根据自己的意愿接近对方并发起交流。儿童语言能力的获得为需求、愿望和欲望的表达提供了新手段，在此之前，人们只能通过他们的手势或号哭进行推测。儿童认知理解能力的增强让他们能够领会他人的意图、愿望和欲望，这改变了社会交往的性质并最终改善了儿童与他人关系的质量。对他人感受的理解让儿童产生共情并表达同情，这促进了亲社会行为的产生。总而言之，社会性发展是由其他领域的发展所引发的"系统性升级"。

多种成因交互作用塑造儿童社会性行为

社会性行为受到一系列存在交互作用的成因，如生物因素（包括遗传、大脑构造、激素水平）和环境因素（如父母行为、同伴关系、校园经历以及流行文化）的影响。这些因素在对儿童产生影响的同时也在相互影响。邻里条件影响着养育

方式；学校条件影响和同伴接触的机会；遗传因素影响大脑功能；而环境因素会影响基因表达。只有意识到这些因素之间的关系密不可分，我们才能对社会性发展产生深入的理解。强调生物和环境系统之间交互作用的系统论方法正得到越来越多的认可，被认为是对社会性发展多种成因进行组织分析的理想方法。

所有的成因都很重要

没有哪类成因比其他的更加"本质"。将某些成因视为根本并赋予其更高重要性的倾向是误导性的。一些研究者似乎认为生物学的手段更为重要、科学和有效，大脑扫描和激素检测要比基于行为观察、报告的非生物手段"更好"，这种观点是错误的。我们必须认识到，生物因素和学校经历、基因和父母对理解社会性发展同样重要。这些不同层面的解释描述了同一难题的不同方面，多方面理解的结合丰富了我们对社会性行为和发展的认识。我们的任务是深入了解这些因素如何协同工作，促进或阻碍儿童的社会性发展。

社会性发展的社会中介者和背景

社会性行为受到社会系统中的中介者的影响

在家庭系统中，儿童受到母亲、父亲、兄弟姐妹及父母与兄弟姐妹之间关系的影响。同时他们还受到家族网络，如阿姨、叔叔、表兄弟姐妹、祖父母及核心家庭与家族间关系的影响。更为广阔的社会系统还包括学校、社区、媒体和社会。在这些系统中，同伴、教师、邻居、牧师、医生、演员、体育英雄和政治家都能影响儿童。我们的任务是确定社会性发展过程如何受到这些社会系统的影响，以及一个社会系统的改变如何引起其他系统的反响。理解随着发展的进程，这些系统的影响发生了什么变化则是另一项研究任务。

社会性行为随着情境和个体的不同而不同

人类具有适应不同环境要求的能力。因此，儿童在不同的情境（如家庭、实验室、学校和操场等）中有着截然不同的表现。然而，这并不意味着环境本身能够决定儿童的行为，儿童的个体特征同样存在影响。例如，在一个陌生的情境中遇到一个陌生人，所有的孩子或多或少会感到害怕。但是儿童的气质类型影响着他们感到不安和焦虑的程度。害羞、拘谨的儿童更可能害怕，外

倾性的儿童可能表现得更为大胆。我们的目标是确定儿童的个体差异如何影响和塑造他们对不同情境的反应。

社会性发展的文化背景

没有哪种关于社会性发展的描述能够适用于所有文化、社会阶层和族群的儿童。在不同的地区和社区中，儿童的体验各不相同。他们需要不同的社会技能来成为被所处群体广为接受并有所作为的成员。如果儿童生长在多元文化的社会中，他们可能会从不同的渠道接收彼此矛盾的信息。对不同文化、不同族群以及不同社会地位的儿童的社会化过程进行观察是深入了解社会性发展的途径，也能够帮助我们以宽容的心态面对文化和族群间的差异。

社会性发展的历史背景

社会条件随着时间不断发生着变化，儿童和家庭的经历和他们的前辈也有所不同。他们的经历反映了新的经济条件、生活方式、就业方式以及人口迁移等社会变迁。印刷术及互联网等技术的进步改变了人们交流的方式，并对儿童的社会性发展产生了潜移默化的影响。对不同历史时期儿童的社会性发展过程进行描述，并确定不同时期影响社会性发展的因素是否类似具有重要的意义。世界在飞速发生着变化，继续推进研究、不断更新我们对社会性发展的理解非常必要。

社会性发展的某些方面具有普遍性

尽管历史和文化的影响非常重要，社会性发展的一些方面具有普遍性：它们在所有的文化背景和历史时期中都会出现。社会性发展受到一些普遍性发展成果的影响：如学会走路和说话，这些成果在所有文化中发生的时间和顺序都大致相同。儿童基本情绪表达的发展同样具有普遍性，尽管情绪表达规则在很大程度上会受到文化因素的影响。婴儿社会互动的生理基础在所有文化中都已得到验证，但是成人照料者应对儿童早期社交信号的方式会随着文化的不同有所差异。确定哪些社会性行为是普遍的、哪些则受到文化的决定是一项长期的挑战。

社会性发展的进程和途径

发展可能是渐进式的，也可能是飞跃式的

在"每天每方面都变得越来越好"这样渐进式发展的同时，儿童会经历一些飞速发展变化的时期。这些变化有些是生理上的，如婴儿期和青少年期身体的飞速成长、5～6岁期间前额叶皮层的急剧成熟以及青春期的发育；有些变化是规范化的或是由文化背景决定的，如入学、获得选举权、取得驾照或达到饮酒年龄等；还有些变化则是意料之外的非正常事件，如家长或朋友的死亡、天灾或父母失业。我们的任务是对渐进式和飞跃式的发展进行深入的了解。

早期经验确实重要，但其影响并不是无可挽回的

多年以来，人们都认为，早期经验的影响是持久且不可逆的。目前已经有证据对这一点提出了质疑，这些证据表明，早期的负面影响是可以被克服的。这些早期不利经验包括母亲在妊娠期间吸烟或饮酒，养育婴儿期间缺乏足够刺激，和抑郁、虐待、贫穷、文盲的父母一起成长，以及在团体家屋或寄养家庭中成长等。这种从早期经历中恢复的例子比比皆是。在孤儿院或相关机构长大的儿童在转入合适的领养家庭后能够得到恢复和改善。在1岁之后被领养的婴儿同样能够对新的照料者产生依恋。尽管很多幼年时受过虐待的儿童受到的影响是长期的，但也有很多成长成为正常的成年人，并在自己成为父母之后没有让悲剧再次上演，尤其是在他们的配偶非常体贴并没有受虐经历的情况下。造成长期问题的更可能是贯穿童年的不幸遭遇，而非单纯的早期经历。儿童"反弹"的容易程度受到早期负面经历的持续时间及强度的影响。不利条件持续的时间越长、情况越严重，其恢复过程越困难。

无论正常与否，发展都有多种途径

大家都熟知在人生的道路上"条条大路通罗马"。有人可能通过传统途径，受教育并和同学结婚，也有人可能通过彩票一夜暴富，还有人通过"红娘"结识一个百万富翁。儿童的发展同样如此，没有哪种途径总是"最好"或"最差"的。儿童可能在生命之初由于困难型气质或遇到抑郁的母亲而处于劣势，可能因为心理弹性很强最终克服了风险，也可能缺乏心理弹性而因一点小障碍偏离正常轨道。很明显，度过童年和成年阶段的方式千千万万。在发展旅途中无论是按部就班还是独辟蹊径的人都能让我们学到很多。例如，回顾具有自闭等问题儿童的发展历程，能够让我们增进对社会性发展特定方面的了解，比如理解他人情绪、洞察他人的观点和信念。类似地，对正常儿童社会性发

展行为的理解能够让我们深入理解儿童应对社会性问题的方式以及如何才能给予他们帮助。

对发展历程的普遍规律和个案的追寻都很重要

在这本书中，我们以年龄为标尺，描述了儿童社会性发展的规律。这些规律对预期特定年龄段儿童的变化及技能的发展具有指导作用。但同时，每个儿童可能会有其独特的社会性发展轨迹。例如，一些儿童可能在出生不久就表现出攻击性，而另一些儿童可能在进入青少年期才首次表现出这一倾向。一些儿童在婴儿期非常害羞，并将这一特质维持终生，而有些儿童则经历了从害羞到自信的过程。普遍规律无疑有其作用，但对个体发展不同轨迹的识别和追寻同样非常重要。

发展是持续终身的过程

婴儿期和童年期的社会性发展无疑非常重要并且有趣，但发展并不会随着青少年期的结束而停滞。每个年龄段的人们都在对新的经历产生反应、从中学习并最终发生改变。这些经历包括结婚和离婚、经济上的成功或失败、成为父母或祖父母、失去朋友或自主性等。我们进行毕生发展研究的目的之一就是确定哪些童年期的经历决定了成年后发展历程的成功或失败。研究的另一目的是了解成人发展对儿童的影响。个体成为父母的年龄无疑是影响因素之一。如果一名女性在十几岁而非 20 多或 30 多岁时生下孩子，那么她为孩子提供的社会、经济及认知环境都会截然不同。她的自我认同、教育和职业角色都尚未稳定，也不太可能拥有稳固的收入，并且她可能还不知道或无法给予孩子应有的刺激。如果想要了解儿童的社会性发展，父母的发展同样要纳入到考虑范围。

展望未来：方法论、理论和政策必要性

方法论必要性

问题优先，方法其次

如果缺乏良好且敏锐的问题，那么再好的方法也无助于增进我们对社会性发展的了解。在确定了要研究的问题之后，研究者再选择能够对其进行解答的方法。有时这意味着选择并不最优但唯一可行的方法。例如，为了解答特定的社会性发展问题，如"早期社会环境的哪些方面对社会适应更为关键"，研究者不可能在实验室建立各种养育环境并将婴儿随机分配到各个组中。他们必须使用自然实验或田野调查的方法来对其进行回答。尽管这些方法具有自身的问题和限制，但是，使用非最优方法研究重要问题无疑比使用最优方法研究无足轻重的问题更有意义——除非你研究的目的只是为了课程学分！

没有万能的研究方法

想要研究复杂多面的社会性发展现象，有很多研究方法可供选择。自然观察法、临床访谈法、实验室和现场实验法、遗传和神经学方法以及问卷和标准化测试都能够提供儿童社会性发展的重要信息。为了能够对任意研究问题有完整深入的认识，选用多种方法收集数据非常重要。这能够增加研究结果的信度和效度。使用新的方法，我们能够重新检视一些研究过的问题。例如，无意识偏见研究方法的进展（如我们在第 6 章中讨论过的内隐联想测验）能够被用来考察如下问题："在社会互动中无意识加工扮演着什么角色？"分析发展曲线的新统计技术能够帮助我们重新考察养育方式对儿童社会性发展的影响是如何随着时间的变化而改变的。使用多种方法从不同的角度看待社会性发展能让我们的理解更加全面和深入。

没有无所不知的报告者

不同的报告者都从独特的视角提供了儿童社会性行为的相关信息，这意味着儿童的自我报告、父母对子女的评价、兄弟姐妹的观察、教师的评定、同伴的评估以及教练的意见都是有价值的信息来源。教师知道孩子们在课堂和操场上的表现。同伴知道谁更受欢迎，谁又饱受拒绝，而谁是哪个小团体的成员。儿童自己是关于他们的态度、感受、梦想、目标和希望等信息最好的来源。而父母知道儿童是否参与家务或和弟弟妹妹们打架。兄弟姐妹则能够提供儿童能够保守秘密等信息。儿童或成人群体能够提供社区是否安全的信息，学校为儿童提供积极的气氛，或是尊崇诚实的亚文化。为了对社会性发展信息进行充分的了解，从多个报告者处收集信息非常必要。

没有完美的样本

为了了解儿童丰富多彩的社会生活，通常有必要对多个样本进行研究。无论是在美国还是世界范围内，使用不同的样本能够获得儿童社会性发展的文化、族群、社会经济地位等信息，这能让我们了解研究的发现是否能被复制或归纳。跨文化比较能够被用作检测社会性发展影响理论的自然实验。例如，从世界范围内精心选择样本，考察不同规则训练对不同文化背景儿童合作行为的影响能够让我们了解这些影响是否具有跨文化的普遍意义。近年来，全美范围样本的使用增加了对研究结果的信心。但是，代表性小样本的使用仍然具有其独特价值，因为研究者能够对具有重要理论意义的加工过程进行更加详尽的测量。而由于时间和金钱的限制，大样本研究很难进行得如此深入。一些新的研究策略将大样本普查和小样本抽查两种方法进行结合，提供了更为理想的解决方案。

理论必要性

没有解释一切的理论

迄今为止，没有那个单一的理论能够解释儿童社会性发展的所有方面——也许这种理论永远也不会有。当代发展心理学家认为，由于社会性发展非常复杂，我们更需要针对特定问题的解释，而非一个包罗万象的理论。这些心理学家更喜欢就某一特定现象（如性别特征形成、依恋、攻击性或道德发展等）提出理论观点，而非大型理论（例如弗洛伊德或皮亚杰在 20 个世纪提出的那些理论）。未来心理学家面临的挑战之一就是将这些现象整合成一个完整的理论以解释作为一个整体的儿童是如何发展的。一些系统理论以此为目标进行了一些尝试，但总体而言想要建立统一的理论仍为时尚早。

没有全能的学科

很多心理学之外的学科在儿童社会性发展的理解中发挥着重要作用。人类学为儿童社会化研究提供了跨文化的视角。社会学则着眼于儿童所处的系统和机构。儿科研究阐明了身体健康对社会性发展的影响。临床心理学和精神病学则增进了对儿童发展异常的理解。历史学穿越时间观察儿童发展变迁。神经科学、分子学及行为遗传学则提供了关于社会行为生理基础的信息。未来的研究进展需要不同学科研究者的齐心协力。想要理解复杂的社会性发展现象，大量学科协作必不可少。

政策必要性

社会性发展研究能够促进政策制定

关于儿童经历如何影响其社会性发展的研究结论可以为社会政策的改进提供支持，例如育儿教育、儿童照料、学前教育项目、升学、未成年少女怀孕、青少年冒险行为、离婚、社区贫困、人口迁移和电视内容等。研究成果的分享能够帮助政策制定者设计更为科学的干预措施和预防方案，以改善儿童的生活。

社会政策能够促进社会性发展研究

政策制定者和研究人员之间的交流是双向的。政府出台的一系列政策，如福利规则的转变、儿童照料机会的增加、移民驱逐政策的变化、社区搬迁、新生殖技术的使用等，对研究者而言都是自然实验，这些政策提供了大量追踪考察政策改变对儿童及其家庭生活影响的机会，这一过程加深了对社会性发展的理解。并且，这些研究还能对政策改变的有效性进行评估，为政策制定者提供回馈让其了解政策改变对儿童生活的影响。这能够让公民更加确信政府的资金，即他们缴纳的税金，得到了妥善有效的运用。

制定"一刀切"的政策很不明智

由于家庭和社区情况各异，为不同文化群体量身定制社会政策和服务无疑非常必要。尊重不同群体风俗和传统差异的执政者更可能达到其目标，制定出最有利于儿童社会性发展的政策。顺应文化差异的政策改变可能会以很小的代价获得巨大的成果。例如，与拉美裔家长进行小组而非一对一的家长会被证明能够有效增加家长的出席率和参与积极性、建立更加密切的家庭—学校合作关系，并改善儿童的学校表现。通过尊重少数族群的独特需求，很多政策的制定和施行得到了明显的改善。

社会性发展是每个人的责任

确保儿童社会性发展的顺利是每个人的职责所在。家长、教师、教练、牧师等等，事实上，所有公民都有责任对符合儿童利益的政策给予鼓励和支持。我们通过书本、电视以及网络获得儿童发展的信息，并使用这些知识敦促执政者制定有利于儿童发展的政策。

参考文献[*]

ABC News. (2006, September). *I-Safe.Org survey*. Retrieved from: http://en.wikipedia.org/wiki/Cyber-bullying

Abecassis, M., Hartup, W. W., Haselager, G., Scholte, R., & van Lieshout, C. F. M. (2002). Mutual antipathies in middle childhood and adolescence. *Child Development, 73*, 1543–1556.

Aber, J. L., Bishop-Josef, S. J, Jones, S. M., McLearn, K. T., & Phillips, D. A. (Eds.) (2006). *Child development and social policy: Knowledge for action*. Washington, DC: American Psychological Association.

Aber, J. L., Brown, J. L., & Jones, S. M. (2003). Developmental trajectories toward violence in middle childhood: Course, demographic differences and response to school-based interventions. *Developmental Psychology, 39*, 324–348.

Abitz, M., Damgaard-Nielsen, R., Jones, E. G., Laursen, H., Graem, N., & Pakkenberg, B. (2007). Excess of neurons in the human newborn mediodorsal thalamus compared with that of the adult. *Cerebral Cortex, 17*, 2573–2578.

Ablow, J. C. (2005). When parents conflict or disengage: Children's perceptions of parents' marital distress predict school adaptation. In P. A. Cowan, C. P. Cowan, J. C. Ablow, & V. K. Johnson (Eds.), *The family context of parenting in children's adaptation to elementary school* (pp. 189–208). Mahwah, NJ: Erlbaum.

Ablow, J. C., Measelle, J. R., Cowan, P. A., & Cowan, C. P. (2009). Linking marital conflict and children's adjustment: The role of young children's perceptions. *Journal of Family Psychology, 23*, 485–499.

Abma, J. C., Martinez, G. M., Mosher, W. D., & Dawson, B. S. (2004). *Teenagers in the United States: Sexual activity, contraceptive use, and childbearing, 2002, Vital Health Statistics, 23*(24). Hyattsville, MD: National Center for Health Statistics.

Aboud, F. E. (2005). The development of prejudice in childhood and adolescence. In J. F. Dovidio, P. Glick, & L. A. Rudman (Eds.), *On the nature of prejudice: Fifty years after Allport* (pp. 310–326). New York: Blackwell.

Aboud, F. E. (2008). A social-cognitive developmental theory of prejudice. In S. M. Quintana & C. McKown (Eds.), *Handbook of race, racism, and the developing child* (pp. 55–73). Hoboken, NJ: Wiley.

Aboud, F. E., & Doyle, A.-B. (1996). Parental and peer influences on children's racial attitudes. *International Journal of Intercultural Relations, 20*, 371–383.

Aboud, F. E., & Fenwick, V. (1999). Exploring and evaluating school-based interventions to reduce prejudice in preadolescents. *Journal of Social Issues, 55*, 767–785.

Abowitz, D., & Knox, D. (2003). Goals of college students: Some gender differences. *College Student Journal, 37*, 550–556.

Abrahams, B. S., & Geschwind, D. H. (2008). Advances in autism genetics: On the threshold of a new neurobiology. *Nature Reviews Genetics, 9*, 341–355.

Abrams, D., & Rutland, A. (2008). The development of subjective group dynamics. In S. R. Levy & M. Killen (Eds.), *Intergroup attitudes and relations in childhood through adulthood* (pp. 47–65). New York: Oxford University Press.

Acosta, S., Messinger, D., Cassel, T., Bauer, C., Lester, B., & Tronick, E. Z. (2004, July). *How infants smile in the face-to-face/still-face*. Paper presented at the meeting of the International Society for Research on Emotions, New York.

Adam, E. K., & Chase-Lansdale, L. (2002). Home sweet home(s): Parental separations, residential moves and adjustment problems in low-income adolescent girls. *Developmental Psychology, 38*, 792–805.

Adams, M., Coltrane, S., & Parke, R. D. (2007). Cross-ethnic applicability of the Gender-based Attitudes Toward Marriage and Child Rearing Scales. *Sex Roles, 56*, 325–339.

Adamson, L. B. (1995). *Communication development during infancy*. Madison, WI: Brown & Benchmark.

Adamson, L. B., & Frick, J. E. (2003). The still face: A history of a shared experimental paradigm. *Infancy, 4*, 451–473.

Adelabu, D. H. (2008). Future time perspective, hope and ethnic identity among African American adolescents. *Urban Education, 43*, 347–360.

Adler, S. M. (2004). Home-school relations and the construction of racial and ethnic identity of Hmong elementary students. *School Community Journal, 14*, 57–75.

Administration for Children and Families. (2004). *Temporary Assistance for Needy Families (TANF), Sixth Annual Report to Congress XIII. TANF Research and Evaluation*. Washington, DC: U.S. Department of Health and Human Services. Retrieved from: http://www.acf.hhs.gov/programs/ofa/data-reports/annualreport6/ar6index.htm

Administration for Children and Families (2007). *Head Start Program Information Report*. Washington, DC: U.S. Department of Health and Human Services.

Adolphs, R., & Tranel, D. (2004). Impaired judgments of sadness but not happiness following bilateral amygdala damage. *Journal of Cognitive Neuroscience 16*, 453–462.

Agha, S. (2003). The impact of a mass media campaign on personal risk perception, perceived self-efficacy and on other behavioral predictors. *AIDS Care, 15*, 749–762.

Ahadi, S. A., Rothbart, M. K., & Ye, R. (1993). Children's temperament in the U.S. and China: Similarities and differences. *European Journal of Personality, 7*, 359–377.

---

* 更多参考文献，请在中国人民大学出版社人文分社网站下载：www.crup.com.cn/rw。

推荐阅读书目

ISBN	书 名	作 者	单价（元）
心理学译丛系列			
978-7-300-14847-2	心理学	［美］斯宾塞·A·拉瑟斯	45.00
978-7-300-16117-4	什么是心理学	［美］艾伦·帕斯托里诺等	69.00
978-7-300-09188-4	日常生活心理学	［美］里克·M·加德纳	75.00
978-7-300-12644-9	行动中的心理学（第八版）	［美］卡伦·霍夫曼	89.00
978-7-300-13001-9	心理学研究方法（第8版）	［美］戴维·G·埃尔姆斯等	48.00
978-7-300-13932-6	心理学研究方法精要（第7版）	［美］尼尔·J·萨尔金德	32.00
978-7-300-11128-5	行为科学统计概要（第5版）	［美］弗雷德里克·J·格雷维特等	58.00
978-7-300-13306-5	现代心理测量学（第3版）	［英］约翰·罗斯特等	28.00
978-7-300-12745-3	人类发展（第八版）	［美］詹姆斯·W·范德赞登等	88.00
978-7-300-13307-2	伯克毕生发展心理学:从0岁到青少年（第4版）	［美］劳拉·E·伯克	79.80
978-7-300-18303-9	伯克毕生发展心理学:从青少年到老年（第4版）	［美］劳拉·E·伯克	45.00
978-7-300-09563-9	现代心理学史（第2版）	［美］C·詹姆斯·古德温	88.00
978-7-300-10248-1	变态心理学纲要（第4版）	［美］马克·杜兰德等	98.00
978-7-300-09603-2	变态心理学案例教程（第3版）	［美］蒂莫西·布朗等	35.00
978-7-300-11012-7	心理治疗与咨询理论：概念与案例（第4版）	［美］理查德·S·沙夫	78.00
978-7-300-12478-0	女性心理学（第6版）	［美］马格丽特·W·马特林	58.00
978-7-300-12617-3	社区心理学——联结个体和社区（第2版）	［美］詹姆士·H·道尔顿等	58.00
978-7-300-16328-4	跨文化心理学（第4版）	［美］埃里克·B·希雷	42.00
978-7-300-14110-7	职场人际关系心理学（第12版）	［美］莎伦·伦德·奥尼尔等	39.00
978-7-300-15678-1	社会交际心理学——人际行为研究	［澳］约瑟夫·P·福加斯	39.00
978-7-300-14062-9	社会与人格心理学研究方法手册	［美］哈里·T·赖斯等	65.00
978-7-300-08008-6	动机与人格（第三版）	［美］马斯洛	45.00
978-7-300-10470-6	自我导向行为（第9版）	［美］戴维·L·华生等	48.00
978-7-300-14533-4	没有疆界	［美］肯·威尔伯	35.00
978-7-300-07160-0	万物简史	［美］肯·威尔伯	32.00
978-7-300-09927-9	性、生态、灵性	［美］肯·威尔伯	88.00
罗洛·梅文集			
978-7-300-14799-4	祈望神话	［美］罗洛·梅	58.00
978-7-300-15039-0	祈望神话（精装）	［美］罗洛·梅	69.00

当代西方社会心理学名著译丛

* * * *

图书在版编目(CIP)数据

社会性发展/(美)帕克, (美)克拉克–斯图尔特著；俞国良，郑璞译.—北京：中国人民大学出版社，2013.12
（心理学译丛·教材系列）

ISBN 978-7-300-18422-7

Ⅰ.①社… Ⅱ.①帕… ②克… ③俞… ④郑…Ⅲ.①儿童心理学–发展心理学–教材 Ⅳ.①B844.1

中国版本图书馆CIP数据核字(2013)第282514号

心理学译丛·教材系列

社会性发展

[美]　罗斯·D·帕克（Ross D. Parke）

　　　阿莉森·克拉克 – 斯图尔特（Alison Clarke-Stewart） 著

俞国良　郑　璞　译

Shehuixing Fazhan

出版发行	中国人民大学出版社
社　　址	北京中关村大街31号　　　　　邮政编码　100080
电　　话	010-62511242（总编室）　　　010-62511398（质管部）
	010-82501766（邮购部）　　　010-62514148（门市部）
	010-62515195（发行公司）　　010-62515275（盗版举报）
网　　址	http://www.crup.com.cn
	http://www.ttrnet.com（人大教研网）
经　　销	新华书店
印　　刷	涿州市星河印刷有限公司
规　　格	215mm×275mm　16开本　　　**版　次** 2014年1月第1版
印　　张	23.75　插页2　　　　　　　　**印　次** 2014年1月第1次印刷
字　　数	677 000　　　　　　　　　　　**定　价** 59.90元

老师您好，若您需要与 **John Wiley** 教材配套的教辅（免费），烦请填写本表并传真给我们。也可联络 **John Wiley** 北京代表处索取本表的电子文件，填好后 **e-mail** 给我们。

原书信息

原版 ISBN：
英文书名（Title）：
版次（Edition）：
作者（Author）：

配套教辅可能包含下列一项或多项

教师用书（或指导手册）	习题解答	习题库	PPT 讲义	学生指导手册（非免费）	其他

教师信息

学校名称：
院 / 系名称：
课程名称（Course Name）：
年级 / 程度（Year / Level）：□大专 □本科 Grade：1 2 3 4　□硕士 □博士 □MBA □EMBA
课程性质（多选项）：□必修课　□选择题　□国外合作办学项目　□指定的双语课程
学年（学期）：□春季　□秋季　□整学年使用　□其他（起止月份_____）
使用的教材版本：□中文版　□英文影印（改编）版　□进口英文原版（购买价格为____元）
学生：_____个版共_____人

授课教师姓名：
电话：
传真：
E-mail：
联系地址：
邮编：

WILEY - 约翰威立商务服务（北京）有限公司
John Wiley & Sons Commercial Service (Beijing) Co Ltd
北京市朝阳区太阳宫中路12A号,太阳宫大厦8层　805-808室，邮政编码100028
Direct+86 10 8418 7815　Fax+86 10 8418 7810
Email: iwang@wiley.com